普通高等院校"十四五"规划教材
全国土木工程专业课程精品丛书

U0291830

绿色高性能混凝土

杨继鲁　王学彦　丁华柱
王朝强　时智广　王　军　主　编

中国建材工业出版社

图书在版编目（CIP）数据

绿色高性能混凝土/杨继鲁等主编．--北京：中国建材工业出版社，2023.7
ISBN 978-7-5160-3389-0

Ⅰ.①绿… Ⅱ.①杨… Ⅲ.①高强混凝土—无污染技术 Ⅳ.①TU528.31

中国版本图书馆 CIP 数据核字（2021）第 245503 号

内容简介

本书分为十章，主要介绍绿色高性能混凝土的特性，从绿色高性能混凝土的定义、构成，到性能、配合比设计，并以较大篇幅论述绿色高性能混凝土的组成材料，探讨中国智造绿色高性能混凝土未来发展之路，着重阐述混凝土绿色生产和绿色施工，也分享了若干个有特殊要求的混凝土、混凝土质量管理及试验检测方法，并介绍了目前方兴未艾的装配式混凝土建筑。

本书可供从事土木建筑施工的工程技术人员阅读，还可供高校院所师生、研究人员、质检人员、质监人员以及预拌混凝土生产厂家的技术人员参考。

绿色高性能混凝土
LÜSE GAOXINGNENG HUNNINGTU
杨继鲁　王学彦　丁华柱
王朝强　时智广　王　军　**主　编**

出版发行：中国建材工业出版社
地　　址：北京市海淀区三里河路 11 号
邮　　编：100831
经　　销：全国各地新华书店
印　　刷：北京雁林吉兆印刷有限公司
开　　本：787mm×1092mm　　1/16
印　　张：27.5
字　　数：650 千字
版　　次：2023 年 7 月第 1 版
印　　次：2023 年 7 月第 1 次
定　　价：**86.00 元**

本书编委会

主　　　编：杨继鲁　王学彦　丁华柱　王朝强　时智广
　　　　　　王　军

副　主　编：张继合　李金君　杜庆存　崔凤友　孔德明
　　　　　　付连兵　邹常进　王　琴　李永杰　申隐杰
　　　　　　陈　文　宋　玮　陈　雷　任云丽　谢小元
　　　　　　陈云飞　张龙涛　安　鑫　李　仑　张锋春
　　　　　　王玉涛　刘　洋　郭宇光　王玉峰　武传峰
　　　　　　李　超　周新军　杨　研　史广生　辛　波
　　　　　　刘　媛　肖胜伟

参　　　编：蒋　怡　申家华　周增军　杨　明　孙建亭
　　　　　　高仁扩　李忠原　张光亮　董小卫　朱红宾
　　　　　　赵海燕　郑璐敏　逢建军　舒杨波　张　意
　　　　　　郑传宝　马鑫峰　沈乾洲　陈源伟　张福辉
　　　　　　马锡龙　陈殿恢　孔敬敬　刘根魁　柴建勋
　　　　　　杨　康　孙　斌　王海洋　刘孝平　孔令栋
　　　　　　徐兴振　滕　亮　宗　建　郭国运　杨　鑫
　　　　　　许建立　王国正

主编单位：中国电建集团核电工程有限公司
　　　　　　建研建硕（北京）科技有限公司
　　　　　　山东拓能核电检测有限公司
　　　　　　陕西富平生态水泥有限公司
　　　　　　青岛合汇混凝土工程有限公司
　　　　　　湖南恒德检测有限公司
　　　　　　河南惠金工程检测咨询有限公司

山东特检方圆检测有限公司

重庆交通大学

湖南高速铁路职业技术学院先科桥隧学院

重庆市綦江区朝野混凝土有限公司

山东省砂石协会

青岛远创智同科技有限公司

山东海润绿色建材科技有限公司

副主编单位：济南市历城区城乡建设综合服务中心

（济南市历城区人防工程服务中心）

上海先科桥隧检测加固工程有限公司

西安工程大学

山东中医药大学第二附属医院

日照国华建设工程有限公司

日照市港润新型建筑材料有限公司

莒县乾润新型建材有限公司

南宁市华腾混凝土有限公司

中天正坤（山东）建筑工程有限公司

丛书序言

党的二十大报告明确指出，高质量发展是全面建设社会主义现代化国家的首要任务。我国经济社会已经进入高质量发展新阶段，从外延扩张型的平面发展走向更注重质量的立体深度发展。

如何实现土木工程专业的高质量发展？必须从人类文明形态进步的高度认识土木工程专业，树立新的专业发展观，重新认识我国土木工程专业的技术发展情况以及社会对其专业人才的培育要求，深刻推动国家的经济社会进步和长远的可持续发展。

土木工程作为一门古老而新兴的科学，从史前文明到现代文明，从石窟树洞到高楼大厦，各式建筑材料构建的建筑不仅记录着人类文明的发展史，也承载着大地上的人类建材发展史。

自改革开放以来，土木工程材料不断变革，新材料、新技术不断推出，对更新建材产品、升级施工机械、创新施工技术、发展建筑理论起到了明显的推动作用。尤其是钢材和混凝土出现以后，建筑领域的钢结构、混凝土结构、钢-混凝土组合结构和相应的新型施工技术与施工机械等领域围绕材料的应用迅速展开研究与探索，不仅带动了工业材料的发展和技术革新，在一定程度上还提高了对土木工程专业人才的培养要求。

2023年《政府工作报告》指出，深入实施"强基计划"和基础学科拔尖人才培养计划，接续推进世界一流大学和一流学科建设，不断夯实发展的人才基础。中国建材工业出版社利用其专业优势，和国内的高校、企业携手合作，在业内组织专家学者，撰写《普通高等院校"十四五"规划教材/全国土木工程专业课程精品丛书》，阐述土木工程专业人才应具备的职业基本素质以及应掌握的专业技能知识。

本套丛书旨在为我国培养一批高质量专业人才，对推动我国土木工程事业的高质量发展、构建新发展格局、增强我国经济实力具有重要意义，将在我国构建中国式现代化强国建设的进程中发挥重要作用。鉴于以上原因，特将此套丛书推荐给广大读者，相信广大读者一定会从这套丛书中获得收益。

中国工程院　院士

清华大学　教授

2023 年 5 月

本书序言

高性能混凝土是一种新型的高技术混凝土，它采用现代混凝土科学技术来延长混凝土结构的安全使用寿命，减少因修补或拆除陈旧混凝土结构物造成的浪费和建筑垃圾；高性能混凝土可大量利用工业废渣和矿石，减少自然资源和能源的消耗，减少对环境的污染；高性能混凝土使用高性能减水剂，具有优异的工作性能，便于施工，可节省劳动力，减少振捣用电，降低环境噪声。高性能混凝土是混凝土可持续发展的出路。中国工程院院士吴中伟教授于 1997 年首先提出"绿色高性能混凝土"概念，作为水泥基材料的发展方向。

国家大力倡导和实施循环经济、节能减排，提出"碳达峰、碳中和"目标。"双碳"目标对我国绿色低碳发展具有引领性、系统性的意义，可带来改善环境质量和产业发展的多重效应。在混凝土领域，提高结构的耐久性以及大量使用工业废弃物和城市垃圾制成的具有优良耐久性、工作性和经济适用性的绿色高性能混凝土无疑是绿色发展的方向之一，可最大限度地减少资源和能源的消耗。

由杨继鲁、王学彦、丁华柱等共同完成的《绿色高性能混凝土》一书是在总结绿色高性能混凝土技术经验的基础上编写的，涉及绿色高性能混凝土的定义及组成材料、配合比设计、混凝土性能、试验检测方法、混凝土绿色生产与绿色施工、数据处理及混凝土质量控制，并结合工程案例介绍绿色高性能混凝土的工程应用情况。它内容丰富，有很强的实用性，可以为读者在绿色高性能混凝土的研究、生产和应用方面提供切实可行的指导与帮助。

希望该书的出版能够促进我国绿色高性能混凝土行业发展，为我国混凝土行业绿色低碳发展，实现"双碳"目标贡献力量。

中国建筑科学研究院有限公司　副总工程师
建研建材有限公司　董事长
2023 年 5 月

前　言

　　绿色高性能混凝土是在大幅度提高普通混凝土性能的基础上，采用现代混凝土技术制作的混凝土，它以耐久性作为设计的主要指标，强调混凝土的可持续发展道路，提出绿色混凝土和环保型胶凝材料的新概念。针对不同用途要求，绿色高性能混凝土对耐久性、工作性、适用性、强度、体积稳定性、经济性予以保证。为此，高性能混凝土在配制上的特点是低水胶比，选用优质原材料，除水泥、水、骨料外，还必须掺加足够数量的矿物掺和料和高效外加剂。

　　绿色高性能混凝土不仅是对传统混凝土的重大突破，而且在节能、节料、工程经济、劳动保护以及环境等方面都具有重要意义，是一种环保型、集约型的新型材料，可称为"绿色混凝土"，它将为建筑工程自动化准备条件。绿色的含义随着人们认识的深化而不断扩大，主要可概括为：

　　（1）节约资源、能源；

　　（2）不破坏环境，更应有利于环境；

　　（3）可持续发展，既满足当代人的需求，又不危及后代人满足其需要的能力。

　　因此，绿色高性能混凝土，是指从生产、制造、使用到废弃的整个周期中，最大限度地减少资源和能源的消耗，最有效地保护环境，是可以进行清洁生产和使用的，并且是可再回收循环利用的高质量高性能的绿色建筑材料。绿色高性能混凝土的主要特征是：更多地掺加以工业废渣为主的掺和料，以节约水泥熟料；更好地发挥混凝土的高性能优势，提高耐久性，延长建筑物的使用寿命，以减少水泥和混凝土的用量；大力发展掺工业废渣的绿色高性能混凝土，使混凝土这种最大宗人造材料真正成为可持续发展的材料，将会极大地减少矿物资源、能源的消耗及环境负荷。

　　本书脱稿之际，作者才深知"世界的难知"，"已知"的东西扩大一点，"未知"的东西也就扩大一点。由于本书涉及比较多的研究领域，也由于作者的水平有限，书中定有很多错误或漏洞，衷心希望读者能予以指正。国内外这一领域发展非常快，希望读者能提供最新研究成果和研究报告，作者会将有关意见、建议和研究进展在本书新的版本或后续有关书籍中予以体现。

　　清华大学廉慧珍教授、覃维祖教授等在高性能混凝土方面所做的贡献为本书指引了方向。本书在技术资料积累和编写过程中还得到了陈浩宇、欧阳鑫、黄灿清、杨刁等同仁的大力协助。

　　本书初稿呈请中国建筑科学研究院有限公司冷发光研究员审阅后，得到他的肯定和指导性、建设性建议，受益匪浅。本书的出版还得到国家建筑材料工业技术监督研究中心副总工（雄安新区特聘专家、北京砼享未来工程技术研究院院长）闻宝联、北京砼享未来工程技术研究院总工程师马永生、济南土木建筑学会理事长孟扬、山东建筑大学土木学院院长李秀领、哈尔滨工业大学博士生导师董建锴、水利部水利工程建设管理专家刘月才、中国电建集团海外投资有限公司教授级高工李玉泰、中国电建集团核电工程有限公司教授级高工刘顺刚、中国混凝土与水泥制品协会预拌混凝土分会秘书长师海霞及吉林建筑科技学院、中原科技学院、山东省建筑设计研究院有限公司、山东省建材工业协会、山东省砂石协会、山东省混凝土与水泥制品协会、山东特检方圆检测有限公司、山东省建设科技与教育协会绿色建材专业委员会、上海先科桥隧检测加固工程有限公司、重庆市綦江区朝野混凝土有限公司、西安工程大学、山东建筑大学、重庆交通大学、中国电建集团核电工程有限公司、中国建筑科学研究院高性能混凝土技术研究中心、建研建硕（北京）科技有限公司、湖南高速铁路职业技术学院先科桥隧学院、湖南恒德检测有限公司、河南惠金工程检测咨询有限公司、中国混凝土与水泥制品协会、中国建材工业出版社等单位的领导及同仁们的关心和支持，特别是他们提供了大量的非常珍贵的研究报告和资料。总之，本书的完成离不开大家的关心、支持和鼓励，在这里一并表示诚挚的谢意。

2023 年 3 月

目　录

1 概　　述

1.1　绿色高性能混凝土的定义

1.1.1　绿色的定义

这里的"绿色"是对"健康、环保、安全"等属性的评价，包括对原材料的利用、生产、施工、使用以及固废处置利用等过程的分项评价和综合评价。"绿色"可以概括为节约资源，保护环境，实现可持续发展；既能满足当代人的需求，又不危及后代的生产需要。可以说，"绿色"一词已经成为环保、节能、健康、效率、技术进步、可持续发展等方面的综合体现。

1.1.2　绿色高性能混凝土的特征

综合"绿色"和"高性能"含义，可以得知：绿色高性能混凝土是指在妥善的质量管理条件下，采用先进的现代混凝土技术，尽可能地少用天然资源，使用工业废弃物和城市建筑固废制成的具有优良耐久性、工作性和经济适用性的混凝土材料。这样既能减少对地球环境的负荷，又能与自然生态系统协调共生，为人类构造和谐环境。因此，绿色高性能混凝土一般具有以下特征：

（1）尽可能多地使用绿色水泥，最大限度地减少水泥熟料用量，代之以工业废渣为主的混合活性掺合料，从而减少水泥生产过程中的二氧化碳、二氧化硫以及一氧化氮等气体的排放量，降低对天然资源与能源的消耗；

（2）更多地采用工业一般固废，如矿渣、炉渣、粉煤灰等作为活性矿物掺合料以节约水泥，并在改善混凝土耐久性的同时保护环境；

（3）采用先进生产工艺，对大量建筑垃圾进行资源优化处理，使之成为可再利用的再生骨料，减少对天然矿石的开采；

（4）最大限度地发挥高性能混凝土的优势，减少结构面积或结构体积，节省混凝土用量，减轻自重；

（5）通过大幅度提高混凝土耐久性，延长结构的使用寿命，使材料和工程发挥其最佳功能。

1.2　绿色高性能的构成及广义绿色高性能混凝土

绿色高性能混凝土包括高性能混凝土，高性能混凝土的概念是 20 世纪 90 年代初（1990 年 5 月）由美国国家标准与技术研究所（NIST）和美国混凝土协会（ACI）在美国马里兰州盖瑟斯堡召开的会议上首先正式提出的。实际上，此前的一些重要工程中已采用了高工作性和高耐久性的高强混凝土。在最近的十多年中，高性能混凝土很快被各国工程界所接受。这主要是因为高性能混凝土的使用对各方都具有明显的效益：对于业主或用户来说，混凝土的耐久性好，安全使用期长，可减少维修费，保证安全；对于社会来说，高性能混凝土降低能耗、料耗，减少噪声污染，利用工业废渣，利于保护环境，增强安全感、责任感；对于施工者来说，高性能混凝土操作方便，改善劳动条件，加快进度，减少模板和劳力，可提前交工；对于设计者来说，高性能混凝土减小断面，减轻自身质量，增加使用空间，取得明显的节约效果，还能帮助人们实现建筑的艺术性和灵活性。因此，高性能混凝土在不少工程中得以广泛推广应用，如高层建筑、海上石油钻采平台、桥梁工程、大型结构、隧洞衬砌、放射性废物贮罐等。随着人们逐渐重视工程质量，强调安全和环境保护，高性能混凝土开始进入推广应用时期。

目前，不同国家、地区以及不同学者对高性能混凝土的含义的理解和见解尚不统一。多数人认为，高性能混凝土必须具有高强度，这就限制了高性能混凝土的应用范围，不可能形成高性能混凝土的发展方向。我国已故的吴中伟院士曾指出："实现中低强度等级混凝土的高性能化，高性能混凝土的发展才具有广泛的现实意义。"法国科学家也提出，即使从结构角度上不要求用高强度的混凝土，但要求长期耐久性的一切工程必须采用高性能混凝土。这些观点是全面的，也是符合发展方向的。所以，我国建材行业标准《高性能混凝土评价标准》（JGJ/T 385）中给出了高性能混凝土的明确定义：以建设工程设计、施工和使用对混凝土性能特定要求为总体目标，选用优质常规原材料，合理掺加外加剂和矿物掺合料，采用较低水胶比并优化配合比，通过预拌和绿色生产方式以及严格的施工措施，制成具有优异的拌和物性能、力学性能、耐久性和长期性能的混凝土。

1.2.1　绿色高性能混凝土的构成

绿色高性能混凝土所用的原材料，除了传统混凝土所用的水泥、砂、石和水外，还有化学外加剂（也称为混凝土的第五组分）和矿物掺合料（也称为混凝土的第六组分）。另外，现代绿色混凝土设计理念涌现出了更多的组分及新材料运用。使用新型的高效减水剂和矿物掺合料（或称矿物外加剂）是使混凝土达到高性能的主要技术措施。前者能降低混凝土的水胶比，增大坍落度和控制混凝土的坍落度损失，赋予混凝土高的致密性和良好的工作性。后者能填充胶凝材料的孔隙，参与胶凝材料的水化，除了提高混凝土的致密性外，还能改善混凝土的界面过渡区结构，提高混凝土的耐久性与强度等级。由于高性能混凝土的高性能要求和配制特点，原材料中原来对普通混凝土影响不明显的因素，对高性能混凝土就可能影响显著，因此，高性能混凝土和普通混凝土所用原材料的要求有所不同。

高性能混凝土针对混凝土结构所处的环境特点而进行相应的性能设计，并通过施工过程控制使得相应性能得到保证，能更好地满足结构功能要求和施工工艺要求，能最大限度地延长混凝土结构使用年限，降低工程造价。因此，高性能混凝土是混凝土结构耐久性得以保证的重要措施和必要措施之一。

1.2.2　广义绿色高性能混凝土

混凝土是世界上使用量最大、应用最为广泛的建筑材料，为营造人类生存环境、建造现代社会的物质文明做出了重要贡献。在地球环境日益恶化的今天，世界各国都在积极行动，开展工业生产的节能减排工作。混凝土产业的节能减排是建筑业节能减排的一个重要领域。

高性能混凝土应用现代混凝土工程技术，使混凝土的生产过程和应用过程绿色化，主要包括减少水泥用量；大量利用工业废渣、代用骨料；减少生产过程中的噪声污染、粉尘污染等；更大量地利用废弃混凝土和建筑垃圾，减少环境负荷。对于一些特殊工程的特殊部位，控制结构设计的不是混凝土的强度，而是耐久性，高性能混凝土的使用寿命长，能够使混凝土结构安全可靠地工作 50～100 年，减少维修费用。这些都是使混凝土这种传统材料成为绿色材料，能够长期使用的关键措施。高性能混凝土是混凝土可持续发展的出路，是水泥基材料发展的方向，是对传统混凝土的重大突破，在节能、节材、工程经济、人力劳动以及环境保护等方面都具有重要意义，是一种环保型、集约型的新型材料。所以，高性能混凝土也可称为"绿色混凝土"。

高性能混凝土是混凝土绿色化生产的重要方向。目前国际上已广泛认识到，用高性能混凝土来替代传统的混凝土结构物和建造在严酷环境中的特殊结构，具有显著的经济效益。

尽管现代建筑技术各有千秋，外立面风格各异，但由于多数仅能满足安全可靠宏观指标的要求，而对耐久性要求考虑不足，且忽视维修保养，现有建筑物老化现象相当严重。延长建筑使用寿命，不仅节能节材，还可实现住房增值，形成众多时代气息浓厚的百年老宅。

众所周知，建筑结构使用寿命的长短是由其建筑材料的寿命决定的。我国相当多的建筑是由混凝土建造的，混凝土是目前全国乃至全世界用量最大、使用领域最广的建筑材料。要延长混凝土的使用寿命，关键就在于要提高混凝土的耐久性。

长期以来，人们一直以为混凝土应是非常耐久的材料。直到 20 世纪 70 年代末期，人们才逐渐发现原先建成的基础设施工程在一些环境下出现过早损坏，美国许多城市的混凝土基础设施工程和港口工程建成后不到二三十年甚至在更短的时期内就出现劣化。

而近年来绿色高性能混凝土（GHPC）的出现和发展，是混凝土发展史上一个新的里程碑。其特点是不仅比传统的混凝土材料具有更优秀的强度和耐久性，而且更能满足建筑结构、力学要求、使用功能以及使用年限的要求。

普通消费者的日常生活看似很难接触到粗犷的混凝土，实际上这些主要用水泥制成的材料几乎与人们的生活息息相关。包括绿色高性能混凝土等材料的发展和进步，与人们生活质量的提高都是紧密相关的。

1.3　绿色高性能混凝土的性质

1.3.1　绿色高性能混凝土的工作性

混凝土的工作性是指其流动性、可塑性、稳定性和密实性，是混凝土拌和物塑性状态下所表现的若干基本性质的综合效应。绿色高性能混凝土应具有良好的工作性，其新拌混凝土在成型过程中不分层、离析，混凝土拌和物应具有较高的流动性，易充满模型；泵送混凝土，自密实混凝土还具有良好的可泵性、自密实性能。

与普通混凝土相比，绿色高性能混凝土胶凝材料用量增大，尽管拌和物的流动性大，但黏性增大，变形需要一定的时间。常用于绿色高性能混凝土中的辅助胶凝材料主要有矿渣粉、粉煤灰和硅灰等，对绿色高性能混凝土的工作性有不同影响，它们的掺量、细度和颗粒级配等都会影响混凝土的工作性。

一般不采用单一的混凝土坍落度值来评价高性能混凝土的工作性。从理论上讲，高性能混凝土的流变性仍近似于宾汉流体，可以用屈服剪切应力和塑性黏度两个参数来表达其流变特性。在实际工程中，采用变形能力和变形速度两个指标来综合反映高性能混凝土的工作性更为合理。基于这种理论基础，许多学者提出了一些评价绿色高性能混凝土工作性的方法，Texas 大学的 Eric P. Koehler 对世界范围内使用的工作性测试方法进行了汇总，一共列出了 61 种测试方法，其中用于混凝土工作性测试方法有 46 种，自密实混凝土测试方法有 8 种，砂浆和净浆测试方法有 7 种。

1.3.2　绿色高性能混凝土的体积稳定性

混凝土的体积稳定性主要与混凝土的收缩性能有关。混凝土的收缩是指由于混凝土中所含水分的变化、化学反应及温度变化等因素引起的体积缩小。混凝土的收缩按作用机理可分为自收缩、塑性收缩、硬化混凝土的干燥收缩、温度变化引起的收缩变形及碳化收缩变形五种。混凝土由于各种收缩而引起的开裂问题一直是混凝土结构物裂缝控制的重点和难点。

绿色高性能混凝土应具有较高的体积稳定性，即混凝土在硬化早期应具有较低的水化热，硬化后期具有较小的收缩变形。低水胶比与矿物掺合料的大量掺入使高性能混凝土的硬化结构与普通混凝土相比有着很大的差异，结构的差异在带来高性能混凝土诸多性能突破的同时，随之带来了它的一些本质上的缺点：

（1）收缩大，主要发生在早期；

（2）温度收缩大，温度收缩出现的时间提前；

（3）混凝土施工后，早期收缩（其中包括塑性收缩、部分自收缩和干燥收缩）实测值较大、早期弹性模量增长快、抗拉强度并无显著提高、比徐变变小等因素共同导致了高性能混凝土（特别是高强混凝土）的早期抗裂性差。

近几年，绿色高性能混凝土在我国的应用实践表明，早期开裂问题已成为其在工程应用时最容易出现的问题。

1.3.3　绿色高性能混凝土的耐久性

混凝土的耐久性是使用期内保证结构拥有正常功能的能力，关系到混凝土结构物的使用寿命，随着结构物老化和环境污染的加重，混凝土耐久性问题已引起各主管部门和广大设计、施工单位的重视。混凝土的耐久性劣化是指结构在所使用的环境下，由于内部原因或外部原因引起结构的长期演变，最终使混凝土丧失使用能力，即耐久性失效。耐久性失效的原因有抗冻失效、碱-骨料反应失效、化学腐蚀失效和钢筋锈蚀造成结构破坏等。

强度等级和耐久性是混凝土结构的两个重要指标，以往工程中习惯上只重视混凝土的强度等级，或片面追求高强度而忽视混凝土的耐久性。有调查表明，国内一些工业建筑在使用 25～30 年后即需大修，处于严酷环境下的建筑物的使用寿命仅 15～20 年。许多工程建成后几年就出现钢筋锈蚀、混凝土开裂。如果忽视耐久性问题，迎接人们的将是混凝土工程大修的高潮，其耗费将数倍于工程建设投资。究其原因是混凝土耐久性不足引起的。

混凝土的外部环境、内部孔结构、原料、密实度和抗渗性是影响混凝土耐久性能的重要因素，应结合工程实际，有针对性地采取相应措施来提高混凝土的耐久性。高性能混凝土的使用寿命比传统混凝土有大幅度提高，能够使混凝土结构完全可靠地工作 50～100 年。对于一些特殊工程的特殊部位，控制结构设计的并不是混凝土的强度等级，而是其耐久性。

影响混凝土结构耐久性的因素比较多，主要是混凝土结构所处的环境条件、建造结构所用的混凝土的性能以及施工过程控制三个因素。其中，环境是影响结构耐久性能的重要因素。环境中的气体、液体和固体会通过扩散、渗透进入混凝土内部，混凝土在这些介质作用下会发生物理变化和化学变化，有时是有益的，但多数情况下会导致硬化混凝土性能的劣化。混凝土结构所处环境类别分为一般环境、氯盐环境、化学侵蚀环境、冻融破坏环境和磨蚀环境等。

提高混凝土耐久性的具体措施包括原材料的选择、配合比设计和结构设计、施工和后期维护等环节。水泥、骨料、掺合料的性能对混凝土耐久性影响很大，对其品种需加以认真选择。进行混凝土配合比的设计时，尽量减少水泥用量和用水量，降低水化热，减少裂缝，提高密实度，采用合理的减水剂和引气剂，改善混凝土内部结构，加入足量的骨料，提高混凝土耐久性能。按照使用环境设计相适应的混凝土保护层厚度，预防外界气体和液体介质渗入内部腐蚀钢筋。混凝土工程施工过程中也应考虑结构耐久性，混凝土的拌制工艺应提高混凝土拌和物的和易性并减少用水量；大体积混凝土的浇筑振捣应控制混凝土的温度裂缝、收缩裂缝、施工冷缝，混凝土浇筑后应充分合理地进行振捣，提高混凝土密实度和抗渗性，加强养护，减少混凝土裂缝。结构物在使用阶段中应注意检测、维护和修理，对处于露天和恶劣环境下的基础设施工程更应如此。

1.3.4　高强混凝土特点

强度等级是混凝土性能的一项重要指标，是结构设计的重要依据。随着混凝土技术的发展和实际工程应用中混凝土强度等级的不断提高，高强混凝土的强度等级下限也在不断变化。我国现行行业标准《高强混凝土应用技术规程》（JGJ/T 281）定义高强混凝土为强度等级不低于 C60 的混凝土。

高强混凝土作为一种特殊建筑材料，以其抗压强度高、抗变形能力强、密度大、孔隙率低的优越性，在高层建筑结构、大跨度桥梁结构以及某些特种结构中得到广泛应用。高强混凝土最大的特点是抗压强度高，故可减小构件的截面，因此最适用于高层建筑。高强混凝土框架柱还具有较好的抗震性能。高强混凝土材料用在预应力技术中，可采用高强度钢材和人为控制应力，从而大大地提高了受弯构件的抗弯刚度和抗裂度。因此，世界范围内越来越多地采用施加预应力的高强度混凝土结构，应用于大跨度房屋和桥梁中。高强混凝土还具有密度大的特点，可用作建造承受冲击和爆炸荷载的建（构）筑物，如原子能反应堆基础等。利用高强混凝土抗渗性能强和抗腐蚀性能强的特点，建造具有高抗渗性和高抗腐要求的工业用水池等。

1.4 绿色高性能混凝土的前瞻研判

1.4.1 纳米技术在高性能、高耐久性混凝土中的应用

高性能混凝土要求混凝土具有高强度以及良好的施工性能、体积稳定性、耐久性能。高性能混凝土的生产主要是利用混凝土外加剂对普通混凝土进行改性的。利用纳米技术和纳米材料开发新型的混凝土外加剂，增加混凝土外加剂的品种，提高混凝土外加剂的性能和对混凝土改性的效果，并减少副作用。还可以利用纳米技术，开发硅酸盐系胶凝材料的超细粉碎技术和颗粒球形化技术以及可实用化的先进技术，可大幅度提高水泥熟料的水化率，在保证混凝土强度的前提下，若能降低水泥用量 $20\%\sim25\%$，则会产生巨大的经济效益，并可降低资源负荷和环境负荷。

利用纳米矿物掺合料不但可以填充水泥水化产物中的空隙，提高混凝土的流动度，还可以改善混凝土中水泥石与粗骨料的界面结构，使混凝土强度等级、抗渗性与耐久性均得以提高。纳米矿物掺合料主要包括纳米 SiO_2、纳米 $CaCO_3$ 和纳米硅粉等。据有关文献报道，当纳米矿物掺合料的掺量为水泥用量的 $1\%\sim3\%$，并在高速混拌机中与其他混合料干混（或是制成溶胶由拌和水带入）时，制备成纳米复合水泥混凝土结构材料，其 7d 和 28d 龄期的水泥硬化浆体的强度比未掺纳米矿物掺合料的水泥硬化浆体的强度提高约 50%，且其韧性、耐久性等性能也得到改善。这主要是纳米粒子的表面效应和小尺寸效应在起作用，因为当粒子的尺寸减小到纳米级时，不仅引起表面原子数的迅速增加，而且纳米粒子的表面积和表面能都会迅速增加，因而其化学活性和催化活性等与普通粒子相比都发生了很大的变化，导致纳米矿物掺合料与水化产物大量键合，并以纳米矿物掺合料为晶核，在其颗粒表面形成水化硅酸钙凝胶相，把松散的水化硅酸钙凝胶变成以纳米矿物掺合料为核心的网状结构，降低了水泥石的徐变度，从而提高了水泥硬化浆体的强度和其他性能。

高脆低韧是混凝土材料的固有问题，其抗拉应变只有 0.02% 以下，抗压应变只有 0.2% 左右。利用纳米材料的特性提高混凝土弹性和韧性，在建筑应用中可提高建筑物防震能力及其他相关性能。其办法之一为微观复合化。所谓微观复合，是指引入具有一定柔韧性的物质，如氯丁橡胶等高分子物质或纳米级材料。引入柔性材料，可有效地改善混凝土的韧性，但往往带来强度和刚度的损失。但对高强混凝土来说是不利的，因此必须寻找一种和水泥混凝土有良好亲和性的柔性高强材料。随着高强高分子材料研究的深入，是有望实现的。而纳米材料的研究如果能把水泥制成纳米颗粒，并在水化后形成纳米微水化产物，也有可能改善其韧性，这方面的纳米技术在现代混凝土中的应用具有积极意义。混凝土材料是当今世界用途最广、用量最大的建筑材料之一，随着 21 世纪混凝土工程的大型化、巨型化、工程环境的超复杂化以及应用领域的不断扩大，人们对混凝土材料提出了更高的要求，混凝土材料的高性能化（High Performance Concrete）

和高功能化（High Function Concrete）是 21 世纪混凝土材料科学和工程技术发展的重点和方向。随着现代材料科学的不断进步，纳米技术在各领域的渗透，使得混凝土往高强、高性能、多功能和智能化方向发展成为可能。超高耐久性混凝土材料、智能混凝土材料、吸收电波的混凝土幕墙、确保植物生长的混凝土材料、防菌混凝土材料以及净化汽车尾气的混凝土材料等混凝土材料的出现一改传统混凝土的局限，极大地扩展了混凝土的应用领域，给混凝土行业带来了崭新的生命力。

此外，为了提高混凝土的寿命，防止腐蚀老化，可在多孔的混凝土中使用浸渍涂覆等技术进行表面处理。在混凝土内进行 Ca^{2+}、Mg^{2+}、Al^{3+} 的反应使混凝土内部和表面形成玻璃态，最后形成的涂覆材料是以硅酸盐为主要成分的纳米胶态材料，使混凝土强度提高 2～10 倍，使用寿命提高 3 倍以上，并提高表面硬度和防水性，可用于建筑、铁路、道路路面、港湾、河川、水坝，也可用于屋顶防水。

日本针对恶劣环境下混凝土的钢筋锈蚀问题，研制了超高耐性的混凝土。掺加专用的耐久性改善剂可以显著隔断酸性气体及水分的浸透和扩散，干缩、碳化、耐冻融循环和抗氯离子渗透力大大改善，可以制作出使用寿命为 500 年乃至 1000 年以上的混凝土。

1.4.2　纳米技术改善混凝土功能单一的问题

到目前为止，我们所使用的混凝土绝大部分是只具有单一功能的混凝土，如满足力学要求，满足保温隔热要求等。随着建筑的智能化和多功能化，必然要求混凝土是具有多种功能复合的结构材料，即不仅满足力学要求而且兼具其他特殊功能。目前功能型混凝土研究已经崭露头角，展示出极强的生命力。

1.4.3　环境友好功能型混凝土

纳米材料量子尺寸效应和光催化效应等性质，使混凝土具备吸收电磁波功能和环境净化功能，能够分解有毒物质和某些微生物，净化空气、地表水等，可在空间和地面同时起到保护环境的作用。

1. 吸收电磁波的混凝土

随着科学技术的发展，越来越多的电磁辐射设施进入了人类生活和生产的各个领域。据报道，其人为的环境电磁能量密度每年增长可达 7%～14%，客观上已形成电磁辐射污染，并被国际上公认为第五害。利用纳米金属粉末的特殊性能，把它掺入水泥混凝土中，可以制成具有功能性的电磁屏蔽混凝土。其方法是把纳米金属粉末与混凝土混合料干混均匀后，带入混凝土中，参与水泥的水化过程。用此法制备的混凝土既能降低混凝土结构的质量，提高混凝土的承载能力和耐冲击性，又有很好的电磁屏蔽功能，甚至可以用来制作隐身混凝土，用于军事建筑。

日本专利 JP77027355B "混凝土或砂浆中掺加吸波剂"报道，在混凝土或砂浆中掺加铁氧体纳米材料，使其具有吸波性。但由于铁氧体是直接简单地掺入砂浆或混凝土中的，铁氧体不能有效地发挥吸波效果，因此吸波效果比较差，达不到治理电磁辐射污染作用。有文献报道将纤维混凝土板或轻质混凝土应用于外墙板中作为建筑用吸波材料，但所能吸收的电磁波频率比较窄，吸波效率比较低，尚不能有效治理电磁辐射污染，该研究尚在起步阶段。

近年来，为防止电视影像障碍，提高画面质量，采用了金属纤维、碳纤维、有孔玻璃珠和铁粒子混合的吸收电波混凝土。日本大成建设技术研究所工业化开发了稳定吸收电波的烧结铁酸盐的混凝土幕墙，其主要材料为普通硅酸盐水泥、烧结 Mn-Zn 系铁酸盐骨料、3mm 长沥青基卷发状碳纤维、多碳酸盐系减水剂、稀酸系树脂乳液和增黏剂。电波吸收性能为 90～450MHz。该项技术在日本东京的高层建筑中试应用，取得了良好的效果。

2. 净水生态环境材料

将高活性的纳米净水组分与多孔混凝土复合，利用其多孔性和粗糙特性，使其具有渗流净化水质功能和适应生物生息场所及自然景观效果。净水生态混凝土用于河水、池塘水、地下污水水源净化，在保护居住生态环境方面有积极的意义。在海水净化的过程中，多孔混凝土对全有机态碳（TOC）的除去率可提高到 70%。小野田公司将加气混凝土类的多孔质材料作为畜产排泄污水净化和有机肥料化的辅助材料，尤其是持续吸附除去污水中的磷效果非常好。此外，加气混凝土颗粒作为药液的载体十分有效。宫崎将它用于处理赤潮等异常繁殖的浮游生物的驱除，2～5mm 的加气混凝土颗粒吸收双氧水之后，投放到发生浮游生物的海水中，效果非常显著。

3. 净化空气混凝土

空气污染对人类的健康有直接的危害，为了净化各种有害气体，人们研究了各种净化空气材料。按其特性可分为物理吸附型、化学吸附型、离子交换型、光催化型和稀土激活型材料，其共同的技术特点都是应用了纳米技术和纳米效应提升和强化其空气净化功效。锐钛型纳米 TiO_2 是一种优良的光催化剂，它具有净化空气、杀菌、除臭、表面自洁等特殊功能。在砂浆或混凝土中添加纳米级等组分，制成光催化混凝土，能将空气中的二氧化硫、氮氧化物等对人体有害的污染气体进行分解去除，起到净化空气的作用。1998 年日本就将其应用于道路工程。日本玉田教授用粉煤灰合成小颗粒状人工沸石骨料制作多孔的吸声混凝土，并用水泥与沸石混合加入纳米 TiO_2 粉末制作面层材料。在吸收有害气体的同时，多孔混凝土可以吸声，其范围在 400～2000Hz，从而起到减少噪声污染的作用。

4. 抗菌混凝土

抗菌环境材料在日本颇为盛行，它是由纳米级抗菌防霉组分与环境材料复合制成的。最初是为医院防止病毒感染而研制的，以地板材、墙材、地毯、壁纸等产品为主。近年来出现了抗菌防霉混凝土，它是在传统混凝土中掺入纳米级抗菌防霉组分，使混凝土具有抑制霉菌生长和灭菌效果，该混凝土已被应用于畜牧场建筑物。

5. 自动调湿混凝土

纳米级天然沸石与建筑砂浆复合可以制成自动调湿建筑砂浆。环境调湿性建筑砂浆的特点：优先吸附水分，水蒸气压低的地方，其吸湿容量大；吸、放湿与温度相关，温度上升时放湿，温度下降时吸湿。这类材料比较适合对湿度控制要求比较高的美术馆之类的建筑环境。例如，世界首例使用环境调湿建材的工程是 1991 年日本月黑雅叙园美术馆内壁，此后还用于成天山书法美术馆、东京摄影美术馆等。

6. 生态混凝土

根据人们的要求，经特殊处理的混凝土表面还可以滋生绿色植物，净化空气美化环境。用于地面，可保水蓄水；用于墙面和屋顶，可隔热降温。

1.4.4　智能混凝土

混凝土具有生产原料丰富、价格较低、生产工艺简单等特点，经过 100 多年的发展，已经在世界范围内的土木工程中得到了广泛的应用，是目前各工程领域的一种重要建筑材料。但是，其脆性大、抗拉强度低，对裂缝非常敏感；同时，经过长时间荷载、温度变化以及结构效应等环境因素的影响，混凝土不可避免地出现裂缝。裂缝会影响混凝土的耐久性，降低其承载力。因此，修复混凝土裂缝就显得十分必要了。

然而，混凝土修复工程大多是劳动密集型工程，修复成本较高，并且处于修复阶段的混凝土工程是不可用的，这会影响经济建设和人们的生产生活。同时，对于混凝土内部产生的微裂缝，这些裂缝通常是不可见、不可触摸的，想要修复几乎是不现实的。

自愈/自修复系统的可用性可以使结构更加可靠。例如，如果能够控制和修复混凝土结构的早期裂缝，就可以防止驱动因素的渗透，从而延长结构的使用寿命。基于这一原因，许多关于自愈/自修复混凝土的研究已见诸报刊。现简要回顾自愈/自修复混凝土的研究进展以及介绍相关的前沿技术研究。

自愈的作用最早是由法国科学院学者们在 1836 年的一项研究结论中提出的，认为自愈是将水泥水化渗出的氢氧化钙转化为暴露于大气中的碳酸钙的结果。然而，随后的学者研究，认为水泥的自愈是水泥在后期持续水化作用和其他作用的结果。Ramm 和 Biscoping 总结了关于混凝土自愈现象可能的机理：①未水化的水泥在后期发生水化反应；②裂缝两侧混凝土膨胀；③碳酸钙结晶；④水中沉淀堵塞裂缝；⑤裂缝产生的混凝土颗粒填充裂缝。到了 1999 年，Edvardsen 得出结论：碳酸钙沉淀是混凝土结构中裂缝自愈的主要原因。2001 年 White 等人在《自然》杂志上发表了关于聚合物基材料自愈的论文。自此，自愈材料的研究引起人们的广泛关注。

经过 20 年的发展，很多不同的技术被应用到混凝土结构的裂缝修复。因修复目的不同，采用的修复技术也有所不同。例如，侧重于耐久性的工程，控制裂缝的宽度显得尤为重要，而承重混凝土则希望修复后其力学性能没有明显受损。日本混凝土所（JCI）将发生在混凝土中的愈合分为三类：①自然愈合；②自主愈合；③激发愈合。其中①和②称为自动愈合，②和③称为工程愈合。Mihashi 等又根据发生在混凝土的愈合类型，将不同工程技术分为工程自愈合技术和工程自修复技术。其中，工程自愈合技术专注于水泥基材料本身固有的自动愈合能力，采用一些方法来激发这一能力，达到修复裂缝的目的。而工程自修复技术则通过提前预埋装置来补充修复裂缝的能力。工程自修复技术又分为两种模式：一种是被动模式的自修复，将空心管等功能元件像钢筋一样嵌入构件的设计位置；另一种是主动模式的自修复，其中裂缝由传感器监测，只有当裂缝宽度超过临界宽度时，才由驱动装置修复。

水泥基材料本身有一定的自愈能力，但是混凝土结构所处的环境包括水、CO_2、各种阴阳离子等化学环境和温度、水压及其流速、所受荷载等物理环境，会对混凝土的自愈合能力造成一定的影响。为了提高混凝土本身自愈能力，减少外部环境对其造成的不良影响，一些针对激活或者提高混凝土自愈能力的研究不断出现。

当基体发生裂缝时，由于纤维提供的桥联效应，使得每条裂缝的开口都将得到有效的控制和抑制。所以，不连续的和随机分布的纤维可以用于混凝土来缩小裂缝宽度，从而为任何形式的自愈合过程提供足够的支持。虽然纤维增强脆性材料的理论已经有了很长一段历史，但是由于材料愈合相关研究发展较晚，纤维增强混凝土自愈性能的研究很少。当前用于混凝土的纤维通常有玻璃纤维、金属钢纤维、天然植物纤维和聚合物有机纤维。其中，玻璃纤维可以改善混凝土的抗拉强度和抗冲击强度，但由于水泥的高碱度会导致纤维脆化，这是玻璃纤维在混凝土中应用的局限性；金属钢纤维增强了混凝土的延性、抗弯强度和断裂韧性，然而它们暴露在高硫酸盐和氯化物的环境中，其耐久性会大大降低；混凝土中最常用聚合物有机纤维是聚丙烯（PP）、聚乙烯（PE）、聚乙烯醇（PVA）等，它们具有高的抗冲击性、环境稳定性和较低的生产成本等特点，然而，弹性模量较低，抗拉强度的增加并不显著。

Homma 等通过显微镜观察、透水试验、拉伸试验、背散射电子图像分析等方法研究了纤维增强水泥基复合材料（FRCC）的自愈能力。他们制备了水胶比为 0.45 的水泥胶砂试件，并掺入了三种不同纤维（1.5vol％钢纤维、1.5vol％PE、0.75vol％钢纤维和 0.75vol％PE 的混合纤维）。研究发现，大量细小 PE 纤维桥接在裂缝上，通过拉曼光谱法检测可以发现碳酸钙结晶产物都附着在 PE 纤维上。因此，加入 PE 纤维可以使得附着在裂缝表面的碳酸钙结晶产物的平均厚度增加得更快一些，这无疑有利于其愈合。随后又进行了水渗透试验，发现自愈合时，水渗透性随裂缝宽度的变化而降低，但当裂缝宽度大于 $100\mu m$ 时，即使加入 1.5vol％ 的 PE，其降低率也没有提高。拉伸试验中，PE 单掺的抗拉强度提高不多，仅为 10％～60％，而钢纤维和 PE 的混合纤维则表现优异。分析背散射电子图像，Homma 还得出这样的结论：试件水化程度对其自愈能力影响很小。Koda 等则掺入了 1.5vol％PE 和 1.5vol％PVA 进行了一系列试验，研究发现具有化学极性的 PVA 具有显著的较高的自修复能力，在 $100\mu m$ 以下的裂缝中，PE 和 PVA 的自修复能力基本相同，而在 $100\mu m$ 以上的裂缝中，两者的自修复能力差异显著，PVA 拥有更出色的自修复能力。Mihashi 等还对单掺 PE 和掺混杂纤维（PE 和钢纤维）试件进行了长期腐蚀研究，通过加速腐蚀装置对试件加速腐蚀一年，发现纤维的桥接作用利于这些试样裂缝自愈合的同时，也可能有助于减少钢的腐蚀。

近年来，应用生物技术在混凝土领域的引入，促进了"微生物混凝土"或"生物混凝土"新领域的发展。这是一种基于微生物的策略，在混凝土结构中使用细菌来诱导碳酸钙沉淀。微生物诱导碳酸钙沉淀（MICCP）是微生物通过代谢活动在细胞外形成碳酸钙的能力。生物体代谢产物与周围环境发生反应而形成矿物的现象称为生物矿化。与微生物相关的生物矿化过程大致涉及两种不同的代谢途径：①自养途径；②异养途径。在自养介导的途径中，碳酸钙沉淀是由微生物在其直接环境中有钙离子存在的情况下，通过二氧化碳的转化而引起的；在异养介导的途径中，碳酸盐的析出可能是通过硫循环或氮循环进行的。关于微生物在混凝土中修复裂缝的研究，Joshi 等列出了一些利用细菌作为混凝土裂缝修复剂的研究，见表 1.1。

表 1.1　利用细菌作为混凝土裂缝修复剂的研究

微生物	载体	孵化措施	愈合裂缝概况
巴氏芽孢杆菌	混砂细胞	微生物封堵砂浆块在尿素-$CaCl_2$ 培养基中浸泡 28d	裂缝深度 3.175mm
	聚氨酯固定化细胞	在尿素-$CaCl_2$ 培养基中培养 28d	裂缝宽度 3.18mm，深度 25.4mm
球形芽孢杆菌	硅胶固定化细胞	在尿素和钙源溶液中浸泡 3d	裂缝宽度 0.3mm，深度 10.0mm 和 20.0mm
	营养钙源水凝胶包埋孢子	浸水干湿循环 4 周	裂缝宽度 0.5mm
	微胶囊包埋孢子	浸水干湿循环 8 周	愈合的最大裂缝宽度为 0.97mm
	改性海藻酸钠水凝胶包裹孢子	完全浸于水中	NA
Alkalinitrilicus 芽孢杆菌	含乳酸钙膨胀黏土中的孢子	在水中浸泡 100d	裂缝宽度为 0.05～1.0mm
sp. CT-5 芽孢杆菌	混砂细胞	在尿素-$CaCl_2$ 培养基中浸泡 28d	裂缝宽度 3.0mm，深度 13.4mm、18.8mm、27.2mm
科氏芽孢杆菌	外表处理	浸泡在含有细菌孢子、酵母提取物和钙源的培养基中	裂缝宽度 0.1～0.4mm
无菌溶脲孢子	含环丰富的解脲粉	浸于尿素和去矿化水中 4 周	裂缝愈合宽度 0.45mm

　　自修复混凝土属于智能材料的范畴，应具备以下三个功能：①传感功能——定位或检测目标变化的存在，如裂缝；②处理功能——判断应采取何种行动或何时采取行动；③执行功能——将计划的维修操作付诸行动。基于此，主动模式自修复通过预埋的感知系统，检测到裂缝后，将信号传导给控制系统，控制系统驱动修复体，释放修复剂进行修复工作，主动模式自修复常见的技术有形状记忆合金（SMA）、空芯光纤修复技术。然而，被动模式的自修复则没有主动感知系统，裂缝产生时，在界面黏结力的作用下储存在基体中的修复剂被撕裂释放，进行不可控的自修复，如微胶囊、中空纤维技术。相比较而言，主动模式自修复更为复杂。

　　形状记忆合金可恢复的应变量高达 7%～8%。形状记忆合金具有双程记忆效应和全程记忆效应。将经过预拉伸处理的 SMA 预埋到基体中，当基体出现裂缝或者裂缝宽度达到临界点时，对裂缝附近的 SMA 进行加热处理可使其收缩变形达到闭合裂缝或者限制裂缝宽度的修复目的。Sakai 等提出了一种使用形状记忆合金的裂缝闭合系统。他们使用 SMA 作为混凝土梁的主筋，使混凝土梁在荷载作用下产生较大的裂缝，在卸载后进行机械封闭，但整体裂缝难以完全闭合。Nishiwaki 等开发了一种能进行自我主动修复的系统。该系统由用于裂缝自诊断的导电复合材料和含有低黏度环氧树脂作为修补剂的热塑性薄膜制成的管道组成。虽然 SMA 有着很多优点，但是 SMA 需要加热才能发挥作用，在长期使用后，其工作稳定性也会变差。最重要的一点是，SMA 价格是普通钢材的 700 倍，如此昂贵的成本很大程度上限制了其在混凝土中的应用。

空心光纤由纤芯、包层和涂敷层组成。修复剂储存在纤芯中,将光纤预埋在混凝土基体中,当混凝土结构发生变形时,光纤受到挤压,这时光纤中光的传播会受到影响,光强度、相位、波长以及偏振等参数发生变化。监测系统能感应这一变化,在确定损伤位置后驱动注胶系统对光纤进行加压,使得光纤管破裂,最终修复剂迅速流出,对损伤处进行修复。张妃二等研究了空心光纤的传输特性和与混凝土的匹配特性。他们认为光纤在混凝土中的传输特性具体表现为光纤中光功率的损耗。研究表明,随着注入纤芯空心中介质的不同,光的传播也不同,原因是光在光纤中传播依靠的是反射原理,不同的介质与纤芯形成的界面也不同。认为空心光纤与混凝土结构的匹配特性归结起来有两种情况:一是光纤与混凝土不能完全结合,使混凝土结构出现缺陷,从而降低了混凝土结构的强度,并使空心光纤作为应变传感的能力下降;二是光纤与混凝土结合过紧,导致空心光纤与混凝土结构的界面处产生很大的应力集中,从而使埋入混凝土结构的空心光纤的传输性能下降,并使空心光纤因应力集中而产生损伤,甚至出现断裂。同时,空心光纤非常细,容量非常有限,其制约了修复剂的储存量;胶液流出还受到容器位置的限制。因此,空心光纤技术广泛应用在混凝土中还需要很长时间。

基于中空纤维的损伤自修复方法与空心光纤方法类似,即将胶粘剂注入中空玻璃纤维并埋入混凝土中,从而形成智能仿生自愈合网络系统。当混凝土结构在外部荷载和环境作用下出现损伤和裂缝时,纤维内胶粘剂流出渗入裂缝,在化学作用下胶粘剂发生固结,从而抑制开裂,进一步修复裂缝。

微胶囊是通过成膜材料包覆分散性的固体、液体或气体而形成的具有核-壳结构的微小容器。混凝土微胶囊自修复的基本原理:①含修复剂的微胶囊和固化剂均匀分布在基体材料中;②当有裂缝产生时,裂缝尖端的微胶囊在应力集中的作用下破裂,修复剂流出,通过毛细作用渗入裂缝中;③渗入裂缝中的修复剂与附近固化剂相遇,修复剂固化并将裂缝修复。

由其修复机理可知,壳体既要能储存修复剂,也要能在基体破坏时提供一个驱动力来释放修复剂。所以,壳体必须有足够的强度,且在工作之前保持完整无损;最重要的是,拥有足够的外力灵敏性,在发生破坏时能够迅速破裂并释放修复剂,这就要求微胶囊与基体能够紧密贴合。同时,修复剂要具备良好的流动性,可长期储存,保证工作稳定性。

微胶囊对混凝土基体来说是一种缺陷,会在一定程度上降低基材的强度。微胶囊对抗折强度试验所形成的宏观裂缝不具有修复能力,但对微裂缝却有较好的修复性能。同时,微胶囊自修复技术还有胶囊的选择、胶囊与基体的适应性、修复剂的掺量等问题。微胶囊虽然修复效果较好,但是当基体出现二次变形时,微胶囊已被损耗。这些都限制了微胶囊在混凝土中的应用。

尽管当前对于自修复混凝土的研究仍处于起步阶段,但是对于自修复理论的研究,人们至少达成了共识。当前急需解决的是如何将自修复发展成一个完整的体系,不仅要有相应的工程技术,也要有配套的监测、检测手段以及成熟的标准规范。自愈合/自修复技术研究是传统混凝土走向智能化的重要发展道路,在土木工程的实时监测、无损评估、无损修复以及智能调控等方面都具有巨大的潜力,能够帮助解决传统混凝土的工程技术问题。未来,自愈合/自修复混凝土必将引发混凝土材料的重大变革。

1.4.5　中国智造绿色高性能混凝土未来发展之路

混凝土与水泥制品是最大宗、最主要的建筑工程材料，服务于建筑、水利、公路、铁路、桥梁以及矿业等所有行业的工程建设，产业规模在建筑材料32个行业中排名第一位。2020年前三个季度，我国混凝土与水泥制品行业规模以上企业实现主营业务收入达到1.3万亿元，同比增长15.0%，已形成具有中国特色的完整的混凝土与水泥制品工业体系。我国的混凝土与水泥制品材料与工程技术支撑着国家重大工程建设的创新发展，许多材料与工程技术创新成果达到国际先进水平，已成为"中国建造"世界品牌不可分割的组成部分。

我国绿色高性能混凝土已迈向高端、转型绿色，走进高质量发展新时代，目前我国经济结构和产业结构正在发生着深刻的变化，以创新应变是王道。虽然持续扩大内需，全国固定资产投资持续增长，但对水泥及混凝土的需求并没有同步增长，说明国家产业结构调整和投资导向正在发生重大变化。循环经济理念与绿色建筑、装配式建筑等对行业的发展有着最新的需求，"无废城市"的发展必然将绿色建筑的"节材"要求提升至"无废建筑"、强化循环经济和环保要求。因此，行业发展要不断创新发展以应变不断变化的市场需求。

目前行业技术创新前沿热点：

（1）超高性能混凝土材料低成本制造技术；

（2）超高性能混凝土的应用开发；

（3）靶向功能外加剂；

（4）环保利废轻骨料产业化技术；

（5）特性水泥研发、低热（低碳/低钙）硅酸盐水泥、水泥材料的技术创新；

（6）3D打印材料与3D打印技术；

（7）生态混凝土；

（8）自防护混凝土向智能材料发展，智能制造赋能转型升级；

（9）景观建筑与建筑造型混凝土、绿植生态环境与生态混凝土；

（10）轻质装配式工程构件部品；

（11）地下空间与结构防水混凝土；

（12）全装配式市政桥梁工程构件；

（13）污水过滤可再生轻骨料混凝土部品等正在成为创新发展的混凝土。

2 绿色高性能混凝土的组成材料

绿色高性能混凝土的组成材料有水泥、骨料、水、外加剂、粉煤灰、矿渣粉、石灰石粉、硅灰、复合掺合料、再生骨料、淡化海砂及高性能混凝土用骨料等。

矿物掺合料是指以硅、铝、钙等一种或多种氧化物为主要成分，具有规定细度，掺入混凝土中能改善混凝土性能的粉体材料。矿物掺合料有粉煤灰、粒化高炉矿渣粉、硅灰、石灰石粉、钢渣粉、磷渣粉、沸石粉和复合矿物掺合料等。矿物掺合料的定义、技术要求、试验方法、检验规则、包装、贮存、配合比设计及工程应用应符合现行国家标准《矿物掺合料应用技术规范》（GB/T 51003）和《高强高性能混凝土用矿物外加剂》（GB/T 18736）的规定。

2.1 水 泥

早在公元初期人们就开始认识到在石灰中掺入火山灰，不仅强度高，而且能抵抗水的浸析。古罗马"庞贝"城的遗址以及著名的罗马圣庙等都是用石灰、火山灰材料砌筑而成的。随着生产力的发展，人们认识的深化，到 1796 年出现了用含有确定比例黏土成分的石灰石煅烧而成的"罗马水泥"。由于这种具有特定成分的石灰石很少，因此人们开始研究用石灰石和黏土配制、煅烧水泥。这就是最早的硅酸盐水泥雏形。1824 年英国泥瓦工约瑟夫·阿斯普丁（Joseph Aspdin）首先取得了生产硅酸盐水泥的专利权。由于这种水泥的颜色酷似英国一种在建筑业享有盛名的"波特兰"石的颜色而被命名为波特兰水泥，我国称为硅酸盐水泥。波特兰水泥的出现，对工程建设起到了巨大的推动作用，引起了工程设计、施工技术等领域的重大变革，为各国科学家所瞩目。他们进一步运用物理的、化学的方法，并采用现代测试手段研究了水泥的矿物组成及水化机理，开发了一系列新的水泥新品种，发展了新的水泥生产工艺。

水泥属于水硬性无机胶凝材料，加水调制后，经过一系列物理化学作用，由可塑性浆体变成坚硬的石状体，并能将砂石等散粒状材料胶结成具有一定物理力学性质的石状体。水泥浆既能在空气中硬化，又能在潮湿环境或水中硬化，并保持发展强度。所以，它既可用于地上工程，也可用于水中及地下工程。

水泥有很多品种，通常按其性质和用途可分为通用水泥、专用水泥和特种水泥。通用水泥是工业与民用建筑等土建工程中应用最为广泛的水泥，它包括六大品种：硅酸盐水泥、普通硅酸盐水泥、矿渣硅酸盐水泥、火山灰质硅酸盐水泥、粉煤灰硅酸盐水泥和复合硅酸盐水泥。专用水泥是以所用工程的名称来命名的，如油井水泥、砌筑水泥等。特种水泥是具有某种突出特性的水泥，如膨胀水泥、快硬水泥等。按水泥的矿物组成则可分为硅酸盐水泥、铝酸盐水泥、硫铝酸盐水泥、铁铝酸盐水泥等。

水泥是建筑、道路、水利、海港和国防工程中用量最多、最重要的建筑材料之一。

随着我国现代化工农业的高速发展，水泥在国民经济中的地位日益提高，应用越来越广。水泥工业及其制品的迅速发展，对保证国家建设计划顺利进行起着十分重要的作用。

水泥受到如此重视、应用广泛，是因为它具有如下优点：

（1）具有水硬性，不怕水，水上、水下都可用。

（2）具有可塑性，可塑制成各种形状和尺寸的构件。

（3）原料来源广、便宜。烧制水泥的原料是石灰石和黏土，价格低廉。

（4）生产工艺比钢材、塑料简单。

（5）调整其组成可配制生产出不同强度、不同品种的水泥，以满足不同需要。

（6）耐久性好，不生锈、腐烂、老化，抗冻性也较好。

（7）具有与钢筋良好的黏结力，可以制作各种形式的钢筋混凝土和预应力钢筋混凝土构件和建筑物。

此外，水泥的应用还不受地方、气候等的限制。因水泥具有上述优点，已在工业与农业、陆地与海洋、热带与寒带等各种工程中得到广泛应用。水泥在军事、航空、核工业、海洋工程、港口建设、环保工程等中，也是必不可少的材料。

2.1.1 硅酸盐水泥

凡由硅酸盐水泥熟料、0～5%石灰石或粒化高炉矿渣、适量石膏磨细制成的水硬凝材料，称为硅酸盐水泥。不掺加混合材料的称Ⅰ型硅酸盐水泥；在硅酸盐水泥熟料粉磨时掺加不超过水泥质量5%的石灰石或粒化高炉矿渣混合材料的称Ⅱ型硅酸盐水泥，代号分别为P·Ⅰ和P·Ⅱ。

硅酸盐水泥分为42.5、42.5R、52.5、52.5R、62.5、62.5R 六个等级。各强度等级水泥在不同龄期的强度要求见表2.1。

表 2.1 硅酸盐水泥各龄期的强度要求

强度等级（MPa）	抗压强度（MPa）		抗折强度（MPa）	
	3d	28d	3d	28d
42.5	≥17.0	≥42.5	≥3.5	≥6.5
42.5R	≥22.0	≥42.5	≥4.0	≥6.5
52.5	≥23.0	≥52.5	≥4.0	≥7.0
52.5R	≥27.0	≥52.5	≥5.0	≥7.0
62.5	≥28.0	≥62.5	≥5.0	≥8.0
62.5R	≥32.0	≥62.5	≥5.5	≥8.0

所谓硅酸盐水泥熟料，是指以适当成分的生料烧至部分熔融，所得以硅酸钙为主要成分的产物，简称熟料。

2.1.1.1 硅酸盐水泥的原料及生产

生产硅酸盐水泥的原料，主要是石灰质和黏土质两类原料。石灰质的原料有石灰岩、白垩、石灰质凝灰岩等，它主要提供 CaO，每生产 1t 熟料，需用石灰岩 1.1～1.3t。用作黏土质的原料有各类黏土、黄土等，它主要提供 SiO_2、Al_2O_3 和 Fe_2O_3，每吨熟料用量为 0.3～0.4t。为了补充铁质及改善煅烧条件，还可加入适量铁粉、萤石等。

生产水泥的基本工序：先将原材料破碎并按其化学成分配料后，在球磨机中研磨成生料，然后入窑进行煅烧，最后将烧好的水泥熟料配以适量的石膏（加或不加石灰石、矿渣）在球磨机中研磨至一定细度，即得到硅酸盐水泥成品。

所以生产水泥的基本工序可以概括为"两磨一烧"，如图 2.1 所示。

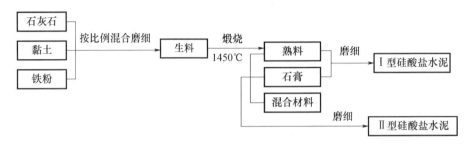

图 2.1 硅酸盐水泥生产过程

按生料制备方法可分为湿法和干法。湿法是将原料配好后，加水湿磨成含水 35%～40% 的生料浆，经校正成分、搅拌后入窑煅烧。该法的优点是生料成分均匀、控制准确、产品质量高；缺点是能耗大。干法是将原料烘干，配料后研磨成生料粉入窑煅烧（用立窑时，须将生料粉加适量的水及煤粉，做成生料球再入窑煅烧）。

按煅烧水泥所用窑的类型可分为回转窑（旋窑）和立窑。回转窑多用于现代化的大中型水泥厂；立窑则用于地方水泥工业的小厂。回转窑的产量高，产品质量稳定；立窑设备简单，投资少，但煅烧不易均匀，产品质量不如回转窑稳定。

生料在煅烧过程中，经历干燥、预热、分解、烧成，冷却阶段，发生了一系列物理化学变化：

100～200℃，生料被加热，水分被蒸发而干燥；

300～500℃，生料被预热；

500～800℃，黏土质矿物中的高岭石脱水分解为无定形的 SiO_2、Al_2O_3 等，有机物燃尽；

800～1300℃，碳酸钙分解出 CaO，并开始与黏土分解出的 SiO_2、Al_2O_3、Fe_2O_3 发生固相反应。随着温度的继续升高，固相反应加速进行，并逐步形成硅酸二钙（$2CaO \cdot SiO_2$）、铝酸三钙（$3CaO \cdot Al_2O_3$）及铁铝酸四钙（$4CaO \cdot Al_2O_3 \cdot Fe_2O_3$）。当温度达到 1300℃时，固相反应完成，物料中仅剩很小一部分 CaO 未与其他氧化物化合。

当温度从 1300℃升到 1450℃再降至 1300℃，即为烧成阶段。这时 $3CaO \cdot Al_2O_3$ 及 $4CaO \cdot Al_2O_3 \cdot Fe_2O_3$ 烧至部分熔融状态，出现液相，将所剩 CaO 和 $2CaO \cdot SiO_2$ 溶解，$2CaO \cdot SiO_2$ 在液相中吸收 CaO 形成硅酸盐水泥的最重要矿物硅酸三钙（$3CaO \cdot SiO_2$）。这一过程是煅烧水泥的关键，必须达到足够的温度并停留适当长的时间，充分生成 $3CaO \cdot SiO_2$。否则，熟料中将残存较多的游离态 CaO 而影响水泥的质量。烧成的水泥熟料经迅速冷却即可堆存备用。

随着科学技术的发展，水泥的生产工艺正发生着重大变革，20 世纪 50 年代出现的悬浮预热窑、20 世纪 70 年代开发的窑外分解技术均是传统回转窑生产工艺的重大革新。因为物料在回转窑内呈堆积态分布于窑的底部，热气流从料层表面流过，与物料的换热面积小，传热效率低，预热效果差。同时，在分解带的物料从料层内部分解出的二氧化碳向外扩散的面积小、阻力大、速度慢，从而增加了碳酸盐分解的难度，降低了分解速度。在回转窑窑尾的竖向装设悬浮预热器及分解炉，使固体物料逐级和上升热气流悬浮换热，从根本上改变了物料预热，分解过程的传热状态，变堆积态传热为悬浮态传热，使物料与热气流的接触面积大幅度增加，传热效率可提高若干倍，加之燃料与预热后的粉料均匀混合，瞬间燃烧，直接传热，使碳酸盐分解速度极大提高，如此，不仅可使回转窑长度大为缩短，而且可使产量成倍增加，因而，悬浮预热、窑外分解技术是世界各国竞相发展的新的水泥生产工艺技术。

2.1.1.2 硅酸盐水泥熟料的矿物组成及矿物成分的水化反应

硅酸盐水泥熟料由四种主要矿物成分所构成，其名称及含量范围如下：

硅酸三钙（$3CaO \cdot SiO_2$），简写为 C_3S，含量 $37\% \sim 60\%$；

硅酸二钙（$2CaO \cdot SiO_2$），简写为 C_2S，含量 $15\% \sim 37\%$；

铝酸三钙（$3CaO \cdot Al_2O_3$），简写为 C_3A，含量 $7\% \sim 15\%$；

铁铝酸四钙（$4CaO \cdot Al_2O_3 \cdot Fe_2O_3$），简写为 C_4AF，含量 $10\% \sim 18\%$。

其中硅酸钙含量为 $75\% \sim 82\%$，而 $C_3A + C_4AF$ 仅占 $18\% \sim 25\%$。

除四种主要矿物成分外，水泥中尚含有少量游离 CaO、MgO、SO_3 及碱（K_2O、Na_2O）。这些成分均为有害成分，现行国家标准中有严格限制。

1. 矿物成分的水化反应

工程中使用水泥时，首先要用水拌和。水泥颗粒与水接触，其表面的熟料矿物立即与水发生水化反应并放出一定热量。

$$2（3CaO \cdot SiO_2）+6H_2O == 3CaO \cdot 2SiO_2 \cdot 3H_2O + 3Ca(OH)_2$$

$$2（2CaO \cdot SiO_2）+4H_2O == 3CaO \cdot 2SiO_2 \cdot 3H_2O + Ca(OH)_2$$

$$3CaO \cdot Al_2O_3 + 6H_2O == 3CaO \cdot Al_2O_3 \cdot 6H_2O$$

$$4CaO \cdot Al_2O_3 . Fe_2O_3 + 7H_2O == 3CaO \cdot Al_2O_3 \cdot 6H_2O + CaO \cdot Fe_2O_3 \cdot H_2O$$

在上述水化反应进行的同时，水泥熟料磨细时掺入的石膏也参与了化学反应：

$$3（CaSO_4 \cdot 2H_2O）+3CaO \cdot Al_2O_3 \cdot 6H_2O + 19H_2O == 3CaO \cdot Al_2O_3 \cdot 3CaSO_4 \cdot 31H_2O$$

不同矿物成分的水化特点是不同的。

硅酸三钙的水化反应速度很快，水化放热量较高。生成的水化硅酸钙几乎不溶解于水，而立即以胶体微粒析出，并逐渐凝聚而成凝胶体，称为水化硅酸钙凝胶（C-S-H 凝胶）。生成的氢氧化钙在溶液中很快达到饱和，呈六方晶体析出。硅酸三钙的迅速水化，使得水泥强度快速增长。它是决定水泥强度高低（尤其是早期强度）的最重要的矿物。

硅酸二钙与水反应的速度慢得多，水化放热量很少，早期强度低，但在后期稳定增长，大约 1 年可接近 C_3S 的强度。

铝酸三钙与水反应的速度最快，水化放热量最多，但强度值不高，增长也甚微。

铁铝酸四钙与水反应的速度较快，水化放热量少，强度值高于 C_3A，但后期增长甚少。

表 2.2、表 2.3 分别列出了不同熟料矿物的强度值和水化放热量。

表 2.2　水泥熟料单矿物的强度（20℃，相对湿度 90% 以上）

矿物名称	抗压强度（MPa）				
	3	7	28	90	180
C_3S	29.6	32.0	49.6	55.6	62.6
C_2S	1.4	22.0	4.6	19.4	28.6
C_3A	6.0	7.2	8.0	9.1	7.0
C_4AF	15.4	16.8	18.6	16.6	19.6

表 2.3　水泥熟料单矿物的水化热

水化时间（d）	水化热（J/0.01g）			
	C_3S	C_2S	C_3A	C_4AF
3	4.10	0.79	7.10	1.21
7	4.60	0.79	7.86	1.84
28	4.80	1.84	8.45	2.00
90	51.00	2.30	7.86	2.00
180	51.00	22.00	9.13	3.05
360	5.70	2.59		

综上所述，硅酸盐水泥水化后的主要水化产物有水化硅酸钙、水化铁酸钙凝胶、氢氧化钙、水化铝酸钙和水化硫铝酸钙晶体。在充分水化的水泥石中，水化硅酸钙凝胶约占 70%，$Ca(OH)_2$ 占 20%～25%。由于各矿物单独水化时所表现出的特性不同，因此改变各矿物的相对比例，水泥的性质将产生相应变化，所谓不同品种的硅酸盐水泥，即所含四种矿物成分比例不同的水泥，如提高 C_2S 和 C_4AF 的含量可以制得水化热很低的低热硅酸盐水泥；提高 C_3S、C_3A 的含量可以制得快硬硅酸盐水泥。

2. 硅酸盐水泥的凝结硬化

水泥加水拌和后，成为可塑的水泥浆，水泥浆逐渐变稠失去塑性，但尚不具有强度的过程，称为水泥的"凝结"。随后产生明显的强度并逐渐变成坚硬的水泥石，这一过程称为水泥的"硬化"。凝结和硬化是人为划分的，实际上是一个连续的复杂的物理化学变化过程。

硅酸盐水泥的凝结硬化过程自从 1882 年雷·查特理（Le Chatelier）首先提出水泥凝结硬化理论以来，已经有了很大发展。目前一般看法如下：

当水泥与水拌和后，在水泥颗粒表面即发生水化反应，水化产物立即溶于水中［图 2.2 (a)］。这时，水泥颗粒又暴露出一层新的表面，水化反应继续进行。由于各种水化产物溶解度很小，水化产物的生成速度大于水化产物向溶液中扩散速度，所以很快使水泥颗粒周围液相中的水化产物浓度达到饱和或过饱和状态，并从溶液中析出，成为高度分散的凝胶体［图 2.2 (b)］。随着水化作用的继续进行，凝胶体不断增加，并相互搭接，同时游离水分不断减少，水泥将逐渐失去塑性，出现凝结现象。但此时尚不具有强度［图 2.2 (c)］。

随着水化产物的不断增加，水泥颗粒之间的毛细孔不断被填实，加之水化产物中的氢氧化钙晶体、水化铝酸钙晶体不断贯穿水化硅酸钙等凝胶体中，逐渐形成了具有一定强度的水泥石从而进入了硬化阶段［图 2.2 (d)］。水化产物的进一步增加，水分的不断丧失，使得水泥石的强度进一步增长。

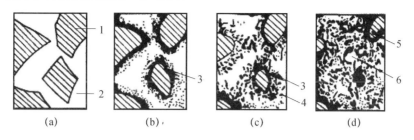

图 2.2　水泥凝结硬化过程示意图

（a）分散在水中未水化的水泥颗粒；（b）在水泥颗粒表面形成水化物膜层；
（c）膜层长大并互相连接（凝结）；（d）水化物进一步发展，填充毛细孔（硬化）

1—水泥颗粒；2—水分；3—凝胶；4—晶体；5—水泥颗粒的未水化内核；6—毛细孔

实际上，水泥的水化过程很慢，较粗水泥颗粒的内部很难完全水化。因此，硬化后的水泥石是由晶体、凝胶体、未完全水化颗粒、游离水及气孔等组成的不均质体。

3. 影响水泥凝结硬化的主要因素

（1）矿物组成

水泥的矿物组成是影响水泥凝结硬化的最重要的内在因素。如前所述，不同矿物成分单独与水起反应时所表现出来的特点是不同的，如 C_3A 的水化速率最快，放热量最大而强度不高；C_2S 水化速率最慢，放热量最少，早期强度低，后期强度增长迅速。因此，改变水泥的矿物组成，其凝结硬化情况将产生明显变化。

（2）石膏

石膏是作为延缓水泥凝结时间的组分而掺入的。实践表明，不掺石膏的水泥，由于 C_3A 的迅速水化将导致水泥的不正常急速凝结（即瞬凝或闪凝），使水泥不能正常使用。石膏起缓凝作用的机理可解释为：水泥水化时，石膏能很快与铝酸三钙作用生成水化硫铝酸钙（即钙矾石），钙矾石很难溶解于水，它沉淀在水泥颗粒表面上形成保护膜，从而阻碍了铝酸三钙的水化反应，控制了水泥的水化反应速度，延缓了凝结时间。

水泥中石膏掺量必须严格控制，适宜的石膏掺量主要取决于水泥中 C_3A 的含量和石膏中 SO_3 的含量，同时与水泥细度及熟料中 SO_3 含量有关。石膏掺量一般为水泥质量的 3％～5％。石膏掺入量过多，将引起水泥石的膨胀性破坏。

（3）细度

在矿物组成相同的条件下，水泥的细度越细，与水接触时水化反应表面积越大，水化反应产物增长较快，凝结硬化加速，水化放热也越快。

（4）环境温度、湿度

提高温度可以使水泥水化反应加速，强度增长加快；相反，温度降低，则水化反应减慢，强度增长变缓。当降到 0℃ 以下时，甚至会因水结冰而导致水泥石结构破坏。实际工程中，常通过蒸汽养护、蒸压养护（如 8～12 个大气压）来加速水泥制品的凝结硬化过程。

水的存在是水泥水化反应的必备条件。当环境湿度十分干燥时，水泥中的水分将很快被蒸发，以致水泥不能充分水化，同时因失水导致浆体收缩而形成裂纹，不能形成强度。

所以，水泥混凝土在浇筑后的一段时间里，应十分注意保温（气温低时）、保湿养护。

（5）时间（龄期）

水泥的凝结硬化是随时间延长而渐进的过程，与此同时，强度不断增长。只要温度、湿度适宜，水泥强度的增长可持续若干年。强度增长的规律，在水泥拌水后的几天内增长最为迅速，如水化 7d 的强度常可达到 28d 强度的 70％左右，28d 以后强度增长则明显减缓。

4. 水泥石的腐蚀

水泥石在外界侵蚀性介质（软水、含酸、含盐水等）作用下，结构受到破坏、强度降低的现象称为水泥石的腐蚀。它是外界因素（侵蚀性介质）与水泥石中某些组分（氢氧化钙、水化铝酸钙等）共同作用而引起的破坏作用。水泥石的腐蚀既有物理作用和化学作用，也有物理、化学的共同作用。分析导致水泥石结构破坏、性能降低的机理，可将腐蚀分为三种类型。

（1）软水的侵蚀（溶出性侵蚀）

雨水、雪水以及多数的河水和湖水均属于软水。当水泥石与这些水长期接触时，水泥石中的氢氧化钙将很快溶解，可达 1.3g/L 水。在静水及无水压的情况下，由于周围的水易为氢氧化钙所饱和，使溶解作用中止，这时溶出仅限于表层，危害不大。但在流水及压力水作用下，氢氧化钙将不断溶解流失，一方面使水泥石变得疏松，另一方面也使水泥石的碱度降低。水泥水化产物（水化硅酸钙、水化铝酸钙等）只有在一定的碱度环境中才能稳定存在，所以氢氧化钙的不断溶出又导致了其他水化产物的分解溶蚀，最终使水泥石破坏。

当环境水为硬水时，其中含有较多重碳酸盐（钙盐和镁盐等），由于同离子效应的缘故，氢氧化钙的溶解将受到抑制，从而减轻了侵蚀作用，重碳酸盐还可以与氢氧化钙起反应，生成几乎不溶解于水的碳酸钙：

$$Ca(HCO_3)_2 + Ca(OH)_2 == 2CaCO_3 + 2H_2O$$

生成的碳酸钙积聚在水泥石的孔隙中，形成了致密保护层，阻止了外界水的侵入和内部氢氧化钙的扩散析出。

将与软水接触的混凝土预先在空气中放置一定时间，使水泥中的氢氧化钙与空气中的二氧化碳、水作用，形成碳酸钙外壳，可减轻软水腐蚀。

（2）溶解性化学腐蚀

溶解于水中的酸类和盐类可以与水泥石中的氢氧化钙起置换反应，生成易溶性盐或无胶结能力的物质，使水泥石结构破坏。最常见的是碳酸、盐酸及镁盐的侵蚀。

① 碳酸水的腐蚀

雨水、泉水及地下水中常含有一些游离的碳酸（CO_2），当含量超过一定量时，将对水泥石产生破坏作用，其反应过程如下：

$$Ca(OH)_2 + CO_2 + H_2O == CaCO_3 + 2H_2O$$
$$CaCO_3 + CO_2 + H_2O == Ca(HCO_3)_2$$

生成的碳酸氢钙易溶于水。若水中含有较多的碳酸，并超过平衡浓度，则上式将向右进行，因而水泥石中的氢氧化钙，通过转变为碳酸氢钙而溶失，进而导致其他水泥水化产物的分解，使水泥石结构破坏，低于平衡浓度的碳酸并不起侵蚀作用。环境水中所含游离碳酸越多、水温越高，侵蚀越严重。

② 盐酸等一般酸的腐蚀

工业废水、地下水等常含有盐酸、硝酸、氢氟酸以及醋酸、蚁酸等有机酸，它们均可与水泥石中的氢氧化钙反应，生成易溶物，如：

$$2HCl+Ca(OH)_2 \Longrightarrow CaCl_2（易溶）+2H_2O$$

③ 镁盐的腐蚀

海水及地下水中常含有氯化镁等镁盐，它们可与水泥石中的氢氧化钙起置换反应生成易溶的氯化钙、无胶结能力的氢氧化镁。

$$MgCl_2+Ca(OH)_2 \Longrightarrow CaCl_2+Mg(OH)_2$$

（3）膨胀性化学腐蚀

当水泥石与含硫酸或硫酸盐的水接触时，可以产生膨胀性化学腐蚀。其反应过程为：

$$H_2SO_4+Ca(OH)_2 \Longrightarrow CaSO_4 \cdot 2H_2O$$

生成的二水石膏在水泥石孔隙中结晶产生膨胀，也可以和水泥石的水化铝酸钙反应生成膨胀性更大的水化硫铝酸钙。

$$3(CaSO_4 \cdot 2H_2O)+3CaO \cdot Al_2O_3 \cdot 6H_2O+19H_2O \Longrightarrow 3CaO \cdot Al_2O_3 \cdot 3CaSO_4 \cdot 31H_2O$$

生成的水化硫铝酸钙，体积膨胀 1.5 倍左右，对水泥石具有严重破坏作用。水化硫铝酸钙呈针状结晶（图 2.3），故常称为"水泥杆菌"。硫酸镁、硫酸钠等硫酸盐均可产生上述腐蚀。除上述三种主要腐蚀类型外，当铝酸盐含量高的硅酸盐水泥遇到强碱作用时也会被腐蚀。

图 2.3 水化硫铝酸钙针状晶体

$$3CaO \cdot Al_2O_3+6NaOH \Longrightarrow 3Na_2O \cdot Al_2O_3+3Ca(OH)_2$$

生成的铝酸钠是易溶的。

当水泥石被氢氧化钠溶液浸透后又在空气中干燥时，氢氧化钠可被空气中的 CO_2 碳化生成具有膨胀性的碳酸钠结晶而胀裂水泥石。

$$2NaOH+CO_2 \Longrightarrow Na_2CO_3+H_2O$$

实际上水泥石的腐蚀是一个极为复杂的物理化学过程，很少是单一类型的腐蚀，往往是几种腐蚀同时发生，互相影响。

综上所述，水泥腐蚀的主要原因：侵蚀性介质以液相形式与水泥石接触并具有一定的浓度和数量；水泥石中存在有引起腐蚀的组分——氢氧化钙和水化铝酸钙；水泥石本身结构不密实，有一些可供侵蚀性介质渗入的毛细通道。因此，欲防止或减轻水泥石的腐蚀，可采取以下三种措施：

① 根据环境条件，合理选用水泥品种。如对软水腐蚀严重的工程可选用水化产物中含氢氧化钙少的水泥；对硫酸盐腐蚀严重的工程可选用含铝酸钙少的抗硫酸盐水泥（铝酸三钙含量低于 5％）。

水泥中掺入活性混合材料可以有效地提高其耐腐蚀能力。

② 提高混凝土的密实度，减少侵蚀性介质渗入水泥石内部的通道，可以有效地减轻腐蚀。

③ 在混凝土的外表面加覆盖层，隔离侵蚀性介质与水泥石接触。如在混凝土表面粘贴花岗岩板、耐酸瓷砖、喷涂沥青质或合成树脂涂料等。对腐蚀严重的工程，还可以采用聚合物混凝土等耐腐蚀性强的材料代替普通混凝土。

2.1.1.3 混合材料

在生产硅酸盐水泥的过程中，为了改善水泥的性质，调节水泥强度等级而加入水泥中的人工或天然矿物材料，称为水泥混合材料。混合材料磨成细粉，并与石灰或石灰和石膏混合均匀，用水拌和后，在常温下可生成具有水硬性胶凝水化物，这种性质称为混合材料的活性。

水泥用混合材料可按其活性的不同，分为非活性混合材料（也称为惰性混合材料、填充性混合材料）和活性混合材料。

1. 非活性混合材料

属于非活性混合材料的有磨细石英砂、石灰石、黏土、缓冷矿渣等。它们掺入水泥中不与水泥成分起化学反应或化学反应极小，主要起填充作用，可调节水泥强度等级、降低水化热及增加水泥产量等。

2. 活性混合材料

常用活性混合材料有粒化高炉矿渣、火山灰质混合材料和粉煤灰等，其主要化学成分为活性氧化硅和活性氧化铝。这些活性材料本身难以产生水化反应，无胶凝性。但在氢氧化钙或石膏等溶液中，它们却能产生明显的水化反应，形成水化硅酸钙和水化铝酸钙：

$$x\text{Ca(OH)}_2 + \text{SiO}_2 + m\text{H}_2\text{O} \longrightarrow x\text{CaO} \cdot \text{SiO}_2 \cdot n\text{H}_2\text{O}$$
$$y\text{Ca(OH)}_2 + \text{Al}_2\text{O}_3 + m\text{H}_2\text{O} \longrightarrow y\text{CaO} \cdot \text{Al}_2\text{O}_3 \cdot n\text{H}_2\text{O}$$

水泥熟料水化反应会产生大量氢氧化钙，熟料中也含有石膏，因此具备了使活性混合材料发挥活性的条件，常将氢氧化钙、石膏称为活性混合材料的"激发剂"。激发剂浓度越高，激发作用越大，混合材料活性发挥越充分。有人认为，在饱和氢氧化钙溶液中，石膏甚至可与水泥中的铝酸三钙形成水化硫铝酸钙。

（1）粒化高炉矿渣粉，高炉矿渣是高炉炼铁时所排出的以硅酸钙和铝酸钙为主要成分的熔融物，经淬冷成粒后即为粒化高炉矿渣。它的主要化学成分为 CaO、SiO_2、Al_2O_3、MgO 和 Fe_2O_3 等。通常 CaO、SiO_2 和 Al_2O_3 占 90％以上。高炉矿渣的活性在很大程度上取决于各化学成分的内部结构形态，而内部结构形态与熔融矿渣的冷却条件直接相关：当缓慢冷却时 SiO_2 等形成晶体，活性极小，属非活性混合材料；当采用水、压缩空气等对熔融矿渣进行快速冷却时，则可形成玻璃态结构，并呈疏松颗粒，具有较高的活性，为活性混合材料。

（2）火山灰质混合材料，凡天然或人工的以活性氧化硅和活性氧化铝为主要成分的矿物质材料，经磨成细粉，拌水后本身不能硬化，但与石灰混合后却可水化形成水硬性矿物的物质称为火山灰质混合材料。

火山灰质混合材料按其化学成分及矿物结构可分为三类：含水硅酸质混合材料（如硅藻土、硅藻石、蛋白石等），其主要活性成分为无定形的含水硅酸（$SiO_2 \cdot nH_2O$）；火山玻璃质混合材料（如火山灰、凝灰岩、浮石等）。其主要活性成分为玻璃质的 SiO_2 和 Al_2O_3；烧黏土质混合材料（如烧黏土、煤渣、煤灰、页岩灰等），其主要活性成分为偏高岭石分解出来的活性 SiO_2 和 Al_2O_3。

（3）粉煤灰，粉煤灰是火力发电厂煤粉燃烧后从烟气中收集下来的粉状物。粒径为 $1 \sim 50\mu m$，呈玻璃质的实心或空心球状颗粒。就其化学成分及形成条件看，应属于火山灰质混合材料中的火山玻璃质类。SiO_2 及 Al_2O_3 含量越高、含碳量越低、细度越细的粉煤灰活性越好。

粉煤灰的排放量极大，它已成为污染环境、占用农田的一大社会公害。现行国家标准《用于水泥和混凝土中的粉煤灰》（GB/T 1596）规定用作水泥混合材料的粉煤灰品质指标为烧失量≤8.0%，强度活性指数≥70.0%，SO_3≤3.5%，含水量≤1.0%。

3. 矿物掺合料在建筑工程中的应用

矿物掺合料是指以硅、铝、钙等一种或多种氧化物为主要成分，具有规定细度，掺入混凝土中能改善混凝土性能的粉体材料。矿物掺合料有粉煤灰、粒化高炉矿渣粉、硅灰、石灰石粉、钢渣粉、磷渣粉、沸石粉和复合矿物掺合料等，矿物掺合料的使用应符合现行相应国家行业标准和《矿物掺合料应用技术规范》（GB/T 51003）的相关规定。因此，上述部分材料均可作混合材料和矿物掺合料使用，因其使用目的、效果和方式不同，由于行业上的差别而采取不同称谓而已。

拌制混凝土或砂浆时，掺入适当的矿物掺合料可节约水泥，还可改善混凝土拌合物性能、力学性能、长期性能和耐久性能等。某些大型建筑工地或预拌混凝土搅拌站，将适当的矿物掺合料直接掺入混凝土中，不仅可改善混凝土的某些性能，而且可节约混合材料的运输费用（一般将混合材料先运到水泥厂制成水泥，再将水泥运至建筑工地）和加工费用。

2.1.2　普通硅酸盐水泥

普通硅酸盐水泥简称普通水泥，代号为 P·O，它是由硅酸盐水泥熟料、少量混合材料、适量石膏共同磨细而制成的水硬性胶凝材料。现行国家标准《通用硅酸盐水泥》（GB 175）规定：普通水泥中所掺混合材料，其掺量按水泥质量百分比计，大于5%不超过20%，其中非活性混合材料不得超过8%，窑灰（用回转窑生产硅酸盐水泥熟料时，随气流从窑尾排出的灰尘，经收尘设备收集所得的干燥粉末）不得超过5%。

普通水泥的强度等级分为 42.5、42.5R、52.5、52.5R 四个等级，各强度等级水泥在不同龄期的强度要求见表 2.4。

普通水泥的细度以比表面积表示，比表面积不小于 $300m^2/kg$，终凝时间不得迟于 $600min$，初凝时间、安定性等要求均与硅酸盐水泥相同。

由于普通硅酸盐水泥中掺入了少量混合材料，其强度等级可调，便于建筑工程选用。因混合材料掺量少，故矿物组成变化不大，基本性能特点与硅酸盐水泥相近，现行国家标准将这两种水泥列于一个标准中。普通水泥是建筑工程中应用最为广泛的水泥品种。

表 2.4　普通硅酸盐水泥各龄期的强度要求

强度等级	抗压强度（MPa）		抗折强度（MPa）	
	3d	28d	3d	28d
42.5	≥17.0	≥42.5	≥3.5	≥6.5
42.5R	≥22.0	≥42.5	≥4.0	≥6.5
52.5	≥23.0	≥52.5	≥4.0	≥7.0
52.5R	≥27.0	≥52.5	≥5.0	≥7.0

2.1.3　矿渣硅酸盐水泥

矿渣硅酸盐水泥简称矿渣水泥，代号为 P·S，它是由硅酸盐水泥熟料和粒化高炉矿渣、适量石膏共同磨细而成的水硬性胶凝材料。现行国家标准《通用硅酸盐水泥》（GB 175）规定，矿渣水泥中粒化高炉矿渣掺加量按质量百分比计为 20%～70%，为了改善水泥性能，允许用石灰石、粉煤灰、火山灰质混合材料、窑灰中的一种材料代替矿渣，代替数量不得超过水泥质量的 8%。替代后水泥中粒化高炉矿渣不得少于 20%。在矿渣水泥中，石膏既起调节凝结时间的作用，又起硫酸盐激发剂的作用，所以原则上石膏掺量比普通水泥多。

矿渣水泥分为 32.5、32.5R、42.5、42.5R、52.5、52.5R 六个等级。各等级不同龄期的强度要求列于表 2.5 中，初凝时间与普通硅酸盐水泥相同，终凝时间不大于 600min，细度以筛余表示，其 80μm 方孔筛筛余不大于 10% 或 45μm 方孔筛筛余不大于 30%。

表 2.5　矿渣水泥、火山灰水泥、粉煤灰水泥及复合水泥的强度要求

强度等级	抗压强度（MPa）		抗折强度（MPa）	
	3d	28d	3d	28d
32.5	≥10.0	≥32.5	≥2.5	≥5.5
32.5R	≥15.0	≥32.5	≥3.5	≥5.5
42.5	≥15.0	≥42.5	≥3.5	≥6.5
42.5R	≥19.0	≥42.5	≥4.0	≥6.5
52.5	≥21.0	≥52.5	≥4.0	≥7.0
52.5R	≥23.0	≥52.5	≥4.5	≥7.0

矿渣水泥的水化历程较硅酸盐水泥复杂。水泥与水拌和后，水泥熟料矿物首先与水反应生成水化硅酸钙、氢氧化钙、水化铝酸钙等水化产物。其中氢氧化钙和掺入水泥中的石膏分别作为矿渣的碱性激发剂和硫酸盐激发剂，与矿渣中的活性氧化硅、氧化铝反应，生成水化硅酸钙和水化硫铝酸钙等水化产物。由电子显微镜观察可知，纤维状的水化硅酸钙和水化硫铝酸钙是硬化矿渣水泥的主要成分，而且较为致密。

矿渣水泥的主要性能特点如下：

1. 具有较强的抗软水、抗硫酸盐腐蚀的能力

由于矿渣水泥中掺加了大量矿渣，熟料量相对减少，C_3S、C_3A 的含量也相对减少，因此水化产生的氢氧化钙及水化铝酸三钙就少，加之与矿渣中活性氧化硅、氧化铝的二次反应又消耗掉部分氢氧化钙和水化铝酸钙，所以矿渣水泥中氢氧化钙及高钙型水化硅酸钙大为减少，从而具有较强的抗软水、抗硫酸盐腐蚀的能力。适用于腐蚀作用较强的水工、海港及地下建筑工程。

但是，由于粒化高炉矿渣较水泥熟料更难磨细，且磨细后具有很多尖锐的棱角，保水能力较差，成型后易泌水，形成较多的毛细通道、粗大孔隙及水囊，因此抗冻性、抗渗性差，干缩性大，养护不当，易产生裂纹。因此，现代混凝土技术中，往往将矿渣与熟料分别磨细，将矿渣磨得比水泥更细，从而充分发挥矿渣的水化作用，且克服它保水性差的缺陷。

2. 早期强度低，后期强度增长率大

由于矿渣水泥中熟料含量显著减少，因此凝结硬化速度明显减慢，早期强度较低。但当熟料矿物成分的水化反应进行一定时间后，其水化产物与矿渣中活性 SiO_2、Al_2O_3 开始反应，所以矿渣水泥后期强度增长率较大，最后甚至超过同强度等级普通水泥的强度。表 2.6 列出了硅酸盐水泥与矿渣水泥的相对抗压强度。

表 2.6　硅酸盐水泥与矿渣水泥的相对抗压强度

水泥	7d	28d	90d	365d
硅酸盐水泥	66	100	119	135
矿渣水泥	50	90	114	144

矿渣水泥对温、湿度的变化反应比较敏感，需要较长时间的潮湿养护。采用蒸汽养护可以取得比硅酸盐水泥更为明显的效果。所以，矿渣水泥最适用于蒸汽养护生产预制构件，而不适用于要求早强或低温条件下施工的工程。

3. 水化放热量少，放热速度慢

这主要是由于熟料含量减少，适用于大体积混凝土工程。

4. 具有较好的耐热性能

由于矿渣水泥硬化后 $Ca(OH)_2$ 含量低，矿渣又是水泥的耐火掺料，因此矿渣水泥具有较好的耐热性，适用于工业窑炉及高温车间的受热部位。

矿渣水泥是应用最为广泛的通用水泥品种之一，掌握其性能特点并正确应用，可以得到更好的效果。

2.1.4　火山灰质硅酸盐水泥

火山灰质硅酸盐水泥简称火山灰水泥，代号为 P·P，它是由硅酸盐水泥熟料、火山灰质混合材料和适量石膏磨细制成的水硬性胶凝材料。现行国家标准《通用硅酸盐水泥》（GB 175）规定，火山灰水泥中火山灰质混合材料掺加量，按水泥质量百分比计为＞20％且≤40％。

火山灰水泥的强度等级划分及其各龄期的强度要求同矿渣水泥，见表 2.5。细度、

凝结时间、安定性的要求与矿渣硅酸盐水泥相同。水化历程与矿渣水泥相似。

火山灰水泥的性能特点及应用可简述如下：

（1）由于该水泥中熟料含量明显减少，加上二次反应消耗部分氢氧化钙，因此具有较好的抗软水腐蚀能力。抗硫酸盐腐蚀的能力与所掺火山灰质混合材料中的活性氧化铝含量有关：氧化铝含量少，在硫酸盐水溶液中的稳定性较好；氧化铝含量高则抗硫酸盐腐蚀能力较差。

火山灰水泥密度比硅酸盐水泥小，一般为 2.7～3.10，混合材料掺量大，水化生成的水化硅酸钙凝胶体较多，水泥石结构较致密，因而抗渗性较好。所以，这种水泥适用于要求抗渗、抗软水腐蚀的工程中。

（2）火山灰水泥凝结硬化较慢，早期强度低，但后期增进率大，可以赶上甚至超过同强度等级普通水泥的强度。

蒸汽养护等湿热处理措施可以取得十分明显的增强效果，但低温硬化强度发展极慢。所以这种水泥适合于蒸汽养护而不宜于冬期施工，也不宜用于早期强度要求较高的工程。

（3）水化放热量少，放热速度慢，故适用于大体积混凝土工程。

（4）需水量大，加之水化产物中晶体产物较少 $[Ca(OH)_2$、C_3AH_6 等$]$ 而凝胶体结构的水化产物多，在干燥环境中凝胶体易失水干缩，所以这种水泥干缩率大、易裂，不宜用于干燥环境中，宜用于水中及地下工程。

2.1.5 粉煤灰硅酸盐水泥

粉煤灰硅酸盐水泥简称粉煤灰水泥，代号为 P·F，它是由硅酸盐水泥熟料和粉煤灰及适量石膏磨细而成的水硬性胶凝材料，现行国家标准《通用硅酸盐水泥》（GB 175）规定，粉煤灰水泥中粉煤灰掺量按质量百分比计为 20%～40%。

粉煤灰水泥的强度等级划分及各龄期强度要求与矿渣水泥相同，见表 2.5。细度、凝结时间、安定性的要求同普通硅酸盐水泥。

从粉煤灰的化学成分和形成条件看，它属于火山灰质材料，含活性氧化硅、氧化铝的玻璃球（空心或实心），是与氢氧化钙反应产生低钙型水化硅酸钙胶凝。这些玻璃球表面致密，内部表面积比不规则形状的火山灰混合材料小得多，所以粉煤灰水泥除具有矿渣水泥、火山灰水泥一些共同特性外，尚有以下特点：

（1）结构致密，水化慢，早期强度增长慢于矿渣水泥和火山灰水泥，但后期可以赶上。

（2）吸水性小，标准稠度需水量低，所以干缩率小，抗裂性较好。但致密的球形颗粒保水性较差，易泌水。

2.1.6 复合硅酸盐水泥

复合硅酸盐水泥是由硅酸盐水泥熟料、两种或两种以上规定的混合材料、适量石膏磨细制成的水硬性胶凝材料，简称复合水泥，代号为 P·C。现行国家标准《通用硅酸盐水泥》（GB 175）规定，该水泥中混合材料总掺量按质量百分比应大于 20%，不超过 50%。

复合水泥是一种新型的通用水泥，它与普通水泥的区别在于混合材料的掺加数量不同，普通水泥的混合材料掺加量不超过 20%，而复合水泥的混合材料掺加量应大于20%。复合水泥与矿渣水泥、粉煤灰水泥、火山灰水泥的区别有两个，其一是复合水泥必须掺加两种或两种以上的混合材料，后三种水泥主要是单掺混合材料，在规定的小范围内允许混合材料复掺；其二是复合水泥扩大了可用混合材料的范围，而后三种水泥的混合材料品种仅限于矿渣、粉煤灰、火山灰、石灰石和窑灰。

复合水泥的强度等级划分及各龄期强度要求见表 2.5。细度、凝结时间及安定性的要求同矿渣硅酸盐水泥。

随着我国工业的发展，排放的工业废渣数量及品种不断增加，而水泥工业用的混合材料由于受品种的限制又供不应求。所以在水泥生产中，已经出现了掺国家规定的五种混合材料以外的混合材料水泥，如磷渣硅酸盐水泥、化铁炉渣硅酸盐水泥、钛渣硅酸盐水泥等。但由于混合材料品种极多，如此下去水泥品种将极为繁杂，给工程应用带来很大的不便。复合水泥的出现，不仅扩大了可用混合材料的范围，解决了水泥工业混合材料供应不足的难题，也有利于减轻环境污染，并使水泥命名问题得到简化。

大量试验证明，采用复掺两种以上混合材料的水泥性能较单掺混合材料的水泥性能具有明显的优越性，图 2.4 是试验之一。所以复合水泥是一种具有发展前途的新型通用水泥。

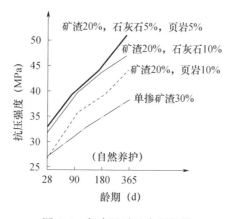

图 2.4 复合硅酸盐水泥性能

2.1.7 铝酸盐水泥

铝酸盐水泥原称矾土水泥，是铝酸盐水泥的主要品种。它是以石灰石和铝矾土为主要原料，配制成适当成分的生料，烧至全部或部分熔融所得以铝酸钙为主、氧化铝含量大于50%的熟料，经磨细而成的水硬性胶凝材料，俗称高铝水泥（high alumina cement），代号 CA。在磨制 CA70 水泥和 CA80 水泥时可掺加适量的 α-Al_2O_3 粉，α-Al_2O_3 粉应符合《煅烧 α 型氧化铝》（YS/T 89—2011）的规定。它是一种快硬、高强、耐腐蚀、耐热的水泥。

2.1.7.1 铝酸盐水泥的主要矿物成分

铝酸盐水泥以铝酸一钙（$CaO \cdot Al_2O_3$，简写 CA）为主要矿物成分，并含少量其他铝酸盐，如二铝酸一钙（$CaO \cdot 2Al_2O_3$，简写 CA_2）、铝方柱石（$2CaO \cdot Al_2O_3 \cdot SiO_2$，

简写 C_2AS)、七铝酸十二钙（$12CaO \cdot 7Al_2O_3$，简写 $C_{12}A_7$）等，有时还含有很少量的硅酸二钙（$2CaO \cdot SiO_2$，简写 C_2S）等。

（1）铝酸一钙是铝酸盐水泥中最主要的矿物，其特点是凝结快，硬化迅速，为铝酸盐水泥强度的主要来源。

（2）二铝酸一钙的特点是凝结硬化慢，后期强度较高，但早期强度较低。

（3）其他铝酸钙矿物。

凝结迅速而强度不高的七铝酸十二钙（$12CaO \cdot 7Al_2O_3$，简写 $C_{12}A_7$）以及胶凝性极差的铝方柱石（$2CaO \cdot Al_2O_3 \cdot SiO_2$，简写 C_2AS）是铝酸盐水泥中的矿物。一般认为铝酸盐水泥中氧化硅的含量应控制在 $9\%\sim10\%$ 以下，以免形成过多的铝方柱石，降低铝酸盐水泥的早强性能。

除上述铝酸盐之外，铝酸盐水泥有时还会有少量硅酸二钙存在。

2.1.7.2 铝酸盐水泥的水化反应及水化产物

铝酸一钙的水化反应随温度的不同可形成性能差异很大的水化产物。

当温度低于 20℃时

$$CaO \cdot Al_2O_3 + 10H_2O \longrightarrow CaO \cdot Al_2O_3 \cdot 10H_2O$$

（铝酸一钙）　　　　　　　　　　（水化铝酸一钙，CAH_{10}）

当温度在 $20\sim30$℃时

$$2(CaO \cdot Al_2O_3) + 11H_2O \longrightarrow 2CaO \cdot Al_2O_3 \cdot 8H_2O + Al_2O_3 \cdot 3H_2O$$

（水化铝酸二钙，C_2AH_8）　　　（铝胶）

当温度高于 30℃时

$$3(CaO \cdot Al_2O_3) + 12H_2O \longrightarrow 3CaO \cdot Al_2O_3 \cdot 6H_2O + 2(Al_2O_3 + 3H_2O)$$

此时形成的 C_3AH_6 属立方晶系，基本上是等尺寸的晶体，又常有较多的晶体缺陷，故强度较低，因而铝酸盐水泥不宜在高于 30℃的条件下养护。

在较低温度下形成的 CAH_{10} 或 C_2AH_8 均属六方晶系，其晶体呈片状或针状，互相交错攀附，重叠结合，可形成坚强的结晶合生体，使水泥石具有很高的强度。加之氢氧化铝胶体填充于晶体骨架的空隙，从而形成了十分致密的结构。

铝酸盐水泥水化产物的结合水量可达水泥质量的 50%，远高于硅酸盐水泥水化产物的结合水量（约 25%），而这种结合水呈固相，这也是铝酸盐水泥石结构致密的原因之一。

2.1.7.3 铝酸盐水泥的技术性能

铝酸盐水泥通常呈黄色或褐色，也有呈灰色的。密度为 $3.00\sim3.20$，堆积密度为 $1000\sim1300kg/m^3$，紧密状态时为 $1000\sim1800kg/m^3$。现行国家标准《铝酸盐水泥》（GB/T 201）规定，比表面积不小于 $300m^2/kg$ 或 $45\mu m$ 方孔筛筛余不大于 20%，初凝时间不得早于 30min，终凝时间不得超过 18h。按水泥中 Al_2O_3 含量（质量分数）分为 CA50、CA60、CA70 和 CA80 四个品种，各品种作如下规定：

（1）CA50：$50\% \leqslant \omega(Al_2O_3) < 60\%$，该品种根据强度分为 CA50-Ⅰ、CA50-Ⅱ、CA50-Ⅲ 和 CA50-Ⅳ；

（2）CA60：$60\% \leqslant \omega(Al_2O_3) < 68\%$，该品种根据强度分为 CA60-Ⅰ（以铝酸一钙为主）和 CA60-Ⅱ（以铝酸二钙为主）；

（3）CA70：68%≤ω（Al_2O_3）<77%；

（4）CA80：ω（Al_2O_3）≥77%。

铝酸盐水泥具有如下性能特点：

1）凝结硬化快，早期强度增进率大、强度高。C_7A_{12}使其快凝，CA 导致快硬，因而强度发展很快，结构致密使其具有较高的强度。铝酸盐水泥水化5～7d 后，水化产物很少增加，1d 强度可达极限强度的80%。所以现行国家标准规定以其 1d 和 3d 强度确定强度等级。

2）铝酸盐水泥的水化放热量大，且集中在早期放出。水化放热量与高强度等级硅酸盐水泥相近，但水化热的70%～80%在 1d 内放出。这有利于冬期施工，但不宜用于大体积混凝土工程中。

3）铝酸盐水泥水化时几乎不析出 $Ca(OH)_2$，主要矿物为低钙铝酸盐，加之水化后结构致密，因而具有较好的抗硫酸盐腐蚀能力，同时对碳酸水、稀酸等也有较好的稳定性。

4）当铝酸盐水泥混凝土受到高温作用时，由于产生了固相反应，烧结结合代替了水化结合，因而具有良好的耐高温性能。如在900℃时具有原始强度的70%，1300℃时尚有53%，在工程实践中，常用铝酸盐水泥配制耐热混凝土。各龄期的强度要求见表2.7。

表 2.7　水泥胶砂强度　　　　单位：MPa

类型		抗压强度				抗折强度			
		6h	1d	3d	28d	6h	1d	3d	28d
CA50	CA50-Ⅰ	≥20ᵃ	≥40	≥50	—	≥3ᵃ	≥5.5	≥6.5	—
	CA50-Ⅱ		≥50	≥60	—		≥6.5	≥7.5	—
	CA50-Ⅲ		≥60	≥70	—		≥7.5	≥8.5	—
	CA50-Ⅳ		≥70	≥80	—		≥8.5	≥9.5	—
CA60	CA60-Ⅰ	—	≥65	≥85	—	—	≥7.0	≥10.0	—
	CA60-Ⅱ	—	≥20	≥45	≥85	—	≥2.5	≥5.0	≥10.0
CA70		—	≥30	≥40	—	—	≥5.0	≥6.0	—
CA80		—	≥25	≥30	—	—	≥4.0	≥5.0	—

a　用户要求时，生产厂家应提供试验结果。

2.1.7.4　铝酸盐水泥的应用问题

由铝酸盐水泥特点可知，铝酸盐水泥主要应用于紧急抢修工程、要求早强的特殊工程、耐腐蚀工程、耐热混凝土工程以及冬期施工等。但应用中应特别注意以下问题：

（1）铝酸盐水泥一般不应与硅酸盐水泥、石灰等能析出 $Ca(OH)_2$ 的胶凝材料混用；否则将产生闪凝或假凝现象（浆体瞬间失去流动性以致无法施工），凝结时间失控。闪凝或假凝导致水化反应不能充分进行，致使混凝土强度极低。产生闪凝或假凝的原因主要是 $Ca(OH)_2$ 加速了铝酸盐水泥的凝结以及硅酸盐水泥中起缓凝作用的石膏，被铝酸盐水泥所消耗而失去了缓凝作用。

（2）铝酸盐水泥水化热集中于早期释放，从硬化开始应立即浇水养护，一般不宜浇筑大体积混凝土。若用蒸汽养护加速混凝土硬化时，养护温度不得高于 50℃。铝酸盐水泥的最佳硬化温度为 15℃，一般不要超过 25℃；否则将形成强度低、易被腐蚀的水化铝酸三钙。这一点在夏期施工中应特别注意，必须采取相应的降温措施。严禁湿热处理。

（3）铝酸盐水泥不得用于受碱腐蚀的工程中。因为碱金属的碳酸盐会参与下述反应：

$$K_2CO_3 + CaO \cdot Al_2O_3 \cdot 10H_2O \Longrightarrow CaCO_3 + K_2O \cdot Al_2O_3 + 10H_2O$$

$$2K_2CO_3 + 2CaO \cdot Al_2O_3 \cdot 8H_2O \Longrightarrow 2CaCO_3 + K_2O \cdot Al_2O_3 + 2KOH + 7H_2O$$

生成的 KOH 或 NaOH，能再与水泥中的 Al_2O_3 反应生成钾、钠等的铝酸盐。另一方面空气中的 CO_2 再与 $K_2O \cdot Al_2O_3$ 等铝酸盐反应，进一步产生 K_2CO_3：

$$K_2O \cdot Al_2O_3 + CO_2 \Longrightarrow K_2CO_3 + Al_2O_3$$

这样就使上述反应循环进行而导致了腐蚀。

（4）铝酸盐水泥混凝土后期强度下降较大，特别是在湿热条件下，强度下降将更为严重（可比最高强度降低 40% 以上），应按最低稳定强度设计，所以国内外限制将铝酸盐水泥用于结构工程。CA50 铝酸盐水泥混凝土最低稳定强度值以试件脱模后放入（50±2）℃水中养护，取龄期为 7d 和 14d 强度值低的来确定。后期强度下降的原因是 CAH_{10} 和 C_2AH_8 都是亚稳定晶体，随着时间的推移逐渐转化为比较稳定的 C_3AH_6，该转化过程随着环境温度的上升而加速。

$$3(CaO \cdot Al_2O_3 \cdot 10H_2O) \longrightarrow 3CaO \cdot Al_2O_3 \cdot 6H_2O + 2(Al_2O_3 \cdot 3H_2O) + 18H_2O$$

分子量：1014　　　　　　　　378　　　　　　　312　　　　　　324

密度：1.72～1.78　　　　　2.52～2.53　　　　2.40　　　　　1.00

上式说明，单位体积的 CAH_{10} 转化为 C_3AH_6 后，由于密度大为增加，固体体积缩小到原体积的 48.9%，同时析出原体积 56.8% 的水，从而使孔隙率大为增加，而且转化生成物 C_3AH_6 本身的强度较低，所以导致了强度的降低。

2.1.8 其他品种水泥

2.1.8.1 白色硅酸盐水泥

以适当成分的生料烧至部分熔融，得到以硅酸钙为主要成分，氧化铁含量少的熟料，熟料中氧化镁的含量不宜超过 5.0%，称为白色硅酸盐水泥熟料。由白色硅酸盐水泥熟料，加入适量石膏和混合材料磨细制成的水硬性胶凝材料称为白色硅酸盐水泥，简称白水泥。

生产白色水泥的技术关键是严格限制着色氧化物（Fe_2O_3、MnO、CrO_2、TiO_2 等）的含量。当水泥中的 Fe_2O_3 含量从 3%～4% 降低为 0.35%～0.4% 时，其颜色将从硅酸盐水泥的暗灰色变为白色或淡绿色。白色硅酸盐水泥熟料和石膏共 70%～100%，石灰岩、白云质石灰岩和石英砂等天然矿物 0～30%。

1. 生产白色硅酸盐水泥的主要技术要求

（1）精选原料，限制着色氧化物含量。如采用纯净的高岭土、石英砂、石灰石，用作缓凝组分的石膏，采用洁白的雪花石膏或优质纤维石膏，这些石膏本身的白度常高于白水泥的白度。生产白水泥不得掺用铁粉。

（2）为了避免在水泥生产过程中混入着色氧化物，研磨水泥生料及熟料时一般不用钢质衬板和研磨体。煅烧水泥时常用重油或煤气作燃料，当用煤作燃料时，应严格限制煤的灰分含量，一般小于7%。

（3）将煅烧好的熟料进行洒水漂白或加入 $CaCl_2$ 还原剂，使熟料中 Fe_2O_3 还原为颜色较浅的 Fe_3O_4 或 FeO。

（4）适当提高粉磨细度可以提高白度。

2. 白水泥的技术性质

现行国家标准《白色硅酸盐水泥》（GB/T 2015）规定，初凝时间不小于45min，终凝时间不大于600min。按强度分为32.5级、42.5级和52.5级，按白度分为1级和2级，代号分别为 P·W-1 和 P·W-2，其白度分别不低于89和87。白色硅酸盐水泥的细度用筛余表示，45μm方孔筛筛余不大于30.0%，沸煮法安定性合格。白色硅酸盐水泥的不同龄期强度要求符合表2.8的规定。

表 2.8 白色硅酸盐水泥的不同龄期强度要求

强度等级	抗折强度（MPa）		抗压强度（MPa）	
	3d	28d	3d	28d
32.5	≥3.0	≥6.0	≥12.0	≥32.5
42.5	≥3.5	≥6.5	≥17.0	≥42.5
52.5	≥4.0	≥7.0	≥22.0	≥52.5

2.1.8.2 彩色硅酸盐水泥

彩色硅酸盐水泥简称彩色水泥。它是用白水泥熟料、适量石膏和耐碱矿物颜料共同磨细而制成的。也可以在白水泥生料中加入适当金属氧化物作着色剂，在一定燃烧气氛中直接烧成彩色水泥熟料，如加入适量 CoO 并在还原焰中烧成可制得浅黄色水泥熟料，但这种方法工艺复杂，生产较难控制，所以国内外极少采用。

掺入的矿物颜料不应对水泥起有害作用，常用的有氧化铁（红、黄、褐、黑色）、氧化锰（褐、黑色）、氧化铬（绿色）、群青（蓝色）、赭石（赭色）等。

深色调的彩色水泥可在普通硅酸盐水泥中掺入适当颜料而制得。

白水泥和彩色水泥在建筑装修中应用甚广，如制作彩色水磨石、镶贴浅色调的饰面砖、锦砖、玻璃马赛克以及制作水刷石、斩假石、弹涂等。

2.1.8.3 快硬硅酸盐水泥

凡以硅酸盐水泥熟料和适量石膏磨细制成的以3d抗压强度表示强度等级的水硬性胶凝材料，称为快硬硅酸盐水泥（简称快硬水泥）。

快硬水泥的制造方法与硅酸盐水泥基本相同。其主要性能特点是凝结硬化快，早期强度增长迅速，为实现这一特性，通常从以下三个方面加以控制：

（1）控制水泥熟料的矿物组成，使快凝、早强矿物 C_3S 的含量不低于50%～60%，C_3A 不低于8%～14%，两种矿物的总含量在60%～65%；

（2）适当提高水泥的粉磨细度，增大水化反应表面积；

（3）适当提高石膏的掺加量至 8％，这主要是因为石膏掺量在 5％以内时起缓凝作用，掺量高时，将起促凝作用。

快硬硅酸盐水泥的技术性质指标：

细度：0.080mm 方孔筛筛余量不得超过 10％；

凝结时间：初凝不得早于 45min，终凝不得迟于 10h；

强度等级：以 1d、3d 强度，划分为 32.5、37.5、42.5 三个强度等级。

快硬硅酸盐水泥主要用于早期强度要求高的工程，如抢修工程、冬期施工以及混凝土预制构件的生产。

2.1.8.4 快硬硫铝酸盐水泥

硫铝酸盐水泥是以适当成分的石灰石、矾土、石膏为原料，经低温（1300～1350℃）煅烧而成的无水硫铝酸钙（$C_4A_3\bar{S}$）和硅酸二钙（C_2S）为主要矿物组成的熟料，掺加适量混合材（石膏和石灰石等）共同粉磨所制成的具有早强、快硬、低碱度等一系列优异性能的水硬性胶凝材料。硫铝酸盐水泥分为快硬硫铝酸盐水泥、低碱度硫铝酸盐水泥、自应力硫铝酸盐水泥，快硬硫铝酸盐水泥是指由适当成分的硫铝酸盐水泥熟料和少量石灰石、适量石膏共同磨细制成的，具有早期强度高的水硬性胶凝材料，石灰石掺加量应不大于水泥质量的 15％（表 2.9）。

表 2.9　硫铝酸盐水泥熟料化学成分与矿物组成

化学成分与矿物组成（％）	Al_2O_3	SiO_2	CaO	Fe_2O_3	SO_3	C_4A_3	C_2S	C_4AF
硫铝酸盐水泥熟料	28～40	3～10	36～43	1～3	8～15	55～75	15～30	3～6

硫铝酸盐水泥的特点是早强高强、高抗冻性、耐蚀性、高抗渗性、膨胀性能、低碱性，目前主要应用在冬季施工工程、抢修和抢建工程、配制喷射混凝土、生产水泥制品和混凝土预制构件，补偿收缩混凝土的配制和抗渗工程、生产纤维增强水泥制品等。硫铝酸盐水泥的主要性能如下：

（1）早强高强性能，快硬硫铝酸盐水泥不仅有较高的早期强度，而且有不断增长的后期强度。同时具有满足使用要求的凝结时间。12h～1d 抗压强度可达 35～50MPa；抗折强度可达 6.5～7.5MPa。3d 抗压强度可达 50～70MPa；抗折强度可达 7.5～8.5MPa。根据 3d 水泥胶砂抗压强度确定水泥强度等级，快硬硫铝酸盐水泥有 42.5、52.5、62.5、72.5 四个强度等级。从 5～10 年水泥和混凝土长期强度结果可以看出，随养护龄期的增长，强度不断增长，最高强度可达 100MPa。

（2）高抗冻性能，快硬硫铝酸盐水泥表现出极好的抗冻性。它具有以下几个特点，a. 在 0℃～10℃ 低温下使用，早期强度是硅酸盐水泥的 5～8 倍。b. 在 0℃～−20℃ 负温下使用，加入少量防冻剂，混凝土入模温度维持在 5℃ 以上，则可正常施工。混凝土 3～7d 强度可达设计强度等级的 70％～80％。c. 在正负温交替情况下施工，对后期强度增长影响不大。试验室 200 次冻融循环，混凝土强度损失不明显。

（3）耐蚀性能，快硬硫铝酸盐水泥对海水、氯盐（$NaCl$、$MgCl_2$）、硫酸盐（Na_2SO_4、$MgSO_4$、$(NH_4)_2SO_4$），尤其是它们的复合盐类（$MgSO_4 + NaCl$）等，均具有极好的耐蚀性，从 2 年耐腐蚀试验室结果可以看出，耐蚀系数均大于 1，明显优于高抗硫硅酸盐水泥。

（4）高抗渗性能，快硬硫铝酸盐水泥的水泥石结构较致密，因此混凝土抗渗性是同强度等级硅酸盐水泥混凝土的2～3倍。

（5）钢筋锈蚀，快硬硫铝酸盐水泥由于水化液相碱度不同，钢筋锈蚀情况不完全一样。快硬硫铝酸盐水泥由于碱度低（pH<12），钢筋表面形不成钝化膜，因此对保护钢筋不利。在早期拌合的混凝土中，由于含有较多的空气和水分，因此使混凝土钢筋早期有轻微锈蚀。随着龄期增长，空气和水分逐渐减少和消失，因混凝土结构致密所以后期锈蚀情况无明显发展，试验室混凝土钢筋埋件和水泥制品长期龄观察结果（10年）均证明了这一点，如果在混凝土中加入少量碱性外加剂（$NaNO_2$等）和高强硫铝酸盐水泥，则早期也完全无锈蚀。

现行国家标准《硫铝酸盐水泥》GB 20472规定，快硬硫铝酸盐水泥以3d抗压强度分为42.5、52.5、62.5、72.5四个强度等级，各强度等级水泥强度不应低于表2.10数值，其他技术要求应满足现行国家标准《硫铝酸盐水泥》GB 20472的规定。

表2.10　快硬硫铝酸盐水泥强度的最低要求　　　　　　　　　　　　　　　MPa

强度等级	抗压强度			抗折强度		
	1d	3d	28d	1d	3d	28d
42.5	30.0	42.5	45.0	6.0	6.5	7.0
52.5	40.0	52.5	55.0	6.5	7.0	7.5
62.5	50.0	62.5	65.0	7.0	7.5	8.0
72.5	55.0	72.5	75.0	7.5	8.0	8.5

2.1.8.5　膨胀水泥

普通硅酸盐水泥在空气中硬化，通常都是表现为收缩，收缩的数值随水泥的品种、熟料的矿物组成、水泥的细度、石膏的加入量、水灰比等而定，一般28d收缩率平均在0.02%～0.035%，180d收缩率平均在0.04%～0.06%，混凝土成型后，7～60d内的收缩率较大，60d后收缩率趋向缓慢。由于收缩，混凝土内部会产生微裂纹，混凝土的一系列性质将变坏，例如强度、抗渗性和抗冻性下降，使外部侵蚀性介质（腐蚀性气体、水气）透入，直接接触钢筋造成锈蚀，使混凝土耐久性下降。在浇筑装配式构件的接头或建筑物之间的连接处以及堵塞孔洞、修补缝隙时，由于水泥的干缩，也达不到预期效果。当用膨胀混凝土时，在硬化过程中，由于钢筋和混凝土之间有一定的握裹力，因此，混凝土必然和钢筋同时膨胀，就使钢筋由于混凝土膨胀而受到一定的拉应力而伸长，混凝土的膨胀则因受到钢筋的限制而受到相应的压应力。以后，即使经过干缩，但仍不致使膨胀的尺寸全部抵消，尚有一定的剩余膨胀，不但能减轻开裂现象，而且更重要的是外界因素所产生的拉应力，可以被预先具有的压应力所抵消，而将混凝土的实际拉应力减小至极低的数值，有效地弥补了混凝土抗拉强度差的缺陷。这种预先具有的压应力是依靠水泥本身产生的，所以称自应力，并以自应力值（MPa）来表示混凝土中所产生压力的大小。

这类水泥在水化过程中，有相当一部分的能量用于膨胀，转变成膨胀能。一般，膨胀能越高，可能达到的膨胀值越大。膨胀的发展规律，通常也是早期较快，以后渐缓慢，逐渐稳定，在达到膨胀稳定期后，膨胀基本停止。另外，在没有受到任何限制的条件下，所产生的膨胀一般称为自由膨胀，此时并不产生应力。当受到单向、双向或三向限制时，所产生的膨胀称为限制膨胀，这时才产生应力，而且限制越大，自应力值越高。

根据膨胀值和用途的不同，膨胀水泥主要用于补偿收缩膨胀和产生自应力，因此膨胀水泥可分为补偿收缩作用的膨胀水泥和自应力水泥。前者膨胀能较低，限制膨胀时所产生的压应力能大致抵消干缩所引起的拉应力，主要用以减小或防止混凝土的干缩裂缝。而后者所具有的膨胀能较高，足以使干缩后的混凝土仍有较大的自应力，用于配制各种自应力钢筋混凝土。自应力硫铝酸盐水泥，是由适当成分的硫铝酸盐水泥熟料加入适量石膏磨细制成的具有膨胀性的水硬性胶凝材料。现行国家标准《硫铝酸盐水泥》GB 20472 规定，自应力硫铝酸盐水泥以 28d 自应力值分为 3.0、3.5、4.0 和 4.5 四个自应力等级，所有自应力等级的水泥抗压强度 7d 不小于 32.5MPa，28d 不小于 42.5MPa。各级别自应力硫铝酸盐水泥各龄期自应力值应符合表 2.11 的要求，其他技术要求应满足现行国家标准《硫铝酸盐水泥》GB 20472 的规定。

表 2.11　自应力硫铝酸盐水泥各级别各龄期自应力值的技术要求　　　　MPa

级别	7d	28d	
	≥	≥	≤
3.0	2.0	3.0	4.0
3.5	2.5	3.5	4.5
4.0	3.0	4.0	5.0
4.5	3.5	4.5	5.5

2.2　骨　　料

2.2.1　骨料的分类及成因

骨料也称集料，在混凝土或砂浆中起骨架和填充作用的岩石颗粒等粒状松散材料。由于骨料具有一定的强度，而且分布范围广，取材容易，加工方便，价格低廉，因此在混凝土施工中得到广泛应用。配制混凝土采用的骨料通常有砂、碎石或卵石。骨料的分类如下：

按粒径分，粒径小于等于 4.75mm 的骨料为细骨料，如砂；粒径大于 4.75mm 的骨料为粗骨料，如碎石和卵石。

按密度分，堆积密度不大于 1200kg/m³ 的骨料为轻骨料，如人造轻骨料与天然轻骨料；表观密度不小于 2500kg/m³ ［注：《建设用砂》（GB/T 14684—2022）、《建设用卵石、碎石》（GB/T 14685—2022）规定，砂为 2500kg/m³，石为 2600kg/m³］为普通骨料，如天然骨料及人造骨料；表观密度不小于 3900kg/m³ 的骨料为重骨料，如重晶石等。

按成因分为天然骨料和人造骨料，天然骨料有砂、卵石，人造骨料有机制砂、碎石、碎卵石等。

岩石有火成岩、沉积岩与变质岩三大类，火成岩中常用的有花岗岩，沉积岩中常用的有凝灰岩、石灰岩，变质岩中常用的有大理岩。

天然砂是指由自然条件作用而形成的，公称粒径小于 5.00mm 的岩石颗粒，按其产源不同可分为河砂、海砂、山砂。

人工砂是指岩石或卵石经除土开采、机械破碎、筛分而成的，公称粒径小于 5.00mm 的岩石或卵石（不包括软质岩和风化岩）颗粒。

卵石是指由自然条件作用形成的，公称粒径大于 5.00mm 的岩石颗粒。

碎石是指由天然岩石或卵石经破碎、筛分而得的，公称粒径大于 5.00mm 的岩石颗粒。

2.2.2　骨料的强度

骨料的强度来自岩石母体，在现行行业标准《普通混凝土用砂、石质量及检验方法标准》（JGJ 52）中规定，采用边长为 50mm 的立方体试件或 $\phi 50mm \times H50mm$ 圆柱体，在饱和状态下测定其抗压强度。沉积岩包括石灰岩、砂岩等，变质岩包括片麻岩、石英岩等，深成的火成岩包括花岗岩、正长岩、闪长岩和橄榄岩，喷出的火成岩包括玄武岩和辉绿岩等。碎石或卵石抵抗压碎的能力称为压碎指标值，骨料在生产过程中用压碎指标值测定仪来测压碎值，以间接反映岩石的强度。

对于普通混凝土，不同品种、不同强度骨料对混凝土强度的影响很小，但对高强混凝土，骨料的差别对强度的影响很大。混凝土强度等级大于或等于 C60 时，应进行岩石抗压试验。岩石的抗压强度应比所配制的混凝土强度至少高 20%。

混凝土的强度受水泥浆与骨料黏结强度的影响。骨料具有足够的强度时，混凝土强度不受骨料强度的影响。碎石与水泥浆的黏结面积大，黏结强度高，故比用卵石配制的混凝土抗压强度高。为了获得高强度，采用碎石比卵石更有利。碎石中母岩的强度高，致密的硬质砂岩及安山岩是较合适的。

2.2.3　骨料的弹性模量

混凝土的弹性模量受骨料品种的影响很大；而泊松比受骨料影响较小。骨料的弹性模量一般为 $3 \times 10^4 \sim 12 \times 10^4$ MPa。一般情况下，骨料的抗压强度越高，弹性模量也越高。使用骨料的弹性模量越高，混凝土的弹性模量也增高。

2.2.4　表观密度、堆积密度

（1）表观密度 ρ（kg/m³）是骨料颗粒单位体积（包括内封闭孔隙）的质量。骨料的密度有饱和面干状态与绝干状态两种。

（2）堆积密度 ρ'，紧密密度 ρ_c。根据所规定的捣实条件，把骨料放入容器中，装满容器后的骨料质量除以容器的体积，称为紧密密度 ρ_c。骨料在自然堆积状态下，单位体积的质量称为堆积密度 ρ'。

2.2.5　级配

骨料中各种大小不同的颗粒之间的数量比例，称为级配。骨料的级配如果选择不当，以致骨料的比表面积、空隙率过大，则需要多耗费水泥浆，才能使混凝土获得一定的流动性，以及硬化后的性能指标如强度、耐久性等。有时即使多加水泥，硬化后的性能也会受到一定影响。故骨料的级配具有一定的实际意义。分析级配的常用指标如下：

2.2.5.1 筛分析

骨料颗粒级配常用筛分析确定。骨料的级配采用各筛上的筛余量按质量百分率表示。其筛分结果可以绘成筛分曲线（或称级配曲线）。

（1）砂的筛分曲线。砂按 0.630mm 筛孔的累计筛余量（以质量百分率计，下同），分成三个级配区：Ⅰ区偏粗，Ⅱ区适中，Ⅲ区偏细。

（2）碎石或卵石的筛分与级配范围。对于粗骨料，有连续级配与间断级配之分。用与细骨料相同的筛分方法求得分计筛余量及累计筛余量百分率。单粒级一般用于组合具有要求级配的连续粒级。它也可以与连续级配的碎石或卵石混合使用，改善它们的级配或配成较大粒度的连续级配。采用单粒级时，必须注意避免混凝土发生离析。

所谓连续级配，即颗粒由小到大，每级粗骨料都占有一定比例，相邻两级粒径之比为 $N=2$；天然河卵石都属连续级配。但是，这种连续级配的粒级之间会出现干扰现象。如果相邻两级粒径比 $D : d = 6$，直径小的一级骨料正好填充大一级的骨料的空隙，这时骨料的空隙率最低。

2.2.5.2 细度模数 μ_f

细度模数是用来代表骨料总的粗细程度的指标。它等于砂、石或砂石混合物在 0.16mm 以上各筛的总筛余百分率之和（质量）除以 100。按细度模数的概念，习惯上将砂大致分为粗、中、细、特细砂四种。特细砂的细度模数在 0.7～1.5，细砂在 1.6～2.2，中砂在 2.3～3.0，粗砂在 3.1～3.7。

2.2.5.3 空隙率

骨料颗粒与颗粒之间没有被骨料占领的自由空间，称为骨料的空隙。在单位体积的骨料中，空隙所占的体积百分比，称为空隙率。骨料的空隙率主要取决于其级配。颗粒的粒形和表面粗糙度对空隙率也有影响。颗粒接近球形或者正方形时，空隙率较小；而颗粒棱角尖锐或者扁长的，空隙率较大；表面粗糙，空隙率较大。卵石表面光滑，粒形较好，空隙率一般比碎石小。碎石约为 45%，卵石为 35%～45%。

砂子的空隙率一般在 40% 左右。粗砂颗粒有粗有细，空隙率较小；细砂的颗粒较均匀，空隙率较大。对于高强度等级的混凝土，砂的堆积密度不应小于 1500kg/m³，对于低强度等级的混凝土，砂的堆积密度不应低于 1400kg/m³。

2.2.5.4 骨料的最大粒径

骨料的公称粒径的上限为该粒级的最大粒径。骨料的最大粒径大，比表面积小，空隙率也比较小。这就可以节省水泥与用水量，提高混凝土密实度、抗渗性、强度，减少混凝土收缩。所以一般都尽量选用较大的骨料最大粒径。

最大粒径的尺寸，受到结构物的尺寸及钢筋密度的限制。一般规定，最大粒径不能大于结构物最小尺寸的 1/4～1/5，不能大于钢筋净距的 3/4 和道路地坪厚度的 1/2。当强制型搅拌机为 400L 以下时，不应超过 100mm。在选择最大粒径时，应该视具体工程特点而定。

2.2.5.5 粗骨料的针片状含量

凡岩石颗粒的长度大于该颗粒所属粒级的平均粒径 2.4 倍的为针状颗粒；厚度小于

平均粒径 0.4 倍的为片状颗粒。平均粒径指该粒级上、下限粒径的平均值。

粗骨料的针片状颗粒对级配和强度均带来不利影响。规范中还规定，混凝土强度等级≥C30 时，针片状颗粒含量（以质量计）≤15%；混凝土强度等级<C30 时，针片状颗粒含量≤25%。

试验表明，当混凝土配合比相同时，粗骨料针片状颗粒含量增大，拌和物坍落度降低，黏聚性变差，抗压强度和抗拉强度下降，且对高强混凝土的影响更加显著。高强混凝土的强度，除与界面黏结力有关外，还与骨料本身的强度有关，针片状骨料易于劈裂破坏，使混凝土强度降低。

2.2.5.6 杂质含量及控制

骨料中常见有害作用的矿物有云母、泥及泥块等，其中云母吸水率高，强度及抗磨性差。

石粉含量是指人工砂中公称粒径小于 $80\mu m$，且其矿物组成和化学成分与被加工母岩相同的颗粒含量。根据经验，适宜的石粉含量为 10%～14%。

1. 含泥量

骨料的含泥量是指粒径小于 $75\mu m$ 的颗粒含量。碎石中常含有石粉，随着石粉含量的增加，坍落度相应降低，若要坍落度相同，用水量必然增加。砂石含泥量的测定，一般用冲洗法，求黏土杂质总量占洁净骨料质量的百分比。砂子含泥量尚可用膨胀法测定，即将砂放于水中，加 5% 氯化钙溶液，由于黏土粒子同钙离子的作用，形成膨胶体，按照体积膨胀率不应超过 5% 作为含泥量的标准。

含泥量一般会降低混凝土和易性、抗冻性、抗渗性，增加干缩。而且对于高强度的混凝土的抗压、抗拉、抗折、轴压、弹性模量、收缩、抗渗、抗冻等性能，均有较大影响。因此，如果骨料含泥量过多时，要进行清洗。

2. 泥块含量

砂中泥块含量是指粒径大于 1.18mm，经水洗、手捏后变成粒径小于 $600\mu m$ 颗粒的含量。碎石卵石中的泥块含量是指颗粒粒径大于 4.75mm，经过水洗、手捏后变成粒径小于 2.36mm 颗粒的含量。骨料中的泥块对混凝土的各项性能均产生不利的影响，降低混凝土拌和物的和易性和抗压强度；对混凝土的抗渗性、收缩及抗拉强度影响更大。混凝土的强度越高，影响越明显。

3. 有害物质含量

主要指有机物、硫化物和硫酸盐等。有机物是植物的腐烂产物。试验证明，有机物质对混凝土性能影响很大。砂子即使含有 0.1% 的有机物质，也能降低混凝土强度25%，有机物质的不良影响，特别在耐久性方面更为突出。

骨料中含有颗粒状的硫酸盐和硫化物，对混凝土耐久性影响很大。例如，硫铁矿（FeS）和石膏（$CaSO_4 \cdot 2H_2O$）经过一系列的物理和化学作用而产生体积膨胀，从而引起内应力，使混凝土破坏；还可能生成强的硫酸，对混凝土形成酸性侵蚀。

砂中还含有另外一些有害杂质，如云母，它们易滑、软弱、黏结性差。黑云母易风化，而白云母容易劈裂成很薄的碎片。云母碎片越细小（0.5～0.3mm），不良影响程度可以减弱。砂中相对密度小于 2000kg/m³ 的物质称为轻物质。

2.2.6　骨料的耐久性

骨料的耐久性，是指骨料能抵抗各种环境因素的作用，保持物理化学性能相对稳定，从而保持混凝土物理化学性能相对稳定的能力。一般问题比较突出的是反复冻融的影响。对于一般的混凝土结构物，骨料的强度与耐久性，可以根据其表观密度与吸水率来判断。而对于有特殊要求的情况，要通过试验来判断。

1. 软弱颗粒

卵石中常夹有软弱颗粒。可以取 2～4kg 卵石，以杠杆分别施以 15～34kg 的静压力，被压碎的质量百分比，对于低强度等级的混凝土不得超过 20%；高强度等级的混凝土不得超过 10%；一般水工混凝土不得超过 10%；抗冻的水工混凝土不得超过 5%。

2. 风化骨料

骨料由岩石破碎而成，岩石会受到风化作用。风化作用后骨料的物理特性降低，骨料进行试验时往往是不合格的。因此要考虑骨料的风化问题。

骨料抵抗风化可以用硫酸钠反复浸泡、干燥来模拟，这就是骨料的坚固性试验。

3. 骨料的抗冻性

骨料的抗冻性影响混凝土的抗冻性。粗骨料的抗冻性可以用两种方法测定：一种是直接按照骨料在冻融若干循环后的失重计算；另一种是按照浸于硫酸钠溶液中，再烘干浸泡，反复进行若干次后的失重来计算。

2.2.7　骨料的化学性质

2.2.7.1　碱-骨料反应

能与水泥或混凝土中的碱发生化学反应的骨料称为碱活性骨料。混凝土碱-骨料反应（Alkali-Aggregate Reaction in concrete，AAR），是指混凝土中的碱（包括外界渗入的碱）与骨料中的碱活性矿物成分发生化学反应，导致混凝土膨胀开裂等现象。建设工程中混凝土碱-骨料反应的预防尚应符合现行国家标准《预防混凝土碱骨料反应技术规范》（GB/T 50733）的规定。由于 AAR 对混凝土耐久性的极大危害，世界各国都对 AAR 十分重视。

AAR 可归纳为如下两种类型：

（1）碱-硅酸反应（Alkali-Silica Reaction，ASR），是指混凝土中的碱（包括外界渗入的碱）与骨料中活性 SiO_2 发生化学反应，导致混凝土膨胀开裂等现象。

（2）碱-碳酸盐反应（Alkali-carbonate Reaction，ACR），是指混凝土中的碱（包括外界渗入的碱）与碳酸盐骨料中活性白云石晶体发生化学反应，导致混凝土膨胀开裂等现象。

其中碱-硅酸反应最为常见，是各国研究的重点。AAR 的发生需要具备三个要素：①碱活性骨料；②有足够量的碱存在（K^+、Na^+ 等）；③水。

这三个要素当中，第三个要素虽简单，但作用不可忽视。并不是外界水未大量进入混凝土内部就可确保不发生 AAR。混凝土内部与外界因为保持湿度平衡就可能有充分的水分，而这种可能足以达到反应的要求。

第二个是碱的问题。在水泥中总碱量（R_2O）的计算以当量 Na_2O 计，公式为

$R_2O\% = Na_2O\% + 0.658 \times K_2O\%$。国内外经验表明，总碱量在 0.6% 以上的水泥（高碱水泥）容易引起 AAR，因此推荐使用总碱量在 0.6% 以下的水泥（低碱水泥）。但是实践中发现有时水泥含碱量在 0.6% 以下时也发生了 AAR 的破坏，其原因在于混凝土的其他组分，如外加剂、拌合水、掺合料等会引入碱，而且外界环境可能向通过扩散或对流动等各种物理化学方法向混凝土持续不断地提供碱，所以目前在各国的标准和具体实践中均对混凝土中的总碱量做了限制，一般认为小于 $3kg/m^3$ 时比较安全。

第三个问题是作为骨料的岩石的活性问题。常见的碱活性岩石及其活性组分可归纳于表 2.12 中。

表 2.12　常见的碱活性岩石

AAR 类型	活性岩类型	活性组分
碱-硅酸反应	生物-化学沉积石	
	隧石岩类（结核状和层状）	无定形 SiO_2，微晶石英（玉髓）
	蛋白石岩（原生和次生）	无定形 SiO_2，微晶石英（玉髓）
	硅化的岩石（次生硅化的岩石）	无定形 SiO_2，微晶石英（玉髓）
	硅质岩（砂岩、硬砂岩、硅质板岩、石英岩）	无定形 SiO_2，变形石英
	酸性火山喷发岩石	火山玻璃质，隐晶质硅酸盐，变形石英，鳞石英
	流纹岩、安山岩、凝灰岩等	
碱-碳酸盐反应	硅化作用的碳酸盐岩石（实属碱-硅反应类）	无定形 SiO_2
	某些致密的泥质白云灰岩（如 Kingstone 白云质石灰岩）	无定形 SiO_2，黄铁矿，蒙脱石

骨料具有碱活性是发生碱-骨料反应的必要条件。因此，在对骨料进行选型以前，首先要确定骨料是否具有碱活性（这可以通过各种试验来确定）。一般将骨料分为三类，即碱活性、潜在碱活性和无碱活性。如果骨料是碱活性骨料，则不能使用这类骨料；如果骨料具有潜在碱活性，则要有条件地使用，如限制混凝土中的碱含量、使用粉煤灰等外掺料、混凝土表面涂刷高分子涂料以堵塞水及碱的外部通道等方法；而无碱活性骨料则可以相对自由地使用。

对于碱-骨料反应，要有充分的认识。前面所述碱-骨料反应的三个条件并非混凝土破坏的充分条件。因为，即使发生了碱-骨料反应，但其膨胀量可能不足，或者混凝土在一定范围内能够容纳这种膨胀（如低强度等级的混凝土由于水胶比较大，孔隙率较高），从而不破坏混凝土结构，这是完全可能的。因此，对碱-骨料反应要引起重视，但也不可盲目惧怕，只须在生产实践中谨慎对待就可以了。

2.2.7.2 碱-骨料反应引起膨胀的机理

1. 关于 ASR

ASR 的反应膨胀过程可分解为如下五个阶段：

（1）水泥中碱的溶解和释放，孔溶液 pH 达 13 以上。

（2）活性 SiO_2 矿物的侵蚀及碱硅溶液或溶胶的形成。

碱溶液对弱结晶或非结晶 SiO_2 矿物的侵蚀过程，可以归结为下列两个互相重叠的反应：

一为中和硅烷醇基团，即

$$-Si-OH+Na^+ + OH^- \longrightarrow Si-O-Na^+ （凝胶） + H_2O$$

该反应将在新的表面上反复进行。

二为割断硅-氧键，即

$$-Si-O-Si-+2NaOH \longrightarrow -Si-O-Na^+ （凝胶） + Na^+ -O-Si- （凝胶） + H_2O$$

该反应将逐步破坏矿物结构引起矿物解体。

（3）溶解状态的 SiO_2 单体或离子，在 OH^- 的催化下重新聚合成一定大小的 SiO_2 溶胶粒子。

（4）在钙及各种金属阳离子的作用下，凝胶粒子缩聚成各种结构的凝胶。

（5）凝胶吸水膨胀，或凝胶诱发渗透压力，可能发生在混凝土结构破坏阶段。

2. 关于 ACR

混凝土中的碱可与白云石质石灰石产生反应，导致混凝土破坏，常称为碱-碳酸盐反应（ACR）。其反应机理尚未完全了解。一般认为，当有碱存在时会发生如下的反白云石化反应：

$$CaCO_3 \cdot MgCO_3 + 2NaOH == CaCO_3 + Mg(OH)_2 + Na_2CO_3$$

通过上述反应使白云石晶体中的黏土包裹物暴露出来，由于黏土的吸水膨胀或由于通过黏土膜产生的渗透压导致混凝土膨胀开裂。而且在有 $Ca(OH)_2$ 存在的条件下，还会按如下反应再生成碱（NaOH）：

$$Na_2CO_3 + Ca(OH)_2 == CaCO_3 + 2NaOH$$

这样就使上述的反白云石化反应继续进行，如此反复循环，有可能造成严重的危害。

2.2.7.3 碱骨料反应的评价方法

AAR 具有很长的潜伏期，甚至可以达到 30～50 年。因此，尽早确定某种岩石是否具有碱活性有非常重要的意义。为此，各国通过研究开发了多种检验骨料碱活性的方法，大体上按照判断依据分为三类：一是通过岩相鉴定检验骨料中是否含有活性组分的岩相法；二是以骨料与碱作用后所产生的膨胀率大小作为判据的测长法；三是依骨料在碱液中的反应程度作为判据的化学法。骨料碱活性检验项目应包括岩石类型、碱-硅酸反应活性和碱-碳酸盐反应活性检验。各类岩石制作的骨料应进行碱-硅酸反应活性检验，碳酸盐类岩石制作的骨料还应进行碱-碳酸盐反应活性检验。河砂和海砂可不进行岩石类型和碱-碳酸盐反应活性的检验。下面选几个具有代表性的试验方法加以评述。

1. 岩相法

该方法就是借助光学显微镜、X 射线衍射分析等岩相分析方法，检验骨料的岩石类型和碱活性，应符合现行行业标准《普通混凝土用砂、石质量及检验方法标准》（JGJ 52）的规定。该方法的优点是速度快，可直接观察骨料中的活性组分。岩相鉴定结果对其后选择合适的检测方法有重要的指导作用，一直作为骨料碱活性鉴定的首选方法。其缺点是得不到活性组分含量与膨胀率的定量关系，且试验人员要经过相当长时间的训练和经验积累。

2. 快速砂浆棒法

该方法适用于硅质骨料，用于检验骨料碱-硅酸反应活性，不适用于碳酸盐骨料检验，应符合现行国家标准《建设用卵石、碎石》（GB/T 14685）中快速碱-硅酸反应试验方法的规定。原理是将骨料与一定碱含量的水泥制成砂浆试件，将砂浆试件放在一定温度、湿度的条件下进行养护，定期测定砂浆试件的长度，依据砂浆试件 6 个月龄期的长度膨胀率，评定骨料的碱活性。

3. 岩石柱法

该方法适用于检验碳酸盐骨料的碱-碳酸盐反应活性，应符合现行行业标准《普通混凝土用砂、石质量及检验方法标准》（JGJ 52）的规定。其原理是将一定尺寸的岩石小圆柱体持续浸泡在氢氧化钠溶液中，定期测定每个圆柱体的长度变化；依据圆柱体在 84d 时的膨胀率，评定其所代表的骨料的碱活性。

4. 混凝土棱柱体法

本方法适用于检验骨料碱-硅酸反应活性和碱-碳酸盐反应活性，应符合现行国家标准《普通混凝土长期性能和耐久性能试验方法标准》（GB/T 50082）中碱-骨料反应试验方法的规定。

岩相法、快速砂浆棒法、岩石柱法和混凝土棱柱体法的试验结果的判定应符合国家现行相关试验方法标准的规定。当同一检验批的同一检验项目进行一组以上试验时，应取所有试验结果中碱活性指标最大的作为检验结果。检验报告结论为碱活性时应注明碱活性类型。岩相法和快速砂浆棒法的检验结果不一致时，应以快速砂浆棒法的检验结果为准。岩相法、快速砂浆棒法和岩石柱法的检验结果与混凝土棱柱体法的检验结果不一致时，应以混凝土棱柱体法的检验结果为准。

2.2.7.4　碱骨料反应的抑制措施

因碱-碳酸盐反应（ACR）破坏事例远不及 ASR 普遍，国际上对 ACR 及其抑制措施的研究也相应较少，在此，AAR 主要是指 ASR。目前，控制 ASR 的措施主要从以下几个方面考虑：

（1）使用非活性骨料；

（2）控制水泥及混凝土中的碱含量；

（3）控制湿度；

（4）使用矿物掺合料或化学外加剂；

（5）隔离混凝土内外之间的物质交换。

使用非活性骨料控制 AAR 是最有效和最安全可靠的措施。但是往往受资源的影响。另外，如前面所述，目前对评定骨料的碱活性特别是慢膨胀骨料的潜在碱活性尚无绝对可靠的方法，正确判定骨料的碱活性也并非易事。

混凝土工程应采用非碱活性骨料。在勘察和选择采料场时，应对制作骨料的岩石或骨料进行碱活性检验。对快速砂浆棒法检验结果不小于 0.10% 的骨料时，应按《预防混凝土碱骨料反应技术规范》（GB/T 50733—2011）第 5 章的规定进行抑制骨料碱-硅酸反应活性有效性试验，并验证有效。在盐渍土、海水和受除冰盐作用等含碱环境中，重要结构的混凝土不得采用碱活性骨料。具有碱-碳酸盐反应活性的骨料不得用于配制混凝土。宜采用碱含量不大于 0.6% 的通用硅酸盐水泥；应采用 F 类的 I 级或 II 级粉煤灰，碱含量不宜大于 2.5%；宜采用碱含量不大于 1.0% 的粒化高炉矿渣粉；宜采用二氧化硅含量不小于 90%、碱含量不大于 1.5% 的硅灰；碱含量试验方法应按现行国家标准《水泥化学分析方法》（GB 176）执行。应采用低碱含量的外加剂，外加剂的碱含量试验方法应按现行国家标准《混凝土外加剂匀质性试验方法》（GB/T 8077）执行。应采用碱含量不大于 1500mg/L 的拌和用水，水的碱含量试验方法应符合现行行业标准《混凝土用水标准》（JGJ 63）的规定。

混凝土配合比设计应符合《普通混凝土配合比设计规程》（JGJ 55）的规定。混凝土碱含量不应大于 $3.0kg/m^3$。混凝土碱含量计算应符合以下规定：①混凝土碱含量应为配合比中各原材料的碱含量之和。②水泥、外加剂和水的碱含量可用实测值计算；粉煤灰碱含量可用 1/6 实测值计算，硅灰和粒化高炉矿渣粉碱含量可用 1/2 实测值计算。③骨料碱含量可不计入混凝土碱含量。混凝土中矿物掺合料掺量应符合《预防混凝土碱骨料反应技术规范》（GB/T 50733—2011）的规定。

控制混凝土碱含量主要是基于当混凝土中的碱含量低于一定值时（$3kg/m^3$），混凝土孔溶液中 K^+、Na^+ 和 OH^- 浓度便低于某临界值，AAR 便难以发生或反应程度较轻，不足以使混凝土开裂破坏。但研究表明，由于混凝土中碱能在化学物理作用下迁移富集，此措施并不总是有效。此外，对存在外部碱，如海工工程、暴露于盐碱地和使用去冰盐的混凝土工程，会不断向混凝土内部提供碱，即使初期混凝土碱含量较低也可发生 AAR。因此，限制混凝土的碱含量只对部分工程有效。

我国工程中发生的混凝土碱-骨料反应普遍是碱-硅酸反应，发生碱-碳酸盐反应破坏的情况很少，也不易确认。对于纯粹的碱-碳酸盐反应活性的骨料，尚无好的预防混凝土碱-骨料反应的措施。验证试验和工程实践表明，Ⅰ级或Ⅱ级的 F 类粉煤灰在达到一定掺量的情况下都可以显著抑制骨料的碱-硅活性，粉煤灰碱含量的影响作用不明显，由于验证试验和工程实践采用粉煤灰的碱含量最大值为 2.64%，因此规定碱含量不宜大于 2.5%。验证试验和工程实践表明，以粉煤灰为主并复合粒化高炉矿渣粉在达到一定掺量的情况下也可以显著抑制骨料的碱-硅活性，粒化高炉矿渣粉碱含量一般不超过 1.0%。硅灰可以显著抑制骨料的碱-硅活性已经为公认的事实，二氧化硅含量不小于 90% 的硅灰质量较好，硅灰碱含量一般不超过 1.5%。混凝土外加剂碱含量对混凝土碱-骨料反应影响较大，只有采用低碱含量的外加剂，才有利于预防混凝土碱-骨料反应。在现行国家标准《混凝土外加剂匀质性试验方法》（GB/T 8077）碱含量试验方法中，外加剂的碱含量称为总碱量。

有研究证明，相对降低湿度可以降低 AAR 膨胀。实际上混凝土所处的环境湿度条件是不易人为控制的，而且干湿循环等因素还可以导致混凝土中碱的迁移并在局部富集，反而加剧 AAR。

一些初步的研究结果表明，使用某些化学外加剂能抑制 AAR 膨胀，但其长期有效性尚未得到实际工程的证实，抑制机理也不清楚，现有化学外加剂的昂贵价格也使其推广应用受到极大的限制。

上述措施在应用上均存在一定的局限性。大量的研究表明，使用某些掺合料取代部分水泥不仅能够延缓或抑制 AAR，而且对混凝土的某些性能也有一定的改善作用，同时对节约资源、保护环境也有重要意义，因而对这一措施的应用和研究也最为广泛。

2.2.7.5 其他化学性能

含有某些矿物的骨料配制的混凝土硬化后，也会出现化学问题。例如，含有黄铁矿骨料的混凝土,在水分和空气渗透下发生氧化反应,生成酸度极强的硫酸和氢氧化铁;硫酸对混凝土具有腐蚀性是不言而喻的,而氢氧化铁会膨胀,对混凝土也具有腐蚀性。

2.2.8　质量要求

根据现行国家标准《混凝土质量控制标准》(GB 50164)的规定,粗骨料质量主要控制项目应包括颗粒级配、针片状颗粒含量、含泥量、泥块含量、压碎值指标和坚固性,用于高强混凝土的粗骨料主要控制项目还应包括岩石抗压强度。

粗骨料在应用方面应符合下列规定:①混凝土粗骨料宜采用连续级配。②对于混凝土结构,粗骨料最大公称粒径不得大于构件截面最小尺寸的 1/4,且不得大于钢筋最小净间距的 3/4;对混凝土实心板,骨料的最大公称粒径不宜大于板厚的 1/3,且不得大于 40mm;对于大体积混凝土,粗骨料最大公称粒径不宜小于 31.5mm。③对于有抗渗、抗冻、抗腐蚀、耐磨或其他特殊要求的混凝土,粗骨料中的含泥量和泥块含量分别不应大于 1.0% 和 0.5%;坚固性检验的质量损失不应大于 8%。④对于高强混凝土,粗骨料的岩石抗压强度应至少比混凝土设计强度高 30%;最大公称粒径不宜大于 25mm,针片状颗粒含量不宜大于 5% 且不应大于 8%;含泥量和泥块含量分别不应大于 0.5% 和 0.2%。⑤对粗骨料或用于制作粗骨料的岩石,应进行碱活性检验,包括碱-硅酸反应活性检验和碱-碳酸盐反应活性检验;对于有预防混凝土碱-骨料反应要求的混凝土工程,不宜采用有碱活性的粗骨料。

根据现行国家标准《混凝土质量控制标准》(GB 50164)的规定,细骨料质量主要控制项目应包括颗粒级配、细度模数、含泥量、泥块含量、坚固性、氯离子含量和有害物质含量;海砂主要控制项目除应包括上述指标外尚应包括贝壳含量;人工砂主要控制项目除应包括上述指标外尚应包括石粉含量和压碎值指标,人工砂主要控制项目可不包括氯离子含量和有害物质含量。

细骨料的应用应符合下列规定:①泵送混凝土宜采用中砂,且 $300\mu m$ 筛孔的颗粒通过量不宜少于 15%。②对于有抗渗、抗冻或其他特殊要求的混凝土,砂中的含泥量和泥块含量分别不应大于 3.0% 和 1.0%;坚固性检验的质量损失不应大于 8%。③对于高强混凝土,砂的细度模数宜控制在 2.6~3.0,含泥量和泥块含量分别不应大于 2.0% 和 0.5%。④钢筋混凝土和预应力混凝土用砂的氯离子含量分别不应大于 0.06% 和 0.02%。⑤混凝土用海砂应经过净化处理。⑥混凝土用海砂氯离子含量不应大于 0.03%,贝壳含量应符合表 2.46 的规定。海砂不得用于预应力混凝土。⑦人工砂中的石粉含量应符合表 2.16 的规定。⑧不宜单独采用特细砂作为细骨料配制混凝土。⑨河沙和海砂应进行碱-硅酸反应活性检验;人工砂应进行碱-硅酸盐反应活性检验和碱-碳酸盐反应活性检验;对于有预防混凝土碱-骨料反应要求的工程,不宜采用有碱活性的砂。

2.2.8.1　细骨料质量要求

(1)砂的粗细程度按细度模数 μ_f 分为粗、中、细、特细四级,其范围应符合下列规定:

粗砂:$\mu_f = 3.7\sim3.1$

中砂:$\mu_f = 3.0\sim2.3$

细砂:$\mu_f = 2.2\sim1.6$

特细砂：$\mu_f = 1.5 \sim 0.7$

砂的颗粒级配应符合表 2.13 的规定。除特细砂外，砂的颗粒级配可按 $630\mu m$ 筛孔的累计筛余量（以质量百分率计，下同）分成三个级配区，且砂的颗粒级配应处于表 2.13 中的某一区内。砂的实际颗粒级配与表 2.13 中的累计筛余相比，除 $5.00mm$ 和 $630\mu m$ 的累计筛余外，其余公称粒径的累计筛余可稍有超出分界线，但总超出量不应大于 5%。

表 2.13 砂颗粒级配区

公称粒径	级配区		
	Ⅰ区	Ⅱ区	Ⅲ区
	累计筛余（%）		
5.00mm	10～0	10～0	10～0
2.50mm	35～5	25～0	15～0
1.25mm	65～35	50～10	25～0
630μm	85～71	70～41	40～16
315μm	95～80	92～70	85～55
160μm	100～90	100～90	100～90

当天然砂的实际颗粒级配不符合要求时，宜采取相应的技术措施，并经试验证明能够确保混凝土质量后，方允许使用。配制混凝土时宜优先采用Ⅱ区砂。当采用Ⅰ区砂时，应提高砂率，并保持足够的水泥用量，满足混凝土的和易性；当采用Ⅲ区砂时，宜适当降低砂率；当采用特细砂时，应与人工砂组成混合砂，应符合相应的规定。配制泵送混凝土，宜选用中砂。

（2）天然砂中含泥量应符合表 2.14 的规定。

表 2.14 天然砂中含泥量

混凝土强度等级	≥C60	C55～C30	≤C25
含泥量（按质量计，%）	≤2.0	≤3.0	≤5.0

对于有抗冻、抗渗或其他特殊要求的小于等于 C25 混凝土用砂，其含泥量不应大于 3.0%。

（3）砂中泥块含量应符合表 2.15 的规定。

表 2.15 砂中泥块含量

混凝土强度等级	≥C60	C55～C30	≤C25
泥块含量（按质量计，%）	≤0.5	≤1.0	≤2.0

对于有抗冻、抗渗或其他特殊要求的小于等于 C25 混凝土用砂，其泥块含量不应大于 1.0%。

（4）人工砂或混合砂中石粉含量应符合表 2.16 的规定。

表 2.16 人工砂或混合砂中石粉含量

混凝土强度等级		≥C60	C55～C30	≤C25
石粉含量（%）	MB<1.4（合格）	≤5.0	≤7.0	≤10.0
	MB≥1.4（不合格）	≤2.0	≤3.0	≤5.0

（5）砂的坚固性应采用硫酸钠溶液检验，试样经 5 次循环后，其质量损失应符合表 2.17 的规定。

表 2.17 砂的坚固性指标

混凝土所处的环境条件及其性能要求	5 次循环后的质量损失（%）
在严寒及寒冷地区室外使用并经常处于潮湿或干湿交替状态下的混凝土 对于有抗疲劳、耐磨、抗冲击要求的混凝土 有腐蚀介质作用或经常处于水位变化区的地下结构混凝土	≤8
其他条件下使用的混凝土	≤100

（6）人工砂的总压碎值指标应小于 30%。

（7）当砂中含有云母、轻物质、有机物、硫化物及硫酸盐等有害物质时，其含量应符合表 2.18 的规定。

表 2.18 砂中的有害物质含量

项目	质量指标
云母含量（按质量计，%）	≤2.0
轻物质含量（按质量计，%）	≤1.0
硫化物及硫酸盐含量（折算成 SO_3 按质量计，%）	≤1.0
有机物含量（用比色法试验）	颜色不应深于标准色。当颜色深于标准色时，应按水泥胶砂强度试验方法进行强度对比试验，抗压强度比不应低于 0.95

对于有抗冻、抗渗要求的混凝土用砂，其云母含量不应大于 1.0%。当砂中含有颗粒状的硫酸盐或硫化物杂质时，应进行专门检验，确认能满足混凝土耐久性要求后，方可采用。

（8）对于长期处于潮湿环境的重要混凝土结构用砂，应采用快速砂浆棒法或砂浆长度法进行碱活性检验。经上述检验判断为有潜在危害时，应控制混凝土中的碱含量不超过 3kg/m³，或采用能抑制碱-骨料反应的有效措施。

（9）砂中氯离子含量应符合下列规定：

① 对于钢筋混凝土用砂，其氯离子含量不得大于 0.06%（以干砂的质量百分率计）；

② 对于预应力混凝土用砂，其氯离子含量不得大于 0.02%（以干砂的质量百分率计）。

（10）海砂中贝壳含量应符合表2.19的规定。

表2.19　海砂中贝壳含量

混凝土强度等级	≥C40	C35～C30	C25～C15
贝壳含量（按质量计，%）	≤3	≤5	≤8

对于有抗冻、抗渗或其他特殊要求的小于等于C25混凝土用砂，其贝壳含量不应大于5%。

2.2.8.2　粗骨料质量要求

碎石或卵石的颗粒级配，应符合表2.20的要求。混凝土用石应采用连续粒级。单粒级宜用于组合成满足要求的连续粒级，也可与连续粒级混合使用，以改善其级配或配成较大粒度的连续粒级。当卵石的颗粒级配不符合表2.20要求时，应采取措施并经试验证实能确保工程质量后，方允许使用。

表2.20　碎石或卵石的颗粒级配范围

级配情况	公称粒级（mm）	累计筛余（按质量计，%）											
		方孔筛筛孔边长尺寸（mm）											
		2.36	4.75	9.5	16.0	19.0	26.5	31.5	37.5	53	63	75	90
连续粒级	5～10	95～100	80～100	0～15	0	—	—	—	—	—	—	—	—
	5～16	95～100	85～100	30～60	0～10	0	—	—	—	—	—	—	—
	5～20	95～100	90～100	40～80	—	0～10	0	—	—	—	—	—	—
	5～25	95～100	90～100	—	30～70	—	0～5	0	—	—	—	—	—
	5～31.5	95～100	90～100	70～90	—	15～45	—	0～5	0	—	—	—	—
	5～40	—	95～100	70～90	—	30～65	—	—	0～5	—	—	—	—
单粒级	10～20	—	95～100	85～100	—	0～15	0	—	—	—	—	—	—
	16～31.5	—	95～100	—	85～100	—	—	0～10	0	—	—	—	—
	20～40	—	—	95～100	—	80～100	—	—	0～10	0	—	—	—
	31.5～63	—	—	—	95～100	—	—	75～100	45～75	—	0～10	0	—
	40～80	—	—	—	—	95～100	—	—	70～100	—	30～60	0～10	0

（1）碎石或卵石中针、片状颗粒含量应符合表2.21的规定。

表2.21　针、片状颗粒含量

混凝土强度等级	≥C60	C55～C30	≤C25
针、片状颗粒含量（按质量计，%）	≤8	≤15	≤25

（2）碎石或卵石中含泥量应符合表2.22的规定。

表2.22　碎石或卵石中含泥量

混凝土强度等级	≥C60	C55～C30	≤C25
碎石或卵石中含泥量（按质量计，%）	≤0.5	≤1.0	≤2.0

对于有抗冻、抗渗或其他特殊要求的混凝土，其所用碎石或卵石中含泥量不应大于 1.0%。当碎石或卵石的含泥是非黏土质的石粉时，其含泥量可由表 2.19 的 0.5%、1.0%、2.0%，分别提高到 1.0%、1.5%、3.0%。

（3）碎石或卵石中泥块含量应符合表 2.23 的规定。

表 2.23　碎石或卵石中泥块含量

混凝土强度等级	≥C60	C55～C30	≤C25
碎石或卵石中泥块含量（按质量计,%）	≤0.2	≤0.5	≤0.7

对于有抗冻、抗渗或其他特殊要求的强度等级小于 C30 的混凝土，其所用碎石或卵石中泥块含量不应大于 0.5%。

（4）碎石的强度可用岩石的抗压强度和压碎值指标表示。岩石的抗压强度应比所配制的混凝土强度至少高 20%。当混凝土强度等级大于或等于 C60 时，应进行岩石抗压强度检验。岩石强度首先应由生产单位提供，工程中可采用压碎值指标进行质量控制。碎石的压碎值指标宜符合表 2.24 的规定。卵石的强度可用压碎值指标表示，其压碎值指标宜符合表 2.25 的规定。

表 2.24　碎石的压碎值指标

岩石品种	混凝土强度等级	碎石压碎值指标（%）
沉积岩	C60～C40	≤10
	≤C35	≤16
变质岩或深成的火成岩	C60～C40	≤12
	≤C35	≤20
喷出的火成岩	C60～C40	≤13
	≤C35	≤30

注：沉积岩包括石灰岩、砂岩等；变质岩包括片麻岩、石英岩等；深成的火成岩包括花岗岩、正长岩、闪长岩和橄榄岩等；喷出的火成岩包括玄武岩和辉绿岩等。

表 2.25　卵石的压碎值指标

混凝土强度等级	C60～C40	≤C35
卵石的压碎值指标（%）	≤12	≤16

（5）碎石或卵石的坚固性应用硫酸钠溶液法检验，试样经 5 次循环后，其质量损失应符合表 2.26 的规定。

表 2.26　碎石或卵石的坚固性指标

混凝土所处的环境条件及其性能要求	5 次循环后的质量损失（%）
在严寒及寒冷地区室外使用，并经常处于潮湿或干湿交替状态下的混凝土；有腐蚀性介质作用或经常处于水位变化区的地下结构或有抗疲劳、耐磨、抗冲击等要求的混凝土	≤8
其他条件下使用的混凝土	≤12

（6）碎石或卵石中的硫化物和硫酸盐含量以及卵石中有机物等有害物质含量，应符合表 2.27 的规定。当碎石或卵石中含有颗粒状硫酸盐或硫化物杂质时，应进行专门检验，确认能满足混凝土耐久性要求后，方可采用。

表 2.27　碎石或卵石中的有害物质含量

项目	质量要求
硫化物及硫酸盐含量（折算成 SO$_3$，按质量计，%）	≤1.0
卵石中有机物含量（用比色法试验）	颜色应不深于标准色。当颜色深于标准色时，应配制成混凝土进行强度对比试验，抗压强度比应不低于 0.95

（7）对于长期处于潮湿环境的重要结构混凝土，其所使用的碎石或卵石应进行碱活性检验。进行碱活性检验时，首先应采用岩相法检验碱活性骨料的品种、类型和数量。当检验出骨料中含有活性二氧化硅时，应采用快速砂浆棒法和砂浆长度法进行碱活性检验；当检验出骨料中含有活性碳酸盐时，应采用岩石柱法进行碱活性检验。经上述检验，当判断骨料存在潜在碱-硅反应危害时，应控制混凝土中的碱含量不超过 3kg/m^3，或采用能抑制碱-骨料反应的有效措施。

2.2.8.3　验收、运输和堆放

（1）供货单位应提供砂或石的产品合格证或质量检验报告。

使用单位应按砂或石的同产地同规格分批验收。用大型工具（如火车、货船或汽车）运输的，应以 400m^3 或 600t 为一验收批；用小型工具（如拖拉机等）运输的，以 200m^3 或 300t 为一验收批。不足上述量的，应按一验收批进行验收。

（2）每验收批砂石至少应进行颗粒级配、含泥量、泥块含量检验。对于碎石或卵石，还应检验针、片状颗粒含量；对于海砂或有氯离子污染的砂，还应检验其氯离子含量。对于海砂，还应检验贝壳含量；对于人工砂及混合砂，还应检验石粉含量。对于重要工程或特殊工程，应根据工程要求增加检测项目。对其他指标的合格性有怀疑时，应予以检验。

当砂或石的质量比较稳定、进料量又较大时，可以 1000t 为一验收批。当使用新产源的砂或石时，供货单位应按《普通混凝土用砂、石质量及检验方法标准》（JGJ 52—2006）的质量要求进行全面检验。

（3）使用单位的质量检验报告内容应包括委托单位、样品编号、工程名称、样品产地、类别、代表数量、检测依据、检测条件、检测项目、检测结果、结论等。

（4）砂或石的数量验收，可按质量计算，也可按体积计算。测定质量，可以汽车地量衡或船舶吃水线为依据；测定体积，可按车皮或船舶的容积为依据。采用其他小型运输工具时，可按量方确定。

（5）砂或石在运输、装卸和堆放过程中，应防止颗粒离析、混入杂质，并应按产地、种类和规格分别堆放。碎石或卵石的堆料高度不宜超过 5m，对于单粒级或最大粒径不超过 20mm 的连续粒级，其堆料高度可增加到 10m。

2.3 水

混凝土用水是指混凝土拌和用水和混凝土养护用水的总称，包括饮用水、地表水、地下水、再生水、混凝土企业设备洗涮水和海水等。地表水是指存在于江、河、湖、塘、沼泽和冰川等中的水。地下水是指存在于岩石缝隙或土壤孔隙中可以流动的水。再生水是指污水经适当再生工艺处理后具有使用功能的水。混凝土拌和用水和养护用水的技术要求、检验方法、检验规则和结果评定应符合现行行业标准《混凝土用水标准》（JGJ 63）的规定。

根据现行国家标准《混凝土质量控制标准》（GB 50164）的规定，混凝土用水主要控制项目应包括 pH、不溶物含量、可溶物含量、硫酸根离子含量、氯离子含量、水泥凝结时间差和水泥胶砂强度比。当混凝土骨料为碱活性时，主要控制项目还应包括碱含量。

混凝土用水的应用应符合下列规定：①未经处理的海水严禁用于钢筋混凝土和预应力混凝土。②当骨料具有碱活性时，混凝土用水不得采用混凝土企业生产设备洗涮水。

混凝土拌和用水在混凝土中有三种存在形式，即结合水、吸附水和游离水。在用水量一定时，随着水化过程的进行，结合水和吸附水增加，同时水分蒸发，游离水逐渐减少，流动性或工作性逐渐下降。混凝土拌和用水宜选择洁净的饮用水，拌和用水不得影响混凝土的凝结硬化，不得降低混凝土的耐久性，不加快钢筋锈蚀和预应力钢丝脆断。

混凝土拌和用水水质要求应符合表 2.28 的规定。对于设计使用年限为 100 年的结构混凝土，氯离子含量不得超过 500mg/L；对使用钢丝或经热处理钢筋的预应力混凝土，氯离子含量不得超过 350mg/L。

表 2.28 混凝土拌和用水水质要求

项目	预应力混凝土	钢筋混凝土	素混凝土
pH	≥5.0	≥4.5	≥4.5
不溶物（mg/L）	≤2000	≤2000	≤5000
可溶物（mg/L）	≤2000	≤5000	≤10000
Cl^-（mg/L）	≤500	≤1000	≤3500
SO_4^{2-}（mg/L）	≤600	≤2000	≤2700
碱含量（mg/L）	≤1500	≤1500	≤1500

注：碱含量按 $Na_2O+0.658K_2O$ 计算值来表示。采用非碱活性骨料时，可不检验碱含量。

（1）地表水和地下水常溶解有较多的有机质和矿物盐，必须按标准规定的方法检验合格后，方可使用。地表水、地下水、再生水的放射性应符合现行国家标准《生活饮用水卫生标准》（GB 5749）的规定。

被检验水样应与饮用水样进行水泥凝结时间对比试验。对比试验的水泥初凝时间差及终凝时间差均不应大于 30min；同时，初凝和终凝时间应符合现行国家标准《通用硅酸盐水泥》（GB 175）的规定。被检验水样应与饮用水样进行水泥胶砂强度对比试验，被检验水样配制的水泥胶砂 3d 和 28d 强度不应低于饮用水配制的水泥胶砂 3d 和 28d 强度的 90%。当水泥凝结时间和水泥胶砂强度的检验不满足要求时，应重新加倍抽样复检一次。

（2）海水中含有较多的硫酸盐和氯盐，会影响混凝土的耐久性和加速混凝土中钢筋的锈蚀，因此对于钢筋混凝土结构和预应力混凝土结构不得采用海水拌制，未经处理的海水严禁用于钢筋混凝土和预应力混凝土。在无法获得水源的情况下，海水可用于素混凝土，对有饰面要求的混凝土，也不得采用海水拌制，以免因表面盐析产生白斑而影响装饰效果。

（3）混凝土拌和用水不应有漂浮明显的油脂和泡沫，不应有明显的颜色和异味。湿拌砂浆企业设备洗涮水不宜用于混凝土。混凝土企业设备洗涮水不宜用于预应力混凝土、装饰混凝土、加气混凝土和暴露于腐蚀环境的混凝土；不得用于使用碱活性或潜在碱活性骨料的混凝土。

（4）混凝土养护用水可不检验不溶物和可溶物，可不检验水泥凝结时间和水泥胶砂强度，其他检验项目应符合《混凝土用水标准》（JGJ 63—2006）的规定。

2.4　混凝土外加剂

混凝土是土木、建筑、水利以及许多工程中使用得十分广泛的材料，随着科学技术的不断发展，对混凝土的各方面性能就会提出各种新的要求。如何满足这些要求，可以有多种途径，而使用混凝土外加剂则是其中一种效果显著、使用方便、经济合理的手段。特别是在客运专线，要求混凝土具有良好耐久性，使用寿命为 100 年，必须按高性能混凝土的要求施工，因此高性能混凝土所用的高性能减水剂、高效减水剂更是必不可少的外加剂。目前，混凝土外加剂已逐渐成为混凝土中除砂、石、水泥和水之外的必不可少的第五组分材料。

2.4.1　定义和分类

2.4.1.1　定义

依据《混凝土外加剂术语》（GB/T 8075—2017）的定义：混凝土外加剂是混凝土中除胶凝材料、骨料、水和纤维组分以外，在混凝土拌制之前或拌制过程中加入的，用以改善新拌混凝土和（或）硬化混凝土性能，对人、生物及环境安全无有害影响的材料。

目前混凝土外加剂的定义仍有不确定的问题。争论主要在于划分范围的问题。例如，混凝土用膨胀剂往往是无机材料，其掺量远远大于水泥质量的 5%，但它确实能改善混凝土的性能（如补偿收缩）。它们的作用又类似于矿渣粉的作用，但矿渣粉又是作为掺合料加入混凝土中的，而膨胀剂却是作为外加剂来分类的。

混凝土外加剂是一些这样的材料，将它们在混凝土某个制备阶段加入，这些外加剂可以使混凝土无论是处于流态，或处于塑性状态，还是在凝结、硬化的前或后，都能得到某些新性能。外加剂实质上与掺合料之间的概念是有重叠的，由于外加剂的范围很广，各国有各自不同的划分方法，因此，不必过分拘泥于定义而影响了外加剂的使用及研究。外加剂的要求、试验方法、检验规则、包装及贮存应符合现行国家标准《混凝土外加剂》(GB 8076)的规定。为规范混凝土外加剂应用，改善混凝土性能，满足设计和施工要求，保证混凝土工程质量，做到技术先进、安全可靠、经济合理、节能环保，尚应符合现行国家标准《混凝土外加剂应用技术规范》(GB 50119)的规定。

2.4.1.2　分类

混凝土外加剂种类繁多，其性能各异，所起的作用也不尽相同，但综合起来有以下几个特点：

（1）改善新拌混凝土的工作性能，达到易于施工的目的。

（2）调整混凝土的硬化时间。如在泵送施工中、在大体积混凝土施工中，为了延缓混凝土的凝结时间，要掺入缓凝剂；在喷射混凝土施工中，要使混凝土快速凝结，则要加入速凝剂；而在某些条件下，需要提高混凝土的早期强度，则要加入早强剂。

（3）改善硬化混凝土的性能。如提高混凝土密实性、抗冻性及抗渗性，改善混凝土的干燥收缩及徐变性能，防止混凝土的腐蚀等，均要加入一定种类的外加剂，以提高混凝土的耐久性。

因此，每种外加剂均可按其具有的一种或多种功能给出定义和分类，并根据其主要功能命名。复合外加剂具有一种以上的主要功能，按其一种以上功能命名。

（1）普通减水剂是指在混凝土坍落度基本相同的条件下，减水率不小于8%的外加剂。

（2）高效减水剂是指在混凝土坍落度基本相同的条件下，减水率不小于14%的减水剂。

（3）高性能减水剂是指在混凝土坍落度基本相同的条件下，减水率不小于25%，与高效减水剂相比坍落度保持性能好、干燥收缩小且具有一定引气性能的减水剂。

（4）早强剂是指能加速混凝土早期强度发展的外加剂。

（5）缓凝剂是指能延长混凝土凝结时间的外加剂。

（6）引气剂是指能通过物理作用引入均匀分布、稳定而封闭的微小气泡，且能将气泡保留在硬化混凝土中的外加剂。

（7）标准型普通减水剂是指具有减水功能且对混凝土凝结时间没有显著影响的普通减水剂。

（8）早强型普通减水剂是指具有早强功能的普通减水剂。

（9）引气型普通减水剂是指具有引气功能的普通减水剂。

（10）缓凝型普通减水剂是指具有缓凝功能的普通减水剂。

（11）标准型高效减水剂是指具有减水功能且对混凝土凝结时间没有显著影响的高效减水剂。

（12）早强型高效减水剂是指具有早强功能的高效减水剂。

（13）缓凝型高效减水剂是指具有缓凝功能的高效减水剂。

（14）引气型高效减水剂是指具有引气功能的高效减水剂。

（15）标准型高性能减水剂是指具有减水功能且对混凝土凝结时间没有显著影响的高性能减水剂。

（16）早强型高性能减水剂是指具有早强功能的高性能减水剂。

（17）缓凝型高性能减水剂是指具有缓凝功能的高性能减水剂。

（18）引气型高性能减水剂是指具有引气功能的高性能减水剂。

（19）减缩型高性能减水剂是指 28d 收缩率比不大于 90％的高性能减水剂。

（20）防冻剂是指能使混凝土在负温下硬化，并在规定养护条件下达到预期性能的外加剂。

（21）无氯盐防冻剂是指氯离子含量不大于 0.1％的防冻剂。

（22）复合型防冻剂是指兼有减水、早强、引气等功能，由多种组分复合而成的防冻剂。

（23）调凝剂是指能调节混凝土凝结时间的外加剂。

（24）促凝剂是指能缩短混凝土凝结时间的外加剂。

（25）速凝剂是指能使混凝土迅速凝结硬化的外加剂。

（26）缓凝剂是指能延长混凝土凝结时间的外加剂。

（27）减缩剂是指通过改变孔溶液离子特征及降低孔溶液表面张力等作用来减少砂浆或混凝土收缩的外加剂。

（28）无碱速凝剂是指氧化钠当量含量不大于 1％的速凝剂。

（29）有碱速凝剂是指氧化钠当量含量大于 1％的速凝剂。

（30）防水剂是指能降低砂浆、混凝土在静水压力下透水性的外加剂。

（31）保水剂是指能减少混凝土或砂浆拌和物失水的外加剂。

（32）泵送剂是指能改善混凝土拌和物泵送性能的外加剂。

（33）防冻泵送剂是指既能使混凝土在负温下硬化，并在规定养护条件下达到预期性能，又能改善混凝土拌和物泵送性能的外加剂。

（34）黏度改性剂：能改善混凝土拌和物黏聚性，减少混凝土离析的外加剂。

（35）混凝土坍落度保持剂是指在一定时间内，能减少新拌混凝土坍落度损失的外加剂。

（36）膨胀剂是指在混凝土硬化过程中因化学作用能使混凝土产生一定体积膨胀的外加剂。

（37）硫铝酸钙类膨胀剂是指与水泥、水拌和后经水化反应生成钙矾石的混凝土膨胀剂。

（38）氧化钙类膨胀剂是指与水泥、水拌和后经水化反应生成氢氧化钙的混凝土膨胀剂。

（39）硫铝酸钙-氧化钙类膨胀剂是指与水泥、水拌和后经水化反应生成钙矾石和氢氧化钙的混凝土膨胀剂。

（40）抗硫酸盐侵蚀剂是指用以抵抗硫酸盐类物质侵蚀，提高混凝土耐久性的外加剂。

（41）管道压浆剂（预应力孔道灌浆剂）是指由减水剂、膨胀剂、矿物掺合料及其他功能性材料等干拌而成的、用以制备预应力结构管道压浆料的外加剂。

（42）阻锈剂是指能抑制或减轻混凝土或砂浆中钢筋或其他金属预埋件锈蚀的外加剂。

（43）混凝土防腐阻锈剂是指用于抵抗硫酸盐对混凝土的侵蚀、抑制氯离子对钢筋锈蚀的外加剂。

（44）加气剂或称发泡剂，是在混凝土制备过程中因发生化学反应，生成气体，使硬化混凝土中有大量均匀分布气孔的外加剂。

（45）泡沫剂是指通过搅拌工艺产生大量均匀而稳定的泡沫，用于制备泡沫混凝土的外加剂。

（46）增稠剂是指通过提高液相黏度，增加稠度以减少混凝土拌和物组分分离趋势的外加剂。

（47）絮凝剂是指在水中施工时，能增加混凝土拌和物黏聚性，减少水泥浆体和骨料分离的外加剂。

（48）保塑剂是指在一定时间内，能保持新拌混凝土塑性状态的外加剂。

（49）消泡剂是指能抑制气泡产生或消除已产生气泡的外加剂。

（50）着色剂是指能稳定改变混凝土颜色的外加剂。

（51）水泥基渗透结晶型防水剂是指以硅酸盐水泥和活性化学物质为主要成分制成的、掺入水泥混凝土拌和物中用以提高混凝土致密性与防水性的外加剂。

（52）碱-骨料反应抑制剂是指能抑制或减轻碱-骨料反应发生的外加剂。

（53）多功能外加剂是指能改善新拌和（或）硬化混凝土两种或两种以上性能的外加剂。

事实上，这种定义也只能反映外加剂的某一侧面，因为混凝土外加剂的作用及功能往往不是单一的。例如，泵送剂一定会有高效减水的功能，可能有缓凝的功能，还可能有保水的功能。因此，一种外加剂究竟可以归为什么样的外加剂，主要还要视使用时以何功能为主，这一点应引起广大试验人员注意。同时，由于同一种外加剂有多项功能，如糖蜜类减水剂，它自然就带有较强的缓凝作用。再如，膨胀剂，由于它的膨胀机理，必定会促进混凝土水化，从而缩短混凝土凝结时间、增大混凝土的坍落度损失、提高早期强度等。因此，在施工中，选择外加剂要根据工程要求，充分考虑外加剂的主要功能，抑制副作用。

2.4.2　减水剂

减水剂是混凝土所有外加剂中使用最广泛、能改善混凝土多种性能的外加剂。当减水剂加入混凝土中时，在保持流动性不变的情况下能减少混凝土的单位体积内的用水量。这是混凝土外加剂的基本性质。高效减水剂的减水率在14％以上，在高性能混凝土中使用的减水剂减水率要达到25％以上。

2.4.2.1　减水剂的发展历史

近代混凝土减水剂的发展已有80多年的历史。20世纪30年代初，美国、英国、日本等已经在公路、隧道、地下工程中使用木质素磺酸盐类减水剂。到60年代，混凝土减水剂得到了较快发展。1962年，日本的服部健一等将萘磺酸甲醛高缩合物用作减水剂，而几乎在同时，联邦德国研制成功了三聚氰胺磺酸盐甲醛缩聚物减水剂。另外，同时出现的还有多环芳烃磺酸盐甲醛缩合物减水剂。目前国外对萘系、三聚氰胺系等高效减水剂的研究和应用已日趋完善，不少科研机构已开始转向对聚羧酸盐系高性能减水剂的开发与研究。90年代，日本在该领域投入了大量的人力与资源，并获得了成功，开发出了系列性能较为优异的聚羧酸盐系减水剂。自1995年以后，聚羧酸盐系减水剂在日本的使用量超过了萘系减水剂。聚羧酸盐系高效减水剂是直接用有机化工原料通过接枝共聚反应合成的高分子表面活性剂，它不仅能吸附在水泥颗粒表面上，使水泥颗粒表面带电而互相排斥，还因具有支链的位阻作用，从而对水泥分散的作用更强、更持久。因此，聚羧酸盐系减水剂被认为是目前最高效的新一代减水剂。

我国从50年代初开始使用混凝土减水剂，主要类型是纸浆废液（木质素磺酸钙）塑化剂。到60年代，我国减水剂的研究和应用几乎处于停滞状态。到70年代，中国建筑材料科学研究院、清华大学等单位开始研制萘系和三聚氰胺系高效减水剂。到80年代，典型的三类高效减水剂，即萘系、多环芳烃和三聚氰胺减水剂都相继研制成功并投入使用。现在国内越来越多的大学和科研机构已开始把目光转向了新型的聚羧酸盐系高效减水剂。

2.4.2.2 高效减水剂的种类和特点

高效减水剂的分类方式很多，如按功能可分为引气型、早强型、缓凝型、标准型减水剂等；按生产原料不同可分为萘系减水剂、蒽系减水剂、甲基萘系减水剂、古马隆系减水剂、三聚氰胺系减水剂、氨基磺酸盐减水剂、磺化煤焦油减水剂、脂肪族系减水剂、丙烯酸接枝共聚物减水剂等。本书采用后一种分类方法（即国内外通常使用的分类方法）分类，并对一些常用的高效减水剂的性能进行介绍和比较。

1. 萘系减水剂

萘系减水剂、蒽系减水剂、甲基萘系减水剂、古马隆系减水剂、煤焦油混合物系减水剂，因其生产原料均来自煤焦油中的不同成分，因此通称为煤焦油系减水剂，此类高效减水剂皆为含单环、多环或杂环芳烃并带有极性磺酸基团的聚合物电解质，相对分子质量在1500～10000，减水性能依次从萘系、古马隆系、甲基萘系到煤焦油混合物系降低。由于萘系减水剂（β-磺酸甲醛缩合物）生产工艺成熟、原料供应稳定且产量大、性能优良稳定，故应用范围广。

萘系高效减水剂根据硫酸钠含量不同分为高浓型和低浓型两种，高浓型硫酸钠含量一般在5%左右（以干粉计，下同），而低浓型在20%左右。

2. 氨基磺酸盐系减水剂

氨基磺酸盐系减水剂一般是在一定温度条件下，以对氨基苯磺酸、苯酚、甲醛为主要原料缩合而成，也可以联苯酚及尿素为原料加成缩合，结构式如图2.5所示。

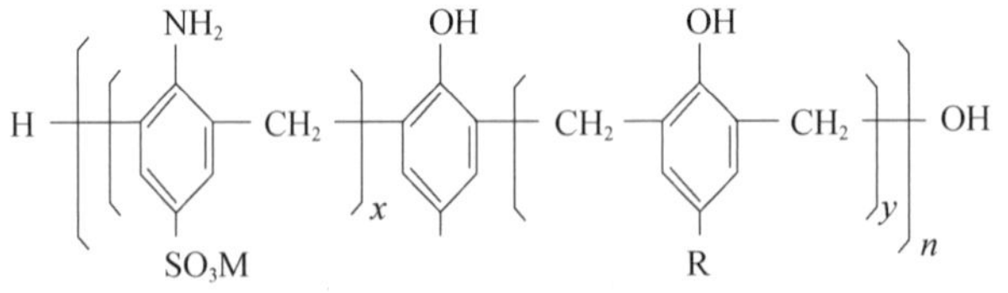

图2.5 氨基磺酸盐减水剂结构式

它是一种非引气可溶性树脂减水剂，生产工艺较萘系减水剂简单。氨基磺酸盐系高效减水剂减水率高，坍落度损失较小，混凝土抗渗性、耐久性好。氨基磺酸盐系减水剂对水泥较敏感，过量时容易引起泌水。它与萘系减水剂复合使用有较好的效果，特别是在防止混凝土坍落度损失过快方面有较好的作用。

3. 三聚氰胺系高效减水剂

三聚氰胺系高效减水剂（俗称蜜胺减水剂），化学名称为磺化三聚氰胺甲醛树脂，结构式见图 2.6。

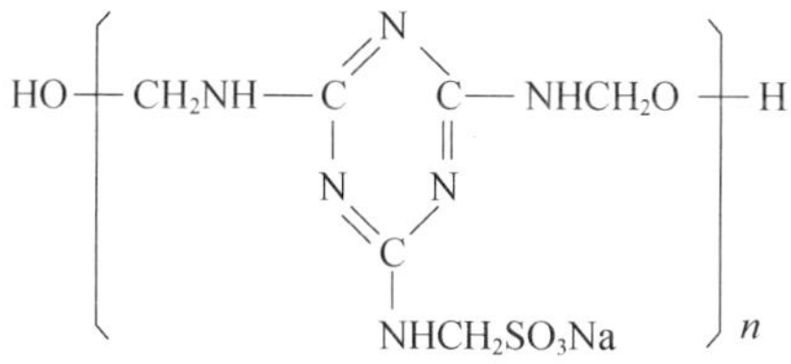

图 2.6　三聚氰胺系高效减水剂

该类减水剂实际上是一种阴离子型高分子表面活性剂，具有无毒、高效的特点，特别适合高强、超高强混凝土以及蒸养工艺成型的预制混凝土构件。研究结果表明，磺化三聚氰胺甲醛树脂减水剂对混凝土性能的影响与其相对分子质量及磺化程度有密切关系，而分子中的—SO_3 基团是其具有表面活性及许多其他重要性能的最主要原因，因此提高树脂磺化度可显著增强其表面活性。

4. 聚羧酸盐系高性能减水剂

目前，国内外越来越多的科研机构和企业开始将目光转向聚羧酸盐系高性能减水剂，该类减水剂用量很少时，就能够有效降低混凝土的黏度，提高混凝土的流动性和减少坍落度损失，因而成为近几年来高效减水剂的一个发展趋势，已得到广泛应用。综合比较，该类减水剂具有前几种减水剂所无法比拟的优点，具体表现：①低掺量（质量分数为 0.2%～0.5%）而分散性能好；②坍落度损失小，90min 内坍落度基本无损失；③在相同流动度下比较时，可以延缓水泥的凝结；④分子结构上自由度大，制造技术上可控制的参数多，高性能化的潜力大；⑤合成中不使用甲醛，因而对环境不造成污染；⑥与水泥和其他种类的混凝土外加剂相容性好；⑦使用聚羧酸盐类减水剂，可用更多的矿渣或粉煤灰取代水泥，从而降低成本。

分子结构为梳型的聚羧酸盐系减水剂可由带羧酸盐基（—COOMe），磺酸盐基（—SO_3Me）、聚氧化乙烯侧链基的烯类单体按一定比例在水溶液中共聚而成，其特点是在其主链上带有多个极性较强的活性基团，同时侧链上则带有较多的分子链较长的亲水性活性基团。国内清华大学的李崇智等采用正交试验法，研究了带羧酸盐基、磺酸盐基、聚氧化乙烯链、酯基等活性基团的不饱和单体的物质的量之比（摩尔数比）及聚氧化乙烯链的聚合度等因素对聚羧酸盐系减水剂性能的影响，发现聚羧酸盐系减水剂随带磺酸盐基单体比例的增加，分散性相应提高；聚氧化乙烯链的聚合度对保持混凝土的流动性非常重要，如果聚氧化乙烯链的聚合度太小，则混凝土的坍落度不易保持，太大则使有效成分降低，导致聚羧酸盐系减水剂的分散能力降低，因此选择适当的聚氧化乙烯链聚合度，即选择适当的聚氧化乙烯链链长，可以保持混凝土坍落度损失较小。

2.4.2.3　减水剂对混凝土性能的作用机理

减水剂的功能是在不减少水泥用水量的情况下，改善新拌混凝土的工作度，提高混凝土的流动性；在保持一定工作度情况下，减少水泥用水量，提高混凝土的强度；在保持一定强度情况下，减少单位体积混凝土的水泥用量，节约水泥；改善混凝土拌和物的可泵性以及混凝土的其他物理力学性能。当混凝土中掺入高效减水剂后，可以显著降低水胶比，并且保持混凝土较好的流动性。通常而言，高效减水剂的减水率可达 20%（质量分数，下同）左右，而普通减水剂的减水率为 10% 左右。目前，一般认为减水剂能够产生减水作用主要是由于减水剂的吸附和分散作用所致。研究混凝土中水泥硬化过程可以发现，水泥在加水搅拌的过程中，由于水泥矿物中含有带不同电荷的组分，而正负电荷的相互吸引将导致混凝土产生絮凝结构（图 2.7）。絮凝结构也可能是由于水泥颗粒在溶液中的热运动致使其在某些边棱角处互相碰撞、相互吸引而形成的。由于在絮凝结构中包裹着很多拌和水，因此无法提供较多的水用于润滑水泥颗粒，所以降低了新拌混凝土的和易性。因此，在施工中为了较好地润滑水泥颗粒，并达到分散的目的，就必须在拌和时相应地增加用水量，而这种用量的水远远超过水泥水化所需的水，从而导致水泥石结构中形成孔隙，致使其物理力学性能下降，从而留下缺陷，加速了混凝土因各种外界环境条件的作用而劣化，导致耐久性性能下降。加入混凝土减水剂就是将这些多余的水分释放出来，使之用于润滑水粒颗粒，减少拌和水用量，因而提高混凝土物理力学性能和耐久性性能。

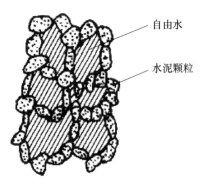

自由水

水泥颗粒

图 2.7　混凝土絮凝结构示意图

混凝土中掺入减水剂后，可在保持水胶比不变的情况下增加流动性。普通减水剂在保持水泥用量不变的情况下，使新拌混凝土坍落度增大 100mm 以上，高效减水剂可配制出坍落度达到 250mm 的混凝土。

减水剂除了有吸附分散作用外，还有湿润和润滑作用。水泥加水拌和后，水泥颗粒表面被水所湿润，而这种湿润状况对新拌混凝土的性能影响甚大。湿润作用不但能使水泥颗粒有效地分散，还会增加水泥颗粒的水化面积，影响水泥的水化速率。减水剂中的极性憎水基团定向吸附于水泥颗粒表面上，而亲水基团向外定向排列。亲水基团很容易和水分子以氢键形式结合。当水泥颗粒吸附足够的减水剂分子后，借助于磺酸基团负离子与水分子中氢键的结合，水泥颗粒表面便形成一层稳定的溶剂化水膜，颗粒之间因这层水膜的隔离而得到润滑，相对滑移更容易。由于减水剂是极性分子，吸附在水泥颗粒表面，向外带相同的电荷，而向内则带另一种极性的相同电荷，故形成双电层。由于水泥颗粒表面均带相同的电荷，从而由于静电相斥作用而分散。由于减水剂的吸附分散作用、湿润作用和润滑作用，因此只要使用少量的水就能容易地将混凝土拌和均匀，从而改善了新拌混凝土的流动性。图 2.8 为减水剂的减水作用示意图。

以上所介绍的就是减水剂的一种减水机理，即静电斥力的解释。但是，作为高效减水剂，特别是聚羧酸盐类高效减水剂，由于侧链结构复杂，因此只用一种静电斥力的机理，并不能解决减水效果更好，坍落度更大的问题。该类减水剂结构呈梳形，主链上带有多个活性基团，并且极性较强，还有较强的亲水性基团。有人对氨基磺酸盐系（SNF）和聚羧酸盐系（PCE）高效减水剂进行了比较，结果表明，在水泥品种和水胶比均相同的条件下，当 SNF 和 PCE 高效减水剂掺量相同时，水泥粒子对 PC 的吸附量以及掺 PCE 水泥浆的流动性都远远高于掺 SNF 系统的对应值。但掺 PCE 系统的双电层 ζ 电位绝对值却比掺 SNF 系统的低得多（ζ 电位是负值，它的绝对值越大，颗粒之间的静电斥力越大），这与静电斥力理论是矛盾的。这也证明 PCE 发挥分散作用的主导因素并非仅是静电斥力，而是由减水剂本身大分子链及其支链所引起的空间位阻效应。这就是高效减水剂的空间位阻解释。

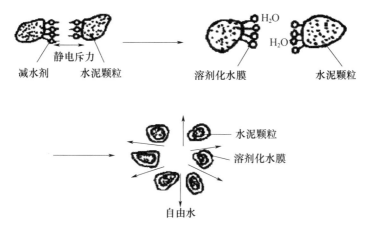

图 2.8   减水剂减水作用示意图

静电斥力理论适用于解释分子中含有—SO_3 基团的高效减水剂，如萘系减水剂、三聚氰胺系减水剂等，而空间位阻效应则适用于聚羧酸盐系高效减水剂。具有大分子吸附层的球形粒子在相互靠近时，颗粒之间的范德华力（分子引力）是决定体系位能的主要因素。当水泥颗粒表面吸附层的厚度增加时，有利于水泥颗粒的分散。聚羧酸盐系减水剂分子中含有较多较长的支链，当它们吸附在水泥颗粒表层后，可以在水泥表面上形成较厚的立体包层，从而使水泥达到较好的分散效果。

2.4.3　外加剂技术指标

混凝土用外加剂的技术指标分为匀质性指标和掺外加剂混凝土性能指标两大类。

根据现行国家标准《混凝土质量控制标准》（GB 50164）的规定，外加剂质量主要控制项目应包括掺外加剂混凝土性能和外加剂匀质性两个方面，混凝土性能方面的主要控制项目应包括减水率、凝结时间差和抗压强度比，外加剂匀质性方面的主要控制项目应包括 pH、氯离子含量和碱含量；引气剂和引气减水剂主要控制项目还应包括含气量；防冻剂主要控制项目还应包括含气量和 50 次冻融强度损失率比；膨胀剂主要控制项目还应包括凝结时间、限制膨胀率和抗压强度。

外加剂的应用除应符合现行国家标准《混凝土外加剂应用技术规范》（GB 50119）的有关规定外，尚应符合下列规定：①在混凝土中掺用外加剂时，外加剂应与水泥具有良好的适应性，其种类和掺量应经试验确定。②高强混凝土宜采用高性能减水剂；有抗冻要求的混凝土宜采用引气剂或引气减水剂；大体积混凝土宜采用缓凝剂或缓凝减水剂；混凝土冬期施工可采用防冻剂。③外加剂中的氯离子含量和碱含量应满足混凝土设计要求。④宜采用液态外加剂。

2.4.3.1 匀质性指标

外加剂的匀质性是表示外加剂自身质量稳定均匀的性能，用来控制产品生产质量的稳定、统一、均匀，用来检验产品质量和质量仲裁。匀质性指标应符合表 2.29 的要求。

表 2.29 匀质性指标要求

项目	指标要求
氯离子含量（％）	不超过生产厂控制值
总碱量（％）	不超过生产厂控制值
含固量（％）	$S > 25\%$ 时，应控制在 $0.95S \sim 1.05S$； $S \leq 25\%$ 时，应控制在 $0.90S \sim 1.10S$
含水率（％）	$W > 5\%$ 时，应控制在 $0.90W \sim 1.10W$； $W \leq 5\%$ 时，应控制在 $0.80W \sim 1.20W$
密度（g/cm³）	$D > 1.1$ 时，应控制在 $D \pm 0.03$； $D \leq 1.1$ 时，应控制在 $D \pm 0.02$
细度	应在生产厂控制范围内
pH 值	应在生产厂控制范围内
硫酸钠含量（％）	不超过生产厂控制值

注：1. 生产厂应在相关的技术资料中明示产品匀质性指标的控制值；
    2. 对相同和不同批次之间的匀质性和等效性的其他要求，可由供需双方商定；
    3. 表中的 S、W 和 D 分别为含固量、含水率和密度的生产厂控制值。

2.4.3.2 掺外加剂混凝土性能指标

掺外加剂混凝土性能指标是检验评定外加剂质量的依据，是在统一的检验条件下用掺外加混凝土与不掺外加剂的混凝土（基准混凝土）性能的比值或差值来表示的。其主要性能指标可见表 2.30，其主要指标意义如下：

（1）减水率是指混凝土的坍落度在基本相同的条件下，掺用外加剂混凝土的用水量与不掺外加剂基准混凝土的用水量之差与不掺外加剂基准混凝土用水量的比值。减水率检验仅在减水剂和引气剂中进行检验，它是区别高效型减水剂与普通型减水剂的主要技术指标之一。混凝土中掺用适量减水剂，在保持坍落度不变的情况下，可减少单位用水量 8％～25％，从而增加了混凝土的密实度，提高混凝土的强度和耐久性。

（2）泌水率比是指掺用外加剂混凝土的泌水量与不掺外加剂基准混凝土的泌水量的比值。在混凝土中掺用某些外加剂后，对混凝土泌水和骨料沉降有较大的影响。一般缓凝剂使泌水率增大，引气剂、减水剂使泌水率减小。泌水率小的外加剂有利于减少混凝土的离析，改善混凝土的工作性，因此泌水率比越小越好。

表 2.30　掺外加剂混凝土性能指标

项目		外加剂品种												
		高性能减水剂 HPWR			高效减水剂 HWR		普通减水剂 WR			引气减水剂 AEWR	泵送剂 PA	早强剂 Ac	缓凝剂 Re	引气剂 AE
		早强型 HPWR-A	标准型 HPWR-S	缓凝型 HPWR-R	标准型 HWR-S	缓凝型 HWR-R	早强型 WR-A	标准型 WR-S	缓凝型 WR-R					
减水率（%），不小于		25	25	25	14	14	8	8	8	10	12	—	—	6
泌水率比（%），不大于		50	60	70	90	100	95	100	100	70	70	100	100	70
含气量（%）		≤6.0	≤6.0	≤6.0	≤3.0	≤4.5	≤4.0	≤4.0	≤5.5	≥3.0	≤5.5	—	—	≥3.0
凝结时间差（min）	初凝	−90～+90	−90～+120	>+90	−90～+120	>+90	−90～+90	−90～+120	>+90	−90～+120	—	−90～+90	>+90	−90～+120
	终凝	—	—	—	—	—	—	—	—	—	—	—	—	—
1h经时变化量	坍落度（mm）	—	≤80	≤60	—	—	—	—	—	—	≤80	—	—	—
	含气量（%）	—	—	—	—	—	—	—	—	−1.5～+1.5	—	—	—	−1.5～+1.5
抗压强度比（%），不小于	1d	180	170	—	140	—	135	—	—	—	—	135	—	—
	3d	170	160	—	130	—	130	115	—	115	—	130	—	95
	7d	145	150	140	125	125	110	115	110	110	115	110	100	95
	28d	130	140	130	120	120	100	110	110	100	110	100	100	90
收缩率比（%），不大于	28d	110	110	110	135	135	135	135	135	135	135	135	135	135
相对耐久性（200次），不小于		—	—	—	—	—	—	—	—	80	—	—	—	80

注：1. 表中抗压强度比、收缩率比、相对耐久性为强制性指标，其余为推荐性指标。
　　2. 除含气量和相对耐久性外，表中所列数据为掺外加剂混凝土与基准混凝土的差值或比值。
　　3. 凝结时间差性能指标中的"—"号表示提前，"+"号表示延缓。
　　4. 相对耐久性（200次）性能指标中的"≥80"表示将 28d 龄期的受检混凝土试件快速冻融循环 200 次后，动弹性模量保留值≥80%。
　　5. 1h 含气量经时变化量指标中的"—"号表示含气量增加，"+"号表示含气量减少。
　　6. 其他品种的外加剂是否测定相对耐久性指标，由供、需双方协商确定。
　　7. 当用户对泵送剂等产品有特殊要求时，需要进行的补充试验项目、试验方法及指标，由供需双方协商决定。

（3）含气量是指混凝土拌和物中加入适量具有引气功能的外加剂后，会引入微小的气泡，从而使混凝土的含气量有所增加，而此指标就是对混凝土中含气量作限制。一般混凝土中引入极微小的气泡可以减小混凝土泌水，改善混凝土拌和物的工作性；同时引入极微小的气泡还可以提高混凝土的抗冻性能。因此，少量引入极微小的气泡是有益的，一般地，此项指标宜在 2％～5％。

（4）凝结时间差是指掺用外加剂混凝土拌和物与不掺外加剂混凝土拌和物（基准混凝土拌和物）的凝结时间的差值。掺用外加剂混凝土拌和物的凝结时间，随着水泥品种、外加剂种类及掺量、气温条件以及混凝土流动度的不同而变化。掺用缓凝剂可延缓混凝土的凝结时间，而掺用早强剂可加速混凝土的凝结。混凝土的凝结时间对混凝土施工影响极大，要十分注意。

（5）抗压强度比是指掺外加剂的混凝土抗压强度与不掺外加剂混凝土（基准混凝土）抗压强度的比值。它是评定外加剂质量等级的主要指标之一，抗压强度比受减水率、促凝剂、早强剂、加气剂的影响较大，减水率大，促凝早强效果更好，各龄期的抗压强度比值更高；而掺引气剂时会使混凝土抗压强度比略有下降。

（6）收缩率比是指掺外加剂的混凝土体积收缩与不掺外加剂混凝土（基准混凝土）体积收缩的比值。掺入引气剂、缓凝剂、泵送剂、减水剂等会使混凝土的体积收缩值有不同程度的增加，这个指标就是限制体积收缩的指标。这个指标应在施工中引起重视。

（7）相对耐久性是指掺用引气剂和引气减水剂量的混凝土在检验其耐久性能时的特殊指标，是指在 28d 龄期时的掺外加剂混凝土经冻融循环 200 次后，动弹性模量保留值≥80％。

2.4.4　混凝土外加剂应用技术

外加剂种类繁多、性能各异，并且在不同的条件下使用，有不同的效果和作用。因此，对外加剂和混凝土技术的综合掌握是正确使用外加剂的关键。本节只介绍一些使用中应注意的事项和原则，在这些原则的指导下，结合工程实际，综合应用各项技术是关键。混凝土外加剂在混凝土工程中的应用应符合《混凝土外加剂应用技术规范》（GB 50119—2013）的规定。

外加剂种类应根据设计和施工要求及外加剂的主要作用选择。当不同供方、不同品种的外加剂同时使用时，应经试验验证，并应确保混凝土性能满足设计和施工要求后再使用。

（1）含有六价铬盐、亚硝酸盐和硫氰酸盐成分的混凝土外加剂，严禁用于饮水工程中建成后与饮用水直接接触的混凝土。

（2）含有强电解质无机盐的早强型普通减水剂、早强剂、防冻剂和防水剂，严禁用于下列混凝土结构：

① 与镀锌钢材或铝铁相接触部位的混凝土结构；

② 有外露钢筋预埋铁件而无防护措施的混凝土结构；

③ 使用直流电源的混凝土结构；

④ 距高压直流电源 100m 以内的混凝土结构。

（3）含有氯盐的早强型普通减水剂、早强剂、防水剂和氯盐类防冻剂，严禁用于预应力混凝土、钢筋混凝土和钢纤维混凝土结构。

（4）含有硝酸铵、碳酸铵的早强型普通减水剂、早强剂和含有硝酸铵、碳酸铵、尿素的防冻剂，严禁用于办公、居住等有人员活动的建筑工程。

（5）含有亚硝酸盐、碳酸盐的早强型普通减水剂、早强剂、防冻剂和含亚硝酸盐的阻锈剂，严禁用于预应力混凝土结构。

2.4.4.1 外加剂的主要功能及适用范围

1. 普通减水剂的主要功能及适用范围

（1）主要功能

① 在保持混凝土流动性及强度不变时，可节约水泥 5%～10%。

② 在保持混凝土用水量及水泥用量不变时，可增大混凝土流动性，即增大坍落度 60～80mm。

③ 在保持混凝土工作性及水泥用量不变的情况下，可减少用水量 10%左右，提高强度 10%左右。

（2）适用范围

① 适用于日最低气温 5℃以上的混凝土工程。

② 适用于各种预制及现浇混凝土、钢筋混凝土、预应力混凝土、泵送混凝土、大体积混凝土及大模板、滑模等工程施工。

2. 高效减水剂的主要功能和适用范围

（1）主要功能

① 在保持混凝土流动度不变的情况下，可减少用水量 15%左右，可提高混凝土强度 20 左右。

② 在保持混凝土用水量和水泥用量不变的情况下，可大幅度提高混凝土拌和物的流动性，即增大坍落度 80～120mm。

③ 在保持混凝土流动性和强度不变的情况下，可节约水泥 10%～20%。

（2）适用范围

① 适用于日最低气温 0℃以上的混凝土工程。

② 适用于各种高强混凝土、早强混凝土、大流动度混凝土及蒸养混凝土等。

3. 早强剂及早强减水剂的主要功能和适用范围

（1）主要功能

① 提高混凝土的早期强度。

② 缩短混凝土蒸汽送气时间。

③ 早强减水剂还具有减水剂的相关功能。

（2）适用范围

① 适用于日最低气温－5℃以上及有早强或防冻要求的混凝土。

② 适用于常温或低温下有早强要求的混凝土及蒸汽养护混凝土。

4. 缓凝剂及缓凝减水剂的主要功能和适用范围

（1）主要功能

① 延缓水泥的反应速度，从而达到降低水泥水化初期的水化热，降低水化热峰值、推迟热峰值的出现时间，最终也延长了混凝土的凝结时间。

② 缓凝减水剂还具有减水剂的功能。

（2）适用范围

① 大体积混凝土。

② 夏季和炎热地区的混凝土施工。

③ 用于日最低气温 5℃以上的混凝土施工。

④ 预拌商品混凝土、泵送混凝土以及滑模施工。

5. 引气剂及引气减水剂的主要功能和适用范围

（1）主要功能

① 提高混凝土拌和物的工作性，减少混凝土的泌水、离析。

② 提高混凝土耐久性和抗渗性能。

③ 引气减水剂还具有减水剂的功能。

（2）适用范围

① 适用于有抗冻要求的混凝土和大面积易受冻融破坏的混凝土，如公路路面、机场飞机跑道等。

② 适用于有抗渗要求的防水混凝土。

③ 适用于抗盐类结晶破坏及抗碱腐蚀混凝土。

④ 适用于泵送混凝土、大流动度混凝土，并能改善混凝土表面抹光性能。

⑤ 适用于骨料质量相对较差以及轻骨料混凝土。

6. 防冻剂的主要功能和适用范围

（1）主要功能

能在一定的负温条件下，使混凝土拌和物中仍保持有淳朴的自由水并降低其冰点，从而避免混凝土早期被冻胀破坏。

（2）适用范围

适用于一定负温条件下的混凝土施工。

7. 速凝剂的主要功能和适用范围

（1）主要功能

能使砂浆或混凝土在 1～5min 达到初凝、在 2～10min 达到终凝，并有早强功能。

（2）适用范围

主要用于喷射混凝土、喷射砂浆、临时性堵漏用砂浆及混凝土。

8. 防水剂的主要功能和适用范围

（1）主要功能

能使混凝土或砂浆的抗渗性能显著提高。

（2）适用范围

适用于地下防水、防潮工程及贮水工程等。

9. 膨胀剂的主要功能和适用范围

（1）主要功能

能使混凝土或砂浆体积在水化、硬化过程中产生一定量的膨胀，减少混凝土收缩开裂的可能性，从而提高混凝土的抗裂性和抗渗性能。

（2）适用范围

① 适用于补偿收缩混凝土、自防水屋面、地下防水等。

② 填充用膨胀混凝土及设备底座灌浆、地脚螺栓固定等。

③ 自应力混凝土。

2.4.4.2 外加剂的禁忌及不宜使用的环境条件

（1）禁止使用失效及不合格的外加剂。

（2）禁止使用长期存放、未进行质量再检验之前的外加剂。

（3）在下列情况下不得应用氯盐或含氯盐的早强剂、早强减水剂和防冻剂：

① 在高湿度的空气环境中使用的结构（如排出大量蒸汽的车间、浴室，或经常处于空气相对湿度大于 80% 的房间，或钢筋混凝土结构）；

② 处于水位升降部位的结构；

③ 露天结构或经常受水淋的结构；

④ 与金属相接触部位的结构、有外露钢筋预埋件而无防护措施的结构；

⑤ 与酸、碱或硫酸盐等侵蚀性介质相接触的结构；

⑥ 使用过程中经常处于环境温度为 60℃ 以上的结构；

⑦ 使用冷拉钢筋或冷拔低碳钢丝的结构；

⑧ 直接靠近高压电源的结构；

⑨ 预应力混凝土结构；

⑩ 含有碱活性骨料的混凝土结构。

（4）硫酸盐及其复合剂不得用于有活性骨料的混凝土；电气化运输设施和使用直流电源的工厂、企业的钢筋混凝土结构；与金属相接触部位的结构，以及有外露钢筋预埋件而无防护措施的结构。

（5）引气剂及引气减水剂不宜用于蒸汽养护混凝土、预应力混凝土及高强混凝土。

（6）普通减水剂不宜单独用于蒸汽养护混凝土。

（7）缓凝剂及缓凝减水剂不宜用于日最低气温 5℃ 以下施工的混凝土，也不宜单独用于有早强要求的混凝土和蒸汽养护混凝土。

（8）掺硫铝酸钙类膨胀组分的膨胀混凝土，不得用于长期处于 80℃ 以上的工程中。

2.4.4.3 外加剂掺量、掺加方法及对水泥的适应性

外加剂是混凝土的重要组成部分，它在混凝土中掺量虽然不多（一般为水泥质量的 0.005%～5%），但对混凝土的性能（如工作性、耐久性、强度及凝结时间等）和经济效益影响很大，特别是掺量、掺加方法及对水泥的适应性等，直接关系到外加剂的使用效果，因此必须引起重视。使用外加剂时一般应根据产品说明书的推荐掺量、掺加方法、注意事项及对水泥的适应情况，结合具体使用要求（如提高各龄期强度、改善工作性、调节凝结时间、增加含气量、提高抗渗及抗冻性能等）、混凝土施工条件、配合比以及原材料、气温环境因素等，通过试验确定适宜的掺量及掺加方法。

1. 减水剂的掺量、掺加方法及与水泥的适用性

（1）减水剂的掺量

普通减水剂的掺量一般为 0.15%～0.35%，常用掺量为 0.25%。这里要注意，木质素磺酸钙类减水剂，掺量不宜超过 0.25%，过多会极大地延缓混凝土的凝结，甚至造成混凝土不凝结。这一点应引起广大试验人员的注意。

高效减水剂的掺量为 $1.0\%\sim2.0\%$，常用掺量为 $1.0\%\sim1.6\%$。

（2）减水剂的掺加方法

减水剂的掺加方法有四种，即先掺法、同掺法、滞水法和后掺法。

① 先掺法

先掺法是将减水剂与水泥、骨料同时加入搅拌机内混合后，再加水搅拌。即减水剂比水先加入。

先掺法的优点在于使用方便，省去了减水剂的溶解、储存、冬季防冻等工序和设施。其缺点是效果不如其他方法好。

② 同掺法

同掺法是将减水剂溶解成一定浓度的溶液（也有液体产品），与水泥、骨料及水同时加入搅拌机内搅拌。

同掺法与先掺法比较，容易搅拌均匀；与滞水法相比，搅拌时间短，搅拌机生产效率高；以溶液方式加入，便于计量和自动化控制。但是它增加了减水剂溶解、储存、冬季防冻等工序。同时，由于减水剂中混入了不溶物或深解度较低的物质，造成使用中的不便。

要注意的是，无论是高效减水剂还是普通减水剂，它们均是水溶性材料，生产出来的产品均是水溶液，然后经喷雾干燥后得粉剂，因此，纯的减水剂是可溶于水的。只是后期可能因为复配、调整减水率等原因，会混入不溶物或溶解度较低的物质。

③ 滞水法

滞水法是在搅拌过程中，减水剂滞后于水 $1\sim3min$（当以溶液加入时称为溶液滞水法，以干粉加入时称为干粉滞水法）加入。

滞水法能提高高效减水剂在某些水泥中的使用效果，即可提高减水率，提高减水剂对水泥的适应性。其缺点在于搅拌时间延长、搅拌机生产效率降低。

④ 后掺法

后掺法指减水剂不是在搅拌混凝土时加入，而是在搅拌完成后，在运输过程或施工现场分一次或几次加入混凝土中，再经继续或二次、多次搅拌的方法。

这与前述的方法均不同，在前述方法中，减水剂与混凝土材料一起搅拌，只是与水的加入顺序不同。

后掺法的优点在于可以减少、抑制混凝土在长距离运输过程中的分层离析和坍落度损失；可提高减水剂的减水率，提高减水剂对水泥的适应性。

（3）减水剂与水泥的适应性

减水剂对水泥的适应性是指减水剂在相同条件下，因水泥不同而使用效果有较大的差异，甚至收到完全不同的效果。如同一种减水剂使用相同的掺量，但因水泥的矿物组成、石膏品种和掺量、混合材、水泥细度等不同，其减水效果及对水泥混凝土的凝结时间等有较大影响。例如，木质素磺酸钙在某些水泥中反而使凝结时间缩短，甚至在 $1h$ 内达到终凝，这是由于使用以硬石膏为调凝剂的水泥所发生的异常凝结现象。再如，如果水泥中铝酸三钙含量过高（大于 10%），则当加入减水剂，混凝土的用水量较低、水泥用量较高时，就可能发生假凝或闪凝现象。这时，混凝土可能在 $10min$ 内，坍落度可能从 $180mm$ 减小至 $80mm$，混凝土不再具有流动性；由于此时混凝土的贯入阻力仍然很小，因此，用测定贯入阻力的方法来测定混凝土时，它仍然未达到凝结条件，故称为假凝。如果在这个过程中，还伴随着放热，则称为闪凝。

由于减水剂与水泥存在适应性的问题，因此在减水剂使用过程中，应对水泥和外加剂进行选择，应进行试验确定水泥和外加剂量。在施工过程中，在配制混凝土前还应进行试验和试拌，确保两者相互适应，再进行混凝土施工，以避免在施工过程中出现问题，造成不必要的麻烦。

2. 早强剂、早强减水剂及防冻剂的掺量、掺加方法及对水泥的适应性

(1) 早强剂、早强减水剂及防冻剂的掺量

氯盐（氯化钠、氯化钙）掺量为 0.5%～1.0%；

硫酸盐（硫酸钙、硫酸钠、硫酸钾）掺量为 0.5%～2.0%；

木质素磺酸盐（木质素磺酸钠、木质素磺酸钙等）或糖钙＋硫酸钠掺量为（0.05%～0.25%）＋（1%～2%）；

三乙醇胺掺量为 0.03%～0.05%；

萘磺酸盐甲醛缩合物＋硫酸钠掺量为（0.3%～0.75%）＋（1%～2%）；

其他品种的早强剂、早强减水剂及防冻剂的掺量可参阅产品说明书、检验报告等的推荐掺量，经试验试拌确定。

(2) 早强剂、早强减水剂及防冻剂的掺加方法

① 配制成溶液使用时必须充分溶解，尝试均匀一致，为加速溶解可用 40～70℃ 热水；硫酸钠溶液尝试不宜大于 20%，在正常温度下存放应经常测定其浓度，发现沉淀、结晶应加热搅拌，待完全溶解方可使用；当复合使用时，应注意其共溶性，如氯化钙、硝酸钙、亚硝酸钙溶液不可与硫酸钠溶液混合。

② 硫酸钠或含有硫酸钠的粉状早强减水剂应防止受潮结块，掺用时应加入水泥中，不要先与潮湿的砂、石混合。若有结块，应烘干、粉碎，其细度应与原剂要求相同。

③ 含有粉煤灰等不溶物及溶解度较小的早强剂、早强减水剂及防冻剂应以粉剂掺加，不应有结块，其细度应与原剂要求相同。

(3) 早强剂、早强减水剂及防冻剂与水泥的适应性

早强剂、早强减水剂及防冻剂与水泥的适应性各有差异，因此在使用前均须按照产品质量证书推荐掺量及掺加方法进行试验、试拌确定。

滞水法可提高减水剂及早强减水剂与水泥的适应性。早强剂对水泥的适应性受下列因素的影响：

① 混合材掺量多，则 3d 强度低，28d 强度高；

② 混合材活性高，3d 强度高；混合材活性低，3d 及 28d 强度较低；

③ 硅酸三钙含量高，早强效果提高。

3. 缓凝、缓凝减水剂、引气剂、膨胀剂、速凝剂的掺量、掺加方法及与水泥的适应性

(1) 缓凝剂、缓凝减水剂、引气剂、膨胀剂、速凝剂的掺量

① 缓凝剂及缓凝减水剂的一般掺量

糖蜜减水剂 0.1%～0.3%；

木质素磺酸盐类 0.2%～0.25%；

羟基羧酸及其盐类（柠檬酸、酒石酸钾钠等）0.03%～0.1%；

无机盐类（锌盐、硼酸盐、磷肥酸盐）0.1%～0.25%。

② 引气剂（松香树脂及其衍生物）0.005%～0.015%。

③ 膨胀剂掺量6%～12%。

④ 速凝剂掺量2%～5%。

（2）缓凝剂、缓凝减水剂、引气剂、膨胀剂、速凝剂的掺加方法

① 缓凝剂及缓凝减水剂应配制成适当浓度的溶液使用；糖蜜减水剂中如有少量难溶或不溶物时，使用期间应经常搅拌，使其呈悬浮状态；当与其他外加剂复合使用时，必须是能共溶时才能混合使用，否则应分别加入搅拌机内使用。

② 引气剂一般配成浓度适当的溶液使用，不得采用干掺法及后掺法。后掺法不能达到引气的作用。稀释用水为饮用水，水温为70～90℃，温度低时可能会有絮状沉淀物。使用引气剂时，搅拌机中混合物不能过多，不宜超过搅拌机额定拌和量的80%，同时还要适当延长搅拌时间1～1.5min，以确保引入足够量的气泡。引气剂不能用铁质容器储存，可用塑料容器储存。

③ 膨胀剂一般在搅拌过程中与水泥等一起加入，要适当延长搅拌时间。

④ 速凝剂一般采用干粉先掺法。由于速凝剂主要用于喷射混凝土中，其工艺决定了速凝剂是后掺使用。即使使用液体速凝剂，也是在喷射机出口位置，当物料即将喷出时才与速凝剂混合。

（3）膨胀剂、速凝剂与水泥的适应性

一般地，各种外加剂对混凝土产生不同的效果，是因为外加剂与水泥中矿物成分相关，因此，不同品种水泥、水泥矿物组成、细度、混合材品种和掺量不同，外加剂与它的适应性也不尽相同。

① 膨胀剂适用于硅酸盐水泥、普通硅酸盐水泥、矿渣硅酸盐水泥。

② 速凝剂的适应性与水泥的品种关系密切，一般水泥中铝酸三钙含量高、石膏掺量少、混合材掺量少、颗粒细，则速凝剂的效果好。

2.5　粉煤灰

2.5.1　粉煤灰的概念

粉煤灰（fly ash）也称飞灰，是指电厂煤粉炉烟道气体中收集的粉末，不包括以下情况：①与煤一起煅烧城市垃圾或其他废弃物时；②在焚烧炉中煅烧工业或城市垃圾时；③循环流化床锅炉燃烧收集的粉末。粉煤灰属于火山灰性质的混合材料，其主要成分是硅、铝、铁、钙、镁的氧化物，具有潜在的化学活性，即粉煤灰单独与水拌和不具有水硬活性，但在一定条件下，能够与水反应生成类似于水泥凝胶体的胶凝物质，并具有一定的强度。由于煤粉微细，且在高温过程中形成玻璃珠，因此粉煤灰颗粒多呈球形。粉煤灰的定义、分类、技术要求、试验方法、检验规则、包装和贮存应符合现行国家标准《用于水泥和混凝土中的粉煤灰》（GB/T 1596）的规定。拌制砂浆和混凝土用粉煤灰理化性能要求见表2.31。

根据现行国家标准《混凝土质量控制标准》（GB 50164）的规定，粉煤灰的主要控制项目应包括细度、需水量比、烧失量、三氧化硫含量和放射性，C 类粉煤灰的主要控制项目还应包括游离氧化钙含量和安定性。

表 2.31　拌制砂浆和混凝土用粉煤灰理化性能要求

项目		理化性能要求		
		Ⅰ级	Ⅱ级	Ⅲ级
细度（45μm 方孔筛筛余）（%）	F 类粉煤灰	≤12.0	≤30.0	≤45.0
	C 类粉煤灰			
需水量比（%）	F 类粉煤灰	≤95	≤105	≤115
	C 类粉煤灰			
烧失量（%）	F 类粉煤灰	≤5.0	≤8.0	≤10.0
	C 类粉煤灰			
含水量（%）	F 类粉煤灰	≤1.0		
	C 类粉煤灰			
三氧化硫（SO_3）质量分数（%）	F 类粉煤灰	≤3.0		
	C 类粉煤灰			
游离氧化钙（f-CaO）质量分数（%）	F 类粉煤灰	≤1.0		
	C 类粉煤灰	≤4.0		
二氧化硅（SiO_2）、三氧化二铝（Al_2O_3）和三氧化二铁（Fe_2O_3）总质量分数（%）	F 类粉煤灰	≥70.0		
	C 类粉煤灰	≥50.0		
密度（g/cm³）	F 类粉煤灰	≤2.6		
	C 类粉煤灰			
安定性（雷氏法）（mm）	C 类粉煤灰	≤5.0		
强度活性指数（%）	F 类粉煤灰	≥70.0		
	C 类粉煤灰			

2.5.2　粉煤灰的优点

在混凝土中掺加粉煤灰可以节约水泥；优质粉煤灰可以改善混凝土中粉体材料的级配，具有明显的辅助减水作用，在相同坍落度的情况下可以降低用水量；改善混凝土拌和物的和易性；增加混凝土的可泵性；减少混凝土的徐变；减少水化热；提高混凝土抗渗能力；提高混凝土后期强度，改善混凝土耐久性。

2.5.3　粉煤灰的用途

Ⅰ级：采用优质粉煤灰和高效减水剂复合技术生产高强度等级混凝土的现代混凝土新技术正在迅速发展。

Ⅱ级：优质粉煤灰特别适用于配制泵送混凝土、大体积混凝土、抗渗结构混凝土、抗硫酸盐混凝土和抗软水侵蚀混凝土及地下、水下工程混凝土、压浆混凝土和碾压混凝土。

Ⅲ级：粉煤灰混凝土具有和易性好、可泵性强、抗冲击能力提高、抗冻性增强等优点。

2.5.4 粉煤灰的品种及主要用途

煤在锅炉中燃烧后有两种形状的固态残留物——灰和渣。随烟气从锅炉尾部排出的，主要是经除尘器收集下来的固体颗粒即为粉煤灰，简称灰或飞灰；颗粒较大或呈块状的，是从炉堂底部收集出来的称为炉底渣，简称渣。通常讲粉煤灰综合利用，也包括渣在内。

根据燃煤电厂燃烧的煤种不同，排放收集的粉煤灰就有 F 类粉煤灰和 C 类粉煤灰。按照《用于水泥和混凝土中的粉煤灰》（GB/T 1596—2017）的规定，由褐煤或次烟煤煅烧收集的粉煤灰，氧化钙含量一般大于或等于 10％称为 C 类粉煤灰。故一般情况下，F 类粉煤灰和 C 类粉煤灰是以煤的品质、粉煤灰中氧化钙含量的数值来区分的。

随着人们对粉煤灰研究开发利用的不断深入，粉煤灰综合利用途径渐趋广泛。近几年，随着国家对资源综合利用的高度重视，一方面，出台了大量的工业固废综合利用的相关政策文件，其中涉及对粉煤灰综合利用的要求与鼓励。例如，工业和信息化部制定的《建材工业发展规划（2016—2020 年）》《促进绿色建材生产和应用行动方案》《工业绿色发展规划（2016—2020 年）》《绿色制造工程实施指南（2016—2020 年）》等政策文件，发展改革委修订发布的《产业结构调整指导目录》，印发的《中国资源综合利用技术政策大纲》《粉煤灰综合利用管理办法》等，引导开展粉煤灰等一系列工业固体废物综合利用。包括 2018 年《工业固体废物资源综合利用评价管理暂行办法》《国家工业固体废物资源综合利用产品目录》以及 2020 年《"无废城市"建设试点工作方案》的下发，使得包括粉煤灰在内的整个工业固废综合利用在行业内达到了全新的高度重视。

这一现状也为粉煤灰综合利用提供了巨大的市场。在国家政策利好，资源循环利用理念不断深入人心的前提下，相信未来对粉煤灰的综合利用还会达到一个新高度。

2.5.5 粉煤灰在混凝土中的作用

粉煤灰在混凝土中的作用主要有形态效应、活性效应和微骨料效应。在混凝土中使用粉煤灰既有有利的方面，如降低水化热、提高混凝土后期强度、改善混凝土和易性等；也有不利的方面，如降低混凝土早期强度，养护时间要延长，抗碳化性能下降，综合两方面才能更好地认识和在混凝土中使用好粉煤灰。

1. 形态效应

粉煤灰的形态效应有粉煤灰颗粒的外观形貌、内外结构、密度以及颗粒级配等物理特征的综合效应，一般来说，粉煤灰的形态效应也可以认为是物理效应。粉煤的形态效应可以改变混凝土拌和物的工作性，粉煤灰中的球形玻璃微珠颗粒，可以使浆体中颗粒均匀分散，降低了颗粒之间的摩擦力，增大了混凝土拌和物的流动性。这是粉煤灰的正效应，积极方面的作用，具有减水作用和使拌和物匀质致密作用。但如果内部含有较粗的、疏松多孔、不规则的微珠颗粒和未燃尽的碳含量较多，会导致粉煤灰需水量增加，混凝土拌和物工作性能降低，称为负效应。应充分发挥粉煤灰形态效应的正效应，通过一定的手段加以抑制和克服负效应。

2. 活性效应

粉煤灰的活性效应是粉煤灰最重要的基本效应，在混凝土中可以起到胶凝材料的作用。粉煤灰的活性是指粉煤灰中的活性成分所产生的化学效应，其活性的高低取决于化学作用的速度、能力及其反应产物的结构、化学成分性质和玻璃体数量等因素。通过改善混凝土环境温度、化学激发等方法可以增强粉煤灰的活性效应。粉煤灰中的氧化硅（SiO_2）和氧化铝（Al_2O_3）在水泥水化产物 $Ca(OH)_2$ 的激发下，可以产生二次水化反应生成水化硅酸钙（C-S-H）、水化铝酸钙（C-A-H）填充于毛细孔隙内，增强了混凝土的强度。粉煤灰的水化非常缓慢，前期基本是粉煤灰的物理填充起主导作用，随着龄期的增长，二次水化才能缓慢进行，使用粉煤灰的混凝土具有良好的后期强度发展潜力。粉煤灰混凝土后期强度增长的提高必须依赖于混凝土养护温度、湿度的持续保持。

3. 微集料效应

粉煤灰的微集料效应是指粉煤灰中的微细颗粒均匀分布在混凝土浆体之中，增强硬化浆体的结构硬度。粉煤灰的微集料作用的优点如下：

（1）混凝土浆体中的粉煤灰使毛细孔隙致密，提高粉煤灰混凝土强度。

（2）粉煤灰中的实心和厚壁空心玻璃微珠具有很高的强度，可以增强水泥浆体的效果，玻璃微珠玻璃分散于硬化水泥浆体中，与水泥浆体的结合养护时间越长越密实。在粉煤灰和水泥浆体界面处，粉煤灰水化凝胶的硬度大于水泥凝胶的硬度。

粉煤灰三个基本效应是同时存在、共同发挥影响的，不能简单地把三种效应孤立起来。通常认为，对于新拌混凝土，形态效应和微集料效应起主要作用。而随着水化的发展，对于硬化中混凝土和硬化混凝土性能起主要影响的是活性效应和微集料效应。

（3）粉煤灰的需水行为和减水作用。

在生产实践中发现，在混凝土中添加质量较好的粉煤灰，不但不会增加用水量，反而会降低用水量，具有减水行为的优点。粉煤灰在混凝土中的减水作用通常是用粉煤灰微珠的滚珠轴承作用来解释的，其具有的减水行为和减水作用主要取决于它的微集料效应和形态效应。粉煤灰需水量是粉煤灰的重要物理性指标，其定义为粉煤灰和水的混合物达到某一流动度的情况下所需的水量，粉煤灰的需水量越小，减水性就越好，粉煤灰的利用价值就越大。粉煤灰也被认为是一种矿物减水剂，虽然粉煤灰的减水效果不像高效减水剂那样具有较高的减水性，但是依然可以改善新拌混凝土的工作性能。

粉煤灰混凝土的需水量与粉煤灰的密度、细度、颗粒级配、需水量比、安定性、氧化物含量、烧失量和含碱量有密切的关系，其中粉煤灰需水量比大小、烧失量高低和细度大小是影响粉煤灰混凝土需水量的主要因素。粉煤灰需水量比与粉煤灰的颗粒形貌有很大关系，粉煤灰中表面光滑的球形玻璃体颗粒越多，需水量就越少；而多孔颗粒含量越多，需水量越大；一定范围内，粉煤灰越细，则需水量比越小。Thomas 等根据大量试验得到不同烧失量范围的粉煤灰细度与需水量比之间的关系：

$$Y = A + BX$$

式中　Y——粉煤灰混凝土与普通混凝土需水量比（%）；

　　　X——粉煤灰细度（$45\mu m$ 筛余量，%）；

　A，B——试验常数。

当烧失量为 $3\%\sim4\%$，$A=88.76$，$B=0.25$ 时，相关系数为 0.86；当烧失量为 $5\%\sim11\%$，$A=89.32$，$B=0.38$ 时，相关系数为 0.85。

需水量比是粉煤灰的一个重要指标，可以综合反映粉煤灰的颗粒形貌、级配情况等。在粉煤灰混凝土的配合比中，粉煤灰本身的需水性是基本因素，但是粉煤灰需水量比（粉煤灰掺量为 30% 时）不能直接视作粉煤灰混凝土的减水率，粉煤灰在混凝土中的减水率通过混凝土试拌后测定。

2.6 粒化高炉矿渣粉

2.6.1 粒化高炉矿渣粉的概念

粒化高炉矿渣粉是指从炼铁高炉中排出的，以硅酸盐和铝硅酸盐为主要成分的熔融物经淬冷成粒，以粒化高炉矿渣为主要原料，可掺加少量天然石膏，磨制成一定细度的粉体，简称矿渣粉。矿渣是高炉冶炼生铁时产生的废渣，主要分为水淬渣、气冷渣和造粒渣三种。

高炉矿渣化学成分与水泥熟料相似，只是氧化钙含量略低。矿渣粉可作为混凝土的原材料，代替成本更高的水泥，也可以作为改性剂，改善混凝土的性能。粒化高炉矿渣粉的定义、分类、技术要求、试验方法、检验规则、包装和贮存应符合现行国家标准《用于水泥、砂浆和混凝土中的粒化高炉矿渣粉》（GB/T 18046）的规定。矿渣粉的技术要求见表 2.32。

表 2.32 矿渣粉的技术要求

项目		级别		
		S105	S95	S75
密度（g/cm³）			≥2.8	
比表面积（m²/kg）		≥500	≥400	≥300
活性指数（%）	7d	≥95	≥70	≥55
	28d	≥105	≥95	≥75
流动度比（%）			≥95	
初凝时间比（%）			≤200	
含水量（质量分数）（%）			≤1.0	
三氧化硫（质量分数）（%）			≤4.0	
氯离子（质量分数）（%）			≤0.06	
烧失量（质量分数）（%）			≤1.0	
不溶物（质量分数）（%）			≤3.0	
玻璃体含量（质量分数）（%）			≥85	
放射性			$I_{Ra}\leqslant1.0$ 且 $I_r\leqslant1.0$	

根据现行国家标准《混凝土质量控制标准》（GB 50164）的规定，粒化高炉矿渣粉的主要控制项目应包括比表面积、活性指数、流动度比和放射性。

我国对于矿渣的利用经历了三个主要阶段：

1995 年以前，粒化高炉矿渣主要是作为水泥混合材使用的，以混合粉磨为主。由于矿渣难磨，在水泥中的掺量有限，一般不超过 30%。

1995—2000 年，我国学习国外技术，矿渣粉开始作为高性能混凝土的掺合料，在建筑工程中推广使用。当时年产 30 万 t 矿渣粉生产线，一次性投资至少在 5000 万元，投资额相当大。1996 年，上海宝钢企业开发总公司筹建国内首条年产 50 万 t/a 矿渣粉生产线，受东南亚经济危机影响，到 1998 年才开始开建，2000 年 8 月投产。

2000 年之后，随着粉磨设备节能技术和矿渣粉应用经济技术研究的深入，广大水泥企业认识到，矿渣粉最经济的粉磨细度应控制在 400m²/kg 左右。在大力发展循环经济的推动下，矿渣粉的产量年年翻番，2007 年时产量超过 1000 万 t/a。

矿渣粉生产工艺流程，如图 2.9 所示。

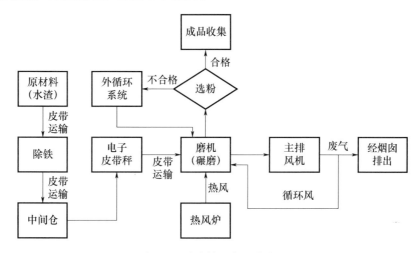

图 2.9　矿渣粉生产工艺流程

国际上采用将矿渣单独磨细至比表面积达 400m²/kg 以上，用作水泥混合材可提高掺入比例达 70% 以上而不降低水泥强度。用作混凝土掺合料可等量取代 20%～50% 的水泥，能配制成高性能混凝土，起到节能降耗、降低成本、保护环境和提高矿渣利用附加值的作用。我国矿渣微粉分为 S105、S95、S75 三个级别，级别越大，其比表面积越大，活性越好（表 2.33）。

2.6.2　矿渣粉的优点

矿渣微粉等量替代各种用途混凝土及水泥制品中的水泥用量，可以明显地改善混凝土和水泥制品的综合性能。矿渣微粉作为高性能混凝土的新型掺合料，具有改善混凝土各种性能的优点，具体表现如下：

（1）可以大幅度提高水泥混凝土的强度特别是后期强度，能配制出超高强水泥混凝土；

（2）可以有效抑制水泥混凝土的碱-骨料反应，显著提高水泥混凝土的抗碱-骨料反应性能，提高水泥混凝土的耐久性；

（3）可以有效提高水泥混凝土的抗海水浸蚀性能，特别适用于海工混凝土；

表 2.33　国标 GB/T 18046 中的矿渣微粉演变过程

项目		中国标准								
		GB/T 18046—2017			GB/T 18046—2008			GB/T 18046—2000		
		S105	S95	S75	S105	S95	S75	Ⅰ级	Ⅱ级	Ⅲ级
密度（g/cm³）		≥2.8			≥2.8			≥2.8		
比表面积（m²/kg）		≥500	≥400	≥300	≥500	≥400	≥300	≥551	451～550	350～450
活性指数（%）	7d	≥95	≥70	≥55	≥95	≥75	≥55	≥95	≥75	≥55
	28d	≥105	≥95	≥75	≥105	≥95	≥75	≥105	≥95	≥75
流动度比（%）		≥95			≥95			≥85	≥90	≥95
初凝时间比（%）		≤200			—			—		
含水量（%）		≤1.0			≤1.0			≤1.0		
三氧化硫（%）		≤4.0			≤4.0			≤4.0		
烧失量（%）		≤1.0			≤3.0			≤3.0		
氯离子（%）		≤0.06			≤0.06			≤0.02		
不溶物（%）		≤3.0			—			—		
玻璃体含量（%）		≥85			≥85			—		
放射性		I_{Ra}≤1.0 且 I_r≤1.0			合格			—		

（4）可以显著减少水泥混凝土的泌水量，改善混凝土的和易性；

（5）可以显著提高水泥混凝土的致密性，改善水泥混凝土的抗渗性；

（6）可以显著降低水泥混凝土的水化热，适用于配制大体积混凝土。

2.6.3　矿渣粉的用途

目前，矿渣粉主要应用于生产水泥的混合材料、生产混凝土及砂浆的掺合料。但是由于生产技术、产业发展和标准制定等方面的情况不同，世界各国在磨细高炉矿渣粉应用的现状也不同。有些国家的矿渣粉以生产水泥为主，如日本和巴西；有些国家绝大部分用于混凝土掺合料，如美国；有些国家和地区则两者兼有，如中国和欧盟。

1. 制作矿渣水泥

在比表面积达到 450～550m²/kg，7d 活性指数达到 100% 左右时，就可以实现利用少量熟料（25% 左右熟料）生产 32.5～42.5 级矿渣水泥，不但降低了生产水泥的成本，还节省了大量的能源，减少了环境的污染，具有显著的经济效益和较好的社会效益。目前国内大部分公司生产的矿渣硅酸盐水泥掺入量在 55% 左右。

矿渣的易磨性较差，矿渣粉磨技术决定了其质量、产量，矿渣微粉在水泥生产中的使用与粉磨技术、矿渣粉的活性高低等有直接的关系，往水泥里掺加矿渣的比例与矿渣粉的活性有关，活性越高，可掺加比例也越高，生产的水泥强度才能达标。

2. 作为混凝土掺合料，替代水泥

通过严格加工工序后的矿渣微粉由于其 28d 活性指数可以接近或大于 100%，矿渣微粉可以等量或超量替代部分水泥配制混凝土，从而减少混凝土的水泥用量、降低混凝土生产成本、节约资源、减少能耗。在日本甚至已经出现了以矿渣微粉为胶凝材料主体，不使用任何水泥的低碳混凝土。目前我国的技术，可以掺入 10%～40% 的矿渣粉来生产混凝土。

另外，矿渣粉能有效增强混凝土的强度，配制高强度混凝土。我国"十二五"规划明确指出：大力发展混凝土搅拌站，推广矿渣和粉煤灰的超细粉磨，根据市场需求配制水泥和高性能的混凝土。

3. 其他用途

矿渣粉还应用于制管厂，被作为水下填充材料。在水泥制管中掺入 40%～50% 的复合矿渣粉等量取代水泥，具有如下的优点：混凝土管的抗渗性能显著提高，掺入复合矿渣粉的混凝土管，在应用的几十年内，其混凝土强度仍在不断地增长，既保证了混凝土管在使用中的质量，也延长了管的寿命。

2.7 石灰石粉

2.7.1 石灰石粉的概念

不同标准规范对石灰石粉的定义各有不同。现行国家标准《用于水泥、砂浆和混凝土中的石灰石粉》（GB/T 35164）的定义，石灰石粉是指将石灰石粉磨至一定细度的粉体或石灰石机制砂生产过程中产生的收尘粉。现行国家标准《石灰石粉混凝土》（GB/T 30190）、《矿物掺合料应用技术规范》（GB/T 51003）及现行行业标准《石灰石粉在混凝土中应用技术规程》（JGJ/T 318）等的定义，石灰石粉是指以一定纯度的石灰石为原料，经粉磨至规定细度的粉状材料。因此，从工程应用的角度看，不管是粉磨还是收尘的石灰石粉，只要其性能满足标准规范要求，就可以用于混凝土和砂浆。比较上述几个标准，石灰石粉的细度、活性指数、流动度比、含水率、碳酸钙含量、MB 值和安定性应符合表 2.34 的规定。石灰石粉作为一种矿物掺合料与机制砂（人工砂）所含有的石粉不一样，机制砂中石粉属于细骨料的范畴。石灰石粉在很多领域被广泛使用，长期以来作为水泥混合材的一种掺入水泥中。另外，我国还生产石灰石硅酸盐水泥。石灰石粉作为混凝土的矿物掺合料被用于碾压混凝土、自密实混凝土、大体积混凝土等。石灰石粉在混凝土中的应用应符合现行国家及行业标准《用于水泥、砂浆和混凝土中的石灰石粉》（GB/T 35164）、《石灰石粉混凝土》（GB/T 30190）、《矿物掺合料应用技术规范》（GB/T 51003）、《石灰石粉在混凝土中应用技术规程》（JGJ/T 318）及有关标准的规定。

矿物掺合料已经成为现代混凝土不可缺少的组分。随着我国基础建设的大规模展开，粉煤灰、矿渣粉等传统矿物掺合料在一些地区日益紧缺。而石灰石粉作为容易获取、质优价廉的新型矿物掺合料已在行业内逐步得到应用。掺用石灰石粉，可以节约水泥用量、改善混凝土和易性、降低水化热及减小收缩等，技术性能优良，经济效益明显。

表 2.34　石灰石粉技术要求

项目		技术指标
细度（45μm 方孔筛筛余）（%）		≤15
活性指数（%）	7d	≥60
	28d	≥60
流动度比（%）		≥100
含水量（%）		≤1.0
碳酸钙（%）		≥75
MB 值（g/kg）		≤1.4

2.7.2　石灰石粉的性能

用于磨细制作石灰石粉的石灰岩需要有一定的纯度，即 $CaCO_3$ 含量。细度也是影响石灰石粉性能的主要因素之一。从成本和能耗方面考虑，石灰石粉宜以生产石灰石碎石和机制砂时产生的石屑或石粉为原料，通过分选或粉磨制成。但这种生产方式需要在生产过程中严格控制石灰石粉的黏土质和其他杂质的含量。必要时，石屑或碎石在粉磨之前需要经过清洗处理。亚甲蓝值，业内也习惯简称 MB 值，反映细骨料吸附性能的技术指标，该指标用于石灰石粉也能很好地反映这一性能。流动度比与需水量比都是反映石灰石粉同一性能的指标，由于流动度比测定起来相对快捷方便，因此采用流动度比指标。石灰石粉由于对水和外加剂的吸附性较小，因此表现出一定的减水作用。试验结果表明，石灰石粉流动度比一般接近 100% 或大于 100%，流动度比是衡量石灰石粉在混凝土中应用是否具有技术价值的重要指标，该指标越高，说明石灰石粉的减水效应越明显，对混凝土拌和物的和易性改善作用越明显。石灰石粉的主要技术指标为碳酸钙含量、流动度比、亚甲蓝值，一般情况下，优先选用碳酸钙含量高、细度适宜、流动度比大、亚甲蓝值小的石灰石粉。

试验表明，石灰石粉中碱含量很低，因此一般情况下，石灰石粉对混凝土发生碱-骨料反应的潜在危害很低。当然不排除有的石灰石粉及其他原材料含有较高的有效碱，因此当掺加石灰石粉的混凝土可能存在碱-骨料反应危害时，掺加石灰石粉的混凝土应符合现行国家标准《预防混凝土碱骨料反应技术规范》（GB/T 50733）的规定。石灰石粉取代水泥掺入混凝土后，对混凝土抗冻融及抗硫酸盐侵蚀有一定的不利影响，因此特别在冻融环境和硫酸盐中度以上侵蚀环境中，需要经试验确认混凝土的耐久性。在潮湿、低温（低于 15℃）且存在硫酸盐环境中，需要充分重视 $CaCO_3$ 和水化硅酸钙及硫酸盐生成碳硫硅钙石，引起混凝土微结构的解体。在这种情况下，原则上不得使用石灰石粉。

2.8　硅　灰

硅灰是指在冶炼硅铁合金或工业硅时，通过烟道收集的以无定形二氧化硅为主要成分的粉体材料。硅灰的定义、分类、技术要求、试验方法、检验规则、包装和贮存应符合现行国家标准《砂浆和混凝土用硅灰》（GB/T 27690）的规定，硅灰的技术要求见

表2.35。硅灰的混凝土配合比设计、工程应用应符合现行国家标准《矿物掺合料应用技术规范》（GB/T 51003）及有关标准的规定。

根据现行国家标准《混凝土质量控制标准》（GB 50164）的规定，硅灰的主要控制项目应包括比表面积、SiO_2含量和放射性。

表 2.35　硅灰的技术要求

项目	指标
固含量（液料）	按生产厂控制值的±2%
总碱量	≤1.5%
SiO_2含量	≥85.0%
氯含量	≤0.02%
含水率（粉料）	≤3.0%
烧失量	≤4.0%
需水量比	≤125%
比表面积（BET法）	≥15m^2/g
活性指数（7d快速法）	≥105%
放射性	I_{Ra}≤1.0 和 I_r≤1.0
抑制碱-骨料反应性	14d膨胀率降低值≥35%
抗氯离子渗透性	28d电通量之比≤40%

注：1. 硅灰浆折算为固体含量按此表进行检验。
　　2. 抑制碱-骨料反应性和抗氯离子渗透性为选择性试验项目，由供需双方协商决定。

2.8.1　硅灰的物理性质和化学成分

1. 颜色

根据有、无热回收系统装置的不同，收集的硅灰的含碳量及颜色也不一样。带热回收系统回收的硅灰，由于回收系统温度高（700～800℃），能使硅灰中所含的大部分碳都燃烧掉，收集的硅灰含碳量很少（一般小于2%），产品呈白色或灰白。

2. 物理性能

表2.36为硅灰、水泥、矿渣和粉煤灰等的物理性能比较。

表 2.36　硅灰与其他材料的物理性能比较

项目	硅灰	水泥	矿渣粉	粉煤灰
密度（g/cm^3）	2.1	3.1	2.9	2.1
容积密度（kg/m^3）	200～300	1200～1400	1000～1200	900～1000
烧失量（%）	2～4	—	—	12
比表面积（m^2/kg）	20000	200～500	200～800	200～600

由 2.32 表可见，硅灰的密度约为水泥的 2/3，容积密度却只有水泥的 1/6 左右。硅灰的比表面积可达 $15000m^2/kg$ 以上，颗粒形状是球形的。平均粒径 $0.1\sim0.2\mu m$，比水泥颗粒细两个数量级。

3. 化学成分

硅灰中 SiO_2 含量依所产生的硅合金的类型不同而变化较大，高的达 $90\%\sim98\%$，最低的只有 $25\%\sim54\%$。用于混凝土的硅灰，SiO_2 含量应大于 85%，并且绝大部分呈非晶态。非晶态 SiO_2 越多，硅灰火山灰活性越大，在碱性溶液中反应能力越强。优质硅灰中高达 98% 以上的组分都是无定形 SiO_2，具有很高的潜在活性。

表 2.37 是我国湖北、天津、贵州三地硅灰的化学成分。

表 2.37 三地产硅灰的化学成分（%）

产品	烧失量	SiO_2	Al_2O_3	Fe_2O_3	CaO	MgO	总计
湖北	3.25	93.15	1.08	0.89	0.52	1.08	99.97
天津	2.28	95.81	0.31	0.40	0.31	0.83	99.94
贵州	2.38	93.24	1.16	0.61	0.42	0.71	98.52

三种硅灰均为灰白色粉末，密度为 $2.1\sim2.2g/cm^3$，三种硅灰的颗粒组成和比表面积接近，平均粒径为 $0.1\sim0.2\mu m$，约 80% 颗粒的粒径在 $4\mu m$ 以下，比表面积为 $15000\sim20000m^2/kg$。

2.8.2　硅灰对混凝土性能的影响

由于硅灰颗粒细小，比表面积大，具有 SiO_2 纯度高、高火山灰活性等物理化学特点。把硅灰作为矿物掺合料加入混凝土中，必须配以高效减水剂，方可保证混凝土的和易性。硅灰使用时会引起早期收缩过大的问题，一般为胶凝材料总量的 $5\%\sim10\%$，通常与其他矿物掺合料复合使用。目前在我国，因其产量低，价格很高，一般混凝土强度低于 80MPa 时，都不考虑掺加硅粉。硅灰对混凝土的性能会产生多方面的良好效果。无定形和极细的硅灰对高性能混凝土有益的影响表现在物理和化学两个方面：起超细填充料的作用；在早期水化过程中起晶核作用，并有很高的火山灰活性，且耐磨性、抗腐蚀性提高。

表 2.38 是用直接法测定的胶凝材料的水化热，从表中可以看出，用硅灰替代等量水泥后，系统 3d 和 7d 水化放热大大增加。需要控制早期水化放热的混凝土工程，在选择材料时应该特别注意这一点。

表 2.38 硅灰对胶凝材料水化放热的影响（直接法测定）

系统	组成	放热量（J/g）	
		3d	7d
E	100%水泥	273	293
K	90%水泥＋10%硅灰	282	316
L	60%水泥＋30%矿渣（$800m^2/kg$）＋10%硅灰	256	284

浇筑混凝土有时会出现离析、泌水现象，拌和物出现泌水层、浮浆，造成匀质性差而影响混凝土结构质量。在混凝土中掺入硅灰在保证混凝土拌和物流动性的前提下，可显著改善混凝土拌和物的黏聚性和保水性。故适宜配制高流态混凝土、泵送混凝土及水下灌注混凝土。

当硅灰与高效减水剂配合使用时，硅灰与水化产物 $Ca(OH)_2$ 反应生成水化硅酸钙凝胶，填充水泥颗粒间的空隙，改善界面结构及黏结力，形成密实结构，从而显著提高混凝土强度。一般硅粉掺量为 $5\%\sim10\%$，便可配出抗压强度达 100MPa 的超高强混凝土。

硅灰混凝土的早期强度高，常用在抢修工程和高层、大跨度、耐磨等特殊工程上。有资料介绍，硅灰高强混凝土能提高抗冲磨强度 3 倍，在水下工程中使用更能突出其优势。

硅灰颗粒很细小，可以填塞水泥颗粒之间的空隙。颗粒密堆积，可以减少泌水，减少毛细孔并减小平均孔径，密实结构。硅灰的掺量在 $5\%\sim10\%$ 时，可以获得良好的掺加效果。应采用减水剂保证硅灰和水泥分散，有效地阻止有害离子的侵入和腐蚀作用。因此混凝土的抗渗性、抗化学腐蚀性等耐久性显著提高，而且对钢筋的耐腐蚀性也有改善。

关于硅灰对混凝土抗冻性的影响，国内外的大量研究表明，在等量取代的情况下，掺量小于 15% 的混凝土，其抗冻性基本相同，有时还会提高（如掺量 $5\%\sim10\%$ 时），但掺量超过 20% 会明显降低硅灰混凝土的抗冻性。在高性能混凝土中，从减少早期塑性收缩、自收缩和干缩考虑，一般把硅粉掺量控制在胶凝材料总量的 10% 以内，这时由于气泡间距系数降低，抗冻性往往有所提高。

碱-骨料反应是骨料中的活性氧化硅和水泥中的碱发生反应生成吸水产物，体积增大，导致混凝土的膨胀和开裂。当向混凝土中掺入硅灰后，硅灰和水泥中的碱反应，能够防止这种过度的膨胀。国内外实践表明，硅灰对抑制混凝土中的碱-骨料反应是有利的。在计算混凝土中的总碱量时，硅灰带入的有效碱量按照其总碱含量的 50% 计算。

2.9 复合掺合料

复合掺合料是指两种或两种以上矿物掺合料按一定比例混合均匀的粉体材料，矿物掺合料包括粉煤灰、粒化高炉矿渣粉、硅灰、石灰石粉、钢渣粉、磷渣粉及沸石粉等，每种矿物掺合料的质量分数应不小于 10%，加入的助磨剂应不超过复合矿物掺合料总质量的 0.5%，复合矿物掺合料中不应掺入除石膏、助磨剂以外的其他化学外加剂。复合掺合料的定义、分类、技术要求、试验方法、检验规则、包装和贮存应符合现行行业标准《混凝土用复合掺合料》（JG/T 486）的规定，复合掺合料的技术指标见表 2.39。复合掺合料的混凝土配合比设计、工程应用应符合现行国家标准《矿物掺合料应用技术规范》（GB/T 51003）及有关标准的规定。

表 2.39 复合掺合料的技术指标

序号	项目		普通型[a]			早强型[b]	易流型[a]
			Ⅰ级	Ⅱ级	Ⅲ级		
1	细度[c]（45μm 筛余）（质量分数）（%）		≤12	≤25	≤30	≤12	≤12
2	流动度比（%）		≥105	≥100	≥95	≥95	≥110
3	活性指数（%）	1d	—	—	—	≥120	—
		7d	≥80	≥70	≥65	—	≥65
		28d	≥90	≥75	≥70	≥110	≥65
4	胶砂抗压强度增长比		≥0.95			≥0.90	
5	含水量（质量分数）（%）		≤1.0				
6	氯离子含量（质量分数）（%）		≤0.06				
7	三氧化硫含量（质量分数）（%）		≤3.5				≤2.0
8	安定性	沸煮法[d]	合格				
		压蒸法[e]	压蒸膨胀率不大于 0.50%				
9	放射性		合格				

注：[a]普通型、易流型在流动度比、活性指数和胶砂抗压强度增长比试验中，胶砂配比中复合矿物掺合料占胶凝材料总质量的 30%。
[b]早强型在流动度比、活性指数和胶砂抗压强度增长比试验中，胶砂配比中复合矿物掺合料占胶凝材料总质量的 10%。
[c]当复合矿物掺合料组分中含有硅灰时，可不检测该项目。
[d]仅针对以 C 类粉煤灰、钢渣或钢渣粉中一种或几种为组分的复合矿物掺合料。
[e]仅针对以钢渣或钢渣粉为组分的复合矿物掺合料。

2.10 再生骨料

再生粗骨料和再生细骨料总称为再生骨料。

2.10.1 再生粗骨料

混凝土用再生粗骨料是指由建（构）筑废物中的混凝土、砂浆、石、砖瓦等加工而成的，用于配制混凝土的、粒径大于 4.75mm 的颗粒，以下简称再生粗骨料。混凝土用再生粗骨料的定义、分类、技术要求、试验方法、检验规则、包装和贮存应符合现行国家标准《混凝土用再生粗骨料》（GB/T 25177）的规定。

再生粗骨料按性能要求可分为Ⅰ类、Ⅱ类和Ⅲ类。再生粗骨料按粒径尺寸分为连续粒级和单粒级。连续粒级分为 5～16mm、5～20mm、5～25mm 和 5～31.5mm 四种规格；单粒级分为 5～10mm、10～20mm 和 16～31.5mm 三种规格。

再生粗骨料的技术要求如下。

（1）再生粗骨料的颗粒级配见表 2.40。

表 2.40 再生粗骨料颗粒级配

公称粒径（mm）		累计筛余（%）							
		方孔筛筛孔边长（mm）							
		2.36	4.75	9.50	16.0	19.0	26.5	31.5	37.5
连续粒级	5～16	95～100	85～100	30～60	0～10	0			
	5～20	95～100	90～100	40～80	—	0～10	0		
	5～25	95～100	90～100	—	30～70	—	0～5	0	
	5～31.5	95～100	90～100	70～90	—	15～45	—	0～5	0
单粒级	5～10	95～100	80～100	0～15	0				
	10～20		95～100	85～100		0～15	0		
	16～31.5		95～100		85～100			0～10	0

（2）微粉含量是指再生粗骨料中粒径小于 $75\mu m$ 的颗粒含量。泥块含量是指再生粗骨料中原粒径大于 4.75mm，经水浸洗、手捏后变成小于 2.36mm 的颗粒含量。针、片状颗粒是指再生粗骨料的长度大于该颗粒所属相应粒级的平均粒径 2.4 倍的为针状颗粒；厚度小于平均粒径 0.4 倍的为片状颗粒（平均粒径指该粒级上、下限粒径的平均值）。压碎指标是指再生粗骨料抵抗压碎能力的指标。坚固性是指再生粗骨料在自然风化和其他物理化学因素作用下抵抗破裂的能力。表观密度是指再生粗骨料颗粒单位体积（包括内封闭孔隙）的质量。吸水率是指再生粗骨料饱和面干状态时所含水的质量占绝干状态质量的百分数。杂物是指再生粗骨料中除混凝土、砂浆、砖瓦和石之外的其他物质。碱-集料反应是指经碱-集料反应试验后，由再生粗骨料制备的试件无裂缝、酥裂或胶体外溢等现象，膨胀率应小于 0.10%。再生粗骨料的微粉含量、泥块含量、吸水率、针片状颗粒含量、有害物质含量、杂物含量、坚固性指标、压碎指标、表观密度和空隙率等见表 2.40。

表 2.40 再生粗骨料其他技术要求

项目	Ⅰ类	Ⅱ类	Ⅲ类
微粉含量（按质量计）（%）	<1.0	<2.0	<3.0
泥块含量（按质量计）（%）	<0.5	<0.7	<1.0
吸水率（按质量计）（%）	<3.0	<5.0	<8.0
针、片状颗粒（按质量计）（%）	<10		
有机物	合格		
硫化物及硫酸盐（折算成 SO_3，按质量计）（%）	<2.0		
氯化物（以氯离子质量计）（%）	<0.06		
杂物（按质量计）（%）	<1.0		
质量损失（%）	<5.0	<10.0	<15.0
压碎指标（%）	<12	<20	<30
表观密度（kg/m³）	>2450	>2350	>2250
空隙率（%）	<47	<50	<53

2.10.2 混凝土和砂浆用再生细骨料

混凝土和砂浆用再生细骨料是指由建（构）筑废物中的混凝土、砂浆、石、砖瓦等加工而成的，用于配制混凝土和砂浆的粒径不大于 4.75mm 的颗粒，以下简称再生细骨料。混凝土和砂浆用再生细骨料的定义、分类、技术要求、试验方法、检验规则、包装和贮存应符合现行国家标准《混凝土和砂浆用再生细骨料》（GB/T 25176）的规定。

再生细骨料按性能要求分为Ⅰ类、Ⅱ类、Ⅲ类。再生细骨料按细度模数分为粗、中、细三种规格，其细度模数 μ_f 分别如下：

粗：$\mu_f = 3.7 \sim 3.1$；

中：$\mu_f = 3.0 \sim 2.3$；

细：$\mu_f = 2.2 \sim 1.6$。

再生细骨料的技术要求如下。

（1）再生细骨料的颗粒级配应符合表 2.42 的规定。

表 2.42　再生细骨料颗粒级配

方筛孔筛孔边长	累计筛余（%）		
	1 级配区	2 级配区	3 级配区
9.50mm	0	0	0
4.75mm	10~0	10~0	10~0
2.36mm	35~5	25~0	15~0
1.18mm	65~35	50~10	25~0
600μm	85~71	70~41	40~16
300μm	95~80	92~70	85~55
150μm	100~85	100~80	100~75

注：再生细骨料的实际颗粒级配与表中所列数字相比，除 4.75mm 和 600μm 筛档外，可以略有超出，但是超出总量应小于 5%。

（2）轻物质是指再生细骨料中表观密度小于 2000kg/m³ 的物质。亚甲蓝 MB 值是指用于确定再生细骨料中粒径小于 75μm 的颗粒中高岭土含量的指标。再生胶砂是指按照现行国家标准《混凝土和砂浆用再生细骨料》（GB/T 25176）规定的方法，用再生细骨料、水泥和水制备的砂浆。基准胶砂是指按照现行国家标准《混凝土和砂浆用再生细骨料》（GB/T 25176）规定的方法，用标准砂、水泥和水制备的砂浆。再生胶砂需水量是指流动度为（130±5）mm 的再生胶砂用水量。基准胶砂需水量是指流动度为（130±5）mm 的基准胶砂用水量。再生胶砂需水量比是指再生胶砂需水量与基准胶砂需水量之比。再生胶砂强度比是指再生胶砂与基准胶砂的抗压强度之比。碱-骨料反应是指经碱-骨料反应试验后，由再生粗骨料制备的试件无裂缝、酥裂或胶体外溢等现象，膨胀率应小于 0.10%。再生细骨料的微粉含量、泥块含量、云母、轻物质、有机物、硫化物及硫酸盐、氯盐、坚固性、压碎指标、表观密度、堆积密度和空隙率应符合表 2.43 的规定。

表 2.43　再生细骨料其他技术要求

项目		Ⅰ类	Ⅱ类	Ⅲ类
微粉含量（按质量计）（%）	MB 值<1.40 或合格	<5.0	<7.0	<10.0
	MB 值≥1.40 或不合格	<1.0	<3.0	<5.0
泥块含量（按质量计）（%）		<1.0	<2.0	<3.0
云母含量（按质量计）（%）		<2.0		
轻物质含量（按质量计）（%）		<1.0		
有机物含量（比色法）		合格		
硫化物及硫酸盐含量（按 SO₃ 质量计）（%）		<2.0		
氯化物（以氯离子质量计）（%）		<0.06		
饱和硫酸钠溶液中质量损失（%）（坚固性）		<8.0	<10.0	<12.0
单级最大压碎指标值（%）		<20	<25	<30
表观密度（kg/m³）		>2450	>2350	>2250
堆积密度（kg/m³）		>1350	>1300	>1200
空隙率（%）		<46	<48	<52

再生胶砂需水量比、强度比应符合表 2.44 的规定。

表 2.44　再生胶砂需水量比、强度比

项目	Ⅰ类			Ⅱ类			Ⅲ类		
	细	中	粗	细	中	粗	细	中	粗
需水量比	<1.35	<1.30	<1.20	<1.55	<1.45	<1.35	<1.80	<1.70	<1.50
强度比	>0.80	>0.90	>1.00	>0.70	>0.85	>0.95	>0.60	>0.75	>0.90

2.11　淡化海砂

　　砂石是工程建设中最基本且不可或缺的建筑材料。长期以来，砂石主要由区域市场就近供应，总体处于供求平衡状态，价格保持基本稳定。经过多年大规模开采，天然砂石资源逐渐减少，近年来国内主要江河来砂量大幅下降，砂石资源日益枯竭，将淡化海砂的利用提上了日程。海砂混凝土在日本、英国、我国台湾地区等已有数十年的应用历史，自 20 世纪 90 年代以来，我国海砂混凝土的应用有了较大发展。海砂混凝土的应用，国内外均走过弯路，在混凝土结构耐久性方面付出过沉重的代价。

　　2018 年，住房城乡建设部、公安部、自然资源部、生态环境部、交通运输部、水利部等八部门联合印发《关于开展治理违规海砂专项行动的通知》，决定在沿海、沿长江有关省（区、市）开展治理违规海砂专项行动。随后，各地纷纷发布禁止采砂的相关通知，但由于砂石在工程、基建、房地产开发大宗材料中的不可或缺，一时间砂石在市场上变成了"软黄金"，出现了市场供不应求的现象。为稳定砂石市场供应、保持价格总体平稳、促进行业健康有序发展，国家发展改革委等 15 部门于 2020 年 3 月 25 日联合印发《关于促进砂石行业健康有序发展的指导意见》，该《意见》中提出的海砂相关措施切合实际、针对性强，可谓及时雨，对砂石行业发展必将起到促进作用。

全面实施海砂采矿权和海域使用权联合招标拍卖挂牌出让，优化出让环节和工作流程。建立完善海砂开采管理长效机制。严格执行海砂使用标准，确保海砂质量符合使用要求。严格控制海砂使用范围，严禁建设工程使用违反标准规范要求的海砂。海砂是指出产于海洋和入海口附近的砂，包括滩砂、海底砂和入海口附近的砂，其中以海底砂为主。海底砂是指出产于浅海或深海海底的砂，目前海砂主要来源于浅海地区的海底砂，一般属于陆源砂。海砂混凝土是指细骨料全部或部分采用海砂的混凝土，配制海砂混凝土宜采用海底砂，海砂宜与人工砂或天然砂混合使用，海砂不得用于预应力混凝土。用于配制混凝土的海砂应做净化处理，净化处理是指采用专用设备对海砂进行淡水淘洗并使之符合规范要求的生产过程，净化过程包括去除氯离子等有害离子、泥、泥块以及粗大的砾石和贝壳等杂质。海砂混凝土的定义、原材料、混凝土性能、混凝土配合比设计、施工、质量检验和验收应符合现行行业标准《海砂混凝土应用技术规范》（JGJ 206）的规定。建筑及市政工程用净化海砂的定义、分类、技术要求、试验方法、检验规则、包装和贮存应符合现行行业标准《建筑及市政工程用净化海砂》（JG/T 494）的规定。

海砂的质量要求与河砂、机制砂的质量要求基本一样，海砂的颗粒级配要求见表 2.13，表 2.45 列出海砂的质量要求。海砂应进行碱活性检验，检验方法应符合现行国家标准《建设用砂》（GB/T 14684）的规定。当采用有潜在碱活性的海砂时，应采取有效的预防碱-骨料反应的技术措施。

表 2.45　海砂的质量要求

项目	指标
水溶性氯离子含量（按质量计）（%）	≤0.03
含泥量（按质量计）（%）	≤1.0
泥块含量（按质量计）（%）	≤0.5
坚固性指标（%）	≤8
云母含量（按质量计）（%）	≤1.0
轻物质含量（按质量计）（%）	≤1.0
硫化物及硫酸盐含量（折算为 SO_3，按质量计）（%）	≤1.0
有机物含量	符合现行行业标准《普通混凝土用砂、石质量及检验方法标准》（JGJ 52）的规定

海砂中贝壳的最大尺寸不应超过 4.75mm，贝壳含量应符合表 2.46 的要求。对于有抗冻、抗渗或其他特殊要求的强度等级不大于 C25 混凝土的用砂，贝壳含量不应大于 8%。贝壳含量的试验方法应符合现行行业标准《普通混凝土用砂、石质量及检验方法标准》（JGJ 52）的规定。

表 2.46　海砂中贝壳含量

混凝土强度等级	≥C60	C55～C40	C35～C30	C25～C15
贝壳含量（按质量计）（%）	≤3	≤5	≤8	≤10

海砂混凝土用于钢筋混凝土工程时，可掺加钢筋阻锈剂。阻锈剂的应用应符合现行行业标准《钢筋阻锈剂应用技术规程》（JGJ/T 192）的规定。

2.12　高性能混凝土用骨料

高性能混凝土是指以建设工程设计和施工对混凝土性能特定要求为总体目标，选用优质常规原材料，合理掺加外加剂和矿物掺合料，采用较低水胶比并优化配合比，通过绿色预拌生产方式以及严格的施工措施，制成具有优异的拌和物性能、力学性能、长期性能和耐久性能的混凝土。对于性能要求越来越高的高性能混凝土，客观上对骨料的级配、粒形等质量要求更加严格。然而，骨料对于混凝土性能的重要性长期没有得到重视，导致我国砂石骨料品质差、问题多。这些问题集中体现在：一是粗骨料粒形不好，由于针、片状颗粒的定义与控制不能很好地满足高性能混凝土对于骨料粒形的要求。二是河沙偏细，含泥量高，对混凝土性能的影响日益明显，混合砂含石量高。三是机制砂颗粒形状不好，级配不合理，两头多中间少，整体上机制砂偏粗，细度模数一般在 3.4 以上。当前，机制砂石正迅速成为建设用砂主要砂源。砂石骨料整体上品质差、波动大，已经成为高性能混凝土质量控制的瓶颈。

2012 年后，许多大型企业开始向砂石行业进军，砂石加工产业进入一个快速发展和进步的时期。2014 年，住建部和工信部联合发文推广高性能混凝土，明确提出优质原材料是实现高性能混凝土的前提条件。随着砂石矿山的大型化，砂石骨料产品已经成为工业化产品，高性能混凝土用骨料标准将为砂石骨料产品工业化提供产品检测、生产、运输等依据，让砂石行业有"法"可依。随着全国环保力度的不断加大，各地禁采天然砂石，机制砂石应用比例不断提高。但机制砂石在工程中遇到很多瓶颈，高性能混凝土用骨料标准的发布将促进提高机制砂石品质，减少工程应用中出现的问题，确保铁路、公路、房屋等工程建设质量。随着重点工程的不断推进，对高性能混凝土应用的迫切性加大，而制约高性能混凝土应用的因素之一就是砂石，《高性能混凝土用骨料》（JG/T 568—2019）对骨料作严格的定义，为高性能混凝土产品具有良好的工作性能以及耐久性等保驾护航。高性能混凝土用骨料的定义、分类、技术要求、试验方法、检验规则、包装和贮存应符合现行国家标准《高性能混凝土用骨料》（JG/T 568）的规定。高性能混凝土用细骨料、粗骨料按技术要求分别分为特级和Ⅰ级。

高性能混凝土用骨料的技术要求如下。

1. 一般要求

骨料的放射性应符合现行国家标准《建筑材料放射性核素限量》（GB 6566）的规定。用矿山废石生产的粗细骨料有害物质除应分别符合以下规定外，还应符合国家环保和安全相关规范，不应对人体、生物、环境及混凝土产生有害影响。用于混凝土的骨料应进行碱活性检验，并应符合《预防混凝土碱骨料反应技术规范》（GB/T 50733—2011）的技术要求。

2. 粗骨料的技术要求

（1）粗骨料级配

供方应按单粒粒级销售，需方应按单粒粒级分仓储存。粗骨料颗粒级配应符合

表 2.47 的规定，粗骨料最大粒径根据需要可放大。

表 2.47　粗骨料颗粒级配

公称粒级 (mm)	累计筛余（%）						
	方孔筛（mm）						
	2.36	4.75	9.50	16.0	19.0	26.5	31.5
5～10	95～100	80～100	0～15	0	—	—	—
10～16	—	95～100	80～100	0～15	—	—	—
10～20	—	95～100	85～100	—	0～15	0	—
16～25	—	—	95～100	55～70	25～40	0～10	—
16～31.5	—	95～100	—	85～100	—	—	0～10

（2）粗骨料不规则颗粒是指卵石、碎石颗粒最小一维尺寸小于该颗粒所属相应粒级的平均粒径 0.5 倍的颗粒。粗骨料的技术要求应符合表 2.48 的规定。

表 2.48　粗骨料技术要求

项目	卵石		碎石	
	特级	Ⅰ级	特级	Ⅰ级
针、片状颗粒含量（%）	≤3	≤5	≤3	≤5
不规则颗粒含量（%）	≤5	≤10	≤5	≤10
表观密度（kg/m³）	≥2600	≥2600	≥2600	≥2600
含泥量（按质量计）（%）	≤0.5	≤1.0	≤0.5	≤1.0
泥块含量（按质量计）（%）	0	≤0.2	0	≤0.2
有机物	合格		合格	
硫化物及硫酸盐含量（按 SO₃质量计）ᵃ（%）	≤0.5	≤1.0	≤0.5	≤1.0
吸水率（%）	≤1.0	≤1.5	≤1.0	≤1.5
坚固性（质量损失）（%）	≤5	≤8	≤5	≤8
压碎指标ᵇ（%）	≤10	≤15	≤10	≤15
氯化物（以氯离子质量计）（%）	≤0.01	≤0.02	≤0.01	≤0.02
含水率	实测值		实测值	
岩石抗压强度	在水饱和状态下，其抗压强度火成岩不应小于 80MPa，变质岩不应小于 60MPa，水成岩不应低于 45MPa			

注：ᵃ当粗骨料中含有颗粒状的硫酸盐或硫化杂质时，应进行专门检验，确认能满足混凝土耐久性要求后，方能采用；当粗骨料中含有黄铁矿时，硫化物及硫酸盐含量（按 SO₃质量计）不得超过 0.25%。
ᵇ当采用干法生产的石灰岩碎石配制 C40 及其以下强度等级大流态混凝土（坍落度大于 180mm）时，碎石的压碎指标可放宽至 20%。

3. 细骨料的技术要求

（1）细骨料颗粒级配应符合表 2.49 的规定，且细度模数应为 2.3～3.2。细骨料颗粒级配允许一个粒级（不含 4.75mm 和筛底）的分计筛余可略有超出，但不应大于

5%。当石粉亚甲蓝值 $MB_F > 6.0$ 时，人工砂 0.15mm 和筛底的分计筛余之和不宜大于 25%。

表 2.49 细骨料颗粒级配

方孔筛尺寸（mm）	4.75	2.36	1.18	0.60	0.30	0.15	筛底
人工砂分级筛余（%）	0～5	10～15	10～25	20～31	20～30	5～15	0～20
天然砂分级筛余（%）	0～10	10～15	10～25	20～31	20～30	5～15	0～10

（2）技术要求

人工砂的石粉含量应符合下列要求：

① 当石粉亚甲蓝值 $MB_F > 6.0$ 时，石粉含量（按质量计）不应超过 3.0%；

② 当石粉亚甲蓝值 $MB_F > 4.0$，且石粉流动度比 $F_F < 100\%$ 时，石粉含量（按质量计）不应超过 5.0%；

③ 当石粉亚甲蓝值 $MB_F > 4.0$，且石粉流动度比 $F_F \geq 100\%$ 时，石粉含量（按质量计）不应超过 7.0%；

④ 当石粉亚甲蓝值 $MB_F \leq 4.0$，且石粉流动度比 $F_F \geq 100\%$ 时，石粉含量（按质量计）不应超过 10.0%；

⑤ 当石粉亚甲蓝值 $MB_F \leq 2.5$ 或石粉流动度比 $F_F \geq 110\%$ 时，根据使用环境和用途，并经试验验证，供需双方协商可适当放宽石粉含量（按质量计），但不应超过 15.0%。

（3）人工砂片状颗粒是指粒径 1.18mm 以上的人工砂颗粒中最小一维尺寸小于该颗粒所属相应粒级的平均粒径 0.45 倍的颗粒。石粉流动度比是指在掺加外加剂和 0.4 水胶比条件下，掺加石粉的胶砂与基准水泥胶砂的流动度之比，用于判定石粉对减水剂吸附性能的指标。人工砂需水量比是指人工砂与中国 ISO 标准砂在规定水泥胶砂流动度偏差下的用水量之比，用于综合判定人工砂级配、粒形、吸水率和石粉吸附性能的指标。细骨料的其他技术要求应符合表 2.50 的规定。

表 2.50 细骨料其他技术要求

项目	天然砂		人工砂	
	特级	Ⅰ级	特级	Ⅰ级
含泥量（按质量计）（%）	≤1.0	≤2.0	—	—
泥块含量（按质量计）（%）	0	≤0.5	0	≤0.5
片状颗粒含量（%）	—	—	≤10	≤15
人工砂需水量比[a]（%）	—	—	≤115	≤125
坚固性（质量损失）（%）	≤5	≤8	≤5	≤8
单级最大压碎指标（%）	—	—	≤20	≤25
表观密度（kg/m³）	≥2500	≥2500	≥2600	≥2600
松散堆积空隙率（%）	≤41.0	≤43.0	≤41.0	≤43.0
饱和面干吸水率（%）	≤1.0	≤2.0	≤1.0	≤2.0
云母含量（按质量计）（%）	≤1.0	≤2.0	≤1.0	≤2.0

项目	天然砂		人工砂	
	特级	Ⅰ级	特级	Ⅰ级
含水率	供需双方协商确定		供需双方协商确定	
轻物质含量（按质量计）（%）	≤1.0		≤1.0	
有机物含量	合格		合格	
硫化物及硫酸盐含量 （折算成 SO₃，按质量计）ᵇ（%）	≤0.5		≤0.5	
氯化物（以氯离子质量计）（%）	≤0.01	≤0.02	≤0.01	≤0.02
贝壳（按质量计）ᶜ（%）	≤3.0	≤5.0	≤3.0	≤5.0

注：ᵃ此指标为选择性指标，可由供需双方协商确定是否采用。
　　ᵇ当细骨料中含有颗粒状的硫酸盐或硫化杂质时，应进行专门检验，确认能满足混凝土耐久性要求后，方能采用；当细骨料中含有黄铁矿时，硫化物及硫酸盐含量（按 SO₃ 质量计）不得超过 0.25%。
　　ᶜ该指标仅适用于海砂，其他砂种不做要求。

2.13　铁尾矿砂

　　铁尾矿砂是指铁矿石经磨细、分选后产生的粒径小于 4.75mm 的颗粒。铁尾矿砂按细度模数分为铁尾矿细砂（简称细砂）和铁尾矿特细砂（简称特细砂）两种规格，细度模数为 1.6～2.2 的为细砂，细度模数为 0.7～1.5 的为特细砂。铁尾矿砂有害物质除应符合"3. 有害物质"的规定外，还应符合国家环保和安全相关标准和规范，不应对人体、生物、环境及混凝土、砂浆性能产生有害影响。铁尾矿砂的定义、分类、技术要求、试验方法、检验规则、包装和贮存应符合现行国家标准《铁尾矿砂》（GB/T 31288）的规定。
　　铁尾矿砂的技术要求如下：
　　1. 铁尾矿砂的颗粒级配
　　铁尾矿砂的颗粒级配应符合表 2.51 的规定。

表 2.51　铁尾矿砂颗粒级配

规格	细砂	特细砂
方筛孔	累计筛余（%）	
4.75mm	0～10	0
2.36mm	0～15	0～15
1.18mm	0～25	0～20
600μm	16～40	0～25
300μm	55～85	20～55
150μm	75～94	30～90

2. 铁尾矿砂的石粉含量和泥块含量

铁尾矿砂的石粉含量和泥块含量应符合表2.52的规定。

表 2.52 铁尾矿砂石粉含量和泥块含量

项目	指标
石粉含量（MB值≤1.4或快速法试验合格）a（％）	≤15.0
石粉含量（MB值＞1.4或快速法试验不合格）（％）	≤5.0
泥块含量（％）	≤1.0

注：a此指标根据使用地区和用途，进行试验验证后，可由供需双方协商确定。

3. 有害物质

铁尾矿砂中不应混有草根、树叶、树枝、塑料、煤块、炉渣等杂物。铁尾矿砂中如含有云母、轻物质、有机物、硫化物及硫酸盐、氯盐等，其含量应符合表2.53的规定。

表 2.53 铁尾矿砂有害物质限量

项目	指标
云母（％）	≤2.0
轻物质（％）	≤1.0
有机物	合格
硫化物及硫酸盐（以SO_3质量计）（％）	≤0.5
氯化物（以氯离子质量计）（％）	≤0.02

铁尾矿砂的坚固性采用硫酸钠溶液进行试验，其质量损失不应大于10％。细砂的压碎指标应不大于30％。铁尾矿砂的放射性应符合现行国家标准《建筑材料放射性核素限量》（GB 6566）的规定。骨料碱活性经碱-骨料反应试验后，试件应无裂缝、酥裂、胶体外溢等现象，且在规定的试验龄期膨胀率应小于0.10％。

3 高性能混凝土配合比设计

为了得到一定特性要求的混凝土，组成材料的选择是第一步，配合比设计是第二步。当各混凝土组分达到标准要求时，为实现较好的工作性能和较低的成本，对于开发或审批混凝土配合比的工程师而言，熟悉基本的规则和通常的混凝土配合比设计程序是尤为重要的。

本章主要讲解混凝土配合比设计的理念、参数和设计方法。在一定程度上讲，混凝土是一门试验的科学，要想配制出品质优良的混凝土，必须具有科学的设计理念和丰富的工程实践经验。但对于初学者来说，首先必须掌握混凝土配合比设计的常用方法。

混凝土组分目前由四组分演变成多组分，一方面增加了混凝土配合比设计的难度，另一方面却使不同工程需求的各种类型混凝土成为可能。混凝土配合比设计是否合理，关系到混凝土新拌物的拌和性能以及其成型后的力学性能和耐久性。配合比设计和调整是混凝土设计、生产和应用中的最重要环节。

在当前的混凝土工程中，由于一味地追求大流动性，混凝土离析、泌水等和易性变差的现象增多；同时为赶工期快拆模，追求混凝土高早强，混凝土的体积稳定性和耐久性变差。因此，从事混凝土行业的技术人员必须掌握和熟练应用混凝土配合比设计方法，保证混凝土工程质量。

借鉴沥青拌和物的物理结构，可以两种方式理解混凝土物理结构的形成原理：①表面胶结原理，混凝土是由粗骨料、细骨料和水泥石组成的密实的体系，粗、细骨料构成骨架，水泥石分布在骨料颗粒表面，将它们胶结为一个具有强度的整体；②多级分散原理，混凝土的物理结构也可理解为，粗骨料为分散相分散在砂浆中而形成的一种粗分散系，同样地，砂浆是以细骨料为分散相而分散在水泥石中的一种细分散系，水泥石是以水化硅酸钙（C-S-H 凝胶）为连续相，其他晶体水化产物、未水化水泥颗粒、胶凝材料中的惰性颗粒为分散相而形成的微分散系。按照表面胶结原理和多级分散原理，为了形象地理解，又可以将混凝土的内部结构分为三类：

1. 悬浮-密实结构

统一考察粗、细骨料颗粒整体的紧密堆积，按粒子干涉理论，为避免次级颗粒对前级颗粒密排的干涉，前级颗粒之间必须留出比次级颗粒粒径稍大的空隙供次级颗粒排布。按此组合的混凝土，经过多级密垛虽然可以获得很大的密实度，但是各级骨料均被次级骨料所隔开，不能直接靠拢而形成骨架，其结构如图 3.1（a）所示。这种结构的新拌混凝土具有较小的内摩擦力，易于泵送、振捣。但是，弹性模量、抗折强度、收缩、徐变等性能不佳。

2. 骨架-空隙结构

当混凝土中粗骨料所占的比例较高，细骨料却很少时，粗骨料可以相互靠拢形成骨架；但由于细骨料数量过少，不足以填满粗骨料之间的空隙，因此形成骨架-空隙结构

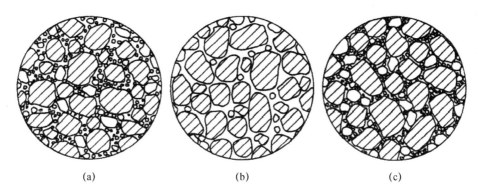

图 3.1　混凝土内部结构

（a）悬浮-密实结构；（b）骨架-空隙结构；（c）密实-骨架结构

［图 3.3（b）］。除了透水混凝土等特殊场合，应当避免这种结构，其抗水、抗化学介质渗透的能力差。

3. 密实-骨架结构

当骨料中断去中间尺寸的颗粒，既有较多数量粗骨料可形成空间骨架，又有相当数量细骨料可填实骨架的空隙时，形成密实-骨架结构［图 3.3（c）］。这种结构的新拌混凝土有较高的内摩擦阻力，不易泵送。但弹性模量、抗折强度高，收缩、徐变小。

由以上的分析可知，粗、细骨料的级配和堆积状态对混凝土的结构和性能有重要影响，而水泥石是将粗细骨料胶结成整体的关键。因此，水泥水化形成水泥石的过程、水泥石的结构以及骨料与水泥石的界面是混凝土内部结构的决定因素。

3.1　配合比设计的目的和意义

配合比设计的第一个目的是要得到符合性能要求的混凝土。最主要的三个基本性能要求是新拌混凝土的工作性、硬化混凝土在指定龄期的强度和混凝土耐久性。工作性是决定混凝土在浇筑、捣实和抹面时难易的性能；不同龄期的强度是混凝土的基本要求；耐久性通常认为是在正常暴露条件下达到必要强度的混凝土的耐久性，当然，在恶劣条件下，如在冻融循环或接触硫酸盐溶液时，在混凝土配合比设计时耐久性要专门予以考虑。

配合比设计的第二个目的是在尽可能低的成本下获得满足性能要求的混凝土。这就要求在选择混凝土组成材料时不仅要性能适合，而且要有合理的价格。

对混凝土配合比设计工程师来说完成这个目标的可用手段是有限的。在混凝土配合比设计时一个明显的约束就是在体积固定时，不能不改变其他组分而只调节一个组分。例如，在 $1m^3$ 混凝土里，如果骨料增加，那么水泥浆体就会减少。在一定工作条件下（结构设计及施工设备），如果制作混凝土的原材料性能已定，在设计人员可以控制的变数如下：拌和物中水泥浆体与骨料之比、水泥浆体中的水胶比、骨料中的砂和粗骨料之比以及外加剂的使用。

由于改变一个特定变量会使混凝土的性能受到相反的影响，配合比设计的任务是复杂的。例如，对一定水泥用量的干硬性混凝土额外加水可以增大新拌混凝土的流动性，但同时也降低混凝土的强度。事实上，工作性本身包含两个部分〔即稠度（流动的难易性）和黏聚性（抗离析的能力）〕，当在给定混凝土拌和物中加水时，这两个性能受到相反的影响。所以，配合比设计的过程是一个能使各种有所抵触的作用相互得到平衡的技术。

在讨论具体的配合比设计常用方法的基本原则之前，还需要了解混凝土的成本、工作性、强度和耐久性。

1. 成本

混凝土作为一种商品，有市场竞争力首先要考虑成本。最需要考虑的是，混凝土所用材料的选择，要求技术上可行，同时经济方面要有吸引力。换句话说，当一种材料有两种或更多种来源而且价格上存在明显差异时，便宜的材料通常被选用，除非证明技术上不适合该工程，才考虑另一种材料。尽管当地产区的骨料价格上只有小的差别，但对一个大工程来说，总的节约数值还是值得人们注意的。

在考虑混凝土拌和物配合比设计的许多原则时，关键一点是水泥成本比骨料贵得多。因此，在影响性能如强度、耐久性的同时尽可能地减少混凝土拌和物中的水泥用量。如果能找到更便宜的合适材料，替代部分水泥，而又不损害混凝土拌和物的主要性能特征时，成本降低的余地会更大。例如，在大多数情况下，用火山灰或者具有胶凝性的工业副产品（如粉煤灰或磨细高炉矿渣）替代水泥，就可以直接节省成本。而且，从长远来看，每个国家都必须考虑当这些工业副产物被利用时由于资源节约和减少污染所获得的间接成本，而不是将其倾倒进入环境中。

2. 工作性

新拌混凝土的工作性对泵送性和可施工性有直接的影响，因为它决定着拌和物易于施工而不致产生有害离析现象。难以浇筑捣实的混凝土不仅会增加施工成本，而且会使强度、耐久性和外观质量变差。同样，易于离析、泌水的拌和物就成型抹面费用更高，而且得到的混凝土耐久性变差。所以，工作性既影响混凝土成本又影响其质量。

但工作性这个词代表了新拌混凝土的许多不同的、难以定量测定的特性。这也是配合比设计只是个预计而不是完全精确的原因，工作性仍然是技艺和科学的结合。显然，不懂得基本原理而仅仅只了解配合比设计的方法步骤是不够的。

决定混凝土拌和物工作性的基本考虑如下：

混凝土的流动性要符合浇筑、捣实和抹面的需求。

给定流动度的用水量随砂与粗骨料之比和砂中细颗粒的量的增加而增加。所以为了改善混凝土的黏聚性和保水性，在可能的条件下，与其增加砂中细颗粒的比例，不如提高砂与粗骨料之比。

对于浇筑时需要流动性大的混凝土拌和物，应该考虑使用缓凝减水剂而不是到工地再多加些水。没有算入配合比设计的水，经常是混凝土不能满足设计规范的原因。

3. 强度和耐久性

水泥石的强度和抗渗性与毛细孔隙率相关，而毛细孔隙率则是受水胶比和水化程度控制的。除抗冻融性外，混凝土的耐久性主要由其渗透性决定。

从结构的安全角度出发，由设计人员所规定的强度应该被看作最低的要求强度。所以考虑到混凝土材料、拌和方法、运输和浇筑以及混凝土试样的养护和测试等各方面的变异性，ACI 建筑法规 318 基于统计学考虑，要求由一定程度的富余强度设计。换句话说，由于试验结果的变异性，选择配合比所得到的试配平均强度必须高于设计强度的最小值。根据设计强度确定试配平均强度的方法将在本章末尾附录中说明。应该注意的是，配合比设计计算中用的是试配平均强度而不是设计指定强度。

考虑强度和耐久性需要降低水胶比，在给定水泥用量下，通常可以控制骨料级配和使用减水剂来减少用水量的办法来达到。这个方法不仅更经济，而且可以减少由于增加水泥用量来降低水胶比而导致的水化热高或干缩大而引起开裂的概率。由于强度被认为是基本耐久性的指标，配合比设计程序中忽略耐久性。但是，在可能易于缩短使用年限的环境下，在配合比设计时耐久性需要特别予以考虑。例如，所有处在冻融环境下的混凝土都要经过引气处理。经受除冰盐或酸性水、硫酸盐水等化学侵蚀的混凝土，在配制时可能需要采用减水剂和矿物掺合料。在这样的条件下，尽管高水胶比可以满足强度要求，但是考虑到所处环境通常采用较低的水胶比。

4. 理想的骨料级配

考虑到成本、工作性、强度和耐久性可能会引起一种假设，即认为具有最小空隙的堆积最紧密的骨料是最经济的，因为它只需要最少量的水泥浆。这种假设就引出大量对颗粒材料的堆积密度的理论研究，这种颗粒材料定义为单位总体积内的固体体积。研究的目标是得到数学表达式或理想级配曲线，以决定不同粒径骨料颗粒为得到最小空隙率的理想级配。

3.2　混凝土配合比设计的技术理念与参数

现代混凝土是建立在混凝土化学外加剂和矿物掺合料基础上的多组分混凝土。外加剂的应用使混凝土在较低水胶比下可以实现泵送施工，混凝土强度不再像过去那样依赖水泥；原材料中的水泥强度等级高、细度细，骨料粒形差，品种多，品质相差很大。混凝土的耐久性逐渐成为混凝土的重要性能之一。随着对混凝土研究的不断深入，混凝土配合比设计理念开始发生变化。美国加州大学伯克利分校 Mehta 教授认为，以水胶比大小控制混凝土耐久性这一理论是不对的。因为不是水胶比 (W/C)，而是用水量对控制开裂更为重要。减小了用水量，在保证强度相同的情况下，可随之相应地降低水泥用量，从而减少混凝土的温度收缩、自收缩和干缩。所以，为了获得更好的耐久性，混凝土配合比的标准也必须进行一次重大的改革，在配合比设计中强调从 W/C-强度关系转变到用水量-耐久性关系。传统混凝土配合比设计方法以保罗米公式为基础，以强度设计为主线，目前我国行业标准依然采用改进的保罗米公式计算水胶比。现代混凝土使用粉煤灰、硅灰等矿物细粉掺合料，胶凝材料不再由单一的水泥组成。现代混凝土主要还是由水化产物形成硬化体产生强度，但是其内涵已发生很大变化。虽然新的行业标准在很大程度上体现了混凝土的技术进步与发展现状，但在学术界和工程界仍有较大争议。清华大学廉慧珍教授针对现代混凝土的特点，提出了"现代混凝土配合比要素的选择和配合比计算方法"的建议，现代混凝土配合比进行选择的内容实际上是水胶比、浆骨比、砂石比和矿物掺合料在胶凝材料中的比例四个要素的综合确定，进而提出了基于饱和面干骨料的混凝土配合比设计方法。

3.2.1 水胶比

水胶比是混凝土配合比设计中的重要参数，混凝土的强度在很大程度上取决于水胶比。水胶比为每 $1m^3$ 混凝土用水量（质量）与所有胶凝材料用量（质量）的比值。为了保证混凝土强度，应在满足混凝土和易性的前提下尽量降低水胶比，否则使用过大的水胶比，混凝土水化后残余的游离水挥发会出现混凝土强度不足、耐久性下降等问题，进而产生工程质量问题。规范设计方法，后一种方法强调水胶比依据改进后的保罗米公式计算而得；据以饱和面干骨料的混凝土配合比设计方法，则依据工程要求和《混凝土结构耐久性设计标准》（GB/T 50476—2019）和《混凝土结构设计规范》（GB 50010—2010）的规定选择。需要说明的是，后一种方法强调水胶比的定义是骨料饱和面干以上的用水量（质量）与所有胶凝材料用量（质量）的比值。

3.2.2 用水量及外加剂掺量

用水量指每 $1m^3$ 混凝土拌和物中所使用的水的质量。饮用水、地下水、地表水和经过处理达到要求的工业废水，均可用作混凝土拌和水。为了提高混凝土的耐久性，在进行混凝土配合比设计时应严格遵守"最小单位体积用水量定则"，只要混凝土拌和物能满足施工工艺对工作性能的要求，用水量应尽量降低。用水量过大，会导致混凝土内部游离水过多，造成混凝土强度降低，体积稳定性和耐久性下降，进而产生工程质量问题。

化学外加剂中的减水剂，不仅可以大幅度提高混凝土的流变性及可塑性，使混凝土可以以泵送、自流等方式进行施工，提高施工速度，降低施工能耗，还可以保证混凝土强度，提高混凝土耐久性。但如果掺量过少，减水率低，则影响拌和物流动性；掺量过多则不够经济，且容易影响拌和物浆体稳定性，发生泌水，有时还会影响正常凝结硬化，导致混凝土长时间不凝结硬化。

3.2.3 胶凝材料、矿物掺合料和水泥用量

高水胶比的水泥浆体里，水泥颗粒悬浮于水分中，水化环境良好，可以迅速地生成表面积增大 1000 倍的硅酸盐水化物等，有良好的填充浆体空隙的能力。虽然从颗粒形状来说，粉煤灰易于堆积密实，但是它水化缓慢，生成的凝胶量少，难以填充颗粒周围的空隙，所以掺粉煤灰水泥浆体的强度和其他性能总是随其掺量增大（水泥用量减少）呈下降趋势（在早龄期尤为显著）。也就是说高水胶比条件下需要大量水化产物，所以过去的混凝土很少用或基本不用粉煤灰等掺合料。近年来，随着外加剂的使用和现代混凝土技术的发展，混凝土的水胶比很容易降至 0.5 以下，同时现今的水泥活性远高于 20 世纪 80 年代以前的水泥，因此掺加矿物掺合料的混凝土，即使是掺量很大的混凝土，与过去混凝土相比，其早期强度的发展速率也大大加快了，需要粉煤灰水化产物填充的空隙已经大大减小，也就是说低水胶比的混凝土对水化产物的数量要求下降，换句话说，对胶凝材料活性的要求有所降低。

粉煤灰、粒化高炉矿渣粉等工业废料越来越多地被应用到混凝土的拌和物中，成为混凝土胶凝材料的重要组分，其优良的长龄期强度和耐久性也得到了工程界的认可。

矿物掺合料的掺量应视工程性质、环境和施工条件而选择。例如，对于完全处于地下和水下的工程，尤其是大体积混凝土，如基础底板、咬合桩或连续浇筑的地下连续墙、海水中的桥梁桩基、海底隧道底板或有表面处理的侧墙以及常年处于干燥环境（相对湿度40％以下）下的构件等，当没有立即冻融作用时，矿物掺合料可以用到最大掺量。但是，在一些现浇结构的普通混凝土墙、板中采用大量的掺合料，特别是掺入大量的粉煤灰是不太合适的。这是因为这些部位混凝土的强度相对较低，混凝土的用水量较大，水胶比较大，早期密实度低，强度低，碳化速度快，再加上工程施工速度的不断加快，一再加速的施工进度使得浇筑后的混凝土普遍得不到充足的养护时间，直接损伤了表层混凝土的密实性与强度，而防止钢筋发生锈蚀和外界有害物质侵入混凝土内部所依靠的就是表层混凝土的密实性，表层混凝土抵抗外界有害物质侵入的能力（抗侵入性或抗渗性）因养护不良而成倍降低。

为了保证混凝土的和易性、匀质性，就应该采取"高强度等级的混凝土掺加的粉体不宜过多，低强度等级的混凝土掺加粉体也不宜过少"的原则。

3.2.4　砂率

砂子占砂石总质量的百分比称为砂率。砂率对混凝土的和易性影响较大，若选择不恰当，会对混凝土的强度和耐久性产生影响。砂率的选用应该合理，在保证和易性要求的条件下，宜取较小值，以利于控制胶凝材料用量。对于泵送混凝土，石子空隙率的大小是确定砂率的重要依据。一般地，泵送混凝土砂率不宜小于36％，并不宜大于45％。为此应充分重视石子的级配，以不同粒径的两级配或三级配石子松堆后空隙率不大于42％为宜。石子松堆空隙率越小，砂率就越小。在水胶比和浆骨比一定的条件下，砂率的变动主要影响混凝土的施工性能和变形性质，对硬化后的强度也会有所影响（在一定范围内，砂率小的强度稍低，弹性模量稍大，开裂敏感性稍低，拌和物黏聚性稍差；反之则相反）。

3.2.5　浆骨比

在水胶比一定的情况下，用水量和胶凝材料体积总用量与骨料的体积总用量之比即浆骨比。现行行业标准《混凝土配合比设计规程》（JGJ 55）没有把浆骨比作为混凝土配合比设计的参数，说明规范目前仍然是维持水胶比-强度的混凝土配合比设计路线。浆骨比是现代混凝土配合比设计的重要参数之一，是保证硬化前后混凝土性能的核心因素，对于混凝土体积稳定尤为重要。对于泵送混凝土来说，如果按照据以饱和面干骨料的混凝土配合比设计方法，可按《混凝土结构耐久性设计标准》（GB/T 50476—2019）中对最小和最大胶凝材料用量的限定范围选取，由试配拌和物工作性能确定，取尽量小的浆骨比值。水胶比一定时，浆骨比值小、强度稍低、弹性模量稍高、体积稳定性好、开裂风险低；反之则相反。

3.3　混凝土配合比设计规范与方法

3.3.1　基本规定

《普通混凝土配合比设计规程》（JGJ 55—2011）规定，混凝土配合比设计应满足混凝土配制强度及其他力学性能、拌和物性能、长期性能和耐久性能的设计要求。混凝土拌和物性能、力学性能、长期性能、耐久性能的试验方法应符合现行国家标准《普通混凝土拌合物性能试验方法标准》（GB/T 50080）、《混凝土物理力学性能试验方法标准》（GB/T 50081—2019）和《普通混凝土长期性能和耐久性能试验方法标准》（GB/T 50082—2009）的规定。

《普通混凝土配合比设计规程》（JGJ 55—2011）还规定，混凝土配合比设计应采用工程实际使用的原材料；配合比设计所采用的细骨料含水率应小于 0.5%，粗骨料含水率应小于 0.2%。

混凝土的最大水胶比应符合现行国家标准《混凝土结构设计规范》（GB 50010）的规定。

《普通混凝土配合比设计规程》（JGJ 55—2011）规定，除配制 C15 及其以下强度等级的混凝土外，混凝土的最小胶凝材料用量应符合表 3.1 的规定。

混凝土的最大水胶比应符合《混凝土结构设计规范》（GB 50010—2010）的规定。

表 3.1　混凝土的最小胶凝材料用量

最大水胶比	最小胶凝材料用量（kg/m³）		
	素混凝土	钢筋混凝土	预应力混凝土
0.60	250	280	300
0.55	280	300	300
0.50	320		
≤0.45	330		

矿物掺合料在混凝土中的掺量应通过试验确定。钢筋混凝土中矿物掺合料最大掺量宜符合表 3.2 的规定；预应力钢筋混凝土中矿物掺合料最大掺量宜符合表 3.3 的规定。

表 3.2　钢筋混凝土中矿物掺合料最大掺量

矿物掺合料种类	水胶比	最大掺量（%）	
		硅酸盐水泥	普通硅酸盐水泥
粉煤灰	≤0.40	≤45	≤35
	>0.40	≤40	≤30
粒化高炉矿渣粉	≤0.40	≤65	≤55
	>0.40	≤55	≤45
钢渣粉	—	≤30	≤20
磷渣粉	—	≤30	≤20
硅灰	—	≤10	≤10
复合掺合料	≤0.40	≤60	≤50
	>0.40	≤50	≤40

注：1. 采用硅酸盐水泥和普通硅酸盐水泥之外的通用硅酸盐水泥时，混凝土中水泥混合材和矿物掺合料用量之和应不大于按普通硅酸盐水泥用量 20% 计算混合材和矿物掺合料用量之和；
　　2. 对基础大体积混凝土，粉煤灰、粒化高炉矿渣粉和复合掺合料的最大掺量可增加 5%；
　　3. 复合掺合料中各组分的掺量不宜超过单掺时的最大掺量。

表 3.3 预应力钢筋混凝土中矿物掺合料最大掺量

矿物掺合料种类	水胶比	最大掺量（%）	
		硅酸盐水泥	普通硅酸盐水泥
粉煤灰	≤0.40	≤35	≤30
	>0.40	≤25	≤20
粒化高炉矿渣粉	≤0.40	≤55	≤45
	>0.40	≤45	≤35
钢渣粉	—	≤20	≤10
磷渣粉	—	≤20	≤10
硅灰	—	≤10	≤10
复合掺合料	≤0.40	≤50	≤40
	>0.40	≤40	≤30

注：1. 粉煤灰应为Ⅰ级或Ⅱ级F类粉煤灰；
    2. 在复合掺合料中，各组分的掺量不宜超过单掺时的最大掺量。

长期处于潮湿或水位变动的寒冷和严寒环境，以及盐冻环境的混凝土应掺用引气剂。引气剂掺量应根据混凝土含气量要求经试验确定；掺用引气剂的混凝土最小含气量应符合表3.4的规定，最大不宜超过7.0%。

表 3.4 混凝土最小含气量

粗骨料最大公称粒径（mm）	混凝土最小含气量（%）	
	潮湿或水位变动的寒冷和严寒环境	盐冻环境
40.0	4.5	5.0
25.0	5.0	5.5
20.0	5.5	6.0

注：含气量为气体占混凝土体积的百分比。

对于有预防混凝土碱-骨料反应设计要求的工程，混凝土中最大碱含量不应大于 3.0kg/m³，并宜掺用适量粉煤灰等矿物掺合料；对于矿物掺合料中的粉煤灰碱含量可取实测值的 1/6，粒化高炉矿渣粉碱含量可取实测值的 1/2。

3.3.2 混凝土配合比设计步骤

混凝土配合比设计步骤包括初步配合比计算、试配和调整、施工配合比的确定等。

混凝土配制强度应按下列规定确定：

(1) 当混凝土的设计强度等级小于 C60 时，配制强度应按下式计算：

$$f_{cu,0} \geq f_{cu,k} + 1.645\sigma \qquad (3.1)$$

式中 $f_{cu,0}$——混凝土配制强度（MPa）；

$f_{cu,k}$——混凝土立方体抗压强度标准值，取混凝土的设计强度等级值（MPa）；

σ——混凝土强度标准差（MPa）。

(2) 当设计强度等级大于或等于 C60 时，配制强度应按下式计算：

$$f_{cu,0} \geq 1.15 f_{cu,k} \qquad (3.2)$$

混凝土强度标准差应按照下列规定确定：

（1）当具有近1～3个月的同一品种、同一强度等级混凝土的强度资料时，其混凝土强度标准差 σ 应按下式计算：

$$\sigma = \sqrt{\dfrac{\sum\limits_{i=1}^{n} f_{cu,i}^2 - n m_{fcu}^2}{n-1}} \tag{3.3}$$

式中　$f_{cu,i}$　——第 i 组的混凝土试件抗压强度（MPa）；

　　　m_{fcu}——n 组混凝土试件的抗压强度平均值（MPa）；

　　　n——试件组数，n 值应大于或等于30。

对于强度等级不大于C30的混凝土：当 σ 计算值不小于3.0MPa时，应按照计算结果取值；当 σ 计算值小于3.0MPa时，σ 应取3.0MPa。对于强度等级大于C30且不大于C60的混凝土：当 σ 计算值不小于4.0MPa时，应按照计算结果取值；当 σ 计算值小于4.0MPa时，σ 应取4.0MPa。

（2）当没有近期的同一品种、同一强度等级混凝土强度资料时，其强度标准差 σ 可按表3.5取值。

表3.5　标准差 σ 值（MPa）

混凝土强度标准值	≤C20	C25～C45	C50～C55
σ	4.0	5.0	6.0

3.4　混凝土配合比计算

3.4.1　水胶比

混凝土强度等级小于C60时，混凝土水胶比宜按下式计算：

$$W/B = \dfrac{\alpha_a f_b}{f_{cu,0} + \alpha_a \alpha_b f_b} \tag{3.4}$$

式中　α_a、α_b——回归系数，取值应符合表3.6的规定；

　　　f_b——胶凝材料（水泥与矿物掺合料按使用比例混合）28d胶砂强度（MPa），试验方法应按现行国家标准《水泥胶砂强度检验方法（ISO法）》（GB/T 17671）执行；当无实测值时，可按下式计算

$$f_b = \gamma_f \gamma_s f_{ce} \tag{3.5}$$

式中　γ_f、γ_s——粉煤灰影响系数和粒化高炉矿渣粉影响系数，可按表3.7选用；

　　　f_{ce}——水泥强度等级值（MPa）。

表3.6　回归系数 α_a、α_b 选用表

系数	粗骨料品种	
	碎石	卵石
α_a	0.53	0.49
α_b	0.20	0.13

表 3.7　粉煤灰影响系数（γ_f）和粒化高炉矿渣粉影响系数（γ_s）

掺量（%）	粉煤灰影响系数 γ_f	粒化高炉矿渣粉影响系数 γ_s
0	1.00	1.00
10	0.85～0.95	1.00
20	0.75～0.85	0.95～1.00
30	0.65～0.75	0.90～1.00
40	0.55～0.65	0.80～0.90
50	—	0.70～0.85

注：1. 采用Ⅰ级、Ⅱ级粉煤灰宜取上限值；
　　2. 采用 S75 级粒化高炉矿渣粉宜取下限值，采用 S95 级粒化高炉矿渣粉宜取上限值，采用 S105 级粒化高炉矿渣粉可取上限值加 0.05；
　　3. 当超出表中的掺量时，粉煤灰和粒化高炉矿渣粉影响系数应经试验确定。

回归系数 α_a 和 α_b 宜按下列规定确定：

（1）根据工程所使用的原材料，通过试验建立的水胶比与混凝土强度关系式来确定；

（2）当不具备上述试验统计资料时，可按表 3.6 采用。

3.4.2　用水量和外加剂用量

（1）每 $1m^3$ 干硬性或塑性混凝土的用水量（m_{wo}）应符合下列规定：

① 混凝土水胶比在 0.40～0.80 时，可按表 3.8 和表 3.9 选取；

② 混凝土水胶比小于 0.40 时，可通过试验确定。

表 3.8　干硬性混凝土的用水量（kg/m^3）

拌和物稠度		卵石最大公称粒径（mm）			碎石最大粒径（mm）		
项目	指标	10.0	20.0	40.0	16.0	20.0	40.0
维勃稠度（s）	16～20	175	160	145	180	170	155
	11～15	180	165	150	185	175	160
	5～10	185	170	155	190	180	165

表 3.9　塑性混凝土的用水量（kg/m^3）

拌和物稠度		卵石最大粒径（mm）				碎石最大粒径（mm）			
项目	指标	10.0	20.0	31.5	40.0	16.0	20.0	31.5	40.0
坍落度（mm）	10～30	190	170	160	150	200	185	175	165
	35～50	200	180	170	160	210	195	185	175
	55～70	210	190	180	170	220	105	195	185
	75～90	215	195	185	175	230	215	205	195

注：1. 本表用水量是采用中砂时的取值。采用细砂时，每 $1m^3$ 混凝土用水量可增加 5～10kg；采用粗砂时，可减少 5～10kg。
　　2. 掺用矿物掺合料和外加剂时，用水量应做相应调整。

（2）每 $1m^3$ 流动性或大流动性混凝土的用水量（m_{w0}）可按下式计算：

$$m_{w0} = m_{w0'} (1-\beta) \tag{3.6}$$

式中　$m_{w0'}$——满足实际坍落度要求的每 $1m^3$ 混凝土用水量（kg），以表3.8和表3.9
　　　　　　中90mm坍落度的用水量为基础，按每增大20mm坍落度相应增加5kg
　　　　　　用水量来计算；

　　　　β——外加剂的减水率（％），应经混凝土试验确定。

（3）每 $1m^3$ 混凝土中外加剂用量应按下式计算：

$$m_{a0} = m_{b0} \beta_a \tag{3.7}$$

式中　m_{a0}——每 $1m^3$ 混凝土中外加剂用量（kg）；

　　　　m_{b0}——每 $1m^3$ 混凝土中胶凝材料用量（kg）；

　　　　β_a——外加剂掺量（％），应经混凝土试验确定。

3.4.3　胶凝材料、矿物掺合料和水泥用量

（1）每 $1m^3$ 混凝土的胶凝材料用量（m_{b0}）应按下式计算：

$$m_{b0} = \frac{m_{w0}}{W/B} \tag{3.8}$$

（2）每 $1m^3$ 混凝土的矿物掺合料用量（m_{f0}）计算应符合下列规定：

① 按3.3.1节和3.4.1节确定符合强度要求的矿物掺合料掺量 β_f；

② 矿物掺合料用量（m_{f0}）应按下式计算：

$$m_{f0} = m_{b0} \beta_f \tag{3.9}$$

式中　m_{f0}——每 $1m^3$ 混凝土中矿物掺合料用量（kg）；

　　　　β_f——计算水胶比过程中确定的矿物掺合料掺量（％）。

（3）每 $1m^3$ 混凝土的水泥用量（m_{c0}）应按下式计算：

$$m_{c0} = m_{b0} - m_{f0} \tag{3.10}$$

式中　m_{c0}——每 $1m^3$ 混凝土中水泥用量（kg）。

3.4.4　砂率

当无历史资料可参考时，混凝土砂率的确定应符合下列规定：

（1）坍落度小于10mm的混凝土，其砂率应经试验确定。

（2）坍落度为10～60mm的混凝土砂率，可根据粗骨料品种、最大公称粒径及水胶
比按表3.9选取。

（3）坍落度大于60mm的混凝土砂率，可经试验确定，也可在表3.10的基础上，
按坍落度每增大20mm、砂率增大1％的幅度予以调整。

表3.10　混凝土的砂率（％）

水胶比 （W/B）	卵石最大公称粒径（mm）			碎石最大粒径（mm）		
	10.0	20.0	40.0	16.0	20.0	40.0
0.40	26～32	25～31	24～30	30～35	29～34	27～32
0.50	30～35	29～34	28～33	33～38	32～37	30～35

续表

水胶比 (W/B)	卵石最大公称粒径（mm）			碎石最大粒径（mm）		
	10.0	20.0	40.0	16.0	20.0	40.0
0.60	33～38	32～37	31～36	36～41	35～40	33～38
0.70	36～41	35～40	34～39	39～44	38～43	36～41

注：1. 本表数值是中砂的选用砂率，对细砂或粗砂，可相应地减少或增大砂率；
　　2. 采用人工砂配制混凝土时，砂率可适当增大；
　　3. 只用一个单粒级粗骨料配制混凝土时，砂率应适当增大；
　　4. 对薄壁构件，砂率宜取偏大值。

3.4.5 粗、细骨料用量

（1）采用质量法计算粗、细骨料用量时，应按下列公式计算：

$$m_{f0} + m_{c0} + m_{g0} + m_{s0} + m_{w0} = m_{cp} \tag{3.11}$$

$$\beta_s = \frac{m_{s0}}{m_{g0} + m_{s0}} \times 100\% \tag{3.12}$$

式中　m_{g0}——每 $1m^3$ 混凝土的粗骨料用量（kg）；

　　　m_{s0}——每 $1m^3$ 混凝土的细骨料用量（kg）；

　　　m_{w0}——每 $1m^3$ 混凝土的用水量（kg）；

　　　β_s——砂率（%）；

　　　m_{cp}——每 $1m^3$ 混凝土拌和物的假定质量（kg），可取 2350～2450kg。

（2）采用体积法计算粗、细骨料用量时，应按式（3.12）和下列公式计算：

$$\frac{m_{c0}}{\rho_c} + \frac{m_{f0}}{\rho_f} + \frac{m_{g0}}{\rho_g} + \frac{m_{s0}}{\rho_s} + \frac{m_{w0}}{\rho_w} + 0.01\alpha = 1 \tag{3.13}$$

式中　ρ_c——水泥密度（kg/m^3），应按《水泥密度测定方法》（GB/T 208—2014）测定，也可取 2900～3100kg/m^3；

　　　ρ_f——矿物掺合料密度（kg/m^3），可按《水泥密度测定方法》（GB/T 208—2014）测定；

　　　ρ_g——粗骨料的表观密度（kg/m^3），应按现行行业标准《普通混凝土用砂、石质量及检验方法标准》（JGJ 52）测定；

　　　ρ_s——细骨料的表观密度（kg/m^3），应按现行行业标准《普通混凝土用砂、石质量及检验方法标准》（JGJ 52）测定；

　　　ρ_w——水的密度（kg/m^3），可取 1000kg/m^3；

　　　α——混凝土的含气量百分数，在不使用引气型外加剂时，α 可取为 1。

3.4.6 泵送混凝土配合比设计

泵送混凝土是指可通过泵压作用沿输送管道强制流动到目的地并进行浇筑的混凝土。混凝土泵送施工应符合现行行业标准《混凝土泵送施工技术规程》（JGJ/T 10）、《普通混凝土配合比设计规程》（JGJ 55）及国家现行有关标准的有关规定。泵送混凝土拌和物性能用混凝土可泵性表示，表示混凝土在泵压下沿输送管道流动的难易程度以及稳定程度的特性，通常用压力泌水试验表征，10s 时的相对压力泌水率不宜大于 40%。

不同入泵坍落度或扩展度的混凝土，其泵送高度宜符合表 3.11 的规定。

表 3.11　混凝土入泵坍落度与泵送高度关系表

最大泵送高度（m）	50	100	200	400	400 以上
入泵坍落度（mm）	100～140	150～180	190～220	230～260	—
入泵扩展度（mm）	—	—	—	450～590	600～740

泵送混凝土所采用的原材料应符合下列规定：

（1）水泥宜选用硅酸盐水泥、普通硅酸盐水泥、矿渣硅酸盐水泥和粉煤灰硅酸盐水泥。

（2）粗骨料宜采用连续级配，其针、片状颗粒含量不宜大于 10%；粗骨料的最大公称粒径与输送管径之比宜符合表 3.12 的规定。

（3）细骨料宜采用中砂，其通过公称直径为 315μm 筛孔的颗粒含量不宜少于 15%。

（4）泵送混凝土应掺用泵送剂或减水剂，并宜掺用矿物掺合料。

表 3.12　粗骨料的最大公称粒径与输送管径之比

粗骨料品种	泵送高度（m）	粗骨料最大公称粒径与输送管径之比
碎石	＜50	≤1：3.0
	50～100	≤1：4.0
	＞100	≤1：5.0
卵石	＜50	≤1：2.5
	50～100	≤1：3.0
	＞100	≤1：4.0

泵送混凝土配合比应符合下列规定：①胶凝材料用量不宜小于 300kg/m³；②砂率宜为 35%～45%。泵送混凝土试配时应考虑坍落度经时损失，通常为 2h 内无坍落度经时损失。泵送混凝土宜采用预拌混凝土，当需要在现场搅拌混凝土时，宜采用具有自动计量装置的集中搅拌方式，不得采用人工搅拌的混凝土进行泵送。

3.5　混凝土配合比的试配、调整与确定

3.5.1　混凝土配合比的试配

混凝土试配应采用强制式搅拌机，搅拌机应符合《混凝土试验用搅拌机》（JG 244—2009）的规定，并宜与施工采用的搅拌方法相同。实验室成型条件应符合现行国家标准《普通混凝土拌合物性能试验方法标准》（GB/T 50080）的规定。每盘混凝土试配的最小搅拌量应符合表 3.13 的规定，并不应小于搅拌机额定搅拌量的 1/4。

表 3.13　混凝土试配的最小搅拌量

粗骨料最大公称粒径（mm）	最小搅拌的拌和物量（L）
≤31.5	20
40.0	25

应在试拌配合比的基础上，进行混凝土强度试验，并应符合下列规定：

（1）应在计算配合比的基础上进行试拌。宜在水胶比不变、胶凝材料用量和外加剂用量合理的原则下调整胶凝材料用量、外加剂用量和砂率等，直到混凝土拌和物性能符合设计和施工要求，然后提出试拌配合比。

（2）应至少采用三个不同的配合比。当采用三个不同的配合比时，其中一个应为（1）确定的基准配合比，另外两个配合比的水胶比宜较试拌配合比分别增加和减少0.05，用水量应与试拌配合比相同，砂率可分别增加和减少 1%。

（3）进行混凝土强度试验时，应继续保持拌和物性能符合设计和施工要求，并检验其坍落度或维勃稠度、黏聚性、保水性及表观密度等，作为相应配合比的混凝土拌和物性能指标。

（4）进行混凝土强度试验时，每种配合比至少应制作一组试件，标准养护到 28d 或设计强度要求的龄期时试压；也可同时多制作几组试件，按《早期推定混凝土强度试验方法标准》（JGJ/T 15—2021）早期推定混凝土强度，用于配合比调整，但最终应满足标准养护 28d 或设计规定龄期的强度要求。

3.5.2　配合比的调整与确定

（1）配合比调整应符合下述规定：

① 根据混凝土强度试验结果，绘制强度和胶水比的线性关系图，用图解法或插值法求出与略大于配制强度的强度对应的胶水比，包括混凝土强度试验中的一个满足配制强度的胶水比；

② 用水量（m_w）应在试拌配合比用水量的基础上，根据混凝土强度试验时实测的拌和物性能情况做适当调整；

③ 胶凝材料用量（m_b）应以用水量乘以图解法或插值法求出的胶水比计算得出；

④ 粗骨料和细骨料用量（m_g 和 m_s）应在用水量和胶凝材料用量调整的基础上，进行相应调整。

（2）配合比应按以下规定进行校正：

① 应根据调整后的配合比按下式计算混凝土拌和物的表观密度计算值 $\rho_{c,c}$：

$$\rho_{c,c} = m_c + m_f + m_g + m_s + m_w \qquad (3.14)$$

② 应按下式计算混凝土配合比校正系数 δ：

$$\delta = \frac{\rho_{c,t}}{\rho_{c,c}} \qquad (3.15)$$

式中　$\rho_{c,t}$——混凝土拌和物表观密度实测值（kg/m³）；

　　　$\rho_{c,c}$——混凝土拌和物表观密度计算值（kg/m³）。

③ 当混凝土拌和物表观密度实测值与计算值之差的绝对值不超过计算值的 2% 时，按（1）调整的配合比可维持不变；当两者之差超过 2% 时，应将配合比中每项材料用量均乘以校正系数 δ。配合比调整后，应测定拌和物水溶性氯离子含量，并应对设计要求的混凝土耐久性能进行试验，符合设计规定的氯离子含量和耐久性能要求的配合比方可确定为设计配合比。

生产单位可根据常用材料设计出常用的混凝土配合比备用，并应在使用过程中予以验证或调整。遇有下列情况之一时，应重新进行配合比设计：

a. 对混凝土性能有特殊要求时；

b. 水泥、外加剂或矿物掺合料等原材料品种、质量有显著变化时。

3.6 高性能混凝土配合比设计

1. 高性能混凝土技术路线和配制原则

为实现混凝土的高性能，从配合比设计上应遵循"三低"的技术路线，即低水胶比、低水泥用量和低单位用水量。混凝土的配合比设计应遵循下述原则：

（1）水胶比

水胶比对高性能混凝土很重要，可依靠减水剂实现混凝土的低水胶比。低水胶比是高性能混凝土的技术特征，是掺合料发挥技术效能的基础和前提条件。

（2）高效减水剂和引气剂

在高性能混凝土中加入高效减水剂，保证混凝土在低水胶比、胶凝材料用量不够多的情况下满足施工要求。萘系高效减水剂的掺量一般为胶凝材料总量的 0.8%～1.5%。高效减水剂的减水量在其掺量超过一定值时，变化很小，且价格高昂。在使用高效减水剂时复合一定剂量的引气剂，保证混凝土拌和物具有 3%～5% 的含气量，对于混凝土体积稳定性和耐久性具有重要意义。

（3）选择高质量的骨料

高性能混凝土对骨料的颗粒级配、粒形和最大粒径都有严格的要求。可通过改变加工工艺，改善骨料的粒形和级配，同时不必追求骨料的高强度，因为这样容易增加界面应力。

（4）掺入矿物掺合料

降低水泥用量，由水泥、粉煤灰或磨细矿渣粉等共同组成合理的胶凝材料体系。掺入矿物掺合料可带来很多好处：

① 改善新拌混凝土的和易性。

② 降低混凝土初期水化热，减少温度裂缝。

③ 与水泥水化产物 $Ca(OH)_2$ 起火山灰反应，提高混凝土的抗化学侵蚀性能。

④ 提高混凝土密实度和凝胶品质，保证耐久性能。

（5）浆骨比

必须意识到用控制水胶比的方法来保证混凝土耐久性是错误的，因为不是水胶比，而是用水量对控制开裂更重要。控制了浆骨比，就控制了用水量和胶凝材料用量，这样水化热造成的温升和混凝土收缩都会减少，混凝土的体积稳定性和耐久性就会得到保证。

2. 高性能混凝土配合比设计

关于高性能混凝土的配合比设计，可以有很多方法，如吴中伟教授的简易配合比设计方法、黄兆龙教授的高密实配合比设计方法和廉慧珍教授的基于饱和面干骨料的体积法等。在一些情况下可能突破现行标准，因为标准并不是完美的，也有其不足之处，这和现代混凝土技术的复杂性有关。还有一点需要说明的是，对混凝土中的粉体-胶凝材料必须重新认识和对待，在潜意识里必须摆脱高活性才是好的胶凝材料的传统观念。胶凝材料的需水行为和粉体级配也很重要。必须意识到混凝土技术已经处在科学革命的时期，需要制定新范式下的规则。

高性能混凝土采用的细骨料应选择质地坚硬、级配良好的中、粗河沙或人工砂。配制 C60 以上强度等级高性能混凝土的粗骨料，应选用级配良好的碎石或碎卵石，粗骨料的最大粒径不宜大于 25mm，宜采用 15～25mm 和 5～15mm 两级粗骨料配合。岩石的抗压强度与混凝土的抗压强度之比不宜低于 1.5，或其压碎值不宜小于 10%。粗骨料中针、片状颗粒含量应小于 10%，且不得混入风化颗粒。在一般情况下，不宜采用碱活性骨料。当骨料中含有潜在的碱活性成分时，必须检验骨料的碱活性，并采取预防危害的措施。骨料的性能指标应符合现行行业标准《普通混凝土用砂、石质量标准及检验方法》（JGJ 52）的规定。矿物掺合料宜采用硅粉、粉煤灰、磨细矿渣粉、天然沸石粉、偏高岭土粉以及其复合矿物掺合料等，高性能混凝土中矿物掺合料的掺量宜符合下列要求：硅粉不大于 10%，粉煤灰不大于 30%，矿渣粉不大于 40%，天然沸石粉不大于 10%，偏高岭土粉不大于 15%，复合矿物掺合料不大于 40%。高性能混凝土中采用的外加剂宜为高效减水剂，其减水率不宜低于 20%，必须符合现行国家标准《混凝土外加剂》（GB 8076）和《混凝土外加剂应用技术规范》（GB 50119—2013）的规定，并应对混凝土和钢材无害。

高性能混凝土必须具有设计要求的强度等级，在设计使用年限内必须满足结构承载和正常使用功能要求。高性能混凝土应针对混凝土结构所处环境和预定功能进行耐久性设计。应选用适当的水泥品种、矿物微细粉，以及适当的水胶比，并采用适当的化学外加剂。处于多种劣化因素综合作用下的混凝土结构宜采用高性能混凝土。根据混凝土结构所处的环境条件，高性能混凝土应满足下列一种或几种技术要求：

（1）水胶比不大于 0.38；

（2）56d 龄期的 6h 总导电量小于 1000C；

（3）300 次冻融循环后相对动弹性模量大于 80%；

（4）胶凝材料抗硫酸盐腐蚀试验的试件 15 周膨胀率小于 0.4%，混凝土最大水胶比不大于 0.45；

（5）混凝土中可溶性碱总含量小于 3.0kg/m³。

高性能混凝土的配合比设计应根据混凝土结构工程的要求，确保其施工要求的工作性，以及结构混凝土的强度和耐久性。耐久性设计应针对混凝土结构所处外部环境中劣化因素的作用，使结构在设计使用年限内不超过容许劣化状态。

高性能混凝土的试配强度应按下式确定：

$$f_{cu,0} \geqslant f_{cu,k} + 1.645\sigma$$

式中　$f_{cu,0}$——混凝土试配强度（MPa）；

　　　$f_{cu,k}$——混凝土强度标准值（MPa）；

　　　　σ——混凝土强度标准差，当无统计数据时，对商品混凝土可取 4.5MPa。

高性能混凝土的单方用水量不宜大于 175kg/m³；胶凝材料总量宜采用 450～600kg/m³，其中矿物微细粉用量不宜大于胶凝材料总量的 40%；宜采用较低的水胶比；砂率宜采用 37%～44%；高效减水剂掺量应根据坍落度要求确定。

（1）抗碳化耐久性设计

高性能混凝土的水胶比宜按下式确定：

$$\frac{W}{B} \leqslant \frac{5.83c}{\alpha \times \sqrt{t}} + 38.3$$

式中 $\dfrac{W}{B}$——水胶比（％）；

　　c——钢筋的混凝土保护层厚度（cm）；

　　α——碳化区分系数，室外取 1.0，室内取 1.7；

　　t——设计使用年限（年）。

（2）抗冻害耐久性设计

冻害地区可分为微冻地区、寒冷地区、严寒地区，应根据冻害设计外部劣化因素的强弱，按表 3.14 的规定确定水胶比的最大值。

表 3.14　不同冻害地区或盐冻地区混凝土水胶比最大值

外部劣化因素	水胶比（W/B）最大值
微冻地区	0.50
寒冷地区	0.45
严寒地区	0.40

高性能混凝土的抗冻性（冻融循环次数）可采用现行国家标准《普通混凝土长期性能和耐久性能试验方法标准》（GB/T 50082）规定的快冻法测定。应根据混凝土的冻融循环次数按下式确定混凝土的抗冻耐久性指数，并符合表 3.15 的要求。

$$K_m = \frac{PN}{300}$$

式中 K_m——混凝土的抗冻耐久性指数；

　　N——混凝土试件冻融试验进行至相对弹性模量等于 60％时的冻融循环次数；

　　P——参数，取 0.6。

表 3.15　高性能混凝土的抗冻耐久性指数要求

混凝土结构所处环境条件	冻融循环次数	抗冻耐久性指数 K_m
严寒地区	≥300	≥0.8
寒冷地区	≥300	0.60～0.79
微冻地区	所要求的冻融循环次数	<0.60

高性能混凝土抗冻性也可按现行国家标准《普通混凝土长期性能和耐久性能试验方法标准》（GB/T 50082）规定的慢冻法测定。

受海水作用的海港工程混凝土的抗冻性测定时，应以工程所在地的海水代替普通水制作混凝土试件。当无海水时，可用 3.5％的氯化钠溶液代替海水，并按现行国家标准《普通混凝土长期性能和耐久性能试验方法标准》（GB/T 50082）规定的快冻法测定。抗冻耐久性指数可按上式确定，并应符合表 3.15 的要求。

受除冰盐冻融作用的高速公路混凝土和钢筋混凝土桥梁混凝土，其抗冻性的测定可按现行团体标准《高性能混凝土应用技术规程》（CECS 207）附录 A 的规定进行。测定盐冻前后试件单位面积质量的差值后，可按下式评价混凝土的抗盐冻性能。

$$Q_s = \frac{M}{A}$$

式中　Q_s——单位面积剥蚀量（g/m^2）；

　　　M——试件的总剥蚀量（g）；

　　　A——试件受冻面积（m^2）。

设计时，应确保混凝土在工程要求的冻融循环次数内，满足 $Q_s \leqslant 1500g/m^2$ 的要求。

高性能混凝土的骨料除应满足本节前面的规定外，其品质尚应符合表 3.16 的要求。

表 3.16　骨料的品质要求

混凝土结构所处环境	细骨料		粗骨料	
	吸水率（%）	坚固性试验质量损失（%）	吸水率（%）	坚固性试验质量损失（%）
微冻地区	≤3.5	≤10	≤3.0	≤12
寒冷地区	≤3.0		≤2.0	
严寒地区				

对抗冻混凝土宜采用引气剂或引气型减水剂，当水胶比小于 0.30 时，可不掺引气剂；当水胶比不小于 0.30 时，宜掺入引气剂。经过试验检定，高性能混凝土的含气量应达到 4%～5% 的要求。

（3）抗盐害耐久性设计

抗盐害耐久性设计时，对海岸盐害地区，可根据盐害外部劣化因素分为准盐害环境地区（离海岸 250～1000m）、一般盐害环境地区（离海岸 50～250m）、重盐害环境地区（离海岸 50m 以内）。盐湖周边 250m 以内范围也属重盐害环境地区。

高性能混凝土中氯离子含量宜小于胶凝材料用量的 0.06%，并应符合现行国家标准《混凝土质量控制标准》（GB 50164）的规定。

在盐害地区，高耐久性混凝土的表面裂缝宽度宜小于 $c/3$（c 为混凝土保护层厚度，mm）。高性能混凝土抗氯离子渗透性、扩散性，应以 56d 龄期、6h 的总导电量（C）确定，其测定方法应符合现行团体标准《高性能混凝土应用技术规程》（CECS 207）附录 B 的规定。根据混凝土导电量和抗氯离子渗透性，可按表 3.17 进行混凝土定性分类。

表 3.17　根据混凝土导电量试验结果对混凝土的分类

6h 导电量（C）	氯离子渗透性	可采用的典型混凝土种类
2000～4000	中	中等水胶比（0.40～0.60）普通混凝土
1000～2000	低	低水胶比（<0.40）普通混凝土
500～1000	非常低	低水胶比（<0.38）含矿物掺合料混凝土
<500	可忽略不计	低水胶比（<0.30）含矿物掺合料混凝土

混凝土的水胶比应按混凝土结构所处环境条件采用表 3.18 的值。

表 3.18　盐害环境中混凝土水胶比最大值

混凝土结构所处环境	水胶比最大值
准盐害环境地区	0.50
一般盐害环境地区	0.45
重盐害环境地区	0.40

（4）抗硫酸盐腐蚀耐久性设计

抗硫酸盐腐蚀混凝土采用的水泥，其矿物组成应符合 C_3A 含量小于 5%、C_3S 含量小于 50% 的要求；其矿物掺合料应选用 F 类粉煤灰、偏高岭土、矿渣、天然沸石粉或硅灰等。胶凝材料的抗硫酸盐腐蚀性应按现行团体标准《高性能混凝土应用技术规程》（CECS 207）附录 C 规定的方法进行检测，并按表 3.19 评定。

表 3.19　胶砂膨胀率、抗蚀系数抗硫酸盐性能评定指标

试件膨胀率	抗蚀系数	抗硫酸盐等级	抗硫酸盐性能
$>0.4\%$	<1.0	低	受腐蚀
$0.4\%\sim0.35\%$	$1.0\sim1.1$	中	耐腐蚀
$0.34\%\sim0.25\%$	$1.2\sim1.3$	高	抗腐蚀
$\leqslant0.25\%$	>1.4	很高	高抗腐蚀

注：检验结果如出现试件膨胀率与抗蚀系数不一致的情况，应以试件的膨胀率为准。

抗硫酸盐腐蚀混凝土的最大水胶比宜按表 3.20 确定。

表 3.20　抗硫酸盐腐蚀混凝土的最大水胶比

劣化环境条件	最大水胶比
水中或土中 SO_4^{2-} 含量大于 0.2% 的环境	0.45
除环境中含有 SO_4^{2-} 外，混凝土还采用含有 $SO_4{}^{2-}$ 的化学外加剂	0.40

（5）抑制碱-骨料反应有害膨胀

混凝土结构或构件在设计使用期限内，不应因发生碱-骨料反应而导致开裂和强度下降。为预防碱-硅反应破坏，混凝土中碱含量不宜超过表 3.21 的要求，碱含量的计算宜按现行团体标准《高性能混凝土应用技术规程》（CECS 207）附录 D 的规定进行。

表 3.21　预防碱-硅反应破坏的混凝土碱含量

环境条件	混凝土中最大碱含量（kg/m³）		
	一般工程结构	重要工程结构	特殊工程结构
干燥环境	不限制	不限制	3.0
潮湿环境	3.5	3.0	2.1
含碱环境	3.0	采用非碱活性骨料	

检验骨料的碱活性，宜按现行团体标准《高性能混凝土应用技术规程》（CECS 207）附录 E 和附录 F 的规定进行。

当骨料含有碱-硅反应活性时，应掺入矿物掺合料，并宜采用玻璃砂浆棒法［现行团体标准《高性能混凝土应用技术规程》（CECS 207）附录 G］确定各种矿物掺合料的掺量及其抑制碱-硅反应的效果。

当骨料中含有碱-碳酸盐反应活性时，应掺入粉煤灰、沸石与粉煤灰复合粉、沸石与矿渣复合粉或沸石与硅复合粉等，并宜采用小混凝土柱法确定其掺量［现行团体标准《高性能混凝土应用技术规程》（CECS 207）附录 F］和检验其抑制效果。

4 绿色高性能混凝土的性能

4.1 前　　言

高性能混凝土（High Performance Concrete，HPC）并非高强混凝土。采用常规材料和工艺生产，具有混凝土结构所要求的各项力学性能，具有高耐久性、高工作性和高体积稳定性的混凝土。高性能混凝土早期要经过拌和、运输到工地、浇筑入模、捣实、抹平、养护和脱模等工作流程。此时高性能混凝土要考虑其工作性和凝结时间等会对这些操作产生的影响。硬化后的高性能混凝土，随着龄期的增加，慢慢会展现出其在结构上满足设计的要求和后期耐久性要求。

而对于混凝土这种固体材料，强度与孔隙率（孔隙的体积分数）通常成反比关系。像混凝土这样的多相材料，其微结构每一组成相的孔隙率都可成为强度的影响因素。天然骨料一般致密而坚硬，因而水泥浆基体及其与骨料之间界面过渡区的孔隙率，通常决定着普通混凝土的强度特性。水胶比是决定基体和界面过渡区孔隙率的重要因素，进而决定混凝土强度。但是，捣实与养护条件（水泥水化程度）、骨料粒径与矿物成分、外加剂种类、试件形状与潮湿条件、应力种类和加荷速率等因素对混凝土强度也有很大的影响。

本章将着重介绍高性能混凝土硬化后的强度和收缩以及高性能混凝土早龄期特点。同时扩展延伸不同环境下高性能混凝土的设计要求。

4.2 高性能混凝土拌和物性能

（1）搅拌好的高性能混凝土拌和物应立即检验其工作性，包括测定其坍落度、扩展度、坍落度损失；观察有无分层、离析、泌水，评定其均质性；有抗冻要求的高性能混凝土应测定其含气量；经检验合格后方可出厂。

（2）高性能混凝土拌和物运送到现场后，应在工程项目有关三方见证取样的条件下，测定其工作性，经检验合格后方可使用。

（3）高性能混凝土从搅拌结束到施工现场使用不宜超过 120min。在运输过程中，严禁加计量外用水。当高性能混凝土运输到施工现场时，应抽检坍落度，每 100m³ 混凝土应随机抽检 3~5 次，检测结果应作为施工现场混凝土拌和物质量评定的依据。

（4）高性能混凝土运输实际宜按 90min 控制，当环境最高气温低于 25℃时，运送时间可延长 30min，当需延长运送时间时，应采取经过试验验证的技术措施。

4.3 硬化混凝土的物理力学性能

混凝土的强度是设计者和负责质量控制的工程师最关注的性能之一，本章讲解混凝土各种抗压强度、抗拉强度及影响混凝土抗压强度的主要因素；同时介绍了混凝土在荷载及非荷载作用下的变形。

混凝土作为结构材料，在混凝土中主要承受压力，对混凝土的安全至关重要，混凝土的变形行为是混凝土是否开裂的关键，对混凝土耐久性影响较大，本节主要介绍混凝土的各种强度及变形行为。

4.3.1 硬化混凝土结构

从混凝土断面（图 4.1）来看，混凝土结构由不同尺寸和形状的骨料颗粒，以及不连续的起胶结性介质的水化胶凝材料浆体组成。从图 4.2 中可以看出，粗颗粒附近存在界面过渡区。因此，混凝土的微结构由骨料、胶凝材料浆体、骨料-胶凝材料浆体之间的界面三相构成。与其他工程材料不同，混凝土的微结构不是材料固有的特性，因为微结构的两部分，即水泥浆和过渡区，是随时间、环境温度和湿度而变化的。因此，混凝土微结构具有高度的非匀质和动态特性。混凝土的非匀质复杂特点体现在以下三个方面：

（1）过渡区是围绕骨料（特别是粗骨料）周围的一层薄壳，厚度一般为 $10 \sim 15 \mu m$，通常比混凝土另两个主要相薄弱。

（2）三相中任一相本身，本质上都是多相的非匀质复杂结构。例如，在任何一相中都含有不同类型和不同数量的固体相、孔和微裂缝。

（3）混凝土中的水泥浆和过渡区这两个相是不稳定的，即它们的结构随时间、环境温度和湿度的变化而变化。

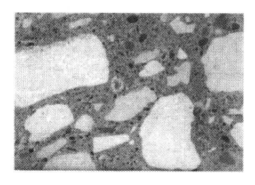

图 4.1 混凝土试件抛光后的断面

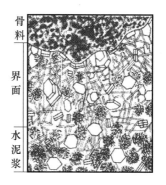

图 4.2 混凝土骨料与浆体之间的界面结构

胶凝材料浆体和骨料间界面过渡区形成的原因是在新成型的混凝土中沿粗骨料周围包裹了一层水膜，使贴近粗骨料表面区域的水胶比大于混凝土基体的水胶比。由于贴近粗骨料表面区域的水胶比大于混凝土基体的水胶比，这个界面区形成的钙矾石和氢氧化钙等晶体的尺寸较大，界面区结构中的孔隙比胶凝材料浆体的孔隙多，微裂缝相对也多。这个界面区被称为混凝土界面过渡区，如图 4.2 所示。过渡区的特点是多孔、疏松、晶体粗大且呈定向排列，是混凝土的薄弱环节，对混凝土的力学性能和耐久性有重要影响。

强度-孔隙率这个普遍的关系对水泥浆和砂浆材料比较适用，对混凝土材料其适用性受到骨料和水泥浆之间软弱过渡区的影响。混凝土材料的强度不仅受孔隙的影响，而且受到过渡区原生裂缝的影响。

4.3.2 抗压强度

混凝土是现代建筑中使用量最大的材料，混凝土轴向抗压强度（Compressive Strength）是混凝土最基本、最重要的力学性能指标，也是设计者和施工建设人员最为关心的一项基本参数。混凝土的强度归根结底来源于水泥石。水泥水化物质生成后，不是一粒一粒地离开水泥颗粒母体向着液体游动，而是立即互相交织黏结起来，成为立体网结构，这种具有强度而仍有变形能力的网构状的物质，以固体键在交接点上联结，这就是凝胶——构成混凝土强度的基本单元。

凝胶可看作是一种交接点没有充分焊接牢固的空间钢构架。在荷载作用下，杆件（凝胶纤细微粒）产生足以支持荷载的应力，只发生一定的变形，而架构的破坏则归因于交接点的失效。对交接点施加拉力，可以使它失效（断开）；反之，如果施加压力，则无论大小，都不能造成破坏。在水化凝胶体对强度产生根本影响的同时，不要忽略一个重要因素，这就是颗粒的密实填充，填满空间对于形成高强度一样很重要。

4.3.2.1 混凝土受压破坏过程

1. 混凝土受压破坏过程

为简化起见，假定混凝土处于单轴受压状态，混凝土在单轴受压状态下典型的荷载-变形曲线，如图 4.3 所示。该曲线可用来表征混凝土受压破坏过程。混凝土的受压荷载-变形曲线可大致划分为 4 段，在这 4 段中混凝土的荷载与变形关系各具特点。在第Ⅰ段，荷载与变形关系基本接近于线性，荷载从 0 增大到极限荷载的约 30%；第Ⅱ段，荷载与变形关系开始偏离线性，曲线开始出现上凸，荷载从极限荷载的 30% 增大到 70%～90%；第Ⅲ段，荷载与变形关系显著偏离线性，荷载从极限荷载的 70%～90% 增大到 100%；第Ⅳ段也即曲线的下降段，在此阶段，进一步的加载只能引起变形的进一步增大，但荷载却逐渐减小，上凸曲线逐渐下降，最终荷载与变形关系到达终点，混凝土发生断裂破坏，材料失去其完整性。

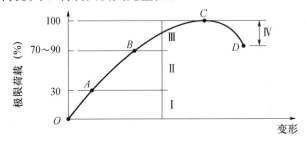

图 4.3　混凝土在单轴受压状态下典型的荷载-变形曲线示意图

需要说明的是，从强度与承载能力的角度考虑，在以上第Ⅳ段的末尾即当荷载达到极限荷载时，混凝土已达到了破坏状态。

2. 混凝土受压破坏的本质

混凝土受压破坏的本质，是混凝土在受纵向压力荷载作用下引发了横向拉伸变形，当横向拉伸变形达到混凝土的极限拉应变时，混凝土发生破坏。这是一种在纵向压力荷载作用下的横向拉伸破坏。

在前述曲线的第Ⅰ段，横向拉伸变形与纵向变形导出的拉应变与压应变的关系基本服从泊松比效应，即

$$\mu = \frac{\varepsilon_{com}}{\varepsilon_{ten}} \tag{4.1}$$

式中　μ——泊松比；

　　　ε_{com}——压应变；

　　　ε_{ten}——拉应变。

通常普通混凝土的泊松比为 0.15～0.22。

在前述曲线的第Ⅱ、第Ⅲ与第Ⅳ段，拉应变与压应变的关系不再服从泊松比效应，但横向变形仍在持续增大。伴随横向变形的增大，混凝土内部还出现了裂纹扩展现象。在不断加载的过程中，随着混凝土裂纹的逐渐扩展、连通乃至贯穿，导致了混凝土的最终破坏，如图 4.4 所示。

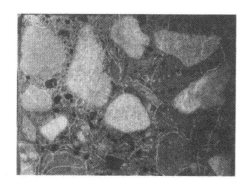

图 4.4　混凝土裂纹的扩展及连通

3. 混凝土受压破坏过程中的裂纹扩展

对于理想材料而言，强度大约应该是弹性模量的 1/10。混凝土的弹性模量大约在几万兆帕，混凝土如果是理想结构，强度应该是几千兆帕，而实际上只有几十兆帕。Griffith 理论得到广泛认可，该理论认为混凝土中存在许多微裂缝，在受到外力作用时，会产生应力在微裂缝尖端集中现象。随着荷载的增大，微裂缝尖端材料的局部拉应力可能增长到某种水平以至于变形能的减小恒大于表面能的增加，此时裂缝即成为能够不断扩展的不稳定裂缝，导致材料的破坏。

所以说，混凝土受压破坏的过程，实质上是混凝土内部裂纹不断扩展的过程。在前述曲线的第Ⅰ段，混凝土尚无裂纹扩展。但当加载进入图 4.3 曲线的第Ⅱ段后，因粗骨料与水泥浆黏结的界面区在普通混凝土中往往是一个薄弱环节，易出现局部孔隙率较高、存在因泌水而导致的先天裂纹等缺陷问题，加载导致在界面区首先引发裂纹扩展，

称为界面裂纹扩展。当加载进入第Ⅲ段后,在界面裂纹扩展的同时,还发生砂浆裂纹的扩展。随着进一步加载,结束第Ⅲ段并进入第Ⅳ段后,界面裂纹与砂浆裂纹不断扩展,并逐渐互相连通、贯穿,表明混凝土已被破坏。

然而,需要指出的是,在受压破坏时,高强混凝土中的裂纹扩展过程与上述普通混凝土有显著不同的一点,即高强混凝土中首先出现的是砂浆裂纹扩展,而不是界面裂纹扩展,其原因是高强混凝土的界面区得到了强化,较普通混凝土有了显著改善,不再是薄弱环节了。当荷载继续增大到砂浆裂纹进一步扩展,并达到粗骨料表面即界面区时,接下来发生的裂纹扩展是穿越粗骨料的裂纹扩展,而并非界面裂纹扩展。最终高强混凝土的破坏,主要是由砂浆裂纹与穿越粗骨料裂纹的扩展、连通而导致的。

4. 混凝土的抗压强度与变形特征

通常,普通混凝土的抗压强度介于 20～60MPa,高强混凝土的抗压强度在 60MPa以上。普通混凝土的弹性模量介于 17.5～36GPa,高强混凝土的弹性模量大致高于 36GPa。

普通混凝土的泊松比为 0.15～0.22。通常随着混凝土强度的提高,泊松比逐渐增大,因此高强混凝土的泊松比要高于普通混凝土。

4.3.2.2　混凝土抗压强度

1. 立方体抗压强度（cubic compressive strength）

混凝土在单向压力作用下的强度为单轴抗压强度,即通常所指的混凝土抗压强度,这是工程中最常提到的混凝土力学性能。在我国,一般采用立方体试件测定混凝土抗压强度。在有关国家标准或规范中,规定了若干与混凝土抗压强度有关的基本概念,如混凝土立方体抗压强度、立方体抗压强度标准值、强度等级。

（1）混凝土立方体抗压强度

我国标准规定,采用边长为 150mm 的立方体试件,在标准养护条件温度为（20±2)℃,相对湿度在 95% 以上养护到 28d 龄期,所测得的抗压强度称为混凝土立方体抗压强度,用符号"f_{cu}"表示。

有时混凝土抗压强度试验所用的立方体试件边长,因各种具体情况而不一定是150mm,则应乘以换算系数,方可将所测结果换算为对应于 150mm 边长的混凝土立方体抗压强度,即 f_{cu}。例如,立方体边长为 100mm,换算系数为 0.95;立方体边长为200mm,换算系数为 1.05。在有些国家,如美国、日本等,采用 ϕ15cm×高 30cm 的圆柱体试件,所测得的抗压强度值大致相当于 $0.8f_{cu}$。

（2）混凝土立方体抗压强度标准值

通常,对于某一指定混凝土,其在不同时间、不同批次测得的混凝土立方体抗压强度值呈现出一定的波动现象,且通常符合正态分布的统计规律。混凝土立方体抗压强度标准值（或立方体抗压标准强度）,是指对于某一指定的混凝土,在其混凝土立方体抗压强度值的总体分布中的某一特定抗压强度值,即总体分布中强度不低于该特定抗压强度值的保证率为 95%。换句话说,总体分布中强度低于该特定抗压强度值的百分率为 5%。

2. 轴心抗压强度（axial compressive strength）

由于在立方体抗压强度测试过程中,试件端受到支撑面的摩擦约束,无法得到理想的单轴受压应力状态，通过在钢承压板和试件之间插入一减摩垫层等方法可以减少部分摩擦约束，但是相比而言，采用棱柱体试件进行抗压强度试验则是一种比较简单、实用的解决办法。

在混凝土结构设计中，常以轴心抗压强度 f_{cp} 为设计依据。我国轴心抗压强度的标准试验方法规定：标准试件为 150mm×150mm×300mm 的棱柱体试件，应在标准养护条件下养护至 28d 龄期，所测得的抗压强度即轴心抗压强度。

不同的材料和强度等级的混凝土，其棱柱体抗压强度 f_{cp} 和立方体抗压强度 f_{cu} 的比值通常在一定范围内波动，同一种混凝土的轴心抗压强度 f_{cp} 低于立方体抗压强度 f_{cu}，两者的关系为 $f_{cp}=$（0.7～0.8）f_{cu}。

3. 圆柱体抗压强度（cylinder compressive strength）

立方体抗压强度在我国以及德国、英国等部分欧洲国家常用，而美国、日本等常用直径为 150mm，高度为 300mm 的圆柱体试件按照 ASTMC39 进行抗压强度试验。当混凝土拌和物中粗骨料最大粒径不同时，其圆柱体的直径也不尽相同，但是试件始终保持高度与直径之比为 2。同立方体试件抗压强度一样，在进行抗压强度试验时，直径越大，强度越低。

4.3.2.3 混凝土强度等级

目前混凝土强度等级一般在 C15～C80。对于某一种混凝土，根据其混凝土立方体抗压强度标准值，可判断其归属的强度等级。例如，若某种混凝土的立方体抗压强度标准值是 37.4MPa，则该混凝土的强度等级应是 C35。目前在我国，C55 及以下的混凝土属普通混凝土，C60 及以上的混凝土属高强混凝土。在工程中用量最多的混凝土强度等级在 C15～C50。

4.3.2.4 影响混凝土抗压强度的因素

水胶比是决定基体和界面过渡区孔隙率的重要因素，进而决定混凝土强度。另外，捣实与养护条件（水泥水化程度）、骨料粒径与矿物成分、外加剂种类、试件形状与潮湿条件，应力种类和加荷速率等因素对混凝土强度也有很大的影响。

1. 水胶比

1918 年伊利诺伊大学刘易斯研究所的 D. 艾布拉姆斯（Duff Abrams）通过大量试验发现水胶比与混凝土强度之间存在相互关系，即 Abrams 水胶比定则，其反比关系式为：

$$f_c=\frac{k_1}{k_2^{W/C}} \tag{4.2}$$

式中　k_1k_2——经验常数；

　　W/C——混凝土拌和物的水胶比。

另外，依据 4 组分混凝土大量试验提出的 Bolomy 公式成为混凝土配合比设计的重要基础，延续近 100 年，图 4.5 反映了混凝土强度与水胶比的关系。

$$f_{cu}=\alpha_a f_{ce}\left[\left(\frac{C}{W}\right)-\alpha_b\right] \tag{4.3}$$

式中　C——混凝土配合比中的水泥用量（kg/m³）；

　　W——混凝土配合比中的用水量（kg/m³）；

C/W——灰水比（水泥与水的质量比）；

f_{cp}——混凝土 28d 龄期抗压强度（MPa）；

f_{ce}——水泥的实际强度（MPa）；

α_{a}、α_{b}——回归系数，大小与骨料的品种有关。

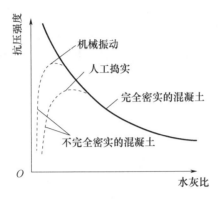

图 4.5　混凝土强度与水灰比的关系

现代混凝土以 6 组分为特征，在 4 组分的基础上掺入了矿物细粉掺合料及外加剂，胶凝材料变成了以水泥为主的复合胶凝体系，以水胶比取代了水灰比的说法，《普通混凝土配合比设计规程》（JGJ 55—2011）对原有的 Bolomy 公式进行了修订。

$$f_{\mathrm{cu}}=\alpha_{\mathrm{a}}f_{\mathrm{b}}\left[\left(\frac{B}{W}\right)-\alpha_{\mathrm{b}}\right] \tag{4.4}$$

式中　α_{a}、α_{b}——回归系数；

B/W——胶水比（胶凝材料与水的质量比）；

f_{b}——胶凝材料 28d 胶砂强度。

以上 3 个关系式都是通过大量的试验模拟得出的混凝土强度与水胶比的关系。必须明确的是，对于现代混凝土而言，普遍掺加矿物细粉掺合料，混凝土中水胶比决定着混凝土的强度；混凝土和水泥强度之间不再有线性关系。而孔隙率又取决于水胶比与水化程度，由于水泥水化的结合水一般只占水泥质量的 23％ 左右，但在混凝土拌和时，为满足施工可塑性或流动性的要求，用水量高达胶凝材料质量的 40％ 以上。待混凝土硬化后，多余的水分蒸发或残留在混凝土中，形成毛细孔、气孔或水泡，使水泥石的有效断面减小，并且在这些孔隙周围易产生应力集中，使混凝土强度降低。

2. 水泥品种

水泥水化程度直接影响孔隙率，进而影响强度。常温下，细度更高的早强水泥在水胶比一定时，水化初期水化速度快，在早期可使混凝土的孔隙率更低，强度相对较高，但后期强度增长缓慢，且可能倒缩。另一方面，掺混合材的硅酸盐水泥 28d 前水化速度和强度增长相对较慢，但到后期，与硅酸盐水泥或普通硅酸盐水泥的强度差别就会消失。

3. 骨料

骨料对混凝土强度的影响一般不受重视。通常情况下，骨料的强度对普通混凝土强度确实影响很小，尤其是对于大流态混凝土。因为骨料的强度比混凝土中基体和界面过渡区的强度高出数倍。但是，除强度外，骨料的其他特征，如粒径、形状、表面结构、级配和矿物成分，都在不同程度上影响界面过渡区的特征，从而影响混凝土强度。如粒径大的骨料使界面过渡区有更多的微裂缝；级配良好的骨料，在达到同样工作性能时用水量降低；针、片状含量高的混凝土强度较低；配合比相同时，以钙质骨料代替硅质骨料可以提高强度。

水泥石与骨料的黏结力除了受水泥石强度的影响外，还与骨料（尤其是粗骨料）的表面状况有关。碎石表面粗糙，具有一定的吸附性，黏结力比较大，卵石表面光滑，黏结力比较小。因而在水泥强度等级和水胶比相同的条件下，碎石混凝土的强度往往高于卵石混凝土。

当粗骨料级配良好，用量及砂率适当，能组成密集的骨架使水泥浆数量相对减小。骨料的骨架作用充分时，也会使混凝土强度有所提高。

4. 搅拌与振捣效果

搅拌不均匀的混凝土，不但硬化后的强度低，而且强度波动的幅度也大。当水灰（胶）比较小时，振捣效果的影响尤为显著；但当水胶比逐渐增大、拌和物流动性逐渐增大时，振捣效果的影响就不明显了。通常，机械振捣效果优于人工振捣，尤其是采取强制搅拌机，搅拌频率加快，会使混凝土更均匀，混凝土的强度会提高。

5. 养护条件（温度、湿度）强度

所谓养护，就是采取一定措施使混凝土在处于一种保持足够湿度和适当温度的环境中进行硬化。在混凝土浇筑完成后，应进行充分养护。养护不足或不当，将使混凝土强度及耐久性均有所下降。

在冬期施工条件下，混凝土须先进行保温养护，使混凝土在正常温度条件下凝结、硬化，且确保强度将达到一定的初始强度（或称临界强度），方可进行负温养护；否则混凝土强度在达到初始强度之前即受负温作用，会导致混凝土中自由水的结冰膨胀，使混凝土发生早期冻伤，导致混凝土的强度与耐久性下降。

在干燥环境中，混凝土易出现水化硬化不足的问题，且易发生塑性收缩和干燥收缩。为确保混凝土的正常硬化和强度的不断增长，混凝土初凝前应二次抹面并立即进行保湿养护。我国标准 GB 50204—2015 规定，在混凝土浇筑后的 12h 以内，应加以覆盖与浇水；如采用硅酸盐水泥、普通硅酸盐水泥或矿渣水泥，浇水养护期不得少于 7d；如采用火山灰水泥或粉煤灰水泥，或者在施工中掺用了缓凝型外加剂及有抗渗要求的混凝土，浇水养护期不得少于 14d。

而温度对不同水泥混凝土的影响是不一样的，掺粉煤灰的混凝土，养护温度越高，强度发展越快，而硅酸盐水泥混凝土反而会因为温度的升高而导致强度下降。如图 4.6 所示。

因为目前大量混凝土使用矿物掺合料，混凝土强度等级提高，结构尺寸加大，除北方冬季外，许多混凝土结构构件在早期（浇注 2d 后）都会有若干天内部温度高于 40℃ 的历程，也就是说混凝土内部温度高于表面温度成为较普遍的现象，这样导致混凝土结构内外强度差，表面强度低于内部强度，结构实际强度高于标准养护试块强度，这一点需要引起足够的重视，这是现代混凝土的特性之一。

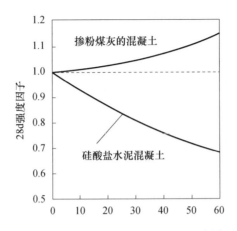

图 4.6   温度与不同掺合料混凝土的强度关系

6. 龄期

通常，混凝土强度随龄期逐渐增长，但强度增长主要发生在 3～28d 龄期内，此后强度增长逐渐缓慢，却可延续达图 4.6 温度对不同水泥混凝土强度的影响数十年。当某一龄期 n 大于或等于 3d 时，在该龄期的混凝土强度 f_n 与 28d 强度的关系如下：

$$f_n = \frac{f_{28} \lg n}{\lg 28} \tag{4.5}$$

式（4.5）适用于标准条件养护、龄期大于或等于 3d 且由普通水泥配制的中等强度混凝土。

7. 外加剂和矿物掺合料

减水剂能减少混凝土拌和用水量，提高混凝土的强度。加入引气剂，会增加基体的孔隙率，从而对强度产生负面影响，但从另一方面来说，通过提高拌和物的工作性能和密实性，引气剂可以提高界面过渡区的强度（特别是拌和物中水和水泥较少时），进而提高混凝土强度。在低水泥用量的混凝土拌和物中，引气伴随用水量的大幅度降低，对基体强度的负面效应则被它对界面过渡区增强的效应所补偿。

矿物掺合料部分替代水泥，通常会延缓早期强度的发展。但是，矿物掺合料在常温下能与水泥浆中的氢氧化钙发生反应，产生大量的水化硅酸钙，使基体和界面过渡区的孔隙率显著降低。因而，掺入矿物掺合料能提高混凝土的长期强度和水密性。

4.3.2.5 影响混凝土强度试验测试结果的因素

同样的混凝土，在理论上其强度应该是相等的。然而，如果强度试验条件不同，则试验测试结果不同，混凝土强度的测试值是不相等的。在混凝土强度试验中，尺寸效应、环箍效应和加载速度三方面因素对强度测试值有一定影响。

1. 尺寸效应

通常试件尺寸越小，其内部先天缺陷的尺寸相应地也越小，故混凝土强度的测试值较低。因此，如前所述，100mm 立方体试件的抗压强度值必须乘以 0.95 的换算系数，方可得到 150mm 立方体试件的抗压强度值。

2. 环箍效应

当混凝土试件端面与试验机承压面之间存在摩擦力作用时，该摩擦力从接触界面逐渐向试件内部传递，使混凝土内的局部区域受到约束作用，使纵向受压的混凝土所发生的横向拉伸受到约束，如同受到一种环箍作用，如图 4.7 所示，故称环箍效应。如在混凝土试件端面与试验机承压面涂抹润滑油，消除界面摩擦力，从而可去除环箍效应的影响。环箍效应的作用使混凝土强度测试值高于无环箍效应作用试件的强度值。

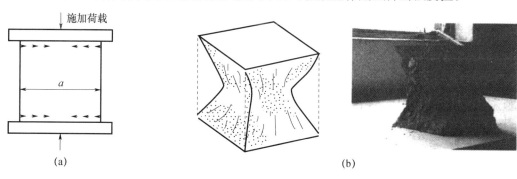

图 4.7　环箍效应作用示意图
(a) 界面附近内应力分布；(b) 立方体试件破坏后形状

3. 加载速度

在一定范围内加载速度增大，将导致混凝土强度测试值增高。这是由于如果加载速度较大，混凝土裂纹扩展速度较低，使得混凝土受力破坏发生时对应的混凝土裂纹尚未来得及充分扩展，最终混凝土在较小的裂纹尺寸条件下发生破坏，使得破坏荷载较高，从而强度测试值较高。为此，我国国家标准规定，混凝土抗压强度的加载速度应介于 $0.3\sim1.0\mathrm{MPa/s}$。其中，对 C30 以下的混凝土，可取 $0.3\sim0.5\mathrm{MPa/s}$；对大于或等于 C30 但小于 C60 的混凝土，可取 $0.5\sim0.8\mathrm{MPa/s}$；对大于或等于 C60 的混凝土，可取 $0.8\sim1.0\mathrm{MPa/s}$。

4.3.3　抗拉强度与抗折强度

4.3.3.1　抗拉强度

混凝土抗拉强度（tensile strength）也是其基本力学性质之一。它既是研究混凝土强度理论及破坏机理的一个重要组成部分，又直接影响钢筋混凝土结构抗裂性能。混凝土作为一种脆性材料，其抗拉强度很低，一般仅为其抗压强度的 $0.07\sim0.11$。而混凝土在使用过程中除了承受外部荷载外，还要承受内部应力，主要形式是拉应力。抗拉强度越高，拉应力使材料开裂的危险越小。其实混凝土在结构中不可避免地存在拉应力作用，具有较高的抗拉强度意义重大。

直接测定混凝土轴心抗拉强度的试验具有一定的难度，因为有两大难题在试验中至今仍未得到很好的解决：

（1）应使荷载作用线与受拉试件轴线尽可能重合；

（2）应保证试件在受拉区破坏，致使测试值波动较大。

在实际工程应用中，估计混凝土抗拉强度最常用的方法是 ASTMC496 的劈裂抗拉试验以及 ASTMC78 的 4 点抗弯荷载试验，对应于我国国家标准《混凝土物理力学性能试验方法标准》（GB/T 50081—2019）中劈裂抗拉强度试验和抗折强度试验。我国行业标准《水工混凝土试验规程》（DL/T 5150—2017）中给出了混凝土轴向拉伸试验方法。

4.3.3.2 劈裂抗拉强度

国内外均采用劈裂抗拉强度试验来测定抗拉强度，该方法的原理是在试件的两相对表面的轴线上，施加均匀分布的压力，在压力作用的竖向平面内产生均布拉应力（图4.8），该拉应力随施加荷载而逐渐增大，当其达到混凝土的抗拉强度时，试件将发生拉伸破坏。该破坏属脆性破坏，破坏效果如同被劈裂开，试件沿两轴线所成的竖向平面断裂成两半，故该强度称劈裂抗拉强度，简称劈拉强度。该试验方法大大简化了抗拉试件的制作，且能较正确地反映试件的抗拉强度。

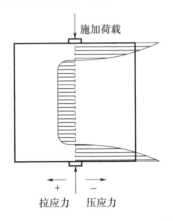

图4.8 劈裂抗拉强度试验中试件内应力分布

我国在混凝土劈裂抗拉强度试验方法中规定：标准试件为 150mm×150mm×150mm 的立方体试件，采用 ϕ75mm 的弧形垫块并加三层胶合板垫条，按规定速度加载。在劈裂抗拉强度试验中，破坏时的拉伸应力可根据弹性力学理论计算得出。故混凝土的劈裂抗拉强度应按式（4.6）计算：

$$f_{ts} = \frac{2P}{\pi a^2} = 0.637 \frac{P}{a^2} \qquad (4.6)$$

式中　P——破坏载荷（N）；

　　　a——立方体试件边长（mm）。

因抗拉强度远低于抗压强度，在普通混凝土设计中抗拉强度通常不予考虑。但在抗裂性要求较高的结构设计中，如路面、油库、水塔及预应力钢筋混凝土构件等，抗拉强度却是确定混凝土抗裂度的主要指标。随着对钢筋混凝土及预应力钢筋混凝土裂缝控制与提高耐久性研究的深入开展，对提高混凝土抗拉强度的要求正日益提高，其相关研究与认识也将逐渐深入。

4.3.3.3 抗折强度

交通道路路面或机场跑道用混凝土，以抗折强度（flexural strength）为主要强度指标，以抗压强度（compressive strength）为参考强度指标。抗折强度试件以标准方法制备，为 150mm×150mm×600mm（或550mm）的棱柱体试件。在标准养护条件下养护至 28d 龄期，采用三点弯曲加载方式，测定其抗折强度，如图4.9所示。

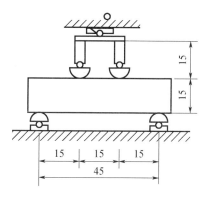

图 4.9 混凝土抗折试验装置

采用 100mm×100mm×400mm 非标准试件时，在三分点加荷的试验方法同前，但所取得的抗折强度值应乘以尺寸换算系数 0.85。

$$f_{cf} = \frac{FL}{bh^2} \tag{4.7}$$

式中　F——极限荷载（N）；

　　　L——支座间距离，$L=450$mm；

　　　b——试件宽度（mm）；

　　　h——试件高度（mm）。

这种试验所得抗折强度 f_{cf} 比真正的抗折强度偏高了 50% 左右。这主要是因为简单的抗折公式假设通过梁横截面的应力是线性变化的，而混凝土是非线性的应力-应变曲线，所以这种假设是不符合实际情况的。

4.3.4 混凝土抗压强度与抗拉强度的关系

混凝土的抗拉强度随抗压强度的提高而提高，但增长幅度逐渐减少。从表 4.1 可知，混凝土的抗压强度越高，拉压比越小。数据表明：低强混凝土的拉压比约为 10%，中强混凝土的拉压比为 8%～9%，高强混凝土的拉压比约为 7%。

表 4.1　抗压强度与拉压比的关系

抗压强度（MPa）	抗拉强度/抗压强度
10	1/10
20	1/11
30	1/12
40	1/13
50	1/14
60	1/15
70	1/16

抗压强度与拉压比之间的关系可能由影响混凝土基体和界面过渡区的性质等许多因素决定。养护时间和混凝土拌和物特性，如水胶比、骨料类型和外加剂等，在不同程度上影响拉压比。例如，养护 1 个月后，混凝土的抗拉强度比抗压强度的增长更缓慢，因

而，拉压比随养护时间延长而减小。在养护龄期相同的情况下，拉压比随水胶比的减小而减小。

含石灰质骨料或掺矿物掺合料的混凝土经充分养护，在较高的抗压强度时，也可以获得较高的拉压比。表 4.2 表示骨料矿物成分和粒径对高强混凝土拉压比的影响。有研究者发现掺粉煤灰的高强混凝土的拉压比大。

表 4.2　骨料矿物成分和粒径对高强混凝土拉压比的影响（潮湿养护 60d）

骨料成分和粒径	抗压强度 f_c（MPa）	抗拉强度 f_{st}（MPa）	f_c/f_{st}
砂岩骨料，最大粒径 25mm	55.8	5.2	0.09
石灰岩骨料，最大粒径 25mm	63.9	7.0	0.11
砂岩骨料，最大粒径 10mm	58.9	5.9	0.10

4.3.5　混凝土在非荷载作用下的变形

混凝土的变形（deformation）如同强度一样，也是混凝土的一项重要的力学性能。水泥混凝土在凝结硬化过程中以及硬化后，受到荷载、温度、湿度以及大气中 CO_2 的作用，会发生相应整体的或局部的体积变化，产生变形。实际使用中的混凝土结构一般会受到基础、钢筋或相邻部件的牵制而处于不同程度的约束状态，即使单一的混凝土试块没有受到外部的约束，其内部各组分之间也还是互相制约的。混凝土的体积变化则会由于约束的作用在混凝土内部产生拉应力，当此拉应力超过混凝土的抗拉强度，就会引起混凝土开裂，产生裂缝。较严重的开裂不仅影响混凝土承受设计荷载的能力，还会严重损害混凝土的外观和耐久性。从总体上看，混凝土的变形大致可分为收缩变形、温度变形、弹塑性变形和徐变。收缩变形和温度变形为非荷载作用下的变形；弹塑性变形和徐变为荷载作用下的变形。

4.3.5.1　化学收缩

由水泥水化产物的总体积小于水化前反应物的总体积而产生的混凝土收缩称为化学收缩（chemical shrinkage）。化学收缩是不可恢复的，其收缩量随混凝土龄期的延长而增加，大致与时间的对数成正比。一般在混凝土成型后 40d 内收缩量增加较快，以后逐渐趋向稳定。收缩值为 $(4\sim100)\times10^{-6}$mm/mm，可使混凝土内部产生细微裂缝。这些细微裂缝可能会影响混凝土的承载性能和耐久性能。

4.3.5.2　温度变形

混凝土与其他材料一样，也会随着温度的变化产生热胀冷缩的变形，即温度变形（temperature deformation）。混凝土的膨胀系数为 $(1\sim1.5)\times10^{-5}$mm/mm（mm·℃），即温度每升 1℃，每 1m 胀缩 0.01～0.015mm。混凝土温度变形，除受降温或升温影响外，还有混凝土内部与外部的温差影响。混凝土硬化期间由于水化放热产生温升而膨胀，到达温峰后降温时产生收缩变形。升温期间因混凝土弹性模量还很低，只产生较小的压应力，且因徐变作用而松弛；降温期间收缩变形因弹性模量增长，而松弛作用减小，受约束时形成大得多的拉应力，当超过抗拉强度（断裂能）时出现开裂。混凝土通常的热膨胀系数为 $(6\sim12)\times10^{-6}$/℃，设取 10×10^{-6}/℃，则温度下降 15℃造成的冷

收缩量达 150×10^{-6}。如果混凝土的弹性模量为 21GPa,不考虑徐变等产生的应力松弛,该冷收缩受到完全约束所产生的弹性拉应力为 3.1MPa,已经接近或超过普通混凝土的极限抗拉强度,容易引起冷缩开裂。因此,在结构设计中必须考虑该冷收缩造成的不利影响。

混凝土中水泥用量越高,混凝土内部温度会越高。混凝土内部绝热温升会随着截面尺寸的增大而升高,混凝土又是热的不良导体,散热较慢,因此在大体积混凝土内部的温度较外部高,有时内外温差可达 $50 \sim 70 ℃$。这将使内部混凝土的体积产生较大的相对膨胀,而外部混凝土却随气温降低而相对收缩。内部膨胀和外部收缩互相制约,在外层混凝土中将产生很大的拉应力,严重时使混凝土产生裂缝。

因此,对大体积混凝土工程,必须尽量减少混凝土发热量,目前常用的方法如下:

(1) 最大限度减少用水量和水泥用量;

(2) 大量掺加粉煤灰等低活性掺合料;

(3) 采用低热水泥;

(4) 预冷原材料;

(5) 选用热膨胀系数低的骨料,减少热变形;

(6) 在混凝土中埋冷却水管,表面绝热,减小内外温差;

(7) 对混凝土合理分缝、分块以减轻约束等。

近几十年,基础、桥梁、隧道衬砌以及其他构件尺寸并不很大的结构混凝土开裂的现象增多,同时发现干燥收缩通常在这里并不重要了。水化热以及温度变化已经成为引起素混凝土与钢筋混凝土约束应力和开裂的主导原因。目前由于水泥水化热高,混凝土等级高,混凝土浆体用量多,许多厚度没有达到 1m 的混凝土结构都可能存在大体积混凝土的问题。

4.3.5.3　干燥收缩

混凝土在干燥过程中,首先发生气孔水和毛细孔水的蒸发。气孔水的蒸发并不引起混凝土的收缩。毛细孔水的蒸发,使毛细孔中形成负压,随着空气湿度的降低,负压逐渐增大,产生收缩力,导致混凝土收缩。同时,水泥凝胶体颗粒的吸附水也发生部分蒸发。由于分子引力的作用,粒子间距离变小,使凝胶体产生紧缩。混凝土这种体积收缩,在重新吸水后大部分可以恢复,但仍有残余变形不能完全恢复。通常,残余收缩为收缩量的 $30\% \sim 60\%$。当混凝土在水中硬化时,体积不变,甚至轻微膨胀。这是由于凝胶体中胶体粒子间的距离增大。

混凝土的湿胀变形量很小,一般无损坏作用。但干缩变形对混凝土危害较大,在一般条件下,混凝土的极限收缩值达 $(50 \sim 90) \times 10^{-5} \mathrm{mm/mm}$ 时,会使混凝土表面出现拉应力而导致开裂,严重影响混凝土的耐久性。在工程设计中,混凝土的线收缩采用 $(15 \sim 20) \times 10^{-5} \mathrm{mm/mm}$,即 1m 收缩 $0.15 \sim 0.20 \mathrm{mm}$。干缩主要是水泥石产生的。因此,降低水泥用量、减小水胶比是减小干缩的关键。

4.3.5.4　塑性收缩

塑性收缩 (plastic shrinkage) 由沉降、泌水引起,由于是在新拌混凝土状态时表面水分蒸发而引起的变形,一般发生在拌和后 $3 \sim 12h$,在终凝前比较明显。

塑性收缩是在混凝土仍处在塑性状态时发生的,因此也可称为混凝土硬化前或终凝前收缩。塑性收缩一般发生在混凝土路面或板状结构上。

产生塑性收缩或开裂的原因是:在暴露面积较大的混凝土工程中,当表面失水的速率超过混凝土泌水的上升速率时,会造成毛细孔负压,新拌混凝土的表面会迅速干燥而产生塑性收缩。此时,混凝土的表面已相当干硬而不具有流动性。若此时的混凝土强度尚不足以抵抗因收缩受到限制而引起的应力时,在混凝土表面即会产生开裂。此种情况往往在新拌混凝土浇捣以后的几小时内就会发生。

较低水胶比混凝土拌和物体内自由水少,矿物细粉和水化生成物又迅速填充毛细孔,阻碍泌水上升,因此表面更易于出现塑性收缩开裂。

典型的塑性收缩裂缝是相互平行的,间距为 2.5～7.5cm,深度为 2.5～5cm,如图 4.10 所示。

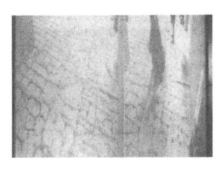

图 4.10　混凝土由于塑性收缩而开裂

当新拌混凝土被基底或模板材料吸去水分时,也会在其接触面上产生塑性收缩而开裂,也可能加剧混凝土表面失水所引起的塑性收缩而开裂。

引起新拌混凝土表面失水的主要原因是水分蒸发速率过大。高的混凝土温度(由水泥水化热所产生)、高的气温、低的相对湿度和高风速等因素,无论是单独作用还是几种因素的综合作用,都会加速新拌混凝土表面水分的蒸发,增大塑性收缩并开裂的可能性。

4.3.5.5　自生收缩

自生收缩(autogenous shrinkage)又称自收缩,是混凝土在初凝之后随着水化的进行,在恒温恒重条件下体积的减缩。自收缩不包括由于干燥、沉降、温度变化、遭受外力等原因引起的体积变化。自收缩产生的原因是随着水泥水化的进行,在硬化水泥石中形成大量微细孔,孔中自由水量逐渐降低,结果产生毛细孔应力,造成硬化水泥石受负压作用而产生收缩。自收缩的产生机理类似于干缩机理,但两者在相对湿度降低的机理上是不同的,造成干缩的原因是由于水分扩散到外部环境中,而自收缩是由于内部水分被水化反应所消耗而造成的,因此通过阻止水分扩散到外部环境中的方法来降低自收缩并不有效。当混凝土的水胶比降低时干燥收缩减小,如图 4.11 所示,而自生收缩加大。如当水胶比大于 0.5 时,其自干燥作用和自生收缩与干缩相比小的可以忽略不计;但是当水胶比小于 0.35 时,体内相对湿度会很快降低到 80% 以下,自生收缩与干缩值两者接近;当水胶比为 0.17 时,则混凝土只有自生收缩而不发生干缩了。矿物掺合料对混凝土自生收缩的影响不同。粉煤灰可以有效减少自生收缩，如图 4.12 所示，而常规掺量（小于 70%）下，比表面积在 $4000cm^2/g$ 以上的矿渣粉则会增大混凝土自生收缩，原因在于后者的活性比较高，而硅灰及高效减水剂的掺加会显著增加混凝土的自生收缩。

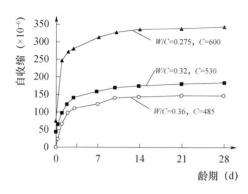

图 4.11　水胶比对混凝土自收缩的影响

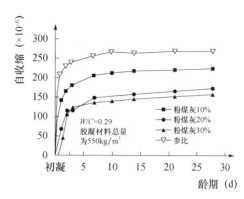

图 4.12　粉煤灰掺量对混凝土自收缩的影响

4.3.5.6　碳化收缩

混凝土中水泥水化物与大气中 CO_2 发生化学反应称为碳化，伴随碳化产生的体积收缩称为碳化收缩。碳化首先发生于 $Ca(OH)_2$ 与 CO_2 反应生成 $CaCO_3$，导致体积收缩。$Ca(OH)_2$ 碳化使胶凝材料浆体中的碱度下降，继而有可能使 C-S-H 的钙硅比减小和钙矾石分解，加重碳化收缩，它们的反应过程如下：

$$Ca(OH)_2 + CO_2 \xrightarrow{H_2O} CaCO_3 + H_2O$$

$$C\text{-}S\text{-}H + CO_2 \xrightarrow{H_2O} \underset{(低钙硅比)}{C\text{-}S\text{-}H} + CaCO_3 + H_2O$$

$$C_3A \cdot 3CaSO_4 \cdot 32H_2O + CO_2 \xrightarrow{H_2O} C_3A \cdot CaSO_4 \cdot 12H_2O + CaCO_3 + H_2O$$

混凝土湿度较大时，毛细孔中充满水，CO_2 难以进入，因此碳化很难进行，如水中混凝土不会碳化。易于发生碳化的相对湿度是 45%～70%。碳化收缩对混凝土开裂影响不大，其主要危害是对钢筋抗锈蚀不利，而钢筋锈蚀会导致混凝土保护层脱落。

4.3.6　混凝土在荷载作用下的变形

4.3.6.1　在短期荷载作用下的变形

1. 混凝土的弹塑性变形（elastic-plastic deformation）

混凝土内部结构中含有砂石骨料、水泥石（水泥石中又存在凝胶、晶体和未水化的水泥颗粒）、游离水分和气泡，这就决定了混凝土本身的不匀质性。它不是完全的弹性体，而是一种弹塑性体。受力时，混凝土既产生可以恢复的弹性变形，又会产生不可恢复的塑性变形，其应力与应变关系不是直线而是曲线，如图 4.13 所示。

在静力试验的加荷过程中，若加荷至应力为 σ 应变为 ε 的 A 点，然后将荷载逐渐卸去，则卸载时的应力-应变曲线如 AC 线。卸载后能恢复的应变是由混凝土的弹性作用引起的，称为弹性应变 $\varepsilon_弹$；剩余不能恢复的应变，则是由于混凝土的塑性性质引起的，称为塑性应变 $\varepsilon_塑$。

在工程应用中，采用反复加荷、卸荷的方法使塑性变形减小，从而测得弹性变形。在重复荷载作用下的应力-应变曲线形式因作用力的大小而不同。当应力小于（0.3～0.5）f_{cp} 时，每次卸载都残留一部分塑性变形（$\varepsilon_塑$），但随着重复次数的增加，总的增量逐渐减小，最后曲线稳定于 $A'C'$ 线，它与初始切线大致平行，如图 4.14 所示。若所加应力 σ 在（0.5～0.7）f_c 重复时，随着重复次数的增加，塑性应变逐渐增加，导致混凝土疲劳破坏。

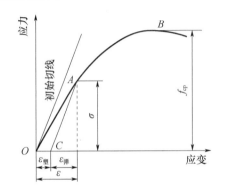 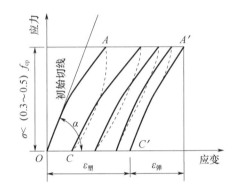

图 4.13　混凝土在压力作用下的应力-应变曲线　　图 4.14　低应力重复荷载的应力-应变曲线

2. 混凝土的变形模量（deformation modulus）

在应力-应变曲线上任一点的应力 σ 与应变 ε 的比值，称为混凝土在该应力下的变形模量。它反映混凝土所受应力与所产生应变之间的关系。在计算钢筋混凝土变形、裂缝开展及大体积混凝土的温度应力时，均需知道此时混凝土的变形模量。在混凝土结构或钢筋混凝土结构设计中，常采用一种按标准方法测得的静力受压弹性模量 E_e。

收缩应变大小只是导致混凝土开裂的一方面原因，另一方面还有混凝土的延伸性：弹性模量。弹性模量越小，产生一定量收缩引起的弹性拉应力越小。

在静力受压弹性模量试验中，使混凝土的应力在 $0.4 f_{cp}$ 水平下经过多次反复加荷和卸荷，最后所得应力-应变曲线与初始切线大致平行，这样测出的变形模量称为弹性模量 E_e，故 E_e 在数值上与 $\tan\alpha$ 相近，如图 4.14 所示。

混凝土弹性模量受其组成相及孔隙率影响，并与混凝土的强度有一定的相关性。混凝土的强度越高。弹性模量也越高，当混凝土的强度等级由 C10 增加到 C60 时，其弹性模量大致由 1.75×10^4 MPa 增至 3.60×10^4 MPa。

混凝土的弹性模量因其骨料与水泥石的弹性模量而异。由于水泥石的弹性模量一般低于骨料的弹性模量，因此混凝土的弹性模量一般略低于其骨料的弹性模量。在材料质量不变的条件下，混凝土的骨料含量越多、水胶比较小、养护较好及龄期较长时，混凝土的弹性模量较大。蒸汽养护的弹性模量比标准养护的低。

4.3.6.2　徐变

混凝土在恒定荷载的长期作用下，沿着作用力方向的变形随时间不断增长，一般要延续 2～3 年才趋于稳定。这种在长期荷载作用下产生的变形称为徐变（creep）。图 4.15 表示混凝土的徐变曲线。当混凝土受荷载作用后，即时产生瞬时变形，瞬时变形以弹性变形为主。随着荷载持续时间的增长，徐变逐渐增长，且在荷载作用初期增长较快，以后逐渐减慢并稳定，一般可达（3～15）×10^{-4}mm/mm，即 0.3～1.5mm/m，为瞬时变形的 2～4 倍。混凝土在变形稳定后，如卸去荷载，则部分变形可以产生瞬时恢复，部分变形在一段时间内逐渐恢复，称为徐变恢复（creep recovery），但仍会残余大部分不可恢复的永久变形，称为残余变形（residual deformation）。

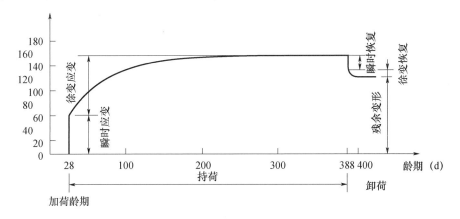

图 4.15 混凝土的徐变与恢复

一般认为，混凝土的徐变是由于水泥石中凝胶体在长期荷载作用下的黏性流动，是凝胶孔水向毛细孔内迁移的结果。在混凝土较早龄期时，水泥尚未充分水化，所含凝胶体较多，且水泥石中毛细孔较多，凝胶体易流动，所以徐变发展较快；在晚龄期时，由于水泥继续硬化，凝胶体含量相对减少，毛细孔也少，徐变发展渐慢。

混凝土徐变可以消除钢筋混凝土内部的应力集中，使应力重新较均匀地分布，对大体积混凝土还可以消除一部分由于温度变形所产生的破坏应力。徐变越大，应力松弛越显著，残余拉应力就越小。但在预应力钢筋混凝土结构中，徐变会使钢筋的预加应力受到损失，使结构的承载能力受到影响。

影响混凝土徐变的因素很多，包括荷载大小、持续时间、混凝土的组成特性以及环境温、湿度等，而最根本的是水胶比与水泥用量，即水泥用量越大，水胶比越大，徐变越大。徐变通常与强度相反。强度越高，徐变越小。

需要强调的是，为避免混凝土开裂，混凝土早期应保有一定的徐变，这不难做到，与获得高早强的途径相反。

4.3.7 混凝土的强度发展与开裂

韧性作为混凝土的力学性能之一，在近年来的研究与工程应用中逐渐得到重视。混凝土以断裂能、断裂韧性或断裂指数作为表征韧性的参数。普通混凝土的韧性参数比较低，如断裂能通常为 100～250J/m^2，具有高脆性、低韧性的特点。当外加荷载或环境因素作用产生内应力进而引发裂纹扩展时，正是由于混凝土的高脆性、低韧性特征，使混凝土易于发生裂纹失稳扩展而导致混凝土发生脆性损伤破坏。

目前，施工单位普遍存在的问题是为赶进度，许多工程都要求过高的早强，又不重视混凝土的养护，大多使用 C_3S 含量较高、比表面积较大（从过去的 300～320m^2/kg 增加到 360～450m^2/kg）的水泥；混凝土设计标号有了较大提高，水泥用量增大。

混凝土是脆性材料，混凝土的强度越高脆性越大。高强混凝土因早期收缩引起的开裂倾向要比通常设想的更为严重。高强混凝土由于水胶比低、水泥用量大，导致水化温升高、泌水少，因此自身收缩大、温度收缩大，易产生塑性开裂。

高强混凝土虽然有较高的抗拉强度，但弹性模量也高，在相同收缩变形下会引起较高的拉应力，更由于高强混凝土的徐变能力低，应力松弛量较小，因此抗裂性能甚差。

图 4.16 表示混凝土强度与混凝土其他性质的关系。可以看出，在早期时，高早强水泥配制出的混凝土徐变小；水泥用量大时徐变小、收缩大；水泥用量大时虽然抗拉强度增大，但弹性模量随水泥增加而增长的速度大于抗拉强度增长的速度。因此，水泥早期强度越高、水泥用量越多，混凝土越容易开裂。

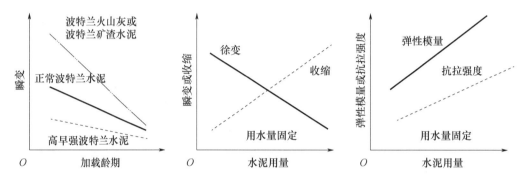

图 4.16　混凝土强度与混凝土其他性质的关系

必须认识到"混凝土强度越高，它在严酷环境下就越耐久"需要一个重要的前提就是混凝土是成型密实的、缺陷尽量少的、体积稳定的。高强可以，但是不要追求高早强。高早强的混凝土更易开裂，在侵蚀性环境中劣化更迅速，规范应该修正充分地强调这一点。

4.3.8　关于混凝土强度构成的认识

从整体上说，现代混凝土是高度复杂的非匀质相体，其内部的相互作用力主要是范德华力，影响作用力大小的因素具有对立统一的关系。水泥水化后生成的凝胶体是由纳米级大小的凝胶粒子组成的，相互之间产生较大的吸引力，把粗的、结晶态、本身强度高的其他粒子胶结在一起组成产生强度的整体，这是硅酸盐水泥胶凝性的本质。可以从以下三个层次表述混凝土强度的构成：

（1）水泥石中纳米尺度单元的尺寸多样化无序团聚的凝胶粒子群赋予混凝土强度。

（2）掺加矿物细粉，粉体颗粒越细，粒子间距离越近，相互间的吸引力越大。

（3）骨料界面的黏结效果对强度的构成具有显著影响。

低水胶比下，混凝土形成要求的强度对于水化产物的需求量在降低，而且也没有条件形成更多的水化产物。在这样的背景下，获得同样的强度，胶凝材料的组成可以有一个范围。总体上说，混凝土获得一定的强度，胶凝材料中高活性物质水泥所占的比例可以显著下降。

4.4　高性能混凝土的评价

4.4.1　高性能混凝土提出的背景

高性能混凝土（High Performance Concrete，HPC）是 20 世纪 80 年代末至 90 年代初，一些发达国家基于混凝土结构耐久性设计提出的一种全新概念的混凝土，它以耐久性为首要设计指标。针对混凝土的过早劣化，发达国家掀起了高性能混凝土开发研究的高潮，并得到了各国政府的重视。1994 年，美国联邦政府 16 个机构联合提出了一个在基础设施工程建设中应用高性能混凝土的建议，计划在 10 年内投资 2 亿美元进行研究和开发。美国国家自然科学基金（NSF）、美国国家标准与技术研究所（NIST）、美国联邦公路管理局（FHWA）以及一些州政府的运输部等机构，都投入大量经费，资助高强、高性能混凝土的研究，NSF 以每年 200 万美元的经费，定期资助以西北大学为首的水泥基复合材料联合研究中心对高性能混凝土的研究。与此同时，德国、瑞典、挪威、日本等国家也在推进实施高性能混凝土研究的国家计划。

在我国，自从 1995 年清华大学向国内介绍高性能混凝土以来，高性能混凝土的研究与应用在我国得到了空前的重视和发展。中国工程院土木水利与建筑学部于 2000 年提出了一个名为"工程结构安全性与耐久性研究"的咨询项目，由陈肇元院士负责，并编写了中国土木工程学会第一个标准《混凝土结构耐久性设计与施工指南》（CCES 01—2004）。此后高性能混凝土理论、技术和实践在我国得到很大发展。

4.4.2　高性能混凝土的技术基础和理论要点

1. 高性能混凝土的技术基础

20 世纪 80 年代后，混凝土技术取得的两大进展——混凝土外加剂和矿物细粉掺合料技术，已经在混凝土工程中得到认可和越来越广泛的应用。尤其是混凝土化学外加剂的使用，使传统混凝土发生了深刻变化，混凝土的主体由塑性向大流态转变，泵送施工成为建筑施工的主要形式。混凝土的组分由 4 组分转变为 6 组分。在大流态下降低水胶比不再困难，高强混凝土也变得较容易制备。这样为掺合料的使用创造了技术条件，混凝土开始进入现代多组分混凝土技术平台。

2. 高性能混凝土的理论要点

（1）密实堆积理论

台湾科技大学黄兆龙教授在 20 世纪 90 年代提出黄氏致密配比设计理论，认为如果以骨料致密堆积为主轴，先求出最密实的粒料系统。此方法如同大地土壤的压紧法，在物理学上是越致密则性质越佳，即使在微观结构上或原子结构上也是如此。一旦粒料系统（包括砂、石、粉煤灰、磨细矿粉、硅灰等）堆积至最大密度后，剩下的空间由水泥和水来填充，质地密实的混凝土当然健康情况佳。水泥浆是由混凝土工作度和强度决定的，但单位体积用水量应该进行控制，以避免干缩量过大。混凝土中 1kg 的水占 $1m^3$ 混凝土的体积 0.1%，这对混凝土受拉力应变 0.0002（0.02%）即会产生拉力破坏的影响较大；如果用水量增加 5kg，即占混凝土体积 0.5%，其造成的应变与拉应力易使混凝土破坏，因此用水量越少越佳。由于控制用水量，实际上抑制了过高的浆骨比，在一定程度上提高了混凝土体积稳定性。实际上粉体也存在合理级配和密实堆积问题，重庆大学浦心诚教授认为：矿物细粉掺合料的掺加对凝胶结构的密实性的提高具有重要意义，这一点往往被忽略。

（2）水化产物与微结构特征

高性能混凝土中较大比例使用矿物掺合料，水胶比较低，水化结构中氢氧化钙数量可以大大减少；C-S-H凝胶的钙硅比下降，低钙硅比的C-S-H凝胶品质要好得多。水化产物的形貌更细致。当HPC水化程度只及常规混凝土60%时，两者结构强度相近。从长期角度来看，HPC水化程度提高后，凝胶数量增多，强度、密实性继续提高。常规混凝土、水泥石孔分布集中在$100\sim200$Å，凝胶孔隙率26.7%；高性能混凝土、水泥石孔分布集中在20Å，凝胶孔隙率18.8%，HPC具有很高的密实性，骨料与水泥基材料界面有明显不同，薄弱的界面得到强化。

（3）中心质假说

吴中伟教授提出中心质假说，把不同尺寸的分散相称为中心质，把连续相称为介质。如钢筋、骨料、纤维等称为大中心质；水化产物称为介质；少量空气和水称为负中心质。各级中心质和介质之间存在过渡层，中心质以外所存在的组成、结构和性能的变异范围都属于过渡层。各级中心质和介质都存在相互的效应，称为"中心质效应"。例如，混凝土中的骨料就是大中心质，它对周围介质所产生的吸附、化合、机械咬合、黏结、稠化、强化、晶核作用、晶体取向、晶体连生等一切物理、化学、物理化学的效应均称为"大中心质效应"，效应所能达到的范围称为"效应圈"，过渡层是效应圈的一部分。

有利的大中心质效应不仅可改善过渡层的大小和结构，而且效应圈中的大介质具有大中心质的某些性质，能增加有利的效应，减少不利的效应，对改善混凝土的宏观行为能起重要的作用。HPC按照中心质假说属于次中心质的未水化水泥颗粒、粉煤灰颗粒（H粒子），属于次介质的水泥凝胶（L粒子）和属于负中心质的毛细孔组成水泥石。以下三点解释很重要：

① 从强度的角度看，孔隙率一定时，H/L粒子比值越大，水泥石强度越高；但超过最佳值后随其提高而下降。

② 在一定范围内，H/L最佳值随孔隙率下降而提高。即在次中心质的尺度上，一定量的孔隙率需要一定量的次中心质，以形成足够的效应圈，起到效应叠加的作用，改善次介质。

③ 在水胶比很低的高性能混凝土中，水泥石的孔隙率很低，在一定的H/L粒子比值下，强度随孔隙率的减少而提高。因此，尽管水泥的水化程度比较低，或水泥用量不高，水泥石中保留了很大的H/L粒子比值，但与很低的孔隙率和良好的孔结构相配合形成微结构，可获得高强度。例如，活性粉末混凝土水泥水化程度很低，但强度可以大于200MPa。

（4）低水胶比带来的变化

需要说明的是，低水胶比并不意味着低水灰比，由于掺用了矿物细粉掺合料，胶凝材料的组分不再只有水泥，而是由水泥和矿物细粉掺合料共同组成。低水胶比是高性能混凝土的技术特征，对混凝土带来的变化主要体现在：

① 结构密实、孔隙率低；

② 保证了混凝土的强度，尤其是长期强度；

③ 使混凝土走出单纯依靠水泥和高水泥用量的误区，逐渐形成合理的胶凝材料组成；

④ 使水化物的组成、结构和形貌发生了变化；

⑤ 使水泥基材料的水化进程发生很大变化；

⑥ 从根本上提升了混凝土耐久性。

用"水胶比"替换"水灰比"，标志着混凝土技术开始从传统理念向现代理念过渡，意味着混凝土技术进入高性能化的时期。

（5）矿物细粉掺合料的功能和作用

高性能混凝土掺加矿物细粉掺合料，其主要功能和作用体现在：

① 填充效应；

② 流化效应；

③ 增强效应

④ 耐久性效应。

总之，现代混凝土科学中最突出的两大成就：其一，高效外加剂的开发和应用；其二，矿物细粉掺合料技术的研究、应用与发展。由于密实性和凝胶品质的提高，后者的重要意义远远超过了以前仅仅为节约水泥的经济意义和利用废弃资源的环保意义。它涉及全面提高混凝土的各项性能，使混凝土寿命提高到 500～1000 年成为可能。

4.4.3 高性能混凝土的定义

20 世纪 90 年代前半期是国内高性能混凝土发展的初期，国内学术界认为"三高"混凝土就是高性能混凝土。据此观点，高性能混凝土应该是高强度、高工作性、高耐久性的，或者说高强混凝土才可能是高性能混凝土；高性能混凝土必须是流动性好的、可泵性好的混凝土，以保证施工的密实性；耐久性是高性能混凝土的重要指标，但混凝土达到高强后，自然会有较高的耐久性。经过 10 余年的发展，在国内外多种观点逐渐交流融合后，对高性能混凝土的定义已有逐渐清晰的认识。

1. ACI（American Concrete Institute）最初关于 HPC 的定义

HPC 是具备所要求的性能和匀质性的混凝土，这种混凝土按照惯常做法，靠传统的组分、普通的拌和、浇筑与养护方法是不可能获得的。

（1）定义中所要求的性能包括易浇筑、压实而不离析；高长期力学性能；高早期强度；高韧性；高体积稳定性；在严酷环境下使用寿命长。

当然不同工程、不同场合，所要求的性能是不同的。

（2）定义强调了对 HPC 均匀性的要求，越重要、质量要求越高的工程，对 HPC 匀质性的要求也就应该越高。

（3）定义明确表示，HPC 的获得不仅靠更新组分材料，还靠贯穿混凝土生产和施工全过程的体现。

2. 我国工程建设标准《高性能混凝土应用技术规程》（CECS 207—2006）的定义

高性能混凝土是"采用常规材料和工艺生产的能保证混凝土结构所要求的各项力学

性能，并具有高耐久性、高工作性和高体积稳定性的混凝土。"该标准强调的重点是耐久性，其规定根据混凝土结构所处环境条件，高性能混凝土应满足下列的一种或几种技术要求：

(1) 水胶比≤0.38；

(2) 56d 龄期的 6h 总导电量<1000C；

(3) 300 次冻融循环后相对动弹性模量>80%；

(4) 胶凝材料抗硫酸盐腐蚀试验试件 15 周膨胀率<0.4%，混凝土最大水胶比≤0.45；

(5) 混凝土中可溶性碱的总含量<3.0kg/m³。

综上所述，高性能混凝土是混凝土技术从传统理念向现代转变、革新过程中的产物，并非一个能做精确界定的简单术语。严格地说，高性能混凝土不是混凝土的一个品种。高性能混凝土是针对具体应用和环境而开发的，采用常规材料和生产工艺，达到工程结构耐久性的质量要求和目标，满足不同工程要求的性能和具有匀质性的混凝土。高性能混凝土是在结构中实现的，特别强调在特定工程与环境中的高体积稳定性和高耐久性。

高性能混凝土的英文翻译是 High Performance Concrete，Performance（性能）这个词不同于 Property（性能），Property 是指可以通过特定方法和仪器对混凝土材料进行测定和定量表征的性能；而 Performance 有成果、表演、技能的意思，在此处是指在特定工程、特定结构、特定施工与管理、特定环境中混凝土表现出的绩效、状态或效果。相同组成材料、配合比的混凝土可以有相同的 Property，但 Performance 可能不同。所以 ACI 对高性能混凝土定义的注释中强调：高性能混凝土的特性是针对具体应用和环境而开发的。离开这一点谈高性能混凝土没有意义。

4.4.4　高性能混凝土认识中存在的误区

近年来，随着混凝土技术的飞速发展，高强高性能混凝土已在工程中大量应用。然而混凝土的耐久性问题仍然是困扰工程界的难题，尤其是其体积稳定性已成为高性能混凝土发展的瓶颈。人们对高性能混凝土的认识存在误区，主要体现在以下几个方面：

1. 高强就是高性能

高强混凝土技术的发展对建设事业发挥了重大作用。近 50 年，混凝土强度的不断提高，是科学技术不断进步的体现，并促进了建设事业的发展。但在高强混凝土的推广应用上，仍受到某些传统观念的有害束缚：有些技术人员总觉得多用水泥或少用掺合料会对混凝土质量带来好处，而不是尽量使用粉煤灰等矿物掺合料和将水泥用量限制到最低程度。目前，还有些人仍把高性能和高强联系在一起，甚至有人盲目追求混凝土的高强、"超高强"以至"特超高强"，并以此作为"水平"的标准。另外，对高强混凝土自身的一些弱点缺乏足够的重视，从而在结构的设计构造和施工的各个环节中完全沿用普通混凝土中的做法而无视高强混凝土的特殊要求，结果造成工程严重开裂或留下结构延性不足等安全隐患。

"高强"仅仅是混凝土性能的一个方面。大量的工程实践表明，混凝土设计强度不足而导致工程破坏的实例虽有但却较为鲜见。而另一方面，许多混凝土结构尤其是处于严酷环境中的结构，由于较差的耐久性已经或正在遭受严重的损坏。西方国家报道的许多开裂的"高性能混凝土"，其实都是高强度的混凝土。因此，强度和耐久性之间并不存在着密切的关系，在一般情况下，较高强度的混凝土相对而言也是比较耐久的，但两者却不等同。许多人认为"混凝土强度越高，它在严酷环境下就越耐久"，但这需要一个重要的前提，就是混凝土是坚固的，也即混凝土是体积稳定性好的。高强混凝土制备技术应该注意克服追求高早强的倾向，这对混凝土的体积稳定性意义重大。

2. 高流动性就是高性能

混凝土拌和物的流动性指标从 20 年前普遍的 70～90mm 发展到现在大量预拌混凝土的 180～200mm，还有的工程用自密实混凝土来浇筑。自密实混凝土减轻了振捣的工作量，推动了预拌混凝土的发展，泵送高度已可达 300m 以上，并大大减少了"蜂窝""麻面"和"狗洞"等现象，提高了混凝土的匀质性。目前很多人以"高流动性"作为"高性能混凝土"的特征。

大流态混凝土在提供给施工很大便利的同时，也容易带来诸多缺点，对混凝土大流动性的追求，导致混凝土中用水量增大、浆骨比增大。混凝土中浆骨比增大意味着收缩引起开裂的可能性加大。由于混凝土的流动性过大，易于操作，易使工人操作不规范，反而影响匀质性；且在混凝土浇筑成型后到混凝土初凝前，由于混凝土中的骨料在自重作用下缓慢下沉，水上浮，掺用过细的大掺量掺合料时易产生泌浆而造成硬化后表面起粉。另外，骨料在混凝土内部的下沉是不均匀的，在钢筋下面的混凝土沿钢筋下方继续下沉，钢筋上面的混凝土被钢筋支顶，使混凝土沿钢筋表面产生顺筋裂缝。

因此，不能把流动性作为混凝土拌和物"高性能"的指标，而应当根据不同工程特点，注重拌和物的施工性能。坍落度的大小还要服从于混凝土的匀质性和体积稳定性。有时高性能混凝土可能是干硬性混凝土。

3. 掺加掺合料就是高性能

由于矿物掺合料的掺入可明显降低混凝土的孔隙率，改善其微观结构，从而保证其力学性能和耐久性能，矿物掺合料的应用已经成为配制高性能混凝土的关键技术。大量实践证明：掺用粉煤灰或其他矿物细掺料的混凝土，其长期性能得到大幅度的改善，对延长结构物的使用寿命具有重要意义。国内外很多工程，掺有大量粉煤灰而获得强度和耐久性都十分优异的混凝土。但关键的因素是低水胶比。在低水胶比条件下，即使掺有大量粉煤灰，也可以获得强度和耐久性都十分优异的混凝土。

在我国，许多人认为掺粉煤灰或掺其他矿物细粉的混凝土就是"高性能混凝土"。因此，在一些结构现浇的普通混凝土墙、板采用了大量的掺合料，特别是掺入大量的粉煤灰。由于这些部位混凝土的强度相对较低，混凝土的用水量较大，水胶比较大。再加上工程施工速度的不断加快，一再加速的施工进度使得浇筑后的混凝土普遍得不到充足时间的养护。粉煤灰在混凝土中，28d 以前基本上不参与化学反应，拌和水基本上供给水泥，使水胶比增大；早期水胶比大，造成早期孔隙率大，水胶比越大，混凝土孔隙率减小得越晚。另外，养护不足直接损伤了表层混凝土的密实性与强度，而防止钢筋发生锈蚀和外界有害物质侵入混凝土内部所依靠的就是表层混凝土的密实性，表层混凝土抵抗外界有害物质侵入的能力（抗侵入性或抗渗性）可因养护不良而降低。

综上所述，高性能混凝土中应加入足够的矿物细掺料，前提是水胶比较低，且加强养护，并不是说只要加入"矿物细掺料"就是"高性能混凝土"。我国的《混凝土结构耐久性设计标准》(GB/T 50476—2019) 也是吸纳了国内高性能混凝土耐久性研究最新成果,根据混凝土的环境条件进行分级的,规定混凝土的最大水胶比等参数来进行耐久性设计。

4.4.5 高性能混凝土的体积稳定性和匀质性

近年来,高性能混凝土以其较高的耐久性、良好的工作性和适宜的强度,在我国得到了较为快速的发展和普及。但随着混凝土用量的不断增加,涉及混凝土收缩开裂引起裂缝问题的工程事故也不断增多,严重地影响了混凝土建筑的使用寿命。我国也有许多工程所用的"高性能混凝土"和传统概念的混凝土一样地开裂。因此,HPC 的耐久性和抗裂性正面临着越来越多的质疑。高性能混凝土具有良好的体积稳定性是其高耐久性的主要因素之一,而混凝土的抗收缩开裂性能是混凝土体积稳定性的重要方面。

高性能混凝土不同于普通混凝土,在配合比设计过程中,尽管已经采取了降低混凝土收缩的多种措施。例如,降低水泥用量、控制砂率、降低水胶比等,由于高效减水剂的加入,大幅度降低了混凝土中每 $1m^3$ 用水量;为了改善工作性能加入缓凝剂,混凝土凝结时间延长,如果此时混凝土表面因环境干燥自由水分急剧蒸发,塑性收缩裂缝就不可避免了。高性能混凝土中虽然有大量的矿物细掺料加入,但由于浆骨比较大,总体收缩就会大一些。实际上,美国所认为的高性能混凝土,主要是高强和坍落度较大(为保证浇筑成型均匀、密实)的混凝土。因此,由于水泥用量的提高,当结构厚度较大时,在硬化过程中水泥产生的水化热导致混凝土内部温度升高,其尺寸虽然未达到大体积混凝土规定的限度,但当混凝土的内外温差大时,早期降温速度过快等仍会产生温度应力裂缝。

与此同时,目前我国混凝土结构中混凝土分层、离析造成的内部组分分布不均匀问题十分严重,同一个结构不同部位非破损检测强度可以相差 30%~40%。匀质性不好,也引发了许多混凝土结构开裂。

所以,混凝土高性能化的发展重点应该是混凝土的体积稳定性和匀质性。必须树立"体积稳定性和匀质性好的混凝土才是高性能混凝土"的正确观点。

4.4.6 绿色高性能混凝土

在过去的 100 多年中,混凝土是一种相对节能的大宗的建筑工程材料,人类用混凝土建造了大量的建工、铁路、交通、水利、港口等行业的重要工程和基础设施,水泥混凝土为现代化建设立下了汗马功劳。但随着世界水泥年产量和混凝土浇筑量的不断增加,对资源、能源和环境产生了极其巨大的影响,也给人类和地球带来了不可忽视的副作用。面对自然资源不断减少,环境污染日益严重、温室效应越来越明显的问题,人类要寻求与自然和谐、可持续发展之路,对混凝土性能提出了更高要求,混凝土也不再仅仅要求其作为结构材料的功能。混凝土能否长期作为最主要的工程结构材料,不仅要求其具备在耐久性、施工性和强度等方面的高性能,还要求其具备维护生态的特性,现代混凝土能否成为绿色建筑材料是关键所在。

在 1997 年 3 月的"高强与高性能混凝土"会议上,吴中伟院士首次提出"绿色高性能混凝土(Green High Performance Concrete,GHPC)"的概念。吴中伟院士指出:

作为一种材料或产业，节约资源、能源也是为了本身能够持续存在和发展。水泥与混凝土作为当代最大宗的人造材料，2020 年水泥产量超过 15 亿 t，混凝土超过 40 亿～50 亿 m³（实际情况是 2011 年中国水泥产量已经超过 20 亿 t），对资源、能源的消耗和对环境的影响均十分巨大。混凝土要想长期作为最主要的建筑结构材料。就必须成为绿色建筑材料。所以，绿色混凝土（GHPC）是混凝土的发展方向，更是混凝土的未来，提出 GHPC 的目的在于加深人们对绿色的重视，即加强绿色意识。要求混凝土工作者更自觉地去提高HPC 的绿色含量或加大其绿色度，节约更多的资源、能源。将对环境的破坏减到最小。这不仅是为了混凝土与建筑工程的持续健康发展，也是人类的生存与发展所必需的，是大有可为的。

绿色的含义随着认识的深化而不断扩大，主要可概括如下：

（1）节约资源、能源；

（2）不破坏环境，更应有利于环境；

（3）可持续发展，既满足当代人的需求，又不危及后代人满足其需要的能力。

因此，绿色高性能混凝土，是指从生产、制造、使用到废弃的整个周期中，最大限度地减少资源和能源的消耗，最有效地保护环境，是可以进行清洁生产和使用的，并且可再回收循环利用的高质量高性能的绿色建筑材料。绿色高性能混凝土的主要特征是更多地掺加以工业废渣为主的掺合料，以节约水泥熟料；更好地发挥混凝土的高性能优势，提高耐久性，延长建筑物的使用寿命，以减少水泥和混凝土的用量；大力发展掺工业废渣的绿色高性能混凝土，使混凝土这种最大宗人造材料真正成为可持续发展的材料，将会极大地减少矿物资源、能源的消耗及环境负荷。

绿色高性能混凝土包含两层含义："绿色"和"高性能"。"绿色"是对产品"健康、环保、安全"等属性的评价，包括对原材料的利用、生产过程、施工过程、使用过程、废物处置过程等的分项评价和综合评价。综合"绿色"和"高性能"这两层含义可以得出：绿色高性能混凝土是指采用先进的现代化混凝土技术，在妥善的质量管理条件下，尽量少占用天然资源和能源，大量使用工业废弃物和城市垃圾制成的具有优良耐久性、工作性和经济适用性的混凝土。

4.4.7 高性能混凝土的评价

4.4.7.1 评价类别

（1）设计评价：对设计采用的混凝土进行评价；评价应在工程设计文件通过审查后进行；

（2）生产评价：对完成生产并交货的预拌混凝土进行评价；评价应在混凝土性能通过检验并符合工程设计和施工要求后进行；

（3）工程评价：对完成设计、生产和施工的混凝土进行评价；评价应在混凝土现浇结构或装配式结构分项工程验收后，并在设计评价可满足要求的条件下进行。

4.4.7.2 三类评价体系组成

设计评价体系应由混凝土性能方面指标组成；

生产评价体系应由原材料、配合比、制备、混凝土性能四方面指标组成；

工程评价体系应由原材料、配合比、制备、施工、混凝土性能五方面指标组成。

4.4.7.3 设计评价

控制项应符合下列规定：

（1）高性能混凝土力学性能设计应符合现行国家标准《混凝土结构设计规范》（GB 50010）和《建筑抗震设计规范（附条文说明）（2016年版）》（GB 50011）的规定；

（2）高性能混凝土耐久性能设计应符合现行国家标准《混凝土结构耐久性设计标准》（GB/T 50476）的规定。

4.4.7.4 生产评价

1. 原材料

高性能混凝土采用的原材料应符合国家现行标准的规定，原材料应符合工程验收要求，并且已经通过混凝土生产企业的验收，水泥强度等级不应低于42.5，所有原材料应对人体和环境无毒无害。

2. 评分项评分规定

评分项应包括水泥、矿物掺合料、外加剂、纤维、水等，原材料应为工程实际采用的原料，采用的原材料参与评分，未采用的原料不参与评分。

3. 配合比

高性能混凝土配合比设计应符合国家现行相关标准的规定；常规品高性能混凝土配合比应按强度和耐久性能进行设计，并应使混凝土达到设计与施工要求的混凝土力学性能、拌和物性能、长期性能和耐久性能。

（1）特制品高性能混凝土配合比应符合下列规定：

① 高强高性能混凝土配合比应按强度进行设计，并应使混凝土达到设计与施工要求的混凝土力学性能、拌和物性能、长期性能和耐久性能；

② 轻骨料高性能混凝土配合比应按强度和表观密度进行设计，尚应使混凝土达到设计与施工要求的力学性能、拌和物性能、长期性能、耐久性能、密度等级和热工性能；

③ 自密实高性能混凝土配合比应按强度和拌和物性能进行设计，应使混凝土达到施工要求的流动性、黏性、间隙通过性和抗离析性，并应达到设计要求的混凝土力学性能、长期性能和耐久性能；

④ 纤维高性能混凝土配合比应按设计要求的力学性能和抗裂性能进行设计，并应使混凝土达到设计与施工要求的混凝土力学性能、拌和物性能、长期性能和耐久性能。

（2）评分项评分应符合下列规定：

① 评分项应包括常规品高性能混凝土、特殊制品高性能混凝土配合比技术文件等；

② 配合比应为工程实际采用的配合比；

③ 工程实际采用的原材料与施工配合比通知单中的材料不一致则不能进行评分；

④ 施工配合比通知单中矿物掺合料用量应细化到采用的每种矿物掺合料。

4. 制备

（1）控制项

① 混凝土搅拌站（楼）应符合现行国家标准《建筑施工机械与设备 混凝土搅拌站（楼）》（GB/T 10171）的规定；

② 生产设备及绿色生产应满足现行行业标准《预拌混凝土绿色生产及管理技术规程》（JGJ/T 328）关于一星级的要求；

③ 预拌混凝土应符合现行国家标准《预拌混凝土》（GB/T 14902）的规定；

④ 严禁向搅拌运输车搅拌罐内的混凝土中加水。

（2）评分项评分应符合下列规定：

评分项应包括绿色生产、原材料进场；原材料计量、搅拌、运输等。

5.混凝土性能

（1）控制项应符合下列规定：

① 高性能混凝土力学性能和耐久性能应符合设计要求；

② 高性能混凝土应符合现行国家标准《预防混凝土碱骨料反应技术规范》（GB/T 50733）的规定；

③ 高性能混凝土拌和物性能应满足生产和施工的要求，拌和物中水溶性氯离子最大含量应满足表4.3的要求。

表4.3　高性能混凝土拌和物中水溶性氯离子最大含量

环境条件	水溶性氯离子最大含量（水泥用量的质量百分比，%）	
	钢筋混凝土	预应力混凝土
干燥环境	0.30	0.06
潮湿但不含氯离子的环境	0.20	
潮湿而含有氯离子的环境、盐渍土环境	0.10	
除冰盐等侵蚀性物质的腐蚀环境	0.06	

（2）评分项评分应符合下列规定：

① 评分项应包括强度等级、耐久性能、拌和物性能等；

② 除合成纤维高性能混凝土外的特制品高性能混凝土性能评价至少应对强度等级分项和拌和物性能分项进行评价；

③ 常规品高性能混凝土性能评价和合成纤维高性能混凝土性能评价应对强度等级指标、耐久性能指标和拌和物性能指标进行评价。

4.4.7.5　工程评价

工程评价原材料评分项与生产评价评分项的差异在于审查文件不同：工程评价原材料评分审查文件应以符合现行国家标准《建筑工程施工质量验收统一标准》（GB 50300）和《混凝土结构工程施工规范》（GB 50666）的规定的施工验收文件为依据；而工程评价原材料评分审查文件可采用除生产方外的、具有检验检测机构资质的检测机构出具的符合批检要求的批量检测报告为依据，也可以施工验收文件为依据。

养护是保证高性能混凝土达到预期性能的重要措施。由于高性能混凝土掺加较多的矿物掺合料和采用较低的水胶比，所以高性能混凝土强度发展、抗裂性能和耐久性能对养护十分敏感。养护制度是施工方案的重要组成部分，执行落实情况应在施工记录中反映，从混凝土外观也可以观察出养护是否充分。高性能混凝土养护主要应注意以下三个方面及其重要作用：

（1）及时覆盖，加强早期养护，可大大减少高性能混凝土早期收缩，抑制裂缝的产生；

（2）适当延长养护时间，有利于高性能混凝土中较大掺量的矿物掺合料发挥作用，并有利于抗裂；

（3）采取温控措施，如采用保温养护控制混凝土内部与表面的温差；控制养护用水温度与混凝土表面温度之间的温差；以及控制撤除养护措施时混凝土表面与外界的温差等。采取温控措施的主要目的是抑制混凝土内部温度应力引起混凝土裂缝。

1. 原材料

原材料的控制项应执行现行行业标准《高性能混凝土评价标准》（JGJ/T 385）的规定，其中原材料验收应改为原材料应符合工程验收要求，并且已经通过施工企业的验收。评分项应执行现行行业标准《高性能混凝土评价标准》（JGJ/T 385）的规定，审查文件一栏内容应按表 4.4 的规定执行。

表 4.4　原材料审查文件

分项	审查文件
水泥和矿物掺合料各分项	①水泥：产品合格证、出厂检验报告；矿物掺合料：产品合格证；②批量检测报告和混凝土分项工程原材料检验批质量验收记录
粗、细骨料各分项	批量检测报告和混凝土分项工程原材料检验批质量验收记录
外加剂、纤维各分项	①产品合格证、出厂检验报告；②批量检测报告和混凝土分项工程原材料检验批质量验收记录
水	水质检验报告、废水掺用技术文件

2. 配合比、制备

配合比的控制项和评分项应执行现行行业标准《高性能混凝土评价标准》（JGJ/T 385）第 5.2 节的规定。制备的控制项和评分项应执行现行行业标准《高性能混凝土评价标准》（JGJ/T 385）第 5.3 节的规定。

3. 施工

（1）控制项应符合下列规定：

① 施工应符合现行国家标准《混凝土质量控制标准》（GB 50164）、《建筑工程施工质量验收统一标准》（GB 50300）和《混凝土结构工程施工规范》（GB 50666）的规定，并应满足国家和地方关于绿色施工的要求；

② 应制定高性能混凝土施工方案，并应做施工记录；

③ 混凝土泵送和浇筑过程中严禁向混凝土中加水；

④ 用于预制制品的高性能混凝土养护应满足该制品生产工艺规定养护制度的要求。

（2）评分项评分应符合下列规定：

评分项应包括浇筑、养护等。

4. 混凝土性能

（1）控制项应执行现行行业标准《高性能混凝土评价标准》（JGJ/T 385）第 5.4.1 条的规定，并应补充 1 款：混凝土分项工程、现浇结构或装配结构分项工程应验收合格。

（2）评分项应执行现行行业标准《高性能混凝土评价标准》（JGJ/T 385）第5.4.2条的规定，其中表5.4.2中审查文件一栏内容应改为按表4.5规定执行。

表4.5 混凝土性能审查文件

分项	审查文件
强度等级	批量检测报告和混凝土分项工程质量验收记录
耐久性能	批量检测报告和混凝土分项工程质量验收记录
拌和物性能	施工记录和批量检测报告和混凝土分项工程质量验收记录

5 绿色施工与混凝土绿色生产

5.1 绿色施工

绿色施工是指在保证质量、安全等基本要求的前提下，通过科学管理和技术进步，最大限度地节约资源，减少对环境负面影响，实现"四节一环保"（节能、节材、节水、节地和环境保护）的建筑工程施工活动。

绿色施工作为建筑全寿命周期中的一个重要阶段，是实现建筑领域资源节约和节能减排的关键环节。实施绿色施工，应依据因地制宜的原则，贯彻执行国家、行业和地方相关的技术经济政策。绿色施工应是可持续发展理念在工程施工中全面应用的体现，绿色施工并不仅仅是指在工程施工中实施封闭施工，没有尘土飞扬，没有噪声扰民，在工地四周栽花、种草，实施定时洒水等这些内容，它涉及可持续发展的各个方面，如生态与环境保护、资源与能源利用、社会与经济的发展等内容。

绿色施工是可持续发展思想在工程施工中的应用体现，是绿色施工技术的综合应用。绿色施工技术并不是独立于传统施工技术的全新技术，而是用"可持续"的眼光对传统施工技术的重新审视，是符合可持续发展战略的施工技术。

绿色施工并不是很新的思维途径，承包商以及建设单位为了满足政府及大众对文明施工、环境保护及减少噪声的要求，为了提高企业自身形象，一般均会采取一定的技术来降低施工噪声、减少施工扰民、减少环境污染等，尤其在政府要求严格、大众环保意识较强的城市进行施工时，这些措施一般会比较有效。但是，大多数承包商在采取这些绿色施工技术时是比较被动、消极的，对绿色施工的理解也是比较单一的，还不能够积极主动地运用适当的技术、科学的管理方法以系统的思维模式、规范的操作方式从事绿色施工。它同绿色设计一样，涉及可持续发展的各个方面，如生态与环境保护、资源与能源利用、社会与经济发展等。真正的绿色施工应当是将"绿色方式"作为一个整体运用到施工中，将整个施工过程作为一个微观系统进行科学的绿色施工组织设计。绿色施工技术除了文明施工、封闭施工、减少噪声扰民、减少环境污染、清洁运输等外，还包括减少场地干扰、尊重基地环境，结合气候施工，节约水、电、材料等资源或能源，环保健康的施工工艺，减少填埋废弃物的数量，以及实施科学管理、保证施工质量等。

大多数承包商注重按承包合同、施工图纸、技术要求、项目计划及项目预算完成项目的各项目标，没有运用现有的成熟技术和高新技术充分考虑施工的可持续发展，绿色施工技术并未随着新技术、新管理方法的运用而得到充分的应用。施工企业更没有把绿色施工能力作为企业的竞争力，未能充分运用科学的管理方法采取切实可行的行动做到保护环境、节约能源。

5.1.1　施工原则

工程施工过程会严重扰乱场地环境，这一点对于未开发区域的新建项目尤其严重。场地平整、土方开挖、施工降水、永久及临时设施建造、场地废物处绿色施工管理等均会对场地上现存的动植物资源、地形地貌、地下水位等造成影响；还会对场地内现存的文物、地方特色资源等带来破坏，影响当地文脉的继承和发扬。因此，施工中减少场地干扰、尊重场地环境对于保护生态环境/维持地方文脉具有重要的意义。业主、设计单位和承包商应当识别场地内现有的自然、文化和构筑物特征，并通过合理的设计、施工和管理工作将这些特征保存下来。可持续的场地设计对于减少这种干扰具有重要的作用。就工程施工而言，承包商应结合业主、设计单位对承包商使用场地的要求，制定满足这些要求的、能尽量减少场地干扰的场地使用计划。施工现场办公区应布置在生产区域外，但应邻近生产区，需统筹安排布局，满足安全、消防、卫生防疫、环境保护等安排，以便紧急情况得到及时处理。施工单位应建立健全突发事件应急预案，突发事件应急处理流程图应包括安全通道示意图、领导小组名单、联系电话及常用急救电话等内容。计划中应明确：

（1）场地内哪些区域将被保护、哪些植物将被保护，并明确保护的方法。

（2）怎样在满足施工、设计和经济方面要求的前提下，尽量减少清理和扰动的区域面积，尽量减少临时设施、减少施工用管线。

（3）场地内哪些区域将被用作仓储和临时设施建设，如何合理安排承包商、分包商及各工种对施工场地的使用，减少材料和设备的搬动。

（4）各工种为了运送、安装和其他目的对场地通道的要求。

（5）废物将如何处理和消除，如有废物回填或填埋，应按相关要求分析其对场地生态、环境的影响。

（6）怎样将场地与公众隔离。

5.1.2　施工结合气候

承包商在选择施工方法、施工机械，安排施工顺序，布置施工场地时应结合气候特征。这可以减少因为气候原因而带来施工措施的增加，资源和能源用量的增加，有效地降低施工成本；可以减少因为额外措施对施工现场及环境的干扰；可以有利于施工现场环境质量品质的改善和工程质量的提高。

承包商要能做到施工结合气候，首先要了解现场所在地区的气象资料及特征，主要包括降雨、降雪资料，如全年降雨量、降雪量、雨季起止日期、一日最大降雨量等；气温资料，如年平均气温、最高、最低气温及持续时间等；风的资料，如风速、风向和风的频率等。

施工结合气候的主要体现如下：

（1）承包商应尽可能合理地安排施工顺序，使会受到不利气候影响的施工工序能够在不利气候来临时完成。如在雨季来临之前，完成土方工程、基础工程的施工，以减少地下水位上升对施工的影响，减少其他需要增加的额外雨期施工保证措施。

（2）安排好全场性排水、防洪，减少对现场及周边环境的影响。

（3）施工场地布置应结合气候，符合劳动保护、安全、防火的要求。产生有害气体和污染环境的加工场（如沥青熬制、石灰熟化）及易燃的设施（如木工棚、易燃物品仓库）应布置在下风向，且不危害当地居民；起重设施的布置应考虑风、雷电的影响。

（4）在冬期、雨期、风期、炎热夏期施工中，应针对工程特点，尤其是对混凝土工程、土方工程、深基础工程、水下工程和高空作业等，选择适合的季节性施工方法或有效措施。

5.1.3　绿色施工要求节水、节电、环保

建设项目通常要使用大量的材料、能源和水资源。减少资源的消耗，节约能源，提高资源利用效率、保护水资源是可持续发展的基本观点。施工中资源（能源）的节约主要有以下几方面内容：

（1）水资源的节约利用。通过监测水资源的使用，安装小流量的设备和器具，在可能的场所重新利用雨水或施工废水等措施来减少施工期间的用水量，降低用水费用。

（2）节约电能。通过监测利用率，安装节能灯具和设备、利用声光传感器控制照明灯具，采用节电型施工机械，合理安排施工时间等降低用电量，节约电能。

（3）减少材料的损耗。通过更仔细的采购，合理的现场保管，减少材料的搬运次数，减少包装，完善操作工艺，增加摊销材料的周转次数等降低材料在使用中的消耗，提高材料的使用效率。

（4）可回收资源的利用。可回收资源的利用是节约资源的主要手段，也是当前应加强的方向。主要体现在两个方面，一是使用可再生的或含有可再生成分的产品和材料，这有助于将可回收部分从废弃物中分离出来，同时减少了原始材料的使用，即减少了自然资源的消耗；二是加大资源和材料的回收利用、循环利用，如在施工现场建立废物回收系统，再回收或重复利用在拆除时得到的材料，这可减少施工中材料的消耗量或通过销售来增加企业的收入，也可降低企业运输或填埋垃圾的费用。

5.1.4　绿色施工要求减少环境污染，提高环境品质

工程施工中产生的大量灰尘、噪声、有毒有害气体、废物等会对环境品质造成严重的影响，也将有损于现场工作人员、使用者以及公众的健康。因此，减少环境污染，提高环境品质也是绿色施工的基本原则。提高与施工有关的室内外空气品质是该原则的最主要内容。施工过程中，扰动建筑材料和系统所产生的灰尘，从材料、产品、施工设备或施工过程中散发出来的挥发性有机化合物或微粒均会引起室内外空气品质问题。这些挥发性有机化合物或微粒会对健康构成潜在的威胁和损害，需要特殊的安全防护。这些威胁和损伤有些是长期的，甚至是致命的。而且在建造过程中，这些空气污染物也可能渗入邻近的建筑物，并在施工结束后继续留在建筑物内。这种影响尤其对那些需要在房屋使用者在场的情况下进行施工的改建项目更需引起重视。常用的提高施工场地空气品质的绿色施工技术措施可能有：

（1）制定有关室内外空气品质的施工管理计划。

（2）使用低挥发性的材料或产品。

（3）安装局部临时排风或局部净化和过滤设备。

（4）进行必要的绿化，经常洒水清扫，防止建筑垃圾堆积在建筑物内，贮存好可能造成污染的材料。

（5）采用更安全、健康的建筑机械或生产方式，如用商品混凝土代替现场混凝土搅拌，可大幅度地消除粉尘污染。

（6）合理安排施工顺序，尽量减少一些建筑材料，如地毯、顶棚饰面等对污染物的吸收。

（7）对于施工时仍在使用的建筑物而言，应将有毒的工作安排在非工作时间进行，并与通风措施相结合，在进行有毒工作时以及工作完成以后，用室外新鲜空气对现场通风。

（8）对于施工时仍在使用的建筑物而言，将施工区域保持负压或升高使用区域的气压会有助于防止空气污染物污染使用区域。

对于噪声的控制也是防止环境污染，提高环境品质的一个方面。当前中国已经出台了一些相应的规定对施工噪声进行限制。绿色施工也强调对施工噪声的控制，以防止施工扰民。合理安排施工时间，实施封闭式施工，采用现代化的隔离防护设备，采用低噪声、低振动的建筑机械如无声振捣设备等是控制施工噪声的有效手段。

5.1.5 实施科学管理、保证施工质量

实施绿色施工，必须要实施科学管理，提高企业管理水平，使企业从被动地适应转变为主动的响应，使企业实施绿色施工制度化、规范化。这将充分发挥绿色施工对促进可持续发展的作用，增加绿色施工的经济性效果，增加承包商采用绿色施工的积极性。企业通过 ISO14001 环境管理体系认证是提高企业管理水平，实施科学管理的有效途径。

实施绿色施工，尽可能减少场地干扰，提高资源和材料利用效率，增加材料的回收利用等，但采用这些手段的前提是要确保工程质量。好的工程质量，可延长项目寿命，降低项目日常运行费用，利于使用者的健康和安全，促进社会经济发展，本身就是可持续发展的体现。

1. 施工要求

（1）在临时设施建设方面，现场搭建活动房屋之前应按规划部门的要求取得相关手续。建设单位和施工单位应选用高效保温隔热、可拆卸循环使用的材料搭建施工现场临时设施，并取得产品合格证后方可投入使用。工程竣工后一个月内，选择有合法资质的拆除公司将临时设施拆除。

（2）在限制施工降水方面，建设单位或者施工单位应当采取相应方法，隔断地下水进入施工区域。因地下结构、地层及地下水、施工条件和技术等原因，使得采用帷幕隔水方法很难实施或者虽能实施，但增加的工程投资明显不合理的，施工降水方案经过专家评审并通过后，可以采用管井、井点等方法进行施工降水。

（3）在控制施工扬尘方面，工程土方开挖前施工单位应按《建筑工程绿色施工规范》（GB/T 50905—2014）的要求，做好洗车池和冲洗设施、建筑垃圾和生活垃圾分类密闭存放装置、沙土覆盖、工地路面硬化和绿色施工生活区绿化美化等工作。

（4）在渣土绿色运输方面，施工单位应按照要求，选用已办理"散装货物运输车辆准运证"的车辆，持"渣土消纳许可证"从事渣土运输作业。

（5）在降低声、光排放方面，建设单位、施工单位在签订合同时，注意施工工期安排及已签合同施工延长工期的调整，应尽量避免夜间施工。因特殊原因确需夜间施工的，必须到工程所在地区县建委办理夜间施工许可证，施工时要采取封闭措施降低施工噪声并尽可能减少强光对居民生活的干扰。

2. 措施与途径

（1）建设和施工单位要尽量选用高性能、低噪声、少污染的设备，采用机械化程度高的施工方式，减少使用污染排放高的各类车辆。

（2）施工区域与非施工区域间设置标准的分隔设施，做到连续、稳固、整洁、美观。硬质围栏/围挡的高度不得低于2.5m。

（3）易产生泥浆的施工，须实行硬地坪施工；所有土堆、料堆须采取加盖防止粉尘污染的遮盖物或喷洒覆盖剂等措施。

（4）施工现场使用的热水锅炉等必须使用清洁燃料。不得在施工现场熔融沥青或焚烧油毡、油漆以及其他产生有毒、有害烟尘和恶臭气体的物质。

（5）建设工程工地应严格按照防汛要求，设置连续、通畅的排水设施和其他应急设施。

（6）市区（距居民区1000m范围内）禁用柴油冲击桩机、振动桩机、旋转桩机和柴油发电机，严禁敲打导管和钻杆，控制高噪声污染。

（7）施工单位须落实门前环境卫生责任制，并指定专人负责日常管理。施工现场应设密闭式垃圾站，施工垃圾、生活垃圾分类存放。

（8）生活区应设置封闭式垃圾容器，施工场地生活垃圾应实行袋装化，并委托环卫部门统一清运。

（9）鼓励建筑废料、渣土的综合利用。

（10）对危险废弃物必须设置统一的标识分类存放，收集到一定量后，交有资质的单位统一处置。

（11）合理、节约使用水、电。大型照明灯须采用俯视角，避免光污染。

（12）加强绿化工作，搬迁树木须手续齐全；在绿化施工中科学、合理地使用与处置农药，尽量减少对环境的污染。

3. 地基与基础工程

桩基施工应选用低噪、环保、节能、高效的机械设备和工艺。地基与基础工程施工时，应识别场地内及周边现有的自然、文化和建（构）筑物特征，并采取相应保护措施。场内发现文物时，应立即停止施工，派专人看管，并通知当地文物主管部门。应根据气候特征选择施工方法、施工机械、安排施工顺序、布置施工场地。地基与基础工程施工应符合下列规定：①现场土、料存放应采取加盖或植被覆盖措施；②土方、渣土装卸车和运输车应有防止遗撒和扬尘的措施；③对施工过程产生的泥浆应设置专门的泥浆池或泥浆罐车存储。基础工程涉及的混凝土结构、钢结构、砌体结构工程应按现行国家标准的有关要求执行。

（1）桩基工程

成桩工艺应根据桩的类型、使用功能、土层特性、地下水位、施工机械、施工环境、施工经验、制桩材料供应条件等，按安全适用、经济合理的原则选择。混凝土灌注桩施工应符合下列规定：①灌注桩采用泥浆护壁成孔时，应采取导流沟和泥浆池等排浆及储浆措施；②施工现场应设置专用泥浆池，并及时清理沉淀的废渣。工程桩不宜采用人工挖孔成桩。当特殊情况采用时，应采取护壁、通风和防坠落措施。在城区或人口密集地区施工混凝土预制桩和钢桩时，宜采用静压成桩工艺。静力压桩宜选择液压式和绳索式压桩工艺。工程桩桩顶剔除部分的再生利用应符合现行国家标准《工程施工废弃物再生利用技术规范》（GB/T 50743）的规定。

（2）主体结构工程

预制装配式结构构件宜采取工厂化加工，构件的存放和运输应采取防止变形和损坏的措施，构件的加工和进场顺序应与现场安装顺序一致，不宜二次倒运。基础和主体结构施工应统筹安排垂直和水平运输机械。施工现场宜采用预拌混凝土和预拌砂浆。现场搅拌混凝土和砂浆时，应使用散装水泥，搅拌机棚应有封闭降噪和防尘措施。

（3）模板工程

模板工程应编制专项施工方案，滑模、爬模等工具式模板工程及高大模板支架工程的专项施工方案，应进行技术论证。模板及支架应根据施工过程中的各种工况进行设计，应具有足够的承载力和刚度，并应保证其整体稳固性。模板及支架应保证工程结构和构件各部分形状、尺寸和位置准确，且应便于钢筋安装和混凝土浇筑、养护，应防止漏浆。应选用周转率高的模板和支架，模板宜选用可回收利用高的塑料、铝合金等材料，宜使用大模板、定型模板、爬升模板和早拆模板等工业化模板及支架。当采用木或竹制模板时，宜采取工厂化定型加工、现场安装的方式，不得在工作面上直接加工拼装。在现场加工时，应设封闭场所集中加工，并采取隔声和防粉尘污染措施。模板安装精度应符合现行国家标准《混凝土结构工程施工质量验收规范》（GB 50204）的要求。设计模板时，应进行模板侧压力计算，采用内部振捣器时，当浇筑速度小于等于6m/h且坍落度小于150mm时，新浇筑的混凝土作用于模板的最大侧压力标准值G可按式（5.1）计算；当浇筑速度大于6m/h且坍落度大于150mm时，G可按式（5.2）计算；如果按式（5.1）、式（5.2）计算的结果大于按式（5.3）计算的结果时，G应取按式（5.3）计算的结果。

$$G = 0.22\gamma_c t_0 \beta_1 \beta_2 V^{\frac{1}{2}} \tag{5.1}$$

$$G = 0.3\gamma_c t_0 V^{\frac{1}{5}} \tag{5.2}$$

$$G = \gamma_c H \tag{5.3}$$

式中　G——新浇筑混凝土对模板的最大侧压力（kN/m^2）；

　　　γ_c——混凝土的重力密度（kN/m^3）；

　　　t_0——新浇混凝土的初凝时间（h），可按实测确定；当缺乏试验资料时可采用 $t_0 = 200/(T+15)$ 计算（T 为混凝土的温度，$^\circ C$）；

　　　V——混凝土的浇筑速度（m/h）；

　　　H——混凝土侧压力计算位置处至新浇筑混凝土顶面的总高度（m）；

　　　β_1——外加剂影响修正系数：不掺外加剂时取1.0，掺具有缓凝作用的外加剂时取1.2；

　　　β_2——混凝土坍落度影响修正系数：当坍落度小于50mm时，取0.85；当坍落度大于等于50mm、小于110mm时，取1.0；当坍落度大于等于110mm时，取1.15。

对跨度不小于 4m 的梁、板，其模板施工起拱高度宜为梁、板跨度的 $1/1000\sim 3/1000$。起拱不得减少构件的截面高度。模板与混凝土接触面应清理干净并涂刷脱模剂，脱模剂不得污染钢筋和混凝土接槎处，脱模剂应选用环保型产品，剩余部分应加以利用。

模板拆除时，可采取先支的后拆、后支的先拆，先拆非承重模板、后拆承重模板的顺序，并应从上而下进行拆除。当混凝土强度能保证其表面及棱角不受损伤时，方可拆除侧模。底模及支架应在混凝土强度达到设计要求后再拆除，当设计无具体要求时，同条件养护的混凝土立方体试件抗压强度应符合表 5.1 的规定。后张预应力混凝土结构构件，侧模宜在预应力筋张拉前拆除，底模及支架不应在结构构件建立预应力前拆除。拆下的模板及支架杆件不得抛掷，应分散堆放在指定地点，并应及时清运。模板拆除后应将其表面清除干净，对变形和损伤部位应进行修复。

表 5.1　底模拆除时的混凝土强度要求

构件类型	构件跨度（m）	达到设计混凝土强度等级值的百分率（%）
板	≤2	≥50
	>2，≤8	≥75
	>8	≥100
梁、拱、壳	≤8	≥75
	>8	≥100
悬臂结构		≥100

（4）混凝土工程

施工单位应对混凝土运输车和泵机设备经过的施工现场进行有效硬化，施工单位应设置相应设施，对混凝土运输及泵送设备进行有效清洁。预拌混凝土生产企业应使用低噪声混凝土运输及泵送设备，预拌混凝土的泵送需要润管时，宜选择使用润管剂以代替润管砂浆，减少对水泥、砂子等原材料的消耗，同时也减少对环境的污染；当现场确需使用润管砂浆时，宜尽量使用同标号砂浆，即能满足润管需要，又可满足结构所需。预拌混凝土企业应与施工单位建立信息联动，合理调配资源。

混凝土宜采用泵送、布料机布料浇筑，地下大体积混凝土宜采用溜槽或串筒浇筑。超长无缝混凝土结构宜采用滑动支座法、跳仓法和综合治理法施工，当裂缝控制要求较高时，可采用低温补仓法施工。混凝土振捣应采用低噪声振捣设备，也可采取围挡等降噪措施，在噪声敏感环境或钢筋密集时，宜采用自密实混凝土。混凝土宜采用塑料薄膜加保温材料覆盖保湿、保温养护，当采用洒水或喷雾养护时，养护用水宜使用回收的基坑降水或雨水，混凝土竖向构件宜采用养护剂进行养护。混凝土结构宜采用清水混凝土，其表面应涂刷保护剂。混凝土浇筑余料应制成小型预制件，或采用其他措施加以利用，不得随意倾倒。清洗泵送设备和管道的污水应经沉淀后回收利用，浆料分离后可作室外道路、地面等垫层的回填材料。

在混凝土配合比设计时，应减少水泥用量，增加工业废料、矿山废渣的掺量，当混凝土中添加粉煤灰时，宜利用其后期强度。

《混凝土结构工程施工规范》（GB 50666—2011）规定，施加预应力时，混凝土强度应符合设计要求，且同条件养护的混凝土立方体抗压强度应符合下列规定：①不应低于设计混凝土强度等级值的 75%；②采用消除应力钢丝或钢绞线作为预应力筋的先张法构件，尚不应低于 30MPa；③不应低于锚具供应商提供的产品技术手册要求的混凝土最低强度要求；④后张法预应力梁和板，现浇结构混凝土的龄期分别不宜小于 7d 和 5d。为防止混凝土早期裂缝而施加预应力时，可不受此限制，但应满足局部受压承载力的要求。《公路桥涵施工技术规范》（JTG/T 3650—2020）规定，预应力筋的张拉或放张时结构或构件混凝土的强度、弹性模量（或龄期）应符合设计规定，设计未规定时，混凝土的强度应不低于设计强度等级值的 80%，弹性模量应不低于混凝土 28d 弹性模量的 80%，当采用混凝土龄期代替弹性模量控制时应不少于 5d。

5.2 混凝土绿色生产

预拌混凝土绿色生产是指在预拌混凝土选材、设计、生产、供应及产品评估管理中，以资源节约、环境保护、职业健康为核心，以管理和技术为手段，通过混凝土生产全过程要素的控制及优化，最大限度节约资源，降低生产活动对环境造成的不利影响，保护从业人员的安全和健康。预拌混凝土生产流程中的选材、配合比设计、生产、供应活动和产品性能均对混凝土绿色生产管理影响重大，主要包括以下几方面：

（1）节水、节地、节能和节材，确保资源利用率最大化；

（2）降低噪声、降低粉尘、回收污水和利用废渣，确保环境污染率最小化；

（3）优化厂区建设，确保生产环节过程中的健康、安全和环保。

在预拌混凝土绿色生产前，对规划和拟建设项目实施后可能造成的环境影响进行分析、预测和评估，提出预防或减轻不良环境影响的对策和措施，并进行跟踪监测。预拌混凝土绿色生产能实现预拌混凝土生产过程中产生的废水、废浆的循环利用，应充分利用可再生资源，包括风能、太阳能、水能、生物质能、地热能等。

新建企业必须在建设前委托具有相应资质的第三方监测评估机构承担环境影响评估，选址应避开环境敏感区，应远离居民集中居住区，企业建成须经验收合格后，取得相应资质方可生产。生产企业应设置能够满足绿色生产管理要求的组织管理机构，建立完善的绿色生产管理制度，并将混凝土绿色生产管理制度纳入内部体系文件，同时应配备相应的专业技术人员及设备，定期开展教育培训、自检、考核和评比，增强各岗位人员的绿色生产管理和安全生产意识。生产企业应对生产性污水、粉尘、噪声及废弃物进行控制、处理及合理回收利用，每年均应定期委托有资质的监测单位对有组织和无组织粉尘排放、噪声排放进行监测，环境监察部门检查时企业需出具相应监测报告。预拌混凝土生产企业应按合同约定和相关标准、规范的要求，组织好原材料、生产设备、运输车辆等生产资料，科学生产、合理调度，防止质量事故发生，减少废料的产生。

1. 设备要求

生产、运输、输送、试验设备等应优先选用低噪声、低能耗、低排放等先进技术设备，相关指标应满足环保标准要求，严禁使用国家明令禁止的淘汰设备。生产设备（运输、输送、锅炉等）宜使用清洁能源，所使用的能源应符合环保要求。搅拌楼（站）生产过程中的进料、上料、计量、配料、搅拌等环节必须采取封闭措施，以降低噪声污染和减少粉尘排放，排放应满足《工业企业厂界环境噪声排放标准》（GB 12348—2008）和《建筑施工场界环境噪声排放标准》（GB 12523—2011）的要求。搅拌层与称量层平台应设有清洁冲洗设施，冲洗废水应排入生产废水处理系统。

搅拌主机、筒仓必须安装收（集）尘设施，且必须保持设施功能完好，粉料筒仓除吹灰管及除尘器出口外，不得再有其他出口，吹灰管应采用硬式密闭接口。粉料筒仓应安装料位控制系统和满仓报警系统，料位控制系统显示装置位置应便于吹灰上料人员控制。当条件允许时，宜设置专用密闭的停车粉料吹灰房，粉料运输车自带的气泵会产生较大噪声，企业宜配置专用空气压缩装置以辅助卸料，有效降低噪声，吹灰房按要求进行完全封闭，并在封闭墙体中使用隔声板材，以防止粉尘和噪声污染。液剂储存罐体必须固定和密闭，并应安装料位控制系统、满仓报警系统和均化装置，如内置式搅拌系统、管道循环系统或气动均化装置。在日常生产管理中，应及时清理搅拌主机卸料口下地面的混凝土废料等杂物，保持地面清洁。

预拌混凝土企业必须建封闭式料场，骨料堆场地面应硬化处理，并采取有效的排水措施，必须对料场及配料机构（含地仓式）一起封闭，高度与宽度应能满足装卸料、转运及配料的要求，应加装强制除尘及收尘装置。

企业应配置设备维修保养车间，并加强对废旧配件、油液等的集中回收处理，严禁随地丢弃。企业配备相应的清洗设备，保持生产、运输、泵送等设备清洁。企业配置与产能相匹配的混凝土废料回收设备和生产废水处理系统，粉体废料进入密闭式垃圾储存设施，生产废料和废水进行处理，企业应配置混凝土回收分离清洗设备，对废混凝土进行砂石分离清洗，清洗后的砂石继续用于混凝土生产，泥浆水进行集中回收沉淀处理后用于生产，或经过试验验证后将泥浆水进行合理安全的直接用于生产，不得无序排放。沉淀池底部及四周应硬化处理，防止渗漏，并及时清理。

厂区道路及生产作业区的地面必须硬化处理，场地承载力应满足使用功能要求。厂区道路保持清洁，车辆行驶时应无明显可见扬尘，厂区门前道路与环境应按"门前三包"要求进行管理，办公区、生活区未硬化的空地应进行绿化或覆盖。厂区内办公设施的建设应遵循节地和节能的原则，办公设施的室内外采光和通风应满足标准《绿色建筑评价标准》（GB/T 50378—2019）的相关规定，并设置密闭式垃圾储存设施，生产和生活垃圾须分类存放，并应及时清理。靠噪声敏感区的一侧，应安装隔声设施。厂区排水系统应采用雨、污水分流系统，生活污水的处理应按环评批准书实施，并满足规范要求。

2. 选材和设计

预拌混凝土企业所选择的混凝土原材料应符合现行国家标准《建筑材料放射性核素限量》（GB 6566）的规定。原材料选择应减少对不可再生资源的消耗，宜选用可再生资源，综合利用粉煤灰、矿渣、炉渣、石灰石粉及尾矿等工业废料经过加工处理制成混凝土矿物掺合料，以替代混凝土水泥用量，降低对水泥的消耗，降低混凝土生产成本和对环境的污染。通过技术手段，在保证混凝土材料性能的基础上，循环利用废弃的混凝土固体废料，扩展对再生混凝土的研发和生产运用，以降低混凝土固体废料对环境的污染，实现混凝土生产企业的"零排放"，再生混凝土的性能指标须满足相关标准规范要求。预拌混凝土生产宜选用高性能和环保型外加剂，外加剂应符合现行国家标准的规定，混凝土外加剂中释放氨量应符合现行国家标准《混凝土外加剂中释放氨的限量》(GB 18588) 的规定。循环利用生产废水、废浆生产混凝土时，废水应符合现行行业标准《混凝土用水标准》(JGJ 63) 的要求，废浆应通过试验验证后方可使用；利用混凝土废料分离后产生的砂、石生产混凝土时，砂、石质量应符合现行行业标准《普通混凝土用砂、石质量及检验方法标准》(JGJ 52) 的规定。

预拌混凝土生产宜选用人工砂。人工砂的应用应满足现行行业标准《人工砂混凝土应用技术规程》(JGJ/T 241) 的规定。混凝土配合比设计应根据混凝土强度等级、施工性能、长期性能和耐久性能等要求，在满足工程设计和施工要求的条件下，遵循低水泥用量、低用水量和低收缩性能的原则，按现行行业标准《普通混凝土配合比设计规程》(JGJ 55) 的规定进行。生产单位可根据常用材料设计出常用的混凝土配合比备用，并应在启用过程中予以验证或调整。遇有下列情况之一时，应重新进行配合比设计：水泥、外加剂或矿物掺合料等原材料品种、质量有显著变化时，对混凝土性能有特殊要求时，应重新进行混凝土配合比设计。

3. 生产管理

预拌混凝土生产企业应采用生产自动化系统，对生产流程进行严格管理，建立管理台账，并应记录任务下达、流转、执行、客户反馈等相关信息。预拌混凝土生产企业应定期对收（集）尘、降噪等环保设施进行维护保养。计量器具应按规定由法定计量部门定期检定（或校准），定期做好维护保养工作。生产过程中产生的废弃物应及时处理。混凝土原材料输送应配备密闭装置，不宜使用袋装粉料。液体外加剂的储存、输送及计量应采取密闭和防渗漏措施。

4. 安全生产和职业健康

预拌混凝土生产企业法定代表人或总经理应负责对企业职业健康安全的全面管理工作，健康安全管理负责人需持证上岗，应采取相应的职业健康、安全生产和环境保护措施，企业应对参观及临时外来工作人员进行进场前的个人安全提醒及要求，其进入生产区域时，必须佩戴安全帽等防护装备，并应有企业相关部门人员陪同，保证人员的健康安全和现场的文明整洁。办公区、生活区应与生产区分开设置，并保持一定的安全距离。厂区应明示厂区平面图和安全生产、消防保卫、环境保护等制度，并应公示突发事件应急处理流程。厂区内搅拌楼及罐体、料场大棚等结构应与输电导线保持安全距离，采用绝缘材料进行安全保护。厂区出入口、车辆通行要道、搅拌楼（站）、粉料储存罐体、输送皮带、堆料场及装载机上料运转区域、水池及基坑边沿、高坎及有危险气体和液体存放处等危险部位，应设置明显的安全警示标志。

企业应符合现行国家标准《职业健康安全管理体系 要求及使用指南》(GB/T 45001) 的规定。预拌混凝土企业应在易产生职业病危害的作业岗位、设备、场所设置警示标识。企业应为从业人员配备必要的安全帽、安全带及与所从事工种相匹配的安全鞋、工作服、防护面罩、眼罩、耳塞等个人劳动保护用品，定期对从事有毒有害作业人员进行职业健康培训和体检，监督作业人员正确使用职业病防护设备和个人劳动保护用品。所有外来人员都必须经企业行政管理部门或办公室许可并进行登记，在领取并正确佩戴相应的个人劳动保护用品后方可进入厂区。

5. 运输管理

预拌混凝土企业应制定相应的运输管理规章制度，严格按当地交通、路政和环保等相关部门管理要求执行，不得超载，脏车和故障车严禁上路行驶。运输车应符合机动车污染物排放标准要求，原材料运输车必须遮盖或封闭，不得遗撒，粉料运输车罐体必须密闭，装料完毕后当进行罐体外清洁处理，以减小或防止运输中的扬尘污染，原材料的装卸应采取适当的措施降低噪声和粉尘污染。搅拌运输车外观应保持清洁，混凝土运输前应合理选择运输路线，应按额定载重量、规定速度运行，严禁超载、超速，运输车入料口与卸料斗（槽）装料及卸料完毕后应及时清理，行驶前应固定滑槽等活动部件，装料及载料运输过程中罐体须按规定匀速旋转，以保证混凝土拌和物的均质性。运输车在驶离生产厂区或施工现场前应进行冲洗，清洗车辆、设备宜使用回收循环水，严禁车轮带泥上路。

6. 混凝土搅拌

混凝土搅拌方式分为预拌混凝土搅拌站搅拌、现场集中搅拌和现场小规模搅拌。预拌混凝土搅拌站和现场集中搅拌的混凝土搅拌站应选择具有自动计量装置的搅拌设备；现场小规模搅拌混凝土，宜采用符合现行国家标准《建筑施工机械与设备 混凝土搅拌机》（GB/T 9142）相关规定的强制式搅拌机。混凝土搅拌应计量准确，搅拌均匀，各项匀质性指标应符合设计要求。混凝土搅拌时应对原材料用量进行计量，计量应符合下列规定：

（1）计量设备的精度应满足现行国家标准《建筑施工机械与设备 混凝土搅拌站（楼）》（GB 10171）的有关规定，应具有法定计量部门签发的有效检定证书，并应定期校验。使用前应进行零点校准。

（2）各种原材料的计量应按质量计，水和外加剂溶液可按体积计，其允许偏差应符合表5.2的规定。

表 5.2　混凝土原材料计量允许偏差（%）

原材料品种	水泥	砂	碎石	水	掺合料	外加剂
每盘计量允许偏差	±2	±3	±3	±2	±2	±2
累计计量允许偏差	±1	±2	±2	±1	±1	±1

注：1. 现场搅拌时原材料计量允许偏差应满足每盘计量允许偏差要求。
　　2. 累计计量允许偏差是指每一运输车中各盘混凝土的每种材料计量称的偏差。该项指标仅适用于采用微机控制计量的搅拌站。
　　3. 骨料含水率应经常测定，且雨天施工应增加测定次数。

当采用先拌水泥净浆法、先拌砂浆法、水泥裹砂法或水泥裹砂石法等分次投料搅拌工艺控制混凝土时，除应符合有关规定外，应结合搅拌设备及原材料进行试验，确定搅拌时分次投料的顺序、数量及分段搅拌的时间等工艺参数，并严格按确定的工艺参数和操作规程进行生产，以保证获得符合设计要求的混凝土拌和物。粉煤灰宜与水泥同步投料；外加剂投料宜滞后于水和水泥。混凝土搅拌的最短时间可按表5.3采用。对于双卧轴强制式搅拌机，可在保证搅拌均匀的情况下适当缩短搅拌时间。

表 5.3 混凝土搅拌的最短时间 (s)

混凝土坍落度（mm）	搅拌机机型	搅拌机出料量（L）		
		<250	250～500	>500
≤40	强制式	60	90	120
>40 且<100	强制式	60	60	90
≥100	强制式	60		

注：1. 混凝土搅拌的最短时间是指全部材料装入搅拌筒中起，到开始卸料止的时间；
    2. 当掺有外加剂与矿物掺合料时，搅拌时间应适当延长；
    3. 当采用其他形式的搅拌设备时，搅拌的最短时间应按设备说明书的规定或经试验确定；
    4. 采用自落式搅拌机时，搅拌时间宜延长 30s。

对首次使用的配合比或配合比使用间隔时间超过三个月时应进行开盘鉴定，开盘鉴定应包括①生产使用的原材料应与配合比设计一致；②混凝土拌和物性能应满足施工要求；③混凝土强度；④混凝土凝结时间；⑤工程有要求时，尚应包括混凝土耐久性能等。

5.3 质量验收

5.3.1 混凝土原材料

预拌混凝土的原材料质量、制备等应符合现行国家标准《预拌混凝土》（GB/T 14902）的规定。

水泥进场时，应对其品种、代号、强度等级、包装或散装仓号、出厂日期等进行检查，并应对水泥的强度、安定性和凝结时间进行检验，检验结果应符合现行国家标准《通用硅酸盐水泥》（GB 175）的相关规定。当对水泥质量有怀疑或水泥出厂超过三个月时，或快硬硅酸盐水泥超过一个月时，应进行复验并按复验结果使用。检查数量：按同一厂家、同一品种、同一代号、同一强度等级、同一批号且连续进场的水泥，袋装不超过 200t 为一批，散装不超过 500t 为一批，每批抽样数量不应少于一次。检验方法：检查质量证明文件和抽样检验报告，质量证明文件包括有效的型式检验报告、出厂检验报告与合格证。

混凝土外加剂进场时，应对其品种、性能、出厂日期等进行检查，并应对外加剂的相关性能指标进行检验，其结果应符合现行国家标准《混凝土外加剂》（GB 8076）和《混凝土外加剂应用技术规范》（GB 50119）的规定。检查数量：按同一厂家、同一品种、同一性能、同一批号且连续进场的混凝土外加剂，不超过 50t 为一批，每批抽样数量不应少于一次。检验方法：检查质量证明文件和抽样检验报告，质量证明文件包括有效的型式检验报告、出厂检验报告、合格证。

水泥、外加剂进场检验，当满足下列条件之一时，其检验批容量可扩大 1 倍：①获得认证的产品；②同一厂家、同一品种、同一规格的产品，连续三次进场检验均一次检验合格。

混凝土用矿物掺合料进场时，应对其品种、性能、出厂日期等进行检查，并应对矿物掺合料的相关性能指标进行检验，检验结果应符合国家现行有关标准的规定。检查数量：按同一厂家、同一品种、同一批号且连续进场的矿物掺合料，粉煤灰、矿渣粉、尾矿渣粉和复合矿物掺合料不超过 200t 为一批，沸石粉不超过 120t 为一批，硅灰不超过 30t 为一批，每批抽样数量不应少于一次。检验方法：检查质量证明文件和抽样检验报告，质量证明文件包括有效的型式检验报告、出厂检验报告、合格证。

混凝土原材料中的粗骨料、细骨料质量应符合现行行业标准《普通混凝土用砂、石质量及检验方法标准》（JGJ 52）的规定，使用经过净化处理的海砂应符合现行行业标准《海砂混凝土应用技术规范》（JGJ 206）的规定，再生混凝土骨料应符合现行国家标准《混凝土用再生粗骨料》（GB/T 25177）和《混凝土和砂浆用再生细骨料》（GB/T 25176）的规定。检查数量：按现行行业标准《普通混凝土用砂、石质量及检验方法标准》（JGJ 52）的规定确定。检验方法：检查抽样检验报告。

混凝土拌制及养护用水应符合现行行业标准《混凝土用水标准》（JGJ 63）的规定；采用饮用水作为混凝土用水时，可不检验；采用中水、搅拌站清洗水、施工现场循环水等其他水源时，应对其成分进行检验。检查数量：同一水源检查不应少于一次。检验方法：检查水质检验报告。

5.3.2　混凝土拌和物

预拌混凝土进场时，其质量应符合现行国家标准《预拌混凝土》（GB/T 14902）的规定。检查数量：全数检查。检验方法：检查质量证明文件。预拌混凝土的质量证明文件主要包括混凝土配合比通知单、混凝土质量出厂合格证、强度检验报告、必要的原材料合格检验报告、混凝土运输单以及合同规定的其他资料。由于混凝土的强度试验需要一定的龄期，因此报告可以在达到规定龄期后提供。混凝土拌和物不应离析。检查数量：全数检查。检验方法：观察。混凝土中氯离子含量和碱总含量应符合现行国家标准《混凝土结构设计规范》（GB 50010）的规定和设计要求。检查数量：同一配合比的混凝土检查不应少于一次。检验方法：检查原材料试验报告和氯离子、碱的总含量计算书。

首次使用的混凝土配合比应进行开盘鉴定，其原材料、强度、凝结时间、稠度等应满足设计配合比的要求。检查数量：同一配合比的混凝土检查不应少于一次。检验方法：检查开盘鉴定资料和强度试验报告。

混凝土拌和物稠度应满足施工方案的要求，混凝土的强度等级必须符合设计要求，用于检验混凝土强度的试件应在浇筑地点随机抽取。检查数量：对同一配合比混凝土，取样与试件留置应符合下列规定：①每拌制 100 盘且不超过 100m³ 时，取样不得少于一次；②每工作班拌制不足 100 盘时，取样不得少于一次；③每一楼层取样不得少于一次；④当一次连续浇筑不大于 1000m³ 时，取样不应少于 10 次；⑤当一次连续浇筑 1000～5000m³ 时，超出 1000m³ 的，每增加 500m³ 取样不应少于一次，增加不足 500m³ 时取样一次；⑥当一次连续浇筑大于 5000m³ 时，超出 5000m³ 的，每增加 1000m³ 取样不应少于一次，增加不足 1000m³ 时取样一次；⑦每次取样应至少留置一组试件。检验方法：检查稠度抽样检验记录、施工记录及混凝土强度试验报告。

5.3.3　混凝土强度及耐久性

混凝土强度应按现行国家标准《混凝土强度检验评定标准》（GB/T 50107）的规定分批检验评定，划入同一检验批的混凝土，其施工持续时间不宜超过 3 个月。检验评定混凝土强度时，应采用 28d 或设计规定龄期的标准养护试件。试件成型方法及标准养护条件应符合现行国家标准《混凝土物理力学性能试验方法标准》（GB/T 50081）的规定。采用蒸汽养护的构件，其试件应先随构件同条件养护，然后置入标准养护条件下继续养护至 28d 或设计规定龄期。当采用非标准尺寸试件时，应将其抗压强度乘以尺寸折算（换算）系数，折算成边长为 150mm 的标准尺寸试件抗压强度，尺寸折算系数应按现行国家标准《混凝土强度检验评定标准》（GB/T 50107）采用。当混凝土强度等级不小于 C60 时，宜采用标准尺寸试件，当采用非标准尺寸试件时，尺寸折算（换算）系数应经试验确定。

《混凝土结构工程施工规范》（GB 50666—2011）规定，施加预应力时，混凝土强度应符合设计要求，且同条件养护的混凝土立方体抗压强度应符合下列规定：①不应低于设计混凝土强度等级值的 75%；②采用消除应力钢丝或钢绞线作为预应力筋的先张法构件，尚不应低于 30MPa；③不应低于锚具供应商提供的产品技术手册要求的混凝土最低强度要求；④后张法预应力梁和板，现浇结构混凝土的龄期分别不宜小于 7d 和 5d。为防止混凝土早期裂缝而施加预应力时，可不受此限制，但应满足局部受压承载力的要求。《公路桥涵施工技术规范》（JTG/T 3650—2020）规定，施加预应力时，结构或构件混凝土的强度、弹性模量（或龄期）应符合设计要求，设计未规定时，混凝土的强度应不低于设计强度等级值的 80%，弹性模量应不低于混凝土 28d 弹性模量的 80%，当采用混凝土龄期代替弹性模量控制时应不少于 5d。

当混凝土试件强度评定不合格时，可采用非破损或局部破损的检测方法，并按国家现行有关标准的规定对结构构件中的混凝土强度进行推定，推定强度可作为结构是否需要处理的依据。当混凝土结构施工质量不符合要求时，应按下列规定进行处理：①经返工、返修或更换构件、部件的，应重新进行验收；②经有资质的检测机构按国家现行有关标准检测鉴定达到设计要求的，应予以验收；③经有资质的检测机构按国家现行有关标准检测鉴定达不到设计要求，但经原设计单位核算并确认仍可满足结构安全和使用功能的，可予以验收；④经返修或加固处理能够满足结构可靠性要求的，可根据技术处理方案和协商文件进行验收。混凝土有耐久性指标如抗冻性能、抗水渗透性能、抗硫酸盐侵蚀性能、抗氯离子渗透性能、抗碳化性能和早期抗裂性能等要求时，应按现行行业标准《混凝土耐久性检验评定标准》（JGJ/T 193）的规定检验评定。

大批量、连续生产的同一配合比混凝土，混凝土生产单位应提供基本性能试验报告，大批量、连续生产一般指生产量为 2000m³ 以上。混凝土在浇筑前，其生产单位应提供稠度、凝结时间、坍落度经时损失、泌水、表观密度等基本性能指标，当设计有要求时，应按设计要求提供相应的性能指标。根据国家现行有关标准规定，混凝土的基本性能主要包括稠度、凝结时间、坍落度经时损失、泌水与压力泌水、表观密度、含气量、抗压强度、轴心抗压强度、静力受压弹性模量、劈裂抗拉强度、抗折强度（弯拉强度）、抗冻性能、动弹性模量、抗水渗透、抗氯离子渗透、收缩性能、早期抗裂、受压徐变、碳化性能、混凝土中钢筋锈蚀、抗压疲劳变形、抗硫酸盐侵蚀和碱-骨料反应等。

混凝土有耐久性指标要求时，应在施工现场随机抽取试件进行耐久性检验，其检验结果应符合国家现行有关标准的规定和设计要求。检查数量：同一配合比的混凝土，取样不应少于一次，留置试件数量应符合国家现行标准《普通混凝土长期性能和耐久性能试验方法标准》（GB/T 50082）、《混凝土耐久性检验评定标准》（JGJ/T 193）和《地下防水工程质量验收规范》（GB 50208）的规定。连续浇筑防水混凝土每 500m³ 应留置一组 6 个抗渗试件，且每项工程不得少于两组，采用预拌混凝土的抗渗试件留置组数应视结构的规模和要求而定。检验方法：检查试件耐久性试验报告。

混凝土有抗冻要求时，应在施工现场进行混凝土含气量检验，其检验结果应符合国家现行有关标准的规定和设计要求。检查数量：同一配合比的混凝土，取样不应少于一次，取样数量应符合现行国家标准《普通混凝土拌合物性能试验方法标准》（GB/T 50080）的规定。检验方法：检查混凝土含气量检验报告。

后浇带的留设位置应符合设计要求，后浇带和施工缝的留设及处理方法应符合施工方案要求。检查数量：全数检查。检验方法：观察。

混凝土浇筑完毕后应及时进行养护，养护时间以及养护方法应符合施工方案要求。检查数量：全数检查。检验方法：观察，检查混凝土养护记录。

5.3.4 现浇结构分项工程

现浇结构质量验收应符合下列规定：①现浇结构质量验收应在拆模后、混凝土表面未做修整和装饰前进行，并应做出记录；②已经隐蔽的不可直接观察和量测的内容，可检查隐蔽工程验收记录；③修整或返工的结构构件或部位应有实施前后的文字及图像记录。现浇结构的外观质量缺陷应由监理单位、施工单位等各方根据其对结构性能和使用功能影响的严重程度按表 5.4 确定。

表 5.4 现浇结构外观质量缺陷

名称	现象	严重缺陷	一般缺陷
露筋	构件内钢筋未被混凝土包裹而外露	纵向受力钢筋有露筋	其他钢筋有少量露筋
蜂窝	混凝土表面缺少水泥砂浆而形成石子外露	构件主要受力部位有蜂窝	其他部位有少量蜂窝
孔洞	混凝土中孔穴深度和长度均超过保护层厚度	构件主要受力部位有孔洞	其他部位有少量孔洞
夹渣	混凝土中夹有杂物且深度超过保护层厚度	构件主要受力部位有夹渣	其他部位有少量夹渣
疏松	混凝土中局部不密实	构件主要受力部位有疏松	其他部位有少量疏松
裂缝	缝隙从混凝土表面延伸至混凝土内部	构件主要受力部位有影响结构性能或使用功能的裂缝	其他部位有少量不影响结构性能或使用功能的裂缝
连接部位缺陷	构件连接处混凝土有缺陷及连接钢筋、连接件松动	连接部位有影响结构传力性能的缺陷	连接部位有基本不影响结构传力性能的缺陷
外形缺陷	缺棱掉角、棱角不直、翘曲不平、飞边凸肋等	清水混凝土构件有影响使用功能或装饰效果的外形缺陷	其他混凝土构件有不影响使用功能的外形缺陷
外表缺陷	构件表面麻面、掉皮、起砂、沾污等	具有重要装饰效果的清水混凝土构件有外表缺陷	其他混凝土构件有不影响使用功能的外表缺陷

装配式结构现浇部分的外观质量、位置偏差、尺寸偏差验收应符合要求；预制构件与现浇结构之间的结合面应符合设计要求。

现浇结构的外观质量不应有严重缺陷。对已经出现的严重缺陷，应由施工单位提出技术处理方案，并经监理单位认可后进行处理；对裂缝、连接部位出现的严重缺陷及其他影响结构安全的严重缺陷，技术处理方案尚应经设计单位认可。对经处理的部位应重新验收。检查数量：全数检查。检验方法：观察，检查处理记录。

现浇结构的外观质量不应有一般缺陷。对已经出现的一般缺陷，应由施工单位按技术处理方案进行处理。对经处理的部位应重新验收。检查数量：全数检查。检验方法：观察，检查处理记录。

5.4　冬期、高温与雨期施工

5.4.1　冬期施工

根据当地多年气象资料统计，当室外日平均气温连续 5 日稳定低于 5℃时，应采取冬期施工措施；当室外日平均气温连续 5 日稳定高于 5℃时，可解除冬期施工措施。当混凝土未达到受冻临界强度而气温骤降至 0℃以下时，应按冬期施工的要求采取应急防护措施。工程越冬期间，应采取维护保温措施。

混凝土冬期施工应按现行行业标准《建筑工程冬期施工规程》(JGJ/T 104) 的有关规定进行热工计算。冬期施工混凝土宜选用硅酸盐水泥或普通硅酸盐水泥，采用蒸汽养护时，宜选用矿渣硅酸盐水泥；粗、细骨料不得含有冰、雪冻块及其他易冻裂物质；外加剂应符合现行国家标准《混凝土外加剂应用技术规范》(GB 50119) 的有关规定，采用非加热养护方法时，混凝土中宜掺入引气剂、引气型减水剂或含有引气组分的外加剂，混凝土含气量宜控制在 3.0%～5.0%；混凝土配合比应根据施工期间环境气温、原材料、养护方法、混凝土性能要求等经试验确定，并宜选择较小的水胶比和坍落度。

冬期施工混凝土搅拌前，原材料的预热应符合下列规定：①宜加热拌和水，当仅加热拌和水不能满足热工计算要求时，可加热骨料，拌和水与骨料的加热温度可通过热工计算确定，加热温度不应超过表 5.5 的规定；②水泥、外加剂、矿物掺合料不得直接加热，应置于暖棚内预热。

表 5.5　拌和水及骨料最高加热温度（℃）

水泥强度等级	拌和水	骨料
42.5 以下	80	60
42.5、42.5R 及以上	60	40

冬期施工混凝土搅拌应符合下列规定：①液体防冻剂使用前应搅拌均匀，由防冻剂溶液带入的水分应从混凝土拌和水中扣除；②蒸汽法加热骨料时，应加大对骨料含水率测试频率，并应将由骨料带入的水分从混凝土拌和水中扣除；③混凝土搅拌前应对搅拌机械进行保温或采用蒸汽进行加温，搅拌时间应比常温搅拌时间延长 30～60s；④混凝土搅拌时应先投入骨料与拌和水，预拌后再投入胶凝材料与外加剂。胶凝材料、引气剂

或含引气组分外加剂不得与 60℃ 以上热水直接接触。

混凝土拌和物的出机温度不宜低于 10℃，入模温度不应低于 5℃；对预拌混凝土或需远距离输送的混凝土，混凝土拌和物的出机温度可根据距离经热工计算确定，但不宜低于 15℃。大体积混凝土的入模温度可根据实际情况适当降低。混凝土运输、输送机具及泵管应采取保温措施。当采用泵送工艺浇筑时，应采用水泥浆或水泥砂浆对泵和泵管进行润滑、预热。混凝土运输、输送与浇筑过程中应进行测温，其温度应满足热工计算的要求。混凝土浇筑前，应清除地基、模板和钢筋上的冰雪和污垢，并应进行覆盖保温。混凝土分层浇筑时，分层厚度不应小于 400mm。在被上一层混凝土覆盖前，已浇筑层的温度应满足热工计算要求，且不得低于 2℃。采用加热方法养护现浇混凝土时，应考虑加热产生的温度应力对结构的影响采取措施，并应合理安排混凝土浇筑顺序与施工缝留置位置。

冬期浇筑的混凝土，其受冻临界强度应符合下列规定：

（1）当采用蓄热法、暖棚法、加热法施工时，采用硅酸盐水泥、普通硅酸盐水泥配制的混凝土，不应低于设计混凝土强度等级值的 30%；采用矿渣硅酸盐水泥、粉煤灰硅酸盐水泥、火山灰质硅酸盐水泥、复合硅酸盐水泥配制的混凝土时，不应低于设计混凝土强度等级值的 40%。

（2）当室外最低气温不低于 −15℃ 时，采用综合蓄热法、负温养护法施工的混凝土受冻临界强度不应低于 4.0MPa；当室外最低气温不低于 −30℃ 时，采用负温养护法施工的混凝土受冻临界强度不应低于 5.0MPa。

（3）强度等级等于或高于 C50 的混凝土，不宜低于设计混凝土强度等级值的 30%。

（4）有抗渗要求的混凝土，不宜小于设计混凝土强度等级值的 50%。

（5）有抗冻耐久性要求的混凝土，不宜低于设计混凝土强度等级值的 70%。

（6）当采用暖棚法施工的混凝土中掺入早强剂时，可按综合蓄热法受冻临界强度取值。

（7）当施工需要提高混凝土强度等级时，应按提高后的强度等级确定受冻临界强度。

混凝土结构工程冬期施工养护应符合下列规定：

（1）当室外最低气温不低于 −15℃ 时，对地面以下的工程或表面系数不大于 5m^{-1} 的结构，宜采用蓄热法养护，并应对结构易受冻部位加强保温措施；对表面系数为 5～15m^{-1} 的结构，宜采用综合蓄热法养护。采用综合蓄热法养护时，混凝土中应掺加具有减水、引气性能的早强剂或早强型外加剂。

（2）对不易保温养护且对强度增长无具体要求的一般混凝土结构，可采用掺防冻剂的负温养护法进行施工。

（3）当以上不能满足施工要求时，可采用暖棚法、蒸汽加热法、电加热法等方法，但应采取降低能耗的措施。

混凝土浇筑后，对裸露表面应采取防风、保湿、保温措施，对边、棱角及易受冻部位应加强保温。在混凝土养护和越冬期间，不得直接对负温混凝土表面浇水养护。模板和保温层的拆除除符合现行国家有关标准的规定及设计要求外，尚应符合下列规定：①混凝土强度应达到受冻临界强度，且混凝土表面温度不应高于 5℃；②对墙、板等薄壁结构构件，宜推迟拆模。

混凝土强度未达到受冻临界强度和设计要求时，应继续进行养护。当混凝土表面温度与环境温度之差大于20℃时，拆模后的混凝土表面应立即进行保温覆盖。

混凝土工程冬期施工应加强骨料含水率、防冻剂掺量检查，以及原材料、入模温度、实体温度和强度监测；应依据气温的变化，检查防冻剂掺量是否符合配合比与防冻剂说明书的规定，并应根据需要调整配合比。混凝土冬期施工期间，应按国家现行有关标准的规定对混凝土拌和水温度、外加剂溶液温度、骨料温度、混凝土出机温度、浇筑温度、入模温度，以及养护期间混凝土内部和大气温度进行测量。冬期施工混凝土强度试件的留置，除应符合现行国家标准《混凝土结构工程施工质量验收规范》（GB 50204）的有关规定外，尚应增加不少于2组同条件养护试件，同条件养护试件应在解冻后进行试验。

5.4.2 高温施工

当日平均气温达到30℃及以上时，应按高温施工要求采取措施。高温施工时，露天堆放的粗、细骨料应采取遮阳防晒等措施；必要时，可对粗骨料进行喷雾降温。高温施工的混凝土配合比设计除应符合现行行业标准《普通混凝土配合比设计规程》（JGJ 55）的规定外，尚应符合下列规定：①应分析原材料温度、环境温度、混凝土运输方式与时间对混凝土初凝时间、坍落度损失等性能指标的影响，根据环境温度、湿度、风力和采取温控措施的实际情况，对混凝土配合比进行调整；②宜在近似现场运输条件、时间和预计混凝土浇筑作业最高气温的天气条件下，通过混凝土试拌、试运输的工况试验，确定适合高温天气条件下施工的混凝土配合比；③宜降低水泥用量，并可采用矿物掺合料替代部分水泥，宜选用水化热较低的水泥；④混凝土坍落度不宜小于70mm。

混凝土的搅拌应符合下列规定：

（1）应对搅拌站料斗、储水器、皮带运输机、搅拌楼采取遮阳防晒措施。

（2）对原材料进行直接降温时，宜采用对水、粗骨料进行降温的方法。对水直接降温时，可采用冷却装置冷却拌和用水，并应对水管及水箱加设遮阳和隔热设施，也可在水中加碎冰作为拌和用水的一部分。混凝土拌和时掺加的固体冰应确保在搅拌结束前融化，且在拌和用水中应扣除其重量。

（3）原材料最高入机温度不宜超过表5.6的规定。

表5.6 原材料最高入机温度（℃）

原材料	最高入机温度
水泥	60
骨料	30
水	25
粉煤灰等矿物掺合料	60

（4）混凝土拌和物出机温度不宜大于30℃。出机温度可按下式计算。

$$T_0 = \frac{0.22(T_g W_g + T_s W_s + T_c W_c + T_m W_m) + T_w W_w + T_g W_{wg} + T_s W_{ws} + 0.5 T_{ice} W_{ice} - 79.6 W_{ice}}{0.22(W_g + W_s + W_c + W_m) - W_w + W_{wg} + W_{ws} + W_{ice}}$$

式中　　T_0——混凝土的出机温度（℃）

　　T_g、T_s——粗骨料、细骨料的入机温度（℃）；

　　T_c、T_m——水泥、掺合料（粉煤灰、矿粉等）入机温度（℃）；

　　T_w、T_{ice}——搅拌水、冰的入机温度（℃）；冰的入机温度低于 0℃ 时，T_{ice} 应取负值；

　　W_g、W_s——粗骨料、细骨料干质量（kg）；

　　W_c、W_m——水泥、矿物掺合料质量（kg）；

　　W_w、W_{ice}——搅拌水、冰质量（kg），当混凝土不加冰拌和时，$W_{ice}=0$；

　　W_{wg}、W_{ws}——粗骨料、细骨料中所含水质量（kg）。

（5）当需要时，可采取掺加干冰等附加控温措施。

混凝土宜采用白色涂装的混凝土搅拌运输车运输；混凝土输送管应进行遮阳覆盖，并应洒水降温。混凝土拌和物入模温度不应高于 35℃。混凝土浇筑宜在早间或晚间进行，且应连续浇筑。当混凝土水分蒸发较快时，应在施工作业面采取挡风、遮阳、喷雾等措施。混凝土浇筑前，施工作业面宜采取遮阳措施，并应对模板、钢筋和施工机具采用洒水等降温措施，但浇筑时模板内不得积水。混凝土浇筑完成后，应及时进行保湿养护。侧模拆除前宜采用带模湿润养护。

5.4.3　雨期施工

雨季和降雨期间，应按雨期施工要求采取措施。雨期施工期间，水泥和矿物掺合料应采取防水和防潮措施，并应对粗骨料、细骨料的含水率进行监测，及时调整混凝土配合比。雨期施工期间，应选用具有防雨水冲刷性能的模板脱模剂，混凝土搅拌、运输设备和浇筑作业面应采取防雨措施，并应加强施工机械检查维修及接地接零检测工作，除应采用防护措施外，小雨、中雨天气不宜进行混凝土露天浇筑，且不应进行大面积作业面的混凝土露天浇筑，大雨、暴雨天气不应进行混凝土露天浇筑。

雨后应检查地基面的沉降，并应对模板及支架进行检查，并采取防止模板内积水的措施，模板内和混凝土浇筑分层面出现积水时，应在排水后再浇筑混凝土。混凝土浇筑过程中，因雨水冲刷致使水泥浆流失严重的部位，应采取补救措施后再继续施工。混凝土浇筑完毕后，应及时采取覆盖塑料薄膜等防雨措施。台风来临前，应对尚未浇筑混凝土的模板及支架采取临时加固措施；台风结束后，应检查模板及支架，已验收合格的模板及支架应重新办理验收手续。在雨天进行钢筋焊接时，应采取挡雨等安全措施。

6 特殊性能混凝土

由于在某些特殊工作环境对混凝土的性质提出特殊要求，普通混凝土已不能满足需要。因此，为满足这些特殊环境需求而专门生产的混凝土便应运而生，如大体积混凝土、轻骨料混凝土、耐火混凝土、水下不分散混凝土、超高性能混凝土、泡沫混凝土及绿色再生骨料混凝土等。这些特殊要求的混凝土根据自身所处环境和使用要求，对原材料组成、配合比设计、施工工艺及其他方面有不同的要求，在相应标准规范基础上结合实践经验，对上述混凝土的原材料选择、设计参数确定、生产工艺控制施工技术要点诸方面进行阐述。

6.1 大体积混凝土

随着经济社会的发展，建筑结构正朝着高、大、深和复杂结构方向发展，工业建筑的大型设备基础，高层、超高层和特殊功能建筑的箱形基础及转换层，有较高承载力的桩基厚大承台等都是体积较大的钢筋混凝土结构，大体积混凝土已广泛应用于工业与民用建筑。大体积混凝土是指混凝土结构物实体最小尺寸不小于 1m 的大体积混凝土，或预计会因混凝土中胶凝材料水化引起的温度变化和收缩而导致有害裂缝产生的混凝土。大体积混凝土通常采用跳仓施工法施工，将超长的混凝土块体分为若干小块体间隔施工，经过短期的应力释放，再将若干小块体连成整体，依靠混凝土抗拉强度抵抗下段温度收缩应力。

大体积混凝土所用的原材料应符合下列规定：

（1）水泥宜采用中、低热硅酸盐水泥或低热矿渣硅酸盐水泥，水泥的 3d 和 7d 水化热应符合国家标准《中热硅酸盐水泥、低热硅酸盐水泥》（GB/T 200—2017）中的规定。当采用硅酸盐水泥或普通硅酸盐水泥时，应掺加矿物掺合料，胶凝材料的 3d 和 7d 水化热分别不宜大于 240kJ/kg 和 270kJ/kg。当选用 52.5 强度等级水泥时，7d 水化热宜小于 300kJ/kg。水化热试验方法应按国家标准《水泥水化热测定方法》（GB/T 12959—2008）执行。水泥在搅拌站的入机温度不宜高于 60℃。

（2）粗骨料粒径宜为 5.0~31.5mm，并应为连续级配，含泥量不应大于 1.0%。

（3）细骨料宜采用中砂，含泥量不应大于 3.0%。

（4）宜掺用矿物掺合料和缓凝型减水剂。

大体积混凝土配合比设计除应满足强度等级、耐久性、抗渗性、体积稳定性等设计要求外，尚应满足大体积混凝土施工工艺要求，并应合理使用材料、降低混凝土绝热温升值。大体积混凝土制备及运输，除应满足混凝土设计强度等级要求外，还应根据预拌混凝土供应运输距离、运输设备、供应能力、材料批次、环境温度等调整预拌混凝土的有关参数。当采用混凝土 60d 或 90d 龄期的设计强度时，宜采用标准尺寸试件进行抗压强度试验。大体积混凝土配合比应符合下列规定：

①水胶比不宜大于 0.45，用水量不宜大于 170kg/m³，混凝土拌和物坍落度不宜大于 180mm；②在保证混凝土性能要求的前提下，宜提高粗骨料用量，砂率宜为 38%～45%；③在保证混凝土性能要求的前提下，应减少胶凝材料中的水泥用量、提高矿物掺合料掺量，粉煤灰掺量不宜大于胶凝材料用量的 50%，矿渣粉掺量不宜大于胶凝材料用量的 40%，粉煤灰和矿渣粉掺量总和不宜大于胶凝材料用量的 50%。

在配合比试配和调整时，控制混凝土绝热温升不宜大于 50℃，同时应满足施工对混凝土凝结时间的要求。混凝土制备前，宜进行绝热温升、泌水率、可泵性等对大体积混凝土裂缝控制有影响的技术参数的试验，必要时配合比设计应通过试泵送验证。

施工单位应编制大体积混凝土施工组织设计或施工技术方案，并应有环境保护和安全施工的技术措施。大体积混凝土施工应符合下列规定：

①大体积混凝土的设计强度等级宜在 C25～C50，并可采用混凝土 60d 或 90d 的强度作为混凝土配合比设计、混凝土强度评定及工程验收的依据；②大体积混凝土的结构配筋除应满足结构承载力和构造要求外，还应结合大体积混凝土的施工方法配置控制温度和收缩的构造钢筋；③大体积混凝土置于岩石类地基上时，宜在混凝土垫层上设置滑动层；④设计中应采取减少大体积混凝土外部约束的技术措施；⑤设计中应根据工程情况提出温度场和应变的相关测试要求。

大体积混凝土施工前，应对混凝土浇筑体的温度、温度应力及收缩应力进行试算，并确定混凝土浇筑体的温升峰值、里表温差及降温速率的控制指标，制定相应的温控技术措施。施工前应做好施工准备，并应与当地气象台、站联系，掌握近期气象情况。在冬期施工时，尚应符合有关混凝土冬期施工规定。大体积混凝土施工应采取节能、节材、节水、节地和环境保护措施，并应符合现行国家标准《建筑工程绿色施工规范》（GB/T 50905）的有关规定。

大体积混凝土施工宜采用整体分层或推移式连续浇筑施工。当大体积混凝土施工设置水平施工缝时，位置及间歇时间应根据设计规定、温度裂缝控制规定、混凝土供应能力、钢筋工程施工、预埋管件安装等因素确定。超长大体积混凝土结构有害裂缝控制应符合下列规定：①当采用跳仓法时，跳仓的最大分块单向尺寸不宜大于 40m，跳仓间隔施工的时间不宜小于 7d，跳仓接缝处应按施工缝的要求设置和处理；②当采用变形缝或后浇带时，变形缝或后浇带设置和施工应符合国家现行有关标准的规定。混凝土入模温度宜控制在 5～30℃，大体积混凝土施工温控指标应符合下列规定：①混凝土浇筑体在入模温度基础上的温升值不宜大于 50℃；②混凝土浇筑体里表温差（不含混凝土收缩当量温度）不宜大于 25℃；③混凝土浇筑体降温速率不宜大于 2.0℃/d；④拆除保温覆盖时混凝土浇筑体表面与大气温差不应大于 20℃。

大体积混凝土浇筑应符合下列规定：①混凝土浇筑层厚度应根据所用振捣器作用深度及混凝土的和易性确定，整体连续浇筑时宜为 300～500mm，振捣时应避免过振和漏振。②整体分层连续浇筑或推移式连续浇筑，应缩短间歇时间，并应在前层混凝土初凝之前将次层混凝土浇筑完毕。层间间歇不应大于混凝土初凝时间，混凝土初凝时间应通过试验确定。当层间间歇时间超过混凝土初凝时间时，层面应按施工缝处理。③混凝土浇筑应连续、有序，宜减少施工缝。④混凝土宜采用泵送方式和二次振捣工艺。

当采取分层间歇浇筑混凝土时，水平施工缝的处理应符合下列规定：①在已硬化的混凝土表面，应清除表面的浮浆、松动的石子及软弱混凝土层；②在上层混凝土浇筑前，应采用清水冲洗混凝土表面的污物，并应充分润湿，但不得有积水；③新浇筑混凝土应振捣密实，并应与先期浇筑的混凝土紧密结合。

在大体积混凝土浇筑过程中，应采取措施防止受力钢筋、定位筋、预埋件等移位和变形，并应及时清除混凝土表面泌水，应及时对大体积混凝土浇筑面进行多次抹压处理。

大体积混凝土拆模时间应满足混凝土的强度要求，当模板作为保温养护措施的一部分时，其拆模时间应根据温控要求确定。大体积混凝土宜适当延迟拆模时间，拆模后应采取预防寒流袭击、突然降温和剧烈干燥等措施。大体积混凝土应采取保温保湿养护，在每次混凝土浇筑完毕后，除应按普通混凝土进行常规养护外，保温养护应符合下列规定：①应专人负责保温养护工作，并应进行测试记录；②保湿养护持续时间不宜少于14d，应经常检查塑料薄膜或养护剂涂层的完整情况，并应保持混凝土表面湿润；③保温覆盖层拆除应分层逐步进行，当混凝土表面温度与环境最大温差小于20℃时，可全部拆除。

混凝土保温材料可采用塑料薄膜、麻袋、阻燃保温被等，必要时可搭设挡风保温棚或遮阳降温棚。在保温养护中，应现场监测混凝土浇筑体的里表温差和降温速率，当实测结果不满足温控指标要求时，应及时调整保温养护措施。高层建筑转换层的大体积混凝土施工，应加强养护，侧模和底模的保温构造应在支模设计时综合确定。大体积混凝土拆模后，地下结构应及时回填土，地上结构不宜长期暴露在自然环境中。

当一次连续浇筑不大于 1000m³ 同配合比的大体积混凝土时，混凝土强度试件现场取样不应少于 10 组。当一次连续浇筑 1000～5000m³ 同配合比的大体积混凝土时，超出 1000m³ 的混凝土，每增加 500m³ 取样不应少于 1 组，增加不足 500m³ 时取样 1 组。当一次连续浇筑大于 5000m³ 同配合比的大体积混凝土时，超出 5000m³ 的混凝土，每增加 1000m³ 取样不应少于 1 组，增加不足 1000m³ 时取样 1 组。

6.2　轻骨料混凝土

轻骨料混凝土是指用轻粗骨料、轻砂或普通砂、胶凝材料、外加剂和水配制而成的干表观密度不大于 1950kg/m³ 的混凝土。轻骨料混凝土结构是指以轻骨料混凝土为主制成的结构，包括轻骨料素混凝土结构、钢筋轻骨料混凝土结构和预应力轻骨料混凝土结构等。全轻混凝土是指由轻砂作细骨料配制而成的轻骨料混凝土。砂轻混凝土是指由普通砂或普通砂中掺加部分轻砂作细骨料配制而成的轻骨料混凝土。大孔轻骨料混凝土是指用轻粗骨料、水泥、矿物掺合料、外加剂和水配制而成的无砂或少砂的混凝土。轻骨料混凝土的配合比设计、生产、结构设计、施工、质量检验和验收应符合现行行业标准《轻骨料混凝土应用技术标准》（JGJ/T 12）的规定。

轻骨料混凝土的强度等级应划分为 LC5.0、LC7.5、LC10、LC15、LC20、LC25、LC30、LC35、LC40、LC45、LC50、LC55、LC60。轻骨料混凝土制备宜采用预拌生产方式，预拌轻骨料混凝土应符合现行国家标准《预拌混凝土》（GB/T 14902）的规定。

6.2.1 轻骨料混凝土的组成材料

1. 水泥

一般采用硅酸盐水泥、普通水泥、矿渣水泥、火山灰水泥、粉煤灰水泥及复合水泥。

2. 轻骨料

轻粗骨料——粒径在 5mm 以上，堆积密度小于 $1000kg/m^3$，泵送轻骨料混凝土用轻粗骨料的密度等级不宜低于 600 级，并应采用连续级配，公称最大粒径不宜大于 25mm。

轻细骨料——粒径不大于 5mm，堆积密度小于 $1200kg/m^3$，轻细骨料的密度等级不宜低于 700 级。

有抗震设防要求的轻骨料混凝土结构构件，其轻骨料的强度等级不宜低于 30。

轻骨料按原料来源有三类：

（1）工业废料轻骨料——如粉煤灰陶粒、膨胀矿渣珠、自燃煤矸石、煤渣及其轻砂。

（2）天然轻骨料——如浮石、火山渣及其轻砂。

（3）人造轻骨料——如页岩陶粒、黏土陶粒、膨胀珍珠岩骨料及其轻砂。

轻骨料的堆放和运输应符合下列要求：

（1）轻骨料应按不同品种分批运输和堆放，避免混杂。

（2）轻骨料运输和堆放应保持颗粒混合均匀，减少离析。采用自然级配时，其堆放高度不宜超过 2m，并应防止树叶、泥土和其他有害物质混入。

（3）轻砂在堆放和运输时，宜采取防雨措施。

在气温 5℃ 以上的季节施工时，可根据工程需要对轻粗骨料进行预湿处理。预湿时间可根据外界气温和来料的自然含水状态确定，一般应提前半天或一天对骨料进行淋水、预湿，然后滤干水分进行投料。在气温 5℃ 以下时，不宜进行预湿处理。

（4）拌和用水要求同普通混凝土。

6.2.2 轻骨料混凝土配合比设计

轻骨料混凝土的配合比应通过计算和试配确定。为了使所配制的混凝土具有必要的强度保证率，混凝土试配强度应按下列公式确定：

$$f_{cu,0} = f_{cu,k} + 1.645\sigma \tag{6.1}$$

式中　$f_{cu,0}$——轻骨料混凝土配制强度（MPa）；

$f_{cu,k}$——轻骨料混凝土立方体抗压强度标准值（MPa），取混凝土的设计强度值；

σ——轻骨料混凝土强度标准差（MPa）。

当具有 3 个月以内的同一品种、同一强度等级的轻骨料混凝土强度资料，且试件组数不少于 30 组时，其轻骨料混凝土强度标准差 σ 应按下式计算：

$$\sigma = \sqrt{\dfrac{\sum\limits_{i=1}^{n} f_{cu,i}^2 - mn_{fcu}^2}{n-1}}$$

式中 $f_{cu,i}$——第 i 组混凝土试件的抗压强度（MPa）；

m_{fcu}——第 n 组混凝土试件抗压强度的平均值（MPa）。

如生产单位无强度资料可查时，σ 可按表 6.1 选用。

表 6.1　σ 值（MPa）

强度等级	低于 LC20	LC20～LC35	高于 LC35
σ	4.0	5.0	6.0

轻骨料混凝土配合比的设计方法：轻砂混凝土宜采用绝对体积法，全轻混凝土宜采用松散体积法。配合比计算中粗细骨料用量的计算以干燥状态为准。

轻骨料混凝土的密度及其理论密度取值应符合表 6.2 的规定。配筋轻骨料混凝土的理论密度也可根据实际配筋情况确定，但不应低于表 6.2 的规定值；对蒸养后即行起吊的预制构件，吊装验算时，其理论密度取值应增加 $100kg/m^3$。

表 6.2　轻骨料混凝土的密度等级及其理论密度取值

密度等级	干表观密度的变化范围（kg/m³）	理论密度（kg/m³） 轻骨料混凝土	配筋轻骨料混凝土
600	560～650	650	—
700	660～750	750	—
800	760～850	850	—
900	860～950	950	—
1000	960～1050	1050	—
1100	1060～1150	1150	—
1200	1160～1250	1250	1350
1300	1260～1350	1350	1450
1400	1360～1450	1450	1550
1500	1460～1550	1550	1650
1600	1660～1650	1650	1750
1700	1660～1750	1750	1850
1800	1760～1850	1850	1950
1900	1860～1950	1950	2050

6.2.2.1　设计参数的选择

1. 水泥

配制轻骨料混凝土用的水泥品种可选用硅酸盐水泥、普通水泥、矿渣水泥、火山灰水泥及粉煤灰水泥。当配制低强度等级混凝土采用高等级水泥时，其掺量可通过试验确定加入火山灰质的掺合料，以保证其稠度符合要求。

不同配制强度的轻骨料混凝土的胶凝材料用量可参照表 6.3 选用，胶凝材料中的水泥宜为 42.5 级普通硅酸盐水泥；轻骨料混凝土最大胶凝材料用量不宜超过 $550kg/m^3$；对于泵送轻骨料混凝土，胶凝材料用量不宜小于 $350kg/m^3$。

表 6.3 轻骨料混凝土的胶凝材料用量（kg/m³）

混凝土配制强度（MPa）	轻骨料密度等级						
	400	500	600	700	800	900	1000
<5.0	260～320	250～300	230～280	—	—	—	—
5.0～7.5	280～360	260～340	240～320	220～300	—	—	—
7.5～10	—	280～370	260～350	240～320	—	—	—
10～15	—	—	280～350	260～340	240～330	—	—
15～20	—	—	300～400	280～380	270～370	260～360	250～350
20～25	—	—	—	330～400	320～390	310～380	300～370
25～30	—	—	—	380～450	370～440	360～430	350～420
30～40	—	—	—	420～500	390～490	380～480	370～470
40～50	—	—	—	—	430～530	420～520	410～510
50～60	—	—	—	—	450～550	440～540	430～530

2. 水胶比

轻骨料混凝土配合比中的水胶比以净水胶比表示。配制全轻混凝土时，允许以总水胶比表示，但必须加以说明。

净用水量是指轻骨料混凝土拌和物中不包括轻骨料吸水量的用水量。总用水量是指轻骨料混凝土拌和物中净用水量和轻骨料吸水量的总和。附加水量是指采用未预湿的轻骨料制备轻骨料混凝土拌和物过程中，轻骨料吸入的与规定时间吸水率相应的水量。

净水胶比是指净用水量与胶凝材料用量之比。

具有抗裂要求的轻骨料混凝土配合比设计宜符合下列规定：①净水胶比不宜大于 0.50，宜采用聚羧酸系高性能减水剂；②试配的混凝土早期抗裂试验的单位面积上的总开裂面积不宜大于 700mm²/m²。

具有抗渗要求的轻骨料混凝土配合比设计应符合下列规定：

（1）最大净水胶比应符合表 6.4 的规定。

表 6.4 最大水胶比

设计抗渗等级	最大净水胶比
P6	0.55
P8～P12	0.45
>P12	0.40

（2）轻骨料混凝土中的胶凝材料不宜小于 320kg/m³。

（3）配制具有抗渗要求的轻骨料混凝土的抗渗水压值应比设计值提高 0.2MPa，抗渗试验结果应符合下式规定：

$$P_t \geqslant \frac{P}{10} + 0.2$$

式中 P_t——6 个试件中不少于 4 个未出现渗水时的最大水压值（MPa）；

P——设计要求的抗渗等级值。

具有抗冻要求的轻骨料混凝土配合比设计应符合下列规定：

（1）最大净水胶比和最小胶凝材料用量应符合表 6.5 的规定。

（2）复合矿物掺合料最大掺量宜符合表 6.6 的规定，其他矿物掺合料的最大掺量宜符合表 6.3 的规定。

（3）引气剂掺量应经试验确定，使轻骨料混凝土含气量符合工程设计对轻骨料混凝土性能的要求。

表 6.5　最大净水胶比和最小胶凝材料用量

设计抗冻等级	最大净水胶比		最小胶凝材料用量（kg/m³）
	无引气剂时	掺引气剂时	
F50	0.50	0.56	320
F100	0.45	0.53	340
F150	0.40	0.50	360
F200	—	0.50	360

表 6.6　复合矿物掺合料最大掺量

净水胶比	复合矿物掺合料最大掺量（％）	
	采用硅酸盐水泥时	采用普通硅酸盐水泥时
≤0.40	55	45
>0.40	45	35

注：采用其他通用硅酸盐水泥时，应将水泥混合材掺量 20% 以上的混合材量计入矿物掺合料。

轻骨料混凝土抗氯离子渗透配合比宜符合下列规定：①净水胶比不宜大于 0.40；②轻骨料混凝土中的胶凝材料用量不宜小于 350kg/m³；③矿物掺合料掺量不宜小于 25%。

轻骨料混凝土抗硫酸盐侵蚀配合比设计要求应符合表 6.7 的规定。

表 6.7　轻骨料混凝土抗硫酸盐侵蚀配合比设计要求

抗硫酸盐等级	最大净水胶比	矿物掺合料掺量（％）
KS120	0.42	≥30
KS150	0.38	≥35
>KS150	0.33	≥40

注：1. 矿物掺合料掺量为采用普通硅酸盐水泥时的掺量；

　　2. 矿物掺合料主要为矿渣粉和粉煤灰等，或复合采用。

3. 用水量

轻骨料混凝土的净用水量可按表 6.8 选用，并应根据采用的外加剂，对其性能经试验调整后确定。

表 6.8　轻骨料混凝土的净用水量

轻骨料混凝土成型方式	稠度		净用水量（kg/m³）
	维勃稠度（s）	坍落度（mm）	
振动加压成型	10～20	—	45～140
振动台成型	5～10	0～10	140～160
振捣棒或平板振动器振实	—	30～80	160～180
机械振捣	—	150～200	140～170
钢筋密集机械振捣	—	≥200	145～180

4. 砂率

轻骨料混凝土的砂率应以体积砂率表示，即细骨料体积与粗细骨料总体积之比。体积可用绝对体积或松散体积表示，对应的砂率应为绝对体积砂率或松散体积砂率。轻骨料混凝土的砂率可按表 6.9 选用。当混合使用普通砂和轻砂作为细骨料时，宜取表 6.9 中的中间值，并按普通砂和轻砂的混合比例进行插值计算；当采用圆球型轻粗骨料时，宜取表 6.9 中的下限值；采用碎石型轻粗骨料时，宜取表 6.9 中的上限值。对于泵送现浇的轻骨料混凝土，砂率宜取表 6.9 中的上限值。

表 6.9　轻骨料混凝土的砂率

施工方式	细骨料品种	砂率（%）
预制	轻砂	35～50
	普通砂	30～40
现浇	轻砂	40～55
	普通砂	35～45

当采用松散体积法设计配合比时，粗细骨料松散堆积的总体积可按表 6.10 选用。当采用膨胀珍珠岩砂时，宜取表 6.10 中的上限值。

表 6.10　粗细骨料松散堆积的总体积

轻粗骨料粒型	细骨料品种	粗细骨料松散堆积的总体积（m³）
圆球型	轻砂	1.25～1.50
	普通砂	1.10～1.40
碎石型	轻砂	1.35～1.65
	普通砂	1.15～1.60

5. 矿物掺合料

矿物掺合料在轻骨料混凝土中的掺量应符合下列规定：

（1）钢筋混凝土中矿物掺合料最大掺量宜符合表 6.11 的规定，预应力混凝土中矿物掺合料最大掺量宜符合表 6.12 的规定；

（2）对于大体积混凝土，粉煤灰、粒化高炉矿渣粉和复合掺合料的最大掺量可增加 5%；

（3）采用掺量大于30％的C类粉煤灰的混凝土应以实际使用的水泥和粉煤灰掺量进行安定性检验；

（4）采用其他通用硅酸盐水泥时，宜将水泥混合材掺量20％以上的部分计入矿物掺合料；

（5）在混合使用两种或两种以上矿物掺合料时，矿物掺合料总掺量应符合表6.11和表6.12中复合掺合料的规定；

（6）复合掺合料各组分的掺量不宜超过单掺时的最大掺量；

（7）矿物掺合料最终掺量应通过试验确定。

表 6.11 钢筋混凝土中矿物掺合料最大掺量

矿物掺合料种类	净水胶比	最大掺量（％）	
		采用硅酸盐水泥时	采用普通硅酸盐水泥时
粉煤灰	≤0.40	45	35
	>0.40	40	30
粒化高炉矿渣粉	≤0.40	65	55
	>0.40	55	45
钢渣粉	—	30	20
磷渣粉	—	30	20
硅灰	—	10	10
复合掺合料	≤0.40	65	55
	>0.40	55	45

表 6.12 预应力混凝土中矿物掺合料最大掺量

矿物掺合料种类	净水胶比	最大掺量（％）	
		采用硅酸盐水泥时	采用普通硅酸盐水泥时
粉煤灰	≤0.40	35	30
	>0.40	25	20
粒化高炉矿渣粉	≤0.40	55	45
	>0.40	45	35
钢渣粉	—	20	10
磷渣粉	—	20	10
硅灰	—	10	10
复合掺合料	≤0.40	55	45
	>0.40	45	35

6. 外加剂

轻骨料混凝土允许采用各种化学外加剂，外加剂的品种和掺量应通过试验确定，与水泥等胶凝材料的适应性应满足设计与施工对混凝土性能的要求。

6.2.2.2 配合比的计算和调整

轻骨料混凝土配合比计算可采用松散体积法，也可采用绝对体积法。配合比计算中粗细骨料均以干燥状态为基准。

1. 绝对体积法

轻砂混凝土宜采用绝对体积法进行配合比计算，即按每 $1m^3$ 混凝土的绝对体积为各组成材料的绝对体积之和进行计算。其设计步骤如下：

（1）根据设计要求的轻骨料混凝土的强度等级、密度等级和混凝土的用途，确定粗、细骨料的种类和粗骨料的最大粒径；

（2）测定粗骨料的堆积密度、表观密度、筒压强度和 1h 吸水率，并测定细骨料的表观密度；

（3）按式（6.1）计算混凝土配制强度；

（4）按表 6.3 选择胶凝材料用量，并按下列公式计算矿物掺合料用量和水泥用量：

$$m_f = m_b \beta_f \tag{6.2}$$

$$m_c = m_b - m_f \tag{6.3}$$

式中　m_f——每 $1m^3$ 轻骨料混凝土中矿物掺合料用量（kg）；

m_b——每立方米轻骨料混凝土中胶凝材料用量（kg）；

β_f——矿物掺合料掺量（%），可按本书 6.2.2.1 的规定确定；

m_c——每 $1m^3$ 轻骨料混凝土中水泥用量（kg）。

（5）应按 6.2.2.1 的规定选择净用水量；

（6）应根据混凝土用途按 6.2.2.1 选取绝对体积砂率；

（7）按下列公式计算粗、细骨料的用量：

$$V_s = \left[1 - \left(\frac{m_c}{\rho_c} + \frac{m_{wn}}{\rho_w} \right) \div 1000 \right] \times s_p$$

$$m_s = V_s \times \rho_s$$

$$V_a = 1 - \left(\frac{m_c}{\rho_c} + \frac{m_{wn}}{\rho_w} + \frac{m_s}{\rho_s} \right) \div 1000$$

$$m_a = V_s \times \rho_{ap}$$

式中　V_s——每 $1m^3$ 混凝土的细骨料体积（m^3）；

m_s——每 $1m^3$ 混凝土的细骨料用量（kg）；

m_c——每 $1m^3$ 混凝土的水泥用量（kg）；

m_{wn}——每 $1m^3$ 混凝土的净用水量（kg）；

s_p——密实体积砂率（%）；

V_a——每 $1m^3$ 混凝土的轻粗骨料体积（m^3）；

m_a——每 $1m^3$ 混凝土的轻粗骨料用量（kg）；

ρ_c——水泥的相对密度，可取 $\rho_c = 2.9 \sim 3.1$；

ρ_w——水的密度，可取 $\rho_w = 1.0$；

ρ_s——细骨料的密度，采用普通砂时，为砂的相对密度，可取 $\rho_s = 2.6$；采用轻砂时，为轻砂的颗粒表观密度（ρ_{up}，单位为 g/cm^3）；

ρ_{ap}——轻粗骨料的颗粒表观密度（kg/m^3）。

（8）应按下式计算总用水量，在采用预湿的轻骨料时，净用水量应取为总用水量。

$$m_{wt} = m_{wn} + m_{wa} \tag{6.4}$$

式中 m_{wt}——每 $1m^3$ 轻骨料混凝土的总用水量（kg）；

m_{wn}——每 $1m^3$ 轻骨料混凝土的净用水量（kg）；

m_{wa}——每 $1m^3$ 混凝土的附加水量（kg）。

（9）应按下式计算混凝土干表观密度 ρ_{cd}，并与设计要求的干表观密度进行对比，当其误差大于 2% 时，则应重新调整和计算配合比。

$$\rho_{cd}=1.15m_b+m_a+m_s \tag{6.5}$$

2. 松散体积法

全轻混凝土宜采用松散体积法进行配合比计算，即以给定的每 $1m^3$ 混凝土的粗、细骨料松散总体积为基础进行计算，然后按设计要求的混凝土干表观密度为依据进行校核，最后通过试验调整得出配合比。其设计步骤如下：

（1）根据设计要求的轻骨料混凝土的强度等级、密度等级和混凝土的用途，确定粗、细骨料的种类和粗骨料的最大粒径；

（2）测定粗骨料的堆积密度、筒压强度和 1h 吸水率，并测定细骨料的堆积密度；

（3）按式（6.1）计算混凝土配制强度；

（4）按表 6.3 选择胶凝材料用量，并按式（6.2）、式（6.3）计算矿物掺合料用量和水泥用量；

（5）应按 6.2.2.1 的规定选择净用水量；

（6）应根据混凝土用途按 6.2.2.1 选取松散体积砂率；

（7）应根据粗细骨料的类型，按 6.2.2.1 选用粗、细骨料松散堆积的总体积，并按下列公式计算粗、细骨料用量：

$$V_{slb}=V_{tlb}\times\beta_s \tag{6.6}$$

$$m_s=V_{slb}\times\rho_{slb} \tag{6.7}$$

$$V_{alb}=V_{tlb}-V_{slb} \tag{6.8}$$

$$m_a=V_{alb}\times\rho_{alb} \tag{6.9}$$

式中 V_{slb}、V_{alb}——每 $1m^3$ 轻骨料混凝土的细骨料和粗骨料松散堆积的体积（m^3）；

V_{tlb}——每 $1m^3$ 轻骨料混凝土的粗、细骨料松散堆积的总体积（m^3）

m_s、m_a——每 $1m^3$ 混凝土的细骨料和粗骨料的用量（kg）：

β_s——松散体积砂率（%）；

ρ_{slb}、ρ_{alb}——细骨料和粗骨料的堆积密度（kg/m^3）。

（8）应按下式计算总用水量，在采用预湿的轻骨料时，净用水量应取为总用水量。

$$m_{wt}=m_{wn}+m_{wa} \tag{6.10}$$

式中 m_{wt}——每 $1m^3$ 轻骨料混凝土的总用水量（kg）；

m_{wn}——每 $1m^3$ 轻骨料混凝土的净用水量（kg）；

m_{wa}——每 $1m^3$ 混凝土的附加水量（kg）。

（9）应按下式计算混凝土干表观密度 ρ_{cd}，并与设计要求的干表观密度进行对比，当其误差大于 2% 时，则应重新调整和计算配合比。

$$\rho_{cd}=1.15m_b+m_a+m_s \tag{6.11}$$

计算得出的轻骨料混凝土配合比应通过试配予以调整，配合比的调整应按下列步骤进行：

（1）以计算的混凝土配合比为基础，应维持用水量不变，选取与计算配合比胶凝材料相差±10％的两个胶凝材料用量，砂率相应适当减小和增加，然后分别按 3 个配合比拌制混凝土；并测定拌和物的稠度，调整用水量，以达到规定的稠度为止。

（2）应按校正后的 3 个混凝土配合比进行试配，检验混凝土拌和物的稠度和湿表观密度，制作确定混凝土抗压强度标准值的试件，每种配合比应至少制作 1 组。

（3）标准养护 28d 后，应测定混凝土抗压强度和干表观密度，以既能达到设计要求的混凝土配制强度和干表观密度，又具有最小胶凝材料用量的配合比作为选定配合比。

（4）对选定配合比进行方量校正，并应符合下列规定：

① 应按下式计算选定配合比的轻骨料混凝土拌和物的湿表观密度：

$$\rho_{cc} = m_a + m_s + m_b + m_{wt} \tag{6.12}$$

式中　　　　　　ρ_{cc}——按选定配合比各组成材料计算的湿表观密度（kg/m³）；

m_a、m_s、m_b、m_{wt}——选定配合比中的每 1m³ 轻骨料混凝土的粗、细骨料用量、胶凝材料用量和总用水量。

② 实测按选定配合比配制轻骨料混凝土拌和物的湿表观密度，并应按下式计算方量校正系数：

$$\eta = \frac{\rho_{c0}}{\rho_{cc}} \tag{6.13}$$

式中　η——方量校正系数；

ρ_{c0}——实测按选定配合比配制轻骨料混凝土拌和物的湿表观密度（kg/m³）。

③ 选定配合比中的各项材料用量均应乘以校正系数即为调整确定的配合比。

对于调整确定的轻骨料混凝土配合比，应测定拌和物中水溶性氯离子含量，试验结果应符合现行国家标准《混凝土质量控制标准》（GB 50164）的规定。

对耐久性能有设计要求的轻骨料混凝土应进行相关耐久性能验证试验，试验结果应符合设计要求。

6.2.2.3　预拌轻骨料混凝土的生产与施工

预拌轻骨料混凝土的生产与施工除应符合《轻骨料混凝土应用技术标准》（JGJ/T 12—2019）的规定外，尚应符合国家标准《混凝土结构工程施工规范》（GB 50666—2011）、《预拌混凝土》（GB/T 14902—2012）和《预拌混凝土绿色生产及管理技术规程》（JGJ/T 328—2014）等的规定；对于装配式轻骨料混凝土结构，尚应符合国家标准《装配式混凝土建筑技术标准》（GB/T 51231—2016）和《装配式混凝土结构技术规程》（JGJ 1—2014）的有关规定。无砂或少砂轻骨料混凝土的生产与施工应按《轻骨料混凝土应用技术标准》（JGJ/T 12—2019）附录 A 的规定执行。轻骨料混凝土不宜冬期施工。

轻骨料在使用前的预湿处理应符合下列规定：

（1）对泵送施工，应充分预湿；对非泵送施工，可根据工程情况确定预湿程度。

（2）对吸水率不大于 5％的轻骨料，当有可靠经验时，可不进行预湿。

（3）当气温低于 5℃时，不宜进行预湿。

（4）拌制轻骨料混凝土前，预湿的轻骨料宜充分沥水。

对后张法预应力轻骨料混凝土结构构件，在预应力张拉前，宜根据同条件下轻骨料混凝土表观密度、抗压强度和弹性模量的实测结果进行验算，并调整张拉控制应力。

轻骨料进场时，应按《轻骨料混凝土应用技术标准》（JGJ/T 12—2019）的规定进行进场检验，并应检验和确认方量；对配制不低于 LC30 强度等级的结构用轻骨料混凝土的轻粗骨料，还应检验其强度等级。

轻骨料的运输和堆放应符合下列规定：

（1）轻骨料应按不同品种分批运输和堆放，避免混杂。

（2）轻粗骨料应保持颗粒混合均匀，减少离析；采用连续级配时，堆放高度不宜超过 2m，并应防止树叶、泥土和其他有害物质混入。

（3）轻砂应采取防雨，防扬尘的措施。

在生产过程中，对预湿处理的轻骨料，应测定湿堆积密度；对未预湿处理的轻骨料，应测定含水率和堆积密度。含水率、堆积密度测定应符合下列规定：

（1）应在批量拌制轻骨料混凝土拌和物前进行测定。

（2）在生产过程中应设定批量，进行抽查。

（3）雨天施工或发现拌和物稠度反常时应及时测定。

当轻骨料的含水率和堆积密度发生变化时，应及时调整粗、细骨料和拌和用水的用量。

搅拌轻骨料混凝土时的投料搅拌顺序宜符合下列规定：

（1）当采用预湿的轻骨料时，宜先加入骨料和胶凝材料预先搅拌，之后加入外加剂和净用水进行搅拌，直至搅拌均匀；

（2）当采用未预湿的轻骨料时，宜先加入骨料、矿物掺合料和 1/2 总用水预先搅拌，之后加入水泥、外加剂和剩余的水进行搅拌，直至搅拌均匀。

轻骨料混凝土的搅拌时间宜符合下列规定：

（1）当采用预湿的轻骨料时，投料全部结束后搅拌不宜少于 60s；

（2）当采用未预湿的轻骨料时，投料全部结束后搅拌不宜少于 120s；

（3）当能保证搅拌均匀时，可缩短搅拌时间。

轻骨料混凝土宜采用泵送方式，并在泵送施工前应进行试泵。泵送轻骨料混凝土拌和物入泵时的坍落度值宜为 150～220mm。

柱、墙模板内的混凝土浇筑不应发生离析。轻骨料混凝土拌和物浇筑倾落的自由高度不应超过 1.5m；当倾落高度大于 1.5m 时，应加设串筒、斜槽、溜管等装置。

轻骨料混凝土的振捣应符合下列规定：

（1）对现浇结构轻骨料混凝土，应采用振动棒等机械振捣成型；对能满足施工和强度要求的结构保温轻骨料混凝土，也可采用插捣成型。

（2）对保温轻骨料混凝土，可采用插捣成型。

（3）浇筑上表面积较大的构件，其厚度在 200mm 以下，可采用表面振动成型。厚度大于 200mm，宜先用插入式振动器振捣密实后再采用表面振捣。

（4）对采用干硬性轻骨料混凝土的制品构件，应采用振动台表面加压成型。

（5）用插入式振动器振捣时，插入间距不应大于振动棒振动作业半径的 1 倍。连续多层浇筑时，插入式振动器应插入下层拌和物约 50mm。

（6）振捣时间不宜过长，可在 10～30s 选用，以拌和物表面泛浆为宜。

对现浇竖向构件，应分层浇筑，且分层厚度不宜大于 300mm。浇筑成型结束后，宜采用拍板、刮板、辊子或振动抹子等工具及时将浮在表层的轻粗骨料颗粒压入混凝土内，颗粒上浮面积较大时，可采用表面振动器复振，使砂浆返上，然后做抹面。

当柱的轻骨料混凝土强度等级高于梁、板，或柱和梁、板分别采用普通混凝土和轻骨料混凝土时，混凝土的接缝应设置在梁、板中，接缝至柱边的距离不应小于梁、板高度。

轻骨料混凝土拌和物性能、力学性能检验及验收应符合《轻骨料混凝土应用技术标准》（JGJ/T 12—2019）的规定。轻骨料混凝土拌和物性能检验应符合下列规定：

（1）在生产施工过程中，应在搅拌地点和浇筑地点分别对轻骨料混凝土拌和物进行抽样检验；

（2）拌和物坍落度检验频率应符合现行国家标准《混凝土强度检验评定标准》（GB/T 50107）的规定；

（3）拌和物表观密度检验频率应与坍落度检验频率一致；

（4）同一工程、同一配合比和采用同一批次水泥、外加剂的轻骨料混凝土凝结时间应至少检验 1 次；

（5）同一工程、同一配合比的轻骨料混凝土氯离子含量应至少检验 1 次。

硬化轻骨料混凝土性能检验应符合下列规定：

（1）强度检验评定应符合现行国家标准《混凝土强度检验评定标准》（GB/T 50107）的规定，其他力学性能检验应符合现行国家标准《混凝土物理力学性能试验方法标准》（GB/T 50081）的有关规定和设计要求；

（2）干表观密度的检验频率与拌和物的湿表观密度检验频率一致；允许根据干表观密度和湿表观密度相关关系，在检验湿表观密度间接控制干表观密度的基础上，可减少直接检验干表观密度的频率；

（3）耐久性能检验评定应符合现行行业标准《混凝土耐久性检验评定标准》（JGJ/T 193）的规定；

（4）长期性能检验规则可按现行行业标准《混凝土耐久性检验评定标准》（JGJ/T 193）中耐久性检验的有关规定执行；

（5）保温和结构保温轻骨料混凝土热工性能等其他检验项目及其检验频率应符合设计要求。

轻骨料混凝土拌和物性能、力学性能、长期性能和耐久性能的测定，应分别符合国家标准《普通混凝土拌合物性能试验方法标准》（GB/T 50080—2010）、《混凝土物理力学性能试验方法标准》（GB/T 50081—2019）和《普通混凝土长期性能和耐久性能试验方法标准》（GB/T 50082—2009）的规定；轻骨料混凝土的干表观密度、吸水率、软化系数、导热系数和线膨胀系数等性能的测定应符合《轻骨料混凝土应用技术标准》（JGJ/T 12—2019）附录 B 的规定。轻骨料混凝土性能的检验结果应符合《轻骨料混凝土应用技术标准》（JGJ/T 12—2019）第 4.2 节的规定以及设计与施工的要求。

轻骨料混凝土结构混凝土分项工程、子分部工程的验收，除以符合《轻骨料混凝土应用技术标准》（JGJ/T 12—2019）的规定外，尚应符合国家标准《混凝土结构工程施工质量验收规范》（GB 50204—2015）的有关规定。对装配式轻骨料混凝土结构，尚应符合国家标准《装配式混凝土建筑技术标准》（GB/T 51231—2016）和《装配式混凝土结构技术规程》（JGJ 1—2014）的有关规定。

6.3　耐热混凝土

耐热混凝土是一种能长时期在 200～900℃ 状态下使用，且能保持所需的物理力学性能和体积稳定性的混凝土。它是由耐热骨料（粗细骨料）、适量的胶凝材料（有时还有矿物掺合料或有机掺合料）、外加剂和水按一定比例配制而成的。耐热混凝土的设计、施工、质量控制与验收应符合行业标准《耐热混凝土应用技术规程》（YB/T 4252—2011）的规定。耐热混凝土必须具有设计要求的强度等级和耐热度，在设计使用年限内必须满足结构承载和正常使用的功能要求，应根据其所处环境和预定功能进行耐热度设计。根据胶凝材料养护条件的不同，按下列分类：

1. 水硬性耐热混凝土

（1）普通硅酸盐水泥耐热混凝土，以普通硅酸盐水泥作为胶凝材料；

（2）矿渣硅酸盐水泥耐热混凝土，以矿渣硅酸盐水泥作为胶凝材料；

（3）铝酸盐水泥耐热混凝土，以铝酸盐水泥（高铝水泥）为胶凝材料。

2. 气硬性耐热混凝土

（1）水玻璃耐热混凝土，以水玻璃（工业硅酸钠）为胶凝材料；

（2）磷酸盐耐热混凝土，以一定浓度的工业磷酸或磷酸二氢铝溶液为胶凝材料。

耐热混凝土的强度等级一般采用 C15、C20、C25、C30。

6.3.1　耐热混凝土的组成材料

不同种类的耐热混凝土应使用不同的胶凝材料，各种胶凝材料及相应固化剂应符合《通用硅酸盐水泥》（GB 175—2007）、《铝酸盐水泥》（GB/T 201—2015）、《工业硅酸钠》（GB/T 4209—2008）、《工业氟硅酸钠》（GB/T 23936—2018）、《工业磷酸》（GB/T 2091—2008）的相关规定。

（1）配制耐热混凝土用的普通水泥、矿渣水泥或硫酸盐水泥，除应符合国家现行水泥标准外，并应符合下列要求：

1）普通水泥中不得掺有石灰岩类的混合材料；

2）用矿渣水泥配制极限使用温度为 900℃ 的耐热混凝土时，水泥中水渣含量不得大于 50%。

（2）配制水玻璃耐热混凝土用的水玻璃和工业氟硅酸钠的技术要求：

1）水玻璃的相对密度以 1.38～1.4 为宜，模数在 2.6～2.8，允许采用可溶性硅酸钠（硅酸盐块）做成的水玻璃；

2）工业氟硅酸钠，其纯度按质量计应不少于 95%；氟硅酸钠含水率不得大于 1%；其颗粒通过 0.125mm 筛孔的筛余量应不大于 10%。

（3）拌制使用温度 500℃ 以上耐热混凝土时宜掺入以 Al_2O_3-SiO_2 为主要成分的掺合料，技术要求见表 6.13。作为掺合料的粒化高炉矿渣粉及粉煤灰应符合《用于水泥、砂浆和混凝土中的粒化高炉矿渣粉》（GB/T 18046—2017）和《用于水泥和混凝土中的粉煤灰》（GB/T 1596—2017）的相关规定。

表 6.13　拌制 500℃以上耐热混凝土常用掺合料的技术要求

掺合料种类	细度（%）	化学成分（%）		
	80μm 方孔筛筛余量	Al_2O_3	MgO	Fe_2O_3
黏土砖粉	≤70	≥30	≤5	≤5.5
黏土熟料粉	≤70	≥30	≤5	≤5.5
高铝砖粉	≤70	≥55	≤5	≤3.0
矾土熟料粉	≤70	≥48	≤5	≤3.0

注：对于高炉基墩等长期处于高温、高湿条件下的耐热混凝土，应参照《水泥压蒸安定性试验方法》（GB/T 750—1992)测试安定性合格方可用于工程施工。

（4）使用温度 500℃以下的骨料可采用玄武岩、安山岩、辉绿岩、花岗岩等火成岩。使用温度超过 500℃宜使用黏土熟料、铝矾土熟料、耐火砖碎料等经过高温烧结的原料，其技术要求见表 6.14。骨料最大粒径不宜大于 31.5mm，级配应采用连续级配。

表 6.14　500℃以上耐热混凝土骨料的技术要求

序号	材料种类		化学成分（%）		
			Al_2O_3	MgO	Fe_2O_3
1	黏土质	黏土熟料	≥30	≤5	≤5.5
		黏土质耐火砖	≥30	≤5	≤5.5
2	高铝质	高铝砖	≥45	≤5	≤3.0
		矾土熟料	≥45	≤5	≤3.0

注：各耐热骨料的压碎值指标、针片状指标、级配范围等指标及检验方法，应符合《普通混凝土用砂、石质量及检验方法标准》（JGJ 52—2006）的规定。

（5）耐热混凝土宜加入一些非引气型外加剂，外加剂的质量应符合《混凝土外加剂》（GB 8076—2008）和《混凝土外加剂应用技术规范》（GB 50119—2013）的规定。

6.3.2　耐热混凝土的配合比设计

耐热混凝土配合比设计根据耐热混凝土强度等级、耐热度及可施工性参照《普通混凝土配合比设计规程》（JGJ 55—2011），通过试验确定。胶凝材料在满足设计强度、可施工性等条件下，宜减少用量，水泥用量不宜大于 400kg/m³。配制耐热混凝土时，宜掺加适量外加剂，减少用水量。粗骨料粒径宜选用 5～31.5mm 连续级配；细骨料宜采用中砂，其细度模数宜大于 2.3，含泥量不应大于 1%；砂率宜选用 40%～60%。各种耐热混凝土的材料组成、极限使用温度和适用范围，见表 6.15。极限使用温度 700℃以下的施工参考配合比见表 6.16。

表 6.15 耐热混凝土的组成材料、极限使用温度和适用范围

耐热混凝土名称	极限使用温度（℃）	材料组成及用量（kg/m³）			混凝土最低强度等级	适用范围
		胶凝材料	掺合料	粗细骨料		
普通水泥耐热混凝土和矿渣水泥耐热混凝土	700	普通水泥（1300～400）	水渣、粉煤灰（150～300）	高炉重矿渣、红砖、安山岩、玄武岩（1300～1800）	C15	温度变化不剧烈，无酸、碱侵蚀的工程
		矿渣水泥（350～450）	水渣、黏土熟料、黏土砖（0～200）	高炉重矿渣、红砖、安山岩、玄武岩（1400～1900）	C15	温度变化不剧烈，无酸、碱侵蚀的工程
	900	普通水泥（300～400）	耐火度不低于1600℃的黏土熟料、黏土砖（150～300）	耐火度不低于1610℃黏土熟料、黏土砖（1400～1600）	C15	无酸碱侵蚀的工程
		矿渣水泥（300～400）	耐火度不低于1670℃的黏土熟料、黏土砖（100～200）	耐火度不低于1610℃黏土熟料、黏土砖（1400～1600）	C15	无酸碱侵蚀的工程
	1200	普通水泥（300～400）	耐火度不低于1670℃黏土熟料、黏土砖、矾土熟料（150～300）	耐火度不低于1670℃黏土熟料、黏土砖、矾土熟料（1400～1600）	C20	无酸碱侵蚀的工程
矾土水泥耐热混凝土	1300	矾土水泥（300～400）	耐火度不低于1730℃黏土熟料、矾土熟料（150～300）	耐火度不低于1730℃的黏土砖、矾土熟料、高铝砖（1400～1700）	C20	宜用于厚度小于400mm的结构，无酸碱侵蚀的工程
水玻璃耐热混凝土	600	水玻璃（300～400）加氟硅酸钠（占水玻璃重量的12%～15%）	黏土熟料、黏土砖、石英石（300～600）	安山岩、玄武岩、辉绿岩（1550～1650）	C15	可用于受酸（氢氟酸除外）作用的工程，但不得用于经常有水蒸气及水作用的部位
	900	水玻璃（300～400）加氟硅酸钠（占水玻璃重量的12%～15%）	耐火度不低于1670℃黏土熟料、黏土砖（300～600）	耐火度不低于1610℃的黏土熟料、黏土砖（1200～1300）	C15	可用于受酸（氢氟酸除外）作用的工程，但不得用于经常有水蒸气及水作用的部位
	1200	水玻璃（300～400）加氟硅酸钠（占水玻璃重量的12%～15%）	一等冶金镁砂或镁砖（见注②）（500～600）	一等冶金镁砂或镁砖（1700～1800）	C15	可用于受氯化钠、硫酸钠、碳酸钠、氟化钠溶液作用的工程，但不得用于受酸作用及有水蒸气及水作用的部位

注：① 表中所列极限使用温度为平面受热时的极限使用温度，对于双面受热或全部受热的结构，应经过计算和试验后确定。

② 用镁质材料配制的耐热混凝土宜制成预制砌块，并在 40～60℃的温度下烘干后使用。

③ 耐热混凝土的强度等级以 100mm×100mm×100mm 试块的烘干，抗压强度乘以 0.9 系数而得。

④ 用水玻璃配制的耐热混凝土，以及用普通水泥和矿渣水泥配制的耐热混凝土，必须加入掺合料；矾土水泥配制的耐热混凝土也宜加掺合料。

⑤ 极限使用温度在 350℃及 350℃以上的普通水泥和矿渣水泥耐热混凝土，可不加掺合料。

⑥ 极限使用温度为 700℃的矿渣水泥耐热混凝土，如水泥中矿渣含量大于 50%，可不加掺合料。

⑦ 按上述各项要求，由实验室确定施工配合比。

表 6.16　耐热（700℃以下）混凝土参考配合比

混凝土强度等级	配合比（kg/m³）					
	水	水泥		耐火砖砂（红砖砂）（0.15～5mm）	耐火砖块（红砖块）（5～25mm）	粉煤灰
		强度等级	用量			
C15	400	矿渣 32.5	350	(484)	(591)	150
C20	232	矿渣 32.5	340	850	918	
C20	300	矿渣 32.5	350	810	990	
C20	236	矿渣 32.5	393	707	983	

注：① 表中配合比适用于极限使用温度 700℃以下。
　　② 混凝土坍落度，用机械振捣时应不大于 20mm，用人工捣固时不大于 40mm。

6.3.3　耐热混凝土施工要点

（1）耐热混凝土拌制应按下列规定进行：

① 混凝土应使用强制搅拌机搅拌，拌制水硬性耐热混凝土时，按照国家标准《预拌混凝土》（GB/T 14902—2012）的规定执行。

② 拌制气硬性耐热混凝土时，掺合料、骨料应先与固化剂拌合均匀，干燥材料应在搅拌机中预先搅拌 1～2min 后，再加液态胶凝材料（水玻璃或磷酸盐）。待全部材料装入搅拌机后，搅拌均匀。

（2）耐热混凝土拌合物入模温度宜控制在 5～35℃。耐热混凝土的浇筑分层厚度，应根据拌和能力、运输能力、浇筑速度、气温及振动器的性能等因素确定，一般为 300～500mm，参照表 6.17 规定；当采用低塑性混凝土及大型强力振捣设备时，其浇筑分层厚度应根据试验确定。分层浇筑时，应注意使上下层耐热混凝土一体化，应在下一层混凝土初凝前将上一层混凝土浇筑完毕，在浇筑上层混凝土时，宜将振捣器插入下一层混凝土 50～100mm 以便形成整体。浇筑应保持连续性，间歇时间应通过试验确定。施工缝处理应符合下列规定：

① 抗压强度尚未到达 2.5MPa 前，不得进行下道工序。

② 施工缝面应无乳皮，微露粗砂。

③ 当需要做毛面处理时，宜采用 25～50MPa 高压水冲毛机，也可采用低压水、风砂枪、刷毛机及人工凿毛等方法。毛面处理的开始时间由试验确定。

表 6.17　耐热混凝土浇筑分层的允许最大厚度

振捣设备类别		浇筑坯层允许最大厚度
插入式	振捣机	振捣棒（头）长度的 1.0 倍
	电动或风动振捣器	振捣棒（头）长度的 0.8 倍
	软轴式振捣器	振捣棒（头）长度的 1.25 倍
平板式	无筋或单层钢筋结构中	200mm
	双层钢筋结构中	200mm

（3）耐热混凝土浇筑完毕，在其终凝后应进行妥善的养护，避免急剧干燥，温度急剧变化，振动以及外力的扰动。水硬性耐热混凝土采用覆盖、洒水、喷雾或铺设薄膜等

养护措施；气硬性耐热混凝土采用覆盖养护，不得洒水。养护条件和养护时间宜按照表
6.18 的要求进行。冬期施工时应用塑料薄膜和保温材料进行保温养护，不得向水硬性
耐热混凝土的裸露部位直接浇水养护。

表 6.18　养护条件和养护时间

耐热混凝土种类		养护环境	养护温度（℃）	养护时间（d）
水硬性	硅酸盐水泥耐热混凝土	潮湿环境	20～30	＞7
	矿渣水泥耐热混凝土	潮湿环境	20～30	＞14
	铝酸盐水泥耐热混凝土	潮湿环境	15～20	＞3
气硬性	水玻璃耐热混凝土	干燥环境	15～30	＞7
	磷酸盐耐热混凝土	干燥环境	15～30	＞3

6.3.4　耐热混凝土施工质量验收

耐热混凝土施工质量验收应参照《混凝土结构工程施工质量验收规范》（GB
50204—2015）中的相关规定执行。水硬性耐热混凝土试件的制作、养护方法和强度等
级应按照《混凝土物理力学性能试验方法标准》（GB/T 50081—2019）执行。气硬性耐
热混凝土试件的养护方法：将成型的试件在（20±5）℃环境中静置 24h 后编号、拆模，
养护龄期为 28d。耐热混凝土坍落度应按照《普通混凝土拌合物性能试验方法标准》
（GB/T 50080—2016）规定的方法检验，允许偏差按照表 6.19 执行。

表 6.19　坍落度允许偏差

规定值（mm）	＜100	≥100
允许偏差值（mm）	±10	±20

耐热混凝土的检验项目和技术要求见表 6.20，按《耐热混凝土应用技术规程》
（YB/T 4252—2011）的相关规定执行。

表 6.20　耐热混凝土的检验项目和技术要求

耐热度（℃）	检验项目	技术要求
200～500（含 500℃）	耐热混凝土强度等级	≥混凝土设计强度等级
	烘干强度	≥混凝土设计强度等级
	残余强度	≥50%混凝土设计强度等级，不应出现裂纹
	线变化率	±1.5%
500～900（不含 500℃）	耐热混凝土强度等级	≥混凝土设计强度等级
	烘干强度	≥混凝土设计强度等级
	残余强度	≥35%混凝土设计强度等级，不应出现裂纹
	线变化率	±1.5%

注：如设计对检验项目及技术要求另有规定时，应按设计规定进行。

6.4　水下不分散混凝土

水下不分散混凝土技术是借助于混凝土外加剂——絮凝剂的应用，即在普通混凝土中加入絮凝剂，使混凝土在水中浇筑不离析、分散，水泥不流失，能自流平、自密实，使浇筑的混凝土优质均匀，凝结硬化后其物理力学性能和耐久性与普通混凝土类同。水下不分散混凝土的配合比设计及施工尚应符合《水运工程混凝土施工规范》（JTS 202—2011）的规定。

6.4.1　水下不分散混凝土专用外加剂——絮凝剂

水下不分散混凝土絮凝剂是指在水中施工时，能增加混凝土拌合物黏聚性，减少水泥浆体和骨料分离的外加剂，简称絮凝剂。水下不分散混凝土絮凝剂的等级、要求、试验方法、检验规则以及产品说明书、合格证、包装、出厂、运输和贮存应符合现行国家标准《水下不分散混凝土絮凝剂技术要求》GB/T 37990 的规定。

众所周知，尽管水泥混凝土是一种典型的水硬性建筑材料，但若将普通混凝土直接浇筑于水下时，在混凝土穿过水层过程中，由于受到水流冲刷的作用，混凝土拌合物中水泥浆体与骨料严重分离，水泥浆会被水流冲散流失，浇筑体中不仅水泥浆体少，而且水胶比大大增加，混凝土结构均匀性极差，强度和耐久性严重下降。悬浮的水泥颗粒下沉时，往往已呈凝固状态，失去胶结能力，浇筑的混凝土往往分为两层，一层为水泥浆含量较少而骨料比例很大的混凝土层，另一层为薄而强度很低的水泥凝聚体层或水泥渣，不能满足工程要求。以目前工程界较为推崇的导管法为例，其在水下所浇筑的混凝土强度损失高达 50% 左右，在间歇施工时，常因此要清除掉 150～450mm 厚的表层水下混凝土，浪费极大。此外，由于水泥颗粒的悬浮和大量离子的溶出，当采用普通混凝土进行水下浇筑时对附近水域环境造成的污染和对水中生物的破坏也难以想象。

多年以来，为了提高用普通混凝土浇筑水下结构体的质量，施工单位开发并采用过多种特殊施工法，如采用围堰排水法、叠袋法、预填集料灌浆法或采用导管、底开口容器等施工工具进行施工。但实践证明，采用这些较传统的施工方法，存在的缺点仍很多，不仅工程量大，而且稍有不慎，工程质量事故难以避免，失败的例子也很多。

1974 年，联邦德国 SIBO 企业集团首先研制成一种醚类聚合物混凝土外加剂，代号为"UWB"（德语"unter wasser beton"的缩写），并获得专利。所配制的水下混凝土被命名为"Hydrocrete"。该混凝土于 1977 年开始工业化应用，当时主要用于护坡及核电站基础等海工工程，混凝土强度为 25MPa。该技术于 1982 年获英国劳氏船级社及挪威船级社认可，认为可以在海洋工程中应用，1983 年在北海油田挪威 Start Jotd-C 平台应用，并进行了水下 220m 的应用试验。1984 年在界北河口动水中灌注核电站混凝土基础获得成功，到目前为止，联邦德国的水下抗分散混凝土在工程中应用已达几百万立方米。

1978 年，日本三井石油化学工业公司引进了联邦德国的专利技术，并结合本国实际情况进行了研究，三年后取得成功，于 1981 年开始投入工程应用。所研制的混凝土被日本土木学会称为"水中不分离性混凝土"，其相应的外加剂被称为"水中不分离性混合剂"。其后，建立了一套适合于日本国情的设计、材料和施工等条件的技术体系，使之成为一种实用性的混凝土。随后，日本又相继开发了十余种"水中不分离性混合剂"。从 1984 年 10 月起，日本对水中不分散混凝土的研究、生产和应用等情况进行了全面的调查总结，经一年半的反复研讨，于 1986 年 11 月定稿并出版了《水中不分散混凝土设计、施工指南》一书。该书综合了日本多家公司各自开发研制水中抗分散的混凝土技术，统一了专业术语、技术标准、设计依据和施工规定，作为唯一一本水中不分散混凝土设计、施工的参考手册。到目前为止，日本"水中不分离性"混凝土工程应用已近千万立方米，主要用于沉箱、沉井的底板混凝土、地下连续墙混凝土、灌注桩混凝土、护坡抛石灌缝混凝土、桩支撑板状混凝土以及一些水下混凝土工程的修补。典型的工程实例有：濑户大桥工程，水下抗分散混凝土的应用量为 50 万立方米；关西机场工程的应用量为 13.7 万立方米；青森大桥工程的应用量为 2.52 万立方米；阪神高速公路工程的应用量为 1.4 万立方米。上述工程的施工部位位于水下 9～38m。

到目前为止，日本、欧洲其他国家，以及美国、中国都先后研制成功并使用水下抗分散剂，并成功应用，极大地方便了施工，节约了水下混凝土施工时的人力、物力，保证了水下混凝土工程的质量，并保护了环境。

絮凝剂一般都为水溶性的高分子聚合物，它具有长链结构、易溶于水，且对生物、对环境无毒等特点。目前主要采用的水下抗分散剂的种类见表 6.21。

用于配制水下不分散混凝土的絮凝剂主要有以下几种：

（1）合成或天然水溶性有机聚合物，如纤维脂、淀粉胶、聚氯乙烯、聚丙烯酰胺、羧乙烯基聚合物、聚乙烯醇等，这些材料可以增加新拌混凝土的黏度。

（2）微细无机材料，如硅灰、硅酸铝（海泡石）、膨润土、硅藻土等，这些材料能增加新拌混凝土的保水能力，增加密实性。

（3）有机水溶性絮凝剂，如带有轻基的苯乙烯共聚合物、天然胶、水溶性多糖聚合物、威兰树脂（Welan Gum）等，这些材料也能增加新拌混凝土的黏度。

（4）有机材料乳液，如丙烯酸乳液、石蜡乳液等，可提高水泥颗粒之间的吸引力。

目前，德国、日本、美国等以纤维素类絮凝剂为主，西欧以水溶性多糖聚合物絮凝剂为主，我国以水溶性有机聚合物为主。市场上供应的主要为 UWB 絮凝剂。UWB 絮凝剂是由水溶性高分子聚合物和表面活性物质所组成，呈固体粉末，一般为浅棕色，掺量为水泥质量的 2.0%～2.5%。该絮凝剂与其他外加剂相容性好，可根据工程对水下混凝土的要求，复配其他外加剂，如各种减水剂、引气剂、调凝剂、早强剂等，从而配制成系统的水下不分散混凝土絮凝剂。当前主要有五种不同的品种，见表 6.21。

表 6.21　工程中常见的絮凝剂种类

聚丙烯胺系	纤维素系	其他
聚丙烯酰胺 丙烯酸钠 聚丙烯酰胺与丙烯酸钠的共聚物 聚丙烯酰胺水解产物	甲基纤维素 羟甲基纤维素 乙基纤维素 羟乙基纤维素 羟丙基纤维素 羟乙基甲基纤维素 羟丙基甲基纤维素 羟丁基甲基纤维素 羟乙基乙基纤维素	聚乙烯醇 聚氧化乙烯 海藻酸钠 酪蛋白 库尔橡胶 朝鲜银杏草 硫酸铝

絮凝剂无毒无害，产品需密封包装，要防止在运输和储存时受潮，以避免引起性能变化，储存期一般为一年，不受潮可继续使用。

6.4.2 水下不分散混凝土的性能

1. 新拌混凝土的性能

新拌水下不分散混凝土性能与普通混凝土性能相比较具有以下特性：

（1）高抗分散性。可不排水施工，即使受到水的冲刷作用，也能使得在水下浇筑的新拌水下不分散混凝土不分散、不离析、水泥不流失。

（2）优良的施工性。水下不分散混凝土虽然黏性大，但富于塑性，有良好的流动性，浇筑到指定位置能自流平、自密实。

（3）适应性强。新拌水下不分散混凝土可用不同的施工方法进行浇筑，并可通过各种外加剂的复配，满足不同施工性能的要求。

（4）不泌水、不产生浮浆，凝结时间略长。

（5）安全环保性好。掺加的絮凝剂经卫生检疫部门检测，对人体无毒无害，可用于饮用水工程，新拌水下不分散混凝土在浇筑施工时，对施工水域无污染。水下不分散混凝土质量指标见表 6.22。

表 6.22 水下不分散混凝土质量指标

项目			指标
扩展度（mm）			400～550
30min 扩展度损失（mm）			≤50
水下抗分散性	悬浮物含量（mg/L）		<180
	pH		<12
	水陆成型试件抗压强度比（%）	7d	≥65
		28d	≥75
力学性能	满足结构强度要求		

2. 硬化混凝土性能

（1）抗压强度。掺絮凝剂的水下不分散混凝土与普通混凝土一样，遵守水胶比定则，强度受水胶比、水泥品种、胶凝材料用量、絮凝剂掺量、龄期等因素的影响。水下不分散混凝土的水中成型试件的抗压强度与陆上成型试件抗压强度比称为水陆强度比，一般 28d 水陆强度比为 70% 以上。

（2）静弹性模量。静弹性模量与普通混凝土静弹性模量相近或略低一些。

（3）干缩。水下不分散混凝土比普通混凝土干缩值略大。

（4）抗冻性。水下不分散混凝土的抗冻性比普通混凝土略差，在抗冻性要求高的水工混凝土要掺适量引气剂。

（5）其他。如耐蚀性、抗渗性等与普通混凝土类同。

6.4.3 水下不分散混凝土的配合比设计、配制与施工

1. 原材料

水下不分散混凝土所采用的原材料除絮凝剂外，一般的施工可以使用与普通混凝土

所用的水泥、水、粗骨料、细骨料等相同的原材料。

2. 配合比

水下不分散混凝土的配合比设计，一般指决定水泥、水、粗骨料、细骨料、絮凝剂及其他外加剂的组成比例。其配合比除满足设计所提出的强度要求外，由于水下不分散混凝土的施工质量在很大程度上取决于其黏稠性和流动性，所以在配合比设计时更为重要的是满足水下施工的抗分散性和流动性的要求。

（1）施工流动性的确定

水下不分散混凝土在水下浇筑施工不可能进行捣固作业，靠其本身良好的流动性达到自流平、自密实。为此，水下不分散混凝土的流动性在很大程度上决定了水下混凝土浇筑质量。

（2）混凝土配制强度的确定

对水下不分散混凝土的配制强度的确定与陆上混凝土的配制强度的规律相近。一般水下不分散混凝土的强度设计要求为 20～40MPa。其强度设计基本上遵循水胶比定则。

（3）水胶比

水胶比主要根据水下不分散混凝土的强度来确定，同时考虑混凝土耐久性的要求。其水胶比大小应统一综合考虑，并应采用其较小的作为设计水胶比。这与普通混凝土水胶比设计相近。

（4）单位用水量

由于絮凝剂的掺入，水下不分散混凝土黏性大大提高，要使水下不分散混凝土达到自流平、自密实，得到流动性好的水下不分散混凝土，其单位用水量比普通混凝土要大得多。一般坍落扩展度要达到 450mm 左右，水下不分散混凝土的单位用水量约为 230kg/m³。试配时还可加入高效减水剂或复合型水下不分散剂等，并辅以调整砂率、选择粗骨料的最大粒径等方法，尽可能降低单位用水量。

（5）单位胶凝材料用量

单位水泥用量是根据单位用水量和水胶比确定的。水下不分散混凝土单位用水量大，因此，单位水泥用量也大，水下不分散混凝土的单位体积胶凝材料用量不小于 500kg/m³。

（6）砂率

砂率与水下不分散混凝土的流动性有一定关系，其砂率大小应使水下不分散混凝土有适宜的和易性和抗分散性，以单位用水量最小来确定。砂的细度模数越小，其砂率也应减少，一般控制在 38%～42%为宜。

（7）粗骨料最大粒径

粗骨料的最大粒径与水下不分散混凝土抗分散有一定关系。粗骨料粒径过大，混凝土在水下浇筑容易分离，且容易使混凝土过渡区产生缺陷，影响水下不分散混凝土的质量。最大粒径的选择一定要与混凝土的质量、混凝土的经济性综合考虑，一般情况下，最大粒径在 31.5mm 以下。同时要求不得超过构件最小尺寸的 1/4 及钢筋间距的 3/4。

（8）絮凝剂和其他外加剂的掺量

絮凝剂赋予水下不分散混凝土一定的黏稠性，使水下不分散混凝土在水下浇筑时不分散、不离析。一般絮凝剂的掺量与混凝土的黏稠性大小有关，为此，絮凝剂的掺量可根据施工方法、施工条件等通过试验来确定，一般絮凝剂掺量占水泥质量的1%～2.5%。

对于其他外加剂需进行与使用目的相适应的试验，一般絮凝剂与各种减水剂、引气剂等相容性都比较好。

（9）含气量

对于水下不分散混凝土含气量与一般混凝土要求相同，但在处于潮差段的水下不分散混凝土要求含气量达到 5%。有抗冻要求的水下不分散混凝土的含气量为4.0%～6.0%。

3. 试配和校准

试配是水下不分散混凝土配合比设计中的一个重要阶段，混凝土试配量一般为15～30L，试配时，主要测定水下不分散混凝土的流动性、抗分散性、抗压强度等主要性能。试配与原配合比设计有不符合之处，应通过用水量、水胶比、絮凝剂及外加剂用量、混凝土级配等加以调整。当对施工的混凝土还有其他性能要求时，也要对其他项目进行试验。

4. 搅拌

水下不分散混凝土的搅拌与普通混凝土大致相同。搅拌时将水泥、骨料、絮凝剂和其他外加剂同时加入进行搅拌20～30s，然后加水搅拌。根据施工需要，若絮凝剂与流化剂同时使用，根据运输时间、流化剂的流动性损失和施工条件等，可将流化剂采用后掺法，待运输后在现场附近掺入并进行搅拌 30～40s。由于水下不分散混凝土黏性大，要想制备匀质混凝土，最好采用强制式搅拌机，搅拌时间一般是 2～3min，并应通过试验加以确定。若施工现场不具备强制搅拌条件，也可采用正反转可倾式搅拌机进行搅拌，但搅拌时间需延长到 3～6min。若在搅拌车中加入絮凝剂进行搅拌时，根据搅拌车的搅拌能力，最短需搅拌 5min 以上。当搅拌机内的水下不分散混凝土未全部排出时，不得投入下批材料进行搅拌，搅拌停止后，必须对搅拌机进行彻底清洗。

5. 运输与浇筑

（1）运输

水下不分散混凝土工程量大，必须在混凝土搅拌站集中搅拌再运往现场时，一般陆上运输用搅拌车或车载吊罐、料斗等，水上运输用吊罐、料斗等装在驳船上运往现场。

若在现场搅拌，现场运输必须考虑工程条件、施工环境、混凝土量、混凝土工作性能及经济性等。一般现场运输方法有混凝土泵、吊罐或料斗、溜槽及手推车运输等。混凝土泵适用于现场较长距离运输，运距（水平压送）可达200m，运输量一般为 9～30m³/h，一般大中型水下工程比较适宜。吊罐或料斗运输对中小型水下工程比较适用，运输距离一般不超过 50m，运输量为 0.5～2.0m³/次。溜槽适用于混凝土流动性较好、水深不超过 2m 的水下直接浇筑工程，运输量一般为 30m³/h 左右。手推车适用水深不超过 2m 的小型水下工程，运输量为 0.05～0.2m³/次，施工比较灵活，但由于水下不分散混凝土黏性大，卸车较困难，在混凝土运输结束时，应清选运输设备。

（2）浇筑

水下不分散混凝土的浇筑方法主要有导管法、泵压法、吊罐法、溜槽法、袋装法、模袋法、自流灌浆法等。当水深大于 1.5m 时，水下混凝土施工宜采用导管法或泵压法，水下不分散混凝土也可采用吊罐法；当水深小于 1.5m 时，水下普通混凝土宜采用夯击法及振捣法；临时性工程的水下普通混凝土可采用袋装法。

水下不分散混凝土导管法施工与普通混凝土导管法施工要求基本相同。由于水下不分散混凝土的自流平性和抗分散性，很少出现水下流动带来的混凝土质量下降，其流动直径可达 4～6m，所以在导管配置时，应考虑水下不分散混凝土的特性。浇筑时除要求能连续将混凝土供给料斗外，并应尽可能将料斗的容积加大，以保证混凝土连续浇筑。在保证混凝土能连续浇筑的条件下，也可尽管将下端从混凝土中拔出 0.5m 以内，使混凝土在水中自由下落，也能保证混凝土的质量。导管法施工一般水流速度要求小于 3m/s。

泵送法施工与普通混凝土基本相同。但由于泵送水下不分散混凝土的管内压力损失一般为普通混凝土的 2～3 倍，有时会达到 4 倍，因此，在泵送较长距离时，必须扩大管径，降低输送速度，减少弯头，加大输送泵压等。水下不分散混凝土泵送施工时，其水流速度要求小于 3m/s。泵送水下不分散混凝土时，宜采用泵送能力较大的活塞式混凝土泵，并宜适当增大管径，减少弯头和减小输送距离。

容器开底法。装有水下不分散混凝土的开底容器如料罐或料斗放入水下浇筑处后，浇筑时容器底必须易于开启，在不妨碍施工的情况下，宜尽量采用大容量的容器，底的形状以水下不分散混凝土能顺利流出为佳。由于容器用吊车运输，可在垂直、水平部位灵活浇筑，施工技术相对导管法和泵送法要求较低，操作比较简便。水下不分散混凝土施工时，水下浇筑落差不宜大于 500mm，流动半径不宜大于 3m。水下不分散混凝土采用吊罐法施工时，除应符合浇筑落差不宜大于 500mm、流动半径不宜大于 3m 外，尚应符合下列规定：

（1）吊罐法施工可用于混凝土运距短的中小型水下工程。

（2）吊罐的结构应保证混凝土能顺畅装入和排出，罐的有效容积不宜小于 0.5m³。

（3）吊罐施工应按顺序快速浇筑，不得中途停顿。

溜槽法。一些小型工程可将水下不分散混凝土沿溜槽直接滑入浇筑的水下构筑物中，其溜槽长度一般为 5～30m。溜槽法要求水下不分散混凝土易于流动，溜槽与水平夹角一般应不小于 60°。

无论哪种浇筑方法，在浇筑前应充分考虑运输与浇筑机具的配套与衔接，应对其机具进行认真检查，以防止出现故障。

6. 模板与养护

（1）模板

水下不分散混凝土的模板由于垂直荷载、水平荷载作用及侧压力较大，因此模板必须确保施工构筑物的位置、形状和尺寸准确无误。模板组装要求严密，大型模板应尽量在水上安装，模板组装和拆卸作业应力求操作简单、易行，注意安全。

（2）养护

水下不分散混凝土浇筑到水下后，在养护中不必对干燥、冻融等加以考虑。虽然水下不分散混凝土有较大的黏性，对动水和波浪抵抗力较强，但还应采取相应的养护措施，在混凝土表面最好有所遮盖，以避免动水、波浪的冲刷和掏空。混凝土浇筑后，要养护到混凝土达到必要的拆模强度，才能拆除模板。

6.5　超高性能混凝土

超高性能混凝土（Ultra High Performance Concrete，UHPC）是指由水泥、掺合料、骨料、增强纤维、外加剂和水等原材料制成的具有超高力学性能、超高抗侵蚀性介质渗透性能兼具改善脆性特征的水泥基复合材料。超高性能混凝土不同于传统的普通混凝土和高性能混凝土，是指用超细颗粒填充在水泥颗粒堆积体系空隙中，实现胶凝材料体系颗粒堆积致密化，使 UHPC 基体具备超高抗压强度（≥100MPa）。超高性能混凝土具有优良的抗压、抗弯、耐磨、抗爆、抗渗等性能，特别适合用于大跨径桥梁、抗爆结构和薄壁结构等，以及用在高磨蚀、高腐蚀环境。超高性能混凝土具有"三高"特性即高强度、高韧性和高耐久性；耐久性的核心是渗透。超高性能混凝土渗透性极低（氯离子扩散系数和氧气渗透），可保持内部缺氧状态，可有效防止钢纤维和钢筋锈蚀。超高性能混凝土的术语和定义、分类、原材料、技术要求、试验方法、检验规则、包装及运输应符合《超高性能混凝土（UHPC）技术要求》（T/CECS 10107—2020）和《活性粉末混凝土》（GB/T 31387—2015）的规定。

超高性能混凝土按用途分为结构类超高性能混凝土和装饰类超高性能混凝土，按养护方法分为自然养护类超高性能混凝土和热养护类超高性能混凝土。

超高性能混凝土用原材料应符合下列规定：

（1）水泥宜采用满足《通用硅酸盐水泥》（GB 175—2007）规定的 52.5 级硅酸盐水泥或普通硅酸盐水泥。当采用其他种类或强度等级的水泥时，应通过试验验证，在满足设计要求后方可使用。

（2）硅灰应符合《砂浆和混凝土用硅灰》（GB/T 27690）的规定，SiO_2 含量宜大于 90%。

（3）当采用其他矿物掺合料时，矿物掺合料材性应符合国家有关标准的规定，且应通过试验验证，满足超高性能混凝土设计性能要求时方可使用。

（4）骨料宜优先选用最大粒径不超过 1.25mm 的单粒径石英砂，也可选用细度模数为 1.6～2.2 的天然砂或人工砂。石英砂的 SiO_2 含量应大于 95%，按粒径可分粗粒径砂（1.25～0.63mm）、中粒径砂（0.63～0.315mm）和细粒径砂（0.315～0.16mm）三个粒级。天然砂含泥量应不大于 0.5%，泥块含量应为 0；人工砂的石粉含量不应大于5%，且亚甲蓝试验结果（MB 值）不应大于 1.4。经试验验证，满足超高性能混凝土设计性能要求时，可将骨料的最大粒径放宽至 4.75mm。

（5）石英砂、天然砂、人工砂的氯离子含量不应大于 0.02%，硫化物及硫酸盐含量不应大于 0.50%，云母含量不应大于 0.50%。

（6）石英粉宜采用以含石英为主的粉状材料，其小于 0.16mm 粒径的颗粒比例应大于 95%，SiO_2 含量应大于 95%，氯离子含量不应大于 0.02%，硫化物及硫酸盐含量不应大于 0.50%，云母含量不应大于 0.50%。

（7）超高性能混凝土中不宜使用粗骨料，当有特殊要求需选用粗骨料时，粗骨料的最大粒径不应大于 10mm，且应通过试验验证，满足超高性能混凝土设计性能要求时方可使用。

（8）外加剂应符合《混凝土外加剂》（GB 8076—2008）和《混凝土外加剂应用技术规范》（GB 50119—2013）的规定，宜选用减水率不小于 30％的高性能减水剂。其他外加剂应符合国家现行有关标准的规定，与水泥和矿物掺合料有良好的适应性，并应通过试验验证，在满足设计要求后方可使用。

（9）超高性能混凝土宜优先采用长度为 6～25mm、直径为 0.10～0.25mm、抗拉强度不低于 2000MPa 的微细钢纤维。可选用合成纤维、玻璃纤维、碳纤维或经试验验证满足设计要求的其他种类纤维，单掺或与钢纤维复掺用于超高性能混凝土中。用于超高性能混凝土的纤维的产品性能应符合国家有关标准的规定。

6.5.1　超高性能混凝土配合比设计机理

其配合比设计机理可以概括为以下四点：

（1）通过增加原材料的细度和提高活性成分的反应活性等途径，来减少材料中的微裂纹和孔隙；

（2）根据最大密实理论设计配合比，提升纳米尺寸到毫米尺寸固体矿物颗粒堆积体密实度提高材料的匀质性；

（3）使用超低水胶比（0.16～0.19），提高混凝土耐久性；

（4）添加钢纤维提高材料的韧性和延性。

6.5.2　超高性能混凝土性能比较

超高性能混凝土预混料是将水泥、石英砂、高性能矿物掺合料、复合外加剂等按一定比例，采用合理的投料、混合、包装工艺制备而成的高性能水泥基材料，现场只需加一定比例的水采用普通搅拌机拌和即能获得高流动性，再加入体积掺量 2.0％～3.5％的专用镀铜钢纤维搅拌均匀即可。具有良好的施工性能，可实现自密实，见表 6.23。超高性能混凝土工作性能，如图 6.1 所示。

表 6.23　超高性能混凝土工作性能

序号	水料比	水胶比	扩展度（mm）
1	0.073～0.078	0.15～0.17	500～600
2	0.078～0.083	0.17～0.18	600～750
3	0.083～0.088	0.18～0.19	750～800

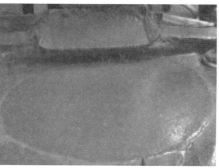

图 6.1　超高性能混凝土工作性能

超高性能混凝土与普通混凝土、高性能混凝土从力学性能、耐久性以及常见材料的断裂能进行对比，见表6.24～表6.26。超高性能混凝土抗折试验，如图6.2所示；常见材料应力应变，如图6.3所示。

表6.24 力学性能对比

力学性能	普通混凝土	高性能混凝土	超高性能混凝土
抗压强度（MPa）	20～50	60～100	100～200
抗折强度（MPa）	4～8	6～10	15～40
弹性模量（GPa）	15～40	30～50	40～60

表6.25 耐久性对比

耐久性	普通混凝土	高性能混凝土	超高性能混凝土
氯离子扩散系数（$10^{-12}\text{m}^2 \cdot \text{s}^{-1}$）	1.1	0.6	0.06
碳化深度（mm）	10	2	0
冻融脱落（$\text{g} \cdot \text{m}^{-2}$）	＞1000	900	7
磨耗系数	4.0	2.8	1.3
氧气渗透性	1.0	0.1	0.01

表6.26 常见材料的断裂能对比

材料种类	玻璃	陶瓷与岩石	普通混凝土	金属	UHPC	钢
断裂能（$\text{J} \cdot \text{m}^{-2}$）	5	＜100	120	＞10000	15000	100000

图6.2 超高性能混凝土抗折试验

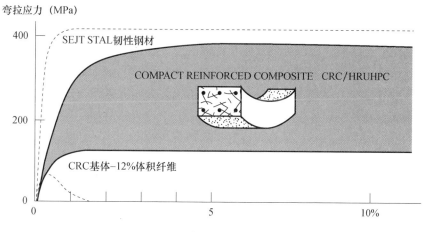

图 6.3　常见材料应力应变

从表 6.24～表 6.26 数据进行对比可看出，UHPC 比高性能混凝土有更好的力学性能、更优良的耐久性，抗压强度是高性能混凝土的 2 倍以上，抗折强度可达到高性能混凝土的 4 倍左右，氯离子扩散系数等耐久性指标仅为高性能混凝土的 1/10。

超高性能混凝土通常由预混料加水搅拌而成，预混料是指由水泥、掺合料、骨料按超高性能混凝土配合比配制的干粉料，其中可包含固态化学外加剂、增强纤维。超高性能混凝土与高性能混凝土比较的优势：①超高性能混凝土比高性能混凝土有更优良的施工性，可做到自密实；②超高性能混凝土是预先制备干粉料，现场直接加水搅拌，出机温度容易控制；③超高性能混凝土力学性能和耐久性远高于常规混凝土；④超高性能混凝土胶凝材料用量大，水化热高，混凝土内部最高温度高，早期混凝土内部温差较大，混凝土温度应力高，但由于超高性能混凝土的抗拉强度远高于普通混凝土，导致混凝土安全系数远高于 C60 纤维混凝土。

国内外研究结果表明，超高性能混凝土立方体抗压强度的尺寸效应不明显，立方体抗压强度标准值的测定采用边长为 100mm 的立方体试件作为标准试件。超高性能混凝土的抗压强度应按《混凝土物理力学性能试验方法标准》（GB/T 50081—2019）的有关规定进行，并应符合下列规定：

（1）应采用 100mm×100mm×100mm 的立方体试件，每组 6 个；

（2）加载速率应为 1.20～1.40MPa/s；

（3）抗压强度试验值不应乘以尺寸换算系数；

（4）取与平均值偏差小于 10% 的试件强度平均值作为测定值，当有 3 个或 3 个以上试件强度值与平均值偏差大于 10% 时，应重新进行试验。

6.5.3　超高性能混凝土的生产与施工

超高性能混凝土搅拌应采用强制式搅拌机，搅拌前应检查搅拌机叶片和衬板间的间隙，间隙应不大于 20mm，如果该值超标应更换叶片及衬板。

超高性能混凝土搅拌时应先投预混料及钢纤维，干拌 3min，随后加入水及液体外加剂等，再搅拌不少于 3min。钢纤维投放时应分散均匀。

超高性能混凝土正式生产前应先进行试拌，检验超高性能混凝土各项工艺性能指标及搅拌参数。如存在钢纤维结团、起球现象，应查明原因并予以消除。

混凝土搅拌完毕后，应按下列要求检测混凝土拌和物的各项性能，混凝土拌和物的坍落度应在搅拌地点和浇筑地点分别取样检测，同时观察、检查混凝土拌和物的均匀性、黏聚性和保水性，每个工作班或每个单元结构物不应少于两次，评定时应以浇筑地点的测值为准，如拌和物从出机到入模不超过 15min 时可仅在搅拌地点取样检测。

超高性能混凝土浇筑前，施工单位应根据结构物的大小、位置制定符合实际的浇筑工艺方案（施工缝设置、浇筑顺序、降温防裂措施、保护层的控制等）；应对支架（拱架）、模板、钢筋、支座、预拱度和预埋件进行检查，并做好记录，符合要求后方可浇筑；模板内的杂物、积水和钢筋上的污垢应清理干净，模板如有缝隙，应填塞严实，模板内面应涂刷脱模剂，木模板应预先湿润；应检查混凝土的均匀性和坍落度。

超高性能混凝土应采用平板振动器或附着式振动器振捣成型，所采用的振捣机械和振捣方法除应保证密实外，还应避免拌和物离析、分层以及纤维露出构件表面。拌和物浇筑倾落的自由高度不应超过 0.5m，无法避免时，应进行试验来避免钢纤维从水泥浆中离析或结团。超高性能混凝土浇筑过程应保持连续性，避免出现混凝土表面失水结壳及冷缝，施工缝设置应按设计规定进行。超高性能混凝土浇筑施工应在 5℃ 以上，露天施工时风力不大于 6 级，下雨时必须停止浇筑施工。

超高性能混凝土的养护应符合下列规定：

（1）超高性能混凝土浇筑成型后，外露表面应及时采用养护薄膜覆盖，薄膜上加铺土工布，洒水保湿。在气温为高于 5℃ 时，可采用自然养护，养护不少于 7d。当环境平均气温低于 10℃ 或最低温度低于 5℃ 时，应按冬期施工处理，采取保温措施。

（2）如果采用蒸汽养护工艺，按有关规定成型并覆盖后，静停时间不应少于 6h。静停过程中，对于缺水部位应及时补水养护。静停完毕后进行蒸汽养护，并应符合下列规定：①蒸汽养护过程中的温度和湿度宜通过传感器调整蒸汽量的大小来实现。养护温度恒定在 80℃ 时，养护时间不应少于 72h；养护温度恒定在 90℃ 时，养护时间不应少于 48h。②蒸养升温阶段，升温湿度不应大于 12℃/h；蒸养结束后，以不超过 15℃/h 的降温速度将温度逐渐降至与环境温度之差不大于 20℃ 的温度范围内。③蒸汽养护结束后应进行自然养护，自然养护时的环境平均气温宜高于 10℃，梁段表面应保持湿润不少于 7d，当环境平均气温低于 10℃ 或最低气温低于 5℃ 时，应按冬期施工处理，采取保温措施。④升温养护结束后可拆模，拆模时梁段表面温度与环境温度之差不应大于 20℃。

6.6　泡沫混凝土

泡沫混凝土是指用物理方法将泡沫剂制备成泡沫，再将泡沫加入由水泥、骨料、掺合料、外加剂和水制成的料浆中，经混合搅拌、浇筑成型、养护而成轻质微孔混凝土。现浇泡沫混凝土是指在施工工地现浇的泡沫混凝土。泡沫混凝土的术语、分类、原材料、技术要求、试验方法、检验规则、包装及运输尚应符合现行行业标准《泡沫混凝土》（JG/T 266）的规定，气泡混合轻质土的设计、配合比设计、工程施工、质量检验与验收尚应符合现行行业标准《气泡混合轻质土填筑工程技术规程》（CJJ/T 177）的规定。

　　泡沫混凝土施工是通过发泡机的发泡系统将发泡剂用机械方式充分发泡，并将泡沫与水泥浆均匀混合，然后经过发泡机的泵送系统进行现浇施工或模具成型，经自然养护所形成的一种含有大量封闭气孔的新型轻质保温材料。泡沫混凝土属于气泡状绝热材料，其突出特点是在混凝土内部形成封闭的泡沫孔，使混凝土轻质化和保温隔热化。泡沫混凝土同时也是加气混凝土中的一个特殊品种，其孔结构和材料性能都接近于加气混凝土，两者的差别只是在气孔形状和加气手段之间的差别。加气混凝土气孔一般是椭圆形，加气混凝土是化学发气，通过铝粉、双氧水、碳化钙（俗称电石）等物质发生化学反应在内部产生气体而形成气孔；泡沫混凝土受毛细孔作用的影响，产生变形而形成多面体。泡沫混凝土则是通过机械制泡的方法，先将发泡剂制成泡沫，然后将泡沫加入水泥、菱镁、石膏浆中形成泡沫浆体，再经自然养护蒸气养护而成。泡沫混凝土是混凝土大家族中的一员，近年来国内外都非常重视泡沫混凝土的研究与开发，使其在建筑领域的应用越来越广。

　　泡沫混凝土按干密度分为 11 个等级，分别用符号 A03、A04、A05、A06、A07、A08、A09、A10、A12、A14、A16 表示；按强度等级分为 11 个等级，分别用符号 C0.3、C0.5、C1、C2、C3、C4、C5、C7.5、C10、C15、C20 表示；按吸水率分为 8 个等级，分别用符号 W5、W10、W15、W20、W25、W30、W40、W50 表示；按施工工艺分为现浇泡沫混凝土和泡沫混凝土制品两类，分别用符号 S、P 表示。

　　1. 泡沫混凝土性能

　　（1）泡沫混凝土干密度不应大于表 6.27 中的规定，其容许误差应为 +5%；导热系数不应大于表 6.27 中的规定。

表 6.27　泡沫混凝土干密度和导热系数

干密度等级	A03	A04	A05	A06	A07	A08	A09	A10	A12	A14	A16
干密度(kg/m³)	300	400	500	600	700	800	900	1000	1200	1400	1600
导热系数 [W/ (m·K)]	0.08	0.10	0.12	0.14	0.18	0.21	0.24	0.27	—	—	—

　　（2）泡沫混凝土每组立方体试件的强度平均值和单块强度最小值不应小于表 6.28 的规定。

表 6.28　泡沫混凝土强度等级（MPa）

强度等级		C0.3	C0.5	C1	C2	C3	C4	C5	C7.5	C10	C15	C20
强度	每组平均值	0.30	0.50	1.00	2.00	3.00	4.00	5.00	7.50	10.00	15.00	20.00
	单块最小值	0.225	0.425	0.850	1.700	2.550	3.400	4.250	6.375	8.500	12.760	17.000

　　（3）泡沫混凝土干密度等级与强度的大致关系见表 6.29。

表 6.29　泡沫混凝土干密度等级与强度的大致关系（MPa）

干密度等级	A03	A04	A05	A06	A07	A08	A09	A10	A12	A14	A16
强度	0.3~0.7	0.5~1.0	0.8~1.2	1.0~1.5	1.2~2.0	1.8~3.0	2.5~4.0	3.5~5.0	4.5~6.0	5.5~10.0	8.0~30.0

（4）泡沫混凝土吸水率不应大于表 6.30 中的规定。

表 6.30　泡沫混凝土吸水率（%）

吸水率等级	W5	W10	W15	W20	W25	W30	W40	W50
吸水率	5	10	15	20	25	30	40	50

2. 泡沫混凝土用原材料

（1）水泥宜采用 42.5 级及以上的通用硅酸盐水泥或硫铝酸盐水泥，通用硅酸盐水泥应符合现行国家标准《通用硅酸盐水泥》（GB 175）的规定，硫铝酸盐水泥应符合现行国家标准《硫铝酸盐水泥》（GB 20472）的规定。

（2）骨料可选用保温颗粒料、细砂、粉煤灰或轻骨料等，具体视工程设计而定。

（3）矿物掺合料应符合《用于水泥和混凝土中的粉煤灰》（GB/T 1596—2017）和《用于水泥、砂浆和混凝土中的粒化高炉矿渣粉》（GB/T 18046—2017）的规定，采用其他矿物掺合料时应符合国家有关标准的规定，矿物掺合料的放射性应符合《建筑材料放射性核素限量》（GB 6566—2010）的规定。

（4）外加剂应符合《混凝土外加剂》（GB 8076—2008）的规定。

（5）泡沫剂应符合发泡要求，发泡后的泡沫混凝土性能应符合现行行业标准《泡沫混凝土》（JG/T 266）的规定，选用发泡倍数大于 20 倍的复合型水溶性发泡剂。

泡沫混凝土施工工艺及技术要求应符合下列规定：

（1）严格按设计的技术指标和配合比要求施工，严格控制每立方米泡沫混凝土中水泥、发泡剂、特种骨料、各种外加剂或泡沫混凝土专用干粉料的用量。

（2）屋面保温须在各种管线安装完成后进行（如需安装透气管，需施工总承包单位提前安装完成）；楼地面保温须在外墙砖及门窗等工程完成后进行。

（3）施工基层应无灰尘、无杂物，在楼地面基面上浇筑泡沫混凝土，应先将基面淋水，使之饱和，再进行现场捣制；屋面基层须无积水。

（4）根据保温层的设计厚度，用水泥砂浆按 2m×2m 打靶、植模，按设计要求做好坡度或平面。

（5）对设备、量具进行检查测试，先放少量净水检查输送泵压力是否正常。

（6）开启电源，在发泡器内加入一定量的发泡剂，充气加压 3～6min，升压到 4～10MPa 后待用。

（7）在 1m³ 搅拌机内加入水、抗裂材料搅拌 1～2min，再加入水泥搅拌 3～5min，若泡沫混凝土中泡沫尚未均匀混合，可适当延长时间。

（8）将发泡器内的泡沫排放到已拌好后的水泥浆料内，搅拌均匀后将浆料排放到施工的工作面上。

（9）用 2m 的抹尺将泡沫混凝土浆料在 15min 内快速摊铺抹平。

（10）泡混凝土接岔交接部位施工时应将前次的施工面铲出斜面、凿毛，用水冲洗干净，湿润后再进行浇筑，或者就此留出准确的分格缝。

（11）对落水口檐构做好细部处理，对污染的墙壁、器具、设备、管道要清洗干净。

（12）对未设置透气管的屋面泡沫混凝土保温层，应裁切分格缝，分格缝的宽度为 5～10mm，泡沫混凝土隔热层厚度为 60～100mm 的，其缝的深度为 30mm（保温层厚度的 1/3）；待泡沫混凝土硬化后，按 6m×6m 规格弹好分格线，锯好分格缝（此程序在防水施工时由防水单位进行）。

（13）泡沫混凝土浇筑 24h 后开始自然养护，养护期内严禁上人踩踏，泡沫混凝土养护时间为 3～7d。

雨雪天不得施工，避免在高温烈日下施工，干热大风条件下也不宜施工；施工期间如遇到风、霜、雪、雨和低温天气，应做好保护措施；捣制时对污染器具、泡沫管道要清洗干净，材料存放要有专人保管。

3. 泡沫混凝土质量验收

干密度、抗压强度、吸水率试验的试件应为 100mm×100mm×100mm 立方体试件，每组试件的数量应为 3 块。导热系数试验的试件尺寸应为 300mm×300mm×30mm 立方体试件，每组试件的数量应为 2 块。《泡沫混凝土》（JG/T 266—2011）规定，现浇泡沫混凝土分出厂检验和交货检验，每 100m³ 现浇泡沫混凝土应为一检验批，少于 100m³ 也应作为一检验批，在一检验批中抽样。性能检验抽样为每个项目随机抽取 1 组试件；尺寸偏差和外观检验抽样为随机抽查 10m²。泡沫混凝土制品分出厂检验和交货检验，每 100m³ 现浇泡沫混凝土制品应为一检验批，少于 100m³ 也应作为一检验批，在一检验批中抽样。性能检验抽样为每个项目随机抽取 1 组试件；尺寸偏差和外观检验为随机抽 10 块泡沫混凝土制品。

6.7 再生骨料混凝土

再生骨料混凝土是指掺用再生骨料配制而成的混凝土。再生骨料的技术要求、进场检验，再生骨料混凝土的配合比设计、制备、施工、施工质量验收应符合《再生骨料应用技术规程》（JGJ/T 240—2011）、《再生混凝土结构技术标准》（JGJ/T 443—2018）和《预拌混凝土》（GB/T 14902—2012）的规定。

制备混凝土用的再生粗骨料、再生细骨料应符合现行国家标准《混凝土用再生粗骨料》（GB/T 25177）、《混凝土和砂浆用再生细骨料》（GB/T 25176）及本书第 2.10 节、第 2.11 节的规定。

再生骨料混凝土用原材料应符合下列规定：

（1）天然粗骨料和天然细骨料应符合现行行业标准《普通混凝土用砂、石质量及检验方法标准》（JGJ 52）的规定。

（2）水泥宜采用通用硅酸盐水泥，并应符合现行国家标准《通用硅酸盐水泥》（GB 175）的规定；当采用其他品种水泥时，其性能应符合国家现行有关标准的规定；不同水泥不得混合使用。

（3）拌和用水和养护用水应符合现行行业标准《混凝土用水标准》（JGJ 63）的规定。

（4）矿物掺合料应符合《用于水泥和混凝土中的粉煤灰》（GB/T 1596—2017）、《用于水泥、砂浆和混凝土中的粒化高炉矿渣粉》（GB/T 18046—2017）、《高强高性能混凝土用矿物外加剂》（GB/T 18736—2017）和《混凝土和砂浆用天然沸石粉》（JG/T 566）的规定。

（5）外加剂应符合现行国家标准《混凝土外加剂》（GB 8076）和《混凝土外加剂应用技术规范》（GB 50119）的规定。

Ⅰ类再生粗骨料可用于配制各种强度等级的混凝土；Ⅱ类再生粗骨料宜用于配制C40 及以下强度等级的混凝土；Ⅲ类再生粗骨料可用于配制 C25 及以下强度等级的混凝土，不宜用于配制有抗冻性要求的混凝土。Ⅰ类再生细骨料可用于配制 C40 及以下强度等级的混凝土；Ⅱ类再生细骨料宜用于配制 C25 及以下强度等级的混凝土；Ⅲ类再生细骨料不宜用于配制结构混凝。再生骨料不得用于配制预应力混凝土。

再生骨料混凝土的耐久性设计应符合现行国家标准《混凝土结构设计规范》（GB 50010）和《混凝土结构耐久性设计标准》（GB/T 50476）的相关规定。当再生骨料混凝土用于设计使用年限为 50 年的混凝土结构时，其耐久性宜符合表 6.31 的规定。

表 6.31　再生骨料混凝土耐久性基本要求

环境等级	最大水胶比	最低强度等级	最大氯离子含量（%）	最大碱含量（kg/m³）
一	0.55	C25	0.20	3.0
二 a	0.50（0.55）	C30（C25）	0.15	3.0
二 b	0.45（0.50）	C35（C30）	0.15	3.0
三 a	0.40	C40	0.10	3.0

注：1. 氯离子含量是指氯离子占胶凝材料总量的百分比；
2. 素混凝土构件的水胶比及最低强度等级可不受限制；
3. 有可靠工程经验时，二类环境中的最低混凝土强度等级可降低一个等级；
4. 处于严寒和寒冷地区二 b、三 a 类环境中的混凝土应使用引气剂或引气型外加剂，并可采用括号中的有关参数；
5. 当使用非碱活性骨料时，对混凝土中的碱含量可不作限制。

再生骨料混凝土中三氧化硫的允许含量应符合现行国家标准《混凝土结构耐久性设计标准》（GB/T 50476）的规定。

当再生粗骨料或再生细骨料不符合现行国家标准《混凝土用再生粗骨料》（GB/T 25177）或《混凝土和砂浆用再生细骨料》（GB/T 25176）的规定，但经过试验试配验证能满足相关使用要求时，可用于非结构混凝土。

再生骨料混凝土配合比设计应满足和易性、强度和耐久性的要求。

再生骨料混凝土配合比设计可按下列步骤进行：

（1）根据已有技术资料和混凝土性能要求，确定再生粗骨料取代率（δ_g）和再生细骨料取代率（δ_s）；当缺乏技术资料时，δ_g 和 δ_s 不宜大于 50%，Ⅰ类再生粗骨料取代率（δ_g）可不受限制；当混凝土中已掺用Ⅲ类再生粗骨料时，不宜再掺入再生细骨料。

（2）确定混凝土强度标准差（σ），并可按下列规定进行：

① 对于不掺用再生细骨料的混凝土，当仅掺Ⅰ类再生粗骨料或Ⅱ类、Ⅲ类再生粗骨料取代率（δ_g）小于 30% 时，σ 可按现行行业标准《普通混凝土配合比设计规程》（JGJ 55）的规定取值。

② 对于不掺用再生细骨料的混凝土，当Ⅱ类、Ⅲ类再生粗骨料取代率（δ_g）不小于 30% 时，σ 值应根据相同再生粗骨料掺量和同强度等级的同品种再生骨料混凝土统计资料计算确定。计算时，强度试件组数不应小于 30 组。对于强度等级不大于 C20 的混凝土，当 σ 计算值不小于 3.0MPa 时，应按计算结果取值；当 σ 计算值小于 3.0MPa 时，

σ 应取 3.0MPa；对于强度等级大于 C20 且不大于 C40 的混凝土，当 σ 计算值不小于 4.0MPa 时，应按计算结果取值；当 σ 计算值小于 4.0MPa 时，σ 应取 4.0MPa。

当无统计资料时，对于仅掺再生粗骨料的混凝土，其 σ 值可按表 6.32 的规定确定。

表 6.32　再生骨料混凝土抗压强度标准差推荐值

强度等级	≤C20	C25、C30	C35、C40
σ （MPa）	4.0	5.0	6.0

③ 掺用再生细骨料的混凝土，也应根据相同再生骨料掺量和同强度等级的同品种再生骨料混凝土统计资料计算确定 σ 值。计算时，强度试件组数不应小于 30 组。对于各强度等级的混凝土，当 σ 计算值小于表 6.32 中对应值时，应取表 6.32 中对应值。当无统计资料时，值也可按表 6.32 选取。

（3）计算基准混凝土配合比，应按现行行业标准《普通混凝土配合比设计规程》（JGJ 55）的方法进行。外加剂和掺合料的品种和掺量应通过试验确定；在满足和易性要求前提下，再生骨料混凝土宜采用较低的砂率。

（4）以基准混凝土配合比中的粗、细骨料用量为基础，并根据已确定的再生粗骨料取代率（δ_g）和再生细骨料取代率（δ_s），计算再生骨料用量。

（5）通过试配及调整，确定再生骨料混凝土最终配合比，配制时，应根据工程具体要求采取控制拌合物坍落度损失的相应措施。

再生骨料混凝土原材料的储存和计量应符合国家标准《混凝土质量控制标准》（GB 50164—2011）、《混凝土结构工程施工规范》（GB 50666—2011）和《预拌混凝土》（GB/T 14902—2012）的相关规定。再生骨料混凝土的搅拌和运输应符合国家标准《混凝土质量控制标准》（GB 50164—2011）、《混凝土结构工程施工规范》（GB 50666—2011）和《预拌混凝土》（GB/T 14902—2012）的相关规定。再生骨料混凝土的浇筑和养护应符合国家标准《混凝土质量控制标准》（GB 50164—2011）和《混凝土结构工程施工规范》（GB 50666—2011）的相关规定。再生骨料混凝土的施工质量验收应符合国家标准《混凝土结构工程施工质量验收规范》（GB 50204—2015）的相关规定。

7 混凝土收缩、裂缝及防治

混凝土的变形（deformation）如同强度一样，也是混凝土的一项重要的力学性能。水泥混凝土在凝结硬化过程中以及硬化后，受到荷载、温度、湿度以及大气中 CO_2 的作用，会发生相应整体的或局部的体积变化，产生变形。实际使用中的混凝土结构一般会受到基础、钢筋或相邻部件的牵制而处于不同程度的约束状态，即使单一的混凝土试件没有受到外部的约束，其内部各组分之间也还是互相制约的。混凝土的体积变化则会由于约束的作用在混凝土内部产生拉应力，当此拉应力超过混凝土的抗拉强度时，就会引起混凝土开裂，产生裂缝。较严重的开裂不仅影响混凝土承受设计荷载的能力，还会严重损害混凝土的外观和耐久性。从总体上看，混凝土的变形大致可分为收缩变形、温度变形、弹塑性变形和徐变。收缩变形和温度变形为非荷载作用下的变形；弹塑性变形和徐变为荷载作用下的变形。

裂缝是指在施工过程中及通常使用条件下钢筋混凝土结构所产生的可见裂缝，是肉眼可见的裂缝，而不是微观裂缝。现行行业标准《建筑工程裂缝防治技术规程》（JGJ/T 317）给出裂缝的定义，建筑构配件或构配件之间产生可见窄长间隙的缺陷。当裂缝已影响或可能发展到影响结构性能、使用功能或耐久性时称为有害裂缝。不少情况下，混凝土出现的可见裂缝对结构性能、使用功能或耐久性等不会有大的影响，只是影响结构的外观，对这些裂缝称为无害裂缝。虽称为无害裂缝，但也反映了在原材料、配合比和施工过程中或在设计中存在某些缺陷，也应予以关注和改进。

裂缝就其开裂深度可分为表面的、贯穿的；就其在结构物表面形状可分为网状裂缝、爆裂状裂缝、不规则短裂缝、纵向裂缝、横向裂缝、斜裂缝等；裂缝按其发展情况可分为稳定的和不稳定的、能愈合的和不能愈合的；裂缝按其产生的时间可分为混凝土硬化之前产生的塑性裂缝和硬化之后产生的裂缝；裂缝按其产生的原因，可分为荷载裂缝和变形裂缝。荷载裂缝是指因动、静荷载的直接作用引起的裂缝。变形裂缝是指因不均匀沉降、温度变化、湿度变异、膨胀、收缩、徐变等变形因素引起的裂缝。

7.1 收缩类型

混凝土的收缩是由水泥凝胶体本身的体积收缩（即凝缩）和混凝土失水产生的体积收缩（即干缩）这两部分组成的，主要包括塑性收缩、干燥收缩、自生收缩、温度变形和碳化收缩，它们彼此独立发生或者同时出现。

7.1.1 塑性收缩

塑性收缩裂缝是混凝土在初凝前的塑性阶段失水形成的。当室外温度高而湿度较低时，新浇筑的混凝土表面泌水很快被蒸发，内部的水分逐步向外迁移，这样就造成了混凝土在塑性阶段的体积收缩。混凝土表面产生收缩应力远大于混凝土的抗拉强度时，表面就产生了大量的不规则微细裂缝。如不及时抹压和覆盖保水养护，裂缝就会迅速向内部延伸，严重时会形成贯通裂缝。

混凝土浇筑后 4～15h，水泥水化反应激烈，分子链逐渐形成，出现泌水和水分急剧蒸发现象，引起失水收缩，是在初凝过程中发生的收缩，也称为凝缩。此时骨料与胶凝材料之间也产生不均匀的沉缩变形，都发生在混凝土终凝之前，即塑性阶段，故称为塑性收缩。

塑性收缩的量级很大，可达 1‰左右，所以在浇筑混凝土后 4～15h，在表面上，特别是在养护不良的部位出现龟裂，裂缝无规则，既宽（1～2mm）又密（间距 50～100mm），属表面裂缝。由于沉缩的作用，这些裂缝往往沿钢筋分布。水胶比过大，水泥用量大，外加剂保水性差，粗骨料少，用水量大，振捣不良，环境气温高，表面或底面失水大（模板或地基未浇水润湿、未覆盖薄膜、未做二次碾压收面、养护不良）等都能导致塑性收缩表面开裂。

7.1.2 干燥收缩（失水收缩）

水泥石在干燥和水湿的环境中产生干缩和湿胀现象，最大的收缩是发生在第一次干燥之后，收缩和膨胀变形是部分可逆的。混凝土结构的干缩是非常复杂的变形过程，影响混凝土收缩的因素很多，如水泥的强度等级、水泥用量、细度、骨料种类、水胶比、混凝土振动捣实状况、试件截面暴露条件、结构养护方法、配筋数量、经历时间等。以上种种因素不仅对收缩产生影响，而且对混凝土另一个重要特性——徐变变形也产生类似影响。所以把混凝土的收缩和徐变一并加以考虑。

7.1.3 自生收缩

混凝土硬化过程中由于化学作用引起的收缩，是化学结合水与水泥的化合结果，也称为硬化收缩，这种收缩与外界湿度变化无关。自生收缩可能是正的变形，也可能是负的（膨胀）。普通硅酸盐水泥及大坝水泥混凝土的自生收缩是正的，即缩小变形，而矿渣水泥的混凝土自生收缩是负的，即膨胀变形，掺用粉煤灰的自生收缩也是膨胀变形，尽管自生收缩的变形不大（0.4×10^{-4}～1.0×10^{-4}），但是对混凝土的抗裂性是有益的。因为矿渣水泥混凝土及掺粉煤灰混凝土的自生膨胀变形是稳定的。选择减水剂也作为对混凝土收缩影响的一个条件，应当对外加剂提出控制收缩的要求。

7.1.4 温度变形收缩

混凝土与其他材料一样，也会随着温度的变化产生热胀冷缩的变形，即温度变形（temperature deformation）。混凝土的温度线膨胀系数为（$1 \sim 1.5$）$\times 10^{-5}$ mm/（mm·℃），即温度每升降 1℃，每 1m 胀缩 0.01～0.015mm。混凝土温度变形，除受降温或升温影响外，还有混凝土内部与外部的温差影响。混凝土硬化期间由于水化放热产生温升而膨胀，到达温峰后降温时产生收缩变形。升温期间因混凝土弹性模量还很低，只产生较小的压应力，且因徐变作用而松弛；降温期间收缩变形因弹性模量增长，而松弛作用减小，受约束时形成大得多的拉应力，当超过抗拉强度（断裂能）时出现开裂。混凝土通常的热膨胀系数为（6～12）×10^{-6}/℃，设取 $10×10^{-6}$/℃，则温度下降15℃造成的冷收缩量达 $150×10^{-6}$。如果混凝土的弹性模量为21GPa，不考虑徐变等产生的应力松弛，该冷收缩受到完全约束所产生的弹性拉应力为3.1MPa，已经接近或超过普通混凝土的极限抗拉强度，容易引起冷缩开裂。因此，在结构设计中必须考虑该冷收缩造成的不利影响。混凝土中水泥用量越高，混凝土内部温度会越高。混凝土内部绝热温升会随着截面尺寸的增大而升高，混凝土又是热的不良导体，散热较慢。因此，在大体积混凝土内部的温度较外部高，有时内外温差可达 50～70℃。这将使内部混凝土的体积产生较大的相对膨胀，而外部混凝土却随气温降低而相对收缩。内部膨胀和外部收缩互相制约，在外层混凝土中将产生很大的拉应力，严重时使混凝土产生裂缝。因此，对大体积混凝土工程，必须尽量减少混凝土发热量，目前常用的方法如下：

（1）最大限度减少用水量和水泥用量；

（2）大量掺加粉煤灰等低活性掺合料；

（3）采用低热水泥；

（4）预冷原材料；

（5）选用热膨胀系数低的骨料，减少热变形；

（6）在混凝土中埋冷却水管，表面绝热，减小内外温差；

（7）对混凝土合理分缝、分块以减轻约束等。

近几十年，基础、桥梁、隧道衬砌以及其他构件尺寸并不很大的结构混凝土开裂的现象增多，发现干燥收缩通常在这里并不重要了。水化热以及温度变化已经成为引起素混凝土与钢筋混凝土约束应力和开裂的主导原因。目前由于水泥水化热高，混凝土等级高，混凝土浆体用量多，许多厚度没有达到1m的混凝土结构都可能存在大体积混凝土的问题。

7.1.5　碳化收缩

大气中的二氧化碳与水泥水化产物发生化学反应引起的收缩变形称为碳化收缩。由于各种水化产物不同的碱度，结晶水及水分子数量不等，碳化收缩量也大不相同。碳化作用只有在适中的湿度，约50%才发生。碳化速度随二氧化碳浓度的增加而加快，碳化收缩与干燥收缩共同作用导致表面开裂和面层碳化。干湿交替作用并在二氧化碳存在的空气中混凝土收缩更加显著。

7.2　裂缝成因及防治

混凝土结构工程的裂缝，是一个带着有普遍性被工程界较为关注的问题。裂缝分受力裂缝和非受力裂缝两类，受力裂缝是指由直接作用造成的裂缝，可称为"受力裂缝""荷载裂缝"或"直接裂缝"；非受力裂缝是指间接作用引起的裂缝，也可称为"变形裂缝"或"间接裂缝"。直接作用是指施加在结构上的集中力或分布力，也称荷载。间接作用是指引起结构外加变形或约束变形的因素，如季节温差、风吹、太阳辐射、混凝土水化热、混凝土体积收缩、基础不均匀沉降等非荷载作用产生的强迫位移或约束变形。

有些裂缝的继续扩展可能危及结构安全，因为结构的最终破坏往往是从裂缝开始的，成为结构破坏的先兆，这主要是指荷载产生的裂缝；有些裂缝的出现造成工程渗漏，影响正常使用，是钢筋锈蚀，保护层剥落，降低混凝土强度，严重损害工程耐久性，缩短工程使用寿命，这主要是指变形产生的裂缝；还有耦合作用下的裂缝和碱-骨料反应膨胀应力引起的裂缝及冻融引起的裂缝。同时较大的结构裂缝，也为人的观瞻难以接受，造成恐惧心理压力，影响建筑美观，给装修造成困难。由于产生裂缝的微观与宏观机理的复杂性、动态变化性，它也是困扰工程技术人员的一个技术难题。

7.2.1 裂缝成因

工程结构裂缝控制链，如图 7.1 所示。

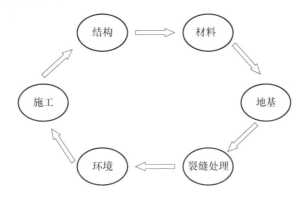

图 7.1　工程结构裂缝控制链

7.2.1.1　设计原因

（1）设计结构中的断面突变而产生的应力集中所产生的构件裂缝。

（2）设计中对构件施加预应力不当，造成构件的裂缝（偏心、应力过大等）。

（3）设计中构件断面尺寸不足、钢筋用量不足、配置位置不当。

（4）设计中未充分考虑混凝土收缩应力和温度应力。

（5）设计中采用的混凝土等级过高，造成胶凝材料用量过大，对收缩不利。

（6）次应力作用。

（7）超过设计荷载范围或设计未考虑到的作用。

（8）地震、台风作用等。

（9）结构物的沉降差异。

7.2.1.2　材料性质和混凝土配合比原因

（1）粗、细骨料含泥量过大，骨料颗粒级配不良或采取不恰当的间断级配，容易造成混凝土收缩增大，诱导裂缝的产生。

（2）粗骨料最大粒径越小，收缩增大。

（3）混凝土外加剂、掺合料选择不当或掺量不当，严重增加混凝土收缩。

（4）水泥品种原因，矿渣硅酸盐水泥收缩比普通硅酸盐水泥收缩大、粉煤灰及矾土水泥收缩值较小、快硬水泥收缩大。选用的水泥、外加剂、掺合料不当或相容性差。

（5）水泥等级及混凝土强度等级原因，水泥等级越高、细度越细、早强越高对混凝土开裂影响很大。混凝土设计强度等级越高，混凝土收缩越大、脆性越大、越易开裂。

（6）水泥的非正常凝结（水泥受潮、水泥温度过高）。

（7）水泥非正常膨胀（游离氧化钙、游离氧化镁、碱含量过高）。

（8）水泥用量高，水化热高。

（9）掺合料问题（如粉煤灰中氧化钙含量高等）。

（10）使用碱活性骨料或风化岩石。

（11）混凝土收缩。

（12）混凝土配合比不当（水泥用量大、用水量大、水胶比大、砂率大等）；配合比不当造成混凝土和易性偏差，导致混凝土离析、泌水，保水性不良，收缩增大。

（13）外加剂、硅灰等掺合料掺量过多。

（14）其他。

7.2.1.3 施工

（1）现场浇捣混凝土时，振捣不当，漏振、过振或振捣棒拔出过快，均会影响混凝土的密实性和均匀性，诱导裂缝的产生。

（2）拌和不均匀（特别是掺用掺合料的混凝土），搅拌时间不足或过长，拌和后到浇筑时间间隔过长，易产生裂缝。

（3）连续浇筑时间过长，接茬处理不当，形成施工冷缝，易产生裂缝。

（4）现场预应力张拉不当（超张、偏心），引起混凝土张拉开裂。

（5）泵送施工时加水。

（6）浇筑顺序有误，布料不均匀（振动赶料，钢筋过密）。

（7）捣实不良，坍落度过大，骨料下沉、泌水，过早施加荷载。

（8）钢筋搭接、锚固不良，钢筋、预埋件被扰动。

（9）钢筋保护层厚度不够或施工中踩踏钢筋、混凝土浇筑过厚等造成钢筋保护层厚度过大。

（10）滑模工艺不当（拉裂或塌陷）。

（11）模板变形、模板漏浆或渗水。

（12）模板支撑下沉、拆模过早、拆模不当。

（13）混凝土硬化前遭受扰动或承受荷载。

（14）养护措施不当或养护不及时。

（15）养护初期遭受剧烈干燥（日晒、大风）或冻害。

（16）混凝土表面抹压不及时或未覆盖薄膜。

（17）大体积混凝土内部温度与表面温度或表面温度与环境温度差异过大。

7.2.1.4 使用及环境条件

（1）野蛮装修，随意拆除承重墙或凿洞等，引起裂缝。

（2）环境温度、湿度的变化。

（3）结构构件各区域温度、湿度差异过大。

（4）冻融、冻胀。

（5）钢筋锈蚀。

（6）火灾和表面遭受高温。

（7）酸、碱、盐类的化学作用。

（8）冲击、振动如地震等影响。

（9）使用中短期或长期超载。

7.2.2 裂缝控制要点

现行国家标准《混凝土结构设计规范》（GB 50010）对裂缝控制等级、最大裂缝宽度作了详细规定。结构构件正截面的受力裂缝控制等级分为三级，等级的划分及要求应符合下列规定：

一级——严格要求不出现裂缝的构件，按荷载标准组合计算时，构件受拉边缘混凝土不应产生拉应力。

二级——一般要求不出现裂缝的构件，按荷载标准组合计算时，构件受拉边缘混凝土拉应力不应大于混凝土抗拉强度的标准值。

三级——允许出现裂缝的构件：对钢筋混凝土构件，按荷载准永久组合并考虑长期作用影响计算时，构件的最大裂缝宽度不应超过表 7.1 规定的最大裂缝宽度限值。对预应力混凝土构件，按荷载标准组合并考虑长期作用的影响计算时，构件的最大裂缝宽度不应超过 7.2.2.1 条规定的最大裂缝宽度限值；对二 a 类环境的预应力混凝土构件，尚应按荷载永久组合计算，且构件受拉边缘混凝土的拉应力不应大于混凝土的抗拉强度标准值。

7.2.2.1 混凝土结构构件的裂缝控制等级及最大裂缝宽度限值

国家标准《混凝土结构设计规范》（GB 50010—2010）规定，结构构件应根据结构类型和表 7.2 规定的环境类别，按表 7.1 的规定选用不同的裂缝控制等级及最大裂缝宽度限值 w_{lim}。

表 7.1　结构构件的裂缝控制等级及最大裂缝宽度的限值（mm）

环境类别	钢筋混凝土结构		预应力混凝土结构	
	裂缝控制等级	w_{lim}	裂缝控制等级	w_{lim}
一	三级	0.30（0.40）	三级	0.20
二 a				0.10
二 b		0.20	二级	—
三 a、三 b			一级	—

注：1. 对处于年平均相对湿度小于 60% 的地区一类环境下的受弯构件，其最大裂缝宽度限值可采用括号内的数值；

2. 在一类环境下，对钢筋混凝土屋架、托架及需做疲劳验算的吊车梁，其最大裂缝宽度限值应取 0.20mm；对钢筋混凝土屋面梁和托梁，其最大裂缝宽度限值应取 0.30mm；

3. 在一类环境下，对预应力混凝土屋架、托架及双向板体系，应按二级裂缝控制等级进行验算；对一类环境下的预应力混凝土屋面梁、托梁、单向板，应按表中二 a 环境的要求进行验算；在一类和二 a 类环境下需做疲劳验算的预应力混凝土吊车梁，应按裂缝控制等级不低于二级的构件进行验算；

4. 表中规定的预应力混凝土构件的裂缝控制等级和最大裂缝宽度限值仅适用于正截面的验算；预应力混凝土构件的斜截面裂缝控制验算应符合现行国家标准《混凝土结构设计规范》（GB 50010）第 7 章的有关规定；

5. 对于烟囱、筒仓和处于液体压力下的结构构件，其裂缝控制要求应符合专门标准的有关规定；

6. 对于处于四、五类环境下的结构构件，其裂缝控制要求应符合专门标准的有关规定；

7. 表中的最大裂缝宽度限值为用于验算荷载作用引起的最大裂缝宽度。

混凝土结构暴露的环境类别应按表 7.2 的要求划分。

表 7.2　混凝土结构暴露的环境类别

环境类别	条件
一	室内干燥环境； 无侵蚀性静水浸没环境
二 a	室内潮湿环境； 非严寒和非寒冷地区的露天环境； 非严寒和非寒冷地区与无侵蚀性的水或土壤直接接触的环境； 严寒和寒冷地区的冰冻线以下与无侵蚀性的水或土壤直接接触的环境
二 b	干湿交替环境； 水位频繁变动环境； 严寒和寒冷地区的露天环境； 严寒和寒冷地区的冰冻线以上与无侵蚀性的水或土壤直接接触的环境
三 a	严寒和寒冷地区冬季水位变动区环境； 受除冰盐影响环境； 海风环境
三 b	盐渍土环境； 受除冰盐作用环境； 海岸环境
四	海水环境
五	受人为或自然的侵蚀性物质影响的环境

注：1. 室内潮湿环境是指构件表面经常处于结露或湿润状态的环境；
　　2. 严寒和寒冷地区的划分应符合现行国家标准《民用建筑热工设计规范》（GB 50176）的有关规定；
　　3. 海岸环境和海风环境宜根据当地情况，考虑主导风向及结构所处迎风、背风部位等因素的影响，由调查研究和工程经验确定；
　　4. 受除冰盐影响环境是指受到除冰盐雾影响的环境；受除冰盐作用环境是指被除冰盐溶液溅射的环境以及使用除冰盐地区的洗车房、停车楼等建筑；
　　5. 暴露的环境是指混凝土结构表面所处的环境。

7.2.2.2　裂缝预防

建筑工程裂缝的控制应采取以预防为主的原则，裂缝预防措施应根据建筑的特点确定并实施。控制建筑工程裂缝的措施，是对正常情况下的建筑工程裂缝预防措施。预防建筑工程的裂缝要靠优化设计、控制材料质量、加强施工措施等实现。建筑的裂缝可能出现在施工阶段，也可能出现在交付使用之后。有时使用方对建筑的开裂也负有责任。使用方正确的使用、定期的检查与维护也是避免出现裂缝的有效措施。发现裂缝及时治理则是避免问题恶化的有效措施。建筑工程裂缝的治理，应先判明开裂原因，对造成影响开裂的因素进行处置后，再进行裂缝处理。

《建筑工程裂缝防治技术规程》（JGJ/T 317—2014）提出，预防建筑裂缝的设计措施包括"降""放""限"和"抗"等方面的技术措施。所谓"降"是减小直接作用和间接作用的措施，如增加保温隔热层减小环境温度作用效应的措施和避免屋面积水、积雪等降低荷载作用措施。所谓"放"是使直接作用或间接作用效应得到释放的措施，如设置伸缩缝、放置滑动支撑等措施。材料和构配件的体积稳定性涉及建筑结构、围护结构、保温层和装修等的裂缝问题，设计应对材料体积稳定性采取限制措施。所谓"抗"则是提高材料或构配件抗裂能力的措施。

设计应结合工程的特点采取下列预防措施：

(1) 降低荷载作用和间接作用；

(2) 释放作用效应；

(3) 提出建筑材料和构配件的体积稳定性和变形能力的要求；

(4) 提高建筑构配件及其连接或材料抗裂性能。

在没有采取有效措施时，不宜增大国家现行结构设计标准限定的伸缩缝设置的间距。当建筑情况复杂时，应根据体型特征、地基情况、建造过程的先后顺序等设置结构缝，并宜做到一缝多用。

在混凝土结构下列受到约束的部位，应配置构造钢筋或采取相应的防裂构造措施：

(1) 按简支构件设计，但嵌固在砌体墙内的现浇板、预制板或梁的端部；

(2) 按铰接端设计而实际为约束连接的混凝土墙或柱的端部；

(3) 按铰接梁设计而实际与墙或柱浇筑成一体的梁端及墙、柱连接部位；

(4) 预制构件的拼接部位；

(5) 预制板的板侧拼缝；

(6) 混凝土结构与其他类型构件的连接部位；

(7) 按受压设计，而实际可能承受拉力的构件；

(8) 大跨度构件的支撑部位；

(9) 大跨度楼板的角部区域；

(10) 结构单元楼板的角部区域。

在混凝土结构下列形状、刚度突变的部位，宜配置防止应力集中裂缝的构造钢筋或采用圆角、折角等防裂构造措施：

(1) 构件的凹角部位；

(2) 结构中部有局部凹进的部位；

(3) 楼板、墙体厚度变化的部位；

(4) 门、窗、设备、管道、施工洞口的角部；

(5) 结构体量、外形、质量、刚度突变的部位。

在混凝土构件容易引起收缩变形积累的下列部位，宜增加抵抗收缩变形的构造配筋或钢筋网片：

(1) 现浇混凝土板面的板芯部位；

(2) 板边、板角部位；

(3) 墙面水平部位；

(4) 梁类构件侧面；

(5) 混凝土保护层中。

7.2.2.3 设计预防措施

1. 设计中的"抗"与"放"

在建筑设计中应处理好构件中"抗"与"放"的关系。所谓"抗"就是处于约束状态下的结构，没有足够的变形余地时，为防止裂缝所采取的有力措施。而所谓"放"就是结构完全处于自由变形无约束状态下，有足够变形余地时所采取的措施。

设计人员应灵活地运用"抗—放"结合、或以"抗"为主、或以"放"为主的设计原则，来选择结构方案和使用的材料。

2. 尽量避免结构断面突变带来应力集中

如因结构或造型方面原因等而不得已时，应充分考虑采用加强措施。

3. 采用补偿收缩混凝土技术

在常见的混凝土裂缝中，有相当部分都是由于混凝土收缩而造成的。要解决由于收缩而产生的裂缝，可在混凝土中掺用膨胀剂来补偿混凝土的收缩，实践证明效果是很好的。

（1）根据结构的要求选择合适的混凝土强度等级及水泥品种、等级，尽量避免采用早强高的水泥。

（2）选用级配优良的砂、石，含泥量应符合规范要求。

（3）积极采用掺合料和混凝土外加剂。掺合料和外加剂已成为混凝土的第五六大组分，可以明显地起到降低水泥用量、降低水化热、改善混凝土的工作性能和降低混凝土成本的作用。

（4）正确掌握好混凝土补偿收缩技术的运用方法。对膨胀剂应充分考虑到不同品种、不同掺量所起到的不同膨胀效果。应通过大量的试验确定膨胀剂的最佳掺量。

4. 设计上要注意容易开裂部位

根据调查，各类结构的易裂部位如下：

（1）框架结构和剪力墙结构房屋中的现浇混凝土楼板易裂部位。

① 房屋平面体形有较大凹凸时，在凹凸交接处的楼板；

② 两端阳角处及山墙处的楼板；

③ 房屋南面外墙设大面积玻璃窗时，与南向外墙相邻的楼板；

④ 房屋顶层的屋面层；

⑤ 与周梁、柱、墙等构件整浇且受约束较强的楼板；

⑥ 楼板中有预埋管线时，洞的四角处；

⑦ 楼板开矩形洞时，洞的四角处；

⑧ 设有后浇带的楼板，沿后浇带两侧部位。

（2）框架结构房屋中的框架梁在以下部位易出现裂缝。

① 顶层纵向和横向框架梁的截面上部区域；

② 长度较长的端部或中部纵向框架梁；

③ 横向框架梁截面中部。

（3）剪力墙结构房屋中在以往部位易出现裂缝。

① 端山墙；

② 开间内纵墙；

③ 顶层和底层墙体；

④ 长度较大（>10m）的墙。

（4）当冬期停工春季再继续施工时，地下室在以下部位易出现裂缝。

① 地下室顶板；

② 地下室的窗上墙和窗下墙。

对以上易出现裂缝的部位，目前在设计中通常采用了"放""抗"或"抗放结合"的控制裂缝措施，工程经验表明，在材料、施工等部位密切配合的情况下，可取得较好的效果。

5. 重视构造钢筋

在结构设计中，设计人员应重视对于构造钢筋的配置，特别是对楼面、墙板等薄壁构件更应注意构造钢筋的直径和数量的选择。

7.2.2.4 施工预防措施

（1）钢筋混凝土产生裂缝的因素很多，应针对板类构件的混凝土采取专门的预防裂缝的措施，施工因素造成混凝土开裂的原因及预防措主要有以下几个方面：

① 乱踩已绑扎的上层钢筋，使承受负弯矩的受力筋的混凝土保护层加大，构件的有效高度减小，形成沿构件支承边缘的垂直于受力筋的裂缝。预防措施：构件顶部承受负弯矩的钢筋直径不宜过细。施工时禁止在顶部钢筋上走动；必要时设置钢支架支住负弯矩筋。

② 塑性下沉，被顶部钢筋所阻，形成沿钢筋的裂缝（通长或断续）。预防措施：控制水胶比，减少泌水，加强自然养护，增加混凝土保护厚度。

③ 混凝土振捣不密实，出现蜂窝，易形成各种受力裂缝的起点。预防措施：保证混凝土拌制、浇筑和振捣质量；采用对混凝土蜂窝的补强措施。

④ 混凝土浇筑速度过快，容易在浇筑 1～2h 后发生在板与墙、梁，梁与柱交接部位的纵向裂缝。预防措施：在浇筑与柱和梁整体连接的梁和板时，应在柱和墙浇筑混凝土完毕后停歇 1～1.5h，使其初步沉实，再继续浇筑板、梁的混凝土。在混凝土初凝前，应采用平板振动器进行二次振捣，终凝前应对混凝土表面进行抹压。对没有平整度要求或原浆面交付使用的楼板，混凝土捣实后立即覆盖薄膜为简单有效措施，起到防止表面水分蒸发、避免产生塑性裂缝的重要作用。

⑤ 混凝土搅拌、运输时间过长，使水分蒸发，引起混凝土浇筑时坍落度过低，使得在混凝土表面出现不规则网状裂缝。预防措施：如混凝土的坍落度损失过大，应在浇筑前采用稀释外加剂进行二次搅拌，外加剂掺量应经试验确定。

⑥ 泵送混凝土施工时，为了保证流动性，增加水和水泥用量，导致混凝土结硬化时缩量增加，使得在混凝土体积中出现不规则的裂缝。预防措施：胶凝材料用量、单位用水量不宜过大，严格控制水胶比及出厂坍落度。

⑦ 浇筑间歇时的施工缝接茬处理不好，容易在接茬处出现接茬裂缝。预防措施：按照混凝土工程施工规范要求做好施工缝的留置和接茬处的处理。

⑧ 木模板受潮膨胀上拱，使混凝土板面产生上宽下窄的裂缝。预防措施：加强模板的侧向刚度。

⑨ 模板支撑下沉或局部失衡，造成已浇筑成型的构件产生相应部位的裂缝。预防措施：保证模板支撑的承载力、刚度和稳定性；支撑设置在坚固可靠平坦的支承面上。

⑩ 冬期施工时，混凝土早期受冻，使构件表面出现裂纹或局部剥落，脱模后出现空鼓现象。预防措施：按照冬期施工要求保护混凝土不受冻；在预期早期受冻的混凝土中掺入防冻泵送剂或引气剂。

⑪ 已凝结硬化的混凝土在尚未达到足够强度以前，受到模板等振动影响产生相应裂缝。预防措施：应在施工期间避免这种现象的发生。

⑫ 混凝土初期养护时急剧干燥，使得在混凝土与大气接触面上出现不规则的网状裂缝。预防措施：加强早期养护，减少水分蒸发。掺加粉煤灰、缓凝剂的混凝土应增加养护时间。

⑬ 在混凝土尚未形成足够强度，过早拆底模构件在自身的重力荷载作用下，容易发生各种受力裂缝。预防措施：按现行国家标准《混凝土结构工程施工规范》（GB 50666）的有关规定进行拆除底模。

（2）大体积混凝土工程宜采用分片浇筑、分层或分段浇筑的施工措施，其施工宜符合下列规定：

① 分片、分层或分段浇筑的最小块材尺寸及时间间隔，宜以混凝土内外温差不大于25℃、表面与大气温差不大于20℃为控制目标；

② 当通过分片、分层或分段界面处的钢筋较少时，应增设通过界面表层的连接钢筋，连接钢筋的间距不宜大于150mm，钢筋深入界面内的长度和外露长度宜大于150mm；

③ 对有防水要求的构件应在连接处放置止水带；

④ 跳仓法施工或分段浇筑的构件，宜经7d以上养护后，再将各段连成整体，其跳仓接缝应按施工缝要求处理。

大体积混凝土浇筑后，宜进行内外温差和环境温度的监测。早期养护不宜用冷水直接冲淋混凝土表面；当环境温度较低时，宜采取如先覆盖塑料薄膜后覆盖岩棉被等防止混凝土表面温度快速降低的技术措施。

（3）后浇带的设置应符合下列规定：

① 后浇带的间距不宜大于30m，后浇带宽度不宜小于800mm；

② 后浇带宜在混凝土干缩速率明显下降后浇筑；混凝土的干缩速率可通过现场同条件养护试件测定。

后浇带的浇筑应符合下列规定：

① 浇筑前应清除后浇带两侧松散的混凝土；

② 当后浇带的主筋切断时，可采用搭接或机械连接形式连接；

③ 后浇带混凝土强度等级宜较其两侧构件提高一个等级；

④ 当采用补偿收缩或微膨胀混凝土时，应对其补偿收缩或微膨胀的性能进行检验；

⑤ 后浇带施工后，保湿养护不宜少于14d。

7.2.3　裂缝处理

混凝土裂缝可采用凿槽嵌补、扒钉控制裂缝、压力灌浆、抽吸灌浆和浸渍修补等措施治理。

（1）凿槽嵌补可消除混凝土表面的裂缝，其修补操作可按下列步骤实施：

① 在开裂混凝土的表面上沿裂缝剔凿凹槽，凹槽可为V形、梯形或U形，凹槽的宽度和深度宜为40～60mm；

② 清洗并晾干凹槽；

③ 用环氧树脂、环氧胶泥、聚氯乙烯胶泥或沥青膏等嵌填修补材料将凹槽嵌缝并填平；

④ 在嵌缝材料上涂刷水泥净浆或其他涂料；

⑤ 当构件有防水要求时，在水泥干燥后增设防水油膏面层。

（2）扒钉控制裂缝的方法可有效限制裂缝宽度的增长，裂缝治理可按下列步骤实施：

① 沿裂缝按需要的间距和跨度钻孔；

② 孔内填塞胶结材料，并跨缝钉入扒钉用胶结材料固定；

③ 当需要凿槽嵌补时，可按上述步骤执行。

（3）压力灌浆裂缝治理方法可按下列步骤操作：

① 清理裂缝表面，用胶结材料封闭裂缝并预留灌浆孔和溢浆口；

② 黏结固定灌浆嘴，并连接压浆泵；

③ 按需要配制水泥浆、环氧树脂、甲基丙烯酸酯、聚合物水泥等灌浆材料；

④ 按需要的压力进行压力灌浆；

⑤ 当浆液由溢浆口流出时可停止压力灌浆；

⑥ 清除溢流浆液，拔除灌浆嘴清理构件表面。

（4）抽吸灌浆裂缝治理方法可按下列步骤操作：

① 清理裂缝表面，用胶结材料封闭裂缝并预留吸浆口；

② 配制水泥浆、环氧树脂、甲基丙烯酸酯、聚合物水泥等灌缝材料；

③ 黏结固定抽吸管并压紧弹簧造成负压，将涂布在裂缝表面的浆液吸入裂缝内；

④ 拔除抽吸管，清理构件表面。

（5）对于龟裂的混凝土宜采用浸渍混凝土裂缝治理方法，可按下列步骤操作：

① 在需要处理的混凝土区域内钻孔；

② 黏结固定压浆嘴，并连接压浆泵；

③ 配制环氧树脂、甲基丙烯酸酯、聚合物水泥等浸渍浆料；

④ 按需要的压力向钻孔内注入浸渍浆料；

⑤ 当浸渍浆料从构件表面溢出可停止注浆；

⑥ 清除溢流浆液，拔除压浆嘴，清理构件表面。

（6）结构补强法

因超荷载产生的裂缝、裂缝长时间不处理导致的混凝土耐久性降低、火灾造成的裂缝等影响结构强度可采取结构补强法，包括断面补强法、锚固补强法、预应力法等，裂缝修补材料有无碱玻璃纤维、耐碱玻璃纤维或高强度玻璃纤维织物、碳纤维织物或芳纶纤维等的纤维复合材与其适配的胶黏剂，适用于裂缝表面的封护与增强。当加固设计对修复混凝土裂缝有恢复截面整体性要求时，应在设计图上规定；当胶黏材料到达7d固化期时，应立即钻取芯样进行检验。

钻取芯样应符合下列规定：

① 取样的部位应由设计单位决定；

② 取样的数量应按裂缝注射或注浆的分区确定，但每区不应少于2个芯样；

③ 芯样应骑缝钻取，但应避开内部钢筋；

④ 芯样的直径不应小于 50mm；

⑤ 取芯造成的孔洞，应立即采用强度等级较原构件提高一级的细石混凝土填实。

芯样检验应采用劈裂抗拉强度测定方法。当检验结果符合下列条件之一时应判为符合设计要求：

① 沿裂缝方向施加的劈力，其破坏应发生在混凝土内部，即内聚破坏；

② 破坏虽有部分发生在裂缝界面上，但这部分破坏面积不大于破坏面总面积的 15%。

（7）置换混凝土法

置换混凝土法是处理影响结构安全性的裂缝的一种有效方法，此方法是先将有裂缝的混凝土剔除，然后置换入新的混凝土。

8 工程实例

8.1 装配式建筑及其特点

8.1.1 装配式建筑

《国务院办公厅关于大力发展装配式建筑的指导意见》（国办发〔2016〕71号）文件明确提出发展装配式建筑，我国装配式建筑进入快速发展阶段，装配式建筑有一个系统工程，由结构系统、外围护系统、设备与管线系统、内装系统四大系统组成，是将预制部品部件通过模数协调、模块组合、接口连接、节点构造和施工工法等集成装配而成的，在工地高效、可靠装配并做到主体结构、建筑围护、机电装修一体化的建筑。

针对装配式建筑，相关部门出台了《装配式建筑评价标准》（GB/T 51129—2017），根据标准要求，装配式建筑应同时满足下列要求：

（1）主体结构的评价分值不低于20分；

（2）围护墙和内隔墙部分的评价分值不低于10分；

（3）采用全装修；

（4）装配率不低于50%。

装配式建筑应进行两个阶段评价，设计阶段预评价和项目竣工验收后评价。

8.1.2 装配式混凝土建筑

装配式建筑按主体材料可分为装配式钢结构建筑、装配式混凝土建筑、装配式木结构建筑，装配式混凝土建筑是我国目前装配式建筑最主要的结构形式，在所有装配式结构形式中占绝对优势。现行行业标准《装配式混凝土结构技术规程》（JGJ 1）规定，装配式混凝土结构（precast concrete structure）是由预制混凝土构件通过可靠的连接方式装配而成的混凝土结构，包括装配整体式混凝土结构、全装配混凝土结构等，在建筑工程中简称装配式建筑，在结构工程中简称装配式结构。预制混凝土构件是指在工厂或现场预先制作的混凝土构件，简称预制构件。装配式混凝土结构分装配整体式框架结构、装配整体式剪力墙结构、装配整体式框架-现浇剪力墙结构和装配整体式部分框支剪力墙结构，预制构件有剪力墙、柱、混凝土叠合受弯构件（叠合梁、叠合板）、外挂墙板、夹心外墙板、楼梯、空调板、阳台、飘窗及轻质隔墙板等部件部品，连接方式有机械连接、套筒灌浆连接、浆锚搭接连接、焊接连接、绑扎连接及紧固件连接等。

8.1.3 装配式建筑的特点

装配式钢筋混凝土结构是我国建筑结构发展的重要方向之一，它有利于我国建筑工业化的发展，提高生产效率节约能源，发展绿色环保建筑，并且有利于提高和保证建筑工程质量。与现浇施工工法相比，装配式结构有利于绿色施工，因为装配式施工更能符合绿色施工的节地、节能、节材、节水和环境保护等要求，降低对环境的负面影响，包括降低噪声、防止扬尘、减少环境污染、清洁运输、减少场地干扰、节约水、电、材料等资源和能源，遵循可持续发展的原则。装配式混凝土建筑宜采用建筑信息模型（BIM）技术，实现全专业、全过程的信息化管理。装配式混凝土结构的设计、生产运输、施工及验收应符合现行行业标准《装配式混凝土建筑技术标准》（GB/T 51231）和现行国家标准《装配式混凝土结构技术规程》（JGJ 1）的有关规定。

装配式建筑在近些年的不断推进过程中也暴露了一些问题，但随着业内各界的积极努力，也在不断完善中，如"胡子筋"安装打架问题，超长结构后浇带留置问题，造价偏高问题等，这些问题也是发展装配式建筑必经的过程，随着技术发展，目前也已经有取消"胡子筋"的相关标准、图集，随着标准化越来越普遍、专业厂家不断增多，技术不断优化，成本会逐步降低。

装配式建筑是我国国情发展所需，虽有不足但是随着国家政策扶持，技术的不断进步，装配式应用比例也逐年提高，不断凸显其优势。

8.1.4 工程案例

8.1.4.1 项目概况

某项目地上总建筑面积 $95850m^2$，包含 6 个主楼及地下车库，根据当地装配式政策要求及本工程施工安排，统筹考虑后确定 2 号和 6 号主楼（总图涂黑处）采用装配式建造方式进行设计。总图及项目效果图见图 8.1 和图 8.2。

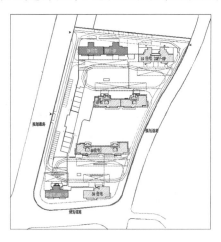

图 8.1　总图　　　　　　　　　　图 8.2　项目鸟瞰图

2 号楼、6 号楼均为地上 25 层，地下 3 层，结构高度 85m，抗震设防标准为标准设防类，安全等级为二级，设防烈度为 7 度（0.1g），根据装配式评价标准并与建设方综合商定后，选取的构件满足装配率50%的要求，具体装配率信息表见表8.1。

表8.1　装配式建筑装配率信息表

单位工程名称		某地块住宅项目	
装配式建筑装配率信息表		标准规定的评价项	本项目采用的具体项
	主体结构	柱，支撑、承重墙、延性墙板等竖向构件	—
		梁、板、楼梯、阳台、空调板等构件	钢筋桁架板、预制楼梯
	围护墙和内隔墙	非承重围护墙非砌筑	预制条板墙
		围护墙与保温、隔热、装饰一体化	—
		内隔墙非砌筑	预制条板墙
		内隔墙与管线、装修一体化	内隔墙与管线、装修一体化
	装修和设备管线	全装修	全装修
		干式工法楼面、地面	干式工法楼面、地面
		集成厨房	—
		集成卫生间	—
		管线分离	管线分离
		标准化设计	标准化设计
		信息化技术	信息化技术
装配式建筑装配率		50%	

8.1.4.2　建筑布置

举例2号楼，长61.33m，宽16.3m，层高3.1m，地上25层，平面分为两个结构单元，其标准层建筑平面及立面如图8.3～图8.5所示。

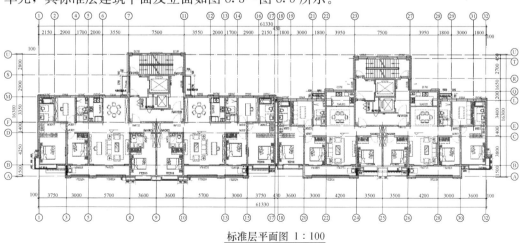

标准层平面图 1:100

图8.3　标准层布置图

南立面图 1：150

图 8.4 南立面图

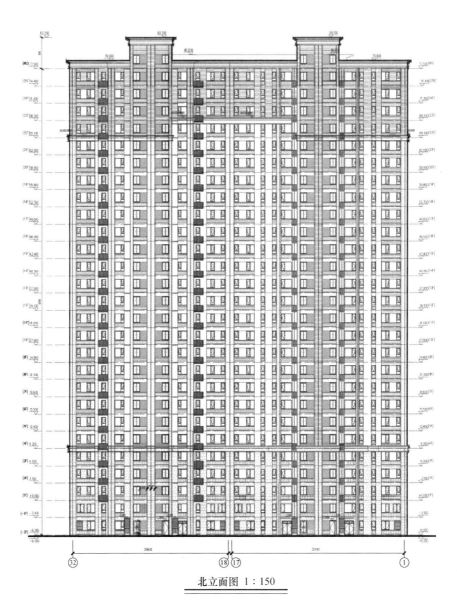

北立面图 1 : 150

图 8.5　北立面图

8.1.4.3 叠合板布置图

标准层楼板采用桁架钢筋混凝土叠合板，根据《装配式建筑评价标准》应用比例≥80%，得分20分。叠合楼板是由预制板和现浇混凝土层叠合而成的装配整体式楼板，预制楼板既是楼板结构的组成部分之一，又是现浇混凝土叠合层的永久性模板，2号楼西单元桁架板布置图如图8.6所示。

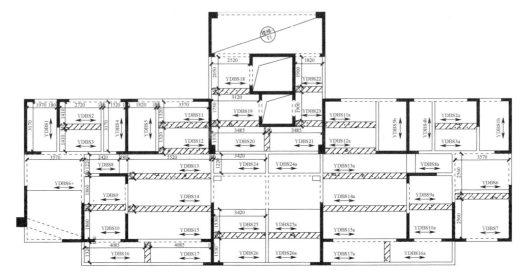

图8.6 桁架钢筋混凝土叠合板平面图

叠合板平面布置本着"标准化""模数化"的原则，优先选择规整、简单的开间布板，如卧室、客厅等，对于高差较大的降板及有防水的房间尽量不设，同时也要考虑便于吊装及结构受力要求，本工程西南角转角窗处考虑结构体系要求用现浇板，不设预制板，并设板内暗梁等加强措施。本工程最大预制板1.78m×5.52m，自重1.48t，满足塔吊吊装质量要求。桁架板厚130mm，其中预制60mm，现浇70mm，相邻预制板间采用后浇接缝，钢筋互相搭接。典型大样如图8.7所示。

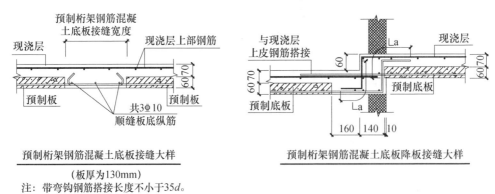

预制桁架钢筋混凝土底板接缝大样

（板厚为130mm）

注：带弯钩钢筋搭接长度不小于35d。

预制桁架钢筋混凝土底板降板接缝大样

8.7 典型大样图

8.1.4.4 拆分图

该项目中主体结构内的预制构件种类主要有楼板、阳台、预制楼梯等水平构件，拆分构件时要考虑现场吊装能力，常见的剪刀梯的斜踏步段一般自重为 5t 左右，现场吊装困难，需要把斜踏步段分成两段，中间设一道横梁，部分构件的拆分如图 8.8～图 8.9 所示。

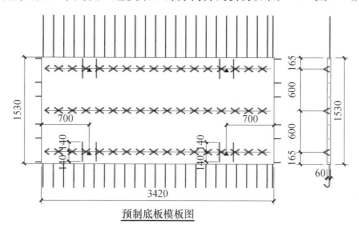

预制底板模板图

注：1. 吊点应设置在离图示位置最近的上弦节点处。
　　2. "▲" 表示吊点位置。

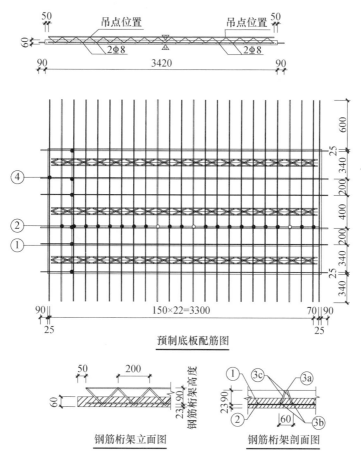

预制底板配筋图

钢筋桁架立面图　　　　钢筋桁架剖面图

图 8.8　预制叠合板平面图

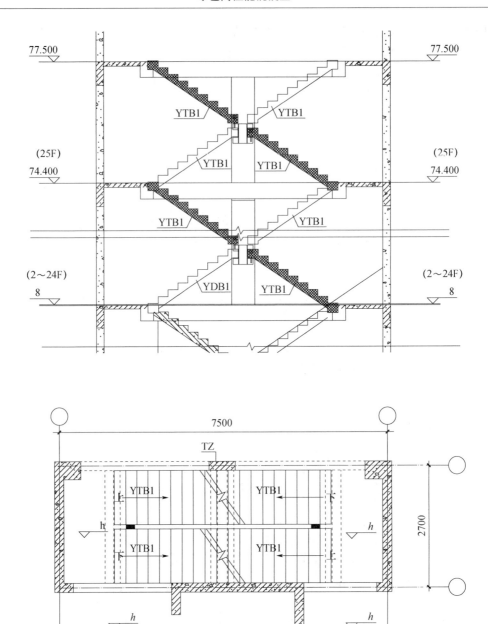

图 8.9　预制楼梯

8.1.4.5　连接方式概述

　　预制构件与现浇混凝土的连接以及预制构件之间的连接，是装配式混凝土结构最关键的技术环节，主要连接方式有套筒灌浆连接、浆锚搭接；套筒连接是装配式比较成熟的连接方式，工作原理是将需要连接的带肋钢筋掺入金属套筒内"对接"，在套筒内注入高强早强且有微膨胀特性的灌浆料，灌浆料在套筒壁与钢筋之间形成较大的正向应力，在带肋钢筋的粗糙表面产生较大的摩擦力，进而传递钢筋的轴向力。浆锚搭接是需要连接的带肋钢筋插入预制构件的预留孔道里，在孔道内注入高强早强且有微膨胀特性的灌浆料，锚固住插入钢筋，与孔道内预埋的钢筋"搭接"，两根钢筋共同被螺旋筋或箍筋所约束。

预制构件与后浇混凝土、灌浆料、坐浆材料的结合面应设置粗糙面、键槽，试验表明，预制梁端采用键槽的方式时，其受剪承载力一般大于粗糙面，且易于控制加工质量及检验。键槽深度太小时，易发生承压破坏；当不发生承压破坏时，增加键槽深度对增加受剪承载力没有明显帮助，键槽深度一般在 30mm 左右。

预制构件纵向钢筋宜在后浇混凝土内直线锚固；当直线锚固长度不足时，可采用弯折、机械锚固方式，并应符合国家标准《混凝土结构设计规范》（GB 50010—2010）和《钢筋锚固板应用技术规程》（JGJ 256—2011）的规定。

应对连接件、焊缝、螺栓或铆钉等紧固件在不同设计状况下的承载力进行验算，并应符合现行国家标准《钢结构设计标准》（GB 50017）和《钢结构焊接规范》（GB 50661）等的规定。预制楼梯与支承构件之间宜采用简支连接。采用简支连接时，应符合下列规定：

（1）预制楼梯宜一端设置固定铰，另一端设置滑动铰，其转动及滑动变形能力应满足结构层在支承构件上的最小搁置长度应满足在抗震设防烈度 6、7 度时不小于 75mm，8 度时不小于 100mm。

（2）预制楼梯设置滑动铰的端部应采取防止滑落的构造措施。

8.1.4.6 吊装、临时支撑设计

预制构件的吊装在装配式建筑中是最基本的工序，预制构件在脱模、翻转、吊运和安装过程中都需要吊点，预制构件在存放、捣运时需要支撑，确定支撑方式与位置，施工中需要临时支撑，支撑连接点设埋件等。《装配式混凝土结构技术规程》《混凝土结构设计规范》对吊装有相关规定，吊装用吊具应根据预制构件的形状、尺寸及质量等参数进行配置，吊索水平夹角不宜小于 60°，且不应小于 45°，对尺寸较大或形状复杂的预制构件，宜采用有分配梁或分配桁架的吊具。吊点与预埋螺栓、吊钉、钢筋吊环、预埋钢丝绳索、尼龙绳索和软带捆绑等，内埋式螺母是最常用的脱模吊点，埋置方便、操作方便，无外凸，不需要切割。吊钉施工也比较方便，埋置方便，不需要切割，混凝土局部需要内凹。预埋钢丝绳索在混凝土内锚固可以灵活，在配筋较密的梁中使用比较方便。小型构件脱模可以预埋尼龙绳，切割方便。预制构件安装后需要临时支撑，预制水平构件支撑一般使用金属支撑系统，有线支撑和点支撑两种方式，柱子和墙板等竖向构件安装就位后，为防止倾覆需要设置斜支撑。斜支撑一端固定在被支撑的预制构件上，另一端固定在地面预埋件上。

8.1.4.7 BIM＋装配式

BIM 的概念最早是在 20 世纪 80 年代提出的，是信息化技术与数字化技术结合的必然产物，BIM 是信息化模型技术在建筑行业的具体应用，是先进的信息化管理及多专业协同平台，BIM＋装配式建筑结合起来和服务与设计、建设、运维、拆除的全生命周期，可以数字化虚拟，信息化描述各种系统要素，实现信息化协同设计、可视化装配，工程量信息的交互和节点连接模拟及检验等全新运用。利用 BIM 技术可以提高建筑领域各专业协同设计能力，加强对装配式建筑建设全过程的指导和服务，装配式建筑核心

是"集成"，BIM 技术也是"集成"的主线，BIM 设计软件可以实线三维结构模型的精确建立和细致管理，将建筑的结构施工图设计、建筑做法、工厂加工、装配式施工等环节完全体现在模型中。BIM 设计软件可以进行综合碰撞检查，能快速查找到碰撞的对象、位置，提前将错漏碰缺问题消化掉，避免施工中返工。

8.1.4.8 生产建造

装配式建筑的预制构件均在工厂生产，构件的质量关乎结构的安全，生产过程中设计单位及时与生产厂家协调沟通，对构件质量进行把控；装配式建筑的现场连接节点较常规工程更加重要，需严格保证节点的施工质量，设计单位对首层水平预制构件及竖向预制构件的安装全程监督，对现场的施工节点质量进行评估指导，及时解决预制构件连接问题，保证工期顺利推进。

8.1.4.9 质量验收

装配式结构应按混凝土结构子分部工程进行验收；当结构中部分采用现浇混凝土结构时，装配式结构部分可作为混凝土结构子分部工程的分项工程进行验收。装配式结构验收除应符合行业标准《装配式混凝土结构技术规程》（JGJ 1—2014）的规定外，尚应符合国家标准《混凝土结构工程施工质量验收规范》（GB 50204—2015）的有关规定。预制构件的进场质量验收应符合国家标准《混凝土结构工程施工质量验收规范》（GB 50204—2015）的有关规定。装配式结构焊接、螺栓等连接用材料的进场验收应符合国家标准《钢结构工程施工质量验收标准》（GB 50205—2020）的有关规定。装配式结构的外观质量除设计有专门的规定外，尚应符合国家标准《混凝土结构工程施工质量验收规范》（GB 50204—2015）中关于现浇混凝土结构的有关规定。装配式建筑的饰面质量应符合设计要求，并应符合国家标准《建筑装饰装修工程质量验收标准》（GB 50210—2018）的有关规定。装配式混凝土结构验收时，除应按国家标准《混凝土结构工程施工质量验收规范》（GB 50204—2015）的要求提供文件和记录外，尚应提供下列文件和记录：

（1）工程设计文件、预制构件制作和安装的深化设计图；

（2）预制构件、主要材料及配件的质量证明文件、进场验收记录、抽样复验报告；

（3）预制构件安装施工记录；

（4）钢筋套筒灌浆、浆锚搭接连接的施工检验记录；

（5）后浇混凝土部位的隐蔽工程检查验收文件；

（6）后浇混凝土、灌浆料、坐浆材料强度检测报告；

（7）外墙防水施工质量检验记录；

（8）装配式结构分项工程质量验收文件；

（9）装配式工程的重大质量问题的处理方案和验收记录；

（10）装配式工程的其他文件和记录。

1. 装配式结构验收主控项目

后浇混凝土强度应符合设计要求。检查数量：按批检验，检验批应符合下列规定的有关要求。检验方法：按现行国家标准《混凝土强度检验评定标准》（GB/T 50107）的要求进行。

后浇混凝土的施工应符合下列规定：①预制构件结合面疏松部分的混凝土应剔除并清理

干净；②模板应保证后浇混凝土部分形状、尺寸和位置准确，并应防止漏浆；③在浇筑混凝土前应洒水润湿结合面，混凝土应振捣密实；④同一配合比的混凝土，每工作班且建筑面积不超过1000m²应制作一组标准养护试件，同一楼层应制作不少于3组标准养护试件。

钢筋套筒灌浆连接及浆锚搭接连接的灌浆应密实饱满。检查数量：全数检查。检验方法：检查灌浆施工质量检查记录。钢筋套筒灌浆连接及浆锚搭接连接用的灌浆料强度应满足设计要求。检查数量：按批检验，以每层为一检验批；每工作班应制作一组且每层不应少于3组40mm×40mm×160mm的长方体试件，标准养护28d后进行抗压强度试验。检验方法：检查灌浆料强度试验报告及评定记录。

剪力墙底部接缝坐浆强度应满足设计要求。检查数量：按批检验，以每层为一检验批；每工作班应制作一组且每层不应少于3组边长为70.7mm的立方体试件，标准养护28d后进行抗压强度试验。检验方法：检查坐浆材料强度试验报告及评定记录。

钢筋采用焊接连接时，其焊接质量应符合行业标准《钢筋焊接及验收规程》（JGJ 18—2012）的有关规定。检查数量：按行业标准《钢筋焊接及验收规程》（JGJ 18—2012）的规定确定。检验方法：检查钢筋焊接施工记录及平行加工试件的强度试验报告。

钢筋采用机械连接时，其接头质量应符合行业标准《钢筋机械连接技术规程》（JGJ 107—2016）的有关规定。检查数量：按行业标准《钢筋机械连接技术规程》（JGJ 107—2016）的规定确定。检验方法：检查钢筋机械连接施工记录及平行加工试件的强度试验报告。

预制构件采用焊接连接时，钢材焊接的焊缝尺寸应满足设计要求，焊缝质量应符合国家标准《钢结构焊接规范》（GB 50661—2011）和《钢结构工程施工质量验收标准》（GB 50205—2020）的有关规定。检查数量：全数检查。检验方法：按国家标准《钢结构工程施工质量验收标准》（GB 50205—2020）的要求进行。

预制构件采用螺栓连接时，螺栓的材质、规格、拧紧力矩应符合设计要求及国家标准《钢结构设计标准》（GB 50017—2017）和《钢结构工程施工质量验收标准》（GB 50205—2020）的有关规定。检查数量：全数检查。检验方法：按国家标准《钢结构工程施工质量验收标准》（GB 50205—2020）的要求进行。

2. 一般项目

装配式结构尺寸允许偏差应符合设计要求，并应符合现行国家标准《混凝土结构工程施工质量验收规范》（GB 50204）的规定。检查数量：按楼层、结构缝或施工段划分检验批。在同一检验批内，对梁、柱，应抽查构件数量的10%，且不少于3件；对墙和板，应按有代表性的自然间抽查10%，且不少于3间；对大空间结构，墙可按相邻轴线间高度5m左右划分检查面，板可按纵、横轴线划分检查面，抽查10%，且均不少于3面。

外墙板接缝的防水性能应符合设计要求。检查数量：按批检验。每1000m²外墙面积应划分为一个检验批，不足1000m²时也应划分为一个检验批；每个检验批每100m²应至少抽查一处，每处不得少于10m²。检验方法：检查现场淋水试验报告。

8.1.4.10　总结

该工程为装配式住宅，通过项目实施为生态文明建设和装配式建筑发展提供了支持和保障，具有重要意义。

（1）该项目主体结构水平构件及条板隔墙等应用满足装配式建筑装配率 50％ 的要求。

（2）该项目从方案阶段就开始产业化设计，各专业前期开始参与方案设计，在预制构件的选取及预评价阶段不断推敲，不断与建设方沟通，综合考虑满足装配率的同时兼顾造价、便于施工等因素，遵循"少规格、多组合"的设计理念，同时考虑施工图阶段拆分的预制构件的种类尽量少，预制拆分方案合理，模板摊销费用低，很好地控制了总体成本，有利于装配式住宅在商品房中的应用。

（3）预制构件和精装机电一体化设计，叠合板构件中机电线盒精确定位；土建与装修一体化设计与施工，把安装过程中的问题均在设计阶段充分考虑，真正实现建筑、机电、结构、装修一体化。

（4）该工程采用 BIM 技术建模分析，并进行构件和节点处钢筋的碰撞检查，提前规避了预制构件的碰撞和设备机电预留的错漏碰缺；同时基于 Revit 平台进行施工组织模拟，并据此确定合理的施工工序，指导该项目的产业化施工。

（5）生产过程中及时与生产厂家沟通交流，对部分做法进行优化，为后续生产降低成本。

（6）施工过程中及时跟进现场预制构件安装情况，为后续楼层施工提前解决技术难题。现场管理需严格控制，保证各连接节点的顺利施工。

8.2　高原高寒地区高性能混凝土

由于西藏高原奇特多样的地形地貌和高空空气环境以及天气系统的影响，形成了复杂多样的独特气候，西藏地区混凝土桥梁所处的环境特征有以下特点：

（1）负温环境。西藏桥梁处于多年冻土区深居大陆内部，远离海洋，具有独特的冰缘干寒气候特征，寒冷干燥。年平均气温 $-4℃$，极端最低气温 $-45.2℃$，年负温天数为 180d 左右。图 8.10 是青藏公路沿线每月温度的变化情况。其中从左至右依次标示为最低温、平均温度、最高温。1 月份与 12 月份的平均温度为 $-23℃$，7、8 月份的最高温度也在 0℃ 左右。可见，西藏地区修建桥梁的困难很大。

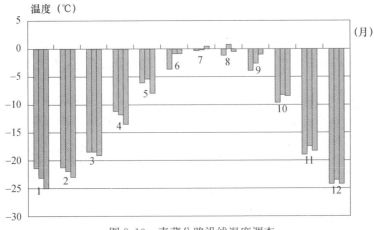

图 8.10　青藏公路沿线温度调查

（2）冻土地质。主要为高温极不稳定多年冻土区，另有部分地区为岛状冻土及深季节冻土。多年冻土厚度 30～100cm，如图 8.11 所示。多年冻土区典型地温曲线如图 8.12 所示。桥梁墩台混凝土受冻破坏如图 8.13 所示。混凝土浇筑时，如何保证冻土不受混凝土升温的影响，不受破坏，这是混凝土结构耐久性的新课题。

图 8.11　多年冻土层厚度 30～100cm

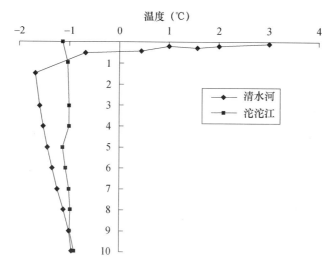

图 8.12　多年冻土典型地温曲线

（3）气候干燥、干湿交替频繁与风沙侵蚀

因长期干燥，混凝土浇筑后，水分迅速蒸发，使混凝土产生早期收缩开裂，长龄期时会产生收缩开裂。如图 8.14、图 8.15 所示。风沙大，刮风造成风沙对混凝土的磨损，如图 8.16 所示。

图 8.13　桥墩受冻剥蚀破坏

图 8.14　桥墩裂缝

图 8.15　混凝土收缩裂缝

图 8.16　桥梁的风沙磨蚀、钢筋混凝土保护层磨损

（4）河流中有害离子的侵蚀。青藏公路要经过大约 20 条河流，其中部分河流的腐蚀性离子很高，对河水中 SO_4^{2-}、Cl^- 等侵蚀离子测定表明，水中存在中等程度的侵蚀离子。

由上述可见，西藏地区恶劣的自然环境条件，对混凝土结构的性能提出了更高的要求，以确保混凝土的长期性能和耐久性能。

8.2.1　西藏地区桥梁面临的主要耐久性问题

西藏地区修建的混凝土桥梁，面临的主要耐久性问题归纳如下：

（1）混凝土在低、负温下强度的发展。

（2）混凝土的抗冻融性能。因冻融交替频繁，最低温度低于 −45℃，又有各种劣化因子的综合作用，故不能用一般混凝土的抗冻方法，还必须用特殊的标准方法，确定混凝土的抗冻性。

（3）盐的腐蚀。盐的腐蚀包括氯盐、硫酸盐与镁盐等。盐的侵蚀与碳化、干燥、温差与热应力引起的裂缝及冻融开裂等是综合的劣化作用，是耐久性病害的综合征。

（4）干燥、温差与热应力引起的开裂。

（5）风蚀。对混凝土表面硬度要求甚高。

（6）对多年冻土的热扰动，会引起结构的不均匀下沉，开裂破坏。

8.2.2　高原高寒地区桥梁高性能混凝土耐久性设计

高原高寒地区桥梁高性能混凝土配合比设计应符合行业标准《公路桥涵施工技术规范》（JTG/T 3650—2020）、《公路工程混凝土结构耐久性设计规范》（JTG/T 3310—2019）及有关标准的规定。

1. 抗冻性能

混凝土在饱水状态下因冻融循环产生的破坏作用称为冻融破坏，混凝土的抗冻耐久性（简称抗冻性）即指饱水混凝土抵抗冻融循环作用的性能。混凝土处于饱水状态和冻融循环交替作用是发生混凝土冻融破坏的必要条件。因此，混凝土的冻融破坏一般发生于寒冷地区经常与水接触的混凝土结构。混凝土冻融循环产生的破坏作用主要有冻胀开裂和表面剥蚀两个方面。水在混凝土毛细孔中结冰造成的冻胀开裂使混凝土的弹性模量、抗压强度、抗拉强度等力学性能严重下降，危害结构物的安全性。一般混凝土的冻融破坏，在其表面都可看到裂缝和剥落。而当使用除冰盐时，混凝土表面出现鳞片状剥落。因此，西部高寒地区桥梁高性能混凝土抗冻性要求很高，一般不低于 F300。

混凝土中的含气量与孔结构是影响混凝土抗冻性能的关键。通过掺加引气剂与矿物掺合料提高混凝土的抗冻性。含气量在一定范围内混凝土抗冻性能有很大提高，试验结果表明不同复掺方式对混凝土抗冻性能影响不同。对于 C30 混凝土：双掺硅灰与矿渣使混凝土含气量在 3.5%～5% 时冻融循环次数能够达到 300 次；双掺矿渣与粉煤灰、双掺硅灰与粉煤灰使混凝土含气量在 3.5%～5% 时冻融循环次数能够达到 250 次。对于 C40 混凝土：双掺硅灰与矿渣、双掺硅灰与粉煤灰同时使混凝土含气量在 5%～7% 时冻融循环次数能够达到 300 次，双掺矿渣与粉煤灰在混凝土含气量 5%～7% 时冻融循环次数能够达到 250 次。对于 C50 混凝土在双掺与适当引气后能够满足冻融循环次数在 300 次以上。其中双掺硅灰与矿渣最好，而双掺硅灰与粉煤灰又优于双掺矿渣与粉煤灰。建议混凝土在双掺以及引气状态下 C30 混凝土含气量控制在 3.5%～5% 为宜，C40 混凝土含气量控制在 5%～7% 为宜、C50 混凝土含气量控制在 5%～7% 为宜。且在含气量相近时双掺优于单掺。

2. 混凝土碳化

混凝土在空气中的碳化就是大气环境中的 CO_2 与混凝土中的碱性物质中性化的一个很复杂、缓慢且很漫长的物理化学过程。碳化使混凝土脆性变大，但总体上讲，碳化对混凝土力学性能及构件受力性能的负面影响不大，混凝土碳化的最大危害是会引起钢筋锈蚀。碳化是一般大气环境下混凝土中钢筋脱钝锈蚀的前提条件，碳化降低了混凝土的碱度，破坏钢筋表面的钝化膜，使混凝土失去对钢筋的保护作用，给混凝土中钢筋锈蚀带来不利的影响。同时，混凝土碳化还会加剧混凝土的收缩，这些都可能导致混凝土的裂缝和结构的破坏。因此在西部高寒地区桥梁高性能混凝土进行设计时，抗碳化性必须予以考虑。

3. 抗氯离子渗透性

氯离子侵入混凝土之后，会破坏混凝土中的碱性环境，引起混凝土中钢筋表面钝化膜的破坏，发生钢筋锈蚀，从而导致结构破坏。在影响钢筋混凝土桥梁耐久性因素中，氯离子引起的钢筋锈蚀被排在首位。处于有氯盐环境下，应对高性能混凝土抗氯离子渗透性提出要求。

对于 C30、C40 混凝土双掺及引气后随着含气量的不断增加各氯离子渗透性能先增加后降低。当含气量在 3.5%～5% 时随着含气量的增加，混凝土抗氯离子渗透性能有所增强，当超过 5% 时抗氯离子渗透性能有所降低，但都明显低于基准混凝土在相同含气量时的电通量；对于 C50 混凝土当含气量在 3.5%～5% 时随着含气量的增加，混凝土电通量变化不大，当超过 5% 时略微有增加。双掺混凝土能够显著提高混凝土的抗氯离子渗透性能，同时双掺硅灰与矿渣最好，双掺矿渣与粉煤灰以及双掺硅灰与粉煤灰次之。

4. 抗硫酸盐侵蚀

硫酸盐侵蚀破坏是混凝土耐久性劣化的主要原因之一。硫酸盐对混凝土侵蚀造成混凝土结构的劣化破坏，与盐害、中性化等劣化因子对混凝土结构的劣化不同。硫酸盐作为混凝土结构的劣化外力，通过与水泥中的水化物作用，生成膨胀性的水化产物，使硬化的混凝土开裂、崩裂；外部侵蚀性介质以及空气、水分等扩散渗透进入混凝土内部，使钢筋锈蚀，进一步使结构劣化，失去承载能力。桥梁高性能混凝土若处在含硫酸盐条件下，应对混凝土抗硫酸盐侵蚀能力提出要求。

多元矿物掺合料复掺措施有利于改善混凝土的抗硫酸盐侵蚀及抗干湿循环性能。该措施中矿物掺合料的成分比例对混凝土的抗硫酸盐侵蚀性能有一定影响，在多元矿物掺合料取代水泥总量不变的条件下，随着其中硅灰和矿渣掺量的增加、粉煤灰掺量的降低，混凝土的抗硫酸盐侵蚀性能增强。

5. 抗裂性能

气候干燥与大的温差都容易引起混凝土的开裂，特别是早期开裂，进而影响结构的耐久性。高寒地区桥梁高性能混凝土必须具备很好的抗裂性能。

8.2.3 原材料质量控制与管理及配合比设计

施工是保证混凝土质量的关键，是结构耐久性设计的组成部分，由于西藏地区特殊的环境，对混凝土的耐久性提出了更高的要求，在混凝土施工过程中应从施工的源头抓起，严把材料质量关，砂、石、水泥、钢筋必须符合质量要求。高寒地区混凝土材料须满足以下要求：

（1）钢筋

预应力混凝土结构所采用的钢丝、钢绞线和螺纹钢筋等的质量，应符合国家标准的规定。预应力混凝土用钢丝应符合《预应力混凝土用钢丝》（GB/T 5223—2014）的要求；预应力混凝土用钢绞线应符合《预应力混凝土用钢绞线》（GB/T 5224—2014）的要求；预应力混凝土螺纹钢筋应符合《预应力混凝土用螺纹钢筋》（GB/T 20065—2016）的要求；预应力筋进场应分批次验收，验收时，除应对其质量书、包装、标志和规格等进行检查外，尚须按《公路桥涵施工技术规范》（JTG/T 3650—2020）的相关规定进行检查。

（2）水泥

选用水泥时，应特别注意其特性对混凝土结构强度、耐久性和使用条件是否有不利影响，应以能使配制的混凝土强度达到要求、收缩小、和易性好和节约水泥为原则，应符合现行国家标准。

（3）骨料

西藏地区桥涵混凝土的细骨料、选用质地均匀坚固、吸水率低、空隙率小、有害物质含量少、级配良好、细度模数为 2.6～3.2 的洁净天然中粗河沙或符合要求的机制砂。C50 以下混凝土用砂含泥量≤2.5%，泥块含量≤0.5%，氯离子含量<0.02%；C50 以上等级混凝土用砂含泥量≤2.0%，泥块含量≤0.5%，氯离子<0.02%。其他技术指标应符合相关规范的规定。细骨料的相关试验可按现行《公路工程集料试验规程》（JTGE 42）执行。

桥涵混凝土的粗骨料，选用质地均匀坚硬、粒形良好、级配合理、线膨胀系数小的洁净碎石、卵石，且应采用连续两级配或连续多级配，粗骨料最大粒径不宜超过26.5mm。C50 以下等级混凝土用粗骨料的含泥量≤1.0%，C50 以上等级混凝土用粗骨料的含泥量≤0.5％，泥块含量≤0.25％，针片状颗粒含量≤7％，坚固性＜5.0％，其他技术指标应符合相关规范的规定。当因条件有限不得不使用碱活性骨料时，其他材料中的碱含量及混凝土的碱含量应满足《公路桥涵施工技术规范》（JTG/T 3650—2020）的规定。否则，应采用具有明显抑制碱-骨料反应功能的外加剂或掺合料并经试验确定。

（4）拌和用水

拌制混凝土用的水，应符合下列要求：水中不应含有影响水泥正常凝结与硬化的有害杂质或油脂、糖类及游离酸类等。pH小于5的酸性水及硫酸盐含量（以SO_3计）超过600mg/L的水不得使用。

（5）外加剂选用高性能混凝土外加剂、高效减水剂或复合减水剂，并应选择减水剂高、坍落度损失小、适量引气、与水泥之间具有良好的相容性、能明显改善或提供混凝土耐久性能且质量稳定的产品，其技术性能指标应符合《混凝土外加剂》（GB 8076—2008）、《混凝土防冻剂》（JC 475—2004）的规定。

（6）矿物掺合料应选用品质稳定、来料均匀的粉煤灰、矿渣粉和硅灰等，掺合料的技术要求应符合《公路桥涵施工技术规范》（JTG/T 3650—2020）及有关标准的规定。

（7）高性能混凝土的配制要求

高性能混凝土的主要性能特点之一是高耐久性。要保证西藏高寒地区混凝土的长期耐久性能满足设计和使用要求，就必须按高性能混凝土的配制原则配制西藏高寒地区桥梁结构的混凝土。

恒负温高性能现浇混凝土——钻孔灌注桩用混凝土的配制原则如下：

① 采用42.5级硅酸盐水泥、普通硅酸盐水泥、中热水泥或高抗硫水泥；

② 尽量降低水泥用量；

③ 拌和物的坍落度满足泵送/水下灌注施工要求；

④ 拌和物的温度不低于5℃；

⑤ 掺和多功能复合型外加剂，简化现场施工操作程序，保证施工质量；

⑥ 采用含泥量低、坚固性好、针片状含量小的连续级配砂石。

正负温高性能现浇混凝土——承台、墩台用的混凝土的配制原则如下：

① 按施工养护环境养护温度分别为0℃、—10℃、—20℃条件考虑；

② 采用42.5级硅酸盐水泥、普通硅酸盐水泥、高抗硫水泥；

③ 尽量降低水泥用量；

④ 拌和物的坍落度满足泵送/水下灌注施工要求；

⑤ 掺和多功能复合型外加剂，简化现场施工操作程序，保证施工质量；

⑥ 采用含泥量低、坚固性好、针片状含量小的连续级配砂石。

蒸养高性能混凝土——预制构件用混凝土的配制原则如下：

① 桥梁混凝土蒸汽养护温度不超过50℃；

② 采用42.5级硅酸盐水泥、普通硅酸盐水泥；

③ 掺高效减水剂和能改善混凝土孔结构的矿物掺合料；

④ 采用含泥量低、坚固性好、针片状含量小的连续级配砂石料；

⑤ 严格控制水胶比和水泥用量。

（8）高性能混凝土的配合比应根据原材料品质、设计强度等级、耐久性以及施工工艺对工作性能的要求，通过计算、试配和调整等步骤确定。进行配合比设计时应符合下列规定：

① 对不同强度等级混凝土的胶凝材料总量应进行控制，C40 以下宜不大于 $400kg/m^3$；C40～C50 宜不大于 $450kg/m^3$；C60 及以上的非泵送混凝土宜不大于 $500kg/m^3$，泵送混凝土宜不大于 $530kg/m^3$；且胶凝材料浆体体积宜不大于混凝土体积的 35％。

② 水胶比应根据混凝土的配制强度、抗氯离子渗透性能、抗渗性能和抗冻性能等要求确定。在满足混凝土工作性能的前提下，宜降低用水量，并控制在 130～$160kg/m^3$。

③ 混凝土中宜适量掺加优质的粉煤灰、粒化高炉矿渣粉或硅灰等矿物掺合料，用以提高其耐久性、改善其施工性能和抗裂性能，其掺量宜根据混凝土的性能要求通过试验确定，且宜不小于胶凝材料总量的 20％。当混凝土中粉煤灰掺量大于 30％时，混凝土的水胶比不得大于 0.45；在预应力混凝土及处于冻融环境的混凝土中，粉煤灰的掺量宜不大于 30％，且粉煤灰的含碳量宜不大于 2％。对暴露于空气中的一般构件混凝土，粉煤灰的掺量宜不大于 20％，且单方混凝土胶凝材料中的硅酸盐水泥用量宜不小于 240kg。

④ 对耐久性有较高要求的混凝土结构，试配时应进行混凝土和胶凝材料抗裂性能的对比试验，并从中优选抗裂性能良好的混凝土原材料和配合比。

⑤ 混凝土中宜适量掺加符合《公路桥涵施工技术规范》（JTG/T 3650—2020）规定的外加剂，且宜选用质量可靠、稳定的多功能复合外加剂。

⑥ 冻融环境下的混凝土宜采用引气混凝土。冻融环境作用等级 D 级及以上的混凝土必须掺用引气剂；对处于其他环境作用等级的混凝土，也可通过掺加引气剂（含气量不小于 4％）提高其耐久性。混凝土的抗冻耐久性指数应符合现行行业标准《公路工程混凝土结构耐久性设计规范》（JTG/T 3310）的规定。

8.2.4 高寒地区桥梁高性能混凝土施工技术

高寒地区根据不同的结构形式和环境温度选择不同的施工方法。

（1）暖棚法适用于混凝土工程比较集中的区域，尤其适用混凝土量较多的地下基础工程，因为混凝土是正温养护，可以避免混凝土冻害的发生且混凝土强度增长也较快。

（2）电热毯法施工较为简单但成本较高，适用于容易包裹的小型构件。采用电热毯加热法成本较高，也可采用棉被包裹混凝土保温措施。

8.2.4.1 负温环境下混凝土施工中的施工技术措施

1. 现场准备

现场拌和混凝土之前，采用热水冲洗搅拌机，并将积水排除。拌和料所用的水应为饮用水，骨料应级配良好、坚硬，砂子含泥量应在 3％以内，泥块含量应在 1％以内；石子含泥量应在 1％以内，泥块含量应在 0.5％以内。水泥要采用普通硅酸盐水泥或硅酸盐水泥，强度等级不低于 32.5MPa，使用前宜运入暖棚内存放，并提前进行安全性和强度试验，合格后方可使用。防冻剂宜选用硝酸钙（含加气、减水组分更好），掺量按使用说明书，用量为 3％，由定量容器加入，不得多加或少加。搅拌前，浇筑工具和人员必须提前到位；模板内不得有杂物，不浇水。

2. 混凝土搅拌

施工中拌制混凝土所用的材料如砂、石、水等均应保持正常温度，为了保证混凝土拌和物入模温度不低于10℃，出罐温度一般要控制在13～18℃。为保证出罐温度，首先考虑对拌和用水加热，如仍不能满足需要时，再考虑对骨料加热。

对负温条件下混凝土搅拌，还应注意以下事项：

（1）应在混凝土中加入防冻剂；否则不允许混凝土浇筑施工；

（2）水泥只能保温，不得加热；

（3）注意搅拌用水加热时水温不得高于60℃，骨料加热时骨料温度不得高于40℃混凝土拌和前，用热水或温水冲洗搅拌机；

（4）对骨料的积雪、冻团进行清理，不得装入搅拌机内搅拌；

（5）根据混凝土浇筑当天的实际温度，换算出各项材料需要加热的温度，但不得超过上述的最高温度规定；

（6）为了保证混凝土的和易性、流动性，可延长拌和时间，一般比常温时延长50%。

（7）为保证混凝土不出现假凝现象，混凝土搅拌时按照砂石、水、水泥的顺序进行，不得颠倒。

3. 混凝土浇筑

混凝土在浇筑前应清除模板、钢筋上的冰雪和污垢。

施工接缝混凝土时，在新混凝土浇筑前应对混凝土接触面用碘钨灯或用热水浇淋接茬部位，确保接头处混凝土温度不低于5℃，加热深度不小于30cm，预热长度控制在1m左右。浇筑完成后，应采取措施使混凝土接合面继续保持正温，直至新浇筑混凝土获得规定的抗冻强度。

4. 混凝土养护

对已浇好的混凝土及时覆盖保温养护，浇筑完成后及时收面。浇筑完后，在混凝土顶部覆盖塑料薄膜及棉被，防止混凝土表面受冻。塑料薄膜覆盖要严密，防止水分散失过快造成混凝土表面开裂。养护时的温度要求：用蓄热法养护时不得低于10℃；用蒸汽法养护时不得低于5℃，细薄结构不得低于8℃。

混凝土的养护方法，应根据技术经济比较和规范中冬期施工热工计算公式计算确定。养护方法应根据现场的气温、结构物表面系数等多种因素，可选用蓄热法、蒸汽加热法、暖棚加热法或电加热法等方法，以确保混凝土结构物不受冻害。冬期施工期间，在抗压强度达到设计强度的40%前，必须防止受冻。

8.2.4.2　高原干燥大风环境下混凝土抗裂性能提升措施

青藏高原地区的日照强烈且温差较大，使混凝土的内部与外部产生了一定的温差；另外，青藏高原地区大风频发，这两种因素结合起来使混凝土产生过大的应力从而导致混凝土开裂。高原干燥大风环境下提升混凝土抗裂性能的技术措施如下：

1. 适当降低水胶比

水胶比越大混凝土强度发展越缓慢，当强度跟不上拉应力的发展时，混凝土将产生裂缝，表现为混凝土环应变增大。混凝土收缩面积随水胶比的提高而增大。水胶比较低时，粒子之间的距离相对较小，虽然毛细管力较大，但在粒子间距下，塑性收缩仅能产生相对较小的压密作用；且水胶比较低时，未水化的水泥颗粒较多，在颗粒间距较小时会产生有利的中心质效应，减少界面过渡层的薄弱环节，使其更能抵抗较大的毛细管压力。水胶比较低时，拌和物体系的均匀性和黏聚性较好，产生的塑性沉降较小。因此，在上述各种因素的综合作用下，水胶比较低时塑性收缩面积较小。

2. 掺优质粉煤灰

研究表明，常温下掺入粉煤灰后能明显提高混凝土的抗裂性能。因为掺入粉煤灰后，粉煤灰的活性效应使混凝土进行二次水化，水化产物填充了体系中的空隙，减缓了水分蒸发，使混凝土环应变减小。在混凝土中掺入一定量的粉煤灰能够改善抗裂性能，并且掺有粉煤灰的混凝土后期强度大于普通混凝土后期强度。粉煤灰的掺入降低了水泥用量，且粉煤灰与水泥的水化产物 $Ca(OH)_2$ 进行二次水化所生成胶凝体的速度较慢，使混凝土的早期强度降低，早期收缩值和弹性模量也减小，有利于减小早期开裂的风险。而且 Ⅰ 级粉煤灰的掺入可细化混凝土的孔结构，孔隙率也大大降低，避免了连通毛细孔的形成，降低了混凝土的早期塑性收缩。

3. 掺抗裂纤维

高原地区昼夜温差大、湿度小、大风多，早期裂缝非常普遍，在混凝土中掺入大量乱向分布的细小纤维，使混凝土的抗拉韧性大大提高，尤其是早期抗裂效果非常明显，减少混凝土硬化过程中出现的干缩、温缩裂缝，是掺加纤维的主要目的。

4. 养护

加强施工中养护措施，采取有效的覆盖养护防止水分过快蒸发。

8.3　海港工程高性能混凝土

随着我国港口工程建设的持续发展，海港的规模不断扩大，外海化、深水化趋势不断增强，结构耐久性要求不断提高，近年竣工的港珠澳大桥设计使用年限为 120 年。为提高海港工程建设技术水平，保证工程质量，海港工程应使用高性能混凝土。海港工程高性能混凝土的质量控制应符合现行行业标准《海港工程高性能混凝土质量控制标准》（JTS 257-2）及国家现行有关标准的规定。

对于海港工程钢筋混凝土和预应力混凝土结构，浪溅区应采用高性能混凝土，水位变动区和大气区根据需要可采用高性能混凝土。配制高性能混凝土应选用质量稳定的优质水泥和掺合料、级配良好的优质骨料、与水泥匹配的高效减水剂。

8.3.1　海港工程高性能混凝土指标

(1) 高性能混凝土拌合物应检验下列内容：①坍落度或坍落扩展度及其经时损失；②氯离子含量；③当混凝土配合比、组成材料、搅拌设备、搅拌时间变更时，检验均匀性；④有抗冻要求的混凝土拌和物检验含气量；⑤有温度控制要求的混凝土拌和物检测温度。

当混凝土坍落度大于 180mm 时，宜采用坍落扩展度表示，其检测方法应符合《海港工程高性能混凝土质量控制标准》（JTS 257-2）的有关规定。高性能混凝土拌和物应考虑坍落度损失，其在浇筑地点的坍落度不宜小于 120mm。坍落度和坍落扩展度实测值应满足下列要求：①坍落度与设计值的允许偏差值为±20mm；②坍落扩展度与设计值的允许偏差值为±30mm；③当设计值为某一数值区间时，实测值满足规定区间的要求。

高性能混凝土拌合物应拌和均匀、颜色一致，不得有离析和明显泌水现象。高性能混凝土拌和物均匀性的检测方法应符合现行国家标准《建筑施工机械与设备 混凝土搅拌机》（GB/T 9142）的有关规定。高性能混凝土拌和物均匀性检测结果应满足下列要求：①混凝土中的砂浆密度测值的相对误差不大于0.8％；②单位体积混凝土中粗骨料含量测值的相对误差不大于5％。

（2）高性能混凝土的强度等级应按立方体抗压强度标准值确定，其等级划分应符合表8.2的规定。

表8.2　高性能混凝土强度等级

高性能混凝土	C40	C45	C50	C55	C60	C70	C80
引气高性能混凝土	C40	C45	C50	C55	—	—	—

高性能混凝土的强度检测应符合现行行业标准《水运工程混凝土试验检测技术规范》（JTS/T 236）的有关规定。高性能混凝土生产质量水平，可按强度等级对验收合格的混凝土分批定期统计计算其样本数不少于25的抗压强度标准差，并按表8.3划分，生产质量水平应达到中等及以上等级。

表8.3　混凝土生产质量水平

混凝土强度等级	混凝土强度标准差（MPa）		
	优良	中等	较差
C40～C60	≤3.5	≤4.5	>4.5
>C60	≤4.5	≤5.5	>5.5

（3）高性能混凝土耐久性要求：海港工程高性能混凝土应根据其所处的环境、在建筑物上的部位等条件进行耐久性设计。海水环境混凝土在建筑物上部位的划分应符合表8.4的规定。

表8.4　海水环境混凝土部位划分

掩护条件	划分类别	大气区	浪溅区	水位变动区	水下区
有掩护条件	按港工设计水位	设计高水位加1.5m以上	大气区下界至设计高水位减1.0m之间	浪溅区下界至设计低水位减1.0m之间	水位变动区下界至泥面
无掩护条件	按港工设计水位	设计高水位加（η_0＋1.0m）以上	大气区下界至设计高水位减η_0之间	浪溅区下界至设计低水位减1.0m之间	水位变动区下界至泥面
	按天文潮潮位	最高天文潮位加0.7倍百年一遇有效波高$H_{1/3}$以上	大气区下界至最高天文潮位减百年一遇有效波高$H_{1/3}$之间	浪溅区下界至最低天文潮位减0.2倍百年一遇有效波高$H_{1/3}$之间	水位变动区下界至泥面

注：①η_0值应取设计高水位时的重现期50年$H_{1\%}$（波列累积频率为1％的波高）波峰面高度（m）；
　　②当浪溅区上界计算值低于码头面高程时，应取码头面高程为浪溅区上界；
　　③当无掩护条件的海港工程混凝土结构无法按港工有关规范计算设计水位时，可按天文潮潮位确定混凝土结构的部位划分；
　　④无法分段的同一构件处于不同部位应按耐久性要求高的部位划分。

海水环境钢筋的混凝土保护层最小厚度应符合表 8.5 的规定。

表 8.5　海水环境钢筋的混凝土保护层最小厚度（mm）

建筑物所处地区	大气区	浪溅区	水位变动区	水下区
北方	50	60	50	40
南方	50	65	50	40

注：①　混凝土保护层厚度是指主筋表面与混凝土表面的最小距离；
　　②　表中数值是箍筋直径为 6mm 时主筋的保护层厚度，当箍筋直径大于 6mm 时，保护层厚度应按表中规定增加 5mm；
　　③　位于水位变动区、浪溅区的现浇混凝土构件，其保护层厚度应按表中规定增加 10~15mm；
　　④　位于浪溅区的码头面板、桩等细薄构件的混凝土最小保护层厚度，南、北方一律选用 50mm；
　　⑤　南方指历年最冷月月平均气温大于 0℃ 的地区。

海水环境预应力筋的混凝土保护层最小厚度应符合下列规定。当构件厚度不小于 0.5m 时应符合表 8.6 的规定。

表 8.6　海水环境预应力筋的混凝土保护层最小厚度（mm）

所在部位	大气区	浪溅区	水位变动区	水下区
保护层厚度	65	80	65	65

注：①　构件厚度是指规定保护层最小厚度的方向上的构件尺寸；
　　②　后张法的预应力筋保护层厚度是指预留孔道壁至构件表面的最小距离；
　　③　制作构件时，如采取特殊施工工艺或专门防腐措施，应经充分技术论证，对钢筋的防腐蚀作用确有保证时，保护层厚度可不受上述规定的限制；
　　④　有效预应力小于 400MPa 的预应力筋的保护层厚度按表 8.5 执行，但不宜小于 1.5 倍主筋直径。

当构件厚度小于 0.5m 时，预应力筋的混凝土保护层最小厚度应为 2.5 倍预应力筋直径，但不得小于 50mm。

配置构造钢筋的素混凝土结构，构造筋的混凝土保护层厚度不应小于 40mm，且不小于 2.5 倍构造钢筋的直径。

施工期钢筋混凝土最大裂缝宽度不应超过表 8.7 中所规定的限值。当出现表面裂缝时，应按现行行业标准《水运工程混凝土施工规范》（JTS 202）的有关规定进行处理。

表 8.7　钢筋混凝土构件最大裂缝限值（mm）

大气区	浪溅区	水位变动区	水下区
0.20	0.20	0.25	0.30

高性能混凝土拌和物的氯离子最高限值应符合表 8.8 的规定，其检测方法应符合现行行业标准《水运工程混凝土试验检测技术规范》（JTS/T 236）的有关规定。

表 8.8　高性能混凝土拌和物中氯离子的最高限值（按胶凝材料质量百分比计）

预应力混凝土	钢筋混凝土
0.06	0.10

高性能混凝土对所用骨料应进行碱活性检验，当检验表明骨料具有活性时严禁使用。骨料碱活性检验方法应按现行行业标准《水运工程混凝土试验检测技术规范》（JTS/T 236）的有关规定执行。

　　海水环境钢筋混凝土、预应力混凝土抗氯离子渗透性指标最高限值应符合表 8.9 中电通量或扩散系数的规定，电通量检测方法应符合行业标准《水运工程混凝土质量控制标准》（JTS 202-2—2011）的有关规定，扩散系数检测方法应符合行业标准《海港工程高性能混凝土质量控制标准》（JTS 257-2—2012）的有关规定。

表 8.9　高性能混凝土氯离子渗透性最高限值

混凝土氯离子渗透性	钢筋混凝土	预应力混凝土
电通量法（C）	1000	800
扩散系数法（$10^{-12}\,m^2/s$）	4.5	4.0

注：试验用的混凝土试件，对掺加粉煤灰或粒化高炉矿渣粉的混凝土，应按标准养护条件下 56d 龄期的试验结果评定；其他混凝土应按标准养护条件下 28d 龄期的结果评定，试验应在 35d 内完成。

　　对于设计使用年限超过 50 年的工程，宜按现行行业标准《海港工程高性能混凝土质量控制标准》（JTS 257-2）的规定方法测定高性能混凝土的扩散系数，并宜按现行行业标准《海港工程高性能混凝土质量控制标准》（JTS 257-2）的规定对使用年限进行校核。

　　海港工程高性能混凝土结构的混凝土强度应同时满足承载能力和耐久性的要求，且浪溅区混凝土最低强度等级不应小于 C45，其他部位不应小于 C40。

　　水位变动区有抗冻要求的高性能混凝土，其抗冻等级不应低于表 8.10 的规定。

表 8.10　混凝土抗冻等级选定标准

建筑物所在地区	钢筋混凝土及预应力混凝土
严重受冻地区（最冷月月平均气温低于−8℃）	F350
受冻地区（最冷月月平均气温为−4～−8℃）	F300
微冻地区（最冷月月平均气温为 0～−4℃）	F250

注：1. 试验过程中试件所接触的介质应与建筑物实际接触的介质相同；
　　2. 开敞式码头和防波堤等建筑物混凝土宜选用高一级的抗冻等级或采取其他措施。

　　有抗冻要求的高性能混凝土应掺入适量引气剂，其拌和物的含气量应满足表 8.11 规定的范围。当要求的含气量为某一定值时，其检查结果与要求值的允许偏差范围应为 ±1.0%。当含气量要求值为某一范围时，检测结果应满足规定范围的要求。混凝土抗冻性试验方法应符合现行行业标准《水运工程混凝土试验检测技术规范》（JTS/T 236）的有关规定。

表 8.11　有抗冻要求的混凝土拌和物含气量控制范围表

骨料最大粒径（mm）	含气量范围（%）	骨料最大粒径（mm）	含气量范围（%）
10.0	5.0～8.0	25.0	3.5～7.0
20.0	4.0～7.0	—	—

　　有抗渗要求的高性能混凝土，根据最大作用水头与混凝土壁厚之比，其抗渗等级应符合表 8.12 的规定。

表 8.12　混凝土抗渗等级选定标准

最大作用水头与混凝土壁厚之比	抗渗等级	最大作用水头与混凝土壁厚之比	抗渗等级
<5	P4	26～30	P14
5～10	P6	31～35	P16
11～15	P8	36～40	P18
16～20	P10	>40	P20
21～25	P12		

混凝土抗渗性试验方法应符合现行行业标准《水运工程混凝土试验检测技术规范》（JTS/T 236）的有关规定。按耐久性要求，海水环境高性能混凝土水胶比最大允许值浪溅区应为 0.35，其他区应为 0.40。按耐久性要求，海水环境高性能混凝土的最低胶凝材料用量浪溅区不宜小于 400kg/m³，其他区不宜小于 380kg/m³，且胶凝材料最高用量均不宜超过 500kg/m³。高性能混凝土胶凝材料的组成中矿物掺合料的掺量应符合下列规定，单掺一种掺合料时掺量范围宜符合表 8.13 的规定。同时掺入粉煤灰、粒化高炉矿渣粉时，其总量不宜大于胶凝材料总量的 70%，其中粉煤灰掺入量不宜大于 25%。

表 8.13　单掺一种掺合料时掺量控制范围（按胶凝材料质量百分比计）

组成胶凝材料的水泥品种	掺合料品种		
	粒化高炉矿渣粉	粉煤灰	硅灰
PⅠ或PⅡ型硅酸盐水泥	50～80	25～40	3～8
PO 型普通硅酸盐水泥	40～70	20～35	3～8

高性能混凝土在生产控制中，可根据需要检测混凝土拌和物的水胶比和胶凝材料用量，其检测方法应符合现行行业标准《水运工程混凝土试验检测技术规范》（JTS/T 236）的有关规定。

8.3.2　高性能混凝土原材料质量控制

高性能混凝土原材料中有害成分含量不得对混凝土强度、耐久性等产生不利影响。高性能混凝土所用的原材料应附有质量证明文件或检验报告单，使用时应按国家现行有关标准进行检验。材料在运输与储存过程中，应按品种、规格分别堆放，不得混杂，不得接触海水，并应防止其他污染。

1. 水泥

高性能混凝土宜选用标准稠度用水量低的硅酸盐水泥、普通硅酸盐水泥，其质量应符合现行国家标准《通用硅酸盐水泥》（GB 175）的有关规定。普通硅酸盐水泥和硅酸盐水泥在熟料中铝酸三钙含量宜为 6%～12%。高性能混凝土不宜采用矿渣硅酸盐水泥、火山灰质硅酸盐水泥、粉煤灰硅酸盐水泥或复合硅酸盐水泥。

水泥进场时，应对其品种、等级、包装或散装仓号、包重、出厂日期等进行检查验收，并应按国家现行有关标准对其质量进行复验。当因储存不当等引起质量有明显改变或水泥出厂超过 3 个月时，应在使用前对其质量进行复验，并按复验的结果处理。高性能混凝土预拌胶凝材料宜采用符合现行国家标准《通用硅酸盐水泥》（GB 175）规定的 P·Ⅰ52.5 级水泥。

2. 掺合料

硅灰品质应符合表 8.14 的规定。

表 8.14　硅灰品质指标

化学性能		物理性能		
SiO$_2$含量（%）	≥90	火山灰活性指数（28d,%）		≥90
含水率（%）	≤3	细度	比表面积（m^2/kg）	≥15000
烧失量（%）	≤6	需水量比	（%）	≤125

硅灰进场检验应符合现行行业标准《水运工程结构腐蚀施工规范》（JTS/T 209）和《水运工程质量检验标准》（JTS 257—2008）的有关规定。

高性能混凝土宜使用干排法原状粉煤灰，其质量应符合下列规定。粉煤灰的质量应满足下列要求：①粉煤灰的质量符合表 8.15 的规定；②粉煤灰中 CaO 含量不大于10%，大于 5% 时需经试验证明安定性合格；③粉煤灰含水率不大于 1%。

表 8.15　粉煤灰质量指标

粉煤灰等级	细度（45μm 方孔筛筛余,%）	烧失量（%）	需水量比（%）	SO$_3$含量（%）	活性指数（%）	
					7d	28d
I	≤12	≤5	≤95	≤3	≥80	≥90
II	≤25	≤8	≤105	≤3	≥75	≥85

预应力高性能混凝土或浪溅区的钢筋混凝土应采用 I 级粉煤灰或烧失量不大于5%、需水量比不大于 100% 的 II 级粉煤灰。粉煤灰进场检验应符合现行行业标准《水运工程质量检验标准》（JTS 257）的有关规定。粉煤灰进场检验时，当有一项指标达不到规定要求，应从同一批中加倍取样进行复验，复验后仍不符合要求时，该批粉煤灰应作不合格品或降级处理。高性能混凝土中掺加的粒化高炉矿渣粉应符合下列规定。粒化高炉矿渣粉的质量应符合表 8.16 的规定。

表 8.16　粒化高炉矿渣粉质量指标

项目		级别	
		S105	S95
密度（kg/m^3）		≥2800	≥2800
比表面积（m^2/kg）		≥500	≥400
活性指数（%）	7d	≥95	≥75
	28d	≥105	≥95
流动度比（%）		≥95	
含水率（%）		≤1.0	
三氧化硫含量（%）		≤4.0	
氯离子含量（%）		≤0.02	
烧失量（%）		≤3.0	
玻璃体含量（%）		≥85	

粒化高炉矿渣粉进场检验应符合现行国家标准《用于水泥、砂浆和混凝土中的粒化高炉矿渣粉》（GB/T 18046）和现行行业标准《水运工程质量检验标准》（JTS 257）的有关规定。

3. 细骨料

高性能混凝土中使用的细骨料应采用质地坚固、公称粒径在 5.00mm 以下的砂，其杂质含量限值应符合表 8.17 的规定。

表 8.17　细骨料杂质含量限值

项次	项目	有抗冻性要求	无抗冻性要求
1	总含泥量（按质量计,%）	≤2.0	≤2.0
	其中泥块含量（按质量计,%）	<0.5	≤0.5
2	云母含量（按质量计,%）	<1.0	≤2.0
3	轻物质含量（按质量计,%）	≤1.0	≤1.0
4	硫化物及硫酸盐含量（按 SO₃质量计,%）	≤1.0	≤1.0
5	有机物含量（比色法）	颜色不应深于标准色,当深于标准色时,应采用水泥胶砂法进行砂浆强度对比试验,相对抗压强度不应低于 95%	

注：1. 对所用砂的坚固性有怀疑时，应用硫酸钠法进行检验，经浸烘 5 次循环的失重率不应大于 8%；
　　2. 轻物质是指表观密度小于 2000kg/m³ 的物质。

高性能混凝土使用的细骨料宜使用细度模数为 3.2～2.6 的中粗砂。颗粒级配分区应符合现行行业标准《水运工程混凝土质量控制标准》（JTS 202-2）的有关规定。当砂颗粒级配不满足要求时，应采取相应的技术措施，经试验证明能确保工程质量后方可采用。细骨料应采用河砂、机制砂或混合砂。当采用机制砂或混合砂时，应符合现行行业标准《普通混凝土用砂、石质量及检验方法标准》（JGJ 52）的有关规定。机制砂和混合砂中石粉含量应符合表 8.18 的规定。

表 8.18　机制砂和混合砂中石粉含量限值

混凝土强度等级		C60	C55～C40
石粉含量（%）	MB<1.4	≤3.0	≤5.0
	MB≥1.4	≤2.0	≤3.0

注：MB 为机制砂中亚甲蓝测定值。

细骨料的质量检验应按下列规定执行。细骨料应按现行行业标准《水运工程质量检验标准》（JTS 257）的有关规定，按批检验颗粒级配、堆积密度、含泥量、泥块含量、氯离子含量等指标。机制砂或混合砂应检验其石粉含量。已检验合格并堆放于场内或搅拌楼料仓内的细骨料，必要时应对其颗粒级配、含泥量等进行复验。采用新产源的细骨料应进行全面质量检验。

4. 粗骨料

配制高性能混凝土应采用质地坚硬的碎石、卵石、碎石与卵石的混合物作为粗骨料，其强度可用岩石抗压强度或压碎值指标进行检验。在选择采石场、对粗骨料强度有严格要求或对质量有争议时，宜用岩石抗压强度做检验；常用的石料质量控制可用压碎指标进行检验。强度值或压碎值宜符合表 8.19 的规定。卵石压碎值指标宜符合表 8.20 的规定。

表 8.19　岩石抗压强度或压碎值指标

岩石品种	混凝土强度等级	岩石的立方体抗压强度（MPa）	碎石压碎指标（%）
沉积岩	＞C60	≥100	≤8
	C40～C60	≥80	≤10
变质岩或深成的火成岩	＞C60	≥120	≤10
	C40～C60	≥100	≤12
喷出的火成岩	＞C60	≥140	≤11
	C40～C60	≥120	≤13

注：沉积岩包括石灰岩、砂岩等；变质岩包括片麻岩、石英岩等；深成的火成岩包括花岗岩、正长石和橄榄岩等；喷出的火成岩包括玄武岩和辉绿岩等。

表 8.20　卵石的压碎值指标

混凝土强度等级	＞C60	C40～C60
压碎指标（%）	≤8	≤12

卵石中软弱颗粒含量应符合表 8.21 的规定。

表 8.21　软弱颗粒的含量

指标名称	有抗冻要求	无抗冻要求
软弱颗粒含量（按质量计,%）	≤3	≤8

粗骨料的其他物理性能宜符合表 8.22 的规定。

表 8.22　粗骨料物理性能

指标名称	有抗冻要求		无抗冻要求	
	＞C60	C40～C60	＞C60	C40～C60
针片状颗粒含量（按质量计,%）	≤10	≤15	≤10	≤15
山皮水锈颗粒含量（按质量计,%）	≤20		≤25	
颗粒密度（kg/m³）	≥2300		≥2300	

注：1. 针状颗粒是指颗粒的长度大于该颗粒所属粒级的平均粒径 2.4 倍的；片状颗粒是指颗粒的厚度小于平均粒径 0.4 倍的；平均粒径是指该粒径级上、下限粒径的平均值；
　　2. 山皮水锈颗粒是指风化面积超过 1/4 的颗粒；
　　3. 用卵石、卵石与碎石混合物配制受拉、受弯构件的混凝土时，应进行混凝土的抗拉强度试验；若试验结果不合格，则应采取相应措施提高其抗拉强度；
　　4. 对粗骨料的坚固性有怀疑时，应采用硫酸钠溶液法进行检验，经浸烘 5 次循环后的失重率应不大于 3%。

粗骨料的杂质含量限值应符合表 8.23 的规定。

表 8.23　粗骨料杂质含量限值

项次	杂质名称	有抗冻要求	无抗冻要求	
			≥C60	C40～C55
1	总含泥量（按质量计,%）	≤0.5	≤0.5	≤1.0
2	泥块含量（按质量计,%）	≤0.2	≤0.2	≤0.5
3	水溶性硫酸盐及硫化物含量（按质量计,%）	≤0.5	≤1.0	
4	有机物含量（比色法）	颜色不应深于标准色。当深于标准色时,应进行混凝土对比试验,其强度降低率不应大于 5%		

注：粗骨料中不得混入燃烧过的石灰石块、白云石块,骨料颗粒表面不宜附有黏土薄膜。

粗骨料的最大粒径不宜大于 25mm。粗骨料应采用连续级配,颗粒级配应符合表 8.24 的规定。

表 8.24　碎石或卵石的颗粒级配范围

公称粒径（mm）	累计筛余量（按质量计,%）					
	方孔筛筛孔边长尺寸（mm）					
	2.36	4.75	9.5	16.0	19.0	26.5
5～10	95～100	80～100	0～15	0	—	—
5～16	95～100	85～100	30～60	0～10	0	—
5～20	95～100	90～100	40～80	—	0～10	0
5～25	95～100	90～100	—	30～70	—	0～5

粗骨料进场应按现行行业标准《水运工程质量检验标准》（JTS 257）的有关规定进行检验。对已检验合格并堆放于场内的骨料,必要时应对其颗粒级配、含泥量等进行复验。采用新产源的粗骨料应进行全面质量检验。

5. 拌和用水

高性能混凝土拌合用水宜采用饮用水,不得使用影响水泥正常凝结、硬化和促使钢筋锈蚀的拌和水,并应符合表 8.25 中的规定。

表 8.25　拌和用水质量指标

项目	指标要求	项目	指标要求
pH 值	>5.0	氯化物（以 Cl^- 计,mg/L）	<200
不溶物（mg/L）	<2000	硫酸盐（以 SO_4^{2-} 计,mg/L）	<600
可溶物（mg/L）	<2000	—	—

高性能混凝土不得采用海水拌和。拌和用水的检验规则及检验方法应符合现行行业标准《混凝土用水标准》（JGJ 63）的有关规定。

6. 外加剂

高性能混凝土应根据要求选用高效减水剂、引气剂、防冻剂等。外加剂的品质应符合现行国家标准《混凝土外加剂》（GB 8076）和《混凝土防冻剂》（JC 475）的有关规定。在所掺用的外加剂中，按胶凝材料质量百分率计的氯离子含量不宜大于 0.02%。混凝土外加剂的应用应符合现行国家标准《混凝土外加剂应用技术规范》（GB 50119）的有关规定。高性能混凝土采用的高效减水剂应满足下列要求①减水率不小于 25%；②与水泥匹配；③配制的混凝土坍落度损失小；④符合现行行业标准《水运工程质量检验标准》（JTS 257）的进场检验规定。

8.3.3 高性能混凝土配合比控制

高性能混凝土的配合比应使混凝土能达到设计要求的强度等级、耐久性指标、体积稳定性和工作性指标等，并做到经济合理。高性能混凝土施工配合比应按现行行业标准《水运工程混凝土施工规范》（JTS 202）的有关规定通过计算和试配确定。

高性能混凝土的施工配制强度应按下式确定：

$$f_{cu,0} = f_{cu,k} + 1.645\sigma$$

式中　$f_{cu,0}$——混凝土施工配制强度（MPa）；

　　　$f_{cu,k}$——设计要求的混凝土立方体抗压强度标准值（MPa）；

　　　σ——工地实际统计的混凝土立方体抗压强度标准差（MPa）。

混凝土立方体抗压强度标准差的确定应符合下列规定。施工单位有近期混凝土强度的统计资料时，可按下式计算：

$$\sigma = \sqrt{\frac{\sum_{i=1}^{n} f_{cu,i}^2 - n m_{fcu}^2}{n-1}}$$

式中　σ——混凝土立方体抗压强度标准差（MPa）；

　　　$f_{cu,i}$——第 i 组混凝土立方体抗压强度（MPa）；

　　　n——统计批内的试件组数，$n \geq 25$；

　　　m_{fcu}——n 组混凝土立方体抗压强度的平均值（MPa）。

当混凝土强度等级为 C40～C50，统计的强度标准差小于 4.0MPa 时，计算配制强度采用的标准差应取 4.0MPa；当混凝土强度等级为 C55～C60，统计的强度标准差小于 5.0MPa 时，计算配制强度采用的标准差应取 5.0MPa；当混凝土强度等级大于 C60，统计的强度标准差小于 6.0MPa 时，计算配制强度用的标准差应取 6.0MPa。

施工单位没有近期混凝土强度统计资料时，混凝土立方体抗压强度标准差可按表 8.26 混凝土抗压强度标准差的平均水平 σ_2 选取。开工后应尽快积累统计资料，对混凝土立方体抗压强度标准差进行修正。

表 8.26　混凝土抗压强度标准差的平均水平 σ_0

混凝土强度等级	C40～C50	C55～C60	＞C60
σ_0（MPa）	5.5	6.5	7.0

按早期推定的混凝土强度进行配合比设计时，强度推定式应有足够的精度和较好的适用性。按耐久性要求的水胶比最大允许值和最低胶凝材料用量，应分别符合《海港工程高性能混凝土质量控制标准》（JTS 257-2—2012）的规定。

1. 高性能混凝土配合比设计

高性能混凝土的水胶比应根据配制强度、抗氯离子渗透性能、抗渗性能和抗冻性能等要求确定。高性能混凝土在满足国家现行标准的条件下，宜降低胶凝材料的用量，胶凝材料浆体体积不宜大于混凝土体积的 35%。高性能混凝土在满足工作性的条件下，宜降低用水量，并控制在 $130\sim160\mathrm{kg/m^3}$。高性能混凝土配合比设计应通过调整水胶比、掺合料的掺量和品种使混凝土的性能指标达到规定要求。高性能混凝土配合比设计应通过试验确定最佳砂率。

高性能混凝土使用的外加剂应符合下列规定：根据工程需要可掺加适量的阻锈剂、缓凝剂、膨胀剂等，高效减水剂应与其他外加剂相适应。高效减水剂、阻锈剂、缓凝剂、膨胀剂等外加剂与水泥的适应性应通过试拌确定。高性能混凝土的坍落度和坍落扩展度应根据运输距离、气温、施工要求等确定，混凝土入模稠度应满足设计要求。

高性能混凝土配合比应按要求的工作性能、力学性能、耐久性能进行初步设计和试配，并根据试配结果进行必要的调整，确定满足设计要求的配合比。实验室配合比确定后，混凝土生产前应按照生产条件进行搅拌站试拌和，混凝土拌和物的性能及生产能力等指标应满足设计要求。

2. 大体积高性能混凝土配合比设计

大体积高性能混凝土采用的原材料除应符合现行行业标准《海港工程高性能混凝土质量控制标准》（JTS 257-2）的有关规定外，尚应满足下列要求：①胶凝材料由水化热较低的硅酸盐水泥、普通硅酸盐水泥、粉煤灰、粒化高炉矿渣粉等组成；②必要时掺入适量缓凝剂；③骨料选用级配良好的洁净中砂和孔隙率较小的粗骨料。在设计允许的条件下，宜采用 60d 或 90d 强度作为混凝土验收强度进行配合比设计。大体积高性能混凝土在满足设计和施工要求的前提下，宜提高掺合料及骨料的用量，降低水泥用量。配合比确定后宜进行胶凝材料水化热的测定或验算。

3. 抗冻高性能混凝土配合比设计

抗冻混凝土所用原材料应符合现行行业标准《海港工程高性能混凝土质量控制标准》（JTS 257-2）的有关规定。抗冻混凝土配合比设计，除应遵守现行行业标准《海港工程高性能混凝土质量控制标准》（JTS 257-2）的有关规定外，尚应满足下列要求：①抗冻混凝土掺用引气剂、混凝土的含气量符合规定；②抗冻混凝土水胶比符合规定；③海水环境抗冻混凝土最低胶凝材料用量符合规定。配合比计算方法应按有关规定执行，采用绝对体积法进行计算应计入混凝土拌和物的含气量。抗冻高性能混凝土应进行抗冻融性能试验，试验应符合现行行业标准《水运工程混凝土试验检测技术规范》（JTS/T 236）的有关规定。

8.3.4　高性能混凝土施工过程质量控制

存放水泥、掺合料的储罐应具有良好的防水、防潮功能。骨料的堆放场地应坚固平整、排水功能良好，宜采用混凝土地坪。夏天温度较高时，宜对骨料采取相关的遮盖措施。混凝土拌制前，应测定骨料含水率并根据测试结果调整材料用量。原材料配料时，应按配料单进行称量。减水剂浓度应定期检查并应恒定。混凝土原材料称量偏差应符合表 8.27 的规定。

表 8.27 原材料称量的允许偏差（%）

原材料名称	水上拌制	陆上拌制	
		单罐计量允许偏差	累计计量允许偏差
水泥、掺和料	±2	±2	±1
粗、细骨料	±3	±3	±2
水	±2	±2	±1
外加剂	±1	±1	±1

注：1. 表中"水上拌制"指混凝土搅拌船在水上工程现场拌制混凝土；"陆上拌制"指陆上混凝土集中搅拌站拌制混凝土；
2. 表中"累计计量允许偏差"是指每一运输车中各罐混凝土的每种材料计量偏差的平均值，该项指标仅适用于采用微机控制的陆上搅拌站。

各种衡器应定期校验，每一工作班正式称量前，应对称量设备进行零点校核，对配料设备应进行良好的维护和检查。原材料称量示值每一工作班检查次数应符合表 8.28 的规定。

表 8.28 每一工作班原材料称量示值检查次数

材料名称	检查次数	材料名称	检查次数
水泥、掺合料	≥4	水、外加剂	≥4
粗、细骨料	≥2	—	—

施工过程中应检测骨料含水率，每一工作班应至少测定 2 次。雨天或骨料含水率有显著变化时，应增加检测次数，并及时调整用水量和骨料用量。

1. 搅拌

高性能混凝土应在专设的混凝土搅拌站或搅拌船集中搅拌，宜采用有自动称量、根据骨料含水率及时调整加水量的搅拌系统，并应采用搅拌效率高、均质性好的非立轴强制式搅拌机，不得使用自落式搅拌机。高性能混凝土拌和物宜采用先以掺合料和细骨料干拌，再加水泥与部分拌和用水，最后加粗骨料、减水剂溶液和余下的拌和用水的加料顺序。其连续搅拌的最短时间除经试验确定外，应按搅拌设备说明书的规定比普通混凝土延长 40s 以上。混凝土的搅拌时间，每一工作班应至少检查 2 次。混凝土搅拌完毕后应按下列要求检测拌和物的质量指标。

混凝土拌和物的稠度和含气量应在搅拌地点和浇筑地点分别取样检测，每一工作班应对稠度至少检查 2 次，对含气量至少检查 1 次。当混凝土拌和物从搅拌机出料起至浇筑入模的时间不超过 15min 时，可在搅拌地点取样检测。混凝土拌和物的稠度和含气量检测结果应符合现行行业标准《海港工程高性能混凝土质量控制标准》（JTS 257-2）的规定。

2. 运输

采用混凝土搅拌车运输高性能混凝土时，罐体的转速应满足相应的技术要求。在运输距离较近的地方可使用料斗、吊罐。料斗、吊罐的活门应开启方便、关闭严密，不得漏浆。吊罐的装料量宜为其容积的 90%～95%。夏天气温较高时，应对运输工具采取覆盖、浇水等降温措施。混凝土拌和物运送到浇筑地点时，不应出现离析或分层，并应具有施工所要求的稠度。混凝土的运输时间应能保证浇筑点混凝土的凝结时间、稠度、入模温度等满足规定要求。混凝土从搅拌机卸出后到浇筑完毕的延续时间应通过试验确定。预拌混凝土的运送应符合现行国家标准《预拌混凝土》（GB/T 14902）的有关规定。采用泵送混凝土时，供应的混凝土量应能保证混凝土泵的连续工作。

3. 浇筑

高性能混凝土振捣应符合下列规定：每一振点的振动持续时间应能保证混凝土获得足够的捣实，以表面泛浆为准。插入式振捣器的振捣顺序宜从近模板处开始，先外后内，移动间距不应大于振捣器有效半径的 1.5 倍。振捣器有效半径应根据试验确定，缺乏试验资料时，可采用 250～300mm。插入式振捣器至模板的距离不应大于振捣器有效半径的 1/2。插入式振捣器应垂直插入混凝土中，振捣器应插入下层混凝土中不少于 50mm。表面振动器的移动间距应能保证覆盖已振实部分的边缘。附着式振动器应与模板紧密连接，其设置间距应通过试验确定。振捣引气混凝土时应使用振动频率不大于 6000 次/min 的中低频振捣棒，并应控制振捣时间避免过振。混凝土浇筑至顶部时，宜采用二次振捣及二次抹面，并应刮去顶部多余的浮浆。在浇筑混凝土时，应同时制作吊运、张拉、放松、加荷、强度合格评定的立方体抗压强度试件和抗氯离子渗透性能的试件。必要时还应制作抗冻、抗渗或其他性能的试件。试件的取样与制作应符合现行行业标准《水运工程混凝土施工规范》（JTS 202）的有关规定。

4. 养护

高性能混凝土在养护过程中，混凝土应处于有利于硬化及强度增长的温度和湿度环境中。新浇筑混凝土应及时开始养护，并应采取避免水分蒸发措施，混凝土抹面后应立即覆盖。对不同构件，在不同季节应在混凝土初凝前采取不同的初始湿养护和温控措施。混凝土终凝后应立即开始持续潮湿养护。混凝土养护方法应根据构件外形选定，可采用洒水、土工布覆盖浇水、包裹塑料薄膜、喷涂养护液等措施进行养护。当日平均温度低于 5℃时，不宜洒水养护，预应力混凝土、钢筋混凝土构件不得使用海水养护。养护混凝土时，应每天记录天气的最高温度、最低温度和天气变化情况。在常温下混凝土潮湿养护时间不应少于 14d，气温较低时应适当延长潮湿养护时间。

5. 高性能混凝土防裂措施

高性能混凝土施工前应根据结构尺寸、类型、配筋情况、环境条件等因素对混凝土可能产生的裂缝类型、程度进行分析，有针对性地采取防裂措施。高性能混凝土应采取下列防裂措施：①选用与胶凝材料匹配，且减水率较高的高效减水剂，尽量降低混凝土拌和物用水量和胶凝材料用量；②在保证混凝土工作性满足要求的前提下选择较低的坍落度；③使用合适的混凝土搅拌时间，使混凝土拌和物具有良好的均匀性；④混凝土初凝前进行二次抹面并及时覆盖，终凝后立即潮湿养护。

大体积高性能混凝土，除应符合上述规定外，宜采取下列措施：①混凝土入模温度，热天施工不高于 30℃，冷天施工不低于 5℃；②混凝土内表温差不高于 25℃，混凝土块体降温速率不高于 2℃/d；③采取防止混凝土表面温度骤降的措施，混凝土表层与大气温差不大于 20℃；④混凝土表面与养护水的温差不大于 15℃；⑤控制浇筑程序，采取分块、分段或分层施工；⑥不在混凝土内部最高温度出现前拆模，拆模后注意保温，避免降温速度过快；⑦必要时在收缩应力最大部位增配构造筋。

8.3.5　高性能混凝土质量合格控制

1. 高性能混凝土外观质量

混凝土结构、构件拆模后应对其外观质量及外形尺寸进行检查，其检查数量和方法应按现行行业标准《水运工程质量检验标准》（JTS 257）的有关规定执行，检查应详细记录。混凝土施工生产过程中产生的表面缺陷、裂缝等，应按现行行业标准《水运工程混凝土施工规范》（JTS 202）的有关规定进行修补。

2. 高性能混凝土强度

高性能混凝土试件留置、制作、养护和试验应按现行行业标准《水运工程混凝土施工规范》（JTS 202）和《水运工程混凝土试验检测技术规范》（JTS/T 236）的有关规定执行。高性能混凝土抗压强度合格评定应符合下列规定：

混凝土强度的评定验收应分批进行。同一验收批的混凝土应强度等级相同、配合比和生产工艺基本相同。现浇混凝土应按分部工程划分验收批；预制混凝土构件应按月划分验收批。对同一验收批的混凝土强度，应以该批内全部留置标准试件组数强度代表值作为统计数据评定，除非查明确系试验失误，不得任意抛弃一个统计数据。留置的每组抗压强度试件应由 3 个立方体试块组成，试样应取自同一罐混凝土，并应以 3 个试件强度的平均值作为该组试件强度的代表值。当 3 个试件强度中的最大值或最小值之一，与中间值之差超过中间值的 15％时，代表值应取中间值；当 3 个试件强度中的最大值和最小值，与中间值之差均超过中间值的 15％时，该组试件不应作为强度评定的依据。当验收批内混凝土试件组数不少于 5 组时，混凝土抗压强度的合格评定应符合下列规定。混凝土抗压强度的统计数据应同时满足下列公式的要求：

$$m_{fcu} - s_{fcu} \geqslant f_{cu,k}$$
$$f_{cu,min} \geqslant f_{cu,k} - C\sigma_0$$

式中　m_{fcu}——混凝土抗压强度平均值（MPa）；

　　　s_{fcu}——混凝土抗压强度标准差（MPa）；

　　　$f_{cu,k}$——混凝土抗压强度标准值（MPa）；

　　　$f_{cu,min}$——验收批内混凝土抗压强度中的最小值（MPa）；

　　　C——混凝土验收系数，按表 8.29 选取；

　　　σ_0——混凝土抗压强度标准差的平均水平（MPa），按表 8.26 选取。

混凝土抗压强度标准差应按下式计算：

$$s_{fcu} = \sqrt{\frac{\sum\limits_{i=1}^{n} f_{cu,i}^2 - nm_{fcu}^2}{n-1}}$$

式中　s_{fcu}——混凝土抗压强度标准差（MPa），不得低于（$\sigma_0 - 2.0$）MPa；

　　　$f_{cu,i}$——第 i 组混凝土的抗压强度值（MPa）；

　　　n——验收批内混凝土试件的组数，不少于 5 组；

　　　m_{fcu}——混凝土抗压强度平均值（MPa）。

混凝土验收系数应按表 8.29 选定。

表 8.29 混凝土验收系数 C

n	5～9	10～19	≥20
C	0.7	0.9	1.0

当只有抗压强度最小值不能满足要求时，可将混凝土试件抗压强度值按时间顺序排列，并结合生产过程管理图表，在分析低抗压强度数据出现原因和规律的基础上，可适当将验收批划小，再按上述规定重新进行合格评定。当验收批内混凝土试件组数为 2～4 组时，混凝土抗压强度的合格评定统计数据应同时满足下列公式的要求：

$$m_{\text{fcu}} \geq f_{\text{cu,k}} + D$$

$$f_{\text{cu,min}} \geq f_{\text{cu,k}} - 0.5D$$

式中 m_{fcu}——混凝土抗压强度平均值（MPa）；

$f_{\text{cu,k}}$——混凝土抗压强度标准值（MPa）；

D——修正标准差（MPa），其取值与表 8.26 中的 σ_0 值相同；

$f_{\text{cu,min}}$——验收批内混凝土抗压强度中的最小值（MPa）。

3. 高性能混凝土耐久性

高性能混凝土抗冻性、抗渗性试块留置组数和合格检验应符合现行行业标准《水运工程混凝土施工规范》（JTS 202）的有关规定。高性能混凝土抗氯离子渗透性试件的制作、养护和试验应符合现行行业标准《水运工程混凝土质量控制标准》（JTS 202-2）或《海港工程高性能混凝土质量控制标准》（JTS 257-2）附录 B 的有关规定。高性能混凝土抗氯离子渗透性试件的留置应符合下列规定。

同一配合比的混凝土每浇筑 1000m³ 应留置 1 组试件，每个混凝土分项工程应至少留置 3 组试件。当对留置试件混凝土抗氯离子渗透性合格评定结论有异议时，可采用在构件上钻取芯样法进行验证性检测，同类构件的芯样试件数量不宜少于 3 个，混凝土构件龄期不宜超过标准养护试件 30d。高性能混凝土抗氯离子渗透性试件的评定应符合下列规定。试件组数为 3 组时，任何 1 组的代表值均应符合设计规定的限值。试件组数为 4～10 组时，总平均值不得大于设计规定的限值，其中任何 1 组的代表值不得超过限值的 10%。试件组数大于 10 组时，总平均值不得大于设计规定的限值，其中任何 1 组的代表值不得超过限值的 15%。

大气区、浪溅区、水位变动区混凝土主要构件保护层厚度检测的检测范围、抽样数量和允许偏差值应符合下列规定：混凝土保护层厚度检测的结构部位应根据结构构件的重要性选定。检验批可按构件类型或时间段划分。检验批构件应各抽取构件数量的 2% 且不少于 5 个构件进行检测。受检构件应选择有代表性的最外侧 4 根纵向受力钢筋进行混凝土保护层厚度无破损检测，对每根钢筋应选取 5 个代表性部位检测。混凝土保护层厚度的允许偏差应为 $^{+10}_{-5}$ mm。混凝土保护层厚度检测宜采用非破损方法，并采用局部破损方法校准。采用非破损方法检测时，所用仪器应进行校准。检测误差应满足表 8.30 的要求。

表 8.30 混凝土保护层测厚仪检测误差

设计保护层厚度 δ（mm）	检测误差（mm）	设计保护层厚度 δ（mm）	检测误差（mm）
δ＜50	±1	δ≥60	±3
50≤δ＜60	±2	—	—

构件保护层厚度检测的合格判定标准应符合下列规定：受检构件保护层厚度检测的合格点率为 90％ 及以上时，保护层厚度的检测结果应判定为合格。保护层厚度检测的合格点率为 80％～90％ 时，可再增加 4 根钢筋进行检测，当按两次抽样数量总和计算的合格点率为 90％ 及以上时，保护层厚度的检测结果应判定为合格。每次抽样检测结果中不合格点的最大偏差均不应大于上述规定允许偏差的 1.5 倍。受检构件保护层厚度的检测结果不合格时，应判定检验批不合格，并应对检验批构件全部检测，对保护层厚度检测结果不合格构件，应确定补救措施。

4. 高性能混凝土质量问题的处理

高性能混凝土外观缺陷不符合现行行业标准《海港工程高性能混凝土质量控制标准》（JTS 257-2）的规定时的处理方法应符合下列规定：不影响结构的使用性能时，应提出处理方案，经整修后重新检验评定。对混凝土试件强度的代表性或强度合格评定结论有怀疑时，可采用非破损检测方法检测，必要时应从结构、构件中钻取芯样对结构、构件的混凝土强度等级进行评估。用超声-回弹综合法对结构中混凝土强度进行检测和评估应符合下列规定。出现下列情况之一可采用超声-回弹综合法：①标准立方体试件的强度被评定为不合格，但对结论有怀疑；②标准立方体试件强度缺乏代表性；③混凝土浇筑、养护不当而造成结构物施工质量不良。出现下列情况之一不宜采用超声-回弹综合法：①遭受冻害、化学腐蚀和火灾损伤；②埋有块石或有明显缺陷、孔洞。对超声-回弹综合法的评估结论有怀疑或争议时，可在结构、构件上钻取芯样校准。混凝土结构实体检测保护层厚度不合格应另采取有效的防腐蚀措施。

8.4　清水混凝土

清水混凝土技术最早起源于 20 世纪 20 年代的欧洲。随着混凝土广泛应用于建筑施工领域，一代建筑宗师勒·柯布西埃、密斯把设计的目光从外表装饰烦琐的古典建筑风格转向了对新建筑形式的积极探索和实践，混凝土材料本身强烈的质感、刚硬性和沉静的理性，引起了他们的注意，清水混凝土应运而生。20 世纪 60 年代越来越多的清水混凝土出现在西欧、北美、日本等发达国家，20 世纪 70 年代日本清水混凝土结构最为盛行。由于战后日本百废待兴，为满足巨大的住房需求，日本人省掉了部分混凝土建筑抹灰、装饰工序而直接使用，演绎到今天，日本的清水混凝土技术已经相当成熟。

在国内，20 世纪 70 年代，清水混凝土技术在预制混凝土外墙板反打施工工艺中（外墙采用现场预制夹芯保温板、内外两侧采用钢筋混凝土，要求两面平滑不再抹灰、一次完成的大模板施工工艺）曾获得了一定进展，但后来由于人们将目光转向了装饰面砖和玻璃幕墙中，清水混凝土技术应用几乎处于停滞状态。直到 1997 年，北京市设立了建筑长城杯工程奖，推广清水混凝土施工，使清水混凝土重获发展。近年来，少量高档建筑工程如三亚机场、首都机场航站楼、鸟巢、浦东机场航站楼，北京联想研发基地被住建部（原建设部）科技司列为"中国首座大面积清水混凝土建筑工程"，标志着我国清水混凝土已发展到了一个新的阶段，是我国清水混凝土发展历史上的一座重要里程碑。清水混凝土的设计、施工与质量验收应符合现行行业标准《清水混凝土应用技术规程》（JGJ 169）的规定。

（1）普通清水混凝土是指表面颜色无明显色差，对饰面效果无特殊要求的清水混凝土。

（2）饰面清水混凝土是表面颜色基本一致，由有规律排列的对拉螺栓孔眼、明缝、蝉缝、假眼等组合形成的，以自然质感为饰面效果的清水混凝土如图 8.17～图 8.19 所示。

（3）装饰清水混凝土是指表面形成装饰图案、镶嵌装饰片或彩色的清水混凝土。

图 8.17　北京联想研发基地工程应用效果图

图 8.18　郑州会展中心工程应用效果图

图 8.19　西安浐灞生态行政中心工程应用效果图

（4）蝉缝：利用有规则的模板拼缝或面板拼缝在混凝土表面上留下的隐约可见、犹如蝉衣一样的印迹。设计整齐匀称的蝉缝是混凝土表面的装饰效果之一。当建筑施工图中有明确的图示要求时，可按图示要求进行配模设计与施工；当没有图示要求时，则按配模设计进行施工，配模设计时考虑设置合理、均匀对称、长宽比例协调的原则，确定模板分块、面板分割尺寸（图 8.20）。

图 8.20　蝉缝效果图

（5）对拉螺栓孔眼：清水饰面混凝土工程精心设计编排，精心施工的用于混凝土表面起装饰作用的孔眼。形成于结构模板工程施工中模板受力对拉螺栓，是清水饰面混凝土的重要表现手法（图 8.21）。

图 8.21　对拉螺栓孔眼工程应用效果图

（6）假眼：是为了统一对拉螺栓孔眼的装饰效果，在模板工程中，对没有对拉螺杆的位置设置堵头，并形成的孔眼。其外观尺寸要求与其他对拉螺栓孔眼一致。（图 8.22）。

图 8.22　假眼工程应用效果图

（7）明缝是指凹入混凝土表面的分格线或装饰线。

8.4.1　清水混凝土模板要求

（1）模板面板要求板材强度高、韧性好，加工性能好、具有足够的刚度。

（2）模板表面覆膜要求强度高，耐磨性好，耐久性好，物理化学性能均匀稳定，表面平整光滑、无污染、无破损、清洁干净。

（3）模板龙骨顺直，规格一致，和面板紧贴，同时满足面板反钉的要求；具有足够的刚度，能满足模板连接需要。

（4）对拉螺栓要满足设计师对位置的要求，最小直径要满足墙体受力要求。

（5）面板配置要满足设计师对拉螺栓孔和明、禅缝的排布要求，更好地体现设计师意图。

8.4.2　清水混凝土的优点

（1）清水混凝土是名副其实的绿色混凝土，混凝土结构不需要装饰，舍去了涂料、饰面等化工产品；有利于环保：清水混凝土结构一次成型，不剔凿修补、不抹灰，减少了大量建筑垃圾，有利于保护环境。

（2）消除了诸多质量通病，清水装饰混凝土避免了抹灰开裂、空鼓甚至脱落的质量隐患，减轻了结构施工的漏浆、楼板裂缝等质量通病。

（3）促使工程建设的质量管理进一步提升，清水混凝土的施工，不可能有剔凿修补的空间，每一道工序都至关重要，迫使施工单位加强施工过程的控制，使结构施工的质量管理工作得到全面提升；降低工程总造价，清水混凝土的施工需要投入大量的人力、物力，势必会延长工期，但因其最终不用抹灰、吊顶、装饰面层，从而减少了维保费用，最终降低了工程总造价。

8.4.3　清水混凝土同时对施工技术提出了更高的要求

（1）对原料配合比、浇筑工艺的特殊要求：为达到最终的饰面效果，每次浇筑前的混凝土配合比都要保持严格一致，原材料产地必须统一，所用水泥尽可能用同一厂家同一批次，砂、石的色泽和颗粒级配也要非常均匀。新拌混凝土须具有极好的黏聚性，绝对不允许出现分层离析的现象。每次混凝土浇筑前必须先打料块，对比前后色泽，通过仪器检测后方可大面积浇筑；现场浇筑时必须振捣密实均匀，严格保证施工环境温度要求。与墙体相连的门窗洞口和各种预埋构件，必须预先准确设计与定位，与土建施工同时预埋铺设。

（2）对混凝土支护模板的特殊要求：清水混凝土支护模板，需要根据建筑物进行设计定做，尤其是转角、梁与柱接头等重要部位所用模板；模板必须具有足够的刚度，在混凝土侧压力作用下不允许有一点变形，以保证结构物的几何尺寸均匀一致，防止浆体流失；表面要平整光洁，强度高、耐腐蚀；对模板的接缝和固定模板的螺栓等，要求接缝严密，加密封条防止跑浆；固定模板的拉杆也需要用带塑料帽的金属螺栓，防止锈斑出现，方便拆模，减少对混凝土表面的污染和破坏等。

（3）清水混凝土浇筑完成以后的养护：养护不当，表面就极容易因失水而出现微裂缝，影响外观质量和耐久性。因此，对裸露的混凝土表面，应及时采用黏性薄膜或喷涂型养护膜覆盖，及时进行保湿养护。

（4）要求有优质的项目运作系统和管理团队：清水混凝土施工工艺在国外已是一项成熟的技术，而国内直至今日才开始尝试性实施，其难点主要体现在项目管理的科学与严谨上。对于一个复杂的工程，最重要的就是有契合的优良的运作系统。从组织设计、安排施工到项目管理与监理督检，确保每一个环节都运行良好。

8.4.4 清水混凝土质量标准及技术保证措施

通常采用以下要点作为清水混凝土饰面效果的基本控制要点：

（1）无大于5mm的混凝土空洞或缺陷（含气泡）

控制技术措施：骨料粒径不宜大；混凝土钢筋保护层适当加大；振捣操作严格按标准执行；注意防止选择与混凝土化学反应后产生过大气泡的混凝土外加剂、模板面板要有一定透气性。

（2）无宽度大于0.5mm的裂缝

控制技术措施：控制混凝土配合比、浇筑速度；注意变形缝与后浇带的留设；注意适宜的养护方法等；防止出现过大的温度裂缝和变形缝。

（3）模板错台高度小于2mm

控制技术措施：控制模板面板材料的厚度公差，选择合理的模板安装支设体系。

（4）无任何修补痕迹

控制技术措施：万一需要修补，应采用特殊的修补办法，以做到基本不留痕迹。

（5）原混凝土表面机理可见

控制技术措施：注意模板面板的选择，混凝土表面不宜过于光亮，防止光反射污染，破坏混凝土饰面效果。

（6）表面质地均匀

控制技术措施：混凝土密实整洁，无污迹，不漏浆，无明显色差，浇筑尺寸准确。

（7）清水混凝土质量验收

清水混凝土模板制作尺寸允许偏差与检验方法应符合表8.31的规定，模板安装尺寸允许偏差与检验方法应符合表 8.32 的规定。

表 8.31 清水混凝土模板制作尺寸允许偏差与检验方法

项次	项 目	允许偏差（mm）		检验方法
		普通清水混凝土	饰面清水混凝土	
1	模板高度	±2	±2	尺量
2	模板宽度	±1	±1	尺量
3	整块模板对角线	≤3	≤3	塞尺、尺量
4	单块模板对角线	≤3	≤2	塞尺、尺量
5	板面平整度	3	2	2m靠尺、塞尺
6	边肋平直度	2	2	2m靠尺、塞尺
7	相邻面板拼缝高低差	≤1.0	≤0.5	平尺、塞尺
8	相邻面板拼缝间隙	≤0.8	≤0.8	塞尺、尺量
9	连接孔中心距	±1	±1	游标卡尺
10	边框连接孔与板面距离	±0.5	±0.5	游标卡尺

表 8.32 清水混凝土模板安装尺寸允许偏差与检验方法

项次	项 目		允许偏差（mm）		检验方法
			普通清水混凝土	饰面清水混凝土	
1	轴线位移	墙、柱、梁	4	3	尺量
2	截面尺寸	墙、柱、梁	±4	±3	尺量
3	标高		±5	±3	水准仪、尺量
4	相邻板面高低差		3	2	尺量
5	模板垂直度	不大于5m	4	3	经纬仪、线坠、尺量
		大于5m	6	5	
6	表面平整度		3	2	塞尺、尺量
7	阴阳角	方正	3	2	方尺、塞尺
		顺直	3	2	线尺
8	预留洞口	中心线位移	8	6	拉线、尺量
		孔洞尺寸	+8，0	+4，0	
9	预埋件、管、螺栓	中心线位移	3	2	拉线、尺量
10	门窗洞口	中心线位移	8	5	拉线、尺量
		宽、高	±6	±4	
		对角线	—	86	

混凝土外观质量与检验方法应符合表 8.33 的规定，清水混凝土结构允许偏差与检查方法应符合表 8.34 的规定。

表 8.33　清水混凝土外观质量与检验方法

项次	项目	普通清水混凝土	饰面清水混凝土	检查方法
1	颜色	无明显色差	颜色基本一致，无明显色差	距离墙面 5m 观察
2	修补	少量修补痕迹	基本无修补痕迹	距离墙面 5m 观察
3	气泡	气泡分散	最大直径不大于 8mm，深度不大于 2mm，每平方米气泡面积不大于 20cm²	尺量
4	裂缝	宽度小于 0.2mm	宽度小于 0.2mm，且长度不大于 1000mm	尺量，刻度放大镜
5	光洁度	无明显漏浆、流淌及冲刷痕迹	无漏浆、流淌及冲刷痕迹，无油迹、墨迹及锈斑，无粉化物	观察
6	对拉螺栓孔眼	—	排列整齐、孔洞封堵密实，凹孔棱角清晰圆滑	观察、尺量
7	明缝	—	位置规律、整齐、深度一致、水平交圈	观察、尺量
8	蝉缝	—	横平竖直、水平交圈、竖向成线	观察、尺量

表 8.34　清水混凝土结构允许偏差与检查方法

项次	项目		允许偏差（mm）		检查方法
			普通清水混凝土	饰面清水混凝土	
1	轴线位移	墙、柱、梁	6	5	尺量
2	截面尺寸	墙、柱、梁	±5	±3	尺量
3	垂直度	层高	8	5	经纬仪、线坠、尺量
		全高（H）	H/1000，且≤30	H/1000，且≤30	
4	表面平整度		4	3	2m 靠尺、塞尺
5	角线顺直		4	3	拉线、尺量
6	预留洞口中心线位移		10	8	尺量
7	标高	层高	±8	±5	水准仪、尺量
		全高	±30	±30	
8	阴阳角	方正	4	3	尺量
		顺直	4	3	
9	阳台、雨罩位置		±8	±5	尺量
10	明缝直线度		—	3	拉 5m 线，不足 5m 拉通线，钢尺检查
11	蝉缝错台		—	2	尺量
12	蝉缝交圈		—	5	拉 5m 线，不足 5m 拉通线，钢尺检查

8.4.5　工程案例

　　某地铁地下一层墙体设计为清水混凝土，模板接触面积约 3000m²，清水混凝土墙体厚度最厚达到 2m，混凝土浇筑高度最高约为 5.9m。地下连续墙一侧的清水混凝土采用单侧支模的施工工艺。

为确保本工程清水混凝土的施工质量，避免混凝土施工中的常见通病，本工程采用18mm厚915mm×1830mm优质国产仿WISA板（维萨板）。采用如下方案：次肋选用"几"字型材，间距200mm，主肋采用双8b♯型钢，拉杆选用M25对拉螺栓。大模板之间的连接采用角钢、8b♯槽钢。面板和"几"字型梁之间用自攻螺丝连接（图8.23～图8.26），内楞与外楞槽钢之间用φ10勾头螺栓连接稳固。

图8.23　模板安装

图8.24　模板制作

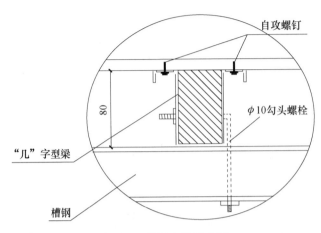

图 8.25　模板安装示意图

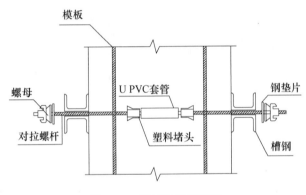

图 8.26　模板体系示意图

（1）单侧支模墙体的模板设计

为了保证清水混凝土墙体下口质量及顺直度，建议在清水墙体下楼板浇筑时预留地脚螺栓，地脚螺栓详见图 8.27。

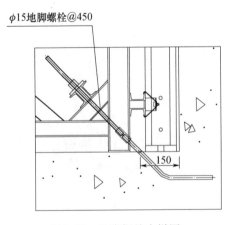

图 8.27　地脚螺栓大样图

为了保证地下连续墙的防水效果，清水混凝土衬墙采用单侧支模加上口螺杆固定的模板设计体系，单侧支模高度为清水混凝土墙体高度加上 300mm，单侧支模间距为 450mm。单侧支模架采用双 14b♯槽钢和双 8b♯槽钢焊接而成，模板面板采 18mm 厚 915mm×1830mm 优质国产仿 WISA 板，竖向龙骨采用"几"字型梁，横向龙骨采用型钢背楞（图 8.28）。

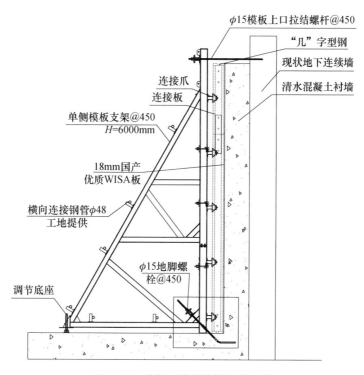

图 8.28　单侧支模墙体设计示意图

（2）对拉螺栓的布置

与对拉螺栓配套的塑料堵头应有足够的强度，PVC 筒内套镀锌钢管能有效保证墙截面尺寸及强度，以免造成孔眼变形或漏浆，从而影响墙体平整，拆模后将堵头取出。

根据设计要求，对拉螺栓采用专用堵头，堵头表面肌理与墙面肌理一致（图 8.29）。

图 8.29　清水混凝土专用堵头

（3）非清水混凝土模板选型

为确保清水混凝土的整体效果，对于墙体内侧模板也采用与清水混凝土模板体系类似的加固体系，竖向龙骨采用 50mm×100mm×4000mm 的木方，横向主龙骨采用 18b♯双槽钢，面板采用多层覆膜大黑板，尺寸为 915×1830×18mm。考虑其顶部有楼板，为方便模板的拆除，非清水混凝土模板采用现场散支散拆形式。

（4）细部节点的处理

① 阴角与阳角模板的处理

本工程清水混凝土模板阴角部位采用定型阴角模板，阴角模板和大模板分别与明缝条搭接，明缝条用螺栓拉接在模板和角模的边框上，以达到调节缝的目的；阳角部位的模板相互搭接，并由模板夹具夹紧；阴角部位直接用覆膜多层板和 WISA 板按 45°的斜口加工成阴角模板；为防止水泥砂浆从阳角接缝处渗出，一侧的模板端与另一侧模板面的结合处需贴上密封条，以防漏浆。清水模板阴阳角支模示意图，如图 8.30 所示。

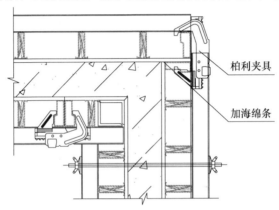

图 8.30　清水混凝土模板阴阳角支模示意图

② 堵头板及"丁"字墙的处理

本工程部分墙体端头部位要采用堵头板，因为墙体端头部位采用普通方式容易漏浆，为了防止漏浆，堵头板在原有板面上再嵌入与墙体相同宽度的一块板，所以堵头板相邻的两块墙体模板要大于实际长度的一个板厚，墙体模板与堵头板两者之间进行连接，然后再使用螺栓进行加固。堵头模板连接示意图，见图 8.31。

"丁"字墙转角处多连接较为复杂，为防止胀模，施工时将一侧模板（保证是整模）延长到另一开间，与该开间内的另一侧模板用穿墙杆拉结，在对拉螺栓间距较大部位可以在模板背面"几"字型材上采取附加槽钢背楞加固，详见图 8.32 所示。

③ 洞口模板的处理

清水混凝土洞口模板比普通混凝土洞口模板特殊，窗洞口模板分为内、外两个洞口模板，内、外侧模板均为普通混凝土洞口模板，外小，内大，首先加工成两个普通洞口模板，然后把两者连接在一起。窗洞口模板面板也采用 WISA 板，加强肋采用木方；根据窗洞四周面定型加工木方，窗洞模板的加固采用钢管或木方，其模板结构形式如图 8.33 和图 8.34 所示。对于小洞口，采用全封闭式的木盒，大洞口采用封模加固方法。

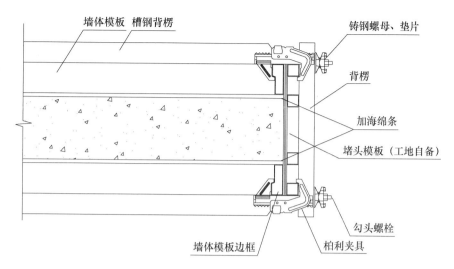

图 8.31 堵头模板连接示意图

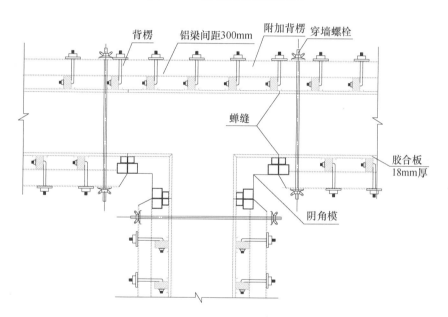

图 8.32 "丁"字墙施工示意图

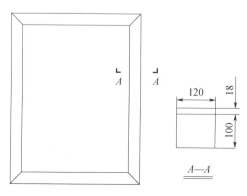

图 8.33 内窗洞口模板示意图

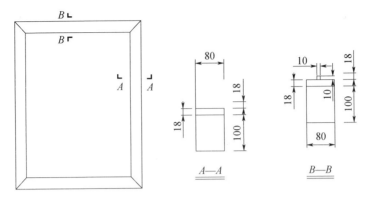

图 8.34　外窗洞口模板示意图

同时，由于窗洞较大，其下部混凝土在浇筑及振捣上均存在一定的问题。因此，在窗洞的下口开设混凝土的下料口及振捣口，尺寸为 80mm×120mm，混凝土浇筑及振捣后及时进行封闭，以保证浇筑混凝土上部墙体时混凝土不致从该处淌出，并能保证其窗洞下部混凝土的表观质量。

④ 模板周转使用漏浆处理

为了防止在施工时漏浆污染墙面，在模板接口处黏贴海绵条，海绵条有胶的一面黏贴在模板上，防止海绵条粘胶污染混凝土。

另外，两块模板之间也必须黏贴胶海绵条，黏贴胶海绵条时应注意，海绵条距清水混凝土面预留 3mm 左右的间距，当两块模板挤紧时，才不会污染清水混凝土表面。

⑤ 钉眼处理

为保证清水混凝土饰面的效果，对于清水混凝土饰面墙体模板、面板与底板采用自攻螺钉连接，为了墙面不显示钉眼，自攻螺钉从面板拼缝凹槽内射进，螺钉间距控制在150mm 以内。墙体模板使用前必须检查螺钉与面板的连接情况，以保证模板的整体刚度。

⑥ 模板面板的修补

清水混凝土墙体模板拆除完成之后，要及早进行清理和保护，对于面板局部破损的地方用灰刮平，砂纸打磨后涂刷清漆。

⑦ 墙体预埋件的处理

由于清水混凝土饰面不能进行剔凿，预留预埋必须一次到位，预埋位置、质量符合要求，在混凝土浇筑前对预埋件的数量、部位、固定情况仔细检查，确认无误后方可浇筑混凝土。

预埋件必须与墙柱钢筋绑扎牢固，必要时与墙柱钢筋进行焊接，不得有松动的现象。在封模前应逐一进行检查，发现松动，应立即处理。外墙预埋件的节点做法见图 8.35。

如预埋件必须与外墙面齐平，则将预埋件定位、加固好后在预埋件上黏贴胶条，与清水混凝土模板黏贴，确保不漏浆。

⑧ 安装线盒的预埋

线盒在预埋时，必须按设计图纸要求定位准确，四周采用钢筋将线盒夹紧，钢筋必须用扎丝绑扎牢固，线盒与清水模板接触处的处理同墙体预埋件的处理。

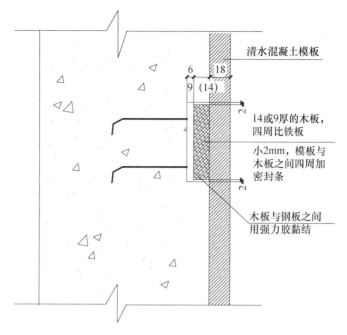

图 8.35 外墙预埋件节点做法示意图

（5）模板的吊装

模板吊装时一定要在设计的吊钩位置挂钢丝绳，起吊前一定要确保吊点的连接稳固，严禁钩在"几"字型材或背楞上。注意模板面板不能与地面接触，必要时在模板底部位置垫毡子或海绵。吊装时，先将吊车的两个吊钩穿在模板上的专用吊具上，并应尽量保证两钢丝绳保持平行，确保吊钩挂好后，即可起吊，吊装过程中，模板应慢起轻放。

吊装模板时需注意避免模板随意旋转或撞击脚手架、钢筋网等物体，造成模板的损坏和变形及安全事故发生，影响其正常使用；严格保证两根吊绳夹角小于5°；严禁单点起吊；四级风（含）以上不宜吊装模板。

入模时下方应有人用绳子牵引以保证模板顺利入位，模板下口应避免与混凝土墙体发生碰撞摩擦，防止"飞边"。调整时，受力部位不能直接作用于面板，需要支顶或撬动时保证"几"字型材、背楞位置受力，并且必须加木方垫块。套穿墙螺栓时，必须在调整好位置后轻轻入位，保证每个孔位都加塑料垫圈，避免螺纹损伤穿墙孔眼。模板紧固之前，应保证面板对齐，严禁在面板校平前上夹具加固。浇筑过程中，严禁振捣棒与面板、穿墙套管接触。

模板拆卸应与安装顺序相反即先装后拆、后装先拆。拆模时，轻轻将模板上口撬离墙体，然后整体拆离墙体，严禁直接用撬棍挤压面板。拆模过程中必须做好对清水混凝土墙面的保护工作。拆下的模板轻轻离墙体，存放在指定位置准备周转使用。装车运输时最下层模板背楞朝下，模板面对面或背对背叠放，叠放不能超过六层，面板之间用棉毡保护。

① 墙模安装

根据墙模施工放线和模板编号，将准备好的模板吊装入位。

将模板调到合适的位置，通过定位塑料套管带上穿墙螺杆，并初步固定。

调整模板的垂直度及拼缝，夹上模板夹具。

销紧模板夹具，锁紧穿墙杆螺母。

检查模板支设情况，根据节点要求对局部进行加强。

② 墙模拆除

墙体混凝土浇筑完成 3d 后开始拆除模板，严禁提前拆模。

第一步先松开穿墙杆螺母，将穿墙杆从墙体中退出来；用榔头敲打销子，松开模板夹具。

第二步松开墙体模板的支撑，使模板与墙体分离。

若模板与墙体黏结较牢，可用撬棍轻轻撬动模板使之与墙体分离。

将脱离混凝土墙体的模板吊到地面、清灰涂刷脱膜剂，以备周转。

③ 模板保养

模板在施工过程中应注意面板的保护，且必须加强施工人员的保护意识，施工过程中应防止钢筋、钢管脚手架等对模板面板造成的损伤，以及在吊装模板的过程中绳索等对模板边缘的损坏，同时对已支设好的模板体系且未浇筑混凝土的部分要搭设一个保护棚对其保护，防止 WISA 板和樟子木皮受外部条件影响而破坏，以确保所浇筑混凝土的清水饰面效果。

④ 脱模剂的选用与施工

脱模剂应满足混凝土表面质量的要求，且容易脱模，涂刷方便，易干燥和便于用后清理；不引起混凝土表面起粉和产生气泡，不改变混凝土表面的本色，且不污染模板。

脱模剂施工前应对模板表面质量进行检查，应在确认表面质量符合要求后开始施工；脱模剂的施工可采用喷涂或刷涂，涂层应薄而均匀，大面、小面及阴角均无漏刷。

涂刷施工时必须避免脱模剂涂刷在钢筋上。

清水混凝土模板脱模剂也可以选用食用色拉油，其材料不仅不会污染混凝土颜色，还能更好地保护好模板表面。

⑤ 成品保护

必须加强模板的保护意识，现场需有专门用于模板存放的钢管架，且模板必须采用面对面的插板式存放；模板与钢管架用铁丝连接，防止风天模板倾倒；模板存放采用土工帆布做的滑动式活动房，存放区做好排水措施，注意防水防潮。模板拆模后及时清灰，刷脱模剂，检查模板的几何尺寸；模板的拼缝是否严密；背后的木方龙骨及扣件是否松动；面板的堵头位置应派专人检查，清理砂浆。每次吊装前，检查模板吊钩。由于模板吊钩的强度计算只满足单块模板，因此建议单板吊装。

（6）钢筋工程

为保证混凝土拆除模板后无露筋、保护层过薄现象，达到清水饰面效果，需从翻样、制作、绑扎三个环节层层控制。

① 制作

各种钢筋下料及成型的第一件产品必须自检无误后方可成批生产，外形尺寸较复杂的应由配料工长和质检员检查认可后方可继续生产。受力钢筋顺长度方向的全长净尺寸允许偏差 -10mm、+4mm，箍筋（拉勾）净尺寸允许偏差 -3mm、+2mm。

② 钢筋绑扎

绑扎时扎丝多余部分向内弯折，以免因外露造成锈斑，双排筋外侧对应绑 15mm 厚塑料垫块，间距 600mm×600mm，呈梅花形布置。墙体水平筋绑扎时多绑两道定位筋，高出板面 400mm，以防止墙体插筋移位。

在墙筋绑扎完毕后，校正门窗洞口节点的主筋位置以保证保护层厚度，墙的保护层厚度控制为 25mm，采用塑料垫块；梁柱的保护层厚度控制为 35mm，侧面采用塑料垫块，底部采用砂浆垫块。可在洞口的暗柱筋上打好标高线，以控制保护层的厚度。同时为防止门窗模板移位，在安装门窗框的同时，用 φ12（端头刷防锈漆）钢筋在洞口焊好上、中、下三道限位（将限位焊在墙体水平筋的附加筋上，严禁焊在暗柱主筋上）。

（7）混凝土工程

为保证混凝土达到清水效果，从原材料、浇筑、养护三个方面着手控制：

① 材料的要求

a. 水泥

选用标准稠度用水量小、水泥与外加剂间的适应性良好，并且原材料色泽均匀一致的水泥。在施工时也必须保证为同一性能、同一品牌的水泥。

b. 骨料

粗骨料选用的原则是强度高、连续级配好，并且同一颜色的碎石，产地、规格必须一致，而且含泥量小于 1%，泥块含量小于 0.5%，骨料不得含杂物；细骨料选用中粗砂，细度模数在 2.3 以上，颜色一致，其含泥量要控制在 3% 以内，泥块含量小于 1%。

c. 外加剂

选用的外加剂必须减水效果明显，能够满足混凝土的各项工作性能，并能改变混凝土的收缩徐变，提高早期抗压强度。

d. 矿物掺合料

掺合料应能改善混凝土的和易性，并且部分替代水泥，改善混凝土的施工性能，减少水泥石中的毛细孔数量和分布状态，且有助于抑制碱-骨料反应，有利于提高混凝土的耐久性。

e. 水

按照现行行业标准《混凝土用水标准》（JGJ 63）的规定，采用自来水。

f. 清水混凝土配合比

清水混凝土配合比必须经过试配确定，确保混凝土的和易性、色泽均匀、无气泡，坍落度满足要求，同时其颜色也必须达到设计单位及业主的要求，因此，必须提前与设计单位、业主一起确定混凝土的配合比，经多次试配，并送样给设计单位、业主确认，确定配合。

② 混凝土浇筑

严格执行混凝土进场交货检验制度。由预拌混凝土搅拌站人员向现场指派的施工人员交验，交验的内容包括目测混凝土外观色泽、有无泌水离析，试验员对混凝土的坍落度进行取样试验，是否符合技术要求，并做好记录。如遇不符合要求的，必须退回搅拌站，严禁使用。混凝土出厂至浇筑时间不能超过 2h，需严格控制，若超过时间必须退回搅拌站。

a. 混凝土的浇筑

混凝土施工时，统一指挥和调度，用无线通信设备进行混凝土搅拌站与工地现场的联络，把握好浇筑的时间；浇筑混凝土的过程中有专人对钢筋、模板、支撑系统进行检查，一旦移位、变形或者松动要马上修复，顶板钢筋的水平骨架，应有足够的钢筋撑脚或钢支架；关注天气预报，了解当地停电、停水安排，若停电、停水无法避开时，提前做好准备。不良天气施工时应做好防雨措施，准备足够的防雨布，遮盖工作面，防止雨水对新浇混凝土的冲刷。事先观察好钢筋的情况，对钢筋较密处预备好 ϕ30 振捣棒。

混凝土浇筑前，润管水及砂浆不得浇入所浇筑构件内，施工缝处理的砂浆采用同配合比混凝土去除粗骨料的砂浆，砂浆高度为 50mm。浇筑墙体时，铺筑砂浆范围为开始下料点的 3m 范围，其余依靠混凝土自身浮浆。混凝土浇筑前，要检查混凝土坍落度。

b. 墙体混凝土浇筑

浇筑之前将模板下口海绵条封堵密实，防止漏浆。墙体混凝土浇筑流向以角部为起点，先在根部浇筑 50mm 厚与混凝土成分相同的水泥砂浆，用铁锹均匀入模，注意不能用吊斗或泵管直接倾入模板内，以免砂浆溅到模板上凝固，导致拆模后混凝土表面形成小斑点。注意砂浆不得铺得太早或太开，以免在砂浆和混凝土之间形成冷缝，影响观感，应随铺砂浆随下料。

浇筑时采用标尺杆控制分层厚度，分层下料、分层振捣，每层混凝土浇筑厚度严格控制在 40cm 以内，振捣时注意快插慢抽，并使振捣棒在振捣过程中上下略有抽动，上下混凝土振动均匀，使混凝土中的气泡充分上浮消散。振捣棒移动间距不大于 350mm，在钢筋较密的情况下移动间距可控制在 200mm 左右。浇筑门窗洞口时，沿洞口两侧均匀对称下料，振动棒距洞边 300mm 以上，宜从两侧同时振捣，为防止洞口变形，大洞口（大于 1.5m）下部模板应开洞，并补充混凝土及振捣。浇筑过程中可用小锤敲击模板侧面进行检查，振捣时注意钢筋密集及洞口部位不得出现漏振、欠振或过振。振捣时间一般控制在 20~30s，即可认为振捣时间适宜，上层混凝土表面应以出现浮浆、不再下沉、不再上冒气泡为准。

为使上下层混凝土结合成整体，上层混凝土振捣要在下层混凝土初凝之前进行，并要求振捣棒插入下层混凝土 50~100mm。为减少混凝土表面气泡，第一次振捣结束后，上层混凝土浇筑之前对混凝土进行第二次振捣。混凝土一次浇筑到板底，具体位置应与外墙水平缝平，外墙内侧高出板底 20mm（待拆模后，凿掉 10mm，使之漏出石子为止）。墙上口找平，墙体混凝土浇筑完后，将上口甩出的钢筋加以整理，用木抹子按标高线添减混凝土，将墙上表面混凝土找平，高低差控制在 10mm 以内。

c. 挑板混凝土浇筑

浇筑前先在楼板上搭设人行栈道。在浇筑前，宜先在施工缝处铺一层与混凝土成分相同的水泥砂浆，混凝土浇筑时应细致捣实，使新旧混凝土紧密结合。由一端开始用"赶浆法"即先浇筑梁，根据梁高分层浇筑成阶梯形，当达到板底位置时再与板的混凝土一起浇筑，随着阶梯形不断延伸，梁板混凝土浇筑连续向前进行。浇筑与振捣必须紧密配合，第一层下料慢些，梁底充分振实后再下第二层料，保持水泥浆沿梁底包裹石子向前推进，每层均应振实后再下料，梁底及梁帮部位要注意振实，振捣时不得触动钢筋及预埋件。

浇筑板混凝土的虚铺厚度应略大于板厚，用平板振捣器垂直浇筑方向来回拖动振捣，并用铁插尺检查浇筑厚度，每棒振捣时间控制在 20s 左右，只要混凝土表面出现浮浆，不再下沉，不再冒气泡，就可认为振捣时间适度。振捣完毕后用木刮杠刮平，浇水后再用木抹子压平、压实。施工缝处或有预埋件及插筋处用木抹子抹平，不允许用振捣棒铺摊混凝土。若浇筑过程中突然遇到工地停电，即刻启用已准备好的柴油发电机发电，确保混凝土浇筑顺利进行。

③ 混凝土养护

墙混凝土浇筑 48h 后松开螺帽，72h 后拆模，松开螺帽后应对混凝土淋水进行养护，拆模淋水 2～3d 后采用塑料薄膜包裹，边角接槎部位要严密并压实。板混凝土浇筑完毕后 12h 内开始浇自来水养护至 14d，进行保湿养护。板混凝土强度达到 1.2MPa 前，严禁上人。

④ 清水混凝土成品保护

a. 浇筑混凝土时，模板受混凝土侧压力产生细微变形会造成少量流浆，为防止上层墙体浇筑时水泥浆流坠而污染下层外墙，先在已完工墙面上口凹槽内用透明胶带将 300mm 宽塑料布牢固黏贴在墙面上，再在塑料布上黏贴海绵条、支设模板、浇筑混凝土，使浆水沿塑料布流至墙外。浇筑时对偶尔出现的流淌水泥浆立即擦洗干净。

b. 拆模板前，应先退除对拉螺栓的两端配件，模板应轻拆轻放。拆除模板时，不得碰撞清水混凝土面或污染前面工序已完成的清水混凝土成品，不得乱扒乱撬。模板拆除后，清水混凝土表面覆盖塑料薄膜，外用木框三合板压紧。

c. 在拆模后使用外挂架时，外挂架与混凝土墙面接触面应垫橡胶板，避免划伤墙面。

d. 对于施工人员可以接触到的部位以及楼梯、预留洞口、窗台、柱、门边、阳角等部位，拆模后用挤塑板制作专门的护具，用无色易清洗胶点黏，以达到保护清水混凝土的目的。对凹形构件及 800mm×200mm 的小构件采用木质板条防护，用尼龙绳固定。

e. 墙上预留洞采用泡沫塑料板覆盖，在板四周用胶带纸粘贴。

f. 应按设计要求预留孔洞或埋设螺栓、铁件，不得在混凝土浇筑后凿洞埋设。

g. 现场机械设备严禁出现漏油现象，特别是塔吊应采取防漏油措施，避免散落的油污染墙面。

h. 保持混凝土表面清洁，不得在外墙清水混凝土面上用墨线做任何标记，禁止乱划乱涂。必须在清水混凝土面上做测量标记时，采用易擦洗的粉笔。

i. 项目部编制清水混凝土施工手册，通过宣传提高现场人员自觉保护清水混凝土成品的意识。清水混凝土墙体成品保护详图见图 8.36。

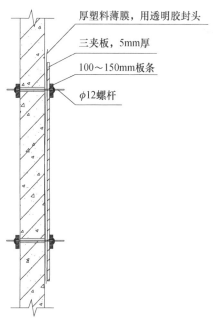

图 8.36 清水混凝土墙体成品保护详图

（8）涂料工程

为保证混凝土的耐久性，清水混凝土表面需涂刷一层保护涂料，涂料应为透明涂料，包括涂膜型涂料和渗透防水性涂料，具体施工可参照相关涂料说明书。具体施工工艺流程如下：

① 墙面清理

涂料施工前，对整个墙面进行检查并对局部修补打磨后用清水清洗整个墙面，保持干燥，容易污染的部位用塑料薄膜保护。

② 颜色调整

用调整材料将混凝土色差明显部位进行调整，使整体墙面混凝土颜色均匀。

③ 底涂

均匀喷涂或滚涂 2 遍底漆，间隔时间为 30min，涂后墙面颜色稍稍加深，要求必须完全覆盖墙面，无遗漏。

④ 中间涂层

底涂施工完成 3h 后，均匀喷涂中涂层，无遗漏。

⑤ 罩面涂层

中间涂层施工完成 3h 后，均匀喷涂罩面涂层 2 遍，间隔时间为 3h 以上，喷涂采用无气喷涂，喷涂时必须压力稳定，保持喷枪与墙体距离一致，保证喷涂均匀。对于颜色较深的混凝土墙面可以增加喷涂遍数，使墙面质感更加一致。

⑥ 施工注意事项

a. 施工和气象条件

5℃以下的低温或 80% 以上的高湿度将使材料的性能长时间无法发挥，涂膜、主材性能低下，应避免施工。

在下雨前后施工，将发生涂膜流失，造膜不良，在施工时如遇下雨应立即停止施工，用塑料膜保护涂装面。

强风时会发生涂装不均，涂料飞散，应避免施工。

由于气象条件的变化而引起底材、涂装面结露时，会引发涂膜黏结不良，应立即终止施工。

b. 劳动环境

注意换气和防火。在注意对施工人员的健康管理的同时，也应十分注意对周围环境的影响。

c. 施工条件的确认

确认样板。在正式施工时，应在指定的地点先做样板，待样板经设计方、甲方、监理方确认后再施工。确认基底是否干燥，是否具备喷涂条件。确认基底是否已处理平整。

d. 污染处理

涂料硬化后，去除污染物将会比较困难，因此，施工前应对其他成品做好保护，如有污染应及时处理。

9 数据处理及混凝土质量管理

9.1 数据处理

建筑材料试验通常包括取样、测试与试验数据的整理、运算与分析等技术问题，本节叙述有关这方面的基本技能，并介绍试验设计与分析，测量误差等常用数理统计的初步知识。

9.1.1 数值修约规则

1. 有效数字的含义

有效数字是各种测量和计算中一个很重要的概念。试验测量和试验的最后结果是要用数字来表示的。正确而有效地表示测量和试验结果的数字称有效数字，它由准确数字和一位欠准确数字构成。例如，若用米尺来量一短钢筋长度为 5.83cm。其中数字 5.8 是从米尺上读出来的，是准确数字，而数字 3 是估计得来的，是欠准确数字，但它又不是臆造的，所以记录时应保留它，所记录的这三位数字都是有效数字。

2. 有效数字位数的确定方法

0，1，2，3，4，5，6，7，8，9 这 10 个数码称为数字。单一数字或多个数字组合起来就构成数值。在一个数值中每一个数字所占的位置称为位数。

(1) 一个数据位数的多少是不能任意增减的（包括"0"在内）

有效数字反映了测量结果的精密度。前例中 5.83cm 不能写成 5.830cm，因为两者的意义不同。前者说明数字 3 以后不能再测出，数字 3 是欠准确数字；而后者则说明数字 0 是测出的，这时数字 0 是欠准确数字。同样，如果用一种可测四位有效数字的仪器测出读数为 5.830cm 时，也不可任意把数字 0 删去而写成 5.83cm。

(2) 有效数字位数的多少和小数点的位置无关，小数点的位置由单位来决定

例如，5.83cm 与 0.0583m 或 58.3mm 具有同样的意义，它们都只有三位有效数字。显然单位越大，小数点越向前移；反之，向后退。另外，在把大单位化成小单位时应注意有效数字。例如，32kg 要写成 mg 时，必须写成 3.2×10^7 mg，而不能写成 32000000mg，因为两者的含义不同。

(3) 数字"0"在数值中所处的位置不同，可以是有效数字，也可以不是有效数字

① "0"在数字前，仅起指示小数点的位数的作用，不是有效数字，如 0.0398m，"3"前两个"0"，均不是有效数字，它们只与所取的单位有关，而与测量的精密度无关，若单位改为 mm，则该数值为 39.8mm，有效数字只有三位。再如，0.39% 可看成是 0.0039，所以有两位有效数字。

② "0"在数字中间，是有效数字，如 3.0098 中间的两个"0"、301 中间的一个"0"都是有效的数字，所以 3.0098 有五位有效数字，而 301 有三位有效数字。

③"0"在小数数字后，与测量准确程度有关，是有效数字，如3.9800中，"8"后面的两个"0"均为有效数字，所以该数值的有效数字有五位。

④"0"在整数后可能是有效数字，也可能不是有效数字，应根据测试结果的精密度确定。例如，5200有效数字位数不确定，可能是二位、三位或四位。遇到这种情况，应根据实际测试结果的精密度把数据改写成指数形式。5200若写成5.2×10^3，表示此数有二位有效数字；若写成5.20×10^3，表示此数有三位有效数字；若写成5.200×10^3，表示此数有四位有效数字。

总之，有效数字位数的多少决定于被测对象的大小、测量仪器的精密度、测量条件的好坏和所采用的测量方法。

3. 数值修约规则

数值修约是一种数据处理方式，实际测量或计算后得到各种数据，对在确定的精确范围（有效数字的位数）以外的数字，应加以取舍进行修约。数字修约规则应符合现行国家标准《数值修约规则与极限数值的表示和判定》（GB/T 8170）的规定。

（1）修约间隔

修约间隔是确定修约保留位数的一种方式。修约间隔的数值一经确定，修约值即应为该数值的整数倍。若指定修约数间隔为0.1，修约值即应在0.1的整数倍中选取，若指定修约数间隔为100，修约值即应在100的整数倍中选取。

（2）进舍规则

① 在拟舍弃的数字中，若左边第一个数字小于5（不包括5），则舍弃。

例1：将15.2452修约到只保留一位小数，得15.2。

例2：将3.141516修约成五位有效位数，得3.1415。

② 在拟舍弃的数字中，若左边第一个数字大于5（不包括5），则进一。

例1：将1263修约到"百"数位，得13×10^2。

例2：将26.4824修约到只保留一位小数，得26.5。

③ 在拟舍弃的数字中，若左边第一个数字等于5。

a. 若5右边有并非全部为0的数字，则进一。

b. 若5右边无数字或皆为0时，所拟保留的末位数字为奇数，则进一；为偶数（包括"0"），则舍弃。

例1：将5.2251修约为三位有效位数，得5.23。

例2：将0.3500修约为只保留一位小数，得0.4。

例3：将0.2500修约为只保留一位小数，得0.3。

以上规则可概括为如下口诀："四舍六入遇五要考虑，五后非零则进一，五后皆零视奇偶，五前为偶则舍去，五前为奇则进一"，简称"四舍六入五成双"。

（3）不允许连续修约

拟修约数字应在确定修约位数后一次修约获得结果，而不得连续修约。

例如，将15.4546修约成整数。不应按15.4546→15.455→15.46→15.5→16的做法修约。正确的修约是15.4546→15。

（4）负数修约

先将负数的绝对值按上述规则进行修约，然后在修约值前面加上负号。

（5）0.5 单元修约与 0.2 单元修约

① 0.5 单元修约

将拟修约数值乘以 2，按指定数位依照修约规则进行修约，所得数值再除以 2。

例如，将下列数值修约到个位数的 0.5 单元（或修约间隔为 0.5）。

拟修约数值	乘以 2	$2k$ 修约值	k 修约值
(k)	$(2k)$	（修约间隔为 1）	（修约间隔为 0.5）
60.38	120.76	121	60.5
60.25	120.50	120	60.0

② 0.2 单元修约

将拟修约数值乘以 5，按指定数位依照修约规则进行修约，所得数值再除以 5。

例如，将下列数值修约到"百"位数的 0.2 单元（或修约间隔为 20）。

拟修约数值	乘以 5	$5k$ 修约值	k 修约值
(k)	$(5k)$	（修约间隔为 100）	（修约间隔为 20）
842	4210	4200	840
830	4150	4200	840

9.1.2　有效数字的运算规则

1. 记数规则

在测试结果的记录、运算和报告中，记录的数值应遵循以下规则：

（1）记录测试数据时，只保留一位欠准确数字；

（2）表示精密度时，通常只取一位有效数字，只有测量次数很多时，方可取两位有效数字，且最多只取两位；

（3）在数值计算中，当有效数字位数确定之后，其余数字应按修约规则一律舍去；

（4）在数值计算中，常数（如 π，e 等）以及非检测所得的计算因子$\left(\text{倍数或分数，如}\right.$ $4，\sqrt{2}，\dfrac{1}{3}\left.\text{等}\right)$的有效数字，可视为无限有效，需要几位就取几位；

（5）计算有效数字位数时，若第一位数字等于 8 或 9，则有效数字可多计一位。例如，0.956 可视为四位有效数字，80.47 可视为五位有效数字；

（6）测量结果的有效数字所能达到的最后一位应与误差处于同一位上，重要的测量结果可多计一位估读数。例如，$L=0.00237$，$\Delta=1/2\times10^{-4}$。其中 7 为估读数，一般应记为 $L=0.0024$。

2. 运算规则

（1）加法和减法

几组小数相加或相减时，以小数位数最少的数值为准，其余各数均修约成比该数多一位，最后结果应与小数位数最少的数值相同。

例 1：$251.3+24.45$

$251.3+24.45=275.75$，记作 275.8

例 2：$583.5-41.26$

$583.5-41.26=542.24$，记作 542.2

注：数字加粗的为欠准确数字。

（2）乘法和除法

以有效数值位数最少的为准，其余参加运算的各数先修约至比有效数字最少的多保留一位，所得最后结果的有效数字位数与有效数字最少的相同，与小数点的位数无关。

例1：35.2×28

$$
\begin{array}{r}
35.2 \\
\times \quad 28 \\
\hline
2816 \\
704 \quad\; \\
\hline
985.6 \text{ 记作 } 9.9 \times 10^2
\end{array}
$$

例2：$528 \div 121$

$$
\begin{array}{r}
4.363 \text{，记作 } 4.36 \\
121\overline{)528 \qquad\quad} \\
484 \quad\qquad \\
\hline
440 \quad\quad \\
363 \quad\quad \\
\hline
770 \quad \\
726 \quad \\
\hline
440 \\
363
\end{array}
$$

（3）乘方和开方，计算结果的有效数字位数与原数值相同，若要继续参与运算，则结果可比原数值多保留一位。

例1：$6.54^2 = 42.7716 = 42.8$

例2：$\sqrt{7.39} = 2.718455444 = 2.72$

（4）几组数的算术平均值，可比小数位数最少的数值多保留一位。

例：求平均值：

$$\frac{3.77 + 3.70 + 3.80 + 3.72}{4} = 3.7475 \approx 3.748$$

（5）对数和反对数

在对数和反对数计算中，所取对数的小数点后的位数应与真数的有效数字相同。

例1：求 $[H^+] = 7.98 \times 10^{-2} \text{mol/L}$ 溶液的 pH。

解：$pH = -lg[H^+] = -lg 7.98 \times 10^{-2} = 1.097997109 = 1.098$

例2：求 $pH = 11.02$ 溶液的 $[H^+]$。

解：因为 $pH = -lg[H^+] = 11.02$

所以 $[H^+] = 10^{-11.02} = 9.549925861 \times 10^{-12} = 9.5 \times 10^{-12} \text{mol/L}$

说明，在多次运算时，每一步计算过程中对中间结果不做修约，但最后结果需按上述规则修约到要求的位数。

9.1.3 常用的统计特征数

统计特征数是用以表达随机变量波动规律的统计量，即数据的集中程度和离散程度。

1. 算术平均值 $\overline{x}$

$$\overline{x} = \frac{x_1 + x_2 + x_3 + \cdots + x_n}{n}$$

式中　　　　　　　　$\overline{x}$——算术平均值；

x_1，x_2，x_3，$\cdots$，x_n——各个试验数据；

n——试样个数。

2. 加权平均值 m

加权平均值是各个试验数据与它对应数的算术平均值。

$$m = \frac{x_1 g_1 + x_2 g_2 + x_3 g_3 + \cdots + x_n g_n}{g_1 + g_2 + g_3 + \cdots + g_n} = \frac{\sum x_i g_i}{\sum g_i}$$

式中　m——加权平均值；

x_i——第 i 个试验数据；

g_i——与第 i 个试验数据相对应的数量，也称权值。

3. 中位数 $\tilde{x}$

把数据按大小顺序排列，排在正中间的一个数即为中位数。当数据的个数 n 为奇数时，中位数就是正中间的数值；当 n 为偶数时，则中位数为中间两个数的算术平均值。

$$\tilde{x} = \begin{cases} x_{\frac{n+1}{2}} & （n\text{ 为奇数}） \\ \frac{1}{2}\left(x_{\frac{n}{2}} + x_{\frac{n}{2}+1}\right) & （n\text{ 为偶数}） \end{cases}$$

式中　　　　　　$\tilde{x}$——中位数；

$x_{\frac{n}{2}}$，$x_{\frac{n+1}{2}}$，$x_{\frac{n}{2}+1}$——第 $\frac{n}{2}$，$\frac{n+1}{2}$，$\frac{n}{2}+1$ 个试验数据。

4. 极差 R

极差就是数据中最大值和最小值的差。

$$R = x_{\max} - x_{\min}$$

式中　R——极差；

$x_{\max}$——数据中的最大值；

$x_{\min}$——数据中的最小值。

5. 绝对偏差 d

各个试验数据与算术平均值的绝对偏差。

$$d_i = x_i - \overline{x}$$

式中　d_i——第 i 个试验数据的绝对偏差。

x_i——第 i 个试验数据。

6. 相对偏差 d_r

相对偏差是绝对偏差在平均值中所占的百分率。

$$d_r = \frac{d_i}{\overline{x}} \times 100\%$$

式中符号同前。

7. 平均偏差 $\overline{d}$

平均偏差是所有数据绝对偏差绝对值的平均值。

$$\overline{d} = \frac{|x_1 - \overline{x}| + |x_2 - \overline{x}| + \cdots + |x_n - \overline{x}|}{n} = \frac{\sum\limits_{i=1}^{n} |x_i - \overline{x}|}{n}$$

式中符号同前。

8. 标准偏差（又称标准差、均方差、标准误差）

标准偏差是表示绝对波动大小的指标，标准偏差越小，波动性（离散性）越小，测量精度越高；反之离散性大，测量精度低。从总体中抽取一个样本，得到一批数据（子样）x_1，x_2，$\cdots$，x_n，在处理这批数据时，标准偏差用 s 来表示，此时，n 是有限个子样个数；若对总体进行数据统计，标准偏差用 σ 来表示，试样个数 n 为无限个。计算式如下：

$$s = \sqrt{\frac{\sum\limits_{i=1}^{n}(x_i - \overline{x})^2}{n-1}}$$

$$\sigma = \sqrt{\frac{\sum\limits_{i=1}^{n}(x_i - \overline{x})^2}{n}}$$

式中符号同前。

标准偏差反映了数据中各值偏离平均值的大小，如果标准偏差比较小，表示这批数据集中在平均值附近，说明质量比较均匀、稳定；如果标准偏差比较大，表示这批数据离开平均值的距离较大，较分散，说明质量波动大、不稳定。

9. 变异系数 C_v

用极差、标准差只能反映数据波动的绝对大小，用变异系数可以表示相对偏差，便于不同项目之间有关试验精度的比较。

$$C_v = \frac{\sigma}{x} \times 100\% \left(或 C_v = \frac{s}{x} \times 100\% \right)$$

式中符号同前。

9.2 误差理论

由于所使用的测量设备、所采用的测量方法以及人们对测量环境的控制受到科学技术水平的限制，使得测量结果同被测对象的客观实际存有一定的差异，即测量结果与真值之间存在差异，称为误差。分析过程中，误差是客观存在的，因此，需对误差进行全面系统的研究，查出产生误差的原因，尽量减小误差，以提高分析结果的准确程度。

9.2.1 误差的分类

根据误差的性质，误差可分为系统误差、偶然误差（又称随机误差）和粗大误差（又称过失误差）三类。

1. 系统误差

（1）按系统误差值一定或不定来分

① 定值系统误差，在整个测量过程中，误差大小和方向始终不变。如测定量具刻度的偏差、计算器具的零位偏差等。

② 变值系统误差，在整个测量过程中，误差大小和方向按确定的规律变化，又分为线性系统误差、周期性系统误差和复杂规律变化的系统误差。

（2）按系统误差产生的原因来分

① 方法误差，由于分析方法本身不完善而引入的误差。

② 仪器误差，由于仪器本身不精密而造成的误差。

③ 主观误差，因操作者某些生理特点所引起的误差。

2. 偶然误差

这种误差的特点是服从或然率的规律，是由一些难以控制的偶然因素所造成的误差，如人类感官的限制。同一观测者在同一条件下测量同一物理量各次结果常有不同，这是因为调节仪器和估计读数时观测者的判断不可能完全正确。例如，用水银温度计测量温度，温度计的标度是刻在毛细管的外表面上的。在读取温度时，应将眼睛放在水银柱顶的切面上（图9.1中的A-A）读出温度的值。如果眼睛放得过高，则读出的值比真值小；反之，比真值大。每个观察者都尽量想把眼睛放在正确的位置，但这一点不可能做得绝对准确，由于这个原因，从温度计上读出的温度经常带有偶然误差。偶然误差因素可以采用多次测量，用概率论与数理统计方法对测量数据进行分析和处理，以获得可靠的测量值。

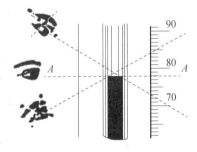

图9.1　温度计读数

3. 粗大误差

产生粗大误差的原因可能是由于测量人员工作上粗枝大叶，如测错、读错、记错或算错而造成的，或者是过度疲劳或操作经验缺乏而造成的误差。这一类误差会严重歪曲测量结果，应予剔除，不能参与计算。

9.2.2　处理偶然误差的几个问题

1. 偶然误差的分布规律

通过试验可以找出偶然误差的分布规律。先找出频数分布，画出频数分布直方图，如果组分得越细，直方图的形状逐渐趋于一条曲线，数据波动的规律不同，曲线的形状也不一样。在实际中按正态分布曲线的最多，应用也最广，本节介绍的也是基于正态分布。正态分布的偶然误差有以下性质：

（1）单峰性：绝对值小的误差比绝对值大的误差出现次数多；

（2）对称性：绝对值相等、符号相反的误差出现的机会相等；

（3）有界性：所有误差的绝对值不超过某一固定常数；

（4）抵偿性：所有误差之和趋于零。

2. 怎样减少偶然误差的影响

（1）算术平均值，因为偶然误差具有对称性，所以采用多次测量值的算术平均值比单个测值更可能接近真值，即

$$\overline{N}=\frac{N_1+N_2+N_3+\cdots+N_n}{k}$$

（2）绝对误差，算术平均值仍非真值，其准确程度可用每次测量值与平均值之差的绝对值来估计，称为该次量度的绝对误差，即

$$\Delta N_1=\mid N_1-N\mid,\ \Delta N_2=\mid N_2-N\mid,\ \cdots,\ \Delta N_k=\mid N_k-N\mid$$

（3）平均绝对误差，每一系列量度的绝对误差的平均值，即

$$\Delta N=\frac{\Delta N_1+\Delta N_2+\Delta N_3+\cdots+\Delta N_k}{k}$$

根据或然率的理论可以证明：如果测量重复很多次，真值与平均值之差超过 ΔN 的机会是很少的，即可以认为真值在 $N-\Delta N$ 与 $N+\Delta N$ 之间，所以把试验结果写成 $N\pm\Delta N$。

（4）平均相对误差，平均绝对误差与平均值的百分比，即

$$E=\frac{\Delta N}{N}\times100\%$$

试验是否准确不是取决于绝对误差，而是取决于相对误差的大小。

例：若有甲、乙两物体，甲物体称得质量为 1.2650g，其真实质量为 1.2651g；乙物体称得质量为 0.1265g，其真实质量为 0.1266g，则

甲物体：

绝对误差＝1.2650－1.2651＝－0.0001（g）

相对误差＝$\dfrac{-0.0001}{1.2651}\times100\%=-0.0079\%$

乙物体：

绝对误差＝0.1265－0.1266＝－0.0001（g）

相对误差＝$\dfrac{-0.0001}{0.1266}\times100\%=-0.079\%$

从误差的计算可看出，对于相同的被测量，绝对误差可评定不同测量方法的测量精度高低；但当绝对误差相同时，被测量的量越大，测量的精度越高。

3. 试验最后结果的误差

在实际工作中，从测量立刻可以得到所要的结果并不是常见的。常见的是从测量所得到的量，经过适当的计算才得到所求的量，这种方法称间接测量。这样就出现了直接测量各个量时所产生的不可避免的误差对最后结果的准确度影响的问题。

下面先讨论几个基本运算：

（1）加法　　　　　　　　　　　$N＝A＋B$

其中 A，B 为测量平均值，N 为计算结果。

如 A 有误差 ΔA，B 有误差 ΔB，则 A 的真值在 $A+\Delta A$ 与 $A-\Delta A$ 之间，B 的真值在 $B+\Delta B$ 与 $B-\Delta B$ 之间。考虑最坏的情况，可以断言：N 的真值最大不超过 $(A+\Delta A)+(B+\Delta B)$，最小不小于 $(A-\Delta A)+(B-\Delta B)$。同时，按照误差的定义：$N$ 的真值是在 $N+\Delta N$ 与 $N-\Delta N$ 之间，所以

$$N\pm\Delta N=(A\pm\Delta A)+(B\pm\Delta B)=(A+B)\pm(\Delta A+\Delta B)=N\pm(\Delta A+\Delta B)$$

故　$\Delta N=\Delta A+\Delta B$

即相加结果的平均绝对误差等于各项的平均绝对误差之和。

平均相对误差　　　　　　　　　$E=\dfrac{\Delta N}{N}=\dfrac{\Delta A+\Delta B}{A+B}$

（2）减法　　　　　　　　　　　$N=A-B$

考虑最坏的情况得到

$$N\pm\Delta N=(A\pm\Delta A)-(B\pm\Delta B)=(A-B)\pm(\Delta A+\Delta B)=N\pm(\Delta A+\Delta B)$$

故　　　　　　　　　　　　　　$\Delta N=\Delta A+\Delta B$

即相减结果的平均绝对误差等于各项的平均绝对误差之和。

平均相对误差　　　　　　　　　$E=\dfrac{\Delta N}{N}=\dfrac{\Delta A+\Delta B}{A-B}$

（3）乘法　　　　　　　　　　　$N=A\cdot B$

$$N\pm\Delta N=(A\pm\Delta A)(B\pm\Delta B)=AB\pm A\Delta B\pm B\Delta A+\Delta A\Delta B$$

因 ΔA，ΔB 与 A，B 相比可视为很小，故 $\Delta A\cdot\Delta B$ 可以忽略不计。

因此 $N\pm\Delta N\approx AB\pm A\Delta B\pm B\Delta A=N\pm(A\Delta B\pm B\Delta A)$

故　　　　　　　　　　　　　　$\Delta N=A\Delta B+B\Delta A$

平均相对误差　　　$E=\dfrac{\Delta N}{N}=\dfrac{A\Delta B+B\Delta A}{A\cdot B}=\dfrac{\Delta A}{A}+\dfrac{\Delta B}{B}=E_A+E_B$

即乘积的平均相对误差等于各因子的平均相对误差之和。

（4）除法　　　　　　　　　　　$N=\dfrac{A}{B}$

$$N\pm\Delta N=\dfrac{A\pm\Delta A}{B\pm\Delta B}=\dfrac{(A\pm\Delta A)(B\pm\Delta B)}{B^2-(\Delta B)^2}\overset{\backsimeq}{=}\dfrac{AB\pm B\Delta A\pm A\Delta B}{B^2}$$

$$=\dfrac{A}{B}\pm\dfrac{B\Delta A+A\Delta B}{B^2}=N\pm\dfrac{B\Delta A+A\Delta B}{B^2}$$

故　　　　　　　　　　　　　　$\Delta N=\dfrac{B\Delta A+A\Delta B}{B^2}$

平均相对误差　　　$E=\dfrac{B\Delta A+A\Delta B}{B^2}\div\dfrac{A}{B}=\dfrac{B\Delta A+A\Delta B}{AB}=\dfrac{\Delta A}{A}+\dfrac{\Delta B}{B}=E_A+E_B$

与乘积的情况相同，商的平均相对误差等于各因子的平均相对误差之和。

仔细观察上面加、减、乘、除的误差，可以得出以下结论：

（1）和、差、积、商的绝对误差在形式上与各函数的微分相似，只是为了考虑可能出现的最大误差，很多情况只需把函数微分中的负号改成正号。推广到复杂函数也是如此。

（2）商、积的相对误差等于各因子的相对误差之和。因此不难推知：多因子单项式所表示的物理量的相对误差等于各因子相对误差之和。

计算误差时一般先求相对误差 E，然后通过 $\Delta N=EN$ 求出 ΔN，最后将试验结果写成下列形式

$$N\pm\Delta N$$

而 ΔN 在一般试验中只取一位有效数字，N 的最后一位数字应与 ΔN 同数量级。表9.1 列出常用函数的误差公式。

表 9.1　常用函数的误差公式

数学运算法	误差	
	绝对	相对
$N=A+B+C$	$\Delta A+\Delta B+\Delta C$	$\dfrac{\Delta A+\Delta B+\Delta C}{A+B+C}$
$N=A-B+C$	$\Delta A+\Delta B+\Delta C$	$\dfrac{\Delta A+\Delta B+\Delta C}{A-B+C}$
$N=A\cdot B\cdot C$	$BC+AC+AB$	$\dfrac{\Delta A}{A}+\dfrac{\Delta B}{B}+\dfrac{\Delta C}{C}$
$N=$	n	n
$N=$	$\dfrac{1}{n}A^{\frac{1}{n}-1}\Delta A$	$\dfrac{1}{n}\dfrac{\Delta A}{A}$
$N=$	$\dfrac{B\Delta A+A\Delta B}{B^2}$	$\dfrac{\Delta A}{A}+\dfrac{\Delta B}{B}$
$N=$	$\cos A\,\Delta A$	$\cot A\,\Delta A$
$N=$	$\sin A\,\Delta A$	$\tan A\,\Delta A$
$N=$	$\dfrac{\Delta A}{\sin^2 A}$	$\dfrac{2\Delta A}{\sin 2A}$
$N=$	$\dfrac{\Delta A}{\cos^2 A}$	$\dfrac{2\Delta A}{\sin 2A}$

9.2.3　判别粗大误差的原则

常用的判别方法有以下几种：

1. "4d"检验法

对一组有 n 个数据的数列，按大小顺序排列，首先找到可疑值，除去可疑数据后，计算出其余数据的算术平均值 $\bar{x}$，平均偏差 $\bar{d}$，若可疑数据与算术平均值 $\bar{x}$ 差的绝对值大于平均偏差 $\bar{d}$ 的 4 倍，则可疑数据应舍弃。

例：若有 11 个混凝土抗压强度测定值：30.28，30.33，30.31，30.25，30.38，30.41，30.66，30.42，30.48，30.45，30.29，单位 MPa，问 30.66 这个数据是否要舍弃？

解：① 将测值从小到大按序排列：

序号	1	2	3	4	5	6	7	8	9	10	11
测定值（MPa）	30.25	30.28	30.29	30.31	30.33	30.38	30.41	30.42	30.45	30.48	30.66

② 计算除 30.66 以外的 10 个数据的算术平均值 $\overline{R}$

$$\overline{R}=\frac{(30.25+30.28+30.29+30.31+30.33+30.38+30.41+30.42+30.45+30.48)\ \text{MPa}}{10}$$

$$=30.36\text{MPa}$$

③ 求平均偏差 $\bar{d}$

$$\bar{d} = \frac{(0.11+0.08+0.07+0.05+0.03+0.02+0.05+0.06+0.09+0.012)\ \text{MPa}}{10}$$

$$= 0.068\text{MPa}$$

④ 求 $D=d_{11}$

$D=d_{11} = |30.66-30.36| = 0.30$

⑤ 将 D 与 $4\bar{d}$ 比较

$D=0.30>4\bar{d}=4\times0.068=0.27$

所以，30.66 这一数据应舍弃。

说明：① "4d" 检验法的优点是计算简单，不需要计算标准差，也不需要查表；

② 当试验组数较多，即 $n>10$ 时，判定标准是 $D>4\bar{d}$；

③ 当试验组数较少，即 $n=5\sim10$ 时，判定标准是 $D>2.5\bar{d}$；

④ 当 $n<5$ 时，用该法就不能将误差较大的可疑数据舍弃了。

2. 莱因达法，又称 3S 法

以标准偏差的 3 倍（3S）作为确定可疑数据的标准。当某个试验数据 x_i 与试验结果的算术平均值 $\overline{X}$ 之差大于 3 倍标准差时，该数据应舍弃；当测量值 x_i 与试验结果的算术平均值 $\overline{X}$ 之差大于 2 倍标准差时，该数据应保留，但须存疑。若发现生产（施工）、试验过程中，有可疑的变异时，该试验值应予舍弃。

例：对某恒温室温度测量 15 次，测试结果为（$n=15$）：20.42，20.43，20.40，20.43，20.42，20.43，20.39，20.30，20.40，20.43，20.42，20.41，20.39，20.39，20.40，单位为℃，试用 3S 法决定数据的取舍。

解：① 将 15 个测试值从小到大按序排列，见表 9.2。

表 9.2 15 个测试值

序号	1	2	3	4	5
测量值（℃）	20.30	20.39	20.39	20.39	20.40
序号	6	7	8	9	10
测量值（℃）	20.40	20.40	20.41	20.42	20.42
序号	11	12	13	14	15
测量值（℃）	20.42	20.43	20.43	20.43	20.43

② 求出平均值 $\bar{t}_{(15)}$ 及标准差 $S_{(15)}$：

$$\bar{t}_{(15)} = 20.404\ (℃)$$

$$S_{(15)} = 0.033\ (℃)$$

③ 最小的测值 t_1 与平均值 $\bar{t}_{(15)}$ 之差：

$$|t_1-\bar{t}_{(15)}| = |20.30-20.404| = 0.104\ (℃) > 3S_{(15)} = 3\times0.033 = 0.099\ (℃)$$

所以，$t_1=20.30℃$ 应舍弃。

④ 求出剩余 14 组测值的平均值 $\bar{t}_{(14)}$ 和标准差 $S_{(14)}$：

$$\bar{t}_{(14)} = 20.411\ (℃)$$

$$S_{(14)} = 0.016\ (℃)$$

⑤ 最大的测值 t_{15} 与平均值 $\bar{t}_{(14)}$ 之差：

$$|t_{15}-\bar{t}_{(14)}|=|20.43-20.411|=0.029（℃）<3S_{(14)}=3×0.016=0.048（℃）$$

最小的测值 t_2 与平均值上 $\bar{t}_{(14)}$ 之差：

$$|t_2-\bar{t}_{(14)}|=|20.39-20.411|=0.021（℃）<3S_{(14)}=3×0.016=0.048（℃）$$

所以，不再有需舍弃的测值。

说明：莱因达法简单方便，不需查表。当试验组数较多或需求不高时可以应用；当试验组数较少（$n<10$）时，就无法判别出异常值。

3. 肖维纳特法

若对某一量进行 n 次测试，当某测值 x_i 的绝对偏差大于如 k_nS，即 $d_i=|x_i-\bar{t}|\geqslant k_nS$ 时，就意味着该测值 x_i 是可疑的，应予舍弃。k_n 是肖维纳特系数，与试验组数 n 有关，见表 9.3。

表 9.3　肖维纳特系数 k_n

n	3	4	5	6	7	8	9	10	11	12
k_n	1.38	1.53	1.65	1.73	1.80	1.86	1.92	1.96	2.00	2.03
n	13	14	15	16	17	18	19	20	21	22
k_n	2.07	2.10	2.13	2.15	2.17	2.20	2.22	2.24	2.26	2.28
n	23	24	25	30	40	50	75	100	200	500
k_n	2.30	2.31	2.33	2.39	2.49	2.58	2.71	2.81	3.02	3.20

例：将上例用肖维纳特法进行判别。

解：① 由 $n=15$ 查表 9.3，$k_{15}=2.13$

平均值 $\bar{t}_{(15)}=20.404（℃）$

标准差 $S_{(15)}=0.016（℃）$

$$|t_1-\bar{t}_{(15)}|=|20.30-20.404|=0.104（℃）>k_{15}S_{(15)}=2.13×0.033=0.0703（℃）$$

所以 $t_1=20.30℃$ 应剔除。

② 剩余 14 个测值再进行判断

由 $n=14$ 查表 9.3，$k_{14}=2.10$

平均值 $\bar{t}_{(14)}=20.411（℃）$

标准差 $S_{(14)}=0.016（℃）$

$$|t_2-\bar{t}_{(14)}|=|20.39-20.411|=0.021（℃）<k_{14}S_{(14)}=2.10×0.016=0.034（℃）$$

所以，剩余的 14 组测值中，不再存在粗大误差。

4. 格鲁布斯法

进行 n 次重复试验，试验结果 x_1，x_2，…，x_n 服从正态分布。

（1）为了检验 x_i 中是否有可疑值，把试验所得数据从小到大按序排列：

$$x_1\leqslant x_2\leqslant x_3\leqslant\cdots\leqslant x_n$$

（2）选定显著性水平 α（一般取 $\alpha=0.05$）。根据试验组数 n 及 α，查表 9.4 可得格鲁布斯系数 g_0。

表 9.4 格鲁布斯系数 g_0 (α, n)

n	显著性水平 α				n	显著性水平 α			
	0.05	0.025	0.01	0.005		0.05	0.025	0.01	0.005
3	1.153	1.155	1.155	1.155	30	2.745	2.908	3.103	3.236
4	1.463	1.481	1.492	1.496	31	2.759	2.924	3.119	3.253
5	1.672	1.715	1.749	1.764	32	2.773	2.938	3.135	3.270
6	1.822	1.887	1.949	1.973	33	2.786	2.952	3.150	3.286
7	1.938	2.020	2.097	2.139	34	2.799	2.965	3.164	3.301
8	2.032	2.126	2.221	2.274	35	2.811	2.979	3.178	3.316
9	2.110	2.215	2.323	2.387	36	2.823	2.991	3.191	3.330
10	2.176	2.290	2.410	2.482	37	2.835	3.003	3.204	3.343
11	2.234	2.355	2.485	2.564	38	2.846	3.014	3.216	3.356
12	2.285	2.412	2.550	2.636	39	2.857	3.025	3.228	3.369
13	2.331	2.462	2.607	2.699	40	2.866	3.036	3.240	3.381
14	2.371	2.507	2.659	2.755	41	2.877	3.046	3.251	3.393
15	2.409	2.549	2.705	2.806	42	2.887	3.057	3.261	3.404
16	2.443	2.585	2.747	2.852	43	2.896	3.067	3.271	3.415
17	2.475	2.620	2.785	2.894	44	2.905	3.075	3.282	3.425
18	2.504	2.651	2.821	2.932	45	2.914	3.085	3.292	3.435
19	2.532	2.681	2.854	2.968	46	2.923	3.094	3.302	3.445
20	2.557	2.709	2.884	3.001	47	2.931	3.103	3.310	3.455
21	2.580	2.733	2.912	3.031	48	2.940	3.111	3.319	3.464
22	2.603	2.758	2.939	3.060	49	2.948	3.120	3.329	3.474
23	2.624	2.781	2.963	3.087	50	2.956	3.128	3.336	3.483
24	2.644	2.802	2.978	3.100	60	3.025	3.199	3.411	3.560
25	2.663	2.822	3.009	3.135	70	3.082	3.257	3.471	3.622
26	2.681	2.841	3.029	3.157	80	3.130	3.305	3.521	3.673
27	2.698	2.859	3.049	3.178	90	3.171	3.347	3.563	3.716
28	2.714	2.876	3.068	3.199	100	3.207	3.383	3.600	3.754
29	2.730	2.893	3.085	3.218					

（3）计算统计量 g 值：当最小值 x_1 也为可疑时，$g_{(1)} = \dfrac{\overline{x} - x_1}{S}$；

当最大值 x_n 为可疑时，$g_{(n)} = \dfrac{x_n - \overline{x}}{S}$

（4）当统计量 $g \geqslant g_0$ 时，则该测值为粗大误差，应予舍弃。

例：上例用格鲁布斯法进行判别。

解：① 由 $n=15$，$\alpha=0.05$ 查表 9.3 得 $g_{0(15)}=2.409$

平均值 $\overline{t}_{(15)} = 20.404$（℃）

标准差 $S_{(15)} = 0.033$（℃）

统计量 $g_{(1)} = \dfrac{\bar{t}_{(15)} - t_1}{S_{(15)}} = \dfrac{20.404 - 20.30}{0.033} = 3.162 > g_{0(15)} = 2.409$

所以 $t_1 = 20.30$（℃）为粗大误差，应予剔除。

② 判断剩余 14 组测值中是否存在粗大误差。

由 $n = 14$，$\alpha = 0.05$ 查表 9.3 得 $g_{0(14)} = 2.371$

平均值 $\bar{t}_{(14)} = 20.411$（℃）

标准差 $S_{(14)} = 0.016$（℃）

统计量 $g_{(2)} = \dfrac{\bar{t}_{(14)} - t_2}{S_{(14)}} = \dfrac{20.411 - 20.39}{0.016} = 1.312 < g_{0(14)} = 2.371$

所以，剩余的 14 组测值中，不再存在粗大误差。

9.3 试验设计与分析

在试验研究过程中，往往需要做不同配比或是采用不同工艺参数进行试验，这就必然要做很多不同组合的试验，寻求最佳组合条件。目前，最常用的一种试验组合设计方法为正交设计，试验后的数据分析方法常用方差分析法与回归分析法。

9.3.1 正交设计

1. 正交设计的基本方法

正交设计是在大量实践的基础上总结出来的一种科学试验方法。它是用一套规格化的表格来安排试验，这种表称为正交表，它的特点是均衡搭配。正交设计方法包括两大部分内容：一是如何设计试验方案；二是如何分析试验结果。

例如，某大桥按照设计和施工需要，混凝土 3d 抗压强度要 >36.0MPa，考虑水泥用量（A）、水胶比（B）和减水剂用量（C）是影响配制高强混凝土的主要因素，打算对每个因素各选三个不同掺量（称为水平）进行试验。希望通过试验分清影响抗压强度的主次因素和最佳组合条件。

可将试验中的因素和水平列表分析，详见表 9.5。

表 9.5 因素水平表

水平	因素		
	A. 水泥用量（kg）	B. 水胶比	C. 减水剂掺量（%）
1	400	0.36	0.5
2	420	0.38	0.6
3	440	0.40	0.7

（1）孤立变量法

设因素 A 的三个水平分别用 A_1，A_2，A_3 表示；B，C 的表示方法也是一样。首先回顾一下过去是怎样进行试验的，以往的许多情况下采用下述方法。

首先固定 B 为 B_1，C 为 C_1，变化 A，即

$$B_1C_1 \begin{cases} A_1 \\ A_2 \\ \boxed{A_3} \end{cases} \quad \text{(好的加} \square \text{表示)}$$

三次试验中发现 A_3 较好。然后固定 A 为 A_3，C 为 C_1，变化 B，即

$$A_3C_1 \begin{cases} B_1 \\ \boxed{B_2} \\ B_3 \end{cases}$$

试验结果发现 B_2 较好。最后固定 A 为 A_3，B 为 B_2，变化 C，即

$$A_3B_2 \begin{cases} C_1 \\ \boxed{C_2} \\ C_3 \end{cases}$$

结果是 C_2 较好。于是下结论说 $A_3B_2C_2$ 是最佳的配合比。这种安排的试验方法称为"孤立变量法"。用这种方法安排试验也能得到一定效果，但它的最大缺点是试验的代表性差。

（2）全面试验法

本例是三因素三水平试验，如果将表 9.5 中的三个因素的每个水平都相碰一次，就需做 $3^3 = 27$ 次试验，将 27 次试验全部做完，称为"全面试验法"。27 次试验的全部组合条件列于表 9.6 中。

表 9.6　$3^3 = 27$ 次试验组合条件

B	C	A		
		A_1	A_2	A_3
B_1	C_1	$A_1B_1C_1$	$A_2B_1C_1$	$A_3B_1C_1$
	C_2	$A_1B_1C_2$	$A_2B_1C_2$	$A_3B_1C_2$
	C_3	$A_1B_1C_3$	$A_2B_1C_3$	$A_3B_1C_3$
B_2	C_1	$A_1B_2C_1$	$A_2B_2C_1$	$A_3B_2C_1$
	C_2	$A_1B_2C_2$	$A_2B_2C_2$	$A_3B_2C_2$
	C_3	$A_1B_2C_3$	$A_2B_2C_3$	$A_3B_2C_3$
B_3	C_1	$A_1B_3C_1$	$A_2B_3C_1$	$A_3B_3C_1$
	C_2	$A_1B_3C_2$	$A_2B_3C_2$	$A_3B_3C_2$
	C_3	$A_1B_3C_3$	$A_2B_3C_3$	$A_3B_3C_3$

"全面试验法"对事物内部的规律性剖析得比较清楚，但要求的试验次数太多，特别是遇到多因素多水平的试验时，做全面试验的次数是惊人的，实际上往往不可能办到。应用全面试验法各种不同因素和水平需要试验的次数见表 9.7。

表9.7 应用全面试验法时试验的次数

因素数	水平数			
	2	3	4	5
1	2	3	4	5
2	4	9	16	25
3	8	27	64	125
4	16	81	256	625
5	32	243	1024	3125
6	64	729	4096	15625
7	128	2187	16384	78125
8	256	6561	65536	390625
9	512	19683	262144	1953125

为了能用较少的次数进行试验，又可以克服代表性差的缺点，应该用"正交设计"，以科学地安排多因素试验方案和有效地分析试验结果。

2. 正交设计的基本原理及特点

（1）正交表的原理及符号表示内容利用"均衡分散性"与"整齐可比性"这两条正交性原理，从大量的试验中挑选出适量具有代表性的试验点，编制出有规律排列的表格，这种表称为正交表，它是正交设计的基本工具。正交表的记号所代表的内容如下：

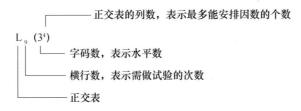

（2）简单正交表的特点

① $L_4(2^3)$ 正交表

$L_4(2^3)$ 是最小的正交表（见表9.8），它具有两个特点：第一，每个纵列有两个"1"，两个"2"；第二，任意两个纵列，其横方向形成的四个有序数字（1，1），（1，2），（2，1），（2，2）各出现一次，即它们的搭配也是均衡的。它有四个横行，三个纵列。

表9.8 $L_4(2^3)$ 正交表

试验号	列号		
	1	2	3
1	1	1	1
2	1	2	2
3	2	1	2
4	2	2	1

② L_9（3^4）正交表

L_9（3^4）正交表有 9 个横行，4 个纵列，如表 9.9 所示。表中由字码 "1"，"2"，"3" 组成。它有两个特点：第一，每个纵列 "1"，"2"，"3" 出现的次数相同，都是三次；第二，任何两个纵列，其横方向形成的 9 个有序数字对 (1，1)，(1，2)，(1，3)，(2，1)，(2，2)，(2，3)，(3，1)，(3，2)，(3，3) 出现的次数相同，都是一次，即任意两纵列的字码 "1"，"2"，"3" 的搭配是均衡的。

表 9.9 L_9（3^4）正交表

试验号	列号			
	1	2	3	4
1	1	1	1	1
2	1	2	2	2
3	1	3	3	3
4	2	1	2	3
5	2	2	3	1
6	2	3	1	2
7	3	1	3	2
8	3	2	1	2
9	2	3	2	1

（3）正交设计的均衡分散性和整齐可比性

① 均衡分散性

按照均衡分散性原理，再讨论用 L_9（3^4）安排三因素三水平的试验，正交试验设计是按正交表选点，只要做 9 个试验就可以比较全面地反复整个情况，所选的 9 个点是均衡分散的，有很强的代表性，这种均衡分散可以用图 9.2 来表示。

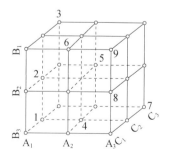

图 9.2 均衡分散直观分析图

从图 9.2 中直观分析看出，立方体内 9 个点（有小圆圈处），代表按正交表安排的 9 个试验条件。由图中可以看到，在立方体的每个面上（对应于 A_1，A_2，A_3 的是左、中、右三个面，对应 B_1，B_2，B_3 的是下、中、上三个面，对应于 C_1，C_2，C_3 的是前、中、后三个面，都恰好有 3 个点，且立方体的每条线上也恰好有 1 个点。9 个点均衡地散布于整个立方体内。

② 整齐可比性

按照整齐可比性原理，仍以三个因素三个水平的试验方案为例，是在其他因素有规则地变化下比较某一因素的三个水平。如：

$$A_1 \begin{cases} B_1 \\ B_2 \\ B_3 \end{cases} \begin{cases} C_1 \\ C_2 \\ C_3 \end{cases} \qquad A_2 \begin{cases} B_1 \\ B_2 \\ B_3 \end{cases} \begin{cases} C_2 \\ C_3 \\ C_1 \end{cases} \qquad A_3 \begin{cases} A_1 \\ A_2 \\ A_3 \end{cases} \begin{cases} B_3 \\ B_1 \\ B_2 \end{cases}$$

$$B_1 \begin{cases} A_1 \\ A_2 \\ A_3 \end{cases} \begin{cases} C_1 \\ C_2 \\ C_3 \end{cases} \qquad B_2 \begin{cases} A_1 \\ A_2 \\ A_3 \end{cases} \begin{cases} C_2 \\ C_3 \\ C_1 \end{cases} \qquad B_3 \begin{cases} A_1 \\ A_2 \\ A_3 \end{cases} \begin{cases} B_3 \\ B_1 \\ B_2 \end{cases}$$

$$C_1 \begin{cases} B_1 \\ B_2 \\ B_3 \end{cases} \begin{cases} C_1 \\ C_3 \\ C_2 \end{cases} \qquad C_2 \begin{cases} A_1 \\ A_2 \\ A_3 \end{cases} \begin{cases} C_2 \\ C_1 \\ C_3 \end{cases} \qquad C_3 \begin{cases} A_1 \\ A_2 \\ A_3 \end{cases} \begin{cases} B_3 \\ B_2 \\ B_1 \end{cases}$$

由此可见，A 因素的各个水平都在试验中重复了三次，且在 A 的某一水平下，B 的三个水平，C 的三个水平都变到了。这对 B 因素、C 因素也是如此。这样，试验条件处于完全相似的状态，就具备了可比性。

例 1：考察水泥组分、水泥温度、拌和物初始温度和水胶比对混凝土抗压强度的影响。比较全面试验和按正交试验设计进行试验的结果。因素水平表的安排见表 9.10。

表 9.10 因素水平表

水平	因素			
	水泥组分	水泥温度/℉（℃）	拌和物温度/℉（℃）	水胶比
1	甲	160（71）	80（26.6）	0.40
2	乙	180（82）	95（35.0）	0.47
3	丙	200（93）	110（43.4）	0.54

不同水泥组分的矿物成分含量见表 9.11。

表 9.11 不同水泥的矿物成分含量

水泥组分	矿物成分（%）					表面积（m²/kg）
	C_3A	C_4AF	C_3S	C_2S	$CaSO_4$	
甲	8.1	8.8	44.7	29.2	3.9	283
乙	4.7	14.9	57.7	13.2	5.4	374
丙	11.1	10.6	58.2	8.9	4.2	386

解：本试验是个四因素三水平问题，全面试验应进行 $3^4 = 81$ 次试验，其试验结果列于表 9.12。

表 9.12 的 81 个强度数据中，强度在 70.0MPa 以上的，其组合条件分别为 $A_1B_1C_1D_1$，$A_1B_2C_2D_1$，$A_3B_3C_1D_1$，$A_3B_1C_2D_1$，$A_3B_3C_2D_1$。

表 9.12 $3^4＝81$ 次强度试验结果（MPa）

因素		D_1			D_2			D_3		
		B_1	B_2	B_3	B_1	B_2	B_3	B_1	B_2	B_3
C_1	A_1	70.0	68.3	68.5	56.1	56.8	61.7	48.3	45.4	49.0
	A_2	64.7	63.0	62.4	52.7	54.0	53.9	40.6	44.1	43.2
	A_3	69.7	68.9	70.4	61.2	58.8	59.5	51.9	50.1	51.1
C_2	A_1	65.6	70.2	62.1	58.4	59.8	58.1	44.4	59.8	47.5
	A_2	66.2	69.8	58.7	56.2	53.8	49.6	42.0	46.0	41.1
	A_3	70.5	68.1	70.5	60.7	58.6	62.7	50.7	49.6	52.9
C_2	A_1	69.3	68.1	61.1	58.7	61.5	56.1	47.9	50.6	48.2
	A_2	64.0	62.1	60.4	54.2	51.6	52.0	42.1	40.8	44.1
	A_3	64.1	63.3	68.4	52.4	59.4	62.0	49.7	50.8	51.1

按正交试验设计，选用 L_9（3^4）正交表安排试验，所挑选的 9 次试验，其强度数据在表 9.12 中加 "□" 表示。试验方案与结果计算列于表 9.13 中。

表 9.13 L_9（3^4）试验方案与极差计算结果

列号	1	2	3	4	抗压强度（MPa）	
	因素					
试验号	水泥组分 （A）	水泥温度 （B）	拌和物温度 （C）	水胶比 （D）	x_i	$y_i＝-50$
1	甲（A_1）	71（B_1）	26.6（C_1）	0.40（D_1）	70.0	20.0
2	甲（A_1）	82（B_2）	35.0（C_2）	0.47（D_2）	59.8	9.8
3	甲（A_1）	93（B_3）	43.4（C_3）	0.54（D_3）	48.2	-1.8
4	乙（A_2）	71（B_1）	35.0（C_2）	0.54（D_3）	42.0	-8.0
5	乙（A_2）	82（B_2）	43.4（C_3）	0.47（D_1）	62.1	12.1
6	乙（A_2）	93（B_3）	26.6（C_1）	0.47（D_2）	53.9	3.9
7	丙（A_3）	71（B_1）	43.4（C_3）	0.47（D_2）	52.4	2.4
8	丙（A_3）	82（B_2）	26.6（C_1）	0.54（D_3）	50.1	0.1
9	丙（A_3）	93（B_3）	35.0（C_2）	0.40（D_1）	70.5	20.5
K_1	28.0	14.4	24.0	52.6		
K_2	8.0	22.0	22.3	16.1		
K_3	23.0	22.6	12.7	-9.7		
$\overline{K}_1$	9.33	4.80	8.00	17.53	＝59.0	
$\overline{K}_2$	2.67	7.33	7.43	5.97		
$\overline{K}_3$	7.67	7.53	4.23	-3.23		
ω	6.66	2.73	3.77	20.76		

（4）怎样分析试验结果

9 次试验的抗压强度记在表 9.13 的右下角。

① 直接看

从表 9.13 直接看到第 9 号试验的强度最高为 70.5MPa，其试验条件是 $A_3B_3C_2D_1$。

② 通过计算

通过简单的计算可以达到下列目的：第一，分析因素与强度的关系，即当因素的水平变化时，强度是怎样变化的；第二，分析因素影响强度的主次顺序，即在这三个因素中，哪个是影响强度的主要因素，哪个是次要因素；第三，确定最优的配合工艺，即四个因素各取什么水平时，其组合最好；第四，为进一步试验指出方向；第五，如果有空列，可以估计试验误差的大小。

在表 9.13 各列的下方，分别算出了各水平相应的三次试验强度之和 K_1，K_2，K_3 及极差，其计算方法如下：

对第一列（因素 A）K_i 和 $\overline{K}_i$ 的值：

$$K_1 = 20.0 + 9.8 - 1.8 = 28.0; \quad \overline{K}_1 = \frac{K_1}{3} = 9.33$$

$$K_2 = -8.0 + 12.1 + 3.9 = 8.0; \quad \overline{K}_2 = \frac{K_2}{3} = 2.67$$

$$K_3 = 2.4 + 0.1 + 20.5 = 23.0; \quad \overline{K}_3 = \frac{K_3}{3} = 7.67$$

其他各列（包括空列）的 K_i（$\overline{K}_i$）值计算方法与第一列相同。如第二列 $K = 20 +$（-8.0）$+ 2.4 = 14.4$（第 1，4，7 号试验之和）。

K_i 值的计算是否正确，可用下列等式进行验算：

$K_1 + K_2 + K_3 = 28.0 + 8.0 + 23.0 = 59.0$（9 个试验的总和）如不成立，应立即找出差错，改正过来。

各列的极差，由各列的 K_1，K_2，K_3 三个数中用大数减小数求得。例如，第一列极差 $\omega = 9.33 - 2.67 = 6.66$。其他各列的计算方法与第一列相同。

做完简单的计算之后，如何进一步分析呢？

对于各列，比较其 K_1，K_2 和 K_3 的大小，如 K_1 比 K_2 和 K_3 都大，则占有该列因素的水平 1，在强度上通常比水平 3 和水平 2 都好，如 $K_1 = 28.0$ 大于 K_2（8.0）和 K_3（23.0），说明 K_1 优于 K_2 和 K_3。

各列极差的大小，用来衡量试验中相应因素作用的大小。极差大的因素，说明它的三个水平对强度的差别大，通常是主要因素，而极差小的，则往往是次要因素。

本例通过计算极差分析可以看出，影响强度的诸因素，其主次顺序为 D→A→C→B。即水胶比是影响强度的主要因素，水泥组分是次要因素，而拌和物初始温度和水泥温度的影响较小。各因素最佳组合条件为 A_1D_1 和 A_3D_1，至于 B，C 的水平选择可根据实际情况来定。就已做的 9 次试验来看，较好的组合是 $A_1B_3C_1D_1$ 和 $A_3B_3C_2D_1$，即试验号 1 和 9。对比全面试验和正交试验，后者只安排 9 次，所得结论与前者全面做试验 81 次所得结论是基本相同的。

3. 水平个数不等的正交设计

在实际工作中常常会遇到各因素水平数不等的问题，有时是由于受条件限制某些因素不能多选水平，有时是为了侧重考察某因素而多取水平。下面举例说明水平数目不相等的正交设计基本方法。

（1）混合水平的正交表

L_8（4×2^4）是一种混合水平（即水平数不相等）的正交表。有 8 个横行，5 个纵列。第 1 纵列由字码"1"，"2"，"3"，"4"组成，而其余 4 列均由字码"1"，"2"组成。这张表有一个因素可考察四个水平，其他因素是两个水平。它仍有类似上面的两个特点：第一，每个纵列中，就各自的字码来说，出现的次数是相同的；第二，任意两个纵列，其横方向形成的 8 个数字对，就各自的字码来说，出现的次数也相同。由表 9.14 可以看出混合型正交表仍然保持着正交试验的"均衡分散""整齐可比"的基本特点。

表 9.14　L_8（4×2^4）

试验号	列号				
	1	2	3	4	5
1	1	1	1	1	1
2	1	2	2	2	2
3	2	1	1	2	2
4	2	2	2	2	2
5	3	1	2	1	2
6	3	2	1	2	1
7	4	1	2	2	1
8	4	2	1	1	2

（2）水平个数不等参数优选的正交设计

例 2：用促凝压蒸技术快速测定水泥强度。要求研究以 R28d～R 快经验式的相关系数 γ 和剩余标准差 S 为考核指标，探明影响 γ，S 的主要因素，优选促凝剂的剂种和剂量、压蒸时间、压蒸压力等主要技术参数。

解：试验的因素水平列于表 9.15，试验安排及结果见表 9.16。

表 9.15　因素与水平表

水平 \ 因素	A. 剂量	B. 剂种	C. 压蒸时间	D. 压蒸压力	E. 水泥风化时间
1	0	CAS	1.5h	0.15MPa	0
2	10g	CS	2h	0.1MPa	7d
3	5g				
4	20g				

表 9.16　L_8（4×2^4）试验条件与参数优选

试验号 \ 列号 因素	A 促凝剂剂量	B 促凝剂剂种	C 压蒸时间	D 压蒸压力	E 水泥风化天数	不同品种水泥胶砂强度（MPa）					评定指标	
						R 总和	北京 52.5	大连 42.5	华新 52.5	石景山 32.5	γ	s
1	1（0 g）	1（CAS）	1（1.5h）	1（0.15）	1（0）	32.6	9.6	10.7	7.7	4.6	0.669	8.4
2	1	2（CS）	2（2h）	2（0.1）	2（7d）	29.3	9.0	9.7	7.7	2.9	0.514	9.2

续表

列号\\因素\\试验号		A 促凝剂剂量	B 促凝剂剂种	C 压蒸时间	D 压蒸压力	E 水泥风化天数	不同品种水泥胶砂强度（MPa）					评定指标	
							R总和	北京52.5	大连42.5	华新52.5	石景山32.5	γ	s
3		2（10g）	1	1	2	2	37.3	11.9	7.2	10.7	7.5	0.947	3.5
4		2	2	2	1	1	57.7	21.3	11.7	16.0	8.7	0.972	2.7
5		3（5g）	1	2	1	2	45.0	14.4	11.3	10.8	8.5	0.900	4.7
6		3	2	1	2	1	46.8	14.3	11.9	12.9	7.7	0.979	2.3
7		4（20g）	1	2	2	1	20.4	3.9	5.6	8.0	2.0	0.460	10.1
8		4	2	1	1	2	26.6	9.8	3.4	7.1	6.3	0.836	5.9
$R_{28d}\sim R_{快}$ 的 γ 值	K_1	1.183	2.976	3.431	3.377	3.080	未风化 R_7	49.5	34.4	35.3	25.4	6.277 46.8	
	K_2	1.1919	3.301	2.846	2.900	3.197							
	K_3	1.879										$n=8$	
	K_4	1.296					R_{28}	63.4	51.3	56.9	41.5	$\gamma=0.969$	
	极差	0.736	0.325	0.585	0.477	0.117						$R_{28}=$ 15.2+1.03R_7	
$R_{28d}\sim R_{快}$ 的 s 值	K_1	17.6	26.1	20.1	21.7	23.5	风化时间 R_7	36.4	23.2	26.2	17.9	$s=2.8$	
	K_2	6.2	20.1	26.7	25.1	23.7						$C_v=6.0\%$	
	K_3	7.0											
	K_4	16.0					R_{28}	53.0	35.8	2.6	33.4		
	极差	11.4	6.0	6.6	3.4	0.2							

从表 9.16 以 γ 为指标的相关分析如下：

① 影响 γ 的因素主次顺序

A（剂量）＞C（压蒸时间）＞D（压蒸压力）＞B（剂种）＞E（风化时间），剂量最为重要，压蒸时间其次，水泥风化时间影响最小。

② 以 γ 为评定指标的最优组合

A_1（或 A_2）$C_1 D_1 B_2$，即剂量为 10g 或 5g，CS 型促凝剂，压蒸 1.5h，压蒸压力为 0.15MPa。

③ 影响 s 的因素主次顺序

A＞B，C＞D＞E，剂量最为重要，剂种和压蒸时间第二位，水泥风化影响很小。

④ 以 s 为评定指标的最优组合条件

A_2（或 A_3）$C_1 B_2 D_1$，即 CS5g（或 10g），压蒸时间为 1.5h，压蒸压力为 0.15MPa。

⑤ 从 γ 和直接看的最优组合条件是第 6 号试验 $A_3 B_2 C_1 D_2$ 或第 4 号试验 $A_2 B_2 C_2 D_1$。

值得注意的是，以快硬强度为指标和以 γ、s 为指标所得的分析结果大为不同，以 γ 为指标时，压蒸时间对回归式相关性及推定精度的影响是居第二位的重要因素。而以快硬砂浆强度为指标时，压蒸时间的影响是最不重要因素，虽然试件压蒸 2h 的快硬强度比压蒸 1.5h 的高，但压蒸 1.5h 的相关更有利。由此可见，确定以相关系数 γ 和剩余标准差 s 作为优选最佳试验条件的评定指标，完全符合研究目标。

为了进一步校核表 9.15 的试验结果，选定压蒸时间为 1.5h，用正交优选促凝剂掺量和锅种，试验中的因素和水平列于表 9.17，用正交表 L_4（2^3）安排试验，正交试验分析见表 9.18。

表 9.17　因素水平表

水平	因素	
	A. 锅种	B. CS 剂量
1	280mm	5g
2	240mm	10g

从表 9.18 的正交分析结果可以看出：

① 第 1 号试验最优，γ 最大，s 和 C_v 最小，$P=0.15$MPa，$CS=5$g。

② 锅种是主要因素，$P=0.15$MPa（医用锅）优于 $P=0.10$MPa（家用锅）。

③ 通过优选 CS 促凝剂剂量在 5g 或 10g 范围时，CS 剂量不是主要因素，极差比空列的小。

表 9.18　L_4（2^3）正交试验分析表

列号 / 因素 / 试验号	A 锅种	B 剂量	C 空列	R 总和	不同水泥胶砂强度（MPa）					评定指标		
					中国香港 62.5	湘波 32.5	中国香港 52.5	州平 42.5	揭阳 32.5	γ	s	C_v
1	1（医）	1（5g）	1	67.01	24.87	6.79	15.69	11.59	8.09	0.989	2.026	4.51
2	1（医）	2（10g）	2	57.89	22.94	5.56	11.75	10.19	7.39	0.977	2.978	6.72
3	2（家）	1（5g）	2	67.29	23.58	6.81	16.09	10.03	10.78	0.970	3.378	7.61
4	2（家）	2（10g）	1	59.98	21.24	5.89	15.69	8.64	8.52	0.971	3.320	7.49
R_{28d}～$R_{1.5h}$ 的 γ 值 K_1	1.966	1.959	1.960		64.10	35.70	47.85	38.85	35.18			
K_2	1.941	1.948	1.947									
极差	0.025	0.011	0.013									
R_{28d}～$R_{1.5h}$ 的 s 值 K_1	5.004	5.404	5.346									
K_2	6.698	6.298	6.356									
极差	1.694	0.894	1.010									
R_{28d}～$R_{1.5h}$ 的 C_v 值 K_1	11.29	12.18	12.06									
K_2	15.10	14.21	14.33									
极差	3.81	2.03	2.27									

从两个正交试验分析结果来看，以相关系数 γ 和剩余标准差 s 评定最优的组合是 5gCS，压蒸养护 1.5h，压蒸压力为 0.14～0.16MPa 的医用消毒器。

4. 多指标正交设计的分析方法

在混凝土配合比设计中，往往要同时考虑强度和坍落度等，这类问题称为多指标的正交设计。

（1）综合平衡法

综合平衡法是分别把各个指标按单一指标进行分析，然后把各个指标的计算分析结果，进行综合平衡，最后得出结论。

例3：某工地的地下工程需要配制 C60 混凝土，坍落度要求超过 100mm，而使用的水泥是大同 P·O 52.5 普通硅酸盐水泥（实测抗压强度 53.8MPa），在混凝土中需掺入减水剂。减水剂有三种：①安阳 MF；②北京朝阳厂 MF；③上海磺化洗油。试优选混凝土的配合比。试验中的其他条件：碎石骨料，最大粒径 20mm；河沙的细度模数为 3.3。

考核指标：28d 抗压强度和坍落度。

解：本例试验分两批进行。第一批试验希望明确：胶水比，用水量和石子用量范围；在各种减水剂相同掺量下，剂种对指标的影响。

① 试验方案和试验结果

选用因素与水平见表 9.19。

表 9.19　因素水平表

水平	因素			
	A. 胶水比	B. 用水量（kg·m^{-3}）	C. 石子用量（kg·m^{-3}）	D. 减水剂剂种（1%）
1	3.0	140	1100	安 MF
2	3.5	155	1150	京 MF
3	4.0	170	1200	沪油

② 试验结果的分析见表 9.20。

表 9.20　L$_9$（3^4）试验方案与试验结果分析表

试验号		1	2	3	4	考核指标	
		A. 胶水比	B. 用水量	C. 石子用量	D. 剂种	坍落度（mm）	R$_{28d}$抗压强度（MPa）
1		1 (3.0)	1 (140)	3 (1200)	2 (3 京 MF)	7	57.7
2		2 (3.5)	1	1 (1100)	1 （安 MF）	4	61.7
3		3 (4.0)	1	2 (1150)	3 （沪油）	0	63.0
4		1	2 (155)	3	3	33	63.6
5		2	2	3	3	8	60.6
6		3	2	1	2	0	63.4
7		1	3 (170)	1	3	70	58.9
8		2	3	2	2	123	61.0
9		3	3	3	1	6	65.8
坍落度	K$_1$	110	11	74	43	总和	
	K$_2$	135	41	156	130	251	555.7
	K$_3$	6	199	21	78		
	$\overline{K}_1$	37	4	25	14		
	$\overline{K}_2$	45	14	52	43		
	$\overline{K}_3$	2	66	7	26		
	$\overline{R}$	43	62	45	29		

续表

试验号		1	2	3	4	考核指标	
		A. 胶水比	B. 用水量	C. 石子用量	D. 剂种	坍落度 （mm）	R_{28d}抗压强度 （MPa）
R_{28d} 抗 压 强 度	K_1	179.6	183.0	184.0	190.5		
	K_2	183.3	187.0	187.6	182.1		
	K_3	192.8	185.7	184.1	183.1		
	$\overline{K}_1$	59.9	61.0	61.3	63.5		
	$\overline{K}_2$	61.1	62.3	62.5	60.7		
	$\overline{K}_3$	64.3	61.9	61.4	61.0		
	$\overline{R}$	4.4	1.3	1.2	2.8		

由表 9.20 可见：①影响坍落度的主要因素是用水量，其次是石子用量和胶水比，剂量影响不大。达到较高坍落度的组合条件为 $A_2B_3C_2D_2$。②影响强度的主要因素是胶水比，其次是剂种，用水量和石子用量影响很小。满足强度要求的组合条件为 $A_3B_2C_2D_1$（或 D_3）。

综合坍落度和强度两者的组合条件，初步选定胶水比 3.5～4.0，用水量 155～170kg/m³，石子用量 1150kg/m³，剂种为安阳 MF 或上海磺化洗油。

第二批试验的目的：在第一批试验的基础上，缩小试验范围，适当增加萘系减水剂剂量，同时复合掺用木钙减水剂，以进一步搞清增加流动性和提高强度的效果。从而经济合理地选择配合比。

③ 因素水平表见表 9.21。

表 9.21 因素水平表

水平	因素					
	A. 胶水比	B. 石子用量	C. 用水量	D. 萘系剂种	E. 萘系剂量	F. 木钙
1	3.5	1140	155	沪油	1%	0
2	4.0	1160	170	安 MF	1.5%	0.2%

④试验方案及试验结果分析见表 9.22。

表 9.22 L_8（2^7）试验方案与试验结果

试验号	1	2	3	4	5	6	7	考核指标	
	A	B		C	D	E	F	坍落度 （mm）	R_{28d}抗压强度 （MPa）
1	1 (3.5)	1 (1140)	1	2 (170)	2 (安 MF)	1 (1.0)	2 (0.2)	69	56.0
2	2 (4.0)	1	2	2	1 (沪油)	1	1 (0)	0	62.3
3	1	2 (1160)	2	2	2	2 (1.5)	1	179	54.0
4	2	2	1	2	1	2	2	27	58.1
5	1	1	2	1 (155)	1	2	2	111	63.2

续表

试验号		1	2	3	4	5	6	7	考核指标	
		A	B		C	D	E	F	坍落度（mm）	R_{28d}抗压强度（MPa）
6		2	1	1	1	1	2	1	11	64.5
7		1	2	1	1	1	1	1	23	62.2
8		2	2	2	1	2	1	2	0	50.0
坍落度	K_1	382	191	(130)	145	161	92	213	总和	
	K_2	38	229	(290)	275	259	328	207	420	470.3
	$\overline{K}_1$	96	48	(33)	36	40	23	53		
	$\overline{K}_2$	10	57	(73)	69	65	82	52		
	R	86	9	(40)	32	25	59	1		
抗压强度	K_1	235.4	246.0	(240.8)	239.9	245.8	230.5	243.0		
	K_2	294.9	224.3	(229.5)	230.4	224.5	239.8	227.3		
	$\overline{K}_1$	58.9	61.5	(60.2)	60.0	61.5	57.6	60.8		
	$\overline{K}_2$	58.7	56.1	(57.4)	57.6	56.1	60.0	56.8		
	R	0.2	5.4	(2.8)	2.4	5.4	2.4	4.0		

① 从表 9.22 直接看出，第 5 号试验能满足设计要求。坍落度 111mm，抗压强度 63.2MPa。其组合条件为胶水比：3.5，石子用量：1140kg/m³，用水量 155kg/m³，萘系剂种：上海磺化洗油，木钙：0.2%。

② 从极差分析结果得出：

a. 在胶水比为 3.5～4.0 条件下，影响坍落度的主要因素是胶水比和萘系减水剂的剂量，石子用量、用水量、萘系剂种和木钙掺量的影响都很小，均在误差之内。较高坍落度的条件：取 A 为 A_1，E 为 E_2。

b. 影响强度的主要因素是萘系剂种和石子用量，木钙掺量、胶水比、用水量和萘系剂量的影响都很小，均在试验误差之内。较高强度的条件：取 B 为 B_1，D 为 D_1，F 为 F_1。综合上述，选择同时满足坍落度和强度要求的好条件 $A_1B_1C_1D_1E_2F_1$ 为配合比，即胶水比为 3.5、用水量为 155kg/m³（水泥用量 543kg/m³）、石子用量为 1140kg/m³（砂率为 38%）、上海磺化洗油的剂量为 1.5%。这就是第 5 号试验除木钙外的试验条件。

（2）功效系数法

假定正交设计原考核 n 个指标，每一个指标均有一定的功效系数，第 i 个指标的功效系数为 d_i（$0 \leq d_i \leq 1$），如果有 n 个指标，就有 n 个功效系数 d_i（$i=1, 2, \cdots, n$），用这些系数的几何求积得到一个总功效系数。

$$d = \sqrt[n]{d_1 d_2 \cdots d_n}$$

这里用系数 d 表示 n 个指标总的优劣情况。这样，每次试验后，只要比较系数 d 即可得结果。

系数 d_i 确定的方法：用 $d_i=1$ 表示第 i 个指标的效果最好，而 $d_i=0$ 表示第 i 个指

标的效果最差，d_i 值满足

$$0 \leqslant d_i \leqslant 1$$

显然，如果某一试验结果使所有功效系数 d_i（$i=1$，2，$\cdots$，n）都达到 1，那么总的功效系数为

$$d = \sqrt[n]{1 \times 1 \times \cdots \times 1} = 1$$

这表明总的效果也是好的。反之，若有某一 $d_i = 0$，则必有 $d = 0$，也即这个试验结果不好。因此，在多指标正交设计的分析中不比较单个指标，只比较统一 n 个指标的总功效系数，使结果分析大大简化。

例 4：某工程选配以甘蔗糖蜜酒精糟（A）为主体，复合加气型表面活性剂（B），环氧乙烷脂肪醇缩合物及缓凝型（C），六偏磷钠酸组成的混凝土新型减水缓凝剂"3FG"，选择各组分的最优掺量。

解：因素水平及计算结果分别列于表 9.23 及表 9.24 中。

表 9.23 因素水平表

因素	水平		
	1	2	3
A	0.15	0.20	0.25
B	0.016	0.012	0.008
C	0.02	0.03	0.01

表 9.24 L_9（3^4）试验结果及功效系数的极差计算结果

试验	A	B	C		试验结果		功效系数		总功效系数
	1	2	3	4	减水率（%）	抗压强度（MPa）	减水率 d_1	强度 d_2	$d = \sqrt{d_1 d_2}$
1	1（0.15）	1（0.016）	1（0.02）	1	15.3	31.2	0.83	0.91	0.87
2	1	2（0.012）	2（0.03）	2	15.3	34.0	0.83	0.99	0.91
3	1	3（0.01）	3（0.01）	3	14.3	31.4	0.78	0.91	0.84
4	2（0.20）	1	2	3	17.9	29.0	0.97	0.84	0.90
5	2	2	3	1	18.4	33.0	1.00	0.96	0.98
6	2	3	1	2	15.8	34.4	0.86	1.00	0.93
7	3（0.25）	1	3	2	18.4	28.7	1.00	0.83	0.91
8	3	2	1	3	17.9	32.8	0.97	0.95	0.96
9	3	3	2	1	17.3	31.9	0.94	0.93	0.93
K_1	2.62	2.68	2.76	2.78					
K_2	2.81	2.85	2.74	2.75					总和 8.23
K_3	2.80	2.70	2.73	2.70					
R	0.19	0.17	0.03	0.08					

本例考核指标为减水率和抗压强度,按"综合平衡法"优选结果为 $A_2B_2C_0$(C_0 为因素的任意水平)。

将上述两个指标化为一个单指标,即功效系数分析试验结果,总功效系数及其极差计算结果列在表 9.24 中。

由表 9.24 直接看到第 5 号试验的功效系数 d 最大为 0.98,其组合条件为 $A_2B_2C_3$;由直观分析结果得出的较优组合条件为 $A_2B_2C_1$。由于因素 C 给功效系数的影响在试验误差之内,因此,优选结果为 $A_2B_2C_0$,与"综合平衡法"的结论完全一致。由此可见,当考核指标在两个以上时,用功效系数法分析试验结果则更为简便。

在此需要指出,混凝土试验中两个或两个以上指标大多数是一致的,即指标越高越好,但有时也会遇到互相矛盾的情况,即一个指标越高越好,而另一个指标越低越好。这时就不能用功效系数法来进行,可用两个指标的比值来分析试验结果。

9.3.2 方差分析

方差分析是分析试验数据的一种方法。在实践中,往往会发现对某一未知量经过多次试验所得结果,一般都不会是同一个数值,而彼此有所差异,这差异反映了试验时各种条件的影响,这些条件就是因素及试验误差。方差分析可以根据试验数据来分析造成数据差异的原因,从而判断各因素对试验结果影响的大小。

看一个简单的例子,从中获得方差分析解决问题的思路。例如,考察温度因素对某一化工产品的得率影响。选了 5 种不同的温度,同一温度做了 3 次试验,测得的结果列于表 9.25 中。下面就温度变化对得率的影响进行分析。

表 9.25 温度与得率的测试值

温度(℃)	60	65	70	75	80
得率(%)	90 92 88	97 93 92	96 96 93	84 83 88	84 86 82
平均得率(%)	90	94	95	85	84
总平均得率(%)	89.6				

从平均得率来看,温度对得率是有一定影响的,但仔细观察一下数据,发现同一温度下得率并不完全一样,产生这种差异主要是由于试验过程中各种偶然因素的干扰与测量误差所致,这类差异称为试验误差。这样就提出了不同温度下得率的大小是试验误差造成的,还是由于温度变化而引起的问题。这个问题可采用方差分析的方法来解决。

本例中 15 个测试数据参差不齐,它们的差异称为总变差。产生总变差的原因是试验误差和条件变差。条件变差是由于试验条件不同而引起的试验结果差异,在上例中就是由于温度不同引起得率的差异。方差分析能从总变差中分出试验误差与条件变差对结果影响的大小,并赋予数量表示。

有 n 个参差不齐的数据 x_1,x_2,…,x_n,它们之间的差异称为变差,其数量用极差表示。这是直观的表示方法,已在正交设计中使用,但其缺点是对数据提供的信息利用

不够，故采用另一种表示方法——变差平方和，简称平方和，以 S_0 记，即

$$S_0 = \sum_{i=1}^{n}(x_i - \overline{x})^2 = \sum_{i=1}^{n} x_i - \frac{1}{n}\left(\sum_{i=1}^{n} x_i\right)^2$$

式中，$\overline{x} = \frac{1}{n}\sum_{i=1}^{n}(x_i)$。

S_0 表示每个数据离平均值有多远的一个测度，S_0 越大，表示数据间的差异越大。为了减少计算工作量，可采用每一数据减去（加上）同一个数 a，其平方和 S_0 不变；也可同乘（除）以一个数 b，相应的平方和增大（缩小）b^2 倍。

由于平方和随数据的多少而变化，数据多平方和大，数据少则平方和小。为了消除数据个数的多少给平方和带来的影响，为此引进自由度，如果平方和是由 n 项组成，它的自由度就是 $n-1$，如果一个平方和是由几部分平方和组成的，则总的自由度等于各部分自由度之和。平方和除以相应的自由度 f 称为均方。

现以上例进行具体计算，求得数量概念及判断因素与试验误差对试验结果的影响大小。

（1）总变差（总平方和），以 S_r 表示，按上式进行计算得 15 个数的总平方和 $S_r = 353.6$，总变差的自由度用 f_r 表示，$f_r = 15 - 1 = 14$。

（2）温度（条件）变差，以 S_A 表示，它等于 5 种温度的平均得率的变差平方和乘以每种温度试验的重复数，这里试验的重复数为 3，则 $S_A = 101.2 \times 3 = 303.6$，温度变差的自由度以 f_A 表示，$f_A = 5 - 1 = 4$。

（3）试验误差，以 S_e 表示，同一温度下得率的差异就是试验误差。各温度下的试验误差的平方和：

S_e（60℃）$=8$　　　　　　　　　S_e（65℃）$=14$

S_e（70℃）$=6$　　　　　　　　　S_e（75℃）$=14$

S_e（80℃）$=8$

总加在一起就是试验误差，即 $S_e = 8 + 14 + 6 + 14 + 8 = 50$。试验误差的自由度以 f_e 表示，f_e 与总变差自由度 f_r 及温度变差自由度 f_A 的关系为 $f_r = f_A + f_e$，故 $f_e = f_r - f_A = 14 - 4 = 10$，而且 $S_T = S_A + S_e$。这就说明总变差可以分解为两部分，一部分是试验误差，另一部分是温度变差。

现用列表的方法计算 S_T，S_A，S_e，设因素 A 有 b 个水平，每个水平重复 a 次试验，水平 A_i 的第 j 次试验结果以 x_{ij} 表示，则分析计算表格见表 9.26。

表 9.26　单因素试验方差分析计算表

	A_1	A_2	$\cdots$	A_i	$\cdots$	A_b	
1	x_{11}	x_{21}	$\cdots$	x_{i1}	$\cdots$	x_{b1}	
2	x_{12}	x_{22}	$\cdots$	x_{i2}	$\cdots$	x_{b2}	
$\vdots$	$\vdots$	$\vdots$	$\vdots$	$\vdots$	$\vdots$	$\vdots$	
j	x_{1j}	x_{2j}	$\cdots$	x_{ij}	$\cdots$	x_{bj}	
$\vdots$	$\vdots$	$\vdots$	$\vdots$	$\vdots$	$\vdots$	$\vdots$	
a	x_{1a}	x_{2a}	$\cdots$	x_{ia}	$\cdots$	x_{ba}	$\sum$

续表

	A_1	A_2	$\cdots$	A_i	$\cdots$	A_b	
$\sum$	$\displaystyle\sum_{j=1}^{a}x_{1j}$	$\displaystyle\sum_{j=1}^{a}x_{2j}$	$\cdots$	$\displaystyle\sum_{j=1}^{a}x_{ij}$	$\cdots$	$\displaystyle\sum_{j=1}^{a}x_{bj}$	$\displaystyle\sum_{i=1}^{b}\sum_{j=1}^{a}x_{ij}=K$
$(\sum)^2$	$\displaystyle(\sum_{j=1}^{a}x_{1j})^2$	$\displaystyle(\sum_{j=1}^{a}x_{2j})^2$	$\cdots$	$\displaystyle(\sum_{j=1}^{a}x_{ij})^2$	$\cdots$	$\displaystyle(\sum_{j=1}^{a}x_{bj})^2$	$\displaystyle\sum_{i=1}^{b}(\sum_{j=1}^{a}x_{ij})^2=aQ$
$\sum^2$	$\displaystyle\sum_{j=1}^{a}x_{1j}^2$	$\displaystyle\sum_{j=1}^{a}x_{2j}^2$	$\cdots$	$\displaystyle\sum_{j=1}^{a}x_{ij}^2$	$\cdots$	$\displaystyle\sum_{j=1}^{a}x_{bj}^2$	$\displaystyle\sum_{i=1}^{b}\sum_{j=1}^{a}x_{ij}^2=R$

令

$$P = \frac{1}{ab}\Big(\sum_{i=1}^{a}\sum_{j=1}^{a}x_{ij}\Big)^2 = \frac{1}{ab}K^2$$

$$Q = \frac{1}{a}\sum_{i=1}^{b}\Big(\sum_{j=1}^{a}x_{ij}\Big)^2$$

$$R = \sum_{i=1}^{b}\sum_{j=1}^{a}x_{ij}^2$$

由此可推知

条件变差 $S_A = Q - P$ 自由度 $f_A = b - 1$

试验误差 $S_e = R - Q$ 自由度 $f_e = b(a)$

总变差 $S_T = S_A + S_e = R - P$ 自由度 $f_T = ab - 1$

现利用表 9.26 对上例进行计算，并将所有数据同减去 90，平方和不变，列于表 9.27 中。

表 9.27　单因素试验方差分析计算表

	60℃	65℃	70℃	75℃	80℃	
1	0	7	6	-6	-6	
2	2	3	6	-7	-4	
3	-2	2	3	-2	-8	$\sum$
$\sum$	0	12	15	-15	-18	$-6 = K$
$(\sum)^2$	0	144	225	225	324	$918 = aQ$
$\sum^2$	8	62	81	89	116	$365 = R$

计算得

$$P = \frac{1}{ab}K^2 = \frac{1}{15}(-6)^2 = 2.4$$

$$Q = \frac{1}{a}aQ = \frac{1}{3}\times 918 = 306$$

$$R = 356$$

$$S_A = Q - P = 306 - 2.4 = 303.6 \qquad f_A = b - 1 = 5 - 1 = 4$$
$$S_e = R - Q = 356 - 306 = 50 \qquad f_e = b(a-1) = 5(3-1) = 10$$
$$S_T = R - P = 356 - 2.4 = 353.6 \qquad f_T = ab - 1 = 3 \times 5 - 1 = 14$$

与前面计算所得完全一致，且计算方便、精确。

根据定义得均方

$$\overline{S}_A = \frac{S_A}{f_A} = \frac{303.6}{4} = 75.9$$

$$\overline{S}_e = \frac{S_e}{f_e} = \frac{50}{10} = 5.0$$

将以上计算结果列成方差分析表，见表9.28。

表 9.28 方差分析表

方差来源	平方和	自由度	均方	F	临界值
温度	303.6	4	75.9	15.18 *′	$F_{0.01} = 6.0$
试验误差	50.0	10	5.0		
总和	353.6	14			

均方是反映波动大小的一个测度，比较 $\overline{S}_A$ 与 $\overline{S}_e$ 的大小，可以得出温度变化对得率的影响是否显著，这就是因素显著性检验。

令

$$F = \frac{\overline{S}_A}{\overline{S}_e} = \frac{75.9}{5.0} = 15.18$$

如果 F 值接近于1，说明温度引起的得率波动与试验误差引起的差不多，也就不能说明温度对得率的影响是显著的。如果 F 值比1大得多，说明温度对得率的影响是显著的。F 多大才能算显著呢？从理论上推出了一种 F 分布表，见表9.29。给出的4种 F 表，其显著性水平分别为 $a = 0.25$，0.10，0.05，0.01，F 表有两个参数 f_1 与 f_2，用 $F_a(f_1, f_2)$ 表示显著性水平为 a 相应两个自由度 f_1，f_2 时 F 表上的值，如，$F_{0.05}(4, 10) = 3.5$，$F_{0.01}(4, 10) = 6.0$ 等。F 表上的值就是用来判断因素影响是否显著的临界值。

对单因素试验，取 $f_1 = F_a$，$f_2 = f_e$，对上例 $f_1 = 4$，$f_2 = 10$，查表得 $F_{0.10}(4, 10) = 2.61$，$F_{0.05}(4, 10) = 3.48$ 等。用计算所得 F 值与表上 F 值进行比较，有四种情况：

① $F > F_{0.01}$ 影响特别显著，记为"$**$"；

② $F_{0.01} \geqslant F > F_{0.05}$ 影响显著，记为"$*$"；

③ $F_{0.05} \geqslant F > F_{0.10}$ 有一定影响，记为"$*′$"；

④ $F_{0.10} \geqslant F$ 看不出有影响。

本例中 $F = 15.18 > F_{0.01} = 6.0$，表明温度对得率有特别显著的影响，所以选择工艺条件时应取平均得率最高的那个温度，即70℃。

所谓显著水平 $a = 0.05$，表示在100次试验中有95次是正确的，另5次是不正确的。同样 $a = 0.10$，表示90次正确，10次不正确，其余类推。

在 F 检验中，f_e 太小，检验的灵敏度不高，显著性影响断定不了；f_e 越大，F 检验的灵敏度越高。但 f_e 太大，相应的试验次数太多不易办到。一般条件下希望 $f_e = 5 \sim 10$，如实在有困难，进行 F 检验时将 a 放宽至0.25。

表 9.29 F 检验的临界值 F 分布表

$\alpha = 0.25$

f_2 \ f_1	1	2	3	4	5	6	7	8	9	10	∞
1	5.83	7.50	8.20	8.58	8.82	8.98	9.10	9.19	9.26	9.32	9.85
2	2.57	3.00	3.15	3.23	3.28	3.31	3.34	3.35	3.37	3.38	3.48
3	2.02	2.28	2.36	2.39	2.41	2.42	2.43	2.44	2.44	2.44	2.47
4	1.81	2.00	2.05	2.06	2.07	2.08	2.08	2.08	2.08	2.08	2.08
5	1.69	1.85	1.88	1.89	1.89	1.89	1.89	1.89	1.89	1.89	1.89
6	1.62	1.76	1.78	1.79	1.79	1.78	1.78	1.78	1.77	1.77	1.74
7	1.57	1.70	1.72	1.72	1.71	1.71	1.70	1.70	1.69	1.69	1.65
8	1.54	1.66	1.67	1.66	1.66	1.65	1.64	1.64	1.63	1.63	1.58
9	1.51	1.62	1.63	1.63	1.62	1.61	1.60	1.60	1.59	1.59	1.53
10	1.49	1.60	1.60	1.59	1.59	1.58	1.57	1.56	1.56	1.55	1.48
11	1.47	1.58	1.58	1.57	1.56	1.55	1.54	1.53	1.53	1.52	1.45
12	1.46	1.56	1.56	1.55	1.54	1.53	1.52	1.51	1.51	1.50	1.42
13	1.45	1.55	1.55	1.53	1.52	1.51	1.50	1.49	1.49	1.48	1.40
14	1.44	1.53	1.53	1.52	1.51	1.50	1.49	1.48	1.47	1.46	1.38
∞	1.32	1.39	1.37	1.35	1.33	1.31	1.29	1.28	1.27	1.25	1.00

$\alpha = 0.10$

f_2 \ f_1	1	2	3	4	5	6	7	8	9	10	∞
1	39.9	49.5	53.6	55.8	57.2	58.2	58.9	59.4	59.9	60.2	63.3
2	8.53	9.00	9.16	9.24	9.29	9.33	9.35	9.37	9.38	9.39	9.49
3	5.54	5.46	5.39	5.34	5.31	5.28	5.27	5.25	5.24	5.23	5.13
4	4.54	4.32	4.19	4.11	4.05	4.01	3.98	3.95	3.94	3.92	3.76
5	4.06	3.78	3.62	3.52	3.45	3.40	3.37	3.34	3.32	3.30	3.10
6	3.78	3.46	3.29	3.18	3.11	3.05	3.01	2.98	2.96	2.94	2.72
7	3.59	3.26	3.07	2.96	2.88	2.83	2.78	2.75	2.72	2.70	2.47
8	3.46	3.11	2.92	2.81	2.73	2.67	2.62	2.59	2.56	2.54	2.29
9	3.36	3.01	2.81	2.69	2.61	2.55	2.51	2.47	2.44	2.42	2.16
10	3.28	2.92	2.73	2.61	2.53	2.46	2.41	2.38	2.35	2.32	2.06
11	3.23	2.86	2.66	2.54	2.45	2.39	2.34	2.30	2.27	2.25	1.97
12	3.18	2.81	2.61	2.48	2.39	2.33	2.28	2.24	2.21	2.19	1.90
13	3.14	2.76	2.56	2.43	2.35	2.28	2.23	2.20	2.16	2.14	1.85
14	3.10	2.73	2.52	2.39	2.31	2.34	2.19	2.15	2.12	2.10	1.80
∞	2.71	2.30	2.08	1.94	1.85	1.17	1.72	1.67	1.63	1.60	1.00

$\alpha = 0.05$

f_2 \ f_1	1	2	3	4	5	6	7	8	9	10	∞
1	161	200	216	225	230	234	237	239	241	242	254
2	18.5	19.0	19.2	19.2	19.3	19.3	19.4	19.4	19.4	19.4	19.5
3	10.1	9.55	9.28	9.12	9.01	8.94	8.89	8.85	8.81	8.79	8.53
4	7.71	6.94	6.59	6.39	6.26	6.16	6.09	6.04	6.00	5.96	5.63
5	6.61	5.79	5.41	5.19	5.05	4.95	4.88	4.82	4.77	4.74	4.37
6	5.99	5.14	4.76	4.53	4.39	4.58	4.21	4.15	4.10	4.06	3.67
7	5.59	4.74	4.35	4.12	3.97	3.87	3.79	3.73	3.68	3.64	3.23
8	5.32	4.46	4.07	3.84	3.69	3.58	3.50	3.44	3.39	3.35	2.93
9	5.12	4.26	3.86	3.63	3.48	3.37	3.29	3.23	3.18	3.14	2.71
10	1.96	4.10	3.71	3.48	3.33	3.22	3.14	3.07	3.02	2.98	2.54
11	4.84	3.98	3.59	3.36	3.20	3.09	3.01	2.95	2.90	2.85	2.40
12	4.75	3.89	3.49	3.26	3.11	3.00	2.91	2.85	2.80	2.75	2.30
13	4.67	3.81	3.41	3.18	3.03	2.92	2.83	2.77	2.71	2.67	2.21
14	4.60	3.74	3.34	3.11	2.96	2.85	2.76	2.70	2.65	2.60	2.13
∞	3.94	3.00	2.60	2.37	2.21	2.10	2.01	1.94	1.88	1.83	1.00

$\alpha = 0.01$

f_2 \ f_1	1	2	3	4	5	6	7	8	9	10	∞
1	405	500	540	563	576	586	593	598	602	606	637
2	98.5	99.0	99.2	99.2	99.3	99.3	99.4	99.4	99.4	99.4	99.5
3	34.1	30.8	29.5	28.7	28.2	27.9	27.7	27.5	27.3	27.2	26.1
4	21.2	18.0	16.7	16.0	15.5	15.2	15.0	14.8	14.7	14.5	13.5
5	16.3	13.3	12.1	11.4	11.0	10.7	10.5	10.3	10.2	10.1	9.02
6	13.7	10.9	9.78	9.15	8.75	8.47	8.26	8.10	7.98	7.87	6.88
7	12.2	9.55	8.45	7.85	7.46	7.19	6.99	6.84	6.72	6.62	5.65
8	11.3	8.65	7.59	7.01	6.63	6.37	6.18	6.03	5.91	5.81	4.86
9	10.6	8.02	6.99	6.42	6.06	5.80	5.61	5.47	5.35	5.26	4.31
10	10.0	7.56	6.55	5.99	5.64	5.39	5.20	5.06	4.94	4.85	3.91
11	9.65	7.21	6.22	5.67	5.32	5.07	4.89	4.74	4.63	4.54	3.60
12	9.33	6.93	5.95	5.41	5.06	4.82	4.64	4.50	4.39	4.30	3.36
13	9.07	6.70	5.74	5.21	4.86	4.62	4.44	4.30	4.19	4.10	3.17
14	8.85	6.51	5.56	5.04	4.70	4.46	4.28	4.14	4.03	3.94	3.00
∞	6.63	4.61	3.78	3.32	3.02	2.80	2.64	2.51	2.41	2.32	1.00

9.3.3 回归分析

在生产与科学实验中常常会遇到某些变量之间存在着一定的依赖关系。但不能精确求出确定性的直线关系，而是比较复杂的不确定的相关关系，这需要用统计方法寻找统计规律，这类统计规律称为回归关系。有关回归关系的计算方法与理论通称为回归分析。回归分析是数理统计的一个分支，被广泛应用于求取经验公式，寻找产量和质量指标与生产条件的关系，以及确定最佳生产条件的数学工具。

1. 一元线性回归

一元线性回归就是配直线的问题，即两个变量 x 与 Y 有一定的相关关系，如抗压强度和抗折强度、快速试验强度和标准试验强度、混凝土强度和水泥强度等。通过试验，得到了有关数据，根据数学处理方法得出两变量之间的关系，即回归分析所得关系式与经验公式或称回归方程。两变量之间最简单的关系是直线相关，其方程为

$$Y = a + bx$$

式中　Y——因变量；

$\quad\quad\quad x$——自变量；

$\quad\quad\quad a，b$——回归系数，a 为截距，b 为斜率。

下面介绍建立两变量之间直线关系的几种方法。

（1）作图法

例5：测得8对水泥快速抗压强度 $f_{快}$ 与 28d 标准抗压强度 $f_{标}$ 值见表 9.30，求 28d 标准抗压强度 $f_{标}$ 与快速抗压强度 $f_{快}$ 的直线相关方程。

表 9.30　水泥强度测定值

序号	1	2	3	4	5	6	7	8
x（$f_{快}$）	6.3	40.9	12.5	38.6	19.5	21.5	25.2	31.9
Y（$f_{标}$）	26.1	62.6	29.0	58.4	37.1	41.1	45.7	52.6

解：以 $f_{快}$ 为横坐标，$f_{标}$ 为纵坐标作图，见图 9.3，将 8 对测量值绘于图上，通过 8 个点作一直线，使得点在直线两侧均匀分布，该直线方程为 $Y = a + bx$，就是标准抗压

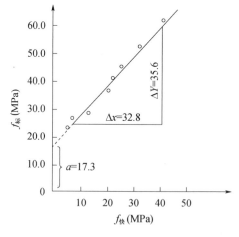

图 9.3　$f_{标}$ 与 $f_{快}$ 的直线相关性

强度与快速抗压强度的相关方程。

延长直线使之与纵坐标轴相交，交点至零点的距离为 $a=17.3$MPa。

直线的斜率 $b=\dfrac{\Delta y}{\Delta x}=\dfrac{35.6}{32.8}=1.0854$

则 $f_标$ 与 $f_快$ 的直线关系式为

$$f_标=17.3+1.0854f_快$$

说明：用作图法求两个变量间的直线经验公式时，要特别注意 a 和 b 的正负号。相关直线与 Y 轴的交点在零点以上时，a 为正号，反之为负号；因变量 Y 值随自变量 x 值增大而增大时，b 为正值，反之为负值。

（2）端点法

例：同例 5。

解：① 将 $f_标$ 与 $f_快$ 8 对测量值按序由小到大排列，见表 9.31。

表 9.31 水泥强度测定值

序号	1	2	3	4	5	6	7	8
x（$f_快$）	6.3	12.5	19.5	21.5	25.2	31.9	38.6	40.9
Y（$f_标$）	26.1	29.0	37.1	41.1	45.7	52.6	58.4	62.6

② 在 8 对测量值中取两端的测值，即第一对和第八对：

	x	Y
第一对	6.3	26.1
第八对	40.9	62.6

③ 将两对测值代入直线方程 $Y=a+bx$ 中，得二元一次方程：

$$\begin{cases} 26.1=a+6.3b \\ 62.6=a+40.9b \end{cases}$$

联立解方程得：$a=19.5$，$b=1.0549$。

所以相关方程为 $f_标=19.5+1.0549f_快$

说明：端点法得到的相关公式较粗糙，实际中很少使用。

（3）平均法例：同前例 5。

解：① 将 $f_标$ 与 $f_快$ 8 对测量值按序由小到大排列，见表 9.31。

② 将 8 对测量值分为 2 组，前四对为一组，后四对为一组，分别求出 2 组测量值 x 和 Y 的平均值：

第一组：$x=15.0$，$Y=33.3$

第二组：$x=34.2$，$Y=54.8$

③ 将上述两对数值代入直线方程 $Y=a+bx$ 中，得二元一次方程：

$$\begin{cases} 33.3=a+15.0b \\ 54.8=a+34.2b \end{cases}$$

联立解方程得：$a=16.503$，$b=1.1198$

所以相关方程为 $f_标=16.503+1.1198f_快$

（4）最小二乘法

最小二乘法的原理是使各测量值与统计得到的关系直线间的平方和为最小，这是一种常用的统计方法。二元一次直线方程 $Y=a+bx$ 的截距 a、斜率 b 的计算式如下：

截距 a：

$$a = \frac{\sum xY \sum x - \sum Y \sum x^2}{(\sum x)^2 - n\sum x^2}$$

斜率 b：

$$b = \frac{\sum x \sum Y - n\sum xY}{(\sum x)^2 - n\sum x^2}$$

用上述方法配出的回归线是否有意义，还需进行检验。因为对任何两个变量所得的试验数据，都可以按上述计算步骤配出一条直线，但在实际中，只有当 Y 与 x 之间存在某种线性关系时配出的直线才有意义。检验回归线有无意义一是靠专业知识；二是在数学上给出了一种辅助办法，引进一个相关系数 γ，相关系数由下式计算：

$$\gamma = \frac{n\sum xY - \sum x \sum Y}{\sqrt{[n\sum x^2 - (\sum x)^2][n\sum Y^2 - (\sum Y)^2]}}$$

其绝对值越接近于 1，x 与 Y 的线性关系越好；如果接近于 0，可以认为 x 与 Y 之间无线性关系，在表 9.32 中给出了相关系数检验表，表中数值为相关系数的起码值。求得的相关系数 γ 要大于表列值，才能考虑用直线描述 Y 与 x 之间的关系。显然，表列相关系数与样本数量 n 有关，n 越小，相关系数的起码值越大。

表 9.32　临界相关系数 γ_0 表

自由度 f	置信度 a			
	10%	5%	1%	0.1%
1	0.988	0.997	1.000	1.000
2	0.900	0.950	0.990	0.999
3	0.805	0.878	0.959	0.992
4	0.729	0.811	0.917	0.974
5	0.669	0.754	0.874	0.0954
6	0.621	0.707	0.834	0.925
7	0.582	0.666	0.798	0.898
8	0.549	0.632	0.765	0.872
9	0.521	0.602	0.735	0.847
10	0.497	0.576	0.708	0.823
11	0.476	0.553	0.684	0.804
12	0.457	0.532	0.661	0.780
13	0.441	0.514	0.641	0.760
14	0.426	0.497	0.623	0.742
15	0.412	0.482	0.606	0.728

自由度 f	置信度 a			
	10%	5%	1%	0.1%
16	0.400	0.468	0.590	0.708
17	0.389	0.456	0.575	0.693
18	0.378	0.444	0.561	0.687
19	0.369	0.438	0.549	0.665
20	0.360	0.428	0.537	0.652
25	0.323	0.381	0.487	0.597
30	0.296	0.349	0.449	0.554
35	0.275	0.325	0.418	0.519
40	0.257	0.304	0.393	0.490
50	0.231	0.273	0.354	0.443
60	0.211	0.250	0.325	0.408
70	0.195	0.232	0.302	0.380
80	0.183	0.217	0.282	0.357
90	0.173	0.206	0.267	0.337
100	0.164	0.196	0.254	0.321

例：同例 5。

解：将测量值计算得到 $\sum x$，$\sum y$，$\sum x^2$，$\sum Y^2$，$\sum xY$ 等数值，见表 9.33。

表 9.33　计算数值

n	Y（$f_标$）	x（$f_快$）	Y^2	x^2	xY
1	26.1	6.3	681.21	39.69	164.43
2	62.6	40.9	3918.76	1672.81	2560.34
3	29.0	12.5	841.00	156.25	362.50
4	58.4	38.6	3410.56	1489.96	2254.24
5	37.1	19.6	1376.41	384.16	727.16
6	41.1	21.5	1689.21	462.25	883.65
7	45.7	25.2	2088.49	635.04	1151.64
8	52.6	31.9	2766.76	1071.61	1677.64
$\sum$	352.6	196.5	16772.40	5857.77	9780.90

代入截距 a 计算式，斜率 b 计算式得：

$$a=17.371\approx17.4$$
$$b=1.0872$$

所以，相关直线式为 $f_标=17.4+1.0872 f_快$

根据相关系数 γ 公式，得相关系数 $\gamma=0.9949$。相关系数越接近 1，说明统计得到的直线与测量值之间的相关性越好，公式使用的可靠性越大。

2. 一元非线性回归

在实际问题中，若两个变量之间不是线性关系，而是某种曲线关系，此时通常将非线性回归通过某些简单的变量变换，转化为线性回归模型来求解。

曲线回归分析首先要确定曲线回归方程的类型，如，是抛物线、双曲线方程，还是对数、指数方程，或是其他类型的曲线方程；然后通过某种数学变换，将曲线方程化为直线方程，求出直线方程中的新参数值；再按参数变换形式求出曲线方程中的参数值，这样曲线回归方程就确定了。

现列举几种常见的曲线回归方程转化为直线的过程。

（1）双曲线方程

$$\frac{1}{y}=a+\frac{b}{x}$$

作数学变换，令 $y'=\dfrac{1}{y}$ 　　　　$x'=\dfrac{1}{x}$

则得 $\qquad\qquad\qquad\qquad y'=a+bx'$

其中 a，b 参数不变，按直线回归求出参数 a，b 就是双曲线方程的参数。

（2）对数方程

$$y=a+b\lg x$$

作数学变换，$x'=\lg x$，y 不变

则得 $\qquad\qquad\qquad\qquad y=a+bx'$

其中 a，b 参数不变，按直线回归求出参数 a，b 就是对数方程的参数。

（3）指数方程

$$y=ae^{bx}$$

两边取自然对数，得

$$iny=\ln a+bx$$

作变换 $\qquad\qquad y'=\ln y, \ a'=\ln a$

即得 $\qquad\qquad\qquad y'=a'+bx$

按直线方程求出的 b 值不变，求出的 a' 通过 $a'=\ln a$ 算出 a。也可采用 10 为底的指数方程来求算。

（4）幂函数

$$y=ax^{b}$$

两边取对数，得 $\qquad\qquad \lg y=\lg a+b\lg x$

作变换 $\qquad\qquad y'=\lg y, \ a'=\lg a, \ x'=\lg x$

得 $\qquad\qquad\qquad\qquad y'=a'+bx'$

按直线方程求出参数 b 不变，求出的 a' 通过 $a'=\lg a$ 算出 a。

（5）S 形曲线

$$y=\frac{1}{a+be^{-x}}$$

作变换

$$y'=\frac{1}{y} \qquad x'=\mathrm{e}^{-x}$$

即得

$$y'=a+bx'$$

按直线方程求出 a，b 即为 S 形曲线的参数。

9.4 混凝土质量控制及电算化

9.4.1 混凝土质量控制

1. 混凝土拌和物性能

混凝土拌和物性能应满足设计和施工要求。混凝土拌和物的各项质量指标应按下列规定检验：①各种混凝土拌和物均应检验其流动度或稠度；②掺引气型外加剂的混凝土拌和物应检验其含气量。

混凝土拌和物的稠度应以坍落度或维勃稠度表示，混凝土拌和物的坍落度、扩展度的等级划分及其程度允许偏差，应符合表 9.34、表 9.35、表 9.36 的规定。

表 9.34　混凝土拌和物的坍落度等级划分

等级	坍落度
S1	10～40
S2	50～90
S3	100～150
S4	160～210
S5	≥220

表 9.35　混凝土拌和物的扩展度等级划分

等级	扩展度（mm）	等级	扩展度（mm）
F1	≤340	F4	490～550
F2	350～410	F5	560～620
F3	420～480	F6	≥630

表 9.36　混凝土拌和物稠度允许偏差

拌和物性能		允许偏差		
坍落度（mm）	设计值	≤40	50～90	≥100
	允许偏差	±10	±20	±30
扩展度（mm）	设计值	≥350		
	允许偏差	±30		

混凝土拌和物应在满足施工要求的前提下，尽可能采用较小的坍落度；泵送混凝土拌和物坍落度设计值不宜大于 180mm。泵送高强混凝土的扩展度不宜小于 500mm；自密实混凝土的扩展度不宜小于 600mm。混凝土拌和物的坍落度经时损失不应影响混凝土的正常施工。泵送混凝土拌和物的坍落度经时损失不宜大于 30mm/h，混凝土拌和物

的凝结时间应满足施工要求和混凝土性能要求。混凝土拌和物应具有良好的和易性，并不得离析或泌水。

混凝土拌和物中水溶性氯离子最大含量应符合表9.37的要求。混凝土拌和物中水溶性氯离子含量应按照现行行业标准《水运工程混凝土试验检测技术规范》（JTS/T 236）中混凝土拌合物中氯离子含量的测定方法或其他准确度更好的方法进行测定。

表9.37 混凝土拌合物中水溶性氯离子最大含量
（水泥用量的质量百分比, %）

环境条件	水溶性氯离子最大含量		
	钢筋混凝土	预应力混凝土	素混凝土
干燥环境	0.30	0.006	1.00
潮湿但不含氯离子的环境	0.20		
潮湿且含有氯离子的环境、盐渍土环境	0.10		
除冰盐等侵蚀性物质的腐蚀环境	0.06		

掺用引气剂或引气型外加剂混凝土拌合物的含气量宜符合表9.38的规定。

表9.38 混凝土含气量

粗骨料最大公称粒径（mm）	混凝土含气量（%）
20	≤5.5
25	≤5.0
40	≤4.5

混凝土的力学性能、长期性能和耐久性能应满足设计要求。混凝土生产控制水平可按强度标准差（σ）和实测强度达到强度标准值组数的百分率（P）表征。混凝土强度标准差（σ）应按下式计算，并宜符合表9.39的规定。预拌混凝土搅拌站和预制混凝土构件厂的统计周期可取一个月；施工现场搅拌站的统计周期可根据实际情况确定，但不宜超过三个月。

$$\sigma = \sqrt{\frac{\sum_{i=1}^{n} f_{cu,i}^2 - n m_{fcu}^2}{n-1}}$$

式中　σ——混凝土强度标准差，精确到0.1MPa；

　　$f_{cu,i}$——统计周期内第i组混凝土立方体试件的抗压强度值，精确到0.1MPa；

　　m_{fcu}——统计周期内n组混凝土立方体试件的抗压强度的平均值，精确到0.1MPa；

　　n——统计周期内相同强度等级混凝土的试件组数，n值不应小于30。

表9.39 混凝土强度标准差（MPa）

生产场所	强度标准差 σ		
	<C20	C20～C40	≥C45
预拌混凝土搅拌站 预制混凝土构件厂	≤3.0	≤3.5	≤4.0
施工现场搅拌站	≤3.5	≤4.0	≤4.5

实测强度达到强度标准值组数的百分率（P）应按下式计算，且 P 不应小于 95%。

$$P = \frac{n_0}{n} \times 100\%$$

式中　P——统计周期内实测强度达到强度标准值组数的百分率，精确到 0.1%；

　　　　n_0——统计周期内相同强度等级混凝土达到强度标准值的试件组数。

9.4.2　混凝土配合比设计电算化

Microsoft 的办公软件 Office 在预拌混凝土搅拌站试验室广泛应用，Word 2013 主要应用于文字处理，Excel 2013 应用于材料统计、报表制作等，Excel 2013 还有着强大的应用功能，可以广泛地应用于混凝土配合比设计、预拌混凝土质量管理等方面。

混凝土配合比设计的试算法采用分步解决、减少未知数数量的办法，打破以往依赖选择几个经验数据——"用水量"与"砂率"作为重要参数进行假设的常规混凝土配合比设计方法，根据"每种骨料均有在某个粒径范围内颗粒含量较多，能在混合料中起决定性作用"的原理，应用富勒理想级配曲线公式方法来确定混凝土"相对密实而易于流动的悬浮密实结构骨料组合比例"，从而使混凝土配合比设计方法变得可操作性强、工作量小、对经验依赖性小，在实际生产中应用效果良好，但其"确定骨料组合比例"步骤却计算烦琐，尤其是反复调整骨料组合比例时，手工计算更是费时费力。Excel 强大的图表绘制和计算功能来实现骨料组合比例以及混凝土配合比设计的电算化有极大的实用性和可推广性。

9.4.3　利用 Excel 2013 进行混凝土配合比设计

利用 Excel 强大的图表绘制和计算功能，对混凝土配合比设计的试算法进行表格化，使得混凝土配合比的设计变得简便、实用，更加容易掌握，具体步骤如下。

1. 确定混凝土配制强度

在单元格内设定所需要的混凝土强度等级，通过条件语句来选择并显示标准差 σ。首先在单元格 D3 中建立一个下拉菜单，输入所需要设计的混凝土强度等级值，然后按照如下步骤设置下拉菜单：打开"数据：有效性"选项，在"设置"标签里，单击"允许"右侧的下拉按钮，选中"序列"选项，并在下面的"来源"方框里，输入"混凝土强度等级，10，15，20，25，30，35，40，…"，确认退出。再在单元格 D5 中输入："＝IF［D4＜＝20，"4"，IF（D4＞45，"6"，"5"，…)]"，确认退出。这样，只要设计某一个混凝土强度等级的，在这个下拉菜单里选择混凝土强度等级值就可以了。以 C30 为例，则需要做的就是选择 30 的强度值，混凝土的标准差就会显示为 5，如图 9.4 所示。

	A	B	C	D	E
3	1	设计强度等级	C	30	
4		标准强度	C	30	
5		标准差		5	
6		系数		1.645	
7		设计等级强度		38.2	

图 9.4　混凝土强度等级选择

这样，混凝土强度等级的设计值就会直接显示出来。

2. 确定水胶比

根据骨料品种来选择计算回归系数，在单元格内设置一个下拉菜单：打开“数据：有效性”选项，在“设置”标签里，单击“允许”右侧的下拉按钮，选中“序列”选项，并在下面的“来源”方框里，输入“骨料品种，碎石，卵石”，确认退出。再在下面的单元格内同样设置回归系数 a_a 和 a_b，这样只需要选择骨料的品种，回归系数就同时显示出来。在设定胶材强度 f_b，根据现行行业标准《普通混凝土配合比设计规程》（JGJ 55—2011）中的粉煤灰影响系数（γ_f）和粒化高炉矿渣粉影响系数（γ_s），见表 9.40，选择合适的系数值，可以得到胶材计算强度。

表 9.40　粉煤灰影响系数（γ_f）和粒化高炉矿渣粉影响系数（γ_s）

掺量	粉煤灰影响系数 γf	矿粉影响系数 γs
0	1.00	1.00
10%	0.85～0.95	1.00
20%	0.75～0.85	0.95～1.00
30%	0.65～0.75	0.90～1.00
40%	0.55～0.65	0.80～0.90
50%	—	0.70～0.85

通过以上的数据，以及已经知道的材料性能以及试验数据计算水胶比，显示在单元格内，如图 9.5 所示。

	I	J	K	L	M	N	O	P	Q
4	4	水胶比：							
5		骨料品种	=	碎石					
6		回归系数aa	=	0.53					
7		回归系数ab	=	0.20					
8		胶材强度	=	43.04					
9		水胶比W/B	=	αb*fb/(fcu.o+αa*αb*fb)				=	0.53
10									

图 9.5　水胶比计算图

3. 骨料合成试算

通过对骨料各个材料的筛分分析，将所得累计筛余输入图 9.6 中的各材料累计筛余中。然后根据骨料统一计算的原理，即根据“每种骨料均有在某个粒径范围内颗粒含量较多，能在混合料中起决定性作用”原理，对于哪个粒径的估算，可以通过利用 Excel 中的语句来设置，由程序直接按照设定的取值要求来进行。如在粗骨料上，一般来说，起到决定性作用的可以一般为分计筛余最大的，也就是累计筛余的差值是最大的，即 26.5mm 或 19mm 上的分计筛余最大。从本例中的筛分析可以看出，筛余量为 65% 的占主要部位，这部分在粗颗粒中起到决定性作用。这样，可以在 F3 单元格内设置条件语句，通过利用筛余累计的差值来选择该骨料的比例，在单元格 F3 中编辑以下逻辑方式：

如果 B5 和 B4 的差值大于 B6 和 B5 的差值，则显示 K5/B5 的比值；反之，则显示 K6/B6 的比值，格式为＝IF（（B5－B4）＞（B6－B5），K5/B5，K6/B6），这样，只需要将累计筛余填入表中，就可以计算出骨料一的比例。然后在 Excel 单元格 F4 中输入"＝F3＊B4"，在单元格 F5 中输入"＝F3＊B5"，按照同样的格式进行 F4 到 F15 的输入。即自动以 F3 分别乘以 B4 至 B15，得出 F4 至 F15 栏目的数据。这就是统一骨料的粗骨料部分。

同样，试算碎石二在混合料中的比例，根据骨料一的计算方法，设定条件语句，选择该骨料最大筛余累计量来作为该骨料中起决定性作用的筛余量。但是由于骨料一中在该粒径上有了 B8＝12.9%，因此，需要对该部分进行去除，也就 K8－F8 后，再除以 C8，就得到骨料二的比例 G3。然后按照骨料一的格式，得到 G6 至 G15 栏目的数据。

按照同样的步骤，对粗砂进行试算，所得结果 H3，填入 H3 栏，得到 H9 至 H15 栏数据。

最后，细砂的比例，以混合料总数 100% 分别减去 F3、G3、H3，所得比例即 I3，填入 I3 栏，得到 I9 至 I15 栏数据。这样所有的骨料比例均已试算出来。利用 Excel 的求和函数：J4＝SUM（F4：I4），以此类推，得到 J5、J6、J7、…。

再利用 Excel 自身的插入图表功能（图 9.6）来绘制骨料试算级配曲线图如图 9.7 所示。具体方法：首先选择"插入"，选择图标类型："折线图"，数据来源："列"，选择需要的数据区域，本例中选择的是 J、K 两列的数据。这样就得到一个大致的曲线图。然后设定图标的坐标轴格式，单击图标的空白处，选择"源数据"选项，选择"系列"，里面有一个分类 X 轴数据标志，选择表格中筛孔粒径的数据区域，这样就将坐标轴的数据设定为材料的筛孔粒径，就可以将试算的结果在图表上直接对应显示出来，就可以一目了然。

	A	B	C	D	E	F	G	H	I	J	K
1		各材料累计筛余				混合料使用比例				设计混合料级配	基准级配曲线
2	材料名称	碎石一	碎石二	粗砂	细砂	碎石一	碎石二	粗砂	细砂		
3		100	100	100	100	12.8%	43.3%	42.0%	1.9%		
4	31.5	10				1.3				1.28	0
5	26.5	65				8.3				8.3	8.3
6	19	99.3	4.7			12.7				12.7	22.3
7	16	99.3	20.8			12.7	9.0			21.7	28.7
8	9.5	99.6	74.7			12.7	32.4			45.1	45.1
9	4.75	99.6	97.9	0.2	2.9	12.7	42.4	0.1	0.1	55.3	61.2
10	2.36	100	98.9	33.1	17.3	12.8	42.9	13.9	0.3	69.9	72.6
11	1.18	100	100	56.8	43.6	12.8	43.3	23.9	0.8	80.8	80.6
12	0.6	100	100	71.9	60.7	12.8	43.3	30.2	1.1	87.5	86.2
13	0.3	100	100	81.3	78.1	12.8	43.3	34.1	1.5	91.7	90.2
14	0.15	100	100	89.4	90.9	12.8	43.3	37.5	1.7	95.4	93.1
15	底	100	100	100	100	12.8	43.3	42.0	1.9	100	95.1

图 9.6　骨料试算统一表

由图 9.7 中，可以明显看出骨料的级配是否符合富勒理想级配曲线，如实际曲线点离基准级配曲线点较远，即在对相应的原材料百分比含量的（F3、G3、H3、I3）栏目进行增/减 1 个百分点的调整，（当然其他栏目也相对应的减/增 1 个百分点的调整，保持总量 100%），直到实际曲线最大限度贴近基准级配曲线为止。

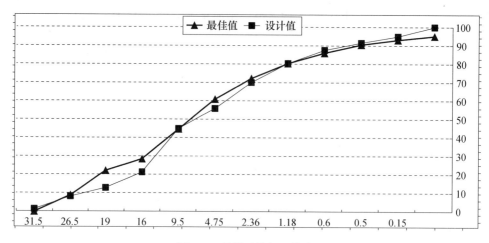

图9.7　骨料试算级配曲线

通过这样的试算，骨料的最佳合成曲线就很快出来，大大减少了混凝土设计的工作量，解决了由于经验不足而带来的砂率选择和粗骨料的搭配等问题。

4. 浆骨比的选择

根据混凝土各自的强度等级，进行最大浆骨比的选择，从而来确定各个材料用量。

利用 Excel 本身的引用功能来建立引用菜单，以及通过 IF 语句进行简单的编程，使得计算更加简便化。例如，在 L14 设定为引用数据，就选中所需显示的单元格，输入："=D4"，然后在 P14 单元格内设置为"=IF（L14<50，"0.32"，IF（L14>60，"0.38"，"0.35"））"，确认回车。这样当设计强度在选择所需要的某个强度等级时，就自动显示该强度等级所需要的最大的浆体百分率及浆骨体积比，如图9.8所示。

	I	J	K	L	M	N	O	P	Q
17	7	选择浆骨比							
18		混凝土强度等级	C	30	浆体百分率	=		0.32	
19					浆骨体积比	=		1:2	

图9.8　最大浆骨比的选择

5. 确定各原材料用量

在另外的单元格内设置混凝土总的体积量以及前面骨料试算工作表中的计算结果，如图 9.9 所示。

	A	B	C	D
45				
46		混凝土单方体积	=	1000
47		碎石一比例	=	13%
48		碎石二比例	=	43%
49		粗砂比例	=	42%
50		细砂比例	=	2%

图9.9　混凝土体积与骨料比例

其中，设置 D53 "＝骨料试算！F3"，以此类推，设置好 D54、D55、D56，这样通过其他的已知条件就可以计算出骨料中粗石、小石、粗砂、细砂的多少，以及胶凝材料的多少和用水量的多少，如图 9.10 所示。

	I	J	K	L	M	N	O	P
23								
24		9 确定各材料的量						
25			ρb＝	2.82	g/cm³			
26			Va＝	15	L			
27			ρg＝	2.65	g/cm³			
28			Vb＝	mbo/ρb				
29			ρs＝	2.60	g/cm³			
30		外加剂掺量＝		1.6%				
31		胶凝材料量mb＝		344				
32		用水量W＝		183				
33		碎石一量mgo1＝		230				
34		碎石二量mgo2＝		781				
35		粗砂量mgo1＝		743				
36		细砂量mgo2＝		33				
37		外加剂量AD＝		5.5				
38								

图 9.10　配合比计算结果

这样一个配合比试算结果就全部出来，同样步骤，通过对混凝土的浆体体积的调整（增加 10L 或减少 10L），计算出各原材料的用量，并通过试验，测定混凝土的坍落度、扩展度以及其他的物理性能指标，选择工作性能最符合目标要求的配合比作为最终配合比，若均有差距，则视结果增减浆体体积，做出调整，直到工作性能指标符合目标要求。混凝土配合比计算结果，见图 9.11。

（6）总结

① 利用 Execl 强大的图表绘制和计算功能来实现混凝土配合比设计试算法的电算化，具有可操作性强，容易为一般的技术人员掌握。即使没有经验的人员也只需要输入一次数据后，就可以无限次使用，反复调整级配组成，非常方便。

② 可以根据图表显示的曲线进行调整，调整后的曲线直接显示在图表上，一目了然，便于分析判断骨料组成的利弊。

9.4.4　利用 Excel 2013 绘制混凝土强度质量管理图

在预拌混凝土的生产过程中对在各工序中取得的质量数据，每月进行处理、分析和研究，并采用各种质量统计管理图表，根据生产过程的质量动态，控制生产期间的混凝土质量，并遵循升级循环的方式，制定改进与提高质量的措施，完善质量控制过程，使混凝土质量稳定提高。混凝土试验室广泛应用的管理图表是混凝土强度质量管理图。采用手工绘制混凝土强度质量管理图，其工作非常烦琐，且不容易准确。利用 Excel 2013 中函数功能和图表功能（插入折线图），即可实时生成中心线、警戒线和控制线自动更新的质量管理图。

混凝土配合比设计

1	设计强度等级	C	30			4		水胶比:			
	标准强度	C	30					骨料品种 =	碎石		
	标准差		5					回归系数aa =	0.53		
	系数		1.645					回归系数ab =	0.20		
	设计等级强度		38.2					胶材强度 =	43.04		
	胶凝材料强度							水胶比W/B =	αb*fb/(fcu.o+αa*αb*fb) =		0.53
	根据强度等级调整掺合料比例										
2	粉煤灰掺量 =		17%	矿粉掺量 =	17%	5	浆体体积				
	粉煤灰等级 =		II级	矿粉等级 =	S95		Vp =	W	+ Vb	+ Va	
	粉煤灰影响系数		γf	0.87		6	骨料体积				
	矿粉影响系数		γs	=	1		Vs+Vg =	1000 -	Vp		
	水泥强度等级	42.5	富裕系数 1.16 水泥28天	49		7	选择浆骨比				
3	材料名称	产地	规格品种	质量状况	备注		混凝土强度等级 C 30	浆体百分率 =	0.32		
	水泥 C	句容	P.O42.5	R28≥42.5MPa				浆骨体积比 =	1:2		
	砂 S	长江	中砂	合格		8	浆体百分率 =	0.32			
	碎石(细) Gs	镇江	5~16mm	合格		9	确定各材料的量				
	碎石(中) G1	镇江	16~31.5mm	合格			ρb =	2.8	g/cm³		
	粉煤灰 FA	镇江	II级	合格			Va =	10	L		
	矿粉 BFS	常州	S95	A28≥95%			ρg =	2.65	g/cm³		
	外加剂 AD	浙江	ZWL-A-III	WR≥15%			Vb =	mbo/ρb			
	水 W	自来水	/	合格			ρs =	2.60	g/cm³		

混凝土最小胶凝材料用量

最大水胶比	素混凝土	钢筋混凝土	预应力混凝土
0.60	250	280	300
0.55	280	300	300
0.50		320	
≤0.45		330	

掺量	粉煤灰影响系数γf	矿粉影响系数γs
0%	1.00	1.00
10%	0.85~0.95	1
20%	0.75~0.85	0.95~1.00
30%	0.65~0.75	0.90~1.00
40%	0.55~0.65	0.80~0.90
50%	—	0.70~0.85

右侧第9项续：外加剂掺量 = 1.6%；胶凝材料量mb = 348；用水量W = 186；碎石一量mgo1 = 230；碎石二量mgo2 = 781；粗砂量mgo1 = 743；细砂量mgo2 = 33；外加剂量AD = 5.6。

图 9.11　混凝土配合比计算结果

若绘制某月 C30 混凝土强度 X—Rs—Rm 质量管理图，在图 9.12 中录入试件的强度单块值 X1、X2、X3，代表值 X 用逻辑函数 IF（AND（MAX（）＞＝1.15＊MEDIAN（），MIN（）＜＝0.85＊MEDIAN（）），"无代表值"，IF（OR（MAX（）＞＝1.15＊MEDIAN（），MIN（）＜＝0.85＊MEDIAN（）），MEDIAN（），AVERAGE（）））求得，移动极差 Rs 通过函数公式 ABS（）功能自动求得，组内极差 Rm 用公式 MAX（）－MIN（）求得。计算代表值 X 的平均值 X＊，求出管理图上的各条控制线。在中心线 X＊一栏中输入公式"＝AVERAGE（X）"，在上控制线 UCL 一栏中输入公式"＝AVERAGE（X）＋3/1.128＊AVERAGE（Rs）"，在上警戒线 U'CL 一栏中输入公式"＝AVERAGE（X）＋（2/1.128）＊AVERAGE（Rs）"，在下控制线 LCL 一栏中输入公式"＝AVERAGE（X）－（3/1.128）＊AVERAGE（Rs）"，在下警戒线 L'CL 一栏中输入公式"＝AVERAGE（X）－（2/1.128）＊AVERAGE（Rs）"，在 Excel 2013 中计算各控制线时可以方便引用单元格。类似求出移动极差 Rs、组内极差 Rm＊的控制线，Rs、Rm 管理图没有下控制线。利用"粘贴函数"中的"统计"函数 COUNT（）、STDEV（）、AVERAGE（）、MIN（）、MAX（）和 COUNTIF（,"＜强度标准值"）（统计的强度值纵向区域应大于强度值的分布区域）等可以求得混凝土强度值的组数、标准差、平均值、最小值、最大值及未达标率等，生成图 9.12。

现在比较麻烦的是如何在管理图上绘制出自动更新的 X＊、Rs＊、Rm＊ 及其 UCL、LCL、U′CL、L′CL 直线。可选择利用趋势线的方法。即通过公式功能先生成质量管理图的几条定位曲线上的两个连续点，后右击，选择"增加趋势线（R）……"，在"类型"项下选择"线性"，并将"趋势预测"前推一定数量周期（应大于强度值的组数 n），该图的数据源区域对应 X 管理图定位曲线的数据区域，然后对该图表进行相应编辑，即形成了平均值 X 管理图，见图9.13。

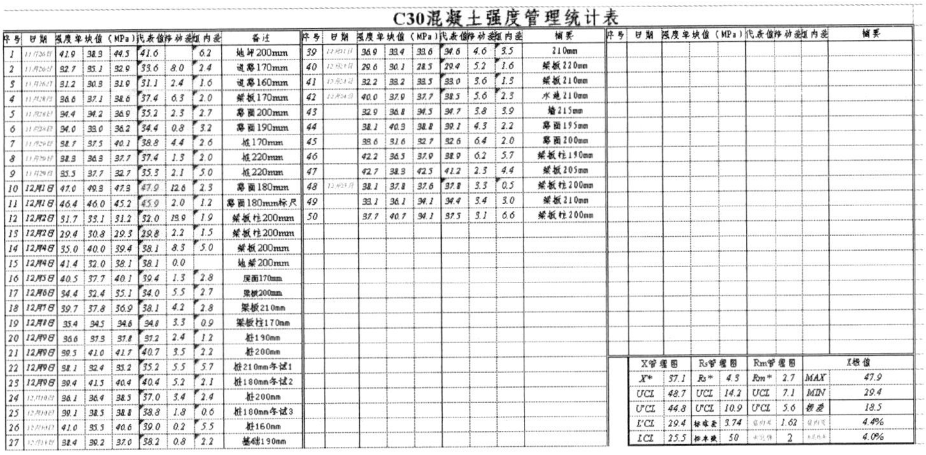

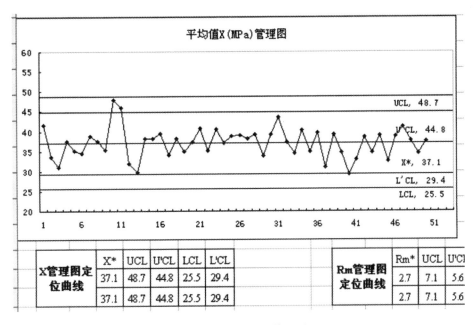

图 9.12　混凝土强度管理统计表

图 9.13　平均值 X 管理图

同样，可以生成移动极差 Rs 和组内极差 Rm 的管理图，见图9.14和图9.15。

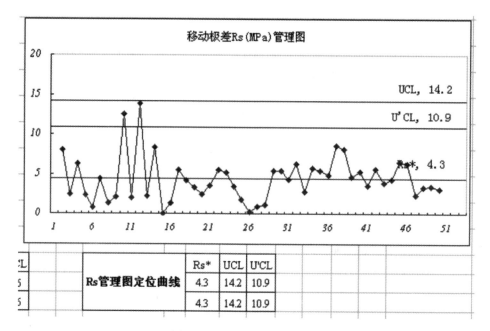

	Rs*	UCL	U'CL
Rs管理图定位曲线	4.3	14.2	10.9
	4.3	14.2	10.9

图 9.14　移动极差 Rs 管理图

X管理图定位曲线	X*	UCL	U'CL	LCL	L'CL		Rm管理图定位曲线	Rm*	UCL	U'CL
	37.1	48.7	44.8	25.5	29.4			2.7	7.1	5.6
	37.1	48.7	44.8	25.5	29.4			2.7	7.1	5.6

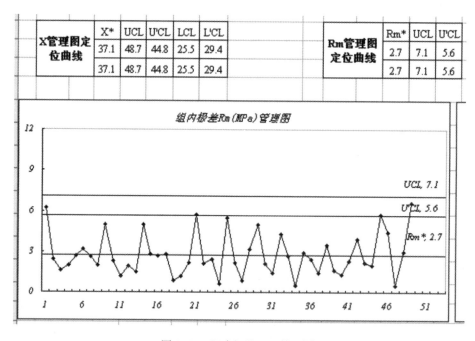

图 9.15　组内极差 Rm 管理图

平均值 X 管理图可以直观表示混凝土的平均强度及强度分布情况，根据点的分布状况按管理图的判断规则确定生产是否处于控制状态；移动极差 Rs 管理图是用来判断生产过程的标准差是否保持在内控的水平；组内极差 Rm 管理图常与移动极差管理图一起使用以分析质量异常的原因，Rm 管理图直观表示组内试件强度的差异，以指导试件成型、养护、试验等质量管理工作。《混凝土及预制混凝土构件质量控制规程》

CECS40：92，给出了强度正常情况及异常情况的判断规则，根据记入点的情况判断生产是否稳定，如果有异常波动出现，应分析原因，排除干扰因素，使生产恢复正常。

在相同的试验条件下，进行多次测试所得到的混凝土强度值总是不完全相同的，即测试结果具有不确定性。随机变量分离散型分布和连续型分布，混凝土强度值属连续型随机变量，用频率直方图来描述其强度分布情况，下面介绍如何用 Excel 2013 绘制频率直方图。

计算混凝土强度的极差，将强度值分为若干组。分组数 K 以样本容量来划分，一般按表 9.41 确定；也可按统计原理，若样本的容量为 n，分组数一般在 $(1+3.3\lg n)$ 附近选取，分组数 K' 实际取 $1+3.322\lg n$，然后用 CEILING（）函数将分组数取为整数，其计算值基本符合表 9.41 的范围。组距为极差与组数之比，求出组距。确定每组的上、下界限值，第一组的下界为最小值减去组距的 1/2，第一组上界为第一组下界加组距，第二组下界为第一组下界加组距，第二组上界为第一组上界加组距。依此类推，直到包含最大值的一组，即最后一组（图 9.16）。

表 9.41　直方图的分组数

样本容量 n	50 以内	50～100	100～250	250 以上
组数 K	5～7	6～10	7～15	10～30

控制参数	K'	组序	组界		中值bi	频数fi	频率pi
	6.6	1	28.08	～ 30.72	29.4	2	4.0%
	K	2	30.72	～ 33.36	32.0	5	10.0%
	7	3	33.36	～ 36.00	34.7	13	26.0%
	组距	4	36.00	～ 38.63	37.3	12	24.0%
	2.6	5	38.63	～ 41.27	40.0	14	28.0%
	组界下限S-$h/2$	6	41.27	～ 43.91	42.6	2	4.0%
		7	43.91	～ 46.55	45.2	1	2.0%
	28.08	8	46.55	～ 49.19	47.9	1	2.0%
		9	49.19	～ 51.82	50.5	0	0.0%
		合计				50	100%

图 9.16　直方图控制参数

频数为样本数据落在各小组内的个数，频率为频数除以样本容量，频数用 FREQUENCY（）函数求得。只在第一列输入 FREQUENCY（代表值 X 数据区域，分组数据），鼠标向下拖动至恰当的数据区域，然后单击编辑栏，按下 Ctrl＋Shift＋Enter 组合键，频数就统计完毕，此时编辑框中显示公式被一个 ｛｝ 括起来。频率直方图为以强度组中值为横坐标，以频率为纵坐标，以组中值为底、以频率为高作长方形，一排竖着的长方形所构成的图形。选中控制参数的频率区域，插入图表，选择柱形图，系列选项卡的"名称"中录入名称，系列选项卡的"分类（X）轴标志"中选中强度值中值区域，然后对该图表进行相应编辑，即形成了频率直方图，见图 9.17。

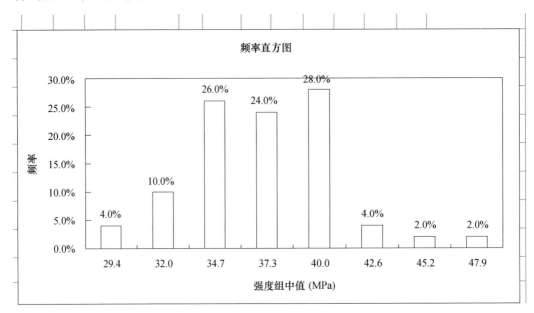

图 9.17　频率直方图

混凝土强度值通常都是服从正态分布的。正态分布有以下几个特点：曲线呈钟形，钟形的顶点正好是强度值的平均值 X 的频率，表明距平均值越近的强度值出现的频率越高；曲线两边是对称的，对称轴位于平均值 X 上，对称轴两边出现的频率相等；曲线在对称轴两边各有一拐点，拐点离对称轴的距离等于标准差 δ；曲线与横坐标之间的面积为概率的总和等于 1 或 100%。如果强度值越多，即样本容量 n 增大、组距减小，这时连接直方图上各长方形顶点的折线逐渐趋近于呈钟形的光滑曲线，但由于本例的强度值组数偏少或其他方面的影响，图 9.17 中连接长方形顶点得到的折线图并不呈钟形。

9.4.5　回归分析

1. 预拌混凝土及水泥强度

预拌混凝土的强度发展是有一个过程的，混凝土强度评定采用 28d 立方体抗压强度标准值。然而预拌混凝土的生产是一种连续的且有一定波动性的过程，不可能等到 28d 后暴露出混凝土强度问题后才采取相应的预防或纠正措施。因此，在搅拌站内建立早期强度与 28d 强度的经验公式，依据混凝土早期强度（3d、7d 强度）对 28d 强度进行预测，适时调整混凝土配合比，对保证混凝土强度和工程质量都是必要的，也有利于成本控制。

搅拌站所用的生产原材料基本固定和稳定，混凝土强度发展的影响因素也有一定的规律性。根据实践经验，混凝土强度的早期强度（3d、7d）与其标准强度存在一定的线性关系，假设为 $f_{cu,28} = a \times f_{cu,3(7)} + b$。整理前一时期混凝土的出厂检验各龄期强度的结果，可以通过"粘贴函数"中"统计"函数 SLOPE（）和 INTERCEPT（）可分别求得系数 a 和 b，其剩余标准差、相关系数可分别由 STEYX（）、CORREL（）求得。图 9.18 为某一时期的同一水泥品种的混凝土出厂检验 7d、28d 强度的回归分析。

序号	成型日期	强度等级	检测抗压强度值（MPa）			预测28d抗压强度值（MPa）	斜率系数a	截距系数b（MPa）	剩余标准差（MPa）	相关系数
			3d	7d	28d					
1	12月29日	C20	18.7	28.4		30.9				
2		C30	27.4	44.1		40.0				
3		C30	20.3	32.5		32.6				
4		C30	23.8	36.0		36.2				
5		C35	33.1	46.4		45.9				
6		C15	12.6	21.9		24.5				
7		C30	22.4	36.5		34.7				
8		C35	33.1	46.4		45.9				
9		C15	12.6	26.0		24.5				
10		C30	28.2	40.2		40.8				
11		C30	24.7	37.6		37.1				
12		C30	22.4	34.8		34.7				
13		C30	23.1	35.9		35.5				
14		C30	23.6	31.4		36.0				
15	12月30日	C30	20.9	35.5		33.2				
16		C30	21.5	34.9		33.8				
17		C40	32.7	43.5		45.5				
18		C30	22.2	36.4		34.5				
19		C30	21.8	37.1		34.1				
20		C30	26.6	38.7		39.1				
21		C40	36.8	54.4		49.7	1.04	11.4	2.38	0.952
22		C40	34.9	48.5		47.8				
23		C30	27.5	36.7		40.1				
24		C45	41.8	55.7		54.9				
25		C25	21.1	32.8		33.4				
26		C30	24.0	38.7		36.4				
27	12月31日	C20	19.8	28.7		32.0				
28		C30	21.4	35.3		33.7				
29		C30	21.3	32.7		32.4				
30		C30	21.2	34.9		33.5				
31		C30细	24.2	40.0		36.6				
32		C30	21.8	35.4		34.1				
33		C40	40.7	52.0		53.8				
34		C30	21.5	33.0		33.8				
35		C30	22.5	34.9		34.9				
36		C45	39.1	46.1		52.1				
37		C20	14.9	23.1		26.9				
38		C30	21.5	34.6		33.8				
39		C30	22.5	32.7		34.9				
				28d后预测						
40	1月29日	C35	28.1	40.4		40.7				
41		C30	33.8	42.0		46.6				
42		C35	27.5	41.2		40.1				

图 9.18　混凝土强度回归分析

根据图 9.18 建立回归方程 $f_{cu,28} = 1.04 \times f_{cu} + 11.4$，7d 与 28d 强度的相关系数为 0.952，故 7d 强度与 28d 强度存在显著的线性相关关系；截距 11.4＞0，28d 强度随 7d 强度的增长而增长为正相关。两个变量相关的密切程度，需要进行相关系数的显著性检验，读者可参考有关文献进行检验，在此不再多述。

搅拌站的水泥使用是动态的，贮存期不可能长，更不可能待水泥 28d 强度出来后再行使用。因此在进行混凝土配合比设计时，只能根据经验假定水泥的强度。汇总常用品种水泥强度发展情况，建立起该品种水泥早期强度（3d 强度）与其 28d 强度的关系式，便可通过该水泥的 3d 强度预测其 28d 强度，以便指导混凝土配合比设计。

2. 结合地方材料建立强度公式

现行行业标准《普通混凝土配合比设计规程》（JGJ 55—2011）中的强度公式是在全国统一的基础上建立的，然而各地区的原材料却不尽相同，如重庆地区预拌混凝土的细集料是普遍采用特细砂与人工粗砂复合的混合砂，且所用粉煤灰的品质也较差。如何结合地方原材料情况甚至搅拌站的原材料情况来建立混凝土强度公式，用来指导混凝土配合比设计，也是各搅拌站技术工作者必须要做的工作。

3. 根据试验结果进行回归分析

搅拌站的实验室经常进行试验，分析各种原材料或生产工艺等因素对混凝土强度的影响程度，有时还需进行量化分析，常常进行一元回归分析或多元回归分析（包括线形和常见的非线形回归分析）。对于如何利用 Excel 进行回归分析，在此不再多述，参阅期刊《混凝土》2002 年 11 期《回归·矩阵·依克塞尔》一书。

4. 总结

Excel 2013 的功能是非常强大的，可以将其利用在预拌混凝土质量控制中，进行强度统计及评定、绘制混凝土强度质量管理图、混凝土和水泥强度预测以及对有关试验结果进行回归分析等工作。

通过 Excel 2013 的函数和公式能够解决混凝土强度质量管理图、直方图的自动计算问题，无须每月手工计算，简便而又迅速。通过质量管理图表可以方便判断生产是否稳定并发现异常波动，如果有异常波动出现，分析原因、排除干扰因素，使生产恢复正常。

利用 Excel 2013 的函数和公式功能进行回归分析，建立结合自己搅拌站实际材料的混凝土或水泥早期强度与 28d 标准强度的经验公式以及鲍罗米强度公式，用来指导搅拌站混凝土配合比设计、强度预测以及配合比科学调整等工作，不仅有利于搅拌站的质量管理，也有利于搅拌站的配合比成本管理。

9.5　大流动性混凝土坍落度损失与"欠硫化"现象

2000 年，陈建奎在国内外首先发表了与流态混拟土（下称大流动性混凝土）坍落度损失有关的"欠硫化"现象。他们在大量试配大流动性混凝土中发现，用某种特定的硅酸盐水泥配制大流动性混凝土时，用调整复合超塑化剂（CSP）中缓凝剂的掺量和品种的方法不能控制坍落度损失，即使缓凝组分超剂量掺用坍落度损失仍然较快，他们将此种情况称为"欠硫化"现象。产生"欠硫化"现象的原因是水泥中可溶性 SO_3 的含量不足，或外部因素使石膏溶解度降低，破坏了 SO_3 与 C_3A 和碱含量的平衡，使水泥凝结较快，浆体很快失去流动性。在发现"欠硫化"现象的同时，他们研究了掺特殊的外加剂控制 FLC 坍落度损失的方法。

9.5.1　水泥中 SO_3 含量与 C_3A 和碱含量的关系

水泥生产中石膏的加量是与熟料中的 C_3A 和碱含量相匹配的。石膏的最佳量是通过砂浆强度和干缩试验确定的。合适的石膏加量会使浆体在诱导期保持流动性。在此情况下溶液中的铝酸盐、硫酸盐和钙离子比例合适，所形成的细粒钙矾石沉淀在水泥粒子上使 C_3A 水化减慢，这样浆体在整个诱导期保持流动性，直至形成 C-S-H 使体系的流动性降低为止。

根据资料统计，水泥中 SO_3 加量与 C_3A 和碱含量的关系可用下式表示：

$$Y=aX_1+bX_2$$

式中　Y——SO_3 加量（％）；对于硅酸盐水泥：$Y=0.24X_1+0.16X_2$；对于普通硅酸盐水泥：$Y=0.14X_1+0.96X_2$。

X_1——熟料中的 C_3A 含量（％）；

X_2——熟料中的碱含量（％）；

a、b——系数。

此式表明，SO₃加量随熟料中 C₃A 和碱含量的增加而增加。在此情况下，石膏含量充足时，能不断提供硫酸根离子，使液相保持较多的钙离子，因此溶液中的碱不会导致诱导期提前结束。石膏与碱性氢氧化物反应使液相中的钙离子保持高的浓度。在此情况下，通过调整复合超塑化剂中的缓凝成分的掺量和品种就能控制大流动性混凝土的坍落度损失。

当石膏加量不足时，石膏与 C₃A 反应生成的钙矾石较少，不能完全控制 C₃A 的水化反应，使凝结较快，浆体很快失去流动性。在此情况下，仅通过调整复合超塑化剂中缓凝组分的掺量和品种不能控制大流动性混凝土的坍落度损失，必须另外掺能提供 SO₃ 的外加剂或具有类似 SO₃ 作用的物质。

综上所述，产生"欠硫化"现象的原因：①石膏加量不足，或熟料粉磨过程中温度变化改变了石膏的形态（改变了二水石膏、半水石膏或无水石膏的比例）；②配制大流动性混凝土由于条件的变化（水胶比或用水量减小）使可溶性 SO₃ 总量减少；③掺复合超塑化剂使碱含量提高，因此石膏溶解度减小；④环境温度的变化，影响石膏的溶解度；⑤以上因素综合作用的结果。

9.5.2　外加剂中碱含量对 SO₃ 加量的影响

用普硅水泥和矿渣水泥配制低强度等级（<C30）大流动性混凝土时，由于水泥用量少，水泥含碱量低［如兴发普硅 32.5（425♯）水泥，琉璃河矿渣 32.5（425♯）水泥］，这时复合超塑化剂中碱含量高会使石膏溶解度降低，有可能发生"欠硫化"现象。

低浓萘系高效减水剂（LNF）中通常含 Na₂SO₄ 20%，配制大流动性混凝土时掺水泥质量的 1.0%，折算成碱含量（Na₂O）增加 0.19%，相应 SO₃ 应增加 0.11%。掺 LNF 1.0% 时应增加 SO₃ 为 $SO_3 = 0.19 \times 0.96 = 0.18\%$

应补充 SO₃：$SO_3 = 0.18\% - 0.11\% = 0.07\%$

折算成：$Na_2SO_4 = 0.07/0.56 = 0.125（\%）$

为了避免"欠硫化"现象的产生，在掺复合超塑化剂时根据引入的碱量应相应补加 SO₃，此时大流动性混凝土的坍落度损失就能得到控制。表 9.42 中列举了 LNF 掺量与 SO₃ 加量的关系。

表 9.42　LNF 掺量与 SO₃ 加量的关系

LNF 掺量（%）	0.40	0.50	0.60	0.70	0.80	1.00
Na₂O（%）	0.08	0.09	0.11	0.13	0.18	0.19
SO₃（%）	0.04	0.06	0.07	0.08	0.09	0.11
增加 SO₃（%）	0.07	0.09	0.11	0.13	0.14	0.18
补加 SO₃（%）	0.03	0.035	0.04	0.05	0.06	0.07
补加硫酸钠（%）	0.05	0.060	0.08	0.09	0.10	0.13

9.5.3　"欠硫化"现象的解决方法（实例）

1. 用兴发普硅 32.5（425♯）水泥配制的 C30 大流动性混凝土

表 9.43 是用兴发 32.5（425♯）水泥配制的 C30 大流动性混凝土试配结果，相应

的复合超塑化剂的配方列入表 9.44 中。由此说明，掺配方 C 的外加剂的混凝土（编号 3）坍落度损失最小，能满足商品混凝土的工作性要求。其中含有水泥掺量 0.05％的硫酸钠，补充了可溶性 SO_3 的不足。对于一定的体系将可溶性 SO_3 饱和度（$SO_3 sol/C_3 A$）调整到合理的范围时，可以延长水泥水化诱导期，因此能有效地控制坍落度损失。人们只知道用缓凝剂延迟坍落度损失，却不知某些早强剂也有此作用。

表 9.43 兴发普硅 32.5（425♯）水泥配制的 C30 大流动性混凝土试验结果

编号	W	C	FA	S	G	W/B	SP（%）	CSP 掺量（%）		坍落度（mm）			
										0	30'	60'	90'
1	185	349	62	752	1033	0.45	42	A	0.64	220	170	130	—
2	185	349	62	752	1033	0.45	42	B	0.515	220	200	165	—
3	185	349	62	752	1033	0.45	42	C	0.565	220	215	200	170

注：W—水，C—水泥，FA—粉煤灰，S—砂，G—石，W/B—水胶比，SP—砂率，下同。

表 9.44 CSP 的组成（%）

成分	A	B	C
NF	0.45	0.45	0.45
STPP	0.07	0.05	0.05
NC	0.03	—	—
LM	0.05	—	—
AE	—	0.01	0.01
硫酸钠	—	—	0.05
CMC	—	0.005	0.005
Σ	0.64	0.515	0.565
掺量	0.64	0.515	0.565

2. 用琉璃河矿渣 32.5（425♯）水泥配制 C30 大流动性混凝土

表 9.45 是用琉璃河矿渣 32.5（425♯）水泥配制的 C30 大流动性混凝土试验结果，相应的复合超塑化剂的配方列入表 9.46 中。由此说明，不含碳酸钾的 CSP-D 配制的大流动性混凝土（编号 4）坍落度损失较快，而掺碳酸钾 0.07％的 CSP-E、F、G 时坍落度损失小，特别是配方 G 坍落度损失更小。

表 9.45 琉璃河矿渣 32.5（425♯）水泥配制的 C30 大流动性混凝土试验结果

编号	W	C	FA	S	G	W/B	SP（%）	CSP 掺量（%）		坍落度（mm）			
										0	30'	60'	90'
4	195	365	70	675	1100	0.45	38	D	0.77	215	155	165	—
5	195	365	70	675	1100	0.45	38	E	0.77	225	180	185	—
6	195	365	70	675	1100	0.45	38	F	0.85	225	190	190	—
7	190	354	78	720	1038	0.44	41	G	0.96	225	—	220	170

表 9.46 CSP 的组成 (%)

D	E	F	G
NF 0.60	NF 0.60	NF 0.40	NF 0.70
STPP 0.07	STPP 0.07	CLS 0.30	NC 0.05
BF 0.02	碳酸钾 0.07	STPP 0.07	STPP 0.06
AE 0.02	AE 0.02	碳酸钾 0.07	碳酸钾 0.07
CMC 0.01	CMC 0.01	CMC 0.01	硅油 0.10
Σ 0.77	Σ 0.77	Σ 0.85	Σ 0.10
掺量 0.77	掺量 0.77	掺量 0.85	掺量 0.96

掺碳酸盐解决 "欠硫化" 问题的原理是一样的，但它生成的不是钙矾石，而是碳铝酸盐（$3CaO \cdot Al_2O_3 \cdot CaCO_3 \cdot 11H_2O$），其作用和钙矾石一样，控制 C_3A 的水化，延长诱导期，因而减小流动度损失。这一例子进一步证明了确实存在 "欠硫化" 现象。但是，"欠硫化" 现象并不是普遍存在的，只是在各种内在和外在因素导致以可溶性 SO_3 含量不足时才有可能发生，特别是低碱水泥。

9.6 滞后泌水

大流动性混凝土试配试验时混合物工作性没问题，即初始坍落度、坍落度损失的控制、泌水率比和抗离析性等都符合要求。但是，在施工时混凝土浇筑后，当时不泌水，而经过 1~2h 后产生大面积泌水，称为滞后泌水，并进行了深入研究。产生滞后泌水的原因可能与矿物掺合料的吸水平衡有关，或与聚羧酸系外加剂中的缓释组分（保坍组分）含量较多有关，或与水泥碱含量过低有关，矿物掺合料的吸水平衡如图 9.19 所示。

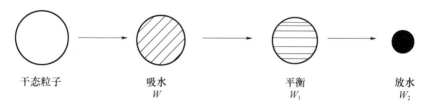

图 9.19 粒子吸水平衡示意图

$$W_2 = W - W_1$$

式中 W——掺合料的初始吸水量；

$\quad\quad W_1$——细掺料的平衡吸水量；

$\quad\quad W_2$——吸水平衡后放出的水量。

通常矿物掺合料为多孔性粒子（吸水率高），混合物加水搅拌时粒子开始大量吸水（过饱和吸水 W），放置一定时间（1~2h）逐渐达到吸水平衡（W_1），同时释放出自由水（W_2）。在此情况下 W_2 的作用：①若拌和物的保水性差，释放出的自由水 W_2 将导致混凝土滞后泌水；②若拌和物的保水性好，释放出的自由水 W_2 将使拌和物的坍落度提高 10~20mm。当粉煤灰掺量大于 18% 配制大流动性混凝土时，有时发生经时（60min）坍落度大于初始坍落度（10~20mm）的情况。

当使用聚羧酸系外加剂时，若外加剂中含有较多缓释组分时，也会出现滞后泌水。大流动性混凝土滞后泌水并不是普遍现象，而是在一定条件下产生的。除了上述吸水平衡的原因、聚羧酸系外加剂含较多缓释组分外，由于 CSP 缓凝作用过强，使拌和物长时间保持大流动状态也是造成滞后泌水的原因。如果产生了滞后泌水，其解决方法是适当降低外加剂掺量、采用碱含量稍高的水泥、提高砂率和减小粉煤灰掺量。

1. C30 大流动性混凝土泌水问题（某搅拌站）

（1）原材料和配和比：

水泥：京都 P·O 32.5（425♯）水泥；

粉煤灰：Ⅱ级；

砂子：中砂，其中含 5mm 以上的豆石 14%～24%；

石子：碎石（5～25mm）。

配制 C30 流态混凝土在口腔医院浇筑底板，开始不泌水，1h 后产生大面积泌水（滞后泌水）。现将施工配合比列入表 9.47 中。

表 9.47 C30 大流动性混凝土配合比

编号	W	C	FA	S	G	W/B	SP（%）	SP'（%）
1	185	335	85	780	1015	0.44	43	36
2	185	335	80	953	953	0.44	50	39

注：SP—表观砂率；SP'—实际砂率。

（2）结果分析

① 配合比第 1 项为施工配合比产生滞后泌水。第 2 项是改进后的配合比，经 1h 后测定泌水率为合格。

② 产生泌水的原因：由于砂子中含大于 5mm 的豆石 14%～24%，在设计配合比第一项时没有考虑这一因素，造成表观砂率（SP）与实际砂率（SP'）差别太大，第一项扣除砂中的豆石，实际砂率为 36%，显然砂率太低造成严重泌水。若考虑砂中含豆石 17%，配合比第一项的实际砂率为

$$SP' = \frac{780 - 780 \times 0.17}{780 + 1034} \times 100\% = 36\%$$

2. C25 流态混凝土产生"滞后泌水"的原因分析（天津电建搅拌站）

（1）条件：广州"金羊"32.5MPa 普通硅酸盐水泥、海砂（$M_x = 2.60$）、碎石（31.5mm），掺 CSP4 防水剂配制 C25 大体积大流动性混凝土，初始坍落度 180～200mm、抗渗标号 P6。

（2）试配结果与分析见表 9.48。

表 9.48 C25 大流动性混凝土试配结果

编号	W	C	S	G	W/C	SP（%）	CSP-4（%）	坍落度（mm）	容重
1	170	347	807	1110	0.49	42	2.5	205	2434
2	166	339	789	1085	0.49	42	2.5	205	2380

表 9.48 中，第 1 项为原配合比，假定容重 2434kg/m³，实测容重 2380kg/m³，第 2 项为校正后的真实配合比。试验结果，初始拌合物工作性正常，此后产生滞后泌水。

结果分析：

浆体体积：$V_e = 166 + 339/3.15 + 20 = 294$（L）

砂率：$SP = \dfrac{V_{es} - V_e + W}{1000 - V_e} \times 100\% = \dfrac{430 - 294 + 166}{1000 - 294} \times 100\% = 43\%$

由体积分析结果可以看出，产生滞后泌水的主要原因是浆体体积不足（$V_e = 294 <$ 305L）；其次，小于 0.25mm 的细粉料小于 350kg/m^3。

因此，在保持配合比不变时，必须掺引气减水剂增加含气量，使浆体体积增大才能克服滞后泌水。例如，含气量增加到 4% 时：

$$V_e = 166 + 339/3.15 + 40 = 314 \text{（L）}$$

$$SP = \frac{430 - 314 + 166}{1000 - 314} \times 100\% = 41\%$$

这样完全符合全计算法配合比设计参数的要求。

（3）CSP 配方调整。根据以上分析，针对原配合比采用非引气型复合防水剂必然产生滞后泌水，而必须采用高效引气减水剂，试配结果见表 9.49。

表 9.49　C25 大流动性混凝土试配结果

W	C	S	G	W/C	SP（%）	CSP-4A（%）	坍落度（mm）		容重
							0	1h	
160	347	802	1110	0.46	42	2.5	195	175	2424kg/m³

结果拌和物和易性好、坍落度损失小，不离析和不泌水。

综上所述，产生滞后泌水的原因和对策见表 9.50。

表 9.50　产生滞后泌水的原因及对策

原因	对策
聚羧酸系外加剂中含较多保坍（缓释）组分	降低外加剂掺量、降低保坍组分用量
搅拌时间不足，导致外加剂掺量偏高	延长搅拌时间
砂率偏低、砂中含>5mm 的细石	提高砂率
石子级配不合理、单一粒级	提高砂率
水泥泌水率大（含矿渣、增钙粉煤灰、赤泥等混合材）	选择泌水率小的水泥
采用不合格的粉煤灰（颗粒粗、含碳高）	采用Ⅰ级或Ⅱ级粉煤灰
低强度等级流态混凝土采用非引气减水剂	采用引气减水剂或泵送剂
浆体体积偏低（$V_e < 305\text{L}$）	提高胶凝材料用量或引气量
<0.25mm 细粉料总量<350kg/m³	增加矿物掺合料或超代粉煤灰
原因不明	掺引气减水剂或高效引气减水剂
水泥碱含量过低	采用碱含量稍高的水泥

产生滞后泌水不是普遍现象，只是以上不利因素凑在一起时才有可能出现。出现滞后泌水时，首先用配合比全计算设计法进行配合比验证，找出其原因，针对具体情况加以解决。

9.7　减水剂对水泥的适应性

我国水泥产品品种较多，通用硅酸盐水泥就有六种，即硅酸盐水泥、普通硅酸盐水泥、矿渣硅酸盐水泥、粉煤灰硅酸盐水泥和复合硅酸盐水泥，它们的熟料矿物组成的变化也很大。从 54 个大中型水泥厂的统计结果来看，主要矿物组成的波动范围：C_3S 为 44%～61%，C_3A 为 2.5%～15%，碱含量小于 2%，其次是混合材的品种性能、水泥的细度、水泥生产工艺等也不相同。这些都影响减水剂的使用效果。下面讨论各种因素对减水剂性能的影响。

9.7.1　水泥中 C_3A、C_3S 的含量

通过对水泥单矿物 C_3A、C_4AF、C_3S 和 C_2S 对减水剂溶液等温吸附的研究证明，对减水剂的吸附活性铝酸盐大于硅酸盐，其吸附活性顺序是 $C_3A > C_4AF > C_3S > C_2S$。图 9.20 中木钙在水泥单矿物上的吸附等温曲线证明了这一规律。由于 C_3A 对减水剂的选择吸附，使吸附量显著增大，这样就会降低减水剂的减水作用。

当 C_3A 与二水石膏（$CaSO_4 \cdot 2H_2O$）同时存在时，由于形成钙矾石使减水剂的吸附量有所下降。

高效减水剂在不同 C_3A 含量的水泥上的吸附等温线（图 9.21）也表明随着水泥中 C_3A 含量增高，对减水剂的吸附增大，因此减水作用减小。

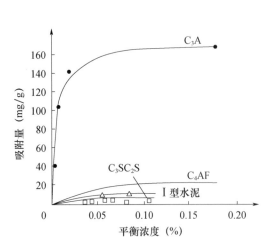

图 9.20　木钙在水泥单矿物上的吸附等温曲线

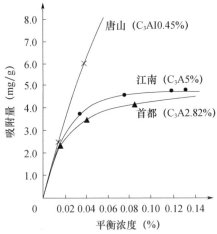

图 9.21　NF 高效减水剂在水泥上的吸附
等温线（$W/C=0.4$，温度 20℃）

9.7.2　减水剂对石膏溶解度的影响

石膏作为调凝剂在水泥熟料粉磨过程中加入，由于粉磨过程中温度升高使一部分二水石膏转变成半水石膏或无水石膏（硬石膏），另外有少数水泥厂是用硬石膏作调凝剂的，现在普遍使用脱硫石膏作调凝剂。水泥中石膏的添加量是与水泥熟料中 C_3A 含量

相匹配的，加水后在水泥中形成足够的钙矾石，控制 C_3A 的水化，从而调整水泥的凝结时间。木钙和糖蜜减水剂用于二水石膏作调凝剂的水泥混凝土中时，其凝结正常，但是当用于硬石膏（$CaSO_4$）作调凝剂的水泥中时就会产生异常凝结（假凝）。其原因是木钙和糖蜜减水剂对二水石膏和硬石膏的溶解度影响程度不同。图 9.22 和图 9.23 别表示木钙或糖蜜减水剂对二水石膏或硬石膏溶解度的影响。由此可以看出，掺木钙或糖蜜减水剂使硬石膏的溶解度降低更显著（曲线 2、掺量 0.2% 时），因此可溶性 SO_3 不足，生成钙矾石减少，使水泥产生假凝。但是，在此情况下 C_3A 含量小于 8% 时不会产生假凝；而 C_3A 大于 8% 时则会产生假凝。

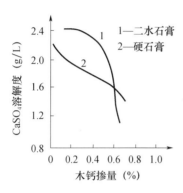

图 9.22 木钙对不同石膏溶解度的影响

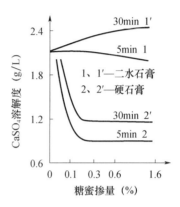

图 9.23 糖蜜对不同石膏溶解度的影响

表 9.51 中列举了各种减水剂对不同石膏的溶解度的影响。由此说明木钙和多元醇系减水剂使所有的石膏溶解度降低；而羟基羧酸盐和醚系减水剂，除氟酸石膏外，使其他石膏的溶解度提高。水泥的假凝与 SO_3 溶解量的试验结果表明，不掺减水剂时，不管哪种水泥，在各种温度下都是正常凝结。掺多元醇后，10min 内凝结正常，到 15min，大体上已经变硬；掺木钙时，所有水泥在各种温度下（20℃、40℃），都产生假凝。其中使用氟酸石膏的水泥变硬的程度最大。但 2min 后掺木钙，各种水泥在所有温度下没发现假凝现象，并且与不掺的水泥一样。

表 9.51 各种减水剂溶液中不同石膏的溶解度

石膏品种	不掺	木钙 1		木钙 2		多元醇系		羟基酸盐		醚系		三甘醇	
		0.38%	1.0%	0.38%	1.0%	0.38%	1.0%	0.38%	1.0%	0.38%	1.0%	0.38%	1.0%
纯石膏	193 (100)	171 (89)	159 (82)	188 (97)	181 (94)	178 (92)	169 (88)	215 (111)	250 (130)	206 (107)	232 (120)	191 (99)	193 (100)
天然石膏	196 (100)	177 (90)	151 (77)	191 (98)	202 (103)	183 (93)	165 (84)	211 (109)	250 (128)	172 (88)	228 (116)	202 (103)	199 (102)
磷酸石膏	208 (100)	197 (95)	165 (79)	204 (98)	170 (62)	190 (91)	174 (84)	242 (116)	253 (121)	210 (100)	240 (115)	211 (101)	200 (96)

续表

石膏品种	不掺	木钙1		木钙2		多元醇系		羟基酸盐		醚系		三甘醇	
		0.38%	1.0%	0.38%	1.0%	0.38%	1.0%	0.38%	1.0%	0.38%	1.0%	0.38%	1.0%
氟酸石膏A	195（100）	197（101）	168（86）	186（96）	174（89）	186（95）	173（89）	237（122）	265（136）	224（115）	237（122）	215（110）	216（111）
氟酸石膏B	193（100）	119（62）	42（22）	125（65）	45（23）	133（69）	97（50）	168（87）	123（64）	176（91）	206（107）	193（100）	196（102）

注：单位为 $CaSO_4$ 毫克数/100 克水、20℃。

9.7.3 水泥的碱含量

水泥的碱（K_2O+Na_2O）含量对减水剂的作用有较大影响。表 9.52 中列举了 C_3A 含量相同，碱含量不同的水泥，掺减水剂时的净浆流动度对比试验。结果表明，碱含量越大，流动度越小。

表 9.52 水泥碱含量（R_2O）对净浆流动度的影响

水泥	C_3A（%）	R_2O（%）	减水剂及掺量（%）		流动度（mm）
			FDN	木钙	
琉璃河硅酸盐水泥	5.19	1.32	0.5		264
	5.19	2.00	0.5	—	109
	5.19	1.32	—	0.25	188
	5.19	2	—	0.25	114

此外，水泥的碱含量高使凝结时间缩短、早期强度提高，而后期强度降低。

9.7.4 水泥混合材的影响

吸附实验证明，对高效减水剂 NF 的吸附活性：$C_3A>C_3A+$石膏＞煤矸石＞C_3S＞矿渣，如图 9.24 所示。

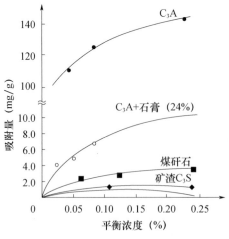

图 9.24 NF 减水剂的吸附等温线

我国的硅酸盐水泥中大多掺有矿渣、火山灰、粉煤灰、煤矸石等混合材。由于混合材的品种和性质不同，影响减水剂的作用。通常掺粉煤灰和矿渣有利于提高水泥净浆流动性，而减水剂对掺煤矸石混合材的水泥分散效果较差。此外，掺膨胀剂时也影响减水剂的作用效果。

9.7.5 水泥的比表面积

水泥的比表面积影响减水剂掺量，比表面积越大，高效减水剂掺量越大，流动性提高越大。

另外，从掺水溶性树脂 ә-89 的水泥石强度与比表面积的关系（图 9.25）可以看出，水泥的比表面积影响掺外加剂水泥石强度，随着比表面积增大、水泥石强度提高。掺减水剂时，水泥合适的比表面积应在 $450\sim600\mathrm{m}^2/\mathrm{kg}$，这时得到最高的强度。我国铁道科学研究院的研究也证明，用高效减水剂配制高强混凝土时，水泥的比表面积在 $500\mathrm{m}^2/\mathrm{kg}$ 较为合适。

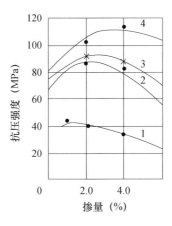

图 9.25　水泥石强度与比表面积的关系（掺水溶性树脂 ә-89）
1—比表面积 $200\mathrm{m}^2/\mathrm{kg}$；2—比表面积 $330\mathrm{m}^2/\mathrm{kg}$；
3—比表面积 $450\mathrm{m}^2/\mathrm{kg}$；4—比表面积 $600\mathrm{m}^2/\mathrm{kg}$

综上所述，对减水剂特别是高效减水剂，用于 C_3S 高、C_3A 低、碱含量低和比表面较高的硅酸盐水泥时适应性较好。

9.8　高效减水剂对水泥的适应性

9.8.1 高效减水剂对水泥的适应性

超塑化剂可提高低水胶比混凝土的工作性，然而有时这种工作性在水泥与水开始接触的 1h 内就会较快地损失掉，特别是在萘系或三聚氰胺超塑化剂用于所谓不适应的水泥时，但是当了解了水泥、熟料及超塑化剂的物理和化学性能和特性时，就可能预测到这种水泥与超塑化剂作用下浆体的流变行为。

在水泥和高效减水剂系统中，高效减水剂在低水胶比的混凝土中不同程度上存在坍落度损失快，是一个突出的问题；而在另一些情况下，水泥和水接触后，在开始 60～90min，大坍落度仍能保持，没有离析和泌水现象。前者，外加剂和水泥是不适应的，后者是适应的。

用莫斯锥研究掺有高效减水剂超塑性水泥浆体时，发现有一个临界掺量，超过这一掺量，增加高效萘系减水剂掺量，水泥浆体的流动性和混凝土的初始坍落度不再增加，这一点称为饱和点，在这一点的萘系减水剂的掺量称为饱和掺量。

当研究通过莫斯锥的流过时间与高效减水剂掺量的关系时，有些水泥在加水后 5min 和 60min 时流过时间没有任何差异，而其他的一些水泥流过时间增加很多，即使萘系减水剂是高掺量也是如此。

在有些情况下，在饱和点以上增加萘系减水剂的掺量，可使混凝土在长时间内保持大坍落度，而在另外一些情况下，在饱和点之外增加萘系减水剂的掺量会导致离析和泌水。在第一种情况下，就说水泥和萘系减水剂是适应的；在第二种情况下，就说水泥和萘系减水剂是不适应的。

水泥的组成和物化性能，特别是其中 C_3A 含量、水泥的细度、熟料粉磨时所用硫酸钙的性能和硫酸盐饱和程度（Sulfatisation degree），是影响水泥和聚磺酸盐高效减水剂之间适应性的重要参数。目前水泥中的可溶性的碱（实际是碱的硫酸盐）已证明是重要的参数，对于每一种水泥和聚磺酸盐高效减水剂的复合系统，可能存在一个可溶性碱的最佳含量，在低碱水泥中，加入少量的硫酸钠能明显地改善水泥浆体和由这种水泥制备的混凝土的流动性。使用含硫酸盐量较高的高效减水剂也能改善混凝土坍落度损失。

众所周知，运用延迟或二次添加高效减水剂的方法也可改善有些水泥和高效减水剂系统的流动性。实际上，当聚磺酸盐高效减水剂在混凝土开始搅拌时加入，它与水泥中的 C_3A 反应生成有机和无机的络合物，而高效减水剂在混凝土搅拌过程中稍后加入，高效减水剂仅被钙矾石少量的吸附。

为了更好地了解水泥和聚磺酸盐高效减水剂系统中经常发生这种不适应性的原因，有计划的研究了 16 种有明显差异的硅酸盐水泥，其中 C_3A 的含量为 1.3%～11.8%，SO_3 含量为 0.09%～2.90%。这些水泥是用碱含量为 0.07%～0.87%Na_2Oeq 的熟料制备的。

图 9.26 中水泥适应性和增强效果与 Na_2Oeq 和其 SO_3sol/C_3A 的关系是根据 16 种

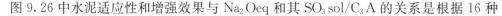

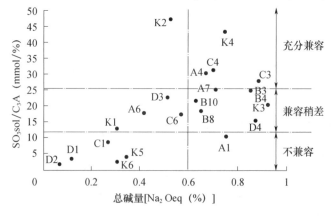

图 9.26　水泥适应性和增强效果与 Na_2Oeq 和其 SO_3sol/C_3A 的关系

普通硅酸盐水泥的有关试验数据得到的。另外，从其他研究资料中应用的 6 种水泥的数据也列入图 9.26 中。由此关系可将水泥分为三类：

（1）适应性好（充分兼容）：高可溶 SO_3 和高碱量水泥；

（2）适应性稍差（兼容稍差）：中等可溶性硫酸盐和碱含量的水泥；

（3）不适应（不兼容）：可溶性硫酸盐少和低碱水泥。

最佳可溶性碱量为 0.4%～0.6%。

Kondo 等人对不同分子量的超塑化剂研究（表 9.53）发现对于纯 C_3S 的水化，大分子量的 PNS 的延迟作用要比小分子量的 PNS 明显。这一现象可以解释为大分子量 PNS 超塑化剂吸附到 C_3S 上，阻止了其水化。但是，水泥的水化应该有所区别，因为水泥含有几种矿物相如 C_3S、C_2S、C_3A 和 C_4AF 等的含量不同。因此，水泥的水化，尤其是诱导期的时间，应该是由被 C_3A 与 C_4AF 吸附以后保留在溶液中的 PNS 含量决定的，它将会阻止 C_3S 的水化。

表 9.53　萘系超塑化剂的性能

性能	超塑化剂		
	LMW	MMW	HMW
平均分子量 Mw（g/mol）	6000	14000	16000
数均分子量 Mn（g/mol）	160	360	370
扩散度（Mw/Mn）	38	39	43
Mw<lkD 的百分数	43	21	19
Mw>lkD 的百分数	57	79	81
25°时的黏度	19	65	148
固含量（%）	40.6	40.9	40.8
pH（10%溶液）	7.9	7.9	7.8
硫酸盐（%）	1.1	1.1	1.2
相对密度	1.20	1.20	1.21
钙（mmol/L）	26.2	46.9	48.3
硫（mmol/L）	2080	2010	2010
钠（mmol/L）	2240	2200	2200
钾（mmol/L）	2.4	2.1	2.4

在低碱水泥和大分子量 PNS 超塑化剂的水泥浆体中加入碱金属硫酸盐可以显著提高其流动性，但是不能提高含有小分子量 PNS 超塑化剂的水泥浆体的流动性。在含有 PNS 超塑化剂的高碱水泥中加入碱金属硫酸盐对水泥浆体的流动性具有负面影响。因此，为了得到高初始坍落度与低坍落度损失的水泥浆体，应该优化其中的可溶性碱含量并使用大分子量的 PNS。

当碱金属硫酸盐添加到低碱水泥调整可溶性碱含量时，含有大分子量 PNS 超塑化剂（HMW 和 MMW）的水泥浆体比含小分子量 PNS 超塑化剂（LMW）的水泥浆体的流动性好。

碱金属硫酸盐添加到低碱水泥中可以显著减少 PNS 的吸附量，添加到高碱水泥中会略微减少 PNS 的吸附量。硫酸钠减少 PNS 的吸附量的效率取决于碱含量而不是 PNS 的平均分子量大小。

添加碱金属硫酸盐可以延迟含有大分子量 PNS 超塑化剂的低碱水泥的诱导期内水化，促进加速期内的水化。

当水泥浆体中含有小分子量 PNS 超塑化剂时，添加碱金属硫酸盐并不能显著影响诱导期。当在高碱水泥中添加碱金属硫酸盐时，只能促进水泥的水化。

超塑化剂的效果取决于水泥和外加剂的性能。对于水泥的性能，其矿物组成（特别是 C_3A 含量）、比表面积、硫酸钙的形式（二水石膏、半水石膏、无水石膏）、碱含量和游离氧化钙含量都很重要；对于超塑化剂的性能，其化学结构、聚合物的分子量、外加剂的掺量、掺加方法（搅拌前加、搅拌时加、搅拌结束时加）等因素很重要。

不同的超塑化剂与不同的水泥的作用不尽相同，正是由于这种作用的不同导致水泥-外加剂之间有适应和不适应之分。

9.8.2 外加剂对水泥早期水化放热过程的影响

现代混凝土工艺要求大流动性混凝土和高性能混凝土（HPC）具有好的工作性，以满足集中搅拌、远距离运输、泵送、不振捣、自流平、自密实等过程的要求。新拌混凝土的工作性，包括大流动性、坍落度损失小、抗离析性和可泵性。其中最重要的是坍落度损失问题。研究表明，水泥的矿物组成（主要是 C_3A、C_3S）和碱含量、混合材种类和加量、水泥细度和颗粒组成、混凝土配合比和强度等级、掺合料品种和掺量，以及复合超塑化剂（CSP）的组成和掺量等因素都影响坍落度损失速度。传统观点认为掺高效减水剂的同时，掺缓凝剂能减小坍落度损失。陈建奎研究外加剂对水泥早期水化放热过程的影响证明，能延长水化诱导期的外加剂就能延缓坍落度损失，而具有这种作用的不仅有缓凝剂，还有早强剂、特殊高分子化合物等。按此原理配制和生产的 CSP 用于大流动性混凝土和 HPC 时，对水泥的适应性好、工作性好、坍落度损失小，应用范围更广泛。

研究水泥水化及外加剂对水化过程的影响，最简便的方法是测定水化放热曲线。水泥加水后，水化立即进行。图 9.27 描述了硅酸盐水泥的早期水化过程。首先硫酸盐和铝酸盐（C_3A）快速溶解，并形成钙矾石（AFt）。当生成第一批水化产物时，将放出大量的热。由于 AFt 沉淀在矿物的表面上，形成一层不渗透的外壳；它阻碍了 SO_4^{2-}、OH^- 和 Ca^{2+} 的扩散，延缓 C_3A 的反应，导致放热速率很快减慢，进入水化诱导期。在

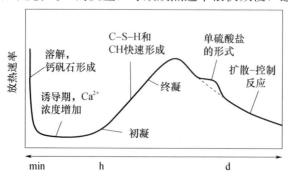

图 9.27 水泥水化的简略示意图

此期间，C_3S 继续水解，液相中 Ca^{2+} 浓度逐渐增加并达到过饱和，接着，C-S-H 和 Ca(OH)$_2$ 成核并长大。这种过饱和现象，通常在诱导期的早期阶段能达到。其精确的时间取决于反应条件和化学环境。在这个结构发展阶段中，薄壳状的 C-S-H 和一些棒形的 AFt 相在熟料颗粒周围发展。之后，液相中 Ca^{2+} 浓度降低，阿利特的溶解又得到加快，放出大量的热，水化进入加速阶段。

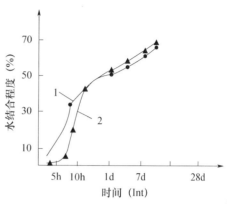

图 9.28　水化程度与时间的关系曲线
1—不掺；2—掺 CSP1.0%

混凝土坍落度损失通常与水泥早期的水化过程有关。在用水量一定时，随着水化进行，结合水和吸附水增加，同时水分产生蒸发，因此游离水逐渐减少，流动性或工作性逐渐下降。掺 CSP，由于分散作用和对初期水化的抑制作用，使吸附水和结合水减少，而游离水增多。因此，在提高浆体流动性的同时，还能减小流动度损失。图 9.28 表示掺 CSP 水泥水化程度与时间的关系。由于 CSP 对早期水化的抑制作用，在 12h 之前水化程度明显低于不掺外加剂的水泥浆体，5h 之前几乎不水化（曲线 2）。因此掺 CSP 能延缓坍落度损失。

掺外加剂能控制水泥早期水化过程（预诱导期和诱导期），使诱导期延长，这样就能减小坍落度损失。根据这一观点能延长水化诱导期的不仅是缓凝剂，而且可以是早强剂和特殊高分子化合物。图 9.29 是硅酸盐水泥的水化放热曲线。掺 0.05% 的糖或葡萄糖酸钠可使初期水化放热速率减小，诱导期延长。图 9.30 是外加剂对硫铝酸钙水化放热过程的影响，表明三乙醇胺同糖一样，能降低水泥初期水化放热速率，延长水化诱导期。图 9.31 是掺 CSP 时水泥微分放热和积分放热曲线，由此看出 CSP 能降低初期水化放热速率和放热量，延长水化诱导期。因此，它广泛用于配制大流动性混凝土和 HPC，具有工作性好。

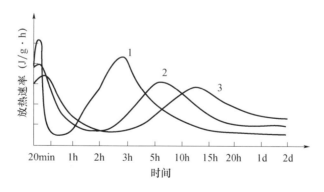

图 9.29　水化放热曲线
1—PC42.5（525）水泥；2—掺 0.05%糖；3—掺 0.05%葡萄糖酸钠

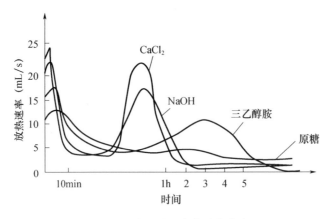

图 9.30 硫铝酸盐水化放热曲线

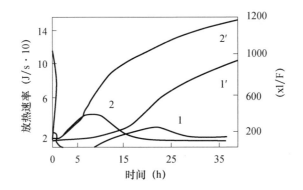

图 9.31 水泥水化放热曲线

1, 1′—掺 CSP1.0%，$W/C=0.50$；2, 2′—不掺，$W/C=0.50$

表 9.54 中列举了三种缓凝剂对水泥早期水化的影响，大流动性混凝土的坍落度损失的快慢取决于缓凝剂对早期水化的抑制能力。从表中的情况可以得出如下结果。

表 9.54 各种缓凝剂对水泥水化的影响

指标	木钙	葡萄糖、蔗糖	葡萄糖酸盐
C_3A 水化	不影响	影响小	明显影响
C_3S 水化	延缓	减慢（长）	减慢（前几分钟）
AFt 形成	不影响	减慢	不影响
石膏溶解度	减小	减小	不影响
Ca^{2+} 浓度	减小	减小	减小
放热速率	减小	减小	减小
高温（>32℃）	不影响	不影响	显著降低效果

（1）木钙对早期水化的抑制作用不强，有时产生异常凝结，因此不能延缓坍落度损失。

（2）糖类缓凝剂不但能抑制早期水化，而且将影响中期水化，能有效延缓坍落度损失。但终凝时间较长，适用于 C_3A 高、碱含量高、气温高以及掺膨胀剂的防渗抗裂混凝土，大体积混凝土等场合。糖不仅是缓凝剂，而且是缓硬剂。因此避免超剂量掺用。

（3）羟基酸类缓凝剂对水泥早期（预诱导期和诱导期）水化抑制能力强，能有效延缓坍落度损失。β-羟基酸如葡萄糖酸钠、酒石酸、甘油酸以及顺丁烯二酸等，由于能与 Ca^{2+} 形成六元环的螯合物，因此能降低溶液中 Ca^{2+} 浓度。羟基酸用于贫混凝土时容易产生泌水。气温高时抑制作用降低，应增大其掺量。

$$M^{2+}+R-CH-CH_2-COOH \rightarrow R-HC \underset{HO \cdots \underset{M^{2+}}{\cdots} OH}{\overset{CH_2}{\diagup \diagdown} C=O}$$

9.8.3 坍落度损失与可溶性 SO_3 含量的关系

水泥生产中，石膏的掺量与 C_3A 含量和比表面积有关，为了使石膏与 C_3A 反应生成足够的钙矾石，沉淀在 C_3A 晶体上，延缓 C_3A 的水化。石膏加入硅酸盐水泥，不仅是为了调凝，更重要的是为了加速阿利特的水化。其加量影响强度发展的速率和体积稳定性，因此许多的水泥标准中规定了"最佳石膏量"，并且用三氧化硫（SO_3）含量表示。水泥中最佳石膏量是在水胶比 0.50 时通过胶砂强度和干缩试验确定的。正常的凝结是由于 C_3S 的水化形成 C-S-H 的结果。这时液相中铝酸盐、硫酸盐、Ca^{2+} 比例适宜，可形成细粒的钙矾石，而且它能使系统在整个诱导期保持流动性，随着 C_3S 的水化和 C-S-H 的形成，系统将逐渐失去流动性。当 SO_3 不足时，C_3A 水化较快，会产生异常凝结，因此流动度损失很快。在实际应用中，典型的"欠硫化"水泥很少见。但是，用 CSP 配制大流动性混凝土时，有时会出现"欠硫化"现象。特别在北京地区用琉璃河普硅 32.5（425♯）水泥和矿渣 32.5（425♯）水泥、京都普硅 42.5（525♯）水泥，冀东普硅 42.5（525♯）水泥等，掺 CSP 配制大流动性混凝土。按 CSP 正常配方坍落度损失很难控制，即使改变 CSP 中的缓凝剂品种和计量，坍落度损失还是较快的。产生这种"欠硫化"现象的原因：①CSP 降低了石膏的溶解度，使 SO_3 不足。②最佳石膏量是在 $W/C=0.50$ 时经强度和干缩试验确定的，而掺 CSP 配制大流动性混凝土时水胶比一般小于 0.50，因此使 SO_3 总量减小。③掺碱含量高的外加剂改变了石膏与 C_3A 的平衡。

采用高浓萘系高效减水剂配制 CSP，使坍落度损失加快，而改用低浓萘系高效减水剂配制的 CSP，坍落度损失减小。因为低浓萘系高效减水剂中硫酸钠含量高（20% 左右），补充 SO_3 的不足。另外，CSP 中含增加石膏溶解度或代替石膏作用的辅助剂，也可以减小坍落度损失。因此为了避免欠硫化现象的产生，CSP 应由高效减水剂、缓凝剂和辅助剂组成。

9.9 泵送混凝土堵管原因分析及应对措施

9.9.1 泵送混凝土的特性

水泥混凝土主要由胶凝材料、砂、石、水及外加剂组成，经过搅拌之后，以水为主要介质将混凝土颗粒包裹，并以小颗粒包裹大颗粒的形式存在，水泥砂浆均匀包裹在粗骨料表面并携带粗骨料在输送管中以悬浮状态运动，形成流动的混凝土，这就是泵送混凝土。

混凝土可泵性表示混凝土在泵压下沿输送管道流动的难易程度以及稳定程度的特性，通常用压力泌水试验表征，10s 时的相对压力泌水率不宜大于 40%。不同入泵坍落度或扩展度的混凝土，其泵送高度宜符合表 9.55 的规定。

表 9.55　混凝土入泵坍落度与泵送高度关系表

最大泵送高度（m）	50	100	200	400	400 以上
入泵坍落度（mm）	100～140	150～180	190～220	230～260	—
入泵扩展度（mm）	—	—	—	450～590	600～740

9.9.2　堵管的判断及规律

1. 堵管的判断

正常情况下，如果每个泵送行程的压力高峰值随行程的交替而迅速上升，并很快达到设定的压力（32MPa），正常泵送循环自动停止，则表明发生堵管。另可观察输送管道状况，泵送时输送管突然产生剧烈振动，尽管泵送操作仍在进行，但管口未见出料，也表明发生了堵管。

2. 堵管位置判断

一般情况下，从泵机出口到堵塞位置的输送管会发生剧烈振动，而堵塞点以后的管道是静止的，敲击混凝土堵塞段时管道发闷声，敲击堵塞点后管道发清脆声。

3. 堵管的规律

（1）向上泵送时，由于容易反泵，不易发生堵塞，但容易出现 S 管、水平锥管或弯管堵塞；

（2）水平长距离泵送或者向下倾斜泵送时不容易反泵，主要是下端弯管和水平管堵塞；

（3）离析混凝土泵送时，易发生吸入流道堵塞或吸入空气堵塞。

9.9.3　堵管的原因分析及应对措施

1. 操作不当容易造成堵管

（1）操作人员精力不集中，应对措施为集中精力；

（2）搅拌车卸料斗位置不当，卸料斗最好的位置是搅拌轴中线前面料斗中前部位，若偏一边或太靠近摆臂阀，会造成泵机料斗内混凝土搅拌不均匀而堵管；

（3）搅拌车搅拌叶片磨损大或车辆装载量大，搅拌叶片磨损造成粗骨料下沉，混凝土分层、离析，造成搅拌车头尾粗骨料偏多而容易堵管，入泵前、停歇时、收尾时快速搅匀混凝土可降低粗骨料偏多的现象；

（4）泵送速度选择不当，应对措施为开始泵送、出现堵管征兆或坍落度小时，应慢速泵送；

（5）余料量控制不适当，余料必须在料斗警戒线以上，以免吸入空气；

（6）混凝土坍落度过小或和易性差时采取措施不当，若混凝土坍落度过小或和易性差时必须将混凝土从料斗底部放掉，切忌往料斗中加水搅拌；

（7）停机时间过长，应每隔 5～30min 正反泵一次，以防堵管；

（8）管道未清洗干净或有异物如混凝土块、石块、胶圈、木方及钢管等，操作人员在每次泵送完成后必须清洗干净管道并用编织袋密封垂直管上口，布设管道前仔细检查管道内是否有异物。

2．管道连接原因导致堵管

（1）泵机出口锥管不许直接接弯管，至少接 500mm 以上直管后再接弯管；

（2）泵送中途接管时，每次加接一根，应用水或润泵剂润滑内壁；

（3）泵车加接管道时不宜过长，一般只接 3 根直管，再接 1 根软管；

（4）泵管尺寸不当，若同一输送管上选用不同厂家、不同管径的管，水平管中接高压管，内径不一会导致混凝土由大内径向小内径泵送过程中发生混凝土挤压，造成局部较大摩擦力而堵管，必须选择同一个厂家相同管径的输送管。

3．混凝土或砂浆离析导致堵管

（1）泵送水前，可在水中加入润泵剂，泵送砂浆时泵送作业不应停顿；

（2）轻微泌水的混凝土误入泵时，泵送作业尽量不要停顿，须一次完成泵送，要快速换车，若场地允许时可采用两车混凝土同时喂料，也可用吸附剂调整混凝土后再泵送作业；

（3）严重泌水或离析的混凝土必须退货处理，若离析混凝土已入料斗必须将混凝土从底部放掉，放入正常混凝土后可加入润泵剂后继续泵送。

4．局部漏浆造成堵管

（1）输送管道接头密封不严，导致混凝土泵送坍落度损失大和泵送压力损失大，影响混凝土质量，必须拧紧管卡；

（2）眼镜板和切割环之间间隙过大，更换配件；

（3）混凝土活塞磨损严重，观察水箱的水是否浑浊、有砂浆，更换配件；

（4）因混凝土输送缸严重磨损而引起漏浆，若换完活塞后，水箱的水很快变浑浊，表明输送缸已磨损，须更换输送缸。

5．不合格混凝土导致堵管

（1）混凝土坍落度过大或过小，必须调整混凝土坍落度后泵送作业；

（2）砂率过小、粗骨料级配不合理，必须及时调整配合比；

（3）水泥用量过少或过多，过多则混凝土黏度大、泵送阻力增加，对高强混凝土应采取高压泵或性能好的泵机，同时应采取必要措施降低混凝土黏度；

（4）外加剂选用不合理，采用粗砂配制混凝土时应增加外加剂的保水、增稠组分。

6．砂浆量太少或配合比不合格导致堵管

（1）砂浆用量太少，砂浆量应足够润滑管道；

（2）砂浆配合比不合格，必须调整砂浆配合比。

7．气温变化导致堵管

夏季泵送施工时，混凝土坍落度损失大，管道内混凝土易失水，容易堵管。聚羧酸外加剂配制的混凝土，气温骤降时混凝土容易泌水。

9.10.4 输送管道的选配

输送管布置宜平直，宜减少管道弯头用量。输送管规格根据粗骨料最大粒径、输出量和输送距离以及拌和物性能等进行选择，宜符合表9.56规定。

表9.56 混凝土输送管最小内径要求

粗骨料最大粒径（mm）	输送管最小内径（mm）
25	125
40	150

管道布设时，弯管角度应尽可能大，尽量避免转弯处两个45°弯管对接，尤其是泵机出口位置，避免三个以上的异型管连接。混凝土输送管的泵送阻力按表9.57进行等效换算。

表9.57 混凝土输送管水平换算长度表

管类别或布置状态	换算单位	管规格		水平换算长度（m）
向上垂直管	每米	管径（mm）	100	3
			125	4
			150	5
倾斜向上管（输送管倾斜角为 α）	每米	管径（mm）	100	$\cos\alpha + 3\sin\alpha$
			125	$\cos\alpha + 4\sin\alpha$
			150	$\cos\alpha + 5\sin\alpha$
垂直向下及倾斜向下管	每米	—		1
锥形管	每根	锥径变化（mm）	175→150	4
			150→125	8
			125→100	16
弯管（弯头张角为 β，$\beta \leqslant 90°$）	每只	弯曲半径（mm）	500	$12\beta/90$
			1000	$9\beta/90$
胶管	每根	长3~5m		20

（1）垂直向上配管时，地面水平管折算长度不宜小于垂直管长度的1/5，且不宜少于15m；垂直泵送高度超过100m时，泵机出料口处应设置截止阀。立管中混凝土的重力对泵机产生逆流压力（背压），会使混凝土容积效率降低，影响泵机排量，造成混凝土离析堵管，水平管中的阻力平衡了逆流压力。

（2）倾斜或垂直向下配管时，且高差大于20m时，应在倾斜或垂直管下端设置弯管或水平管，弯管和水平管折算长度不宜小于1.5倍高差。向下立管内的混凝土因为自重而产生向下自流现象，泵管中出现空气柱，使混凝土离析而堵管。

（3）混凝土输送管的固定应可靠稳定。水平管应用支架固定，立管支架应与结构牢固连接。支架不得支承在脚手架上，并应符合下列规定：

① 平管的固定支撑宜具有一定离地高度；

② 每条垂直管应有两个或两个以上固定点；

③ 如现场条件受限可另搭设专用支承架；

④ 垂直管下端的弯管不应作为支承点使用，宜设钢支撑承受垂直管质量；

⑤ 严格按要求按照接口密封圈，管道接头处不得漏浆。正确的管道加固方式，如图9.32所示。

（4）经常检查输送管，如管壁较薄且有小孔时，及时更换。

（5）输送管未做保温处理，阳光下曝晒的输送管应用湿麻袋覆盖保湿降温。不正确的布管方式如图9.33所示；正确的布管方式，如图9.34所示。

图 9.32　正确的管道加固方式

图 9.33　不正确的布管方式（增加接头）

329

图 9.34　正确的布管方式

9.9.5　经验总结

造成混凝土堵管的因素很多，要杜绝堵管事件发生，必须做好泵送施工的各个环节，现将混凝土泵送施工经验总结如下：

（1）严格控制混凝土原材料质量，根据实际情况科学调整施工配合比，加强混凝土出厂质量监控和泵送混凝土入泵前检查，确保混凝土质量。

（2）根据工地实际情况，泵送施工前应合理布设输送管。必须拧紧管道接头，保证接头处密封，遇高温施工时还应对输送管采取合理的降温措施。

（3）泵送完成后，输送管必须清洗干净，防止混凝土结块造成下次堵管。泵送前，用水及润泵剂冲洗管道后，再用水泥砂浆润滑管道。

（4）高层泵送混凝土时，建议采用提高胶凝材料用量的混凝土泵送顺利后，再恢复正常配合比的混凝土进行泵送。

（5）如遇混凝土堵管，一定要先查明原因并对症处理，避免错误操作导致更严重的堵管。

（6）高层泵送混凝土时，垂直管不要反复拆接，可有效防止因管道漏浆导致的堵管。

10　试验检测方法

10.1　骨　　料

10.1.1　砂的质量要求

砂的质量要求及试验方法应符合现行行业标准《普通混凝土用砂、石质量及检验方法标准》（JGJ 52）的要求。

1. 砂的筛分析试验

本方法适用于测试混凝土用砂的颗粒级配及细度模数。

1）仪器设备

（1）试验筛——砂标准筛一套，其产品质量要求应符合现行国家标准《试验筛 技术要求和检验 第 1 部分：金属丝编织网试验筛》（GB/T 6003.1）和《试验筛 技术要求和检验 第 2 部分：金属穿孔板试验筛》（GB/T 6003.2）中的要求，筛孔尺寸分别为 10.0mm、5.00mm、2.50mm、1.25mm、630μm、315μm、160μm 的方孔筛各一只，筛的底盘和盖各一只；筛框直径为 300mm 或 200mm。

（2）天平——称量 1000g，感量不大于 1g。

（3）摇筛机。

（4）烘箱——温度控制范围为（105±5）℃。

（5）浅盘、硬毛刷、软毛刷等。

2）试验步骤

（1）用于筛分析的试样，其颗粒的公称粒径不应大于 10.0mm。试验前应先将试样通过 10.0mm 的方孔筛，并计算筛余百分率。称取经四分法缩分后的样品不少于 550g 两份，分别装入两个浅盘，在（105±5）℃的温度下烘干到恒重，冷却至室温备用。

注：恒重是指在相邻两次称量间隔时间不小于 3h 的情况下，前后两次称量之差小于该项试验所要求的称量精度（下同）。

（2）准确称取烘干试样 500g（特细砂可称 250g），置于按筛孔大小顺序排列（大孔在上、小孔在下）的套筛的最上一号筛（即 5.00mm 的方孔筛）上，加盖，将套筛装入摇筛机内固紧，筛分 10min；然后取出套筛，再按筛孔由大到小的顺序，在洁净的浅盘上逐一进行手筛，直至每 1min 的筛出量不超过试样总量的 0.1％时为止；通过的颗粒并入下一号筛中，并和下一号筛中的试样一起进行手筛。按这样顺序依次进行，直至各筛全部筛完为止。

（3）试样在各号筛上的筛余量均不得超过按式（10.1）计算得出的剩余量，否则应按该筛的筛余试样分成两份或数份，再次进行筛分，并以其筛余量之和作为该筛的筛余量。

$$m_t = \frac{A\sqrt{d}}{300} \tag{10.1}$$

式中 m_t——某一筛上的剩余量（g）；

　　　　d——筛孔边长（mm）；

　　　　A——筛的面积（mm²）。

（4）当试样含泥量超过 5% 时，应先将试样水洗，然后烘干至恒重，再进行筛分。

（5）无摇筛机时，可改用手筛。

（6）筛完后，将各筛上剩余的试样用毛刷轻轻刷净，称取各筛筛余试样的质量，精确至 1g，所有各筛的分计筛余量和底盘中的剩余量之和与筛分前的试样总量相比，相差不得超过 1%。

3）筛分析试验结果应按下列步骤计算

（1）计算分计筛余——各筛上的筛余量除以试样总质量的百分率，精确至 0.1%；

（2）计算累计筛余——该筛上的分计筛余与大于该筛的分计筛余之和，精确至 0.1%；

（3）根据各筛两次试验累计筛余的平均值，评定该试样的颗粒级配分布情况，精确至 1%；

（4）砂的细度模数应按式（10.2）计算，精确至 0.01：

$$\mu_f = \frac{(\beta_2 + \beta_3 + \beta_4 + \beta_5 + \beta_6) - 5\beta_1}{100 - \beta_1} \tag{10.2}$$

式中　　　　　　　　μ_f——砂的细度模数；

β_1、β_2、β_3、β_4、β_5、β_6——5.00mm、2.50mm、1.25mm、630μm、315μm、160μm 方孔筛上的累计筛余（%）。

（5）以两次试验结果的算术平均值作为测定值，精确至 0.1。当两次试验所得的细度模数之差大于 0.20 时，应重新取试样进行试验。

（6）根据各号筛的累计筛余百分率测定值绘制筛分曲线。

2. 砂的表观密度试验

本方法适用于测定砂的表观密度。

1）标准法

（1）标准法仪器设备：

① 天平——称量 1000g，感量不大于 1g；

② 容量瓶——容量 500mL；

③ 烘箱——温度控制范围为（150±5）℃；

④ 干燥器、浅盘、铝制料勺、温度计等。

（2）试验制备应符合下列规定：

① 经缩分后不少于 650g 的样品装入浅盘，在温度为（150±5）℃的烘箱中烘干至恒重，并在干燥器内冷却至室温。

② 称取烘干的试样 300g（m_0），装入盛有半瓶冷开水的容量瓶中。

③ 摇转容量瓶，使试样在水中充分搅动以排除气泡，塞紧瓶塞，静置 24h；然后用滴管加水至瓶颈刻度线平齐，再塞紧瓶塞，擦干容量瓶外壁的水分，称其质量（m_1）。

④ 倒出容量瓶中的水和试样，将瓶的内外壁洗净，再向瓶内加入与本条第②款水温相差不超过 2℃的冷开水至瓶颈刻度线。塞紧瓶塞，擦干容量瓶外壁水分，称其质量（m_2）。

⑤ 在砂的表观密度试验过程中应测量并控制水的温度，试验的各项称量可在 15～25℃进行。从试样加水静置的最后 2h 起直至试验结束，其温度相差不应超过 2℃。

（3）表观密度（标准法）应按式（10.3）计算，精确至 10kg/m³：

$$\rho=\left(\frac{m_0}{m_0+m_2-m_1}-\alpha_t\right)\times1000 \tag{10.3}$$

式中　ρ——表观密度（kg/m³）；

m_0——试样的烘干质量（g）；

m_1——试样、水及容量瓶总质量（g）；

m_2——水及容量瓶总质量（g）；

α_t——水温对砂的表观密度影响的修正系数，见表 10.1。

表 10.1　不同水温对砂的表观密度影响的修正系数

水温（℃）	15	16	17	18	19	20
α_t	0.002	0.003	0.003	0.004	0.004	0.005
水温（℃）	21	22	23	24	25	
α_t	0.005	0.006	0.006	0.007	0.008	

以两次试验结果的算术平均值作为测定值。当两次结果之差大于 20kg/m³时，应重新取样进行试验。

2）简易法

（1）仪器设备：

① 天平——称量 1000g，感量 1g；

② 李氏瓶——容量 250mL；

③ 烘箱——温度控制范围为（105±5）℃；

④ 其他仪器设备应符合本标准相关规定。

（2）试验制备应符合下列规定：

将样品缩分至不少于 120g，在（105±5）℃的烘箱中烘干至恒重，并在干燥器中冷却至室温，分成大致相等的两份备用。

① 向李氏瓶中注入冷开水至一定刻度处，擦干瓶颈内部附着水，记录水的体积（V_1）；

② 称取烘干试样 50g（m_0），徐徐加入盛水的李氏瓶中；

③ 试样全部倒入瓶中后，用瓶内的水将黏附在瓶颈和瓶壁的试样洗入水中，摇转李氏瓶以排除气泡，静置约 24h 后，记录瓶中水面升高后的体积（V_2）。

④ 在砂的表观密度试验过程中应测量并控制水的温度，允许在 15～25℃进行体积测定，但两次体积测定（指 V_1 和 V_2）的温差不得大于 2℃。从试样加水静置的最后 2h 起，直至记录完瓶中水面高度时止，其相差温度不应超过 2℃。

（3）表观密度（简易法）应按式（10.4）计算，精确至 10kg/m³：

$$\rho=\left(\frac{m_0}{V_2+V_1}-\alpha_t\right)\times1000 \tag{10.4}$$

式中　ρ——表观密度（kg/m³）；

　　　　m_0——试样的烘干质量（g）；

　　　　V_1——水的原有体积（mL）；

　　　　V_2——倒入试样后的水和试样的体积（mL）；

　　　　α_t——水温对砂的表观密度影响的修正系数，见表10.1。

以两次试验结果的算术平均值作为测定值。当两次结果之差大于20kg/m³时，应重新取样进行试验。

3. 砂的吸水率试验

本方法适用于测定砂的吸水率，即测定以烘干质量为基准的饱和面干吸水率。

1）吸水率试验应采用下列仪器设备

（1）天平——称量1000g，感量不大于1g；

（2）饱和面干试模及质量为（240±15）g的钢制捣棒（图10.1）；

（3）干燥器、吹风机（手提式）、浅盘、铝制料勺、玻璃棒、温度计等；

（4）烧杯——容量500mL；

（5）烘箱——温度控制范围为（105±5）℃。

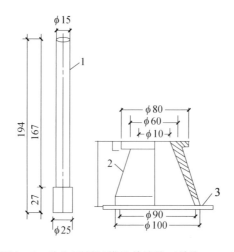

图10.1　饱和面干试模及其捣棒（单位：mm）
1—捣棒；2—试模；3—玻璃板

2）试验步骤

（1）饱和面干试样的制备，是将样品在潮湿状态下用四分法缩分至1000g，拌匀后分成两份，分别装入浅盘或其他合适的容器中，注入清水，使水面高出试样表面20mm左右，水温应控制在（20±5）℃。用玻璃棒连续搅拌5min，以排除气泡。静置24h以后，细心地倒去试样上的水，并用吸管吸去余水。再将试样在盘中摊开，用手提吹风机缓缓吹入暖风，并不断翻拌试样，使砂表面的水分在各部位均匀蒸发，然后将试样松散地一次装满饱和面干试模中，捣25次（捣棒端面距试样表面不超过10mm，任其自由落下），捣完后，留下的空隙不用再装满，从垂直方向徐徐提起试模。试样呈图10.2（a）所示形状时，则说明砂中尚含有表面水，应继续按上述方法用暖风干燥，并按上述方法进行试验，直至试模提起后试样呈图10.2（b）所示的形状为止。试模提起后，试样呈图10.2（c）所示的形状时，则说明试样已干燥过分，此时应将试样洒水 5mL，充分拌匀，并静置于加盖的容器中 30min 后，再按上述方法进行试验，直至试样达到图 10.2（b）所示的形状为止。

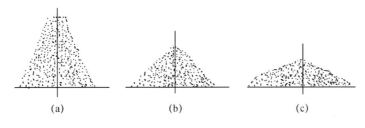

图 10.2　试样的塌陷情况

（2）立即称取饱和面干试样 500g，放入已知质量（m_1）烧杯中，于温度为（105±5）℃的烘箱中烘干至恒重，并在干燥器内冷却至室温后，称取干燥试样与烧杯的总质量（m_2）。

3）吸水率 ω_{wn} 应按式（10.5）计算，精确至 0.1%：

$$\omega_{wn} = \frac{500 - (m_2 - m_1)}{m_2 - m_1} \times 100\% \tag{10.5}$$

式中　ω_{wn}——吸水率（%）；

　　　m_1——烧杯质量（g）；

　　　m_2——烘干的试样与烧杯的总质量（g）。

以两次试验结果的算术平均值作为测定值，当两次结果之差大于 0.2% 时，应重新取样进行试验。

4. 砂的堆积密度和紧密密度试验

本方法适用于测定砂的堆积密度、紧密密度及空隙率。

1）应采用下列仪器设备

（1）天平——称量 5kg，感量不大于 1g；

（2）容量筒——金属制，圆柱形，内径 108mm，净高 109mm，筒壁厚 2mm，容积 1L，筒底厚度为 5mm；

（3）漏斗（图 10.3）或铝制料勺；

（4）烘箱——温度控制范围（105±5）℃；

（5）直尺、浅盘等。

2）试验步骤

（1）先用 5.00mm 的方孔筛过筛，然后取经缩分后的样品不少于 3L，装入浅盘，在温度为（105±5）℃烘箱中烘干至恒重，取出并冷却至室温，分成大致相等的两份备用。试样烘干后若有结块，应在试验前先予捏碎。

（2）堆积密度：取试样一份，用漏斗或铝制勺，将它徐徐装入容量筒（漏斗出料口或料勺距容量筒筒口不应超过 50mm）直至试样装满并超出容量筒筒口，然后用直尺将多余的试样沿筒口中心线向相反方向刮平，称其质量（m_2）。

（3）紧密密度：取试样一份，分两层装入容量筒。装完一层后，在筒底垫放一根直径为 10mm 的钢筋，将筒按住，左右交替颠击地面各 25 下，然后装入第二层；第二层装满后用同样方法颠实（但筒底所垫钢筋的方向应与第一层放置方向垂直）；二层装完

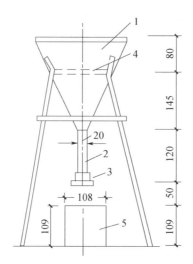

图 10.3 标准漏斗（单位：mm）

1—漏斗；2—φ20mm 管子；3—活动阀门；4—筛；5—金属量筒

并颠实后，加料直至试样超出容量筒筒口，然后用直尺将多余的试样沿筒口中心线向两个相反方向刮平，称其质量（m_2）。

3）试验结果计算应符合下列规定

（1）堆积密度（ρ_L）及紧密密度（ρ_e）按式（10.6）计算，精确至 $10kg/m^3$：

$$\rho_L（\rho_e）=\frac{m_2-m_1}{V}\times 1000 \tag{10.6}$$

式中 $\rho_L（\rho_e）$——堆积密度（紧密密度）（kg/m^3）；

m_1——容量筒的质量（kg）；

m_2——容量筒和砂的总质量（kg）；

V——容量筒容积（L）。

以两次试验结果的算术平均值作为测定值。

（2）空隙率按式（10.7）计算，精确至 1%：

$$空隙率\ V_L=\left(1-\frac{\rho_L}{\rho}\right)\times 100\% \tag{10.7}$$

$$V_e=\left(1-\frac{\rho_e}{\rho}\right)\times 100\% \tag{10.8}$$

式中 V_L——堆积密度的空隙率（%）；

V_e——紧密密度的空隙率（%）；

ρ_L——砂的堆积密度（kg/m^3）；

ρ——砂的表观密度（kg/m^3）；

ρ_e——砂的紧密密度（kg/m^3）。

4）容量筒容积的校正方法

以温度为（20±2）℃的饮用水装满容量筒，用玻璃板沿筒口滑移，使其紧贴水面。擦干筒外壁水分，然后称其质量。用式（10.9）计算筒的容积：

$$V=m_2'-m_1' \tag{10.9}$$

式中　V——容量筒容积（L）；

m_1'——容量筒和玻璃板质量（kg）；

m_2'——容量筒、玻璃板和水总质量（kg）。

5. 砂的含水率试验

本方法适用于测定砂的含水率。

1）标准法

（1）仪器设备：

① 烘箱——温度控制范围为（105±5）℃；

② 天平——称量 1000g，感量不大于 1g；

③ 容器——如浅盘等。

（2）试验步骤：

① 由密封的样品中各取重 500g 的试样两份，分别放入已知质量的干燥容器（m_1）中称重，记下每盘试样与容器的总质量（m_2）。

② 将容器连同试样放入温度为（105±5）℃的烘箱中烘干至恒重，称量烘干后的试样与容器的总质量（m_3）。

（3）砂的含水率（标准法）按式（10.10）计算，精确至 0.1%：

$$\omega_{we} = \frac{m_2 - m_3}{m_3 - m_1} \times 100\% \tag{10.10}$$

式中　ω_{we}——砂的含水率（%）；

m_1——容器质量（g）；

m_2——未烘干的试样与容器的总质量（g）；

m_3——烘干后的试样与容器的总质量（g）。

2）快速法

对含泥量过大及有机杂质含量较多的砂不宜采用快速法进行试验。

（1）仪器设备：

① 电炉（或火炉）；

② 天平——称量 1000g，感量不大于 1g；

③ 炒盘（铁制或铝制）；

④ 油灰铲、毛刷等。

（2）试验步骤：

① 由密封样品中取 500g 试样放入干净的炒盘（m_1）中，称取试样与炒盘的总质量（m_2）；

② 将炒盘置于电炉（或火炉）上，用小铲不断地翻拌试样，至试样表面全部干燥后，切断电源（或移出火外），再继续翻拌 1min，稍冷却（以免损坏天平）后，称干样与炒盘的总质量（m_3）。

（3）砂的含水率（快速法）应按式（10.11）计算，精确至 0.1%：

$$\omega_{we} = \frac{m_2 - m_3}{m_3 - m_1} \times 100\% \tag{10.11}$$

式中　ω_{we}——砂的含水率（%）；

m_1——容器质量（g）；

m_2——未烘干的试样与容器的总质量（g）；

m_3——烘干后的试样与容器的总质量（g）。

以两次试验结果的算术平均值作为测定值。

6. 砂中含泥量试验

本方法适用于测定砂的含泥量，分为标准法和虹吸管法。标准法适用于测定粗砂、中砂和细砂的含泥量，虹吸管法适用于测定粗砂、中砂、细砂和特细砂的含泥量。

1）标准法

（1）仪器设备：

① 天平——称量 1000g，感量不大于 1g；

② 烘箱——温度控制范围为（105±5)℃；

③ 试验筛——筛孔为 80μm 及 1.25mm 的方孔筛各一个；

④ 洗砂用的容器及烘干用的浅盘等。

（2）试验步骤：

① 样品缩分至 1100g，置于温度为（105±5)℃的烘箱中烘干至恒重，冷却至室温后，各称取 400g（m_0）的试样两份备用。

② 将烘干的试样置于容器中，并注入饮用水，使水面高出砂面约 150mm，充分拌匀后，浸泡 2h，然后用手在水中淘洗试样，使尘屑、淤泥和黏土与砂粒分离，并使之悬浮或溶于水中，缓缓地将浑浊液倒入 1.25mm、80μm 的方孔套筛（1.25mm 筛放置于上面）上，滤去小于 80μm 的颗粒。试验前筛子的两面应先用水润湿，在整个试验过程中应避免砂粒丢失。

③ 加水于容器中，重复上述过程，直到筒内洗出的水清澈为止。

④ 用水淋洗剩留在筛上的细粒，并将 80μm 筛放在水中（使水面略高出筛中砂粒的上表面）来回摇动，以充分洗除小于 80μm 的颗粒，然后将两只筛上剩留的颗粒和容器中已经洗净的试样一并装入浅盘，置于温度为（105±5)℃的烘箱中烘干至恒重，取出来冷却至室温后，称试样的质量（m_1）。

（3）砂的含泥量应按式（10.12）计算，精确至 0.1%：

$$w_c = \frac{m_0 - m_1}{m_0} \times 100\%$$ （10.12）

式中　w_c——砂中含泥量（%）；

m_0——试验前的烘干试样质量（g）；

m_1——试验后的烘干试样质量（g）。

以两个试样试验结果的算术平均值作为测定值。两次结果之差大于 0.5% 时，应重新取样进行试验。

2）虹吸管法

（1）仪器设备：

① 虹吸管——玻璃管的直径不大于 5mm，后接胶皮弯管；

② 玻璃容器或其他容器——高度不小于 300mm，直径不小于 200mm；

③ 其他设备应符合现行行业标准《普通混凝土用砂、石质量及检验方法标准》

（JGJ 52—2006）的要求。

（2）试验步骤：

① 样品缩分至 1100g，置于温度为（105±5)℃的烘箱中烘干至恒重，冷却至室温后，称取各为 500g（m_0）的试样两份备用。

② 将烘干的试样置于容器中，并注入饮用水，使水面高出砂面约 150mm，浸泡 2h，浸泡过程中每隔一段时间搅拌一次，确保尘屑、淤泥和黏土与砂分离。

③ 用搅拌棒均匀搅拌 1min（单方向旋转），以适当宽度和高度的闸板闸水，使水停止旋转。经 20~25s 后取出闸板，然后，从上到下用虹吸管细心地将浑浊液吸出，虹吸管吸口的最低位置应距离砂面不小于 30mm。

④ 倒入清水，重复上述过程，直到吸出的水与清水的颜色基本一致为止。

⑤ 将容器中的清水吸出，把洗净的试样倒入浅盘并在（105±5)℃的烘箱中烘干至恒重，取出，冷却至室温后称砂的质量（m_1）。

（3）砂的含泥量（虹吸管法）应按式（10.13）计算，精确至 0.1%；

$$w_c = \frac{m_0 - m_1}{m_0} \times 100\% \tag{10.13}$$

式中　w_c——砂的含泥量（%）；

　　　m_0——试验前的烘干试样质量（g）；

　　　m_1——试验后的烘干试样质量（g）。

以两个试样试验结果的算术平均值作为测定值。两次结果之差大于 0.5% 时，应重新取样进行试验。

7. 砂的泥块含量试验

本方法适用于测定砂的泥块含量。

（1）仪器设备

1）天平——称量 1000g、感量 1g 及称量 5000g、感量不大于 5g 的天平各一台；

2）烘箱——温度控制范围为（105±5)℃；

3）试验筛——筛孔为 630μm 及 1.25mm 的方孔筛各一只；

4）洗砂用的容器及烘干用的浅盘等。

（2）试验步骤

1）将样品缩分至 5000g，置于温度为（105±5)℃烘箱中烘干至恒重，冷却至室温后，用 1.25mm 的方孔筛筛分，取筛上的砂不少于 400g 分为两份备用。特细砂按实际筛分量。

2）称取试样 200g（m_1）置于容器中，并注入饮用水，使水面高出砂面 150mm。充分拌匀后，浸泡 24h，然后用手在水中碾碎泥块，再把试样放在 630μm 的方孔筛上，用水淘洗，直至水清澈为止。

3）保留下来的试样应小心地从筛里取出，装入水平浅盘后，置于温度为（105±5)℃烘箱中烘干至恒重，冷却后称重（m_2）。

（3）砂的泥块含量应按式（10.14）计算，精确至 0.1%；

$$w_{c,L} = \frac{m_1 - m_2}{m_1} \times 100\% \tag{10.14}$$

式中　w_{cL}——砂的泥块含量（%）；

　　　　m_1——试验前的干燥试样质量（g）；

　　　　m_2——试验后的干燥试样质量（g）。

以两个试样试验结果的算术平均值作为测定值。

8. 人工砂及混合砂中石粉含量试验

本方法适用于测定人工砂和混合砂亚甲蓝 MB 值或亚甲蓝试验是否合格，判断人工砂或混合砂中的石粉是否含有较多泥粉。

（1）仪器设备

1）烘箱——温度控制范围为（105±5）℃；

2）天平——称量 1000g、感量 1g 及称量 100g、感量不大于 0.01g 的天平各一台；

3）试验筛——筛孔为 $80\mu m$ 及 1.25mm 的方孔筛各一只；

4）容器——要求淘洗试样时，保持试样不溅出（深度大于 250mm）；

5）移液管——5mL 和 2mL 各一支；

6）搅拌装置——三片或四片式叶轮搅拌器：转速可达（600±60）r/min，直径（75±10）mm；

7）定时装置——精度 1s；

8）玻璃容量瓶——容量 1L；

9）温度计——精度 1℃；

10）玻璃棒：2 支，直径 8mm，长 300mm；

11）滤纸——快速定量滤纸；

12）搪瓷盘、毛刷、容量为 1000mL 的烧杯等。

（2）试验步骤

1）配制亚甲蓝溶液：将亚甲蓝（$C_{16}H_{18}ClN_3S \cdot 3H_2O$）粉末在（105±5）℃下烘干至恒重，称取烘干亚甲蓝粉末 10g，精确至 0.01g，倒入盛有 600mL 蒸馏水（水温加热至 35～40℃）的烧杯中，用玻璃棒均匀搅拌 40min，直至亚甲蓝粉末完全溶解，冷却至 20℃。将溶液倒入 1L 容量瓶中，用蒸馏水淋洗烧杯等，使所有亚甲蓝溶液全部移入容量瓶，容量瓶和溶液的温度应保持在（20±1）℃，加蒸馏水至容量瓶 1L 刻度。振荡容量瓶以保证亚甲蓝粉末完全溶解，将容量瓶中溶液移入深色储藏瓶中，标明制备日期、失效日期（亚甲蓝溶液保质期应不超过 28d），并置于阴暗处保存。

2）亚甲蓝 MB 值的测定：

① 将样品缩分至 400g，放在烘箱中于（105±5）℃下烘干至恒重，待冷却至室温后，筛除大于 2.0mm 的颗粒备用。

② 称取试样 200g，精确至 1g，将试样倒入盛有（500±5）mL 蒸馏水的烧杯中，用叶轮搅拌机以（600±60）r/min 转速搅拌 5min，形成悬浮液，然后以（400±40）r/min 转速持续搅拌 5min，直至试验结束。

③ 悬浮液中加入 5mL 亚甲蓝溶液，以（400±40）r/min 转速搅拌至 1min 后，用玻璃棒蘸取一滴悬浮液（所取悬浮液滴应使沉淀物直径在 8～12mm），滴于滤纸（置于空烧杯或其他合适的支撑物上，以使滤纸表面不与任何固体或液体接触）上。若沉淀物周围未出现色晕，再加入 5mL 亚甲蓝溶液，继续搅拌 1min，再用玻璃棒蘸取一滴悬浮

液，滴于滤纸上，若沉淀物周围仍未出现色晕，重复上述步骤，直至沉淀物周围出现约 1mm 宽的稳定浅蓝色色晕。此时，应继续搅拌，不加亚甲蓝溶液，每 1min 进行一次蘸染试验。若色晕在 4min 内消失，再加入 2mL 亚甲蓝溶液，两种情况下，均应继续进行搅拌和蘸染试验，直至色晕可持续 5min。

④ 记录色晕持续 5min 时所加入的亚甲蓝溶液总体积，精确至 1mL。

⑤ 亚甲蓝 MB 值按式（10.15）计算：

$$MB = \frac{V}{G} \times 10 \tag{10.15}$$

式中　MB——亚甲蓝值（g/kg），表示每千克 0～2.36mm 粒级试样所消耗的亚甲蓝克数，精确至 0.01；

　　　G——试样质量（g）；

　　　V——所加入的亚甲蓝溶液的总量（mL）；

　　　10——换算系数，用于将每千克试样消耗的亚甲蓝溶液体积换算成亚甲蓝质量。

以两次试验结果的算术平均值作为测定值。

⑥ 亚甲蓝试验结果评定应符合下列规定：

当 MB 值<1.4 时，则判定是以石粉为主；当 MB 值≥1.4 时，则判定是为以泥粉为主的石粉。

3）亚甲蓝快速试验：

① 应按本条第一款第一项要求进行制样。

② 一次性向烧杯中加入 30mL 亚甲蓝溶液，以（400±40）r/min 转速持续搅拌 8min，然后用玻璃棒蘸取一滴悬浊液，滴于滤纸上，观察沉淀物周围是否出现明显色晕，出现色晕的为合格；否则为不合格。

4）人工砂及混合砂中的含泥量或石粉量试验步骤计算按本标准相关规定进行。

9. 人工砂压碎值指标试验

本方法适用于测定粒级为 315μm～5.00mm 的人工砂的压碎值指标。

（1）仪器设备

1）压力试验机，荷载 300kN，精度为 I 级；

2）受压钢模（图 10.4）；

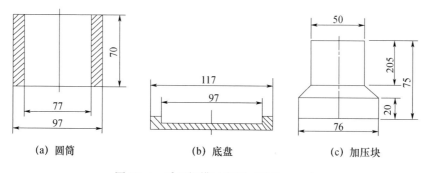

(a) 圆筒　　　　　　(b) 底盘　　　　　　(c) 加压块

图 10.4　受压钢模示意图（单位：mm）

3）天平——称量为 1000g，感量 1g；

4）试验筛——筛孔分别为 5.00mm、2.50mm、1.25mm、630μm、315μm、

160μm、80μm 的方孔筛各一只；

5）烘箱——温度控制范围为（105±5）℃；

6）其他——瓷盘 10 个，小勺 2 把。

（2）试验步骤

1）将缩分后的样品置于（105±5）℃的烘箱内烘干至恒重，待冷却至室温后，筛分成 5.00～2.50mm、2.50～1.25mm、1.25mm～630μm、630～315μm 四个公称粒级，每级试样质量不得少于 1000g；

2）置圆筒于底盘上，组成受压模，将一单级砂样约 300g 装入模内，使试样距底盘约 50mm；

3）平整试模内试样的表面，将加压块放入圆筒内，并转动一周使之与试样均匀接触；

4）将装好砂样的受压钢模置于压力机的支承板上，对准压板中心后，开动机器，以 500N/s 的速度加荷，加荷 25kN 时持荷 5s，再以同样速度卸荷；

5）取下受压模，移去加压块，倒出压过的试样并称其质量（m_0），然后用该粒级的下限筛（如砂样为粒级 5.00～2.50mm 时，其下限筛为筛孔 2.50mm 的方孔筛）进行筛分，称出该粒级试样的筛余量（m_1）。

（3）人工砂的压碎指标按下述方法计算：

1）第 i 单级砂样的压碎指标按下式计算，精确至 0.1%；

$$\delta_i = \frac{m_0 - m_1}{m_0} \times 100\% \tag{10.16}$$

式中 δ_i——第 i 单级砂样的压碎指标（%）；

m_0——第 i 单级试样的质量（g）；

m_1——第 i 单级试样的压碎试验后筛余的试样质量（g）。

以三个试样试验结果的算术平均值作为各单粒级试样的测定值。

2）四级砂样总的压碎指标按式（10.17）计算：

$$\delta_{sa} = \frac{a_1\delta_1 + a_2\delta_2 + a_3\delta_3 + a_4\delta_4}{a_1 + a_2 + a_3 + a_4} \times 100\% \tag{10.17}$$

式中 δ_{sa}——总的压碎指标（%），精确至 0.1%；

a_1、a_2、a_3、a_4——2.50mm、1.25mm、630μm、315μm 各方孔筛的分计筛余（%）；

δ_1、δ_2、δ_3、δ_4——5.00～2.50mm、2.50～1.25mm、1.25mm～630μm、630～315μm
    单级试样压碎指标（%）。

10. 砂中氯离子含量试验

本方法适用于测定砂中的氯离子含量。

（1）仪器设备和试剂

1）烘箱——温度控制范围为（105±5）℃；

2）天平——称量 1000g，感量 1g；

3）带塞磨口瓶——容量 1L；

4）三角瓶——容量 300mL；

5）滴定管——容量 10mL 或 25mL；

6）容量瓶——容量 500mL；

7）移液管——容量 50mL，2mL；

8）5％（W/V）铬酸钾指示剂溶液；

9）0.01mol/L 的氯化钠标准溶液；

10）0.01mol/L 的硝酸银标准溶液。

（2）试验步骤

1）取经缩分后样品 2kg，在温度（105±5）℃的烘箱中烘干至恒重，经冷却至室温备用。

2）称取试样 500g（m），装入带塞磨口瓶中，用容量瓶取 500mL 蒸馏水，注入磨口瓶内，加上塞子，摇动一次。放置 2h，然后每隔 5min 摇动一次，共摇动 3 次，使氯盐充分溶解。将磨口瓶上部已澄清的溶液过滤，然后用移液管吸取 50mL 滤液，注入三角瓶中，再加入浓度为 5％的（W/V）铬酸钾指示剂 1mL，用 0.01mol/L 硝酸银标准溶液滴定至呈现砖红色为终点，记录消耗的硝酸银标准溶液的毫升数（V_1）。

3）空白试验：用移液管准确吸取 50mL 蒸馏水到三角瓶内，加入 5％（W/V）铬酸钾指示剂 1mL，并用 0.01mol/L 的硝酸银标准溶液滴定至溶液呈砖红色为止，记录此点消耗的硝酸银标准溶液的毫升数（V_2）。

（3）砂中氯离子含量 ω_{cl} 应按式（10.18）计算，精确至 0.001％：

$$\omega_{cl}=\frac{C_{AgNO_3}（V_1-V_2）\times 0.0355\times 10}{m}\times 100\%　\tag{10.18}$$

式中　ω_{cl}——砂中氯离子含量（％）；

　C_{AgNO_3}——硝酸银标准溶液的浓度（mol/L）；

　V_1——样品滴定时消耗的硝酸银标准溶液的体积（mL）；

　V_2——空白试验时消耗的硝酸银标准溶液的体积（mL）；

　m——试样质量（g）；

0.0355——换算系数；

10——全部试样溶液与所分取试样溶液的体积比。

取两次试验结果的算术平均值作为测定值。

10.1.2　石的质量要求

石的质量要求及试验方法应符合现行行业标准《普通混凝土用砂、石质量及检验方法标准》（JGJ 52）的要求，详见本书第 2.2.8.2 条。

1. 碎石或卵石的筛分析试验

本方法适用于测定碎石或卵石的颗粒级配。

（1）仪器设备

1）试验筛——应符合现行国家标准《试验筛 技术要求和检验 第 2 部分：金属穿孔板试验筛》（GB/T 6003.2）的要求，筛孔为 100.0mm、80.0mm、63.0mm、50.0mm、40.0mm、31.5mm、25.0mm、20.0mm、16.0mm、10.0mm、5.00mm 和 2.50mm 的方孔筛以及筛的底盘和盖各一只，其规格和质量要求应符合现行国家标准《试验筛 技术要求和检验 第 2 部分：金属穿孔板试验筛》（GB/T 6003.2）的要求，筛框直径为 300mm；

2）天平——称量 5kg，感量 5g；

3）台秤——称量 20kg，感量 20g；

4）烘箱——温度控制范围为（105±5）℃；

5）铁锹、浅盘或其他容器等。

（2）试验步骤

1）用四分法应将样品缩分至表 10.2 所规定的试样最小质量，并烘干或风干后备用。

表 10.2　筛分析所需试样的最小质量

公称粒径（mm）	10.0	16.0	20.0	25.0	31.5	40.0	63.0	80.0
试样最小质量（kg）	2.0	3.2	4.0	5.0	6.3	8.0	12.6	16.0

2）将试样按筛孔大小顺序过筛。当每只筛上的筛余层厚度大于试样的最大粒径值时，应将该筛上的筛余试样分成两份，再次进行筛分，直至各筛每 1min 的通过量不超过试样总量的 0.1%；

3）当筛余试样的颗粒粒径超过公称粒径 20mm 以上时，在筛分过程中，允许用手拨动颗粒；

4）称取各筛筛余的质量，精确至试样总质量的 0.1%。各筛的分计筛余量和筛底剩余量的总和与筛分前测定的试样总量相比，其相差不得超过 1%。

（3）筛分析试验结果应按下列步骤计算

1）计算分计筛余——各筛上筛余量除以试样的百分率，精确至 0.1%；

2）计算累计筛余——该筛的分计筛余与筛孔大于该筛的各筛的分计筛余百分率的总和，精确至 1%；

3）以两次试验结果的算术平均值作为测定值；

4）根据各筛的累计筛余，评定该试样的颗粒级配。

2. 碎石或卵石的表观密度试验

本方法适用于测定碎石或卵石的表观密度。

（1）标准法

1）仪器设备：

① 液体天平——称量 5kg，感量 5g，其型号及尺寸应能允许在臂上悬挂盛试样的吊篮，并在水中称重（图 10.5）；

② 吊篮——直径和高度均为 150mm，由孔径为 1~2mm 的筛网或钻有孔径为 2~3mm 孔洞的耐锈蚀金属板制成；

③ 盛水容器——有溢流孔；

④ 烘箱——温度控制范围为（105±5）℃；

⑤ 试验筛——筛孔为 4.75mm 的方孔筛一只；

⑥ 温度计——0~100℃；

⑦ 带盖容器、浅盘、刷子和毛巾等。

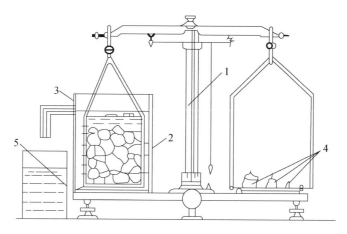

图 10.5　液体天平

1—5kg 天平；2—吊篮；3—带有溢流孔的金属容器；4—砝码；5—容器

2）试验步骤：

① 将样品筛除 5.00mm 以下的颗粒，并缩分至略大于两倍于表 10.3 所规定的最小质量，冲洗干净后分成两份备用。

表 10.3　表观密度试验所需的试样最小质量

最大公称粒径（mm）	10.0	16.0	20.0	25.0	31.5	40.0	63.0	80.0
试样最小质量（kg）	2.0	2.0	2.0	2.0	3.0	4.0	6.0	6.0

② 取试样一份装入吊篮，并浸入盛水的容器中，水面至少高出试样 50mm；

③ 浸水 24h 后，移放到称量用的盛水容器中，并用上下升降吊篮的方法排除气泡（试样不得露出水面），吊篮每升降一次约 1s，升降高度为 30～50mm；

④ 测定水温（此时吊篮应全浸在水中），用天平称取吊篮及试样在水中的质量（m_2）。称量时盛水容器中水面的高度由容器的溢流孔控制；

⑤ 提起吊篮，将试样置于浅盘中，放入（105±5）℃的烘箱中烘干至恒重；取出来放在带盖的容器中冷却至室温后，称重（m_0）；

注：恒重是指相邻两次称重间隔不小于 3h 的情况下，其前后两次称量之差小于该项试验所要求的称量精度。

⑥ 称取吊篮在同样温度的水中质量 m_1，称量时盛水容器的水面高度仍应由溢流口控制。

⑦ 试验的各项称重可以在 15～25℃进行，但从试样加水静置的最后 2h 起直至试验结束，其温度相差不应超过 2℃。

3）表观密度应按式（10.19）计算，精确至 10kg/m³：

$$\rho = \left(\frac{m_0}{m_0 + m_1 - m_2} - \alpha_t \right) \times 1000 \qquad (10.19)$$

式中　ρ——表观密度（kg/m³）；

　　　　m_0——试样的烘干质量（g）；

　　　　m_1——吊篮在水中的质量（g）；

m_2——吊篮及试样在水中的质量（g）；

α_t——水温对表观密度影响的修正系数，见表 10.4。

表 10.4 不同水温下碎石或卵石的表观密度影响的修正系数

水温（℃）	15	16	17	18	19	20	21	22	23	24	25
α_t	0.002	0.003	0.003	0.004	0.004	0.005	0.005	0.006	0.006	0.007	0.008

以两次试验结果的算术平均值作为测定值。当两次试验结果之差大于 $20kg/m^3$ 时，应重新取样进行试验。对颗粒材质不均匀的试样，两次试验结果之差大于 $20kg/m^3$ 时，可取四次测定结果的算术平均值作为测定值。

（2）简易法

1）仪器设备：

① 烘箱——温度控制范围为（105±5）℃；

② 天平——称量 20kg，感量 20g；

③ 广口瓶——容量 1000mL，磨口，并带玻璃片；

④ 试验筛——筛孔为 5.00mm 的方孔筛一只；

⑤ 毛巾、刷子等。

2）试验步骤：

① 筛除试样中 5.00mm 以下的颗粒，缩分至略大于表 10.3 所规定量的 2 倍。洗刷干净后分成两份备用。

② 将试样浸水饱和，然后装入广口瓶中。装试样时，广口瓶应倾斜放置，注入饮用水，用玻璃片覆盖瓶口，以上下左右摇晃的方法排除气泡。

③ 气泡排净后，向瓶中添加饮用水直至水面凸出瓶口边缘。然后用玻璃片沿瓶口迅速滑行，使其紧贴瓶口水面。擦干瓶外水分后，称取试样、水、瓶和玻璃片总质量（m_1）。

④ 将瓶中的试样倒入浅盘中，放在（105±5）℃的烘箱中烘干至恒重；取出，放在带盖的容器中冷却至室温后称取质量（m_2）。

⑤ 试验时各项称重可以在 15~25℃进行，但从试样加水静置的最后 2h 起直至试验结束，其温度相差不应超过 2℃。

3）表观密度 ρ 应该按式（10.20）计算，精确至 $10kg/m^3$：

$$\rho=\left(\frac{m_0}{m_0+m_2-m_1}-\alpha_t\right)\times1000 \tag{10.20}$$

式中 ρ——表观密度（kg/m^3）；

m_0——烘干后试样质量（g）；

m_1——试样、水、瓶和玻璃片的总质量（g）；

m_2——水、瓶和玻璃片总质量（g）；

α_t——水温对表观密度影响的修正系数，见表 10.4。

以两次试验结果的算术平均值作为测定值。当两次试验结果之差大于 $20kg/m^3$ 时，应重新取样进行试验。对颗粒材质不均匀的试样，两次试验结果之差大于 $20kg/m^3$ 时，可取四次测定结果的算术平均值作为测定值。

3. 碎石或卵石的含水率试验

本方法适用于测定碎石或卵石的含水率。

（1）仪器设备

1）烘箱——温度控制范围为（105±5）℃；

2）天平——称量5kg，感量20g；

3）浅盘等容器。

（2）试验步骤

1）按表JGJ 52 表5.1.3-2 的要求称取试样，分成两份备用；

2）将试样置于干净的容器中，称取试样和容器的总质量（m_1），并在（105±5）℃的烘箱中烘干至恒重；

3）取出试样，冷却后称取试样与容器的总质量（m_2），并称取容器的质量（m_3）。

（3）含水率 ω_{we} 应按式（10.21）计算，精确至0.1%：

$$\omega_{we} = \frac{m_1 - m_2}{m_2 - m_3} \times 100\% \tag{10.21}$$

式中　ω_{we}——含水率（%）；

　　　m_1——烘干前试样与容器总质量（g）；

　　　m_2——烘干后试样与容器总质量（g）；

　　　m_3——容器质量（g）。

以两次试验结果的算术平均值作为测定值。

4. 碎石或卵石的吸水率试验

本方法适用于测定碎石或卵石的吸水率，即测定以烘干质量为基准的饱和面干吸水率。

（1）仪器设备

1）烘箱——温度控制范围为（105±5）℃；

2）天平——称量20kg，感量20g；

3）试验筛——筛孔为5.00mm 的方孔筛一只；

4）容器、浅盘、金属丝刷和毛巾等。

（2）试验步骤

1）筛除样品中5.00mm 以下的颗粒，然后缩分至2倍于表10.5 所规定的最小质量，分成两份，用金属丝刷刷净后备用。

表 10.5 吸水率试验所需的试样最小质量

最大公称粒径（mm）	10.0	16.0	20.0	25.0	31.5	40.0	63.0	80.0
试样最小质量（kg）	2	2	4	4	4	6	6	8

2）取试样一份置于盛水的容器中，使水面高出试样表面5mm 左右，24h 后从水中取出试样，并用拧干的湿毛巾将颗料表面的水分拭干，即成为饱和面干试样。然后，立即将试样放在浅盘中称取质量（m_2），在整个试验过程中，水温必须保持在（20±5）℃。

3）将饱和面干试样连同浅盘置于（105±5）℃的烘箱中烘干至恒重。然后取出，放入带盖的容器中冷却0.5～1h，称取烘干试样与浅盘的总质量（m_1），称取浅盘的质量（m_3）。

（3）吸水率 ω_{wn} 应按式（10.22）计算，精确至 0.01%：

$$\omega_{wn}=\frac{m_2-m_1}{m_1-m_3}\times100\%$$

（10.22）

式中 ω_{wn}——吸水率（%）；

      m_1——烘干后试样与浅盘总质量（g）；

      m_2——烘干前饱和面干试样与浅盘总质量（g）；

      m_3——浅盘质量（g）。

以两次试验结果的算术平均值作为测定值。

5. 碎石或卵石的堆积密度和紧密密度试验

本方法适用于测定碎石或卵石的堆积密度、紧密密度及空隙率。

（1）仪器设备

1）天平——称量 50kg，感量 100g；

2）烘箱——温度控制范围为（105±5）℃；

3）容量筒——金属制，具有一定刚度，不变形，其规格见表 10.6；

4）平头铁锹。

表 10.6 容量筒的规格要求

碎石或卵石的最大公称粒径（mm）	容量筒容积（L）	容量筒规格（mm）		筒壁厚度（mm）
		内径	净高	
10.0，16.0，20.0，25	10	208	294	2
31.5，40.0	20	294	294	3
63.0，80.0	30	360	294	4

注：测定紧密密度时，对最大公称粒径为 31.5mm、40.0mm 的骨料，可采用 10L 的容量筒，对最大公称粒径为 63.0mm、80.0mm 的骨料，可采用 20L 容量筒。

（2）试验步骤

1）按表 JGJ 52 表 5.1.3-2 的规定称取试样，放入浅盘，在（105±5）℃的烘箱中烘干，也可摊在清洁的地面上风干，拌匀后分成两份备用。

2）**堆积密度**：取试样一份，置于平整干净的地板（或铁板）上，用平头铁锹铲起试样，使石子自由落入容量筒内。此时，从铁锹的齐口至容量筒上口的距离应保持为 50mm 左右。装满容量筒后除去凸出筒口表面的颗粒，并以合适的颗粒填入凹陷部分，使表面稍凸起部分和凹陷部分的体积大致相等，称取试样和容量筒总质量（m_2）。

3）**紧密密度**：取试样一份，分三层装入容量筒。装完一层后，在筒底垫放一根直径为 25mm 的钢筋，将筒按住并左右交替颠击地面各 25 下，然后装入第二层。第二层装满后，用同样的方法颠实（但筒底所垫钢筋的方向应与第一层放置方向垂直），然后装入第三层，用同样方法颠实。待三层试样装填完毕后，加料直到试样超出容量筒筒口，用钢筋沿筒口边缘滚转，刮除高出筒口的颗粒，用合适的颗粒填平凹处，使表面稍凸起部分和凹陷部分的体积大致相等。称取试样的容量筒总质量（m_2）。

（3）试验结果计算应符合下列规定

1）堆积密度（ρ_L）或紧密密度（ρ_C）按式（10.23）计算，精确至 $10kg/m^3$：

$$\rho_L\ (\rho_C) = \frac{m_2 - m_1}{V} \times 1000 \tag{10.23}$$

式中　ρ_L——堆积密度（kg/m^3）；

　　　ρ_C——紧密密度（kg/m^3）；

　　　m_1——容量筒的质量（kg）；

　　　m_2——容量筒和试样总质量（kg）；

　　　V——容量筒的体积（L）。

以两次试验结果的算术平均值作为测定值。

2）空隙率（ν_L、ν_c）按式（10.24）及式（10.25）计算，精确至 1%：

$$\nu_L = \left(1 - \frac{\rho_L}{\rho}\right) \times 100\% \tag{10.24}$$

$$\nu_C = \left(1 - \frac{\rho_c}{\rho}\right) \times 100\% \tag{10.25}$$

式中　ν_L、ν_c——空隙率（%）；

　　　ρ_L——碎石或卵石的堆积密度（kg/m^3）；

　　　ρ_c——碎石或卵石的紧密密度（kg/m^3）；

　　　ρ——碎石或卵石的表观密度（kg/m^3）。

（4）容量筒容积的校正应以（20±5）℃的饮用水装满容量筒，用玻璃板沿筒口滑移，使其紧贴水面，擦干桶外壁水分后称取质量。用式（10.26）计算筒的体积：

$$V = m_2' - m_1' \tag{10.26}$$

式中　V——容量筒的体积（L）；

　　　m_1'——容量筒和玻璃板质量（kg）；

　　　m_2'——容量筒、玻璃板和水总质量（kg）。

6. 碎石或卵石中含泥量试验

本方法适用于测定碎石或卵石中的含泥量。

（1）仪器设备

1）天平——称量 10kg，感量 20g；

2）烘箱——温度控制范围为（105±5）℃；

3）试验筛——筛孔为 1.25mm 及 80μm 的方孔筛各一只；

4）容器——容积约 10L 的瓷盘或金属盒，要求淘洗试样时，保持试样不溅出；

5）浅盘、毛刷。

（2）试验步骤

1）将样品缩分至表 10.7 所规定的量（注意防止细粉丢失），并置于温度为（105±5）℃的烘箱内烘干至恒重，冷却至室温后分成两份备用。

表 10.7　含泥量试验所需的试样最少质量

最大公称粒径（mm）	10.0	16.0	20.0	25.0	31.5	40.0	63.0	80.0
试样量不少于（kg）	2	2	6	6	10	10	20	20

2）称取试样，装入容器中摊平，并注入饮用水，使水面高出试样表面 150mm；浸泡 2h 后，用手在水中淘洗颗粒，使尘屑、淤泥和黏土与较粗颗粒分离，并使之悬浮或溶解于水。缓缓地将浑浊液倒入 1.25mm 及 80μm 的方孔套筛（1.25mm 筛放置上面）上，滤去小于 80μm 的颗粒。试验前筛子的两面应先用水浸润。在整个试验过程中应注意避免大于 80μm 的颗粒丢失。

3）再次加水于容器中，重复上述过程，直至洗出的水清澈为止。

4）用水冲洗剩留在筛上的细粒，并将 80μm 的方孔筛放在水中（使水面略高出筛内颗粒）来回摇动，以充分洗除小于 80μm 的颗粒。然后将两只筛上剩留的颗粒和筒中已洗净的试样一并装入浅盘，置于温度为（105±5）℃的烘箱中烘干至恒重。取出冷却至室温后，称取试样的质量（m_1）。

（3）碎石或卵石中含泥量 ω_c 应按式（10.27）计算，精确至 0.1%：

$$\omega_c = \frac{m_0 - m_1}{m_0} \times 100\%$$ （10.27）

式中　ω_c——含泥量（%）；

　　m_0——试验前烘干试样的质量（g）；

　　m_1——试验后烘干试样的质量（g）。

以两个试样试验结果的算术平均值作为测定值。两次结果之差大于 0.2% 时，应重新取样进行试验。

7. 碎石或卵石中泥块含量试验

本方法适用于测定碎石或卵石中泥块的含量。

（1）仪器设备

1）天平——称重 10kg，感量 20g；

2）试验筛——筛孔为 2.50mm 及 5.00mm 的方孔筛各一只；

3）水筒及搪瓷盘等；

4）烘箱——温度控制范围为（105±5）℃。

（2）试验步骤

1）将样品缩分至略大于表 10.7 所规定的量，缩分时应防止所含黏土块被压碎。缩分后的试样在（105±5）℃烘箱内烘至恒重，冷却至室温后分成两份备用。

2）筛去公称粒径 5.00mm 以下颗粒，称取质量（m_1），将其在容器中摊平，加入清水使水面高出试样表面，充分搅拌均匀后，浸泡 24h 后把水放出，用手碾压泥块，然后把试样放在 2.50mm 的方孔筛上摇动淘洗，直至洗出的水清澈为止。

3）将筛上的试样小心地从筛中取出，装入搪瓷盘后，置于温度为（105±5）℃的烘箱中烘干至恒重，取出冷却至室温后称取质量（m_2）。

（3）泥块含量 $\omega_{c,L}$ 应按式（10.28）计算，精确至 0.1%：

$$\omega_{c,L} = \frac{m_1 - m_2}{m_1} \times 100\%$$ （10.28）

式中　$\omega_{c,L}$——泥块含量（%）；

　　m_1——5mm 筛上筛余量（g）；

　　m_2——试验后烘干试样的质量（g）。

以两个试样试验结果的算术平均值作为测定值。

8. 碎石或卵石中针片状颗粒的总含量试验

本方法适用于测定碎石或卵石中针状和片状颗粒的总含量。

（1）仪器设备

1）针状规准仪（图 10.6）和片状规准仪（图 10.7）；

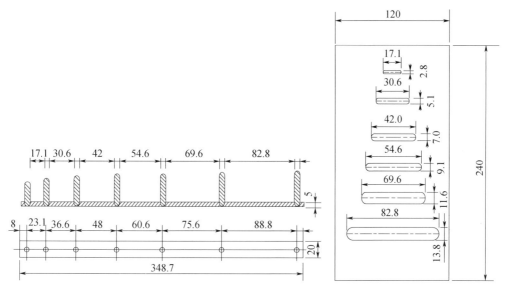

图 10.6 针状规准仪（单位：mm）　　　图 10.7 片状规准仪（单位：mm）

2）天平——称量 10kg，感量 2g；称量 20kg，感量 20g；

3）试验筛——筛孔为 5.00mm、10.0mm、20.0mm、25.0mm、31.5mm、40.0mm、63.0mm 和 80.0mm 的方孔筛各一个，根据需要选用；

4）游标卡尺——分度值为 0.02mm。

（2）试验步骤

1）将试样烘干或在室内风干至表面干燥，并缩分至表 10.8 规定的量，称量（m_0），后筛分成表 10.8 所规定的粒级备用。

表 10.8 针状和片状颗粒的总含量试验所需的试样最小质量

最大公称粒径（mm）	10.0	16.0	20.0	25.0	31.5	≥40.0
试样最小质量（kg）	0.3	1	2	3	5	10

2）按表 10.9 所规定的粒级用规准仪逐粒对试样进行鉴定，凡颗粒长度大于针状规准仪上相对应的间距的，为针状颗粒；厚度小于片状规准仪上相应孔宽的，为片状颗粒。

表 10.9 针状和片状颗粒的总含量试验的粒级划分及其相应的规准仪孔宽或间距

公称粒级（mm）	5.00～10.0	10.0～16.0	16.0～20.0	20.0～25.0	25.0～31.5	31.5～40.0
片状规准仪上相对应的孔宽（mm）	2.8	5.1	7.0	9.1	11.6	13.8
针状规准仪上相对应的间距（mm）	17.1	30.6	42.0	54.6	69.6	82.8

3）公称粒径大于 40mm 的可用游标卡尺鉴定其针片状颗粒，卡尺卡口的设定宽度应符合表 10.10 的规定。

表 10.10　公称粒径大于 40mm 用卡尺卡口的设定宽度

公称粒级（mm）	40.0~63.0	63.0~80.0
片状颗粒的卡口宽度（mm）	18.1	27.6
针状颗粒的卡口宽度（mm）	108.6	165.6

4）称取由各粒级挑出的针状和片状颗粒的总质量（m_1）。

（3）碎石或卵石中针状和片状颗粒的总含量 ω_p 应按式（10.29）计算，精确至 1%：

$$\omega_p = \frac{m_1}{m_0} \times 100\% \tag{10.29}$$

式中　ω_p——针状和片状颗粒的总含量（%）；

　　　m_1——试样中所含针状和片状颗粒的总含量（g）；

　　　m_0——试样总质量（g）。

9. 碎石或卵石的压碎值指标试验

本方法适用于测定碎石或卵石抵抗压碎的能力，以间接地推测其相应的强度。

（1）仪器设备

1）压力试验机——荷载 300kN，精度为 I 级；

2）压碎值指标测定仪（图 10.8）；

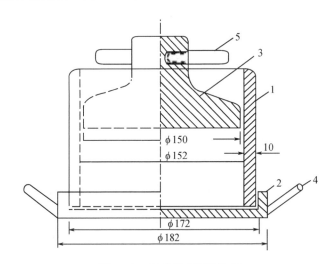

图 10.8　压碎值指标测定仪

1—圆筒；2—底盘；3—加压头；4—手把；5—把手

3）天平——称量 5kg，感量 5g；

4）试验筛——筛孔为 10.0mm 和 20.0mm 的方孔筛各一只。

（2）试验步骤

1）标准试样一律采用公称粒径为 10.0~20.0mm 的颗粒，并在风干状态下进行试验。

2）对多种岩石组成的卵石，当其公称粒径大于 20.0mm 颗粒的岩石矿物成分与 10.0～20.0mm 粒级有显著差异时，应将大于 20.0mm 的颗粒经人工破碎后，筛取 10.0～20.0mm 标准粒级另外进行压碎值指标试验。

3）将缩分后的样品先筛除试样中公称粒径 10.0mm 以下及 20.0mm 以上的颗粒，再用针状和片状规准仪剔除针状和片状颗粒，然后称取每份 3000g 的试样 3 份备用。

4）将其分两层装入圆模内，每装完一层试样后，在底盘下面垫放一直径为 10mm 的圆钢筋，将筒按住，左右交替颠击地面各 25 下，第二层颠实后，试样表面距盘底的高度应控制为 100mm 左右，整平筒内试样表面。

5）将装有试样的受压圆模放到压力试验机上，把加压头装好，注意应使加压头保持平正，放到试验机上在 160～300s 均匀加荷到 200kN 并稳定 5s，然后卸荷，取下加压头筒。倒出筒中的试样并称其质量（m_0），用 2.50mm 的方孔筛筛除被压碎的细粒，称量剩留在筛上的试样质量（m_1）。

（3）碎石或卵石的压碎值指标 δ_a，应按式（10.30）计算，精确至 0.1%：

$$\delta_a = \frac{m_0 - m_1}{m_0} \times 100\% \tag{10.30}$$

式中　δ_a——压碎值指标（%）；

$\quad m_0$——试样的质量（g）；

$\quad m_1$——压碎试验后筛余的试样质量（g）。

多种岩石组成的卵石，应对公称粒径 20.0mm 以下和 20.0mm 以上的标准粒级（10.0～20.0mm）分别进行检验，则其总的压碎指标 δ_a 应按式（10.31）计算：

$$\delta_a = \frac{\alpha_1 \delta_{a1} + \alpha_2 \delta_{a2}}{\alpha_1 + \alpha_2} \times 100\% \tag{10.31}$$

式中　δ_a——总的压碎值指标（%）；

$\quad \alpha_1$、α_2——公称粒径 20.0mm 以下和 20.0mm 以上两粒级的颗粒含量百分率（%）；

$\quad \delta_{a1}$、δ_{a2}——两粒级以标准粒级试验的分级压碎值指标（%）。

以三次试验结果的算术平均值作为压碎指标测定值。

10.2　水　　泥

水泥的质量要求及试验方法应符合国家标准《通用硅酸盐水泥》（GB 175—2007）、《水泥比表面积测定方法 勃氏法》（GB/T 8074—2008）、《水泥标准稠度用水量、凝结时间、安定性检验方法》（GB/T 1346—2011）、《水泥化学分析方法》（GB/T 176—2017）、《水泥胶砂流动度测定方法》（GB/T 2419—2005）、《水泥胶砂强度检验方法（ISO 法）》（GB/T 17671—2021）、《水泥细度检验方法 筛析法》（GB/T 1345—2005）及《水泥密度测定方法》（GB/T 208—2014）的要求。

10.2.1　水泥的物理指标

（1）凝结时间

硅酸盐水泥初凝不小于 45min，终凝不大于 390min；

普通硅酸盐水泥、矿渣硅酸盐水泥、火山灰质硅酸盐水泥、粉煤灰硅酸盐水泥和复合硅酸盐水泥初凝不小于 45min，终凝不大于 600min。

（2）安定性

沸煮法合格。

（3）强度

不同品种不同强度等级的通用硅酸盐水泥，其不同各龄期的强度应符合表 10.11 的规定。

表 10.11 水泥强度（MPa）

品　种	强度等级	抗压强度		抗折强度	
		3d	28d	3d	28d
硅酸盐水泥	42.5	≥17.0	≥42.5	≥3.5	≥6.5
	42.5R	≥22.0		≥4.0	
	52.5	≥23.0	≥52.5	≥4.0	≥7.0
	52.5R	≥27.0		≥5.0	
	62.5	≥28.0	≥62.5	≥5.0	≥8.0
	62.5R	≥32.0		≥5.5	
普通硅酸盐水泥	42.5	≥17.0	≥42.5	≥3.5	≥6.5
	42.5R	≥22.0		≥4.0	
	52.5	≥23.0	≥52.5	≥4.0	≥7.0
	52.5R	≥27.0		≥5.0	
矿渣硅酸盐水泥 火山灰质硅酸盐水泥 粉煤灰硅酸盐水泥 复合硅酸盐水泥	32.5	≥10.0	≥32.5	≥2.5	≥5.5
	32.5R	≥15.0		≥3.5	
	42.5	≥15.0	≥42.5	≥3.5	≥6.5
	42.5R	≥19.0		≥4.0	
	52.5	≥21.0	≥52.5	≥4.0	≥7.0
	52.5R	≥23.0		≥4.5	

（4）细度

硅酸盐水泥和普通硅酸盐水泥的细度以比表面积表示，其不低于 $300m^2/kg$；矿渣硅酸盐水泥、粉煤灰硅酸盐水泥、火山灰质硅酸盐水泥、复合硅酸盐水泥的细度以筛余表示，其 $80\mu m$ 方孔筛筛余不大于 10% 或 $45\mu m$ 方孔筛筛余不大于 30%。

当有特殊要求时，由买卖双方协商确定。

（5）其他

水泥出厂时，生产者应向用户提供产品质量证明材料。质量证明材料包括水溶性铬（Ⅵ）、放射性、安定性等技术指标的型式检验结果，混合材掺量及种类等出厂技术指标的检验结果或确认结果。

10.2.2 检验方法

由生产者按《水泥组分的定量测定》（GB/T 12960—2019）或选择准确度更高的方

法进行。在正常生产情况下，生产者应至少每月对水泥组分进行校核，年平均值应符合《通用硅酸盐水泥》（GB 175—2007）的规定，单次检验值应不超过《通用硅酸盐水泥》（GB 175—2007）规定最大限量的 2%。

为保证组分测定结果的准确性，生产者应采用适当的生产程序和适宜的方法对所选方法的可靠性进行验证，并将经验证的方法形成文件。

（1）不溶物、烧失量、氧化镁、三氧化硫和碱含量

按《水泥化学分析法》（GB/T 176—2017）进行试验。

（2）压蒸安定性

按《水泥压蒸安定性试验方法》（GB/T 750—1992）进行试验。

（3）氯离子

按《水泥原料中氯离子的化学分析方法》（JC/T 420—2006）进行试验。

（4）标准稠度用水量、凝结时间和安定性

按《水泥标准稠度用水量、凝结时间、安定性检验方法》（GB/T 1346—2011）进行试验。

（5）强度

按《水泥胶砂强度 检验方法（ISO 法）》（GB/T 17671—2021）进行试验。但火山灰质硅酸盐水泥、粉煤灰硅酸盐水泥、复合硅酸盐水泥和掺火山灰质混合材料的普通硅酸盐水泥在进行胶砂强度检验时，其用水量按 0.50 水灰比和胶砂流动度不小于 180mm 来确定。当流动度小于 180mm 时，须以 0.01 的整倍数递增的方法将水灰比调整至胶砂流动度不小于 180mm。

胶砂流动度试验按《水泥胶砂流动度测定方法》（GB/T 2419—2005）进行，其中胶砂制备按《水泥胶砂强度 检验方法（ISO 法）》（GB/T 17671—2021）进行。

（6）比表面积

按《水泥比表面积测定方法 勃氏法》（GB/T 8074—2008）进行试验。

（7）$80\mu m$ 和 $45\mu m$ 筛余

按《水泥细度检验方法 筛析法》（GB/T 1345—2005）进行试验。

（8）水泥中水溶性铬（Ⅵ）

按《水泥中水溶性铬（Ⅵ）的限量及测定方法》（GB 31893—2015）进行试验。

（9）放射性

按《建筑材料放射性核素限量》（GB 6566—2010）进行。

10.2.3　检验规则

10.2.3.1　编号及取样

水泥出厂前按同强度等级编号和取样。袋装水泥和散装水泥应分别进行编号和取样。每一编号为一取样单位。水泥出厂编号按年生产能力规定如下：

200×10^4 以上的，不超过 4000t 为一编号；

$120\times10^4\sim200\times10^4$t 的，不超过 2400t 为一编号；

$60\times10^4\sim120\times10^4$t 的，不超过 1000t 为一编号；

$30\times10^4\sim60\times10^4$t 的，不超过 600t 为一编号；

$10 \times 10^4 \sim 30 \times 10^4 t$ 的,不超过 400t 为一编号;

10×10^4 以下的,不超过 200t 为一编号。

取样方法按 GB/T 12573—2008 进行。可连续取,也可从 20 个以上不同部位取等量样品,总量至少 12kg。当散装水泥运输工具的容量超过该厂规定出厂编号吨数时,允许该编号的数量超过取样规定吨数。

10.2.3.2　水泥检验

（1）出厂检验

出厂检验项目为化学指标、凝结时间、安定性、强度。

（2）判定规则

1）检验结果符合《通用硅酸盐水泥》（GB 175—2007）中化学指标、凝结时间、安定性、强度的技术要求时为合格品。

2）检验结果不符合《通用硅酸盐水泥》（GB 175—2007）中化学指标、凝结时间、安定性、强度的任何一项技术要求时为不合格品。

1. 水泥细度检验

水泥细度检验按照现行国家标准《水泥细度检验方法 筛析法》（GB/T 1345—2005）的规定进行。采用 $45 \mu m$ 方孔筛和 $80 \mu m$ 方孔筛对水泥试样进行筛析试验,用筛上筛余物的质量百分数表示水泥样品的细度,为保持筛孔的标准度,在用试验筛应用已知筛余的标准样品来标定。

① 负压筛析法:使用负压筛析仪在方孔筛两侧产生压力差,使得小于 $80 \mu m$ 的水泥颗粒在规定时间间隔内通过方孔筛,从而达到测定筛余量的目的。

② 水筛法:将试验筛放在筛座上,用规定压力的水流,使得小于 $80 \mu m$ 的水泥颗粒在规定时间间隔内通过方孔筛,从而达到测定筛余量的目的。

③ 手工筛析法:将试验筛放在接料盘（底盘）上,用手工按照规定的拍打速度和转动角度,使得小于 $80 \mu m$ 的水泥颗粒在规定时间间隔内通过方孔筛,从而达到测定筛余量的目的。

（1）仪器

1）试验筛

试验筛由圆形筛框和筛网组成,筛网符合《试验筛 金属丝编织网、穿孔板和电成型薄板 筛孔的基本尺寸》（GB/T 6005—2008）R20/3 $80 \mu m$,《试验筛 金属丝编织网、穿孔板和电成型薄板 筛孔的基本尺寸》（GB/T 6005—2008）R20/3 $45 \mu m$ 的要求,分负压筛、水筛和手工筛三种。负压筛和水筛的结构尺寸见图 10.9。负压筛应附有透明筛盖,筛盖与筛上口应有良好的密封性。手工筛结构符合《试验筛 技术要求和检验 第 1 部分:金属丝编织网试验筛》（GB/T 6003.1—2022）,其中筛框高度为 50mm,筛子的直径为 150mm。筛网应紧绷在筛框上,筛网和筛框接触处,应用防水胶密封,防止水泥嵌入。筛孔尺寸的检验方法按《试验筛 技术要求和检验 第 1 部分:金属丝编织网试验筛》（GB/T 6003.1—2022）进行。由于物件会对筛网产生磨损,试验筛每使用 100 次后需要重新检定,检定方法按水泥试验筛的标定的要求进行。

2）负压筛析仪由筛座、负压筛、负压源及收尘器组成,其中筛座旋转速度为（30±2）r/min 的喷气嘴、负压表、控制板、微电机及壳体构成,图 10.10 为负压筛析仪

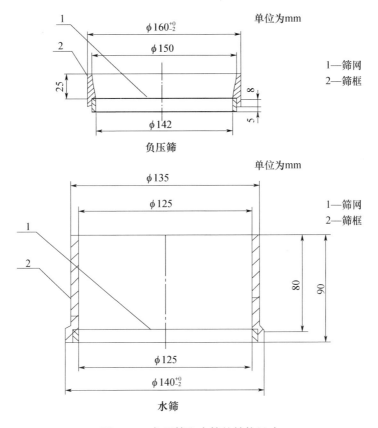

图 10.9　负压筛和水筛的结构尺寸

筛座示意图。筛析仪负压可调范围为 4000～6000Pa；喷气嘴上口平面与筛网之间距离为 2～8mm。负压源和收尘器，由功率≥600W 的工业吸尘器和小型旋风收尘筒或用其他具有相当功能的设备组成。

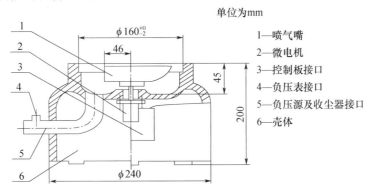

图 10.10　负压筛析仪筛座示意图

（2）操作程序

1）试样准备

应使用纯净试样进行试验；负压筛和手工筛应保持干燥。试验时，80μm 筛析试验称取试样 25g，45μm 筛析试验称取试样 10g，称量精度为 0.01g。

2）负压筛析法

筛析试验前应把负压筛放在筛座上，盖上筛盖，接通电源，检查控制系统，调整负压至 4000～6000Pa。将称取的试样置于洁净的负压筛中，放在筛座上，盖上筛盖，接通电源，开动筛析仪连续筛析 2min，在此期间如有试样附着在筛盖上，可轻轻地敲击筛盖使试样落到筛网上，用天平称量全部筛余物。

3）水筛法

筛析试验前，应检查水中无泥、砂，调整好水压及水筛架的位置，使其能正常运转，控制喷头底面和筛之间的距离为 35～75mm。将称取的试样置于洗净的水筛中，立即用淡水冲洗至大部分细粉通过后，放在水筛架上，用水压为（0.05±0.02）MPa 的喷头连续冲洗 3min。筛毕，用少量水把筛余物冲至蒸发器中，待水泥颗粒全部沉淀后，小心倒出清水；烘干并用天平称量全部筛余物。

4）手工筛析法

将称取的水泥试样倒入手筛内。用一只手持筛往复摇动，另一只手轻轻拍打，往复摇动和拍打过程应保持筛网接近水平。拍打速度约 120 次/min，每 40 次向同一方向转动 60°，使试样均匀地分布在筛网上，直至每分钟通过的试样不超过 0.3g 为止，称量全部筛余物。

5）其他粉状物料筛析

对其他粉状物料，或 45～80μm 以外规格的方孔筛进行筛析试验时，应指明筛子的规格、称样量、筛析时间等相关参数。

6）试验筛清洗

试验筛必须经常保持清洁，筛孔通畅，使用几次后要进行清洗。金属筛框，铜筛网清洗时应用专门的清洗剂，不可用弱酸浸泡。

（3）结果计算的处理

1）计算

水泥试样筛余百分数按式（10.32）计算（精确至 0.1%）：

$$F = \frac{R_t}{W} \times 100\% \tag{10.32}$$

式中　F——水泥试样的筛余百分数；

R_t——水泥筛余物质量（g）；

W——水泥试样的质量（g）。

2）筛余结果的修正

试验筛的筛网会在试验中磨损，因此筛析结果应进行修正。修正的方法是将式（10.32）的结果乘以该试验筛的有效修正系数。即为最终的结果。例如，用 A 号试验筛对某水泥样的筛余值为 5.0%，而 A 号试验筛的修正系数为 1.10，则该水泥样的最终结果为

$$5.0\% \times 1.10 = 5.5\%$$

试验筛的修正系数由标准样品标定试验筛后得到。

3）结果评定

合格评定时，每个样品应称取两个试样分别筛析，取筛余百分数平均值为筛析结果。若两次筛余结果绝对误差大于 0.5%（筛余值大于 5.0% 时，可放至 1.0%）应再做

一次试验，取两次相近结果的算术平均值，作为最终结果。

当负压筛析法，水筛法和手工筛析法测定的结果发生争议时，以负压筛析法为准。

（4）水泥试验筛的标定

1）标定操作

将符合 GSB 14－1511—2014 要求的标准样，装入干燥洁净的密闭的广口瓶中，盖上盖子摇动 2min 后，用一根干燥洁净的搅拌棒搅匀样品。按照 2）款要求称量标准样品精确至 0.01g，将样品倒入事先经过清洗、去污、干燥（小筛除外）并和标定试验室温度一致的被标定的试验筛中，中途不得有任何损失，接着按 2）或 3）或 4）进行筛析试验操作。每个试验筛的标定应称两个标准样品连续进行，中间不得插做其他样品试验。

2）标定结果

取两个样品检测结果的算术平均值为最终值，但当两个样品筛余结果相差大于 0.3％时，应称第三个样品进行试验，并取接近的两个结果的平均作为最终结果。

3）修正系数计算

修正系数按式（10.33）计算（精确至 0.01）。

$$C=\frac{F_s}{F_t} \tag{10.33}$$

式中　C——试验筛的修正系数；

　　　F_s——标准样品的筛余标准值（％）；

　　　F_t——标准样品在试验筛上的筛余值（％）。

4）合格判定

当 C 值在 0.80～1.20 时，试验筛可以继续使用，C 可以作为结果的修正系数。

当 C 超出 0.80～1.20 时，试验筛应予淘汰。

2. 标准稠度用水量、凝结时间、体积安定性检验

水泥标准稠度用水量、凝结时间、体积安定性的检验按照现行国家标准《水泥标准稠度用水量、凝结时间、安定性检验方法》（GB/T 1346）的检验方法进行。

1）标准稠度用水量

标准稠度用水量是指水泥标准稠度净浆对标准试杆（或试锥）的沉入具有一定阻力。通过试验不同含水量水泥净浆的穿透性，以确定水泥标准稠度净浆中所需加入的水量。国家标准规定检验水泥的凝结时间和体积安定性时需用"标准稠度"的水泥净浆。"标准稠度"是水泥净浆拌水后的一个特定状态。硅酸盐水泥的标准稠度用水量一般为 21％～28％。

测定标准稠度的方法主要是使用贯入法测定。

影响标准稠度用水量的因素有矿物成分、细度、混合材料种类及掺量等。熟料矿物中 C_3A 需水性最大，C_2S 需水性最小。水泥越细，比表面积越大，需水量越大。生产水泥时掺入需水性大的粉煤灰、沸石等混合材料，将使需水量明显增大。

2）凝结时间

凝结时间是指用贯入法确定标准稠度水泥净浆的凝结状态，而从水泥净浆拌水直至达到凝结状态的时间就是水泥的凝结时间。凝结时间分为初凝时间和终凝时间。

通俗地说，水泥从加水开始到失去塑性，即从可塑状态发展到固体状态所需的时间称为凝结时间。从水泥加水拌和至水泥浆开始失去塑性的时间称为初凝时间；从水泥加

水拌和至水泥浆完全失去塑性并开始产生强度的时间称为终凝时间。

水泥的凝结速度直接影响着砂浆和混凝土的凝结硬化速度。为使砂浆和混凝土有充分的时间进行搅拌、运输、浇捣和砌筑，水泥的初凝时间不宜过早；当施工完毕希望砂浆、混凝土尽快硬化，达到一定的强度，以利下一道工序的进行，所以水泥的终凝不宜过迟。

国家标准规定，硅酸盐水泥的初凝时间不早于 45min，终凝时间不迟于 6.5h（390min）。

凡初凝时间不符合规定的为废品，终凝时间不符合规定的为不合格品。硅酸盐水泥的初凝时间一般为 1～3h，终凝时间一般为 4～6h。

影响水泥凝结时间的因素主要有：①熟料中 C_3A 含量高，石膏掺量不足，使水泥快凝；水泥的细度越细，凝结越快；②水灰比越小，凝结时的温度越高，凝结越快；③混合材料掺量大，将延迟凝结时间。

水泥凝结时间的测定，是以标准稠度的水泥净浆，在规定温度和湿度下，用凝结时间测定仪来测定。测定前需首先测出标准稠度用水量，即水泥净浆达到规定稠度所需的拌和水量。水泥熟料矿物成分不同时，其标准稠度用水量也有差别。磨得越细的水泥，标准稠度用水量越大。

3）体积安定性

水泥的体积安定性是指水泥在凝结硬化过程中体积变化的均匀程度，简称安定性。如果水泥在凝结硬化过程中产生均匀的体积变化，则为安定性合格，否则为安定性不良。水泥体积安定性不良会使水泥制品、混凝土构件产生膨胀性裂缝，降低建筑物质量，甚至引起严重工程事故。

水泥体积安定性不良的原因，是其熟料中含有过多的游离 CaO 或游离 MgO，以及水泥粉磨时掺入过多石膏。熟料中所含游离 CaO 或游离 MgO（没有结合到铝硅酸网络结构中），在高温下（1450℃）煅烧，结构极其致密，水化极慢，在水泥凝结硬化很长时间后才开始水化，水化时体积膨胀，从而引起不均匀的体积膨胀而使水泥石开裂。另外，当水泥中石膏掺量过多时，在水泥硬化后，这些过多的石膏会与 C_3A 反应生成水化硫铝酸钙晶体，体积膨胀 1.5 倍，致使水泥石开裂。

国家标准规定，由游离 CaO 引起的水泥体积安定性不良可用沸煮法（分试饼法和雷氏法）检测。在有争议时，以雷氏法为准。试饼法是用标准稠度的水泥净浆按规定方法做成试饼，经养护、煮沸 3h 后，观察饼的外形变化，如未发现翘曲和裂纹，即为安定性合格；反之则为安定性不良。雷氏法是按规定方法制成圆柱体试件，然后测定沸煮前后试件尺寸的变化来评定体积安定性是否合格。

由于游离 MgO 造成的体积安定性不良，必须用压蒸法才能检验出来。石膏造成的体积安定性不良则需要更长时间在温水中浸泡才能发现。由于上述两种原因造成的安定性不良均不便于快速检验，因此常在水泥生产中严格加以控制。国家标准规定，水泥中游离 MgO 含量不得超过 5.0%，SO_3 含量不得超过 3.5%。如果水泥的体积安定性不良，则必须作为废品处理，不得应用于任何工程中。某些体积安定性轻微不合格的水泥，经放置一段时间后，由于水泥中的游离 CaO 吸收空气中的水蒸气而熟化，从而使得体积安定性达到合格。但此时，水泥的胶砂强度会有所下降。

标准规定了水泥标准稠度用水量、凝结时间和由游离氧化钙造成的体积安定性的检验方法。适用于硅酸盐水泥、普通硅酸盐水泥、矿渣硅酸盐水泥、粉煤灰硅酸盐水泥、火山灰质硅酸盐水泥、复合硅酸盐水泥以及指定采用本方法的其他品种水泥。

(1) 仪器设备

1) 水泥净浆搅拌机：符合《水泥净浆搅拌机》(JC/T 729—2005) 的要求。

2) 标准法维卡仪：如图 10.11 所示，标准稠度测定用试杆 [图 10.11 (c)] 有效长度为 (50±1) mm、由直径为 ϕ (10±0.05) mm 的圆柱形耐腐蚀金属制成。测定凝结时间时取下试杆，用试针 [图 10.11 (d)、(e)] 代替试杆。试针由钢制成，其有效长度初凝针为 (50+1) mm、终凝针为 (30+1) mm、直径为 ϕ (1.13±0.05) mm 的圆柱体。滑动部分的总质量为 (300±1) g。与试杆、试针联结的滑动杆表面应光滑，能靠重力自由下落，不得有紧涩和旷动现象。

盛装水泥净浆的试模 [图 10.11 (a)] 应由耐腐蚀的、有足够硬度的金属制成。试模为深 (40±0.2) mm、顶内径 ϕ (65±0.5) mm、底内径 ϕ (75±0.5) mm 的截顶圆锥体。每只试模应配备一个大于试模、厚度≥2.5mm 的平板玻璃底板。

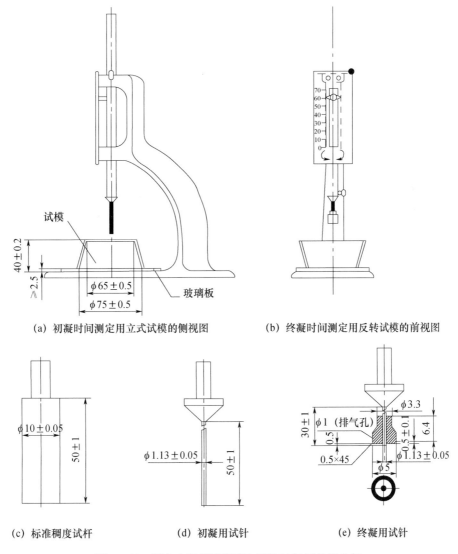

(a) 初凝时间测定用立式试模的侧视图　　(b) 终凝时间测定反转试模的前视图

(c) 标准稠度试杆　　(d) 初凝用试针　　(e) 终凝用试针

图 10.11　测定水泥标准稠度和凝结时间用的维卡仪

3）代用法维卡仪：符合《水泥净浆标准稠度与凝结时间测定仪》（JC/T 727—2005）的要求。

4）雷氏夹：由铜质材料制成，其结构如图 10.12 所示。当一根指针的根部先悬挂在一根金属丝或尼龙丝上，另一根指针的根部再挂上 300g 质量的砝码时，两根指针针尖的距离增量应在（17.5±2.5）mm 范围内，即 $2x=$（17.5±2.5）mm（图 10.13），当去掉砝码后针尖的距离能恢复至挂砝码前的状态。

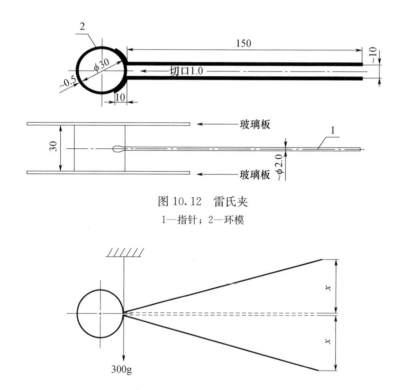

图 10.12　雷氏夹
1—指针；2—环模

图 10.13　雷氏夹受力示意图

5）沸煮箱：有效容积约为 410mm×240mm×310mm，箅板的结构应不影响试验结果，箅板与加热器之间的距离大于 50mm。箱的内层由不易锈蚀的金属材料制成，能在（30±5）min 内将箱内的试验用水由室温升至沸腾状态并保持 3h 以上，整个试验过程中不需补充水量。

6）雷氏夹膨胀测定仪：如图 10.14 所示，标尺最小刻度为 0.5mm。

7）量水器，最小刻度 0.1mL，精度 1%。

8）天平，最大称量不小于 1000g，分度值不大于 1g。

（2）材料

试验用水必须是洁净的饮用水，如有争议时应以蒸馏水为准。

（3）试验条件

1）实验室温度为（20±2）℃，相对湿度应不低于 50%；水泥试样、拌和水、仪器和用具的温度应与实验室一致；

2）湿气养护箱的温度为（20±1）℃，相对湿度不低于 90%。

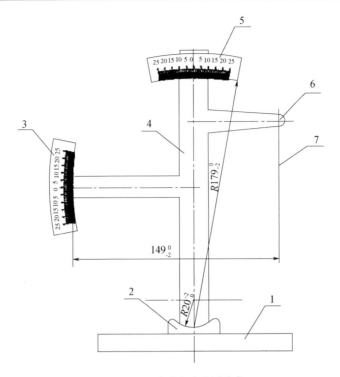

图 10.14　雷氏夹膨胀测定仪

1—底座；2—模子座；3—测弹性标尺；4—立柱；5—测膨胀值标尺；6—悬壁；7—悬丝

（4）检验方法

1）标准稠度用水量的测定

① 试验前应保证

a. 维卡仪的金属棒能自由滑动；

b. 调整至试杆接触玻璃板时指针对准零点；

c. 搅拌机运行正常。

② 水泥净浆的拌制

用水泥净浆搅拌机搅拌，搅拌锅和搅拌叶片先用湿布擦过，将拌和水倒入搅拌锅内，然后在 5～10s 小心将称好的 500g 水泥加入水中，防止水和水泥溅出；拌和时，先将锅放在搅拌机的锅座上，升至搅拌位置，启动搅拌机，低速搅拌 120s，停 15s，同时将叶片和锅壁上的水泥浆刮入锅中间，再高速搅拌 120s 停机。

③ 标准稠度用水量的测定步骤

拌和结束后，立即将拌制好的水泥净浆装入已置于玻璃底板上的试模中，用小刀插捣，轻轻振动数次，刮去多余的净浆；抹平后迅速将试模和底板移到维卡仪上，并将其中心定在试杆下，降低试杆直至与水泥净浆表面接触，拧紧螺丝 1～2s 后，突然放松，使试杆垂直自由地沉入水泥净浆中。在试杆停止沉入或释放试杆 30s 时记录试杆距底板之间的距离，升起试杆后，立即擦净；整个操作应在搅拌后 1.5min 内完成。以试杆沉入净浆并距底板（6±1）mm 的水泥净浆为标准稠度净浆。其拌和水量为该水泥的标准稠度用水量（P），按水泥质量的百分比计。

2）凝结时间的测定

① 测定前准备工作：调整凝结时间测定仪的试针接触玻璃板时，指针对准零点。

② 试件的制备：以标准稠度用水量按上述步骤制成标准稠度净浆，将一次装满试模，振动数次刮平，立即放入湿气养护箱中。记录水泥全部加入水中的时间作为凝结时间的起始时间。

③ 初凝时间的测定：试件在湿气养护箱中养护至加水后 30min 时进行第一次测定。测定时，从湿气养护箱中取出试模放到试针下，降低试针与水泥净浆表面接触。拧紧螺丝 1～2s 后，突然放松，试针垂直自由地沉入水泥净浆。观察试针停止下沉或释放试针 30s 时指针的读数。当试针沉至距底板（4±1）mm 时，为水泥达到初凝状态；由水泥全部加入水中至初凝状态的时间为水泥的初凝时间，用"min"表示。

④ 终凝时间的测定步骤：为了准确观测试针沉入的状况，在终凝针上安装了一个环形附件［图 10.11（e）］。在完成初凝时间测定后，立即将试模连同浆体以平移的方式从玻璃板取下，翻转 180°，直径大端向上，小端向下放在玻璃板上，再放入湿气养护箱中继续养护，临近终凝时间时每隔 15min 测定一次，当试针沉入试体 0.5mm 时，即环形附件开始不能在试体上留下痕迹时，为水泥达到终凝状态，由水泥全部加入水中至终凝状态的时间为水泥的终凝时间，用"min"表示。

⑤ 测定时应注意，在最初测定的操作时应轻轻扶持金属柱，使其徐徐下降，以防试针撞弯，但结果以自由下落为准；在整个测试过程中试针沉入的位置至少要距试模内壁 10mm。临近初凝时，每隔 5min 测定一次，临近终凝时每隔 15min 测定一次，到达初凝或终凝时应立即重复测一次，当两次结论相同时才能定为到达初凝或终凝状态。每次测定不能让试针落入原针孔，每次测试完毕须将试针擦净并将试模放回湿气养护箱内，整个测试过程要防止试模受振。

3）安定性测定

① 测定前的准备工作

每个试样需成型两个试件，每个雷氏夹需配备质量 75～85g 的玻璃板两块，凡与水泥净浆接触的玻璃板和雷氏夹内表面都要稍微涂上一层油。

② 雷氏夹试件的成型

将预先准备好的雷氏夹放在已稍擦油的玻璃板上，并立即将已制好的标准稠度净浆一次装满雷氏夹；装入净浆时，一只手轻轻扶持雷氏夹，另一只手用宽约 10mm 的小刀插捣数次，然后抹平，盖上稍涂油的玻璃板，然后立即将试件移至湿气养护箱内养护（24±2）h。

③ 沸煮

a. 调整好沸煮箱内的水位，使能保证在整个沸煮过程中都超过试件，不需中途添补试验用水，同时又能保证在（30±5）min 内能将水加热至沸腾。

b. 脱去玻璃板取下试件，先测量雷氏夹指针尖端间的距离（A），精确到 0.5mm，再将试件放入沸煮箱水中的试件架上，指针朝上，然后在（30±5）min 内将水加热至沸腾并恒沸（180±5）min。

c. 结果判别：沸煮结束后，立即放掉沸煮箱中的热水，打开箱盖，待箱体冷却至室温，取出试件进行判别。测量雷氏夹指针尖端的距离（C），精确至 0.5mm，当两个试件煮后增加距离（C−A）的平均值不大于 5.0mm 时，即认为该水泥安定性合格；当两个试件的（$C-A$）值相差超过 5.0mm 时，应用同一样品立即重做一次试验。再如此，则认为该水泥为安定性不合格。

4）标准稠度用水量测定（代用法）

① 试验前应保证：

a. 维卡仪的金属棒能自由滑动；

b. 调整至试锥接触锥模顶面时指针对准零点；

c. 搅拌机运行正常。

② 水泥净浆的拌制过程按上述步骤进行。

③ 标准稠度的测定。

采用代用法测定水泥标准稠度用水量可用调整水量和不变水量两种方法的任一种测定。采用调整水量方法时拌和水量按经验找水，采用不变水量方法时拌和水量为 142.5mL。拌和结束后，立即将拌制好的水泥净浆装入锥模中，用小刀插捣，轻轻振动数次，刮去多余的净浆；抹平后迅速放到试锥下面固定的位置上，将试锥降至净浆表面，拧紧螺丝 1~2s 后，突然放松，让试锥垂直自由地沉入水泥净浆中。到试锥停止下沉或释放试锥 30s 时记录试锥下沉深度。整个操作应在搅拌后 1.5min 内完成。

④ 用调整水量方法测定时，以试锥下沉深度（28±2）mm 时的净浆为标准稠度净浆。其拌和水量为该水泥的标准稠度用水量（P），按水泥质量的百分比计。如下沉深度超出范围需另称试样，调整水量，重新试验，直至达到（28±2）mm 为止。

⑤ 用不变水量方法测定时，根据测得的试锥下沉深度 S（mm）按下式（或仪器上对应标尺）计算得到标准稠度用水量 P（％）。

$$P=33.4-0.185S \qquad (10.34)$$

当试锥下沉深度小于 13mm 时，应改用调整水量法测定。

5）安定性测定（代用法）

① 测定前的准备工作

每个样品需准备两块约 100mm×l00mm 的玻璃板，凡与水泥净浆接触的玻璃板都要稍微涂上一层油。

② 试饼的成型方法

将制好的标准稠度净浆取出一部分分成两等份，使之成球形，放在预先准备好的玻璃板上，轻轻振动玻璃板并用湿布擦过的小刀由边缘向中央抹，做成直径 70~80mm、中心厚约 10mm、边缘渐薄、表面光滑的试饼，然后将试饼放入湿气养护箱内养护（24±2）h。

③ 沸煮

a. 步骤同上；

b. 脱去玻璃板取下试饼，在试饼无缺陷的情况下将试饼放在沸煮箱水中的篦板上，然后在（30±5）min 加热至沸并恒沸（180±5）min。

3）结果判别：沸煮结束后，立即放掉沸煮箱中的热水，打开箱盖，待箱体冷却至室温，取出试件进行判别。目测试饼未发现裂缝，用钢直尺检查也没有弯曲（使钢直尺和试饼底部紧靠，以两者间不透光为不弯曲的试饼为安定性合格；反之为不合格。当两个试饼判别结果有矛盾时，该水泥的安定性为不合格。

3. 水泥强度检验

水泥的强度是评价水泥质量的又一个重要指标，也是划分水泥强度等级的依据。强度除受到水泥矿物组成、细度、石膏掺量、龄期、环境温度和湿度的影响外，还与加水量、标准砂、试验条件（搅拌时间、振捣程度等）、试验方法有关。

现行国家标准《水泥胶砂强度检验法（ISO 法）》（GB/T 17671）规定了水泥胶砂强度检验基准方法的仪器、材料、胶砂组成、试验条件、操作步骤和结果计算等。其抗压强度测定结果与 ISO 679 结果等同。同时也列入可代用的标准砂和振实台，当代用后结果有异议时以基准方法为准。该标准适用于硅酸盐水泥、普通硅酸盐水泥、矿渣硅酸盐水泥、粉煤灰硅酸盐水泥、复合硅酸盐水泥、石灰石硅酸盐水泥的抗折和抗压强度的检验。其他水泥采用该标准时必须研究标准规定的适用性。

（1）试验方法

本方法为 40mm×40mm×160mm 棱柱试体的水泥抗压强度和抗折强度测定。

试件是由按质量计的一份水泥、三份中国 ISO 标准砂，用 0.5 的水灰比拌制的一组塑性胶砂制成的。中国 ISO 标准砂的水泥抗压强度结果必须与 ISO 基准砂一致。

胶砂用行星搅拌机搅拌，在振实台上成型。也可使用频率 2800～3000 次/min，振幅 0.75mm 振动台成型。

试件连模一起在湿气中养护 24h，然后脱模在水中养护至强度试验龄期。

到试验龄期时将试件从水中取出，先进行抗折强度试验，折断后每段再进行抗压强度试验。

（2）实验室和设备

1）实验室

试件成型实验室的温度应保持在（20±2）℃，相对湿度应不低于 50%。

试件带模养护的养护箱或雾室温度保持在（20±1）℃，相对湿度不低于 90%。

试件养护池水温度应在（20±1）℃范围内。

实验室空气温度和相对湿度及养护池水温在工作期间每天至少记录一次。

养护箱或雾室的温度与相对湿度至少每 4h 记录一次，在自动控制的情况下记录次数可以酌减至一天记录两次。在温度给定范围内，控制所设定的温度应为此范围中值。

2）设备

试验时对设备的正确操作以及设备中规定的公差是影响试验结果的重要因素。当定期控制检测发现公差不符时，应更换设备，或及时进行调整和修理。应保存控制检测记录。对新设备的验收检查，要注意标准规定的质量、体积和尺寸范围，要特别注意公差规定的临界尺寸。有的设备材质会影响试验结果，因此这些材质也必须符合要求。

搅拌机属行星式，应符合《行星式水泥胶砂搅拌机》（JC/T 681—2022）的要求。用多台搅拌机工作时，搅拌锅和搅拌叶片应保持配对使用。叶片与锅之间的间隙，是指叶片与锅壁最近的距离，应每月检查一次。

3）试模

试模由三个水平的模槽组成（图 10.15），可同时成型三条截面为 40mm×40mm，长160mm 的棱形试体，其材质和制造尺寸应符合《水泥胶砂试模》（JC/T 726—2005）的要求。

当试模的任何一个公差超过规定的要求时，就应更换。在组装备用的干净模型时，应用黄干油等密封材料涂覆模型的外接缝。试模的内表面应涂上一薄层模型油或机油。

成型操作时，应在试模上面加有一个壁高 20mm 的金属模套，当从上往下看时，模套壁与模型内壁应该重叠，超出内壁不应大于 1mm。

为了控制料层厚度和刮平胶砂，应备有图 10.16 所示的两个拨料器和一金属刮平直尺。

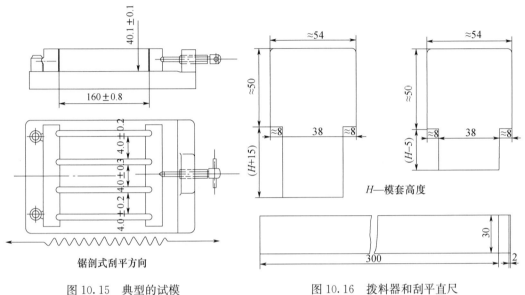

图 10.15 典型的试模   图 10.16 拨料器和刮平直尺

4）振实台

振实台（图 10.17）应符合《水泥胶砂试体成型振实台》（JC/T 682—2022）的要求。振实台应安装在高度约 400mm 的混凝土基座上。混凝土体积约为 0.25m³，重约 600kg。需防外部振动影响振实效果时，可在整个混凝土基座下放一层厚约 5mm 的天然橡胶弹性衬垫。

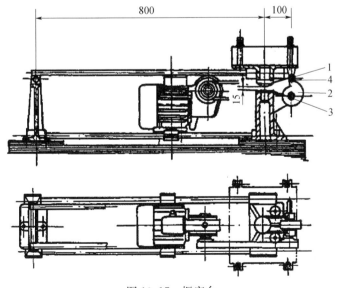

图 10.17 振实台

1—凸头；2—凸轮；3—止动器；4—随动轮

将仪器用地脚螺丝固定在基座上，安装后设备成水平状态，仪器底座与基座之间要铺一层砂浆以保证它们的完全接触。

5）抗折强度试验机

抗折强度试验机应符合《水泥胶砂电动抗折试验机》（JC/T 724—2005）的要求。试件在夹具中受力状态如图 10.18 所示。

通过三根圆柱轴的三个竖向平面应该平行，并在试验时继续保持平行和等距离垂直试件的方向，其中一根支撑圆柱和加荷圆柱能轻微地倾斜使圆柱与试体完全接触，以便荷载沿试件宽度方向均匀分布，同时不产生任何扭转应力。

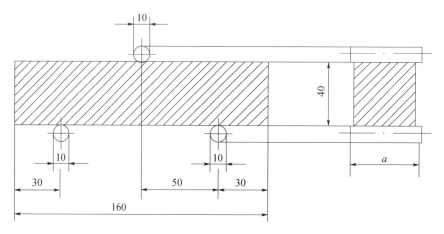

图 10.18　抗折强度测定加荷图

6）抗压强度试验机

抗压强度试验机，在较大的 4/5 量程范围内使用时记录的荷载应有 ±1% 的精度，并具有按（2400±200）N/s 速率的加荷能力，应有一个能指示试件破坏时荷载并把它保持到试验机卸荷以后的指示器，可以使用表盘里的峰值指针或显示器来达到这一目的。人工操纵的试验机应配一个速度动态装置以便于控制荷载增加[1]

压力机的活塞竖向轴应与压力机的竖向轴重合，在加荷时也不例外，而且活塞作用的合力要通过试件中心。压力机的下压板表面应与该机的轴线垂直并在加荷过程中一直保持不变。

压力机上压板球座中心应在该机竖向轴线与上压板下表面相交点上，其公差为 ±1mm。上压板在与试体接触时能自动调整，但在加荷期间上下压板的位置应固定不变。

试验机压板应由维氏硬度不低于 HV600 的硬质钢制成，最好为碳化钨，厚度不小于 10mm，宽度为（40±0.1）mm，长不小于 40mm。压板和试件接触的表面平面度公差应为 0.01mm，表面粗糙度应为 0.1~0.8。

注 1：①试验机的最大荷载以 200~300kN 为佳。可以有两个以上的荷载范围，其中最低荷载范围的最高值约为最高范围里的最大值的 1/5。

②采用具有加荷速度自动调节方法和具有记录结果装置的压力机是合适的。

③可以润滑球座以便使其与试件接触更好，但在加荷期间不致因此而发生压板的位移。在高压下有效的润滑剂不适宜使用，以免导致压板的移动。

当试验机没有球座，或球座已不灵活或直径大于 120mm 时，应采用要求中所规定的夹具。

7）抗压强度试验机用夹具

当需要使用夹具时，应把它放在压力机的上下压板之间并与压力机处于同一轴线，以便将压力机的荷载传递至胶砂试件表面。夹具应符合《40mm×40mm 水泥抗压夹具》（JC/T 683—2005）的要求，受压面积为 40mm×40mm。夹具在压力机上位置见图 10.19，夹具要保持清洁，球座应能转动以使其上压板能从一开始就适应试体的形状并在试验中保持不变。使用中夹具应满足《40mm×40mm 水泥抗压夹具》（JC/T 683—2005）的全部要求。

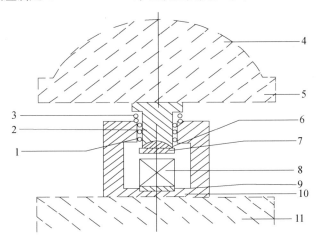

图 10.19　抗压强度试验夹具

1—滚动轴承；2—滑块；3—复位弹簧；4—压力机球座；5—压力机上压板；

6—夹具球座；7—夹具上压板；8—试体；9—底板；10—夹具下垫板；11—压力机下压板

（3）胶砂组成

1）砂

各国生产的 ISO 标准砂都可以用来测定水泥强度。中国 ISO 标准砂符合 ISO 679 中第 5.1.3 条款的要求。中国 ISO 标准砂的质量控制按现行国家标准《水泥胶砂强度检验方法（ISO 法）》（GB/T 17671—2021）的规定执行。对标准砂做全面的和明确的规定是困难的，因此在鉴定和质量控制时使砂子与 ISO 基准砂比对标准化是必要的。

2）ISO 基准砂

ISO 基准砂（reference sand）是由德国标准砂公司制备的 SO_2 含量不低于 98% 的天然的圆形硅质砂组成，其颗粒分布应符合表 10.12 规定的范围内。

表 10.12　ISO 基准砂颗粒分布

方孔边长（mm）	累计筛余（%）
2.0	0
1.6	7±5
1.0	33±5
0.5	67±5
0.16	87±5
0.08	99±1

砂的筛析试验应用有代表性的样品来进行，每个筛子的筛析试验应进行至每分钟通过量小于 0.5g 为止。

砂的湿含量是在 105～110℃ 下用代表性砂样烘 2h 的质量损失来测定，以干基的质量百分数表示，应小于 0.2%。

3）中国 ISO 标准砂

中国 ISO 标准砂完全符合表 10.12 的颗粒分布和湿含量的规定。生产期间这种测定每天应至少进行一次。这些要求不足以保证标准砂与基准砂等同。这种等效性是通过标准砂和基准砂比对检验程序来保持的。

中国 ISO 标准砂可以单级分包装，也可以各级预配合以（1350±5）g 量的塑料袋混合包装，但所用塑料袋材料不得影响强度试验结果。

4）水泥

当试验水泥从取样至试验要保持 24h 以上时，应把它贮存在基本装满和气密的容器里，这个容器应不与水泥起反应。

5）水

仲裁试验或其他重要试验用蒸馏水，其他试验可用饮用水。

（4）胶砂的制备

1）配合比

胶砂的质量配合比应为一份水泥、三份标准砂和半份水（水灰比为 0.5）。一锅胶砂可制成三条试件，每锅材料需要量见表 10.13。

表 10.13　每锅胶砂的材料数量

水泥品种	材料用量（g）		
	水泥	标准砂	水
硅酸盐水泥			
普通硅酸盐水泥			
矿渣硅酸盐水泥	450±2	1350±5	225±1
粉煤灰硅酸盐水泥			
复合硅酸盐水泥			
火山灰质硅酸盐水泥			

2）配料

水泥、砂、水和试验用具的温度与实验室相同，称量用的天平精度应为 1g。当用自动滴管加 225mL 水时，滴管精度应达到 ±1mL。

3）搅拌

每锅胶砂用搅拌机进行机械搅拌。

先使搅拌机处于待工作状态，然后按以下程序进行操作：

把水加入锅里，再加入水泥，把锅放在固定架上，上升至固定位置。然后立即开动机器，低速搅拌 30s 后，在第二个 30s 开始的同时均匀地将砂子加入。当各级砂是分装时，从最粗粒级开始，依次将所需的每级砂量加完。把机器转至高速再拌 30s。停拌90s，在第 1 个 15s 内用一胶皮刮具将叶片和锅壁上的胶砂刮入锅中间。在高速下继续搅拌 60s。各个搅拌阶段，时间误差应在±1s。

（5）试件的制备

1）试件尺寸

试件尺寸应是 40mm×40mm×160mm 的棱柱体。

2）试件成型

① 用振实台成型

胶砂制备后立即进行成型。将空试模和模套固定在振实台上，用一个适当勺子直接从搅拌锅里将胶砂分二层装入试模，装第一层时，每个槽里约放 300g 胶砂，用大拨料器垂直架在模套顶部沿每个模槽来回一次将料层拨平，接着振实 60 次。再装入第二层胶砂，用小拨料器拨平，再振实 60 次。移走模套，从振实台上取下试模，用一金属直尺以近似 90°的角度架在试模模顶的一端，然后沿试模长度方向以横向锯割动作慢慢向另一端移动，一次将超过试模部分的胶砂刮去，并用同一直尺以近似水平的情况下将试体表面抹平。

在试模上做标记或加字条标明试件编号和试件相对于振实台的位置。

② 用振动台成型

当使用代用的振动台成型时，操作如下：

在搅拌胶砂的同时将试模和下料漏斗卡紧在振动台的中心。将搅拌好的全部胶砂均匀地装入下料漏斗中，开动振动台，胶砂通过漏斗流入试模。振动（120±5）s 停车。振动完毕，取下试模，用刮平尺以 3.8.7.2 的 1）中所规定的刮平手法刮去其高出试模的胶砂并抹平。然后在试模上做标记或用字条表明试件编号。

（6）试件的养护

1）脱模前的处理和养护

去掉留在模子四周的胶砂。立即将做好标记的试模放入雾室或湿气养护箱的水平架子上养护，湿空气应能与试模各边接触。养护时不应将试模放在其他试模上。待养护到规定的脱模时间时取出脱模。脱模前，用防水墨汁或颜料笔对试件进行编号和做其他标记。两个龄期以上的试件，在编号时应将同一试模中的三条试件分在两个以上龄期内。

2）脱模

脱模应非常小心，可用塑料锤或橡皮榔头或专用的脱模器。对于 24h 龄期的，应在破型试验前 20min 内脱模。对于 24h 以上龄期的，应在成型后 20~24 脱模[1]。对于胶砂搅拌或振实操作，或胶砂含气量试验的对比，建议称量每个模型中试体的质量。

已确定作为 24h 龄期试验（或其他不下水直接做试验）的已脱模试体，应用湿布覆盖至做试验时为止。

3）水中养护

将做好标记的试件立即水平或竖直放在（20±1）℃水中养护，水平放置时刮平面应朝上。试件放在不易腐烂的箅子（不宜用木箅子）上，并彼此间保持一定间距，以让水与试件的六个面接触。养护期间试件之间间隔以及试件上表面的水深不得小于 5mm。

注 1：如经 24h 养护，会因脱模对强度造成损害时，可以延迟至 24h 以后脱模，但在试验报告中应予说明。

每个养护池只养护同类型的水泥试件。最初用自来水装满养护池，随后随时加水保持适当的恒定水位，不允许在养护期间全部换水。除 24h 龄期或延迟至 48h 脱模的试体外，任何到龄期的试件应在试验（破型）前 15min 从水中取出。擦去试体表面沉积物，并用湿布覆盖至试验为止。

4）强度试验试件的龄期及试验时间要求

试件的龄期是从水泥加水搅拌开始试验时算起。不同龄期强度试验应在下列时间里进行。

——24h±15min；

——48h±30min；

——72h±45min；

——7d±2h；

——＞28d±8h。

（7）试验程序

用上述规定的设备以中心加荷法测定抗折强度。在折断后的棱柱体上进行抗压试验，受压面是试体成型时的两个侧面，面积为 40mm×40mm。

当不需要抗折强度数值时，抗折强度试验可以省去。但抗压强度试验应在不使试件受有害应力情况下折断的两截棱柱体上进行。

1）抗折强度测定

将试体一个侧面放在试验机支撑圆柱上，试体长轴垂直于支撑圆柱，通过加荷圆柱以（50+10）N/s 的速率均匀地将荷载垂直地加在棱柱体相对侧面上，直至折断。

保持两个半截棱柱体处于潮湿状态直至抗压试验。

抗折强度 R_f 以牛顿每平方毫米（MPa）表示，按式（10.35）进行计算：

$$R_f=\frac{1.5F_tL}{b^2} \tag{10.35}$$

式中　R_f——抗折强度（MPa）；

　　　F_t——折断时施加在试件中部的荷载值（N）；

　　　L——支撑圆柱之间的距离（mm）；

　　　b——试件正方形截面的边长（mm）。

2）抗压强度测定

用上述规定的仪器在半截棱柱体的侧面上进行抗压强度试验。

半截棱柱体中心与压力机压板受压中心盖应在±0.5mm 内，棱柱体露在压板外的部分约有 10mm。

在整个加荷过程中以（2400±200）N/s 的速率均匀地加荷直至破坏。

抗压强度 R_c 以牛顿每平方毫米（MPa）为单位，按式（10.36）进行计算：

$$R_c=\frac{F}{A} \tag{10.36}$$

式中　R_f——抗压强度（MPa）；

　　　F_c——破坏时的最大荷载（N）；

　　　A——受压面面积为 1600（mm²）。

（8）试验结果处理

强度测定方法有两种主要用途，即合格检验和验收检验。

1）试验结果的确定

① 抗折强度

以一组三个棱柱体抗折结果的平均值作为试验结果。当三个强度值中有超出平均值±10%时，应剔除后再取平均值作为抗折强度试验结果。

② 抗压强度

以一组 3 个棱柱体上得到的 6 个抗压强度测定值的算术平均值为试验结果。如 6 个测定值中有一个超出 6 个平均值的±10%，就应剔除这个结果，而以剩下 5 个的平均数为结果。如果 5 个测定值中再有超过它们平均数±10%的，则此结果作废。

③ 试验结果的计算

各试体的抗折强度记录至 0.1MPa，平均值计算精确至 0.1MPa。

各个半棱柱体得到的单个抗压强度结果计算至 0.1MPa，平均值计算精确至 0.1MPa。

2）试验报告

报告应包括所有各单个强度结果和计算出的平均值。

3）检验方法的精确性

检验方法的精确性是通过其重复性和再现性来测量的。

合格检验方法的精确性是通过它的再现性来测量的。

验收检验方法和以生产控制为目的的检验方法的精确性是通过它的重复性来测量的。

10.3　混凝土

预拌混凝土质量检验包括出厂检验和交货检验。出厂检验的取样和试验工作应由供方承担；交货检验的取样和试验工作应由需方承担，当需方不具备试验和人员的技术资质时，供需双方可协商确定并委托有检验资质的单位承担，并应在合同中予以明确。预拌混凝土质量验收应以交货检验结果作为依据。预拌混凝土取样、试验及质量验收应符合国家标准《预拌混凝土》（GB/T 14902—2012）、《混凝土结构工程施工规范》（GB 50666—2011）、《混凝土结构工程施工质量验收规范》（GB 50204—2015）、《普通混凝土拌合物性能试验方法标准》（GB/T 50080—2016）、《混凝土物理力学性能试验方法标准》（GB/T 50081—2019）及《普通混凝土长期性能和耐久性能试验方法标准》（GB/T 50082—2009）的有关规定。

行业标准《公路桥涵施工技术规范》（JTG/T 3650—2020）规定，当混凝土拌和物从搅拌机出料起至浇筑入模的时间不超过 15min 时，其坍落度可仅在搅拌地点取样检测。

10.3.1　混凝土拌和物取样及试样制备

（1）取样地点

混凝土拌和物试验用料取样应根据不同要求，从同一盘混凝土或同一车混凝土中取样，或在实验室中用机械或人工拌制。混凝土出厂检验应在搅拌地点取样；混凝土交货检验应在交货地点取样，交货检验试样应随机从同一运输车卸料量的 1/4～3/4 抽取，宜采用多次取样的方法，宜在同一车混凝土中的 1/4 处、1/2 处和 3/4 处分别取样，并搅拌均匀，第一次取样和最后一次取样的时间间隔不宜超过 15min。

（2）取样方法和原则

进行混凝土拌合物试验时，其取样方法和原则应按国家标准《普通混凝土拌合物性能试验方法标准》（GB/T 50080—2016）及相关标准进行。混凝土交货检验取样及坍落度试验应在混凝土运到交货地点时开始算起 20min 内完成，试件制作应在混凝土运到交货地点时开始算起 40min 内完成。

对同一配合比混凝土，取样频率与强度检验应符合下列规定：①每拌制 100 盘且不超过 100m³ 时，取样不得少于一次；②每工作班拌制不足 100 盘时，取样不得少于一次；③每一楼层取样不得少于一次；④当一次连续浇筑不大于 1000m³ 时，取样不应少于 10 次；⑤当一次连续浇筑 1000～5000m³ 时，超出 1000m³ 的，每增加 500m³ 取样不应少于一次，增加不足 500m³ 时取样一次；⑥当一次连续浇筑大于 5000m³ 时，超出 5000m³ 的，每增加 1000m³ 取样不应少于一次，增加不足 1000m³ 时取样一次；⑦每次取样应至少留置一组试件。

防水混凝土抗渗试件应在混凝土浇筑地点随机取样后制作，连续浇筑混凝土每 500m³ 应留置一组 6 个抗渗试件，且每项工程不得少于两组；采用预拌混凝土的抗渗试件，留置组数应视结构的规模和要求而定。

（3）实验室制样时应遵循的原则

在实验室拌制混凝土拌和物进行试验时，混凝土拌和物的拌和方法按下列方法步骤进行：

1）实验室温度应控制在（20±5）℃，并使混凝土拌和物避免遭受阳光直射和风吹（当需要模拟施工所用的混凝土时，实验室和原材料的质量、规格和温度条件应与施工现场相同）。

2）所用材料应符合有关技术要求，在拌和前，材料的温度应保持与实验室温度相同。

3）各种材料应拌和均匀。水泥如有结块又必须使用时，应通过 0.9mm 方孔筛，并记录筛余物。

4）在决定用水量时，应测定砂、石、外加剂的含水量，并扣除。

5）拌制混凝土的材料用量以质量计。称量精度：骨料为 ±1.0%，水、水泥和外加剂的为 ±0.5%。

6）掺外加剂时，掺入方法应按照相关标准和施工要求进行。

7）拌制混凝土所用的各种用具（如搅拌机、拌和用铁板和铁铲、抹刀等），应预先用水湿润，使用完毕后必须清洗干净，上面不得有混凝土残渣。

8）使用搅拌机拌制混凝土时，应在拌和前预拌适量同种混凝土拌和物或水胶比相同的砂浆，使搅拌机内壁挂浆，以避免正式拌和时水泥砂浆损失。机内多余的砂浆应倒在所用铁板或拌和槽上，使之也黏附一层砂浆。预拌的砂浆要弃之不用。

（4）设备：

1）搅拌机——采用符合 JG 3036 要求的公称容量为 60L 的单卧轴强制式搅拌机。

2）台秤——称量 100kg，感量 50g。

3）台秤——称量 10kg，感量 5g。

4）天平——称量 1kg，感量 0.5g。

5）铁板或拌和槽：尺寸不宜小于 1.5m×2.0m，厚度 3～5mm（保证底部不变形），拌和槽高度 100mm。

6）同时还要准备好铁铲、抹刀、坍落度筒、刮尺、容量筒等。

（5）搅拌

称好的粗骨料、胶凝材料、细骨料和水应依次加入搅拌机，难溶和不溶的粉状外加剂宜与胶凝材料同时加入搅拌机，液体和可溶外加剂宜与拌和水同时加入搅拌机，混凝土拌和物宜搅拌 2min 以上，直至搅拌均匀。混凝土拌和物一次搅拌量不宜少于搅拌机公称容量的 1/4，不应大于搅拌机公称容量，且不应少于 20L，不宜大于 45L。将混凝土拌和物倾倒在铁板（拌和槽）上，再经人工翻拌两次，使拌和物均匀一致后供试验使用。每次试验前还应经人工对混凝土拌和物略加翻拌，以保证其质量均匀。

10.3.2 混凝土拌和物试验

（1）坍落度及扩展度试验

本试验用于测定混凝土的和易性。坍落度试验宜用于骨料最大公称粒径不大于 40mm、坍落度不小于 10mm 的混凝土拌和物坍落度的测定，扩展度试验宜用于骨料最大公称粒径不大于 40mm、坍落度不小于 160mm 的混凝土扩展度的测定。

1）试验设备

① 坍落度筒——为薄钢板制成的截头圆锥筒，其内壁应光滑无凹凸。底面和顶面应互相平行并与锥体的轴线垂直。在坍落度筒外 2/3 高度处安两个手把，下端应焊脚踏板。筒的内部尺寸：底部直径（200±2）mm，顶部直径（100±2）mm，高度（300±2）mm，筒壁厚度应不小于 1.5mm，其结构如图 10.20 所示。

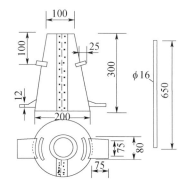

图 10.20　混凝土坍落度筒及金属捣棒

② 金属捣棒——直径 16mm，长 650mm，端部为弹头形；

③ 铁板——尺寸为 1500mm×1500mm，厚度 3～5mm，表面应平整，最大挠度不

应大于 3mm；

④ 钢尺和直尺——量程 300～1000mm，最小刻度 1mm；

⑤ 小铁铲、抹刀等。

2）试验程序

① 用水湿润坍落度筒及其他用具，坍落度筒内壁和底板应润湿无明水，并把坍落度筒放在已准备好的铁板上，用脚踩住两边的脚踏板，使坍落度筒装料时保持在固定位置。

② 把按要求取得的混凝土试样用小铲分三层均匀地装入筒内，使捣实后每层高度为筒高的 1/3 左右。每层用捣棒沿螺旋方向由外向中心插捣 25 次，各次插捣应在截面上均匀分布。插捣筒边混凝土时，捣棒可以稍微倾斜。插捣底层时，捣棒应插到筒底，插捣第二层和第三层时，捣棒应插入到下一层的 20～30mm 深处。插捣顶层过程中，如混凝土沉落后低于筒口时，应随时添加，插捣完后刮去多余的混凝土，并用抹刀抹平。

③ 清除筒边底板上的混凝土后，垂直平稳地在 3～7s 提起坍落度筒。从开始装料到提起坍落度筒的整个过程应不间断，并应在 150s 内完成。

④ 提起坍落度筒后，当试样不再继续坍落或坍落时间达 30s 时，测量筒高与坍落后混凝土试体最高点之间的高度差，即为该混凝土拌和物的坍落度值。坍落度筒提起后，如混凝土发生崩坍或一边呈剪坏现象，则应重新取样另行测定。如第二次试验仍出现上述现象，则表示该混凝土和易性不好，应予以记录。

⑤ 观察坍落后的混凝土拌和物试体的黏聚性与保水性：黏聚性的检查方法是用捣棒在已坍落的混凝土拌和物截锥体侧面轻轻敲打，此时如截锥体逐渐下沉（或保持原状），则表示黏聚性良好，如果倒坍、部分崩裂或出现离析现象，则表示黏聚性不好。保水性以混凝土拌和物中稀浆析出的程度来评定，坍落度筒提起后如有较多稀浆从底部析出，锥体部分的混凝土拌和物也因失浆而骨料外露，则表明保水性能不好。如坍落度筒提起后无稀浆或仅有少量稀浆自底部析出，则表示保水性良好。

混凝土拌和物坍落度单位为 mm，精确至 1mm，结果应修约至 5mm。

⑥ 扩展度试验按上述步骤进行，当混凝土拌和物不再扩散或扩散持续时间已达 50s 时，应使用钢尺测量混凝土拌和物展开扩展面的最大直径以及与最大直径呈垂直方向的直径。当两直径之差小于 50mm 时，应取其算术平均值作为扩展度试验结果；当两直径之差不小于 50mm 时，应重新取样另行测定。发现粗骨料在中央堆集或边缘有浆体析出时，应记录说明。混凝土拌和物扩展度值测量应精确至 1mm，结果修约至 5mm。

（2）维勃稠度试验

本方法宜用于骨料最大公称粒径不大于 40mm，维勃稠度在 5～30s 的混凝土拌和物稠度测定。坍落度不大于 50mm 或干硬性混凝土和维勃稠度大于 30s 的特干硬性混凝土拌和物的稠度，可采用现行国家标准《普通混凝土拌合物性能试验方法标准》（GB/T 50080）附录 A 增实因数法进行测定。

1）试验设备

① 维勃稠度仪——应符合现行行业标准《维勃稠度仪》（JG/T 250）的规定，维勃稠度仪示意如图 10.21 所示。

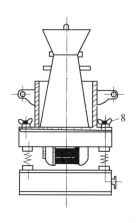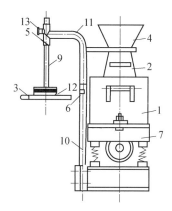

图 10.21　维勃稠度仪

1—容器；2—坍落度筒；3—透明圆盘；4—喂料斗；5—套管；6—定位螺丝；7—振动台；

8—固定螺丝；9—测杆；10—支柱；11—旋转架；12—荷电块；13—测杆螺丝

② 秒表的精度不应低于 0.1s。

2）试验程序

① 把维勃稠度仪放置在坚实水平的地面上，用湿布把容器、坍落度筒、喂料斗内壁及其他用具湿润。

② 将喂料斗提到坍落度筒上方扣紧，校正容器位置，使其中心与喂料斗中心重合，然后拧紧固定螺栓。

③ 把按要求取得的混凝土试样用小铲分三层经喂料斗均匀地装入筒内，装料及插捣方法与测定坍落度时相同。

④ 把喂料斗旋转 90°左右，垂直提起坍落度筒，此时应注意不使混凝土拌和物试体产生横向扭动。

⑤ 把透明圆盘旋转到混凝土试体顶面，放松测杆螺栓，降下圆盘，使其轻轻接触到混凝土顶面。

⑥ 拧紧定位螺栓，并检查测杆螺栓是否已经完全放松。

⑦ 在开启振动台的同时用秒表计时，当透明圆盘整个底面与水泥浆接触时，振动结束，记录达到此状态所需时间，并关闭振动台。

3）试验结果：停止振动时所记录的时间即为该混凝土拌和物的维勃稠度值，精确至 1s。

（3）混凝土拌和物泌水率试验

混凝土拌和物泌水性试验，是为了检查混凝土拌和物在固体组分沉降过程中水分离析的趋势，也适用于评定外加剂的品质和混凝土配合比的适用性。

1）试验设备

① 容量筒——3 只，容积应为 5L，并应配有盖子；

② 振动台——应符合现行行业标准《混凝土试验用振动台》（JG/T 245）的规定，频率（3000±200）次/min，空载振幅（0.5±0.1）mm；

③ 捣棒——应符合现行行业标准《混凝土坍落度仪》（JG/T 248）的规定，直径 16mm，长 650mm，端部为弹头形；

④ 电子天平——称量 20kg，感量不应大于 1g；

⑤ 带塞量筒——容积 100mL，分度值 1mL；

⑥ 小铁铲、抹刀和吸液管等。

2）试验步骤

① 用湿布润湿容量筒内壁后应立即称量，并记录容量筒的质量。

② 混凝土拌和物试样应按下列要求装入容量筒，并进行振实或插捣密实，振实或捣实的混凝土拌和物表面应低于容量筒筒口（30±3）mm，并用抹刀抹平。

a. 混凝土拌和物坍落度不大于 90mm 时，宜用振动台振实，应将混凝土拌和物一次性装入容量筒内，振动持续到表面出浆为止，并应避免过振；

b. 混凝土拌和物坍落度大于 90mm 时，宜用人工插捣，应将混凝土拌和物分两层装入，每层的插捣次数为 25 次；捣棒由边缘向中心均匀地插捣，插捣底层时捣棒应贯穿整个深度，插捣第二层时，捣棒应插透本层至下一层的表面；每一层捣完后应使用橡皮锤沿容量筒外壁敲击 5～10 次，进行振实，直至混凝土拌和物表面插捣孔消失并不见大气泡为止；

c. 自密实混凝土应一次性填满，且不应进行振动和插捣。

③ 应将筒口及外表面擦净，称量并记录容量筒与试样的总质量，盖好筒盖并开始计时。

④ 在吸取混凝土拌和物表面泌水的整个过程中，应使容量筒保持水平、不受振动；除了吸水操作外，应始终盖好盖子；室温应保持在（20±2）℃。

⑤ 计时开始后 60min 内，应每隔 10min 吸取 1 次试样表面泌水；60min 后，每隔 30min 吸取 1 次试样表面泌水，直至不再泌水为止。每次吸水前 2min，应将一片（35±5）mm 厚的垫块垫入筒底一侧使其倾斜，吸水后应平稳地复原盖好。吸出的水应盛放于量筒中，并盖好塞子；记录每次的吸水量，并应计算累计吸水量，精确至 1mL。

3）混凝土拌和物的泌水量应按式（10.37）计算。泌水量应取三个试样测值的平均值。三个测值中的最大值或最小值，有一个与中间值之差超过中间值的 15% 时，应以中间值作为试验结果；最大值和最小值与中间值之差均超过中间值的 15% 时，应重新试验。

$$B_a = \frac{V}{A} \qquad (10.37)$$

式中 B_a——单位面积混凝土拌和物的泌水量（mL/mm²），精确至 0.01mL/mm²；

V——累计的泌水量（mL）；

A——混凝土拌和物试样外露的表面面积（mm²）。

混凝土拌和物的泌水率应按下列公式计算。泌水率应取三个试样测值的平均值。三个测值中的最大值或最小值，有一个与中间值之差超过中间值的 15% 时，应以中间值为试验结果；最大值、最小值与中间值之差均超过中间值的 15% 时，应重新试验。

$$B = \frac{V_w}{W/m_T \times m} \times 100 \qquad (10.38)$$

$$m = m_2 - m_1 \qquad (10.39)$$

式中 B——泌水率（%），精确至 1%；

V_w——泌水总量（mL）；

m——混凝土拌和物试样质量（g）；

m_T——试验拌制混凝土拌和物的总质量（g）；

W——试验拌制混凝土拌和物拌和用水量（mL）；

m_2——容量筒及试样总质量（g）；

m_1——容量筒质量（g）。

（4）混凝土拌和物压力泌水试验

本试验方法宜用于骨料最大公称粒径不大于 40mm 的混凝土拌和物压力泌水的测定。

1）试验设备

① 压力泌水仪缸体内径应为（125±0.02）mm，内高应为（200±0.02）mm；工作活塞公称直径应为 125mm；筛网孔径应为 0.315mm；

② 捣棒应符合要求；

③ 烧杯容量宜为 150mL；

④ 量筒容量应为 200mL。

2）试验步骤

① 混凝土试样应按下列要求装入压力泌水仪（图 10.22）缸体，并插捣密实，捣实的混凝土拌和物表面应低于压力泌水仪缸体筒口（30±2）mm。

a. 混凝土拌和物应分两层装入，每层的插捣次数应为 25 次；用捣棒由边缘向中心均匀地插捣，插捣底层时捣棒应贯穿整个深度，插捣第二层时，捣棒应插透本层至下一层的表面；每一层捣完后应使用橡皮锤沿缸体外壁敲击 5～10 次，进行振实，直至混凝土拌和物表面插捣孔消失并不见大气泡为止；

b. 自密实混凝土应一次性填满，且不应进行振动和插捣。

② 将缸体外表擦干净，压力泌水仪安装完毕后应在 15s 以内给混凝土拌和物试样加压至 3.2MPa；并应在 2s 内打开泌水阀门，同时开始计时，并保持恒压，泌出的水接入 150mL 烧杯里，并应移至量筒中读取泌水量，精确至 1mL。

③ 加压至 10s 时读取泌水量 V_{10}，加压至 140s 时读取泌水量 V_{140}。

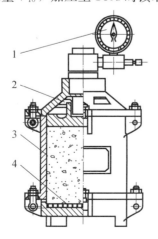

图 10.22 压力泌水仪

1—压力表；2—工作活塞；3—缸体；4—筛网

3）压力泌水率应按下式计算：

$$B_V = \frac{V_{10}}{V_{140}} \times 100 \tag{10.40}$$

式中　B_V——压力泌水率（％），精确至 1%；

　　　V_{10}——加压至 10s 时的泌水量（mL）；

　　　V_{140}——加压至 140s 时的泌水量（mL）。

（5）混凝土拌和物凝结时间测定

1）测定目的

测定不同水泥品种、不同外加剂、不同混凝土配合比以及不同气温环境下混凝土拌和物的凝结时间，以控制现场施工工艺流程。本试验方法宜用于从混凝土拌和物中筛出砂浆用贯入阻力仪测定坍落度值不为零的混凝土拌和物的初凝时间与终凝时间。

2）基本原理

用金属测针垂直贯入混凝土拌和物砂浆中，记录贯入一定深度时的阻力值。规定阻力值达到 3.5MPa 和 28.0MPa 时的时间为混凝土的初凝时间和终凝时间。

3）试验设备

① 贯入阻力仪——最大测量值不应小于 1000N，精度应为 ±10N；测针长 100mm，在距贯入端 25mm 处应有明显标记；测针的承压面积应为 100mm^2、50mm^2 和 20mm^2 三种，贯入阻力仪如图 10.23 所示。

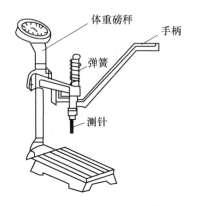

图 10.23　混凝土贯入阻力仪

② 砂浆试样筒——上口内径 160mm，下口内径 150mm，净高 150mm 刚性不透水的金属圆筒，配有盖子。

③ 金属捣棒——符合规范要求，直径 16mm，长 650mm，端部为弹头形。

④ 试验筛——应为筛孔公称直径为 5.00mm 的方孔筛，并应符合现行国家标准《试验筛 技术要求和检验 第2部分：金属穿孔板试验筛》（GB/T 6003.2）的规定。

⑤ 振动台——符合现行行业标准《混凝土试验用振动台》（JG/T 245）的规定。

4）试验步骤

① 应用试验筛从混凝土拌和物中筛出砂浆，然后将筛出的砂浆搅拌均匀；将砂浆一次分别装入三个试样筒中。取样混凝土坍落度大于 90mm 时，宜用振动台振实砂浆；取样混凝土坍落度大于 90mm 时，宜用捣棒人工捣实。用振动台振实砂浆时，振动应持

续到表面出浆为止，不得过振；用捣棒人工捣实时，应沿螺旋方向由外向中心均匀插捣25次，然后用橡皮锤敲击筒壁，直至表面振捣孔消失为止。振实或插捣后，砂浆表面宜低于砂浆试样筒口10mm，并应立即加盖。

② 砂浆试样制备完毕，应置于温度为（20±2℃）的环境中待测，并在整个测试过程中，环境温度应始终保持（20±2℃）。在整个测试过程中，除在吸取泌水或进行贯入试验外，试样筒始终加盖。现场同条件测试时，试验环境应与现场一致。

③ 凝结时间测定从混凝土搅拌加水开始计时。根据混凝土拌和物的性能，确定测针试验时间，以后每隔0.5h测试一次，在临近初凝和终凝时，应缩短测试间隔时间。

④ 在每次测试前2min，将一片（20±5）mm厚的垫块垫入筒底一侧使其倾斜，用吸液管吸去表面的泌水，吸水后应复原。

⑤ 测试时，将砂浆试样筒置于贯入阻力仪上，测针端部与砂浆表面接触，应在（10±2）s内均匀地使测针贯入砂浆（25±2）mm深度，记录最大贯入阻力值，精确至10N；记录测试时间，精确至1min。

⑥ 每个砂浆筒每次1~2个点，各测点的间距不应小于15mm，测点与试样筒壁的距离不应小于25mm。

⑦ 每个试样的贯入阻力测试不应少于6次，直至单位面积贯入阻力大于28MPa为止。

⑧ 根据砂浆凝结状况，在测试过程中应以测针承压面积从大到小顺序更换测针，更换测针应按表10.14的规定选用。

表10.14　测针选用规定表

单位面积贯入阻力（MPa）	0.2~3.5	3.5~20	20~28
测针面积（mm²）	100	50	20

5）单位面积贯入阻力的结果计算以及初凝时间和终凝时间的确定应按下列方法进行：

① 单位面积贯入阻力应按下式计算：

$$f_{PR} = \frac{P}{A} \tag{10.41}$$

式中　f_{PR}——单位面积贯入阻力（MPa），精确至0.1MPa；

　　　P——贯入阻力（N）；

　　　A——测针面积（mm²）。

② 凝结时间宜按式（10.42）通过线性回归方法确定；根据式（10.42）可求得当单位面积贯入阻力为3.5MPa时对应的时间为初凝时间，单位面积贯入阻力为28MPa时对应的时间应为终凝时间。

$$\ln t = a + b \ln f_{PR} \tag{10.42}$$

式中　t——单位面积贯入阻力对应的测试时间（min）；

　　　a、b——线性回归系数。

③ 凝结时间也可用绘图拟合方法确定，应以单位面积贯入阻力为纵坐标，测试时间为横坐标，绘制出单位面积贯入阻力与测试时间之间的关系曲线；分别以3.5MPa和

28MPa绘制两条平行于横坐标的直线，与曲线交点的横坐标应分别为初凝时间和终凝时间；凝结时间结果应用h：min表示，精确至5min。

6）应以三个试样的初凝时间和终凝时间的算术平均值作为此次试验初凝时间和终凝时间的试验结果。三个测值的最大值或最小值中有一个与中间值之差超过中间值的10%时，应以中间值作为试验结果；最大值和最小值与中间值之差均超过中间值的10%时，应重新试验。

（6）混凝土拌和物含气量测定

1）目的和适用范围

用气压法测定混凝土拌和物中的含气量，以控制引气混凝土的引气剂掺量和引气混凝土质量。本试验方法宜用于骨料最大公称粒径不大于40mm的混凝土拌和物含气量的测定。

2）基本原理

根据波义耳定律，在相同温度情况下，气体的体积与压力成反比，即 $P_1V_1 = P_2V_2 = C$。据此原理可测定混凝土拌和物中的含气量。

3）试验设备

① 混凝土含气量测定仪，应符合现行行业标准《混凝土含气量测定仪》（JG/T 246）的规定（图10.24）；

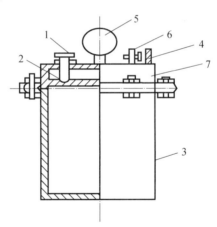

图10.24　混凝土含气量测定仪

1—操作阀；2—气箱；3—量钵；4—进气阀；5—气压表；6—排气阀；7—盖

② 金属捣棒——直径16mm，长650mm，端部为弹头形，应符合现行行业标准《混凝土坍落度仪》（JG/T 248）的规定；

③ 台秤——称量50kg，感量不大于10g；

④ 振动台——频率（50±2）Hz，空载振幅（0.5±0.1）mm，应符合现行行业标准《混凝土试验用振动台》（JG/T 245）的规定。

4）试验步骤

① 在进行混凝土拌和物含气量测定之前，应先按下列步骤测定所用骨料的含气量：

a. 应按下列公式计算试样中粗、细骨料的质量：

$$m_{\mathrm{g}} = \frac{V}{1000} \times m_{\mathrm{g}}' \tag{10.43}$$

$$m_{\mathrm{s}} = \frac{V}{1000} \times m_{\mathrm{s}}' \tag{10.44}$$

式中 m_{g}——拌和物试样中粗骨料质量（kg）；

m_{s}——拌和物试样中细骨料质量（kg）；

m_{g}'——混凝土配合比中每立方米混凝土的粗骨料质量（kg）；

m_{s}'——混凝土配合比中每立方米混凝土的细骨料质量（kg）；

V——含气量测定仪容器容积（L）。

b. 应先向含气量测定仪的容器中注入 1/3 高度的水，然后把质量为 m_{g}、m_{s} 的粗、细骨料称好，搅拌均匀，倒入容器，加料同时应进行搅拌；水面每升高 25mm 左右，应轻捣 10 次，加料过程中应始终保持水面高出骨料的顶面；骨料全部加入后，应浸泡约 5min，再用橡皮锤轻敲容器外壁，排净气泡，除去水面泡沫，加水至满，擦净容器口及边缘，加盖拧紧螺栓，保持密封不透气。

c. 关闭操作阀和排气阀，打开排水阀和加水阀，应通过加水阀向容器内注入水；当排水阀流出的水流中不出现气泡时，应在注水的状态下，关闭加水阀和排水阀。

d. 关闭排气阀，向气室内打气，应加压至大于 0.1MPa，且压力表显示值稳定；应打开排气阀调压至 0.1MPa，同时关闭排气阀。

e. 开启操作阀，使气室里的压缩空气进入容器，待压力表显示值稳定后记录压力值，然后开启排气阀，压力表显示值应回零；应根据含气量与压力值之间的关系曲线确定压力值对应的骨料的含气量，精确至 0.1%。

f. 混凝土所用骨料的含气量 A_{g} 应以两次测量结果的平均值作为试验结果；两次测量结果的含气量相差大于 0.5% 时，应重新试验。

②混凝土拌和物含气量试验应按下列步骤进行：

a. 应用湿布擦净混凝土含气量测定仪容器内壁和盖的内表面，装入混凝土拌和物试样。

b. 混凝土拌和物的装料及密实方法根据拌和物的坍落度而定，并应符合下列规定：

ⅰ 坍落度不大于 90mm 时，混凝土拌和物宜用振动台振实；振动台振实时，应一次性将混凝土拌和物装填至高出含气量测定仪容器口；振实过程中混凝土拌和物低于容器口时，应随时添加；振动直至表面出浆为止，并应避免过振。

ⅱ 坍落度大于 90mm 时，混凝土拌和物宜用捣棒插捣密实。插捣时，混凝土拌和物应分 3 层装入，每层捣实后高度约为 1/3 容器高度；每层装料后由边缘向中心均匀地插捣 25 次，捣棒应插透本层至下一层的表面；每一层捣完后用橡皮锤沿容器外壁敲击 5～10 次，进行振实，直至拌和物表面插捣孔消失。

ⅲ 自密实混凝土应一次性填满，且不应进行振动和插捣。

c. 刮去表面多余的混凝土拌和物，用抹刀刮平，表面有凹陷应填平抹光。

d. 擦净容器口及边缘，加盖并拧紧螺栓，应保持密封不透气。

e. 应按本条第①款中第 c～e 步的操作步骤测得混凝土拌和物的未校正含气量 A_{0}，精确至 0.1%。

f. 混凝土拌和物未校正的含气量 A_{0} 应以两次测量结果的平均值作为试验结果；两

次测量结果的含气量相差大于 0.5% 时，应重新试验。

5）混凝土拌和物含气量应按下式计算：

$$A = A_0 - A_g \qquad (10.45)$$

式中　A——混凝土拌和物含气量（%），精确至 0.1%；

　　　A_0——混凝土拌和物的未校正含气量（%）；

　　　A_g——骨料的含气量（%）。

6）含气量测定仪的标定和率定应按下列步骤进行：

① 擦净容器，并将含气量测定仪全部安装好，测定含气量测定仪的总质量 m_{A1}，精确至 10g。

② 向容器内注水至上沿，然后加盖并拧紧螺栓，保持密封不透气；关闭操作阀和排气阀，打开排水阀和加水阀，应通过加水阀向容器内注入水；当排水阀流出的水流中不出现气泡时，应在注水的状态下，关闭加水阀和排水阀；应将含气量测定仪外表面擦净，再次测定总质量 m_{A2}，精确至 10g。

③ 含气量测定仪的容积应按下式计算：

$$V = \frac{m_{A2} - m_{A1}}{\rho_W} \qquad (10.46)$$

式中　V——含气量测定仪的容积（L），精确至 0.01L；

　　　m_{A1}——含气量测定仪的总质量（kg）；

　　　m_{A2}——水、含气量测定仪的总质量（kg）；

　　　ρ_W——容器内水的密度（kg/m³），可取 1kg/L。

④ 关闭排气阀，向气室内打气，应加压至大于 0.1MPa，且压力表显示值稳定；应打开排气阀调压至 0.1MPa，同时关闭排气阀。

⑤ 开启操作阀，使气室里的压缩空气进入容器，压力表显示值稳定后测得压力值应为含气量为 0 时对应的压力值。

⑥ 开启排气阀，压力表显示值应回零；关闭操作阀、排水阀和排气阀，开启加水阀，宜借助标定管在注水阀口用量筒接水；用气泵缓缓地向气室内打气，当排出的水是含气量测定仪容积的 1% 时，应按上述第④款和第⑤款的操作步骤测得含气量为 1% 时的压力值。

⑦ 应继续测取含气量分别为 2%、3%、4%、5%、6%、7%、8%、9%、10% 时的压力值。

⑧ 含气量分别为 0、1%、2%、3%、4%、5%、6%、7%、8%、9%、10% 的试验均应进行两次，以两次压力值的平均值作为测量结果。

⑨ 根据含气量 0、1%、2%、3%、4%、5%、6%、7%、8%、9%、10% 的测量结果，绘制含气量与压力值之间的关系曲线。

7）混凝土含气量测定仪的标定和率定应保证测试结果准确。

（7）混凝土表观密度试验

本试验方法可用于混凝土拌和物捣实后的单位体积质量的测定。

1）试验设备：

① 容量筒应为金属制成的圆筒，筒外壁应有提手。骨料最大公称粒径不大于 40mm 的混凝土拌和物宜采用容积不小于 5L 的容量筒，筒壁厚不应小于 3mm；骨料最大公称

粒径大于 40mm 的混凝土拌和物应采用内径与内高均大于骨料最大公称粒径 4 倍的容量筒。容量筒上沿及内壁应光滑平整,顶面与底面应平行并应与圆柱体的轴垂直。

② 电子秤的最大量程应为 50kg,感量不应大于 10g。

③ 振动台应符合现行行业标准《混凝土试验用振动台》(JG/T 245) 的规定。

④ 捣棒应符合现行行业标准《混凝土坍落度仪》(JG/T 248) 的规定。

2）混凝土拌和物表观密度试验应按下列步骤进行:

① 应按下列步骤测定容量筒的容积:

a. 应将干净容量筒与玻璃板一起称重;

b. 将容量筒装满水,缓慢将玻璃板从筒口一侧推到另一侧,容量筒内应装满水并且不应存在气泡,擦干容量筒外壁,再次称重;

c. 两次称重结果之差除以该温度下水的密度应为容量筒容积 V;常温下水的密度可取 lkg/L。

② 容量筒内外壁应擦干净,称出容量筒质量 m_1,精确至 10g。

③ 混凝土拌和物试样应按下列要求进行装料,并插捣密实:

a. 坍落度不大于 90mm 时,混凝土拌和物宜用振动台振实;振动台振实时,应一次性将混凝土拌和物装填至高出容量筒筒口;装料时可用捣棒稍加插捣,振动过程中混凝土低于筒口,应随时添加混凝土,振动直至表面出浆为止。

b. 坍落度大于 90mm 时,混凝土拌和物宜用捣棒插捣密实。插捣时,应根据容量筒的大小决定分层与插捣次数:用 5L 容量筒时,混凝土拌和物应分两层装入,每层的插捣次数应为 25 次;用大于 5L 的容量筒时,每层混凝土的高度不应大于 100mm,每层插捣次数应按每 10000mm² 截面不小于 12 次计算。各次插捣应由边缘向中心均匀地插捣,插捣底层时捣棒应贯穿整个深度,插捣第二层时,捣棒应插透本层至下一层的表面;每一层捣完后用橡皮锤沿容量筒外壁敲击 5～10 次,进行振实,直至混凝土拌和物表面插捣孔消失并不见大气泡为止。

c. 自密实混凝土应一次性填满,且不应进行振动和插捣。

④ 将筒口多余的混凝土拌和物刮去,表面有凹陷应填平;应将容量筒外壁擦净,称出混凝土拌和物试样与容量筒总质量 m_2,精确至 10g。

3）混凝土拌和物的表观密度应按下式计算:

$$\rho = \frac{m_2 - m_1}{V} \times 1000 \qquad (10.47)$$

式中　ρ——混凝土拌和物表观密度（kg/m³）,精确至 10kg/m³;

　　　m_1——容量筒质量（kg）;

　　　m_2——容量筒和试样总质量（kg）;

　　　V——容量筒容积（L）。

（8）倒置坍落度筒排空试验

本试验方法可用于倒置坍落度筒中混凝土拌和物排空时间的测定。

1）试验设备:

① 坍落度筒的材料、形状和尺寸应符合现行行业标准《混凝土坍落度仪》(JG/T 248) 的规定,小口端应设置可快速开启的密封盖;

② 铁板——尺寸为 1500mm×1500mm，厚度 3~5mm，表面应平整，最大挠度不应大于 3mm；

③ 支撑倒置坍落度筒台架应能承受装填混凝土和插捣，当倒置坍落度筒放于台架上时，其小口端距底板不应小于 500mm，且坍落度筒中轴线应垂直于底板；

④ 捣棒应符合现行行业标准《混凝土坍落度仪》（JG/T 248）的规定；

⑤ 秒表的精度不应低于 0.01s。

2）倒置坍落度筒排空试验应按下列步骤进行：

① 将倒置坍落度筒支撑在台架上，应使其中轴线垂直于底板，筒内壁应湿润无明水，关闭密封盖。

② 混凝土拌和物应分两层装入坍落度筒内，每层捣实后高度宜为筒高的 1/2。每层用捣棒沿螺旋方向由外向中心插捣 15 次，插捣应在横截面上均匀分布，插捣筒边混凝土时，捣棒可以稍微倾斜。插捣第一层时，捣棒应贯穿混凝土拌和物整个深度；插捣第二层时，捣棒宜插透第一层表面下 50mm。插捣完应刮去多余的混凝土拌和物，用抹刀抹平。

③ 打开密封盖，用秒表测量自开盖至坍落度筒内混凝土拌和物全部排空的时间 t_{sf}，精确至 0.01s。从开始装料到打开密封盖的整个过程应在 150s 内完成。

3）宜在 5min 内完成两次试验，并应取两次试验测得排空时间的平均值作为试验结果，计算应精确至 0.1s。

4）倒置坍落度筒排空试验结果应符合下式规定：

$$|\, t_{sf1}, \ t_{sf2}\,| \leqslant 0.05 t_{sf,m} \tag{10.48}$$

式中　$t_{sf,m}$——两次试验测得的倒置坍落度筒中混凝土拌和物排空时间的平均值（s）；

t_{sf1}, t_{sf2}——两次试验分别测得的倒置坍落度筒中混凝土拌和物排空时间（s）。

10.3.3　混凝土物理力学性能

普通混凝土的主要物理力学性能包括抗压强度、轴心抗压强度、劈裂抗拉强度、抗折强度、握裹强度、静力受压弹性模量等性能。

（1）试件制作与养护

1）试件分组

普通混凝土物理力学性能试验用试件均以三块为一组。每组试验的试件及其相应的对比所用的拌和物，应根据不同要求从同一盘混凝土或同一车混凝土中取出，或在实验室用机械或人工单独拌制。用以检验现浇混凝土工程或预制构件质量的试件分组及取样原则，应按现行国家标准《混凝土结构工程施工质量验收规范》（GB 50204）及其他有关规定执行。

2）试件制作

试验环境相对湿度不宜小于 50%，温度应保持在（20±5）℃。试件成型前，应检查试模的尺寸并应符合本节第 3）款的有关规定；应将试模擦干净，在其内壁上均匀地涂刷一薄层矿物油或其他不与混凝土发生反应的隔离剂，试模内壁隔离剂应均匀分布，不应有明显沉积。混凝土拌和物在入模前应保证其匀质性。

宜根据混凝土拌和物的稠度或试验目的确定适宜的成型方法，混凝土应充分密实，避免分层离析。

① 用振动台振实制作试件应按下列方法进行：

a. 将混凝土拌和物一次性装入试模，装料时应用抹刀沿试模内壁插捣，并使混凝土拌和物高出试模上口；

b. 试模应附着或固定在振动台上，振动时应防止试模在振动台上自由跳动，振动应持续到表面出浆且无明显大气泡溢出为止，不得过振。

② 用人工插捣制作试件应按下述方法进行：

a. 混凝土拌和物应分两层装入模内，每层的装料厚度应大致相等。

b. 插捣应按螺旋方向从边缘向中心均匀进行。在插捣底层混凝土时，捣棒应达到试模底部；插捣上层时，捣棒应贯穿上层后插入下层 20～30mm；插捣时捣棒应保持垂直，不得倾斜，插捣后应用抹刀沿试模内壁插拔数次。

c. 每层插捣次数按 $10000mm^2$ 截面面积内不得少于 12 次。

d. 插捣后应用橡皮锤或木槌轻轻敲击试模四周，直至插捣棒留下的空洞消失为止。

③ 用插入式振捣棒振实制作试件应按下述方法进行：

a. 将混凝土拌和物一次装入试模，装料时应用抹刀沿试模内壁插捣，并使混凝土拌和物高出试模上口；

b. 宜用直径为 $\phi25mm$ 的插入式振捣棒；插入试模振捣时，振捣棒距试模底板宜为 10～20mm 且不得触及试模底板，振动应持续到表面出浆且无明显大气泡溢出为止，不得过振；振捣时间宜为 20s；振捣棒拔出时应缓慢，拔出后不得留有孔洞。

④ 自密实混凝土应分两次将混凝土拌和物装入试模，每层的装料厚度宜相等，中间间隔 10s，混凝土应高出试模口，不应使用振动台、人工插捣或振捣棒方法成型。

⑤ 对于干硬性混凝土可按下述方法成型试件：

a. 混凝土拌和完成后，应倒在不吸水的底板上，采用四分法取样装入铸铁或铸钢的试模。

b. 通过四分法将混合均匀的干硬性混凝土装入试模的 1/2 高度，用捣棒进行均匀插捣；插捣密实后，继续装料之前，试模上方应加上套模，第二次装料应略高于试模顶面，然后进行均匀插捣，混凝土顶面应略高出试模顶面。

c. 插捣应按螺旋方向从边缘向中心均匀进行。在插捣底层混凝土时，捣棒应达到试模底部；插捣上层时，捣棒应贯穿上层后插入下层 10～20mm；插捣时捣棒应保持垂直，不得倾斜。每层插捣完毕后，用平刀沿试模内壁插一遍。

d. 每层插捣次数按 $10000mm^2$ 截面面积内不得少于 12 次。

e. 装料插捣完毕后，将试模附着或固定在振动台上，并放置压重钢板和压重块或其他加压装置，应根据混凝土拌和物的稠度调整压重块的质量或加压装置的施加压力；开始振动，振动时间不宜少于混凝土的维勃稠度，且应表面泛浆为止。

⑥ 试件成型后刮除试模上口多余的混凝土，待混凝土临近初凝时，用抹刀沿着试模口抹平。试件表面与试模边缘的高度差不得超过 0.5mm。

⑦ 制作的试件应有明显和持久的标记，且不破坏试件。

⑧ 圆柱体试件的制作方法应按现行国家标准《混凝土物理力学性能试验方法标准》(GB/T 50081) 附录 B 执行。

3）混凝土试模

制作试件用的试模应符合现行行业标准《混凝土试模》（JG 237）中技术要求的规定，应定期对试模进行自检，自检周期宜为三个月。

在制作试件前应将试模清理干净，并涂刷隔离剂。

4）试件尺寸要求

试件的最小横截面尺寸应根据混凝土中骨料的最大粒径按表 10.15 选定。

表 10.15　试件的最小横截面尺寸

骨料最大粒径（mm）		试件最小横截面尺寸（mm×mm）
劈裂抗拉强度试验	其他试验	
19.0	31.5	100×100
37.5	37.5	150×150
—	63.0	200×200

试件尺寸测量应符合下列规定：

① 试件的边长和高度宜采用游标卡尺进行测量，应精确至 0.1mm；

② 圆柱体试件的直径应采用游标卡尺分别在试件的上部、中部和下部相互垂直的两个位置上共测量 6 次，取测量的算术平均值作为直径值，应精确至 0.1mm；

③ 试件承压面的平面度可采用钢板尺和塞尺进行测量。测量时，应将钢板尺立起横放在试件承压面上，慢慢旋转 360°，用塞尺测量其最大间隙作为平面度值，也可采用其他专用设备测量，结果应精确至 0.01mm；

④ 试件相邻面间的夹角应采用游标量角器进行测量，应精确至 0.1°。

试件各边长、直径和高的尺寸公差不得超过 1mm。试件承压面的平面度公差不得超过 0.0005d，d 为试件边长。试件相邻面间的夹角应为 90°，其公差不得超过 0.5°。试件制作时应采用符合标准要求的试模并精确安装，应保证试件的尺寸公差满足要求。

5）试件养护

试件的标准养护应符合下列规定：

① 试件成型抹面后应立即用塑料薄膜覆盖表面，或采取其他保持试件表面湿度的方法。

② 试件成型后应在温度为（20±5）℃、相对湿度大于 50％的室内静置 1～2d，试件静置期间应避免受到振动和冲击，静置后编号标记、拆模，当试件有严重缺陷时，应按废弃处理。

③ 试件拆模后应立即放入温度为（20±2）℃，相对湿度为 95％以上的标准养护室中养护，或在温度为（20±2）℃的不流动 Ca(OH)$_2$ 饱和溶液中养护。标准养护室内的试件应放在支架上，彼此间隔 10～20mm，试件表面应保持潮湿，但不得用水直接冲淋试件。

④ 试件的养护龄期可分为 1d、3d、7d、28d、56d 或 60d、84d 或 90d、180d 等，也可根据设计龄期或需要进行确定，龄期应从搅拌加水开始计时，养护龄期的允许偏差应符合表 10.16 的规定。

表 10.16 养护龄期允许偏差

养护龄期	1d	3d	7d	28d	56d 或 60d	≥84d
允许偏差	±30min	±2h	±6h	±20h	±24h	±48h

结构实体混凝土同条件养护试件的拆模时间可与实际构件的拆模时间相同，结构实体混凝土试件同条件养护应符合现行国家标准《混凝土结构工程施工质量验收规范》（GB 50204）的有关规定。

（2）混凝土抗压强度试验

混凝土抗压强度是指在外力的作用下，单位平面积上能够承受的压力，也指抵抗抗压力破坏的能力。抗压强度在建筑工程中一般要分为立方体抗压强度和棱柱体（轴心）抗压强度。

本试验方法适用于测定混凝土立方体试件的抗压强度，圆柱体试件的抗压强度试验按现行国家标准《混凝土物理力学性能试验方法标准》（GB/T 50081）附录 C 执行。

混凝土立方体抗压强度试验的标准试件是边长为 150mm 的立方体试件；边长为 100mm 和 200mm 的立方体试件是非标准试件，每组试件应为 3 块。

棱柱体（轴心）抗压强度是在钢筋混凝土结构计算中，根据结构实际情况，计算轴心受压构件时常以棱柱体抗压强度作为依据，因为它接近于混凝土构件的实际受力状态。棱柱体（轴心）抗压强度的标准试验方法，是制成 150mm×150mm×300mm 的标准试件，在压标准养护条件下，测得其抗压强度值，即为棱柱体（轴心）抗压强度，用 f_{cp} 表示。

现行国家标准《混凝土结构设计规范》（GB 50010）规定，混凝土结构设计中的混凝土轴心抗压强度标准值 f_{ck} 由立方体抗压强度标准值 $f_{cu,k}$ 经计算确定。考虑结构中混凝土的实体强度与立方体试件混凝土强度之间的差异，根据以往的经验，结合试验数据分析并参考其他国家的有关规定，对试件混凝土强度的修正系数取 0.88。棱柱体强度与立方体强度之比值 α_{c1}，对 C50 及以下普通混凝土取 0.76；对高强混凝土 C80 取 0.82，中间按线性插值；C40 以上的混凝土考虑脆性折减系数 α_{c2}，对 C40 取 1.00，对高强混凝土 C80 取 0.87，中间按线性插值。轴心抗压强度标准值 f_{ck} 按 $0.88\alpha_{c1}\alpha_{c2}f_{cu,k}$ 计算。

因此，轴心抗压强度与立方体抗压强度之比值 α_{c1}，对 C50 及以下普通混凝土取 0.76；对高强混凝土 C80 取 0.82，中间按线性插值。

1）试验设备

压力试验机——测量精度为 ±1%，试件破坏荷载应大于压力机全量程的 20% 且小于压力机全量程的 80%。应具有加荷速度显示装置或加荷速度控制装置，并应能均匀、连续加荷。

混凝土强度等级 ≥C60 时，试件周围应设防崩裂装置。试验机上、下压板的平面度公差不应大于 0.04mm；平行度公差不应大于 0.05mm；表面硬度不小于 55HRC；板面应光滑、平整，表面粗糙度 Ra 不应大于 0.80μm。球座应转动灵活；球座宜置于试件顶面，并凸面朝上。当压力试验机的上、下承压板的平面度、表面硬度和粗糙度不符合要求时，上、下承压板与试件之间应各垫以钢垫板，钢垫板应符合规范要求。

2）试验步骤

① 试件从养护地点取出后，应检查其尺寸及形状，尺寸公差应满足规范要求，应及时进行试验，将试件表面与上、下承压板面擦干净。

② 将试件安放在试验机的下压板或垫板上，以试件成型时的侧面为承压面。试件的中心应与试验机下压板中心对准，开动试验机，当上压板与试件或钢垫板接近时，调整球座，使接触均衡。

③ 在试验过程中应连续均匀地加荷，当立方体抗压强度小于 30MPa 时，加荷速度取 0.3～0.5MPa/s；当立方体抗压强度为 30～60MPa 时，加荷速度取 0.5～0.8MPa/s；立方体抗压强度不小于 60MPa 时，加荷速度取 0.8～1.0MPa/s。

④ 当试件接近破坏开始急剧变形时，应停止调整试验机油门，直至破坏。然后记录破坏荷载。

3）立方体抗压强度试验结果计算及确定按下列方法进行：

① 混凝土立方体抗压强度应按下式计算：

$$f_{cc} = \frac{F}{A} \tag{10.49}$$

式中　f_{cc}——混凝土立方体试件抗压强度（MPa）；

　　　F——试件破坏荷载（N）；

　　　A——试件承压面积（mm^2）。

混凝土立方体抗压强度计算应精确至 0.1MPa。

② 强度值的确定应符合下列规定：

a. 三个试件测值的算术平均值作为该组试件的强度值（精确至 0.1MPa）；

b. 三个测值中的最大值或最小值中如有一个与中间值的差值超过中间值的 15% 时，则把最大值及最小值一并舍除，取中间值作为该组试件的抗压强度值；

c. 三个测值中的最大值或最小值中如两个与中间值的差值超过中间值的 15% 时，则试验数据无效；

d. 混凝土强度等级＜C60，用非标准试件测得的强度值均应乘以尺寸换算系数，对 200mm×200mm×200mm 试件可取 1.05；对 100mm×100mm×100mm 试件可取 0.95。当混凝土强度等级≥C60 时，宜采用标准试件；当使用非标准试件时，混凝土强度等级不大于 C100 时，尺寸换算系数宜由试验确定，在未进行试验确定的情况下，对 100mm×100mm×100mm 试件可取 0.95；混凝土强度等级大于 C100 时，尺寸换算系数应经试验确定。

（3）轴心抗压强度试验

1）目的和适用范围：

本试验方法适用于测定棱柱体混凝土试件的轴心抗压强度。检验其是否符合结构设计要求。

2）测定混凝土轴心抗压强度试验的标准试件是边长为 150mm×150mm×300mm 的棱柱体试件，边长为 100mm×100mm×300mm 和 200mm×200mm×400mm 的棱柱体试件是非标准试件，每组试件应为 3 块。

3）试验设备：

压力试验应符合本条第（2）款的规定。

4）试验步骤：

① 试件从养护地点取出后应及时进行试验，将试件表面与上、下承压板面擦干净；

② 将试件直立放置在试验机的下压板或钢垫板上，并使试件轴心与下压板中心对准；

③ 开动试验机，当上压板与试件或钢垫板接近时，调整球座，使接触均衡；

④ 应连续均匀地加荷，不得有冲击。所用加荷速度应符合本条第（2）款的规定；

⑤ 试件接近破坏而开始急剧变形时，应停止调整试验机油门，直至破坏。然后记录破坏荷载。

5）试验结果计算及确定按下列方法进行：

① 混凝土试件轴心抗压强度应按下式计算：

$$f_{cp} = \frac{F}{A} \tag{10.50}$$

式中 f_{cp}——混凝土试件轴心抗压强度（MPa）；

F——试件破坏荷载（N）；

A——试件承压面积（mm^2）。

混凝土轴心抗压强度计算值应精确至 0.1MPa。

② 混凝土轴心抗压强度值的确定应符合本条第（2）款的规定。

③ 混凝土强度等级＜C60 时，用非标准试件测得的强度值均应乘以尺寸换算系数，对 200mm×200mm×400mm 试件可取 1.05；对 100mm×100mm×300mm 试件可取 0.95。当混凝土强度等级≥C60 时，宜采用标准试件；使用非标准试件时，尺寸换算系数应由试验确定。

（4）圆柱体试件抗压强度试验

1）适用范围：本方法适用于测定按现行国家标准《混凝土物理力学性能试验方法标准》（GB/T 50081）附录 A 要求制作和养护的圆柱体试件的抗压强度。

2）测定圆柱体抗压强度的试件是按要求制作和养护的圆柱体试件。

标准试件为 ϕ150mm×300mm 的圆柱体试件，ϕ100mm×200mm 和 ϕ200mm×400mm 的圆柱体试件是非标准试件；每组试件应为 3 块。

3）试验设备：

① 压力试验机——应符合本条第（2）款的规定；

② 游标卡尺——量程 300mm，分度值 0.02mm。

4）试验步骤：

① 试件从养护地取出后应及时进行试验，将试件表面上、下承压板面擦干净，然后测量试件的两个相互垂直的直径，分别记为 d_1、d_2，精确至 0.02mm；再分别测量相互垂直的两个直径端部的四个高度；应符合上述规定。

② 将试件置于试验机上下压板之间，使试件的纵轴与加压板的中心一致。开动压力试验机，当上压板与试件或钢垫板接近时，调整球座，使接触均衡；试验机的加压板与试件的端面之间要紧密接触，中间不得塞入有缓冲作用的其他物质。

③ 应连续均匀地加荷，加荷速度应符合本条第（2）款的规定；当试件接近破坏，开始迅速变形时，停止调整试验机油门直至试件破坏，记录破坏荷载 F（N）。

5）圆柱体试件抗压强度试验结果计算及确定按下列方法进行：

① 试件直径应按下式计算：

$$d = \frac{d_1 + d_2}{2} \tag{10.51}$$

式中　d——试件计算直径（mm）；

　d_1，d_2——试件两个垂直方向测得的直径（mm）。

试件计算直径的计算精确至 0.1mm。

② 抗压强度应按下式计算：

$$f_{cc} = \frac{4F}{\pi d^2} \tag{10.52}$$

式中　f_{cc}——混凝土圆柱体试件抗压强度（MPa）；

　　　F——试件破坏荷载（N）；

　　　d——试件计算直径（mm）。

混凝土圆柱体试件抗压强度的计算精确至 0.1MPa。

③ 混凝土圆柱体抗压强度值的确定应符合本条第（2）款的规定。

④ 用非标准试件测得的强度值均应乘以尺寸换算系数，对 $\phi100\text{mm} \times 200\text{mm}$ 试件，其值为 0.95；对 $\phi200\text{mm} \times 400\text{mm}$ 试件，其值为 1.05。

（5）劈裂抗拉强度试验

混凝土的抗拉强度，是指试件受拉力后断裂时所承受的最大负荷除以截面积所得的应力值。即混凝土在受到拉力后，截面单位面积所承受的最大拉力，也表示其在拉力作用下抵抗破坏的最大能力。

混凝土的抗拉强度很低，为抗压强度的 1/18～1/9，在普通钢筋混凝土设计中不考虑混凝土承受拉力，但抗拉强度对混凝土的抗裂性能起着重要作用，因此在某些工程中（如路面板、水槽、拱制品等），除要求抗压强度外，还应提出抗拉强度的要求，测定混凝土抗拉强度的试验方法有轴心拉伸法和劈裂法两种。

轴心拉伸法是指采用单纯受拉的条件进行抗拉强度试验，它需要较大尺寸的试件和相应的拉力试验机，工作量较大，但测得的数据准确。抗拉强度计算如式（10.53）

$$f_1 = \frac{P}{A} \tag{10.53}$$

式中　f_1——混凝土抗压强度（MPa）；

　　　P——试件破坏荷载（N）；

　　　A——试件受拉面积（mm²）。

立方体试件劈裂抗拉试验方法是 1942 年由日本和巴西初次提出的，之后被国际上广泛采用。

1）目的和适用范围

测定混凝土的劈裂抗拉强度，比较混凝土抗拉性能。本试验方法适用于测定混凝土立方体试件的劈裂抗拉强度，圆柱体劈裂抗拉强度试验方法应按现行国家标准《混凝土物理力学性能试验方法标准》（GB/T 50081）附录 E 执行。

2）试验设备

① 压力试验机——应符合本条第（2）款的规定。

② 垫块——采用横截面为半径 75mm 的钢制弧形垫块，垫块的长度应与试件相同，其横截面尺寸如图 10.25 所示。

③ 垫条——三层胶合板制成，宽度为 20mm，厚度为 3～4mm，长度不小于试件长度，垫条不得重复使用。

④ 支架为钢支架，如图 10.26 所示。

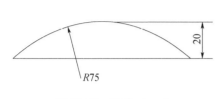

图 10.25　垫块（mm）

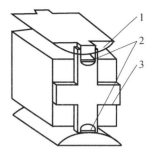

图 10.26　支架示意图
1—垫块；2—垫条；3—支架

⑤ 试件：应满足本条第（1）款的要求。

3）试验步骤

① 试件从养护地点取出后应及时进行试验，将试件表面与上、下承压板面擦干净。

② 将试件放在试验机下压板的中心位置，劈裂承压面和劈裂面应与试件成型时的顶面垂直；在上、下压板与试件之间垫以圆弧形垫块及垫条各一条，垫块与垫条应与试件上、下面的中心线对准并与成型时的顶面垂直。宜把垫条及试件安装在定位架上使用。

③ 开动试验机，当上压板与圆弧形垫块接近时，调整球座，使接触均衡。加荷应连续均匀，当对应的立方体抗压强度小于 30MPa 时，加荷速度取 0.02～0.05MPa/s；当对应的立方体抗压强度为 30～60MPa 时，加荷速度取 0.05～0.08MPa/s；当对应的立方体抗压强度不小于 60MPa 时，加荷速度取 0.08～0.10MPa/s，至试件接近破坏时，应停止调整试验机油门，直至试件破坏，然后记录破坏荷载。

4）混凝土劈裂抗拉强度试验结果计算

① 按式（10.54）计算劈裂抗拉强度

$$f_{ts}=\frac{2F}{\pi A}=0.637\frac{F}{A} \tag{10.54}$$

式中　f_{ts}——混凝土立方体试件劈裂抗拉强度（MPa）；

　　　F——试件破坏荷载（N）；

　　　A——试件劈裂面面积（mm²）。

劈裂抗拉强度计算精确到 0.01MPa。

② 强度值的确定应符合下列规定：

a. 三个试件测值的算术平均值作为该组试件的强度值（精确至 0.01MPa）；

b. 三个测值中的最大值或最小值中如有一个与中间值的差值超过中间值的 15% 时，则把最大值及最小值一并舍除，取中间值作为该试件的抗压强度值。

c. 如最大值与最小值与中间值的差均超过中间值的15%，则该组试件的试验结果无效。

③ 采用100mm×100mm×100mm非标准试件测得的劈裂抗拉强度值，应乘以尺寸换算系数0.85；当混凝土强度等级≥C60时，宜采用标准试件。

（6）抗折强度试验

抗折强度是指材料或材料构件在纯弯条件下，破坏面上的极限拉应力。

1）目的和适用范围

用于测定混凝土材料的抗折强度，也称抗弯拉强度。

2）标准试件的边长为150mm×150mm×600mm或150mm×150mm×550mm的棱柱体试件，边长为100mm×100mm×400mm的棱柱体试件是非标准试件，在试件长向中部1/3区段内表面不得有直径超过5mm、深度超过2mm的孔洞。每组试件应为3块。

3）试验设备

① 试验机——符合本条第（2）款的规定。

② 试验机应能施加均匀、连续、速度可控的荷载，并带有能使两个相等级载同时作用在试件跨度3分点处的抗折试验装置，见图10.27。

③ 试件的支座和加荷头应采用直径为20～40mm，长度不小于（b+10）mm的硬钢圆柱，支座立脚点固定铰支，其他应为滚动支点。

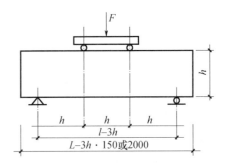

图10.27 抗折强度试验机具

4）抗折强度试验步骤应按下列方法进行：

① 试件从养护地取出后应及时进行试验，将试件表面擦干净。

② 按图10.27装置试件，安装尺寸偏差不得大于1mm。试件的承压面应为试件成型时的侧面。支座及承压面与圆柱的接触面应平稳、均匀，否则应垫平。

③ 施加荷载应保持均匀、连续。当对应的立方体抗压强度小于30MPa时，加荷速度取0.02～0.05MPa/s；当对应的立方体抗压强度为30～60MPa时，加荷速度取0.05～0.08MPa/s；当对应的立方体抗压强度不小于60MPa时，加荷速度取0.08～0.10MPa/s，至试件接近破坏时，应停止调整试验机油门，直至试件破坏，然后记录破坏荷载。

④ 记录试件破坏荷载的试验机示值及试件下边缘断裂位置。

5）抗折强度试验结果整理

① 若试件下边缘断裂位置处于两个集中荷载作用线之间，则试件的抗折强度 f_f（MPa）按式（10.55）计算：

$$f_f = \frac{Fl}{bh^2}$$ （10.55）

式中 f_f——混凝土抗折强度（MPa）；

　　F——试件破坏荷载（N）；

　　l——支座间跨距（mm）；

h——试件截面高度（mm）；

b——试件截面宽度（mm）。

抗折强度计算应精确至 0.1MPa。

② 抗折强度值的确定应符合相关规定。

③ 三个试件中若有一个折断面位于两个集中荷载作用线之外，则混凝土抗折强度值按另两个试件的试验结果计算。若这两个测值的差值不大于这两个测值的较小值的 15%，则该组试件的抗折强度值按这两个测值的平均值计算，否则该组试件的试验无效。若有两个试件的下边缘断裂位置位于两个集中荷载作用线之外，则该组试件试验无效。

④ 当试件尺寸为 100mm×100mm×400mm 非标准试件时，应乘以尺寸换算系数 0.85；当混凝土强度等级不小于 C60 时，宜采用标准试件；使用非标准试件时，尺寸换算系数应由试验确定。

（8）静力受压弹性模量试验

材料在弹性极限限度内，应力与应变的比值称为弹性模量，又称弹性模数、弹性系数。英国科学家托马斯·杨（Thomas·Young，1773—1829）最先明确地对弹性模量做了完整的定义，因此也称杨氏模量。由于考察的是静力条件下的情况，故又称为静力弹性模量。

符合胡克定律的弹性体的材料，其弹性模量是一个常数，其数学表达式为 $E=\sigma/\varepsilon$，其中 E 是弹性模量，σ 是应力；ε 是应变。弹性模量是实际工程中有关混凝土和钢筋之间应力分布和预应力损失等计算的重要参数。

事实上，由于混凝土材料的非弹性性能，因此测定时，是以混凝土棱柱体（或圆柱体）按规定方法，测定在应力为 $0.4R$ 时的弹性模量值，它实际上是割线模量。

混凝土弹性模量与混凝土的组成有很大的关系。一般粗骨料越多，弹性模量越大，粗骨料的弹性模量越大，混凝土的弹性模量越大。混凝土的水胶比越大，弹性模量越小，水泥用量越大，弹性模量越小。

根据统计资料分析，弹性模量可按式（10.56）估算[1]。

$$E_h = \frac{1000000}{2.2 + \dfrac{300}{f_{cu}}} \qquad (10.56)$$

式中　E_h——混凝土弹性模量（MPa）；

　　　f_{cu}——混凝土立方抗压强度（MPa）。

1）目的和适用范围

测定混凝土的静力受压弹性模量，为结构变形计算提供依据。

本方法适用于测定棱柱体试件的混凝土静力受压弹性模量（以下简称弹性模量）。

2）测定混凝土弹性模量试验的标准试件是边长为 150mm×150mm×300mm 的棱柱体试件，边长为 100mm×100mm×300mm 和 200mm×200mm×400mm 的棱柱体试件是非标准试件。每次试验应制备 6 个试件。

注1：此公式由国外数据统计而得，由于立方体抗压强度与国外有所不同，故使用此公式时要慎重，其结果可作为参考。

3）试验设备

① 压力试验机——应符合本条第（2）款的规定。

② 微变形测量仪：测量精度不得低于 0.001mm，固定架的标距应为 150mm。应进行计量检定。

4）试验步骤

① 试件从养护地点取出后先将试件表面与上、下承压板面擦干净。

② 取 3 个试件按本条第（3）款的规定，测定混凝土的轴心抗压强度（f_{cp}）。另 3 个试件用于测定混凝土的弹性模量。

③ 在测定混凝土弹性模量时，变形测量仪应安装在试件两侧的中线上并对称于试件的两端，见图 10.28。

④ 应仔细调整试件在压力试验机上的位置，使其轴心与下压板的中心线对准。开动压力试验机，当上压板与试件接近时调整球座，使其接触均衡。

⑤ 加荷至基准应力为 0.5MPa 的初始荷载值 F_0，保持恒载 60s 并在以后的 30s 内记录每测点的

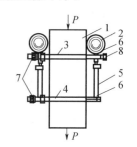

图 10.28 千分表安装示意图

1—试件；2—量表；3—上金属环；
4—下金属环；5—接触杆；6—刀口；
7—金属环固定螺丝；8—千分表固定螺丝

变形读数 ε_0。应立即连续均匀地加荷至应力为轴心抗压强度 f_{cp} 的 1/3 的荷载值 F_a，保持恒载 60s 并在以后的 30s 内记录每一测点的变形读数为 ε_n，所有加荷速度应符合 8.5.2 的规定。

⑥ 当以上这些变形值的差与它们平均值的比大于 20% 时，应重新对中试件后重复本条第 5 款的试验。如果无法使其减少到低于 20% 时，则此次试验无效。

⑦ 在确认试件变形满足上述规定后，以与加荷速度相同的速度卸荷至基准应力 0.5MPa（F_0），恒载 60s；然后用同样的加荷和卸荷速度以及 60s 的保持恒载（F_0 及 F_a）至少进行两次反复预压。在最后一次预压完成后，在基准应力 0.5MPa（F_0）持荷 60s 并在以后的 30s 内记录每一测点的变形读数 ε_0；再用同样的加荷速度加荷至 F_a，持荷 60s 并在以后的 30s 内记录每一测点的变形读数 ε_0（图 10.29）。

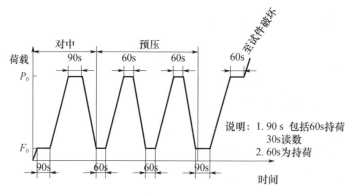

图 10.29 弹性模量加荷示意图

⑧ 卸除变形测量仪，以同样的速度加荷至破坏，记录破坏荷载；如果试件的抗压强度与 f_{cp} 的差超过 f_{cp} 的 20% 时，则应在报告中注明。

5）试验结果整理

① 混凝土弹性模量值应按式（10.57）计算：

$$E_c = \frac{F_a - F_0}{A} \times \frac{L}{\Delta_n}$$ (10.57)

式中　E_c——混凝土弹性模量（MPa）；

F_a——应力为 1/3 轴心抗压强度时的荷载（N）；

F_0——应力为 0.5MPa 时的初始荷载（N）；

A——试件承压面积（mm²）；

L——变形测量标距（mm）；

$\Delta_n = \varepsilon_n - \varepsilon_0$ 为最后一次从 F_0 荷载加载到 F_a 荷载时试件两侧变形值的平均值（mm）；

ε_n——荷载为 F_a 时试件两侧变形值的平均值（mm）；

ε_0——荷载为 F_0 时试件两侧变形值的平均值（mm）。

混凝土受压弹性模量计算精确至 100MPa。

② 弹性模量按 3 个试件测值的算术平均值计算。如果其中有一个试件的轴心抗压强度值与用以确定检验控制荷载的轴心抗压强度值相差超过后者的 20% 时，则弹性模量值按另两个试件测值的算术平均值计算；如果两个试件超过上述规定时，则此次试验无效。

（9）圆柱体试件混凝土静力受压弹性模量试验

1）适用范围：本方法适用于测定满足规范要求制作和养护圆柱体试件的静力受压弹性模量（以下简称弹性模量）。

2）测定混凝土弹性模量的试件应符合规范规定，标准试件为 ϕ150mm×300mm 的圆柱体试件，ϕ100mm×200mm 和 ϕ200mm×400mm 的圆柱体试件是非标准试件，每次试验应制备 6 个试件。

3）试验设备：

① 压力试验机——应符合本条第（2）款的规定。

② 微变形测量仪——测量精度不得低于 0.001mm，固定架的标距不应低于 150mm，应进行计量检定。

4）试验步骤：

① 试件从养护地点取出后应及时进行试验，将试件擦干净，观察其外观，按相关要求测量试件尺寸。

② 取 3 个试件按本条第（3）款的规定，测定圆柱体试件抗压强度（f_{cp}）。另 3 个试件用于测定圆柱体试件弹性模量。

③ 在测定圆柱体试件弹性模量时，微变形测量仪应安装在圆柱体试件直径的延长线上，并相对于试件轴心线对称。

④ 应仔细调整试件在压力试验机上的位置，使其轴心与下压板的中心线对准。开动压力试验机，当上压板与试件接近时调整球座，使其接触均衡。

⑤ 加荷至基准应力为 0.5MPa 的初始荷载值 F_0，保持恒载 60s 并在以后的 30s 内记录每测点的变形数 ε_0。应立即连续均匀地加荷至应力为轴心抗压强度 f_{cp} 的 1/3 的荷

载值 F_a，保持恒载 60s 并在以后的 30s 内记录每一测点的变形读数为 ε_n，所有加荷速度应符合 8.5.2 的规定。

⑥ 当以上这些变形值的差与它们平均值的比大于 20% 时，应重新对中试件后重复上述过程。如果无法使其减少到低于 20% 时，则此次试验无效。

⑦ 在确认试件变形满足上述规定后，以与加荷速度相同的速度卸荷至基准应力 0.5MPa（F_0），恒载 60s；然后用同样的加荷和卸荷速度以及 60s 的保持恒载（F_0 及 F_a）至少进行两次反复预压。在最后一次预压完成后，在基准应力 0.5MPa（F_0）持荷 60s 并在以后的 30s 内记录每一测点的变形读数 ε_0；再用同样的加荷速度加荷至 F_a，持荷 60s 并在以后的 30s 内记录每一测点的变形读数 ε_n。

⑧ 卸除变形测量仪，以同样的速度加荷至破坏，记录破坏荷载；如果试件的抗压强度与 f_{cp} 的差超过 f_{cp} 的 20% 时，则应在报告中注明。

5）试验结果整理

① 按本条第（4）款的要求计算试件的直径 d。

② 圆柱体试件混凝土受压弹性模量值应按式（10.58）计算：

$$E_c = \frac{4\,(F_a - F_0)}{\pi d^2} \times \frac{L}{\Delta_n} \tag{10.58}$$

式中　E_c——混凝土弹性模量（MPa）；

　　　F_a——应力为 1/3 轴心抗压强度时的荷载（N）；

　　　F_0——应力为 0.5MPa 时的初始荷载（N）；

　　　d——试件计算直径（mm）；

　　　L——变形测量标距（mm）；

$\Delta_n = \varepsilon_n - \varepsilon_0$ 为最后一次从 F_0 荷载加载到 F_a 荷载时试件两侧变形值的平均值（mm）；

　　　ε_n——荷载为 F_a 时试件两侧变形值的平均值（mm）；

　　　ε_0——荷载为 F_0 时试件两侧变形值的平均值（mm）；

圆柱体试件混凝土受压弹性模量计算精确至 100MPa。

③ 圆柱体试件弹性模量按 3 个试件测值的算术平均值计算。如果其中有一个试件的轴心抗压强度值与用以确定检验控制荷载的轴心抗压强度值相差超过后者的 20% 时，则弹性模量值按另两个试件测值的算术平均值计算；如果两个试件超过上述规定时，则此次试验无效。

10.3.4　混凝土长期性能和耐久性能

普通混凝土的长期性能、耐久性能是指除了具有足够的强度能够承受外力外，还应具有承受周围使用环境介质侵袭破坏的能力，如抗冻性能、抗渗透性能和耐化学腐蚀性能等，这种综合能力称为长期性能和耐久性能。

混凝土长期性能、耐久性能是指除了具有足够的强度能够承受外力外，还应具有承受周围使用环境介质侵袭破坏的能力，如抗冻性能、抗渗性能和耐化学腐蚀性能等，这种综合能力称为长期性和耐久性。

（1）抗水渗透试验

混凝土的抗渗性是指抵抗压力水渗透的能力。混凝土中多余水分蒸发后留下了孔隙或孔道，同时新拌混凝土因泌水在粗骨料颗粒与钢筋下缘形成的水膜，或泌水留下的孔道和水囊，在压力水的作用下会形成内部渗水的管道。

混凝土的抗渗能力，用抗渗等级来表示，也可用渗水高度表示，抗渗等级的表示方法，它是以 28d 龄期按标准要求制作、养护的标准试件。按标准方法进行抗渗试验，以不出现渗水现象的最大水压（MPa）来确定抗渗等级。抗渗等级用 P 表示，可分为 P6、P8、P10、P12 等。混凝土抗渗能力的改善，主要措施是提高混凝土的密实度，切断其渗水通道，尽量采用较小的水胶比。

1）试验设备和材料

① 混凝土渗透仪——HS40 或 KS60 型。

② 成型试模——上口直径 175mm，下口直径 185mm，高 150mm。

③ 螺旋加压器、烘箱、电炉、浅盘、铁锅、钢丝刷等。

④ 密封材料——如石蜡，内掺松香约 2％；或橡胶密封圈。

2）逐级加压法试验步骤

① 试件的成型和养护应按标准有关规定执行，以 6 个试件为一组。

② 试件成型后 24h 拆模，用钢丝刷刷去两端面水泥浆膜，标准养护至 28d，如有特殊要求，也可养护至其他龄期。

③ 试件养护到期后提前 1d 取出，擦干表面，用钢丝刷刷净两端面。待表面干燥后，在试件侧面滚涂一层熔化的密封材料。然后立即在螺旋加压器上压入经过烘箱或电炉预热过的试模中，使试件底面和试模底平齐。待试模变冷后，即可解除压力，装至渗透仪上进行试验。也可采用橡胶密封圈套在试件上，再压入试模中。

如在试验过程中，水从试件周边渗出，说明密封不好，要重新密封。

④ 试验时，水压从 0.1N/mm² 开始，每隔 8h 增加水压 0.1N/mm²，并随时注意观察试件端面情况，一直加至 6 个试件中有 3 个试件表面发现渗水，记下此时的水压力，即可停止试验。

3）试验结果整理

混凝土的抗渗等级以每组 6 个试件中 4 个未发现有渗水现象时的最大水压力表示。

$$P = H - 0.1 \qquad (10.59)$$

式中　P——混凝土抗渗等级；

　　　H——发现第三个试件顶面开始有渗水现象时的水压力（MPa）；

4）渗水高度法试验步骤

5）试验设备

① 压力试验机——应符合第 10.3.3 条第（2）款的规定；

② 玻璃板——梯形，尺寸如图 10.30 所示，画有 10 条等间距且垂直于上下两端的直线。也可采用尺寸约为 200mm×200mm 的玻璃板，将图形画在上面。

③ 钢直尺——精度 1mm。

图 10.30　玻璃板示意图

6）试验步骤

① 试件的成型、养护、端面处理、封蜡，应按抗渗试验的规定执行①。

② 试验时，水压在 24h 内恒定控制在（1.2±0.05）MPa，当有某个试件端面出现渗水时应调整该试件的试验并记录时间，对于试件端面未出现渗水的情况应在试验 24h 后停止试验，取出试件。

③ 将试件放在压力机上，沿纵断面将试件劈成两半。待看清水痕后（过 2～3min），用墨汁描出水痕，即为渗水轮廓，笔迹不宜太粗。

④ 将梯形玻璃板放在试件劈裂面上，用尺测量 10 条线上的渗水高度（精确至 1mm）。

7）试验结果处理

以 10 个测点处渗水高度的算术平均值作为该试件的渗水高度，当读数时若遇到某测点被骨料阻挡，可以靠近骨料两端的渗水高度算术平均值作为该测点的渗水高度。然后计算 6 个试件的渗水高度的算术平均值，作为该组试件的平均渗水高度②。

（2）抗冻试验

混凝土的抗冻性是指其在饱和水状态下遭受冰冻时，抵抗冰冻破坏的能力。抗冻性是评定混凝土耐久性的重要指标。混凝土抗冻性能用抗冻标号（慢冻法）、抗冻等级（快速法）表示。根据混凝土试件在气冻水融条件下所能承受的冻融循环次数（慢冻法），混凝土的抗冻等级（慢冻法）划分为 D50、D100、D150、D200、>D200 共 5 个等级。根据混凝土试件在水冻水融条件下所能承受的快速冻融循环次数，混凝土的抗冻等级（快速法）划分为 F50、F100、F150、F200、F250、F300、F400、>F400 共 7 个等级。影响混凝土抗冻性的主要因素，除使用原材料本身的条件外，还与混凝土的孔隙率有关。因此，常常采用小水胶比以提高混凝土的密实度和采用引气等办法来提高混凝土的抗冻性能。

混凝土抗冻性能试验可采用慢冻法和快冻法进行测定。

1）慢冻法

本方法适用于测定混凝土试件在气冻水融条件下，以经受的冻融循环次数来表示的混凝土抗冻性能。

① 慢冻法混凝土抗冻性能试验的试件：

试件应采用立方体试件，尺寸为 100mm×100mm×100mm。慢冻法试验所需的试件组数应符合表 10.17 的规定，每组试件应为 3 块。

表 10.17 慢冻法试验所需的试件组数

设计抗冻等级	D25	D50	D100	D150	D200	D250	D300	D300 以上
检查强度所需冻融次数	25	50	50 及 100	100 及 150	150 及 200	200 及 250	250 及 300	300 及设计次数
鉴定 28d 强度所需试件组数	1	1	1	1	1	1	1	1

① 比较水泥品种不同的混凝土时，试件应养护至 28d，比较水泥品种相同的混凝土时，试件可养护至 14d。

② 如试件的渗水高度均匀（3 个试件渗水高度值中最大值与最小值的差不大于 3 个数的平均值的 30%）时，允许从 6 个试件中先取 3 个试件进行试验，其渗水高度取 3 个试件的算术平均值。

设计抗冻等级	D25	D50	D100	D150	D200	D250	D300	D300以上
冻融试件组数	1	1	2	2	2	2	2	2
对比试件组数	1	1	2	2	2	2	2	2
总计试件组数	3	3	5	5	5	5	5	5

② 慢冻法所需试验设备：

a. 冻融试验箱——应能使试件静止不动，并应通过气冻水融进行冻融循环，装有试件后能使箱（室）内温度保持在−20～−18℃；融化期间冻融试验箱内浸泡混凝土试件的水温应能保持在18～20℃；满载时冻融试验箱内各点温度极差不应超过2℃；

b. 采用自动冻融设备时，控制系统还应具有自动控制、数据曲线实时动态显示、断电记忆和试验数据自动存储等功能；

c. 试件架——用不锈钢或其他耐腐蚀的材料制作，其尺寸应与冻融试验箱和所装的试件相适应；

d. 台秤——称量20kg，感量不应超过5g；

e. 压力试验机——精度为±1%，其量程应能使试件的预期破坏荷载值不小于全量程的20%，也不大于全量程的80%。

f. 温度传感器的温度检测范围不应小于−20～20℃，测量精度应为±0.5℃。

试验机上、下压板及试件之间可各垫以钢垫板，钢垫板两承压面均应机械加工。与试件接触的压板或垫板的尺寸应不大于试件承压面，其不平度应为每100mm不超过0.02mm。

③ 慢冻法试验步骤：

a. 如无特殊要求，试件应在28d龄期时进行冻融试验。试验前4d应把冻融试件从养护地点取出，进行外观检查，随后放在（20±2）℃水中浸泡，浸泡时水面至少应高出试件顶面20～30mm，冻融试件浸泡4d后在28d龄期时开始进行冻融试验。始终在水中养护的冻融试验的试件，当试件养护龄期达到28d时，可直接进行后续试验，对此种情况，应在试验报告中予以说明。

b. 当试件养护龄期达到28d时应及时取出，用湿布擦除表面水分后应对外观尺寸进行测量，试件的外观尺寸应满足标准要求，并应分别编号、称重，然后按编号置入试件架内，且试件架与试件的接触面积不宜超过试件底面的1/5。试件与箱体内壁之间应至少留有20mm的空隙。试件架中各试件之间应至少保持30mm的空隙。

c. 冷冻时间应在冻融箱内温度降至−18℃时开始计算。每次从装完试件到温度降至−18℃所需的时间应为1.5～2.0h。冻融箱内温度在冷冻时应保持在−20～−18℃。

d. 每次冻融循环中试件的冷冻时间不应小于4h。

e. 冷冻结束后，应立即加入温度为18～20℃的水，使试件转入融化状态，加水时间不应超过10min。控制系统应确保在30min内，水温不低于10℃，且在30min后水温能保持18～20℃。冻融箱内的水面应至少高出试件表面20mm。融化时间不应小于4h。融化完毕视为该次冻融循环结束，可进入下一次冻融循环。

f. 每25次循环宜对冻融试件进行一次外观检查。当出现严重破坏时，应立即进行称重。当一组试件的平均质量损失率超过5%，可停止其冻融循环试验。

g. 试件在达到表 10.17 规定的冻融循环次数后，试件应称重并进行外观检查，应详细记录试件表面破损、裂缝及边角缺损情况。当试件表面破损严重时，应先用高强石膏找平，然后应进行抗压强度试验。抗压强度试验应符合现行国家标准《混凝土物理力学性能试验方法标准》（GB/T 50081）的相关规定。

h. 当冻融循环因故中断且试件处于冷冻状态时，试件应继续保持冷冻状态，直至恢复冻融试验为止，并应将故障原因及暂停时间在试验结果中注明。当试件处在融化状态下因故中断时，中断时间不应超过两个冻融循环的时间。在整个试验过程中，超过两个冻融循环时间的中断故障次数不应超过两次。

i. 当部分试件由于失效破坏或者停止试验被取出时，应用空白试件填充空位。

j. 对比试件应继续保持原有的养护条件，直到完成冻融循环后，与冻融试验的试件同时进行抗压强度试验。

④ 当冻融循环出现下列三种情况之一时，可停止试验：

a. 已达到规定的循环次数；

b. 抗压强度损失率已达到 25%；

c. 质量损失率已达到 5%。

⑤ 试验结果整理：

混凝土冻融试验后应按式（10.60）计算其强度损失率：

$$\Delta f_c = \frac{f_{c0} - f_{cn}}{f_{c0}} \times 100 \tag{10.60}$$

式中　Δf_c——n 次冻融循环后的混凝土抗压强度损失率（%），精确至 0.1；

　　　　f_{c0}——对比用的一组标准养护混凝土试件的抗压强度测定值（MPa），精确至 0.1MPa；

　　　　f_{cn}——经 n 次冻融循环后的一组混凝土试件抗压强度测定值（MPa），精确至 0.1MPa。

混凝土试件冻融后的质量损失率可按式（10.61）计算：

$$\Delta W_{ni} = \frac{W_{oi} - W_{ni}}{W_{oi}} \times 100 \tag{10.61}$$

式中　ΔW_{ni}——n 次冻融循环后第 i 个混凝土试件的质量损失率（%），精确至 0.01；

　　　　W_{oi}——冻融循环试验前第 i 个混凝土试件的质量（g）；

　　　　W_{ni}——n 次冻融循环后第 i 个混凝土试件的质量（g）。

一组试件的平均质量损失率应按式（10-62）计算：

$$\Delta W_n = \frac{\sum\limits_{i=1}^{3} \Delta W_{ni}}{3} \tag{10.62}$$

　　　　式中　ΔW_n——n 次冻融循环后一组混凝土试件的平均质量损失率（%），精确至 0.1。

每组试件的平均质量损失率应以 3 个试件的质量损失率试验结果的算术平均值作为测定值。当某个试验结果出现负值，应取 0，再取 3 个试件的算术平均值。当 3 个值中的最大值或最小值与中间值的差的绝对值超过中间值的 1% 时，应剔除此值，再取其余两值的算术平均值作为测定值；当最大值和最小值与中间值的差的绝对值均超过中间值的 1%时，应取中间值作为测定值。

抗冻等级应以抗压强度损失率不超过 25%或者质量损失率不超过 5%时的最大冻融循环次数按表 10.17 确定。

2）快冻法

本方法适用于测定混凝土试件在水冻水融的条件下，以经受的快速冻融循环次数来表示的混凝土抗冻性能。

① 试验设备：

a. 试件盒（图 10.31）宜采用具有弹性的橡胶材料制作，其内表面底部和侧面宜有半径为 3mm 橡胶凸起部分。盒内加水后水面应至少高出试件顶面 5mm。试件盒横截面尺寸宜为 115mm×115mm，试件盒长度宜为 500mm。

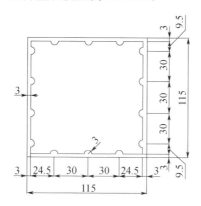

图 10.31　橡胶试件盒横截面示意图（mm）

b. 快速冻融装置应符合现行行业标准《混凝土抗冻试验设备》（JG/T 243）的规定。除应在测温试件中埋设温度传感器外，尚应在冻融箱内防冻液中心、中心与任何一个对角线的两端分别设有温度传感器。运转时冻融箱内防冻液各点温度的极差不得超过 2℃。

c. 称量设备的最大量程应为 20kg，感量不应超过 5g。

d. 混凝土动弹性模量测定仪应符合本条第（6）款的规定。

e. 温度传感器（包括热电偶、电位差计等）应在 −20～20℃ 范围内测定温度，且测量精度应为 ±0.5℃。

② 快冻法抗冻试验所采用的试件应符合如下规定：

a. 快冻法抗冻试验应采用尺寸为 100mm×100mm×400mm 的棱柱体试件，每组试件应为 3 块。

b. 成型试件时，不宜采用憎水性脱模剂。

c. 除制作冻融试验的试件外，尚应制作同样形状、尺寸，且中心埋有温度传感器的测温试件，测温试件应采用防冻液作为冻融介质。测温试件所用混凝土的抗冻性能应高于冻融试件。测温试件的温度传感器应埋设在试件中心。温度传感器不应采用钻孔后插入的方式埋设。

③ 快冻试验应按照下列步骤进行：

a. 在标准养护室内或同条件养护的试件应在养护龄期为 24d 时将冻融试验的试件从养护地点取出，随后应将冻融试件放在（20±2）℃水中浸泡，浸泡时水面应高出试件顶面（20～30）mm。在水中浸泡时间应为 4d，试件应在 28d 龄期时开始进行冻融试验。始终在水中养护的试件，当试件养护龄期达到 28d 时，可直接进行后续试验。对此种情况，应在试验报告中予以说明。

b. 当试件养护龄期达到 28d 时应及时取出试件，用湿布擦除表面水分后应对外观尺寸进行测量，试件的外观尺寸应满足标准公差的要求，并应编号、称量试件初始质量 m_{0i}；然后应按本标准第 5 章的规定测定其横向基频的初始值 f_{0i}。

c. 将试件放入试件盒内，试件应位于试件盒中心，然后将试件盒放入冻融箱内的试件架中，并向试件盒中注入清水。在整个试验过程中，盒内水位高度应始终保持至少高出试件顶面 5mm。

d. 测温试件盒应放在冻融箱的中心位置。

e. 冻融循环过程应符合下列规定：

ⅰ 每次冻融循环应在 2～4h 完成，且用于融化的时间不得少于整个冻融循环时间的 1/4；

ⅱ 在冷冻和融化过程中，试件中心最低和最高温度应分别控制在（-18±2）℃和（5±2）℃。在任意时刻，试件中心温度不得高于 7℃，且不得低于 -20℃；

ⅲ 每块试件从 3℃降至 -16℃所用的时间不得少于冷冻时间的 1/2，每块试件从 -16℃升至 3℃所用时间不得少于整个融化时间的 1/2，试件内外的温差不宜超过 28℃；

ⅳ 冷冻和融化之间的转换时间不宜超过 10min。

f. 每隔 25 次冻融循环宜测量试件的横向基频 f_{ni}。测量前应先将试件表面浮渣清洗干净并擦干表面水分，然后应检查其外部损伤并称量试件的质量 m_{ni}。随后应按本条第（6）款规定的方法测量横向基频。测完后，应迅速将试件调头重新装入试件盒内并加入清水，继续试验。试件的测量、称量及外观检查应迅速，待测试件应用湿布覆盖。

g. 当有试件停止试验被取出时，应另用其他试件填充空位。当试件在冷冻状态下因故中断时，试件应保持在冷冻状态，直至恢复冻融试验为止，并应将故障原因及暂停时间在试验结果中注明。试件在非冷冻状态下发生故障的时间不宜超过两个冻融循环的时间。在整个试验过程中，超过两个冻融循环时间的中断故障次数不应超过两次。

h. 当冻融循环出现下列情况之一时，可停止试验：

ⅰ 达到规定的冻融循环次数；

ⅱ 试件的相对动弹性模量下降到 60%；

ⅲ 试件的质量损失率达到 5%。

④ 试验结果计算及处理应符合下列规定：

a. 相对动弹性模量应按下式计算：

$$P_i = \frac{f_{ni}^2}{f_{0i}^2} \times 100 \tag{10.63}$$

式中　P_i——经 n 次冻融循环后第 i 个混凝土试件的相对动弹性模量（%），精确至 0.1；

f_{ni}——经 n 次冻融循环后第 i 个混凝土试件的横向基频（Hz）；

f_{0i}——冻融循环试验前第 i 个混凝土试件横向基频初始值（Hz）。

$$P = \frac{1}{3} \sum_{i=1}^{3} P_i \tag{10.64}$$

式中　P——经 n 次冻融循环后一组混凝土试件的相对动弹性模量（％），精确至 0.1。相对动弹性模量 P_n 应以三个试件试验结果的算术平均值作为测定值。当最大值或最小值与中间值的差超过中间值的 15％时，应剔除此值，并应取其余两值的算术平均值作为测定值；当最大值和最小值与中间值的差均超过中间值的 15％时，应取中间值作为测定值。

b. 单个试件的质量损失率应按下式计算：

$$\Delta W_{ni} = \frac{W_{0i} - W_{ni}}{W_{0i}} \times 100 \tag{10.65}$$

式中　ΔW_{ni}——n 次冻融循环后第 i 个混凝土试件的质量损失率（％），精确至 0.01；

　　　W_{0i}——冻融循环试验前第 i 个混凝土试件的质量（g）；

　　　W_{ni}——n 次冻融循环后第 i 个混凝土试件的质量（g）。

c. 一组试件的平均质量损失率应按下式计算：

$$\Delta W_n = \frac{\sum_{i=1}^{3} \Delta W_{ni}}{3} \tag{10.66}$$

式中　ΔW_n——n 次冻融循环后一组混凝土试件的平均质量损失率（％），精确至 0.1。

d. 每组试件的平均质量损失率应以 3 个试件的质量损失率试验结果的算术平均值作为测定值。当某个试验结果出现负值时，应取 0，再取 3 个试件的平均值。当 3 个值中的最大值或最小值与中间值的差的绝对值超过中间值的 1％时，应剔除此值，并应取其余两值的算术平均值作为测定值；当最大值和最小值与中间值之差的绝对值均超过中间值的 1％时，应取中间值作为测定值。

e. 混凝土抗冻等级应以相对动弹性模量下降至不低于 60％或者质量损失率不超过 5％时的最大冻融循环次数来确定，并用符号 F 表示。

（3）收缩试验

收缩是指因物理和化学作用而产生体积缩小的现象。水泥混凝土按收缩的原因分为干缩、冷缩（又称温度收缩）和碳化收缩等，主要与原材料性质、配合比、养护方法等有关。不均匀的收缩将在制品和构件中产生内应力，甚至发生裂缝，影响混凝土的质量和耐久性。收缩试验分非接触法和接触法两种，非接触法主要适用于测定早龄期混凝土的自由收缩变形，也可用于无约束状态下混凝土自收缩变形的测定。收缩试验接触法适用于测定在无约束和规定的温湿度条件下硬化混凝土试件的收缩变形性能。

1）试件和测头应符合下列规定：

① 本方法应采用尺寸为 100mm×100mm×515mm 的棱柱体试件。每组应为 3 个试件。

② 采用卧式混凝土收缩仪时，试件两端应预埋测头或留有埋设测头的凹槽。卧式收缩试验用测头（图 10.32）应由不锈钢或其他不锈的材料制成。

③ 采用立式混凝土收缩仪时，试件一端中心应预埋测头（图 10.33）。立式收缩试验用测头的另一端宜采用 M20mm×35mm 的螺栓（螺纹通长），并应与立式混凝土收缩仪底座固定。螺栓和测头都应预埋进去。

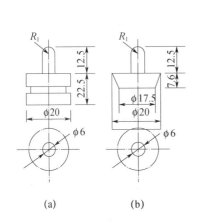 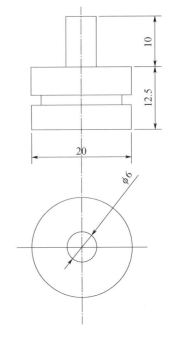

图 10.32　卧式收缩试验用测头（mm）　　图 10.33　立式收缩试验用测头（mm）

(a) 预埋测头；(b) 后埋测头

④ 采用接触法引伸仪时，所用试件的长度应至少比仪器的测量标距长出一个截面边长。测钉应粘贴在试件两侧面的轴线上。

⑤ 使用混凝土收缩仪时，制作试件的试模应具有能固定测头或预留凹槽的端板。使用接触法引伸仪时，可用一般棱柱体试模制作试件。

⑥ 收缩试件成型时不得使用机油等憎水性脱模剂。试件成型后应带模养护 1～2d，并保证拆模时不损伤试件。对于事先没有埋设测头的试件，拆模后应立即粘或埋设测头。试件拆模后，应立即送至温度为（20±2）℃、相对湿度为 95％以上的标准养护室养护。

2）试验设备：

① 测量混凝土收缩变形的装置应具有硬钢或石英玻璃制作的标准杆，并应在测量前及测量过程中及时校核仪表的读数。

② 收缩测量装置可采用下列形式之一：

a. 卧式混凝土收缩仪的测量标距应为 540mm，并应装有精度为±0.001mm 的千分表或测微器。

b. 立式混凝土收缩仪的测量标距和测微器同卧式混凝土收缩仪。

c. 其他形式的变形测量仪表的测量标距不应小于 100mm 及骨料最大粒径的 3 倍，并至少能达到±0.001mm 的测量精度。

3）试验步骤：

① 收缩试验应在恒温恒湿环境中进行，室温应保持在（20±2）℃，相对湿度应保持在（60±5）％。试件应放置在不吸水的搁架上，底面应架空，每个试件之间的间隙应大于 30mm。

② 测定代表某一混凝土收缩性能的特征值时，试件应在 3d 龄期时（从混凝土搅拌加水时算起）从标准养护室取出，并应立即移入恒温恒湿室测定其初始长度，此后应至少按下列规定的时间间隔测量其变形读数：1d、3d、7d、14d、28d、45d、60d、90d、120d、150d、180d、360d（从移入恒温恒湿室内计时）。

③ 测定混凝土在某一具体条件下的相对收缩值时（包括在徐变试验时的混凝土收缩变形测定）应按要求的条件进行试验。对非标准养护试件，当需要移入恒温恒湿室进行试验时，应先在该室内预置 4h，再测其初始值。测量时应记下试件的初始干湿状态。

④ 收缩测量前应先用标准杆校正仪表的零点，并应在测定过程中至少再复核 1~2 次，其中一次应在全部试件测读完后进行。当复核时发现零点与原值的偏差超过 ±0.001mm 时，应调零后重新测量。

⑤ 试件每次在卧式收缩仪上放置的位置和方向均应保持一致。试件上应标明相应的方向记号。试件在放置及取出时应轻稳仔细，不得碰撞表架及表杆。当发生碰撞时，应取下试件，并应重新以标准杆复核零点。

⑥ 采用立式混凝土收缩仪时，整套测试装置应放在不易受外部振动影响的地方。读数时宜轻敲仪表或上下轻轻滑动测头。安装立式混凝土收缩仪的测试台应有减振装置。

⑦ 用接触法引伸仪测量时，应使每次测量时试件与仪表保持相对固定的位置和方向。每次读数应重复 3 次。

4）混凝土收缩试验结果计算和处理应符合以下规定：

① 混凝土收缩率应按下式计算：

$$\varepsilon_{st}=\frac{L_0-L_t}{L_b} \tag{10.67}$$

式中　ε_{st}——试验期为 t（d）的混凝土收缩率，t 从测定初始长度时算起；

L_b——试件的测量标距，用混凝土收缩仪测量时应等于两测头内侧的距离，即等于混凝土试件长度（不计测头凸出部分）减去两个测头埋入深度之和（mm）。采用接触法引伸仪时，即为仪器的测量标距；

L_0——试件长度的初始读数（mm）；

L_t——试件在试验期为 t（d）时测得的长度读数（mm）。

② 每组应取 3 个试件收缩率的算术平均值作为该组混凝土试件的收缩率测定值，计算精确至 $1.0×10^{-6}$。

③ 作为相互比较的混凝土收缩率值应为不密封试件于 180d 所测得的收缩率值。可将不密封试件于 360d 所测得的收缩率值作为该混凝土的终极收缩率值。

（4）碳化试验：

碳化是碳酸化的简称，又称中性化。空气中的 CO_2 溶解在混凝土内部孔隙中的水溶液中，生成碳酸，碳酸与 $Ca(OH)_2$ 反应生成 $CaCO_3$ 并沉淀下来，造成孔隙中液体 pH 值下降。碳化可能造成混凝土收缩，也可能造成钢筋锈蚀，因此，要考察混凝土抵抗碳化的能力。

本方法适用于测定在一定浓度的二氧化碳气体介质中混凝土试件的碳化程度。

1）试件及处理：

① 本方法宜采用棱柱体混凝土试件，应以 3 块为一组。棱柱体的长宽比不宜小于 3。

② 无棱柱体试件时，也可用立方体试件，其数量应相应增加。

③ 试件宜在 28d 龄期进行碳化试验，掺有掺合料的混凝土可以根据其特性决定碳化前的养护龄期。碳化试验的试件宜采用标准养护，试件应在试验前 2d 从标准养护室取出然后在 60℃温度下烘 48h。烘干试件取出后置于温度为（20±2）℃、相对湿度为 60％±5％的养护室降至常温。

④ 经烘干降温处理后的试件，除应留下一个或相对的两个侧面外，其余表面应采用加热的石蜡予以密封。然后应在暴露侧面上沿长度方向用铅笔以 10mm 间距画出平行线，作为预定碳化深度的测量点。

2）试验设备：

① 碳化箱应符合现行行业标准《混凝土碳化试验箱》（JG/T 247）的规定，并应采用带有密封盖的密闭容器，容器的容积至少为预定进行试验的试件体积的 2 倍。碳化箱内应有架空试件的支架、二氧化碳引入口、分析取样用的气体导出口、箱内气体对流循环装置、为保持箱内恒温恒湿所需的设施以及温湿度监测装置。宜在碳化箱上设玻璃观察口对箱内的温度进行读数。

② 气体分析仪应能分析箱内二氧化碳浓度，并应精确至±1％。

③ 二氧化碳供气装置应包括气瓶、压力表和流量计。

3）试验步骤：

① 将经过处理的试件放入碳化箱内的支架上，试件暴露的侧面应向上。各试件之间的间距不应小于 50mm。

② 试件放入碳化箱后，应将碳化箱密封。密封可采用机械办法或油封，但不得采用水封。应开动箱内气体对流装置，并应徐徐充入二氧化碳，应测定箱内的二氧化碳浓度。且应逐步调节二氧化碳的流量，使箱内的二氧化碳浓度保持在 20％±3％。在整个试验期间应采取去湿措施，使箱内的相对湿度控制在 70％±5％，温度应控制在（20±2）℃。

③ 碳化试验开始后应每隔一定时期对箱内的二氧化碳浓度、温度及湿度作一次测定。宜在前 2d 每隔 2h 测定一次，以后每隔 4h 测定一次。试验中应根据所测得的二氧化碳浓度、温度及湿度随时调节这些参数，去湿用的硅胶应经常更换。也可采用其他去湿方法。

④ 应在碳化到了 3d、7d、14d 和 28d 时，分别取出试件，破型测定碳化深度。棱柱体试件应通过在压力试验机上的劈裂法或者用干锯法从一端开始破型。每次切除的厚度应为试件宽度的 1/2，切后应用石蜡将破型后试件的切断面封好，再放入箱内继续碳化，直到下一个试验期。当采用立方体试件时，应在试件中部劈开，立方体试件应只做一次检验，劈开测试碳化深度后不得再重复使用。

⑤ 随后应将切除所得的试件部分刷去断面上残存的粉末，然后喷上浓度为 1％的酚酞酒精溶液（酒精溶液含 20％的蒸馏水）。约经 30s 后，按原先标划的每 10mm 一个测量点用钢板尺测出各点碳化深度，每个碳化面至少测试 5 个点。当测点处的碳化分界线上刚好嵌有粗骨料颗粒，可取该颗粒两侧处碳化深度的算术平均值作为该点的深度值。

碳化深度测量精确至 0.5mm。

4）混凝土碳化试验结果计算和处理应符合下列规定：

① 混凝土在各试验龄期时的平均碳化深度应按下式计算：

$$\overline{d}_t = \frac{1}{n}\sum_{i=1}^{n} d_i \tag{10.68}$$

式中 $\overline{d}_t$——试件碳化 t（d）后的平均碳化深度（mm），精确至 0.1mm；

d_i——各测点的碳化深度（mm）；

n——测点总数。

② 每组应以在二氧化碳浓度为 20%±3%，温度为（20±2）℃、湿度为 70%±5% 的条件下 3 个试件碳化 28d 的碳化深度算术平均值作为该组混凝土试件碳化测定值。

③ 碳化结果处理时宜绘制碳化时间与碳化深度的关系曲线。

10.4 混凝土外加剂

10.4.1 掺外加剂混凝土性能指标试验方法

外加剂性能指标分为匀质性指标和掺外加剂混凝土性能指标，根据工程要求，应对掺外加剂混凝土的性能指标进行现场检验，先重点介绍掺外加剂混凝土性能指标。匀质性指标详见表 2.26，掺外加剂混凝土的性能详表 2.27。

（1）取样及留样

1）取样及编号

① 外加剂取样分为点样和混合样。点样是在一次生产的产品中所抽取的试样，混合样是 3 个或更个点样等量均匀混合而取得的试样。

② 生产厂应根据产量和生产设备条件，将产品分批编号，掺量大于 1% 及以上的同品种的外加剂每一编号为 100t，掺量小于 1% 的外加剂每一编号为 50t，不足 100t 或 50t 的也应按一个批量计，同一编号的产品必须混合均匀。

③ 每一编号取样数量不少于 0.2t 水泥所需用的外加剂量。

2）试样及留样

每一编号取得的试样应充分混合均匀，分为两等份，一份用于试验，另一份要密封保存 6 个月，以备有疑问时提交有资质的检验机关进行复验或仲裁。

（2）试验要求

1）材料

① 水泥

外加剂试验必须采用现行国家标准《混凝土外加剂》（GB 8076）规定的基准水泥，是检验混凝土外加剂性能的专用水泥，是由符合下列品质指标的硅酸盐水泥熟料与二水石膏共同研磨而成的 42.5 强度等级的 P·Ⅰ 型硅酸盐水泥。基准水泥必须由经中国建材联合会混凝土外加剂分会与有关单位共同确认具备生产条件的工厂供给。其品质指标（除满足 42.5 强度等级硅酸盐水泥技术要求外）：

a. 熟料中铝酸三钙含量 6%～8%；

b. 熟料中硅酸三钙含量 55%～60%；

c. 熟料中游离氧化钙含量不得超过 1.2%；

d. 水泥中碱（$Na_2O+0.658K_2O$）含量不超过 1.0%；

e. 水泥比表面积为（350±10）m^2/kg。

② 砂

砂应符合现行国家标准《建设用砂》（GB/T 14684）中Ⅱ区要求的中砂，但细度模数为 2.6～2.9，含泥量小于 1%。

③ 石

石应符合现行国家标准《建设用卵石、碎石》（GB/T 14685—2022）要求的公称粒径为 5～20mm 的碎石或卵石，采用二级配，其中 5～10mm 占 40%，10～20mm 占 60%，满足连续级配要求，针片状物质含量小于 10%，空隙率小于 47%，含泥量小于 0.5%。如有争议，以碎石结果为准。

④ 水

水应符合现行行业标准《混凝土用水标准》（JGJ 63）中混凝土拌和用水的技术要求。

⑤ 外加剂

需要检测的外加剂。

⑥ 配合比

基准混凝土配合比按现行行业标准《普通混凝土配合比设计规程》（JGJ 55）进行设计。掺非引气型外加剂的受检混凝土和其对应的基准混凝土的水泥、砂、石的比例相同，配合比设计应符合下列规定：

a. 水泥用量：掺高性能减水剂或泵送剂的基准混凝土和受检混凝土的单位水泥用量为 360kg/m^3；掺其他外加剂的基准混凝土和受检混凝土单位水泥用量为 330kg/m^3。

b. 砂率：掺高性能减水剂或泵送剂的基准混凝土和受检混凝土的砂率均为 43%～47%；掺其他外加剂的基准混凝土和受检混凝土的砂率为 36%～40%；但掺引气减水剂或引气剂的受检混凝土的砂率应比基准混凝土的砂率低 1%～3%。

c. 外加剂掺量：按生产厂指定掺量。

d. 用水量：掺高性能减水剂或泵送剂的基准混凝土和受检混凝土的坍落度控制在（210±10）mm，用水量为坍落度在（210±10）mm 时的最小用水量；掺其他外加剂的基准混凝土和受检混凝土的坍落度应控制在（80±10）mm。用水量包括液体外加剂、砂、石材料中所含的水量。

2）混凝土搅拌

采用符合现行行业标准《混凝土试验用搅拌机》（JG 3036）要求的公称容量为 60L 的单卧轴式强制搅拌机。搅拌机的拌和量应不少于 20L，不宜大于 45L。

外加剂为粉状时，将水泥、砂、石、外加剂一次投入搅拌机，干拌均匀，再加入拌和水，一起搅拌 2min。外加剂为液体时，将水泥、砂、石一次投入搅拌机，干拌均匀，再加入掺有外加剂的拌和水一起搅拌 2min。

出料后，在铁板上用人工翻拌至均匀，再行试验。各种混凝土试验材料及环境温度均应保持在（20±3）℃。

3）试件制作及试验所需试件数量

① 试件制作：混凝土试件制作及养护应按现行国家标准《普通混凝土拌合物性能试验方法标准》（GB/T 50080）和《混凝土物理力学性能试验方法标准》（GB/T 50081）进行，但预养护温度为（20±3）℃。

② 试验项目及所需数量详见表 10.18。

表 10.18 试验项目及所需数量

试验项目		外加剂类别	试验类别	试验所需数量			
				混凝土拌和批数	每批取样数目	基准混凝土总取样数目	受检混凝土总取样数目
减水率		除早强剂、缓凝剂外的各种外加剂	混凝土拌和物	3	1次	3次	3次
泌水率比		各种外加剂		3	1个	1个	3个
含气量				3	1个	1个	3个
凝结时间差				3	1个	3个	3个
1h经时变化量	坍落度	高性能减水量、泵送剂		3	1个	3个	3个
	含气量	引气剂、引气减水剂		3	1个	3个	3个
抗压强度比		各种外加剂	硬化混凝土	3	6、9或12块	18、27或36块	18、27或36块
收缩率比				3	1条	3条	3条
相对耐久性		引气减水剂、引气剂	硬化混凝土	3	1条	3条	3条

注：1. 试验时，检验同一种外加剂的三批混凝土的制作宜在开始试验一周内的不同日期完成，对比的基准混凝土和受检混凝土应同时成型。

　　2. 试验龄期参考表 1 试验项目栏。

　　3. 试验前后应仔细观察试样，对有明显缺陷的试样和试验结果都应舍除。

4）试验方法

掺外加剂混凝土性能是将掺有外加剂的混凝土的性能与基准混凝土的性能进行比较，这又可以分为两类，即拌和物的性能比较和硬化混凝土性能比较。拌和物性能主要有减水率、泌水率比、凝结时间差、含气量等，而硬化混凝土性能主要有抗压强度比、收缩率比、相对耐久性指标等。

① 坍落度和坍落度 1h 经时变化量测定

每批混凝土取一个试样。坍落度和坍落度 1h 经时变化量均以三次试验结果的平均值表示。三次试验的最大值和最小值与中间值的差有一个超过 10mm 时，将最大值和最小值一并舍去，取中间值作为该批的试验结果；最大值和最小值与中间值的差均超过 10mm 时，则应重做。坍落度及坍落度 1h 经时变化量测定值以 mm 表示，结果表达修约到 5mm。

混凝土坍落度按照现行国家标准《普通混凝土拌合物性能试验方法标准》（GB/T 50080）测定；但坍落度为（210±10）mm 的混凝土，分两层装料，每层装入高度为筒高的 1/2，每层用插捣棒插捣 15 次。

当测定坍落度 1h 经时变化量时，应将按照搅拌的混凝土留下足够一次混凝土坍落度的试验数量，并装入用湿布擦过的试样筒内，容器加盖，静置至 1h（从加水搅拌时开始计算），然后倒出，在铁板上用铁锹翻拌至均匀后，再按照坍落度测定方法测定坍落度。计算出机时和 1h 之后的坍落度的差值，即得到坍落度的经时变化量。

坍落度 1h 经时变化量按式（10.69）计算：

$$\Delta Sl = Sl_0 - Sl_{1h} \tag{10.69}$$

式中 ΔSl——坍落度经时变化量（mm）；

Sl_0——出机时测得的坍落度（mm）；

Sl_{1h}——1h 后测得的坍落度（mm）。

② 减水率试验

减水率为坍落度基本相同时，基准混凝土和受检混凝土单位用水量的差与基准混凝土单位用水量的比。减水率按式（10.70）计算，应精确到 0.1%。

$$W_R = \frac{W_0 - W_1}{W_0} \times 100 \tag{10.70}$$

式中 W_R——减水率（%）；

W_0——基准混凝土单位用水量（kg/m³）；

W_1——受检混凝土单位用水量（kg/m³）。

W_R 以三批试验的算术平均值计，精确到 1%。若三批试验的最大值或最小值中有一个与中间值的差超过中间值的 15% 时，则最大值与最小值一并舍去，取中间值作为该组试验的减水率。若有两个测值与中间值的差均超过 15% 时，则该批试验结果无效，应该重做。

③ 泌水率比试验

泌水率比按式（10.71）计算。

$$R_B = \frac{B_t}{B_c} \times 100 \tag{10.71}$$

式中 R_B——泌水率比（%）；

B_t——受检混凝土泌水率（%）；

B_c——基准混凝土泌水率（%）。

泌水率的测定和计算方法如下：

先用湿布润湿容积为 5L 的带盖筒（内径为 185mm，高 200mm），将混凝土拌和物一次装入，在振动台上振动 20s，然后用抹刀轻轻抹平，加盖以防水分蒸发。试件表面应比筒口边低约 20mm，自抹面开始计算时间，在前 60min，每隔 10min，用吸液管吸水一次，以后每隔 20min 吸水一次，直至连续三次无泌水为止。每次吸水前 5min，应将筒底一侧垫高约 20mm，使筒体倾斜，以便吸水。吸水后，将筒轻轻放平盖好。将每次吸出的水都注放带塞的量筒，最后得出总的泌水量，精确至 1g，并按式（10.72）和式（10.73）计算泌水率。

$$B = \frac{V_W}{(W/G)\ G_W} \times 100\% \tag{10.72}$$

$$G_W = G_1 - G_0 \tag{10.73}$$

式中 B——泌水率（%）；

V_W——泌水总量（g）；

W——混凝土拌和物；

G——混凝土拌和物总量；

G_W——试样质量（g）；

G_1——筒及试样质量（g）；

G_0——筒质量（g）。

泌水率试验要进行三次。以三次的算术平均值为泌水率的测定值。计算时，精确到 0.1%。若三次试验的最大值或最小值中有一个与中间值的差超过中间值的 15% 时，则将最大值与最小值一并舍去，取中间值作为该组试验的泌水率。若有最大值和最小值与中间值的差均超过 15%，则该项试验结果无效，应该重做。

④ 含气量和含气量 1h 经时变化量的测定

试验时，从每批混凝土拌和物取一个试样，含气量以三个试样测值的算术平均值来表示。若三个试样中的最大值或最小值中有一个与中间值的差超过 0.5% 时，将最大值与最小值一并舍去，取中间值作为该批的试验结果；如果最大值与最小值与中间值的差均超过 0.5%，则该项试验结果无效，应重做。含气量和 1h 经时变化量测定值精确到 0.1%。

a. 含气量测定

按现行国家标准《普通混凝土拌合物性能试验方法标准》（GB/T 50080）用气水混和式含气量测定仪，并按仪器说明进行操作，但混凝土拌和物应一次装满并稍高于容器，用振动台振实 15～20s。

b. 含气量 1h 经时变化量测定

当要求测定此项时，将搅拌的混凝土留下足够一次含气量试验的数量，并装入用湿布擦过的试样筒内，容器加盖，静至 1h（从加水搅拌时开始计算），然后倒出，在铁板上用铁锹翻拌均匀后，再按照含气量测定方法测定含气量。计算出机时和 1h 之后的含气量的差值，即得到含气量的经时变化量。

含气量 1h 经时变化量按式（10.74）计算：

$$\Delta A = A_0 - A_{1h} \tag{10.74}$$

式中 ΔA——含气量经时变化量（%）；

A_0——出机后测得的含气量（%）；

A_{1h}——1h 后测得的含气量（%）。

⑤ 凝结时间差

凝结时间差按式（10.75）计算。

$$\Delta T = T_t - T_c \tag{10.75}$$

式中 ΔT——凝结时间的差（min）；

T_t——受检混凝土的初凝或终凝时间（min）；

T_c——基准混凝土的初凝或终凝时间（min）。

凝结时间采用贯入阻力仪测定，仪器精度为 10N，凝结时间测定方法如下：

将混凝土拌合物用 5mm（圆孔筛）振动筛筛出砂浆，拌匀后装入上口内径为 160mm，下口内径为 150mm，净高 150mm 的刚性不渗水的金属圆筒，试样表面应略低于筒口约 10mm，用振动台振实，3～5s，置于（20±2）℃的环境中，容器加盖。一般基准混凝土在成型后 3～4h，掺早强剂的在成型后 1～2h，掺缓凝剂的在成型后 4～6h 开始测定，以后每 0.5h 或 1h 测定一次，但在临近初、终凝时，可以缩短测定间隔时间。每次测点应避开前一次测孔，其净距为试针直径的 2 倍，但至少不小于 15mm，试针与容器边缘的距离不小于 25mm。测定初凝时间用截面积为 100mm² 的试针，测定终凝时间用 20mm² 的试针。

测试时，将砂浆试样筒置于贯入阻力仪上，测针端部与砂浆表面接触，然后在（10±2）s 均匀地使测针贯入砂浆（25±2）mm 深度。记录贯入阻力，精确至 10N，记录测量时间，精确至 1min。贯入阻力按式（10.76）计算，精确到 0.1MPa。

$$R=\frac{R}{A}$$ (10.76)

式中　R——贯入阻力值（MPa）；

　　　P——贯入深度达 25mm 时所需的净压力（N）；

　　　A——贯入阻力仪试针的截面积（mm²）。

根据计算结果，以贯入阻力值为纵坐标，测试时间为横坐标，绘制贯入阻力值与时间关系曲线，求出贯入阻力值达 3.5MPa 时，对应的时间作为初凝时间；贯入阻力值达 28MPa 时，对应的时间作为终凝时间。从水泥与水接触时开始计算凝结时间。

试验时，每批混凝土拌和物取一个试样，凝结时间取三个试样的平均值。若三批试验的最大值或最小值中有一个与中间值的差超过 30min，把最大值与最小值一并舍去，取中间值作为该组试验的凝结时间。若两侧值与中间值的差均超过 30min 则该组试验结果无效，应重做。凝结时间以 min 表示，并修约到 5min。

⑥ 抗压强度比

抗压强度比以掺外加剂混凝土与基准混凝土同龄期抗压强度的比表示，按式（10.77）计算，精确到 1%。

$$R_f=\frac{f_t}{f_c}\times100$$ (10.77)

式中　R_f——抗压强度比（%）；

　　　f_t——受检混凝土的抗压强度（MPa）；

　　　f_c——基准混凝土的抗压强度（MPa）。

受检混凝土与基准混凝土的抗压强度按现行国家标准《混凝土物理力学性能试验方法标准》（GB/T 50081）进行试验和计算。试件制作时，用振动台振动 15～20s。试件预养温度为（20±3）℃。试验结果以三批试验测值的平均值表示，若三批试验中有一批的最大值或最小值与中间值的差值超过中间值的 15%，则把最大值与最小值一并舍去，取中间值作为该批的试验结果，如有两批测值与中间值的差均超过中间值的 15%，则试验结果无效，应该重做。

10.4.2　匀质性试验方法

氯离子含量按现行国家标准《混凝土外加剂匀质性试验方法》（GB/T 8077）进行测定，或按现行国家标准《混凝土外加剂》（GB 8076）附录 B 的方法测定，仲裁时采用附录 B 的方法。含固量、总碱量、含水率、密度、细度、pH、硫酸钠含量的测定按现行国家标准《混凝土外加剂匀质性试验方法》(GB/T 8077) 的规定进行。

10.5 混凝土用水

依据现行行业标准《混凝土用水标准》(JGJ 63)，检验水质能否用于拌制混凝土，是保证混凝土质量的措施之一。

10.5.1 混凝土拌和用水的类型

水是混凝土的重要组成部分，一般认为饮用水就可作为混凝土拌和用水，水的品质会影响混凝土的和易性、凝结时间、强度发展和耐久性等，水中的氯离子对钢筋特别是预应力钢筋会产生腐蚀作用。

符合国家标准的生活饮用水可直接用作混凝土拌和水。

地表水、地下水，应经检验合格后方能作为混凝土拌和用水。

海水只能作为素混凝土的拌和用水，不得用于拌制钢筋混凝土和预应力混凝土及有饰面要求的混凝土。

10.5.2 技术要求

拌和水不应产生以下有害作用：①影响混凝土和易性及凝结；②有损于混凝土强度发展；③降低混凝土的耐久性，加快钢筋腐蚀及导致预应力钢筋脆断；④污染混凝土表面。被检验水样与饮用水样试验所得的水泥初凝及终凝时间差均不得大于 30min，且初凝及终凝时间应符合现行国家标准《通用硅酸盐水泥》(GB 175) 的规定。被检验水样与饮用水样进行水泥胶砂强度对比试验，被检验水样配制的水泥胶砂 3d 和 28d 强度不应低于饮用水拌制的水泥胶砂 3d 和 28d 强度的 90%。混凝土拌和用水水质要求见表 2.25。

混凝土拌和用水不应有漂浮明显的油脂和泡沫，不应有明显的颜色和异味。湿拌砂浆企业设备洗刷水不应用于混凝土。混凝土企业设备洗刷水不宜用于预应力混凝土、装饰混凝土、加气混凝土和暴露于腐蚀环境的混凝土；不得用于使用碱活性或潜在碱活性骨料的混凝土。

混凝土养护用水可不检验不溶物和可溶物，可不检验水泥凝结时间和水泥胶砂强度，其他检验项目应符合《混凝土用水标准（附条文说明)》(JGJ 63—2006) 的规定。

10.5.3 取样和检验

(1) 取样

水质检验水样不应少于 5L；用于测定水泥凝结时间和胶砂强度的水样不应少于 3L。采集水样的容器应无污染；容器应用待采集水样冲洗三次再灌装，并应密封待用。

地表水宜在水域中心部位、距水面 100mm 以下采集，并应记载季节、气候、雨量和周边环境的情况。地下水应在放水冲洗管道后接取，或直接用容器采集；不得将地下水积存于地表后再从中采集。再生水应在取水管道终端接取。混凝土企业设备洗刷水应沉淀后，在池中距水面 100mm 以下采集。

（2）检验期限和频率

水样检验期限应符合下列要求：①水质全部项目检验宜在取样 7d 内完成；②放射性检验、水泥凝结时间检验和水泥胶砂强度成型宜在取样后 10d 内完成。

地表水、地下水和再生水的放射性应在使用前检验；当有可靠资料证明无放射性污染时，可不检验。

地表水、地下水、再生水和混凝土企业设备洗刷水在使用前应进行检验；在使用期间，检验频率宜符合下列要求：①地表水 6 个月检验一次；②地下水每年检验一次；③再生水每 3 个月检验一次，在质量稳定一年后，可每 6 个月检验一次；④混凝土企业设备洗刷水每 3 个月检验一次；在质量稳定一年后，可一年检验一次；⑤当发现水受到污染和对混凝土性能有影响时，应立即检验。

（3）检验方法

① pH 值的检验应符合现行国家标准《水质 pH 值的测定 玻璃电极法》（GB/T 6920）的要求，并宜在现场测定。

② 不溶物的检验应符合现行国家标准《水质 悬浮物的测定 重量法》（GB/T 11901）的要求。

③ 可溶物的检验应符合现行国家标准《生活饮用水标准检验方法》（GB 5750）中溶解性总固体检验法的要求。

④ 氯化物的检验应符合现行国家标准《水质 氯化物的测定 硝酸银滴定法》（GB/T 11896）的要求。

⑤ 硫酸盐的检验应符合现行国家标准《水质 硫酸盐的测定 重量法》（GB/T 11899）的要求。

⑥ 碱含量的检验应符合现行国家标准《水泥化学分析方法》（GB/T 176）中关于氧化钾、氧化钠测定的火焰光度计法的要求。

⑦ 水泥凝结时间试验应符合现行国家标准《水泥标准稠度用水量、凝结时间、安定性检验方法》（GB/T 1346）的要求。试验应采用 42.5 级硅酸盐水泥，也可采用 42.5 级普通硅酸盐水泥；出现争议时，应以 42.5 级硅酸盐水泥为准。

⑧ 水泥胶砂强度试验应符合现行国家标准《水泥胶砂强度检验方法（ISO 法）》（GB/T 17671）的要求。试验应采用 42.5 级硅酸盐水泥，也可采用 42.5 级普通硅酸盐水泥；出现争议时，应以 42.5 级硅酸盐水泥为准。

10.6　粉煤灰

拌制砂浆和混凝土用粉煤灰理化性能要求见表 2.28。

（1）编号及取样

粉煤灰出厂前按同种类、同等级进行编号和取样。散装粉煤灰和袋装粉煤灰应分别进行编号和取样。不超过 500t 为一编号，每一编号为一取样单位。当散装粉煤灰运输工具的容量超过该厂规定出厂编号吨数时，允许该编号的数量超过取样规定吨数。粉煤灰质量按干灰（含水量小于 1%）的质量计算。取样方法按《水泥取样方法》（GB/T 12573—2008）进行。取样应有代表性，可连续取，也可从 10 个以上不同部位取等量样品，总量至少 3kg。对于拌制混凝土和砂浆用粉煤灰，必要时，买方可对其进行随机抽样检验。

（2）检验方法

1）细度

按现行国家标准《水泥细度检验方法 筛析法》（GB/T 1345—2005）中 $45\mu m$ 负压筛析法进行，筛析时间为 3min。筛网应采用符合 GSB 08—2506 规定的或其他同等级标准样品进行校正，筛析 100 个样品后进行筛网的校正，结果处理同《水泥细度检验方法 筛析法》（GB/T 1345—2005）的规定。

2）需水量比

本方法是依据《水泥胶砂流动度测定方法》（GB/T 2419—2005）分别测定试验样品和对比样品达到同一流动度 145～155mm 加水量之比。

① 样品：

a. 试验样品：75g 粉煤灰，175g 硅酸盐水泥或普通硅酸盐水泥和 750g 标准砂（0.5～1.0mm 的中级砂）。

b. 对比样品：250g 硅酸盐水泥或普通硅酸盐水泥，750g 标准砂。

c. 水泥：符合《强度检验用水泥标准样品》（GSB 14-1510—2018）规定或符合《通用硅酸盐水泥》（GB 175—2007）规定的强度等级 42.5 的硅酸盐水泥或者普通硅酸盐水泥。

② 试验步骤：

按《水泥胶砂流动度测定方法》（GB/T 2419—2005）进行测定流动度，当试验胶砂流动度达到对比胶砂流动度（L_0）的 $\pm 2mm$ 时，记录此时的加水量（m）；当试验胶砂流动度超出对比胶砂流动度（L_0）的 $\pm 2mm$ 时，重新调整加水量，直至试验胶砂流动度达到对比胶砂流动度（L_0）的 $\pm 2mm$ 为止。

③ 粉煤灰需水量比 X（％）按下式计算：

$$X = \frac{m}{125} \times 100 \tag{10.78}$$

式中　X——需水量比（％）；

　　　m——试验胶砂流动度达到对比胶砂流动度（L_0）的 $\pm 2mm$ 时的加水量（g）；

　　　125——对比胶砂的加水量（g）。

3）活性指数

按现行国家标准《水泥胶砂强度检验方法（ISO 法）》（GB/T 17671）进行，分别测定试验样品的 28d 抗压强度 R 和对比样品的 28d 抗压强度 R_0。

① 试样制备：

a. 标准砂：符合《中国 ISO 标准砂》（GSB 08-1337—2018）规定。

b. 水泥：符合《强度检验用水泥标准样品》（GSB 14-1510—2018）规定或符合《通用硅酸盐水泥》（GB 175—2007）规定的强度等级为 42.5 的硅酸盐水泥或者普通硅酸盐水泥。

c. 样品：

ⅰ　试验胶砂：135g 粉煤灰，315g 硅酸盐水泥或普通硅酸盐水泥，1350g 标准砂，225g 水。

ⅱ　对比胶砂：450g 硅酸盐水泥，1350g 标准砂，225g 水。

② 试验步骤：

按《水泥胶砂强度检验方法（ISO）》（GB/T 17671—2021）进行，分别测定试验胶砂的 28d 抗压强度 R 和对比胶砂 28d 抗压强度 R_0。

③ 结果计算：粉煤灰水泥胶砂 28d 活性指数 H_{28}（％）按式（10.79）计算：

$$H_{28} = \frac{R}{R_0} \times 100 \tag{10.79}$$

式中　　H_{28}——强度活性指数（％）；

　　　　R_0——对比胶砂 28d 抗压强度（MPa）；

　　　　R——试验胶砂 28d 抗压强度（MPa）。

计算结果精确至 1％。

试验结果有矛盾或需要仲裁检验时，对比水泥宜采用《强度检验用水泥标准样品》（GSB 14-1510—2018）。

4）其他性能指标检验

烧失量、三氧化硫、游离氧化钙、二氧化硅、三氧化二铝、三氧化二铁、碱含量按 GB/T 176—2017 进行，其中三氧化二铝的测定采用硫酸铜返滴定法或 X 射线荧光分析方法，有争议时以硫酸铜返滴定法为准。

含水量按现行国家标准《用于水泥和混凝土中的粉煤灰》（GB/T 1596）附录 B 进行。

10.7　粒化高炉矿渣粉

矿渣粉的技术要求见表 2.29。取样方法按现行国家标准《水泥取样方法》（GB/T 12573）进行，取样应有代表性，可连续取样，也可以在 20 个以上部位取等量样品，总量至少 20kg。试样应混合均匀，按四分法取出比试验量大一倍的试样。

（1）活性指数及流动度比

分别测定试验胶砂和对比胶砂的抗压强度，两种样品同龄期的抗压强度的比即活性指数。分别测定试验胶砂和对比胶砂的流动度，两者的比即为流动度。

① 样品：

a. 对比水泥：符合《通用硅酸盐水泥》（GB 175—2007）规定的强度等级 42.5 的硅酸盐水泥或普通硅酸盐水泥，且 3d 抗压强度 25～35MPa，7d 抗压强度 35～45MPa，28d 抗压强度 50～60MPa，比表面积 350～400m²/kg，SO₃ 含量（质量分数）2.3％～2.8％，碱含量（Na₂O＋0.658K₂O）（质量分数）0.5％～0.9％。

b. 试验胶砂：由对比水泥和矿渣粉按质量比 1:1 组成。

② 试验方法：

a. 水泥砂浆配合见如表 10.19。

表 10.19　水泥胶砂配合比

水泥胶砂种类	对比水泥（g）	矿渣粉（g）	中国 ISO 标准砂（g）	水（mL）
对比胶砂	450	—	1350	225
试验胶砂	225	225	1350	225

b. 砂浆搅拌按《水泥胶砂强度检验方法（ISO 法）》（GB/T 17671—2021）进行。

c. 抗压强度试验按《水泥胶砂强度检验方法（ISO 法）》（GB/T 17671—2021）进行试验，分别测定试验胶砂 7d、28d 抗压强度和对比胶砂 7d、28d 抗压强度。

d. 流动度试验按《水泥胶砂流动度测定方法》（GB/T 2419—2005）进行试验，分别测定试验样品和对比样品的流动度。

③ 结果计算：

a. 矿渣粉 7d 指数按式（10.80）计算，计算结果取整数。

$$A_7 = \frac{R_7}{R_{07}} \times 100 \tag{10.80}$$

式中 A_7——矿渣粉 7d 活性指数（%）；

　　R_{07}——对比胶砂 7d 抗压强度（MPa）；

　　R_7——试验胶砂 7d 抗压强度（MPa）。

b. 矿渣粉 28d 指数按式（10.81）计算，计算结果取整数。

$$A_{28} = \frac{R_{28}}{R_{028}} \times 100 \tag{10.81}$$

式中 A_{28}——矿渣粉 28d 活性指数（%）；

　　R_{028}——对比胶砂 28d 抗压强度（MPa）；

　　R_{28}——试验胶砂 28d 抗压强度（MPa）。

c. 矿渣粉的流动度比按式（10.82）计算，计算结果取整数。

$$F = \frac{L}{L_m} \times 100 \tag{10.82}$$

式中 F——矿渣粉流动度比（%）

　　L_m——对比胶砂流动度（mm）；

　　L——试验胶砂流动度（mm）。

（2）烧失量

按现行国家标准《水泥化学分析方法》（GB/T 176）的规定进行。

矿渣粉在灼烧过程中由于硫化物的氧化引起的误差，可通过式（10.83）、式（10.84）进行校正：

$$\omega_{O_2} = 0.8 \times \omega_{灼SO_2} - \omega_{未灼SO_3} \tag{10.83}$$

式中 ω_{O_2}——矿渣粉灼烧过程中吸收空气中氧的质量分数（%）；

　　$\omega_{灼SO_3}$——矿渣粉灼烧后测得的 SO_3 质量分数（%）；

　　$\omega_{灼SO_3}$——矿渣粉未经灼烧时的 SO_3 质量分数（%）。

$$X_{校正} = X_{测} + \omega_{灼SO_3} \tag{10.84}$$

式中 $X_{校正}$——矿渣粉校正后的烧失量（质量分数）（%）；

　　$X_{测}$——矿渣粉试验测得的烧失量（质量分数）（%）。

（3）其他性能指标试验

密度按现行国家标准《水泥密度测定方法》（GB/T 208）进行。比表面积按现行国家标准《水泥比表面积测定方法 勃氏法》（GB/T 8074）进行，勃氏透气仪的校准采用 GSB 08-3387—2017，粒化高炉矿渣粉细度和比表面积标准样品或相同等级的其他标准物质，有争议时以前者为准。初凝时间比按现行国家标准《用于水泥、砂浆和混凝土中的粒化高炉矿渣粉》（GB/T 18046）附录 A 进行，含水量按附录 B 进行，玻璃体含量按附录 C 进行。三氧化硫、氯离子、不溶物按现行国家标准《水泥化学分析方法》（GB/T 176）进行。放射性按现行国家标准《建筑材料放射性核素限量》（GB 6566）进行，其中放射性试验样品为矿渣粉和硅酸盐水泥按质量比 1∶1 混合制成。

10.8　石灰石粉

用于水泥砂浆和混凝土中的石灰石粉技术要求见表 2.30。取样及编号规则见 2.7.3 条。涉及石灰石粉方面的标准规范有产品质量标准、应用技术规范，产品质量标准有《用于水泥、砂浆和混凝土中的石灰石粉》（GB/T 35164—2017）及《石灰石粉混凝土》（GB/T 30190—2013），应用技术规范有《矿物掺合料应用技术规范》（GB/T 51003—2014）及《石灰石粉在混凝土中应用技术规程》（JGJ/T 318—2014），不同标准规范给出的检验方法有所差别，试验人员应根据不同行业、实际需要选择相应的标准规范。

10.8.1　检验方法

（1）MB 值（亚甲蓝值）

1）目的和适用范围

本试验方法适用于石灰石粉 MB 值（亚甲蓝值）的测定，用于判断石灰石粉中泥粉含量水平。

2）试验设备

① 烘箱——温度控制范围为（105±5）℃。

② 天平——量程不小于 1000g，感量不大于 0.1g；量程不小于 100g，感量不大于 0.01g。

③ 移液管——容量为 5mL；容量为 2mL。

④ 搅拌器——搅拌器应为三片或四片式转速可调的叶轮搅拌器，最高转速应达到（600±60）r/min，直径应为（75±10）mm。

⑤ 秒表——分度值不大于 1s。

⑥ 玻璃容量瓶——容量为 1L。

⑦ 滤纸——快速定量滤纸。

⑧ 烧杯——容量应为 1000mL。

⑨ 玻璃棒——直径 8mm，长 300mm。

3）样品

①亚甲蓝溶液

a. 将亚甲蓝粉末（分析纯）在（105±5）℃下烘干至恒重，放入干燥器中冷却至室温备用（注意，不同厂家、同一厂家不同日期生产的亚甲蓝对同一样品测得的检测结果差异较大，建议选定一家质量稳定的厂家生产的亚甲蓝）。

b. 称取烘干后的亚甲蓝粉末 10g，精确至 0.01g。

c. 在烧杯中注入约 600mL 蒸馏水，加温到 35～40℃。将亚甲蓝粉末倒入烧杯中，用搅拌器持续搅拌 40min，直至粉末完全溶解，并冷却至室温。

d. 将溶液倒入 1L 容量瓶中，用蒸馏水淋洗烧杯等，使所有亚甲蓝溶液全部移入容量瓶，加蒸馏水至容量瓶 1L 刻度。振荡容量瓶以保证亚甲蓝粉末完全溶解。

e. 将容量瓶中的溶液移入深色储藏瓶中，避光保持。在瓶上标明制备日期、失效日期（亚甲蓝溶液保质期不宜超过 28d）。

② 样品制备

现行国家标准《用于水泥、砂浆和混凝土中的石灰石粉》（GB/T 35164）规定，石灰石粉样品缩分至 200g，粉磨至比表面积达到 500m²/kg。在烘箱中于（105±5）℃下烘干至恒重，冷却至室温。

现行国家标准《石灰石粉混凝土》（GB/T 30190）、《矿物掺合料应用技术规范》（GB/T 51003）及现行行业标准《石灰石粉在混凝土中应用技术规程》（JGJ/T 318）规定，石灰石粉的样品应缩分至 200g，并在烘箱中于（105±5）℃下烘干至恒重，冷却至室温；应采用粒径为 0.5～1.0mm 的标准砂；分别称取 50g 石灰石粉和 150g 标准砂，称量应精确至 0.1g；石灰石粉和标准砂应混合均匀，作为试样备用。

③ 试验步骤：

现行国家标准《用于水泥、砂浆和混凝土中的石灰石粉》（GB/T 35164）规定，称取 50g 石灰石粉样品，精确至 0.1g。将样品倒入盛有（500±5）mL 蒸馏水的烧杯中，用搅拌器以（600±60）r/min 转速搅拌 5min，形成悬浮液，然后以（400±40）r/min 转速持续搅拌，直至试验结束。

现行国家标准《石灰石粉混凝土》（GB/T 30190）、《矿物掺合料应用技术规范》（GB/T 51003）及现行行业标准《石灰石粉在混凝土中应用技术规程》（JGJ/T 318）规定，试样为上述符合标准要求的 50g 石灰石粉和 150g 标准砂。

a. 在悬浮液中加入 5mL 亚甲蓝溶液，用搅拌器以（400±40）r/min 转速搅拌至少 1min 后，用玻璃棒蘸取一滴悬浮液，滴于滤纸上。所取悬浮液滴在滤纸上形成的沉淀物直径应为 8～12mm。滤纸应置于空烧杯或其他合适的支撑物上，滤纸表面不得与任何固体或液体接触。当滤纸上的沉淀物周围未出现色晕，应再加入 5mL 亚甲蓝溶液，继续搅拌 1min，再用玻璃棒蘸取一滴悬浮液，滴于滤纸上。当沉淀物周围仍未出现色晕，应重复上述步骤，直至沉淀物周围出现约 1mm 宽的稳定浅蓝色晕。

b. 应继续搅拌，不再加入亚甲蓝溶液，每 1min 进行一次蘸染试验。当色晕在 4min 内消失，再加入 5mL 亚甲蓝溶液；当色晕在第 5min 消失，再加入 2mL 亚甲蓝溶液。在上述两种情况下，均应继续进行搅拌和蘸染试验，直至色晕可持续 5min。

c. 当色晕可以持续 5min 时，应记录所加入的亚甲蓝溶液总体积，数值应精确至 1mL。

④ 石灰石粉的亚甲蓝值应按下式计算：

根据 GB/T 35164—2017 的规定，

$$MB = \frac{V \times 10 \times 0.25}{G} \tag{10.85}$$

根据 GB/T 30190—2013、GB/T 51003—2014、JGJ/T 318—2014 规定，

$$MB = V/G \times 10 \tag{10.86}$$

式中　MB——石灰石粉的亚甲蓝值（g/kg），精确至 0.01；

G——试样质量（g）；

V——所加入的亚甲蓝溶液的总量（mL）；

10——用于将每千克试样消耗的亚甲蓝溶液体积换算成亚甲蓝质量的系数；

0.25——换算系数。

（2）流动度比与活性指数

1）目的和适用范围

本试验方法适用于石灰石粉流动度比与活性指数的测定。

2）试验设备

试验室及试验设备应符合现行国家标准《水泥胶砂强度检验方法（ISO 法）》（GB/T 17671）中第 4.1 节的规定。试验用各种材料和用具应预先放在试验室内，使其达到实验室相同温度。

试验应采用基准水泥或符合现行国家标准《通用硅酸盐水泥》（GB 175）规定的强度等级为 42.5 的硅酸盐水泥或普通硅酸盐水泥。当有争议或仲裁检验时，应采用基准水泥。

试验应采用符合现行国家标准《水泥胶砂强度检验方法（ISO 法）》（GB/T 17671）规定的标准砂。

试验应采用自来水或蒸馏水。

3）试验步骤

① 胶砂配合比（表 12.20）

表 10.20 胶砂配合比

胶砂种类	对比水泥（g）	石灰石粉（g）	中国 ISO 标准砂（g）	水（mL）
对比胶砂	450±2	0	1350±5	225±1
试验胶砂	315±1	135±1	1350±5	225±1

② 按《水泥胶砂强度检验方法（ISO 法）》（GB/T 17671—2021）的规定进行胶砂的搅拌。

4）石灰石粉的流动度比试验与计算应按如下要求进行：

a. 按照表 10.20 的胶砂配合比和《水泥胶砂流动度测定方法》（GB/T 2419—2005）规定的方法进行试验，分别测定对比胶砂和试验胶砂的流动度。

b. 石灰石粉的流动度比按式（10.87）计算，结果保留至整数。

$$F = \frac{F}{L_0} \times 100 \tag{10.87}$$

式中　F——石灰石粉的流动度比（%）；

L——试验胶砂的流动度（mm）；

L_0——对比胶砂的流动度（mm）。

5）石灰石粉的活性指数试验与计算应按如下要求进行：

a. 按照《水泥胶砂强度检验方法（ISO 法）》（GB/T 17671—2021）的规定，分别测试 7d、28d 龄期的对比胶砂和试验胶砂抗压强度。

b. 石灰石粉 7d、28d 活性指数分别按式（10.88）和式（10.89）计算，结果保留至整数。

$$A_7 = \frac{R_7}{R_{0,7}} \times 100 \tag{10.88}$$

式中 A_7——矿渣粉 7d 活性指数（%）；

  $R_{0,7}$——对比胶砂 7d 抗压强度（MPa）；

  R_7——试验胶砂 7d 抗压强度（MPa）。

$$A_{28} = \frac{R_{28}}{R_{0,28}} \times 100 \tag{10.89}$$

式中 A_{28}——矿渣粉 28d 活性指数（%）；

  $R_{0,28}$——对比胶砂 28d 抗压强度（MPa）；

  R_{28}——试验胶砂 28d 抗压强度（MPa）。

10.9 硅 灰

用于砂浆和混凝土中的硅灰技术要求见表 2.31。取样及编号规则见 2.8.3 条。涉及硅灰方面的标准规范有产品质量标准、应用技术规范，产品质量标准有《砂浆和混凝土用硅灰》（GB/T 27690—2011）及《高强高性能混凝土用矿物外加剂》（GB/T 18736—2017），应用技术规范有《矿物掺合料应用技术规范》（GB/T 51003—2014）、《海港工程混凝土结构防腐蚀技术规范》（JTJ 275），不同标准规范给出的质量标准、检验方法有所差别，试验人员应根据不同行业、实际需要选择相应的标准规范。

10.9.1 试验方法

（1）活性指数

1）目的和适用范围

测试受检胶砂和基准胶砂的抗压强度，采用两种胶砂同龄期的抗压强度之比评价硅灰的活性指数。

2）原材料及试验条件

① 水泥

采用《混凝土外加剂》（GB 8076—2008）附录 A 中规定的基准水泥。允许采用 C3A 含量 6%～8%，总碱量（Na_2O%＋0.658K_2O%）不大于 1% 的熟料和二水石膏、矿渣共同磨制的强度等级大于（含）42.5 的普通硅酸盐水泥，但仲裁时仍需用基准水泥。

② 砂

符合《水泥胶砂强度检验方法（ISO 法）》（GB/T 17671—2021）规定的标准砂。

③ 水

采用自来水或蒸馏水。

④ 高效减水剂

采用符合《混凝土外加剂》（GB 8076—2008）中标准型高效减水剂要求的萘系减水剂，要求减水率大于 18%。

⑤ 试验条件

试验室应符合《水泥胶砂强度检验方法（ISO 法）》（GB/T 17671—2021）的规定。

试验用各种材料和用具应预先放在试验室内 24h 以上，使其到达试验室相同的温度。

3）试验步骤

① 胶砂配合比（表 10.21）

表 10.21 胶砂配合比

材料	水泥（g）	硅灰（g）	标准砂（g）	水（g）
基准胶砂	450	—	1350	225
受检胶砂	405	45	1350	225

注：a. 受检胶砂中应加入高效减水剂，使受检胶砂流动度达到基准胶砂流动度值的±5mm；

b. 以上为一次搅拌量，一次成型 3 个试件。

② 搅拌

把水（水和外加剂）加入搅拌锅里，再加入水泥（预先混匀的水泥和硅灰），把锅放置在固定架上，上升至固定位置，然后按《水泥胶砂强度检验方法（ISO 法）》（GB/T 17671—2021）中的规定进行搅拌，开动机器后，低速搅拌 30s 后，在第二个 30s 开始的同时均匀地将砂子加入。当各级砂是分装时，从最粗粒级开始，依次将所需的每级砂量加完。把机器转至高速再拌 30s。停拌 90s，在第一个 15s 内用一个胶皮刮具将叶片和锅壁上的胶砂刮入锅中间。在高速下继续搅拌 60s。各个搅拌阶段，时间误差应在±1s 以内。水泥胶砂流动度测定按照 GB/T 2419—2005 进行。

③ 试件制备

按 GB/T 17671—1999 的规定进行。

④ 试件的养护

胶砂试件成型后 1d 脱模。脱模前，试件应置于温度（20±2）℃、湿度 95% 以上的环境中养护；脱模后，试件置于密闭的蒸养箱中，在（65±2）℃温度下蒸养 6d。

现行行业标准《海港工程混凝土结构防腐蚀技术规范》（JTJ 275）规定，硅灰活性指数可采用加速法或常温法，当两者的结果不同时，以加速法为准。加速法的养护温度，第 1d 应为（20±3）℃，第 2d 至第 6d 应为（65±2）℃，测第 7d 的抗压强度、抗折强度，常温法与测水泥胶砂强度相同。计算受检胶砂与基准胶砂的抗压强度和抗折强度比，应取两个比值中的较小值作为硅灰的活性指数，以百分率表示。

⑤ 强度测定

胶砂试件养护 7d 龄期后，从蒸养箱中取出，在试验条件下冷却至室温，进行抗压强度试验。抗压强度试验按《水泥胶砂强度检验方法（ISO 法）》（GB/T 17671—2021）的规定进行。

4）结果计算

7d 龄期硅灰的活性指数按式（10.90）计算，计算结果精确到 1%：

$$A = \frac{R_t}{R_0} \times 100 \tag{10.90}$$

式中　A——硅灰的活性指数（%）；

　　　R_t——受检胶砂 7d 龄期的抗压强度（MPa）；

　　　R_0——基准胶砂 7d 龄期的抗压强度（MPa）。

参考文献

[1] 宋少民，王林．混凝土学［M］．武汉：武汉理工大学出版社，2013．

[2] 王铁梦．工程结构裂缝控制（第二版）［M］．北京：中国建筑工业出版社，2017．

[3] 韩素芳，耿维恕．钢筋混凝土结构裂缝控制指南（第二版）［M］．北京：化学工业出版社，2006．

[4] 丁华柱，刘建，潘华德，等．Excel 在预拌混凝土质量管理中的应用［J］．粉煤灰，2010（5）：35-41．

[5] 戚勇军，傅坚明，贾丽杰．Excel 在混凝土配合比设计试算法中的应用［J］．粉煤灰，2013（3）：44-46．

[6] 袁润章．胶凝材料学（第 2 版）［M］．武汉：武汉理工大学出版社，2005．

[7] 吴中伟，廉慧珍．高性能混凝土［M］．北京：中国铁道出版社，1999．

[8] 陈建奎．混凝土外加剂的原理与应用（第二版）［M］．北京：中国计划出版社，2004．

[9] 马保国，刘军．建筑功能材料［M］．武汉：武汉理工大学出版社，2004．

[10] 张君，阎培渝，覃维祖．建筑材料［M］．北京：清华大学出版社，2008．

[11] 冷发光，丁威，纪宪坤，等．绿色高性能混凝土技术［M］．北京：中国建材工业出版社，2011．

[12] 施惠生．土木工程材料性能、应用与生态环境［M］．北京：中国电力出版社，2008．

[13] 汪澜．水泥混凝土组成、性能、应用［M］．北京：中国建材工业出版社，2005．

[14] 王瑞燕．建筑材料［M］．重庆：重庆大学出版社，2009．

[15] 朋改非，刘娟红，潘雨．土木工程材料［M］．武汉：华中科技大学出版社，2006．

[16] 沈威．水泥工艺学［M］．武汉：武汉理工大学出版社，2008．

[17] 钱觉时．建筑材料［M］．武汉：武汉理工大学出版社，2007．

[18] 田文玉．建筑材料质量控制与检测［M］．重庆：重庆大学出版社，2006．

[19] 本书编委会．建筑工程管理与实务［M］．北京：中国建筑工业出版社，2011．

[20] 文梓芸，钱春香，杨长辉．混凝土工程与技术［M］．武汉：武汉理工大学出版社，2004．

[21] 丁华柱，于超，张植，等．地下室墙壁混凝土裂缝成因及防治［J］．建筑科技，2020，4（5）：38-39，49．

[22] 唐亮．简述绿色高性能混凝土的发展与应用［J］．中华建设科技，2017，5．

[23] 梁晖，刘国军．纳米技术在现代混凝土中的应用［J］．中国建材，2005（05）：48-50．

[24] 刘围，丁华柱，舒杨波，等．自愈合/自修复混凝土研究进展［J］．四川建材，2020，46（07）：1-3．

[25] 徐永模．迈向高端、转型绿色、走进高质量发展新时代［J］．江苏建材，2020，174（01）：52-55．

[26] 张红．转型绿色、迈向高端、走进高质量发展的新时代——2019 中国混凝土与水泥制品行业大会侧记［J］．混凝土世界，2019，126（12）：8-15．

[27] 何廷树，王福川．土木工程材料（第 2 版）［M］．北京：中国建材工业出版社，2013．

[28]　付兆岗，安文汉．铁路工程试验与检测 第 2 册 工程材料试验检测［M］．成都：西南交通大学出版社，2016.

[29]　石中林，朱宏平，徐建军．建筑材料检测（上）［M］．武汉：华中科技大学出版社，2013.

[30]　侯伟，李坦平，吴锦杨．混凝土工艺学［M］．北京：化学工业出版社，2018.

[31]　李秋义，金洪珠，秦原．混凝土再生骨料［M］．北京：中国建筑工业出版社，2011.